普通高等教育“十二五”规划教材

应用物理基础

(少学时)

第2版

主　编　姚淑娜
副主编　孙会娟　王云志
参　编　母小云　李晓梅

机械工业出版社

本书是为普通高校部分理工科专业的本（专）科学生编写的大学物理课程（少学时）（60~90学时）教材，也可作为三本院校部分专业的大学物理教材或参考书。

本书特色是，适应大众化高等教育的特点，适当弱化数学推导，内容深浅适度，突出对重点、难点的讲解，注重基本知识，强调物理学原理在生产、生活和科学技术中的应用。本书绪论扩充了一些内容，力图使学生对物理学的全貌有一个“概览”。各章习题的选取紧紧围绕教材基本内容，降低数学计算难度，题目包括简答题、选择题、填空题、计算题等多种形式，用以考查学生对基本知识的理解和掌握。为了加强师生互动，激发学生学习的积极性，培养学生的自学能力和表达能力，还增加了“阅读与讨论”专题。

为了方便师生对本教材的使用，编者在修订本书的同时，还编写了与之配套的《应用物理基础（少学时）习题解答》和开放式电子课件，使用本教材的教师可以根据自己的教学需要和爱好对电子课件进行修改。

本书将重心放在了对机械运动、电磁运动和热运动这三种自然界最基本、最常见运动形式的描述上，主要内容有质点力学、刚体力学、相对论、静电场、恒定磁场、电磁感应、振动与波动、波动光学、气体动理论和热力学基础等。

图书在版编目（CIP）数据

应用物理基础：少学时/姚淑娜主编．—2版．—北京：机械工业出版社，2012.9（2018.1重印）

普通高等教育“十二五”规划教材

ISBN 978-7-111-39391-7

Ⅰ.①应… Ⅱ.①姚… Ⅲ.①应用物理学-高等学校-教材 Ⅳ.①O59

中国版本图书馆CIP数据核字（2012）第201088号

机械工业出版社（北京市百万庄大街22号 邮政编码100037）

策划编辑：李永联 责任编辑：李永联 陈崇昱

版式设计：霍永明 责任校对：樊钟英

封面设计：马精明 责任印制：李 昂

三河市宏达印刷有限公司印刷

2018年1月第2版第4次印刷

184mm×260mm · 23.5印张 · 577千字

标准书号：ISBN 978-7-111-39391-7

定价：43.00元

凡购本书，如有缺页、倒页、脱页，由本社发行部调换

电话服务	网络服务
社服务中心：（010）88361066	教 材 网：http：//www.cmpedu.com
销 售 一 部：（010）68326294	机工官网：http：//www.cmpbook.com
销 售 二 部：（010）88379649	机工官博：http：//weibo.com/cmp1952
读者购书热线：（010）88379203	**封面无防伪标均为盗版**

第 2 版前言

《应用物理基础（少学时）》是为普通高校部分理工科专业开设的“少学时”（60~90学时）大学物理课程而编写的教材。

本书自2008年出版以来，在一些高校已经使用三轮。在使用过程中，同行们对本书提出了很好的建议和意见。而且，近几年来的高等教育形势也发生了很大变化，教材建设必须适应这种变化。

本书此次修订的目的有两个：一是修正一些在使用中发现的纰漏和不足，进一步提高教材质量；二是在保持教材基本框架的基础上增加了一些内容，以适应新形势下的大学物理教学的需要，为此对第10章进行了重写，新增了热学内容（第11章、第12章）以及物理学中常用的矢量知识。

为了方便广大师生对本教材的使用，我们在修订本书的同时，还编写了与之配套的习题解答和电子课件，在教材立体化建设方面又迈进了一步。

本书在编写和修订过程中，得到了北京联合大学各级领导的支持，同时得到了物理教研室各位教师的帮助，在此一并致谢。

本书由姚淑娜担任主编，孙会娟、王云志担任副主编。姚淑娜负责制订全书的框架，并组织编写、修订和统稿。参加编写和修订的人员及其分工如下：姚淑娜编写第0章、第8章、第9章、第10章、物理学中常用的矢量知识、各章的习题及答案；孙会娟编写第1章、第2章、第4章、第5章；王云志编写第3章、第11章、第12章；母小云编写第6章、第7章；李晓梅编写阅读与讨论的一、二、三和四。

教材建设是一项长期艰巨的任务，需要作者不断地创新和完善，虽然此次修订纠正了一些偏差，弥补了一些不足，但仍难免有疏漏，恳请专家和同行批评指正。

编　者

2012年9月

第1版前言

《应用物理基础》是为普通高等院校工科专业的本（专）科学生开设的“少学时”（60~90学时）物理课程编写的教材。

随着我国高等教育进入大众化阶段以及社会对应用型人才的大量需求，进一步突出应用性教育、培养应用型人才已成为普通高等院校的紧迫任务。一贯作为重要基础课程的大学物理也已经和正在面对前所未有的挑战。大学物理课程应该怎样开设？教学内容和方法应该怎样调整和改革？教材应该怎样编写？通过物理教学怎样真正提高学生的科学素质和应用能力？……这一系列问题引发了我们对物理教学工作的苦苦思索。大家认识到，物理课程只有在应用性教育中充分发挥其重要作用，才能保持生机与活力。我们必须面对现实，积极探索，勇于创新，走出新路。

本书主要编者长期坚持一线教学，曾担任过工科类本科、专科和专升本学生的大学物理教学，还担任过管理类等非工科专业的本科、专科的大学物理教学，积累了比较丰富的教学经验。特别是对近几年在大学物理教学实践中遇到一些新情况和新问题的思考，使我们对大学物理教学产生了一些新的想法，虽然这些想法不一定成熟，但却激发了我们进行一些新的探索和实践的强烈愿望。这也是编写本书的主要目的之一。由于融入了一些新的想法，它与传统的大学物理教材有一定的区别，当然，效果究竟如何，还需要通过进一步的教学实践去检验。

本书特色主要体现在以下几个方面：

1. 不拘泥于传统物理教科书的系统性和完整性，对传统教材内容进行了较大篇幅的删减。针对某些工科专业学生学习后继课程和专业的需要，将教材重心放在了对自然界最基本、最常见的两种运动形式——机械运动和电磁运动的描述上，保留了质点力学、刚体力学、振动与波动、电磁学和波动光学的内容。

2. 为了不影响学生对物理学有一个相对完整和系统的了解，在本书的绪论中扩充了一些新的内容，力图使学生对物理学的全貌有一个“概览”，加深学生对物理学的认识，激发学生学习物理学的积极性。

3. 为了加强师生互动，激发学生学习物理的兴趣，培养学生的自学能力和表达能力，本书增加了“阅读与讨论”专题，用于课堂讨论。可以由学生自愿组成学习小组，小组成员分工、合作，准备资料和课件，并在课堂上展示他们的才能。

4. 适应大众化高等教育的特点，淡化数学推导，内容深浅适度，着重突出重点难点讲解。在介绍基础知识的同时注意强调物理科学的生活实用性和技术应用性，补充了一些物理学原理在日常生产和生活中的应用和一些污染的危害与防控知识。

5. 在各章习题的选取上，注意紧紧围绕教材基本内容，降低难度要求，绕开数学困难。题目以简答题、选择题、填空题和计算题等多种形式出现，着重考查学生对最基本知识的理解和掌握。

6. 注意了教材的普遍适用性。力图使本书可以作为一般高等院校或二级学院在以下几种情况的物理教材和参考书：

（1）一部分工科专业的本科“少学时”物理课程；

（2）工科各专业的专科和“专升本”物理课程；

（3）一部分非工科专业本科、专科物理课程。

本书的编写得到了北京联合大学教育教学研究项目的资助，也得到了物理教研室各位教师的帮助，在此一并表示感谢。

本书由姚淑娜担任主编，制订全书的框架并组织编写，孙会娟、母小云参加编写。具体分工如下：前言、篇头、阅读与讨论专题、第 0 章、第 3 章、第 8 章、第 9 章、第 10 章、各章的习题及答案，由姚淑娜编写；第 1 章、第 2 章、第 4 章、第 5 章由孙会娟编写；第 6 章、第 7 章由母小云编写。

本书的编写是对大学物理教材的一种探索性的尝试，融入了作者的一些想法。但由于写作水平的限制和认识的局限性，书中难免出现一些偏差、疏漏和不妥之处，恳请专家和同行批评指正。

编　者

2008 年 3 月

目　录

第0章　绪论——物理学概览

0.1　物理学——穷万物之理

物理学是研究自然的科学。古希腊人把所有对自然界的观察与思考，笼统地包含在一门学问里，称之为自然哲学（英文的physics就是源于古希腊的physis）。这种称呼一直延续到17世纪，当时，牛顿在1687年发表的经典力学著作就起名为《自然哲学的数学原理》。所以，研究物理学是从认识自然界开始的。

随着人类对自然界认识的深入和广泛，物理学作为一门专门的学科被划分出来，到了“学科如林”的今天，它已经长成一棵枝繁叶茂的参天大树。物理学作为研究大自然的学科，正是由于自然界的丰富多彩和变化万千，决定了其博大精深和包罗万象。“穷万物之理”已成为物理学的终极目标。

据学者考证，中国汉语“物理学”一词的来源可以追溯到20世纪初，在此之前“物理学”叫做“格物学”、“格致学”。晚清时期开洋务，曾国藩在上海建立江南制造局，翻译此类书籍，曾经一度使用“格致”或“格物”统称包括声、光、化、电在内的自然科学知识，后来化学从中划分出去，“格物学”进一步缩小了范围。“格致”或“格物”即“格物致知”，源自中国传统教育里最重要的“四书”之一的《礼记·大学》，《大学》说：“致知在格物，物格而后知至。”意思是：只有反复思考推究，才能明白“物之本末，事之始终”。《大学章句》中说：“格，至也。物，犹事也。穷至事物之理，欲其极处无不到也。”大意是指穷尽事物的原理而获得知识。因此，从这个意义上来说，“格致”或“格物”与“物理”即“事物之理”的含义是相同的。1900年，上海江南制造局译刊《物理学》一书的这个书名即是袭用了日文名称物理（ぶつり）而未作改变。该书由日本物理学家飯盛挺造（いいもりていぞぅ）（1851—1916）编著；中文译本由日本东洋学家藤田丰八（フジタトョハチ）（1869—1929）翻译，我国学者王季烈（1873—1952）重编。这是在我国首次正式使用“物理学”一词作为学科的名称。数年之后，在我国终于逐渐统一采用了具有近代科学含义的学科名称“物理学”。

0.1.1　空间与时间

物理学“穷万物之理”，万物皆在宇宙中。什么是宇宙?“宇”为空间，“宙”为时间，宇宙就是时空的总和。自然界的万物都存在于空间和时间中，万物也以时间和空间体现它们的存在。空间是物质存在的一种客观形式，由长度、宽度和高度表示出来，是物质存在的广延性和伸张性的表现，一般由物质存在或运动所占有的体积来表示；时间是物质存在的另一种客观形式，是由过去、现在和将来构成的连绵不断的系统，是物质运动、变化的持续性和顺序性的表现，一般体现为物质以某种形式存在的寿命和运动过程所占有的时间。现在我们从空间和时间两个尺度来了解一下人类目前所探知到的一些宇宙中的物体。

1. 空间尺度

我们把自然界按空间尺度分成四个等级：微观、介观、宏观、宇观。微观世界是尺度最小的等级，为 $10^{-18} \sim 10^{-10}$ m 的数量级；介观世界是介于微观与宏观之间的尺度，大约为 $10^{-9} \sim 10^{-7}$ m 的数量级；宏观世界的尺度为 $10^{-6} \sim 10^{11}$ m 的数量级；宇观世界的尺度为 $10^{12} \sim 10^{26}$ m 的数量级。

下面从大到小排列出自然界中常见的一些物体的空间尺度的数量级（单位为 m）：

10^{26}	宇宙大小
10^{23}	星系团大小
10^{22}	邻近星系间的距离
10^{21}	地球到最近的河外星系的距离
10^{20}	地球到银河系中心的距离
10^{18}	视差法测定的最大距离
10^{17}	太阳到天狼星的距离
10^{16}	地球到最近的恒星的距离
10^{12}	冥王星轨道半径
10^{11}	地球到太阳的距离
10^{9}	太阳半径
10^{8}	地球到月亮的平均距离
10^{7}	地球半径
10^{6}	月球赤道的半径
10^{5}	马拉松赛跑的距离
10^{3}	地球上的高山
10^{2}	火车、大船的长度
10^{1}	楼房的高度
10^{0}	人的高度
10^{-1}	人手掌的宽度
10^{-2}	一分硬币的半径
10^{-3}	砂粒
10^{-4}	人的毛发粗细
10^{-5}	一般细菌的大小
10^{-6}	鞭毛细菌的大小
10^{-7}	带色肥皂泡最薄处的厚度
10^{-8}	常温下普通气体中气体分子的平均自由程
10^{-9}	橄榄油等单分子层单层的厚度
10^{-10}	金属中原子间的距离
10^{-12}	密度高的恒星中原子间的距离
10^{-13}	重核元素
10^{-15}	原子核、质子、中子
10^{-18}	电子和夸克

2. 时间尺度

大自然中的物质及其运动，它们的各项进程都是在一定的时间内完成的，进程的长短也是由时间来描述的。下面从大到小排列出自然界中常见的一些时间尺度的数量级（单位为 s）：

10^{18}	宇宙寿命
10^{17}	太阳和地球的年龄、U235 半衰期
10^{16}	太阳绕银河中心运动的周期
10^{12}	生命的发展、地壳的重大变化
10^{11}	人类文明史
10^{9}	哈雷彗星绕太阳运动的周期、人的寿命
10^{7}	地球公转周期
10^{4}	地球自转周期
10^{3}	中子寿命
10^{0}	脉冲星周期
10^{-3}	声波振动周期
10^{-6}	μ 子寿命
10^{-8}	$\pi+$、$\pi-$ 介子寿命
10^{-12}	分子转动周期
10^{-14}	原子振动周期
10^{-15}	可见光周期
10^{-25}	中间玻色子 Zo 寿命

0.1.2　对物质的认识过程：物理学的发展史

人类对自然界万物的认识过程就是物理学的诞生和发展的过程。在物理学的发展历史中，贯穿了人类对自然界的认识从表到里、从浅入深、去粗取精、去伪存真、从低级到高级的过程。因此，关于对物理学发展史的分期，涉及对物理学发展过程内部结构及其阶段特征的认识问题，存在着不同的分期原则。有按年代分期的，这是最常用的形式主义的分期方法；有按著名历史人物分期的，这种划分由于以人物为中心，往往表现出很大的随机性，反映不出各时代的经济特点和物理学的内在发展逻辑，反映不出科学认识发展的一般规律；也有按社会经济形态分期的，但是又由于物理学作为一门自然科学，它不属于上层建筑，与经济基础的变更也不是完全吻合，所以这并不是一种完善的分期原则；还有按自然观与世界观的特点分期的，但是物理学的发展虽然受到哲学思想的重大影响，但不能把物理学和哲学混同起来，物理学史也不等同于哲学史，所以这种分期方法也是不妥的；有的以物理学的各分支为线索按年代顺序编排，这种编排方法显得有些零乱。目前比较公认的是按物理学自身发展的特点分期，即把物理学的发展按时间顺序分为若干时期，在每一时期中找出一些具有表征性的特点，这主要是根据物理学发展的内在逻辑分期的，采用这一分期原则既可兼顾到社会生产和社会经济形态的影响，又能揭示出贯穿于物理学发展过程中的内在规律性。下面介绍两种划分方法。

1. 按时间顺序划分为四个时期

（1）经验物理的萌芽时期（17 世纪以前）　在这一时期内我国和古希腊形成两个东西

方交相辉映的文化中心。经验科学已从生产劳动中逐渐分化出来，这时人类认识自然界的主要方法是直觉观察与哲学的猜测性思辨，与生产活动及人们自身直接感觉有关的天文、力、热、声、几何光学等知识首先得到较多发展。除希腊的静力学外，中国古代在以上几方面都处于当时的领先地位。

（2）经典物理学的建立和发展时期（17 世纪初—19 世纪末） 这时资本主义生产促进了技术与科学的发展，形成了比较完整的经典物理学体系。系统的观察实验和严密的数学推导相结合的方法被引进物理学中，导致了 17 世纪主要在天文学和力学领域中的“科学革命”。牛顿力学体系的建立，标志着经典物理学的诞生。经过 18 世纪的准备，物理学在 19 世纪获得了迅速和重要的发展。终于在 19 世纪末以经典力学、热力学和统计物理学、经典电磁场理论为支柱，使经典物理学的发展达到了它的顶峰。

（3）近代物理学时期（19 世纪末—20 世纪 30 年代） 19 世纪末叶，一系列重大实验发现使经典物理学体系本身遇到了不可克服的危机，由此爆发了一场物理学革命，这场物理学革命的结果导致了相对论和量子力学的建立，并促进了天体物理学、现代宇宙学、原子物理学、粒子物理学以及相互作用统一理论的飞速发展。在实验手段、数学工具和逻辑推理方法等方面也都大大前进了一步。

（4）现代物理学时期（20 世纪 40 年代至今） 从 20 世纪初期开始，随着物理学向其他科学的移植和渗透，交叉科学大量涌现，物理学规律和方法的应用范围也在不断扩大。人们预料，21 世纪的物理学必将产生突破性的发展，因此还有学者提出把 20 世纪 40 年代以来的物理学发展前沿定义为“后现代物理学时期”。显然，随着科学的发展、社会的进步，物理学的各个历史分期的时间间隔越来越短，说明物理科学的发展速度越来越快。

2. 按认识规律划分为五次大综合

（1）天上力学与地上力学的综合统一 经典力学的建立从开普勒开始，经过伽利略的努力，特别是经过牛顿的综合，前后经历了近 80 年，完成了物理学发展史上的第一次大综合——“天上力学”与“地上力学”的综合与统一。随后又经历了分析力学的发展，使经典力学到达了发展的顶峰。虽然到了 19 世纪末 20 世纪初，经典力学日益暴露出种种缺陷，但是在日常生活中，绝大部分宏观物体的低速运动仍然要以它作为研究的理论基础。特别是这些科学家们在创建经典力学的过程中所体现的物理思想和所采用的科学方法，在科学的发展中将永放光芒。

（2）各种运动形式之间的综合统一 热学发展史实际上就是经典热力学和统计物理学的发展史。从 17 世纪开始对热学的研究，从对热的本性认识的争论，到建立分子运动论和热力学第一定律、第二定律，尔后又产生了统计热力学，最后出现了量子统计物理学和非平衡态理论。分子运动论和热力学从微观和宏观两个方面互相补充，统计物理学又使宏观现象的微观机制得到淋漓尽致的表达，它们一起推动了人类对自然界热现象的深刻认识，得出了力、热、电、光等不同形式的运动之间的转换和统一的规律——能量守恒和转换定律，完成了物理学发展的第二次大综合。

（3）电、磁、光三种运动形式的综合统一 在经典电磁学的建立过程中有三个里程碑：首先是 1831 年法拉第发现了电磁感应现象；然后是麦克斯韦研究电场与磁场的关系，于 1873 年揭示出电磁现象的内部规律，预见了电磁波，将电、磁、光三种不同的运动形式统一在同一个规律中；接下来是赫兹于 1887 年通过实验验证了麦克斯韦关于电磁波的预言。

交变的电磁场在空间以光速传播的理论，使表面上看起来不相关的电场、磁场和光波联系在一起，形成了物理学史上的第三次大综合。

（4）低速运动与高速运动的综合统一　爱因斯坦的狭义相对论和广义相对论，打破了传统的牛顿力学的绝对时空观，使人们对时间、空间、物质和能量的认识产生了革命性的飞跃，并在新的高度上把低速运动和高速运动统一起来，使牛顿力学所研究的宏观低速运动成为一种运动速度远远小于光速时的特例，从而完成了物理学史上的第四次大综合。

（5）连续性与不连续性的综合统一　普朗克于 1900 年提出量子论，突破了经典物理的连续性原理；爱因斯坦用光量子理论对光电效应进行了解释；薛定谔方程所表述的物质的波粒二象性最终导致量子力学的建立。狄拉克又给出了量子力学和牛顿力学之间的联系，还有其他几位科学家的共同努力，使人们对物质本性的认识从连续到不连续——量子化，并把二者统一起来，形成物理学发展史上的第五次大综合。

20 世纪 30 年代以来，物理学在深度和广度上又取得了巨大进展。首先在相对论和量子力学的交汇处探讨这两门学科结合的可能性，同时研究引力、电磁力和弱相互作用的统一场论已基本成功，人们正向着四种相互作用（引力、电磁力、强相互作用和弱相互作用）的大统一场论进军。这意味着物理世界又将面临一次新的综合与统一。

0.1.3　物理学大家族：丰富的学科分支

人类对自然界的认识来自于实践，随着实践活动的扩展和深入，物理学的内容也在不断地丰富和发展，物理学逐步发展成为具有众多分支学科的大家族，各分支学科彼此密切联系，构成了物理学的统一整体，成为研究宇宙间物质存在的基本形式及相互作用和转化的基本规律的科学。

物理学的各分支学科是按物质的不同存在形式、不同运动形式或不同研究领域划分的。物质世界的丰富性、多样性和复杂性决定了物理学的分支众多，这些分支学科既相互区别又相互联系，体现了物质世界的内在和谐性和物理科学的统一性。

20 世纪前，物理学的分支主要是按照物质运动形式来划分的。例如，机械运动——经典力学，热运动——热学、热力学、经典统计力学，电磁运动——经典电磁学、经典电动力学、光学等，这些分支的总和构成了经典物理学。20 世纪以后，随着科学的发展和近代物理学的兴起，又不断生长出新的分支学科，例如量子力学、相对论力学、电动力学、信息光学、激光物理学、非线性物理学、计算物理学等。

按照研究领域来划分物理学的分支，有天体物理学、地球物理学、海洋物理学、大气物理学、生物物理学、环境物理学、高压物理学、理论物理学、实验物理学、工程物理学、技术物理学、体育物理学、医学物理学、经济物理学（金融物理学）、低温物理学、超导物理学、金属物理学、半导体物理学、无线电物理学、材料物理学、磁性物理学、电真空物理学等；按照物质的特定存在形态来划分，物理学的分支有固体物理学、液态物理学、凝聚态物理学、等离子体物理学等；按照物质所属结构和层次来划分，物理学的分支有原子核物理学、原子和分子物理学、粒子物理学、介观物理学、表面物理学等。

物理学的各个分支在具体的应用中还有更深层次的分支，例如，力学中有爆炸力学、空气动力学、流体力学、材料力学等分支；环境物理学又分为环境声学、环境光学、环境热学、环境电磁学、环境空气动力学等。

随着科学、技术与社会的发展，物理学科与其他学科之间相互交叉和融合，还形成一系列交叉科学，例如物理化学、量子化学、物理电子学、光电子学等。同时，物理学的研究成果也不断向其他科学移植与渗透。可以预见，未来物理学的分支会越来越多，与其他学科的交叉也会越来越丰富。

下面介绍一些物理学中最基本的分支，以便读者对物理科学的面貌有一个概括性的认识。

1. 经典力学

经典力学是研究宏观物体作低速机械运动的现象和规律的学科。宏观是相对于原子等微观粒子而言的；低速是相对于光速而言的。物体的空间位置随时间的变化称为机械运动。人们日常生活中直接接触到并首先加以研究的都是宏观低速的机械运动。

自远古以来，由于农业生产需要确定季节，人们就进行天文观察。16 世纪后期，人们对行星绕太阳的运动进行了详细、精密的观察。17 世纪，开普勒从这些观察结果中总结出了行星绕日运动的三条经验规律。差不多在同一时期，伽利略进行了落体和抛物体的实验研究，从而提出关于机械运动现象的初步理论。

牛顿深入研究了这些经验规律和初步的现象性理论，发现了宏观低速机械运动的基本规律，为经典力学奠定了基础。亚当斯根据对天王星的详细天文观察，并根据牛顿的理论，预言了海王星的存在，以后果然在天文观察中发现了海王星。于是牛顿所提出的力学定律和万有引力定律被人们普遍接受。

经典力学中的基本物理量是质点的空间坐标和动量。对于一个不受外界影响，也不影响外界，不包含其他运动形式（如热运动、电磁运动等）的力学系统来说，它的总机械能就是其中每一个质点的空间坐标和动量的函数，其状态随时间的变化由总能量决定。

在经典力学中，力学系统的总能量和总动量有特别重要的意义。物理学的发展表明，任何一个孤立的物理系统无论怎样变化，其总能量和总动量的数值是不变的。这种守恒性质的适用范围已经远远超出了经典力学的范围，到现在还没有发现它们的局限性。

早在 19 世纪，经典力学就已经成为物理学中十分成熟的分支学科之一，它包含了丰富的内容，例如质点力学、刚体力学、分析力学、弹性力学、塑性力学、流体力学等。经典力学的应用范围涉及能源、航空、航天、机械、建筑、水利、矿山建设直到安全防护等各个领域。当然，工程技术问题常常是综合性的问题，还需要许多学科进行综合研究，才能得以完全解决。

在机械运动中，很普遍的一种运动形式就是振动和波动。声学就是研究这种运动的产生、传播、转化和吸收的分支学科。人们通过声波传递信息，有许多物体不易为光波和电磁波透过，却能为声波透过；频率非常低的声波能在大气和海洋中传播到遥远的地方，因此能迅速传递地球上任何地方发生的地震、火山爆发或核爆炸的信息；频率很高的声波和声表面波已经用于固体的研究、微波技术、医疗诊断等领域；非常强的声波已经用于工业加工等。

2. 热学、热力学和经典统计力学

热学是研究热的产生和传导，研究物质处于热状态下的性质及其变化的学科。人们很早就有冷热的概念。对于热现象的研究逐步澄清了关于热的一些模糊概念，例如区分了温度和热量，并在此基础上开始探索热现象的本质和普遍规律。关于热现象的普遍规律的研究称为热力学。到 19 世纪，热力学已趋于成熟。

物体有内部运动，因此就有内部能量。19 世纪的系统实验研究证明：热是物体内部无序运动的表现。19 世纪中期，焦耳等人用实验确定了热量和功之间的定量关系，从而建立了热力学第一定律：宏观机械运动的能量与内能可以互相转化。就一个孤立的物理系统来说，不论能量形式怎样相互转化，总的能量的数值是不变的。因此，热力学第一定律就是能量守恒与转换定律的一种表现。

在卡诺研究结果的基础上，克劳修斯等科学家提出了热力学第二定律，表达了宏观非平衡过程的不可逆性。例如：一个孤立的物体，其内部各处的温度不尽相同，那么热量就从温度较高的地方流向温度较低的地方，最后达到各处温度都相同的状态，也就是热平衡的状态。相反的过程是不可能的，即这个孤立的、内部各处温度都相等的物体，不可能自动回到各处温度不相同的状态。应用熵的概念，还可以把热力学第二定律表达为：一个孤立的物理系统的熵不会随着时间的流逝而减少，只能增加或保持不变。当熵达到最大值时，物理系统就处于热平衡状态。

深入研究热现象的本质，就产生了统计力学。统计力学应用数学中统计分析的方法，研究大量粒子的平均行为。统计力学根据物质的微观组成和相互作用，研究由大量粒子组成的宏观物体的性质和行为的统计规律，是理论物理的一个重要分支。

非平衡统计力学所研究的问题复杂，直到 20 世纪中期以后才取得比较大的进展。对于一个包含有大量粒子的宏观物理系统来说，系统处于无序状态的概率超过了处于有序状态的概率。孤立物理系统总是从比较有序的状态趋向比较无序的状态，在热力学中，这就相应于熵的增加。

处于平衡状态附近的非平衡系统的主要趋向是向平衡状态过渡。平衡态附近的主要非平衡过程是弛豫、输运和涨落，这方面的理论逐步发展，已趋于成熟。近二三十年来人们对于远离平衡态的物理系统（如耗散结构等）进行了广泛的研究，取得了很大的进展，但还有很多问题等待解决。

在一定时期内，人们对客观世界的认识总是有局限性的，认识到的只是相对的真理，经典力学和以经典力学为基础的经典统计力学也是这样。经典力学应用于原子、分子以及宏观物体的微观结构时，其局限性就显现了出来，因而量子力学应运而生。与之相应，经典统计力学也发展成为以量子力学为基础的量子统计力学。

3. 经典电磁学、经典电动力学

经典电磁学是研究宏观电磁现象和宏观物体的电磁性质的学科。人们很早就接触到电和磁的现象，并知道磁棒有南北两极。在 18 世纪，发现电荷有两种：正电荷和负电荷。不论是电荷还是磁极都是同性相斥，异性相吸，作用力的方向在电荷之间或磁极之间的连接线上，力的大小和它们之间的距离的平方成反比。在这两点上和万有引力很相似。18 世纪末发现电荷能够流动，这就是电流。但是人们长期没有发现电和磁之间的联系。

直到 19 世纪前期，奥斯特发现电流可以使小磁针偏转。尔后安培发现作用力的方向和电流的方向以及磁针到通电导线的垂直线方向相互垂直。不久之后，法拉第又发现，当磁棒插入导线圈时，导线圈中就产生电流。这些实验表明，在电和磁之间存在着密切的联系。

在电和磁之间的联系被发现以后，人们认识到电磁力的性质在一些方面同万有引力相似，另一些方面却又有差别。为此法拉第引进了“力线”的概念，认为电流产生围绕着导线的“磁力线”，电荷向各个方向产生“电力线”，并在此基础上产生了电磁场的概念。

现在人们认识到，电磁场是物质存在的一种特殊形式。电荷在其周围产生电场，这个电场又以力作用于其他电荷。磁体和电流在其周围产生磁场，而这个磁场又以力作用于其他磁体和内部有电流的物体。电磁场也具有能量和动量，是传递电磁力的媒介，它弥漫于整个空间。

19 世纪下半叶，麦克斯韦总结了宏观电磁现象的规律，并引进位移电流的概念。这个概念的核心思想是：变化着的电场能产生磁场；变化着的磁场也能产生电场。在此基础上他用一组偏微分方程来表达电磁现象的基本规律，这套方程称为麦克斯韦方程组，是经典电磁学的基本方程。麦克斯韦的电磁理论预言了电磁波的存在，其传播速度等于光速，这一预言后来为赫兹的实验所证实。于是人们认识到麦克斯韦的电磁理论正确地反映了宏观电磁现象的规律，肯定了光也是一种电磁波。

由于电磁场能够以力作用于带电粒子，一个运动中的带电粒子既受到电场力的作用，也受到磁场力的作用，洛伦兹把运动电荷所受到的电磁场的作用力归结为一个公式，人们就称这个力为洛伦兹力。描述电磁场基本规律的麦克斯韦方程组和洛伦兹力构成了经典电动力学的基础。

事实上，发电机就是利用电动力学的规律，将机械能转化为电磁能；电动机就是利用电动力学的规律将电磁能转化为机械能。电报、电话、无线电、电灯也无一不是经典电磁学和经典电动力学发展的产物。经典电动力学对生产力的发展起着重要的推动作用，从而对社会产生普遍而重要的影响。

4. 光学和电磁波

光学研究光的性质及光与物质的各种相互作用。虽然可见光的波长范围在电磁波中只占很窄的一个波段，但是早在人们认识到光是电磁波以前，人们就对光进行了研究。

17 世纪对光的本质提出了两种假说：一种假说认为光是由许多微粒组成的；另一种假说认为光是一种波动。19 世纪在实验上确定了光具有波动所独具的干涉现象，以后的实验证明光是电磁波，20 世纪初又发现光具有粒子性。人们在深入研究了微观世界后，才认识到光具有波粒二象性。

光可以被物质所发射、吸收、反射、折射和衍射。当所研究的物体或空间的大小远大于光波的波长时，光可以当做沿直线进行的光线来处理；但当研究深入到现象的细节，当其空间范围和光波波长差不多大小的时候，就必须要考虑光的波动性；而研究光和微观粒子的相互作用时，还要考虑光的粒子性。

光学方法是研究大至天体、小至微生物以至于分子、原子结构的非常有效的方法。利用光的干涉效应可以进行非常精密的测量。物质所放出来的光携带着关于物质内部结构的重要信息，例如原子所放出来的原子光谱就和原子结构密切相关。

利用受激辐射机制所产生的激光能够达到非常大的功率，且光束的张角非常小，其电场强度甚至可以超过原子内部的电场强度。利用激光已经开辟了非线性光学等重要研究方向，激光在工业技术和医学中已经有了很多重要的应用。

现在用人工方法产生的电磁波的波长，长的已经达几千米，短的不到一百万亿分之一厘米，覆盖了近 20 个数量级的波段。电磁波的传播速度大，波段又如此宽广，已成为传递信息的非常有力的工具。

在经典电磁学的建立与发展过程中，形成了电磁场的概念。在物理学其后的发展中，场成了非常基本、非常普遍的概念。在现代物理学中，场的概念已经远远超出了电磁学的范围，成为物质的一种基本的、普遍的存在形式。

5. 狭义相对论和相对论力学

在经典力学取得很大成功以后，人们习惯于将一切现象都归结为是由机械运动所引起的。在电磁场概念提出以后，人们假设存在一种名叫“以太”的媒质，它弥漫于整个宇宙，渗透到所有的物体中，绝对静止不动，没有质量，对物体的运动不产生任何阻力，也不受万有引力的影响。可以将以太作为一个绝对静止的参考系，因此，相对于以太作匀速运动的参考系都是惯性参考系。

在惯性参考系中观察，电磁波的传播速度应该随着波的传播方向而改变。但实验表明，在不同的、相对作匀速运动的惯性参考系中，测得的光速同传播方向无关。特别是迈克尔逊和莫雷进行的非常精确的实验，可靠地证明了这一点。这一实验事实显然同经典物理学中关于时间、空间和以太的概念相矛盾。爱因斯坦从这些实验事实出发，对空间、时间的概念进行了深刻的分析，提出了狭义相对论，从而建立了新的时空观念。

在狭义相对论中，空间和时间是彼此密切联系的统一体，空间距离是相对的，时间也是相对的。因此，尺的长短、时间的长短也是相对的。

相对论力学的另一个重要结论是：质量和能量是可以相互转化的。假使质量是物质的量的一种量度，能量是运动的量的一种量度，则按上面的结论有：物质和运动之间存在着不可分割的联系，不存在没有运动的物质，也不存在没有物质的运动，两者可以相互转化。这一规律已在核能的研究和实践中得到了证实。

当物体的速度远小于光速时，相对论力学定律就趋近于经典力学定律。因此，在低速运动时，经典力学定律仍然是很好的相对真理，非常适合用来解决工程技术中的力学问题。

狭义相对论对空间和时间的概念进行了革命性的变革，并且否定了以太的概念，肯定了电磁场是一种独立的、物质存在的特殊形式。由于空间和时间是物质存在的普遍形式，所以狭义相对论对于物理学产生了广泛而又深远的影响。

6. 广义相对论和万有引力的基本理论

狭义相对论给牛顿万有引力定律带来了新问题。牛顿提出的万有引力被认为是一种超距作用，它的传递不需要时间，产生和到达是同时的。这同狭义相对论提出的光速是传播速度的极限相矛盾。因此，对牛顿的万有引力定律也要加以改造。

改造的关键来自厄缶的实验，它以很高的精度证明：惯性质量和引力质量相等，因此，不论行星的质量多大多小，只要在某一时刻它们的空间坐标和速度都相同，那么它们的运行轨道都将永远相同。这个结论启发了爱因斯坦：万有引力效应是空间、时间弯曲的一种表现，从而提出了广义相对论。

根据广义相对论，空间、时间的弯曲结构决定于物质的能量密度和动量密度在空间、时间中的分布；而空间、时间的弯曲结构又反过来决定物体的运行轨道。在引力不强、空间和时间弯曲度很小的情况下，广义相对论的结论同牛顿万有引力定律和牛顿运动定律的结论趋于一致；在引力较强、空间和时间弯曲较大的情况下，就有区别。不过这种区别常常很小，难以在实验中观察到。从广义相对论的提出到现在，还只有四种实验能检验出这种区别。

广义相对论不仅对于天体的结构和演化的研究有重要意义，而且对于研究宇宙的结构和演化也有重要意义。

7. 原子物理学、量子力学、量子电动力学

原子物理学研究原子的性质、内部结构、内部受激状态，原子和电磁场、电磁波的相互作用以及原子之间的相互作用。原子是一个很古老的概念。古代人们认为：宇宙间万物都是由原子组成的，原子是不可分割的、永恒不变的物质最终单元。

1897 年汤姆逊发现了电子，使人们认识到原子是具有内部结构的粒子。于是，经典物理学的局限性进一步地暴露了出来。为此，德国科学家普朗克提出了同经典物理学相矛盾的假设：光是由一粒一粒的光子组成的。这一假设导出的结论和黑体辐射及光电效应的实验结果符合。于是，19 世纪初被否定了的光的微粒说又以新的形式出现了。

1911 年卢瑟福在粒子散射实验中发现，原子的绝大部分质量以及内部的正电荷是集中在原子中心一个很小的区域内，这个区域的半径只有原子半径的万分之一左右，因此称为原子核。这才使人们对原子的内部结构得到了一个定性的、符合实际的概念。在某些方面，原子类似于一个极小的太阳系，只是太阳和行星之间的作用力是万有引力，而原子核和电子间的作用力是电磁力。

量子力学的基本理论主要是由德布罗意、海森堡、薛定谔、狄拉克等所创建的量子力学和量子电动力学。在量子力学和量子电动力学中，物理量所能取的数值是不连续的；它们所反映的规律不是确定性的规律，而是统计规律。这是它们与经典力学和经典电动力学的主要区别。

应用量子力学和量子电动力学研究原子结构、原子光谱、原子发射、吸收、散射光以及电子、光子和电磁场的相互作用和相互转化过程非常成功，理论结果同最精密的实验结果相符合。

微观客体的一个基本性质是波粒二象性。粒子和波是人在宏观世界的实践中形成的概念，它们各自描述了迥然不同的客体。但从宏观世界实践中形成的概念未必恰巧适合于描述微观世界的现象。因此需要粒子和波动两种概念相互补充，才能全面地反映微观客体在各种不同条件下所表现的性质。这一基本特点的另一种表现方式是海森堡的不确定关系：不可能同时确定一个粒子的位置和动量，位置确定得越准，动量必然确定得越不准；反之亦然。

量子力学和量子电动力学产生于原子物理学的研究，但是它们起作用的范围远远超出原子物理学。量子力学是所有微观、低速现象所遵循的规律，因此不仅应用于原子物理，也应用于分子物理学、原子核物理学以及宏观物体的微观结构研究。量子电动力学则是所有微观电磁现象所必须遵循的规律，直到现在，还没有发现量子电动力学的局限性。

8. 量子统计力学

以量子力学为基础的统计力学称为量子统计力学。经典统计力学以经典力学为基础，因而经典统计力学也具有局限性。例如，随着温度趋于绝对零度，固体的热能也趋于零的实验现象，就无法用经典统计力学来解释。

在宏观世界中，看起来相同的物体总是可以区别的，在微观世界中，同一类粒子却无法区分。例如，所有的电子的一切性质都完全一样。在宏观物理现象中，将两个宏观物体交换，就得到一个和原来状态不同的状态，进行统计时必须将交换前和交换后的状态当做两个不同的状态处理；但是在一个物理系统中，交换两个电子后，得到的还是原来的状态，因此进行统计时，必须将交换前和交换后的状态当做同一个状态来处理。

根据微观世界的这些规律改造经典统计力学，就得到量子统计力学。应用量子统计力学就能使一系列经典统计力学无法解释的现象，如黑体辐射、低温下的固体比热容、固体中的电子为什么对比热的贡献如此小等，都得到了合理的解释。

9. 固体物理学

固体物理学是研究固体的性质、微观结构和各种内部运动，以及这种微观结构和内部运动同固体的宏观性质的关系的学科。固体的内部结构和运动形式很复杂，这方面的研究是从晶体开始的，因为晶体的内部结构简单，而且具有明显的规律性，较易研究。后来又进一步研究一切处于凝聚状态的物体的内部结构、内部运动以及它们和宏观物理性质的关系，这类研究统称为凝聚态物理学。

固体中电子的运动状态服从量子力学和量子电动力学的规律。在晶体中，原子（离子、分子）有规则地排列，形成点阵。20 世纪初劳厄和法国科学家布拉格父子发展了 X 射线衍射法，并用以研究晶体点阵结构。第二次世界大战以后，又发展了中子衍射法，使晶体点阵结构的实验研究得到了进一步发展。

在晶体中，原子的外层电子可能具有的能量形成一段一段的能带，电子不可能具有能带以外的能量值。按电子在能带中不同的填充方式，可以把晶体区别为金属、绝缘体和半导体。能带理论结合半导体锗和硅的基础研究，创生了高质量的半导体单晶生长和掺杂技术，为晶体管的产生准备了理论基础。

电子具有自旋和磁矩，它们和电子在晶体中的轨道运动一起，决定了晶体的磁学性质。晶体的许多性质（如力学性质、光学性质、电磁性质等）常常不是各向同性的。作为一个整体的点阵，有大量内部自由度，因此具有大量的集体运动方式，具有各式各样的元激发。

晶体的许多性质都和点阵的结构及其各种运动模式密切相关，晶体内部电子的运动和点阵的运动之间相耦合，也对固体的性质有重要的影响。例如，1911 年发现的低温超导现象、1960 年发现的超导体的单电子隧道效应，这些效应都和这种不同运动模式之间的耦合相关。

晶体内部的原子可以形成不同形式的点阵。处于不同形式点阵的晶体，虽然化学成分相同，物理性质却可能不同。不同的点阵形式具有不同的能量，在低温时，点阵处于能量最低的形式。当晶体的内部能量增高，温度升高到一定数值，点阵就会转变到能量较高的形式，这种转变称为相变。相变会导致晶体物理性质的改变。相变是重要的物理现象，也是物理学的重要研究课题。

点阵结构完好无缺的晶体是一种理想的物理状态。实际晶体内部的点阵结构总会有缺陷，化学成分不会绝对纯，内部会含有杂质。这些缺陷和杂质对固体的物理性质以及功能材料的技术性能，常常会产生重要的影响。大规模集成电路的制造工艺中，控制、利用杂质和缺陷，会影响晶体的表面性质和界面性质，并对许多物理过程和化学过程产生重要的影响。所有这些都已成为固体物理研究中的重要领域。

非晶态固体内部结构的无序性使得对于它们的研究变得更加复杂。非晶态固体有一些特殊的物理性质，使得它有多方面的应用。这是一个正在发展中的新的研究领域。

固体物理对于技术的发展有很多重要的应用，晶体管发明以后，集成电路技术迅速发展，电子技术、计算机技术以至于整个信息产业也随之迅速发展，其经济影响和社会影响是革命性的。这种影响甚至在日常生活中也处处可见。固体物理学也是材料科学的基础。

10. 原子核物理学

原子核是比原子更深一个层次的物质结构。原子核物理学是研究原子核的内部结构、内部运动、内部激发状态、衰变过程、裂变过程以及原子核之间的反应过程的学科。

在原子核被发现以后，曾经以为原子核是由质子和电子组成的。1932 年，英国科学家查德威克发现了中子，这才使人们认识到原子核可能具有更复杂的结构。

质子和中子统称为核子，中子不带电，质子带正电荷，因此质子间存在着静电排斥力。万有引力虽然使各核子相互吸引，但在两个质子之间的静电排斥力比它们之间的万有引力要大万亿亿倍以上。所以，一定存在第三种基本相互作用——强相互作用力。将核子结合成为原子核的力被人们称为核力，核力来源于强相互作用。从原子核的大小以及核子和核子碰撞时的截面估计，核力的有效作用距离约为一千万亿分之一米。

当原子核的结构发生变化或原子核之间发生反应时，要吸收或放出很大的能量。一些很重的原子核（如铀原子核）在吸收一个中子以后，会裂变成为两个较轻的原子核，同时放出二十到三十个中子和很大的能量。两个很轻的原子核也能融合成为一个较重的原子核，同时放出巨大的能量。这种原子核的融合过程叫做聚变。

粒子加速器的发明和裂变反应堆的建成，使人们能够获得大量能量较高的质子、电子、光子、原子核和大量中子，可以用来轰击原子核，系统地开展关于原子核的性质及其运动、转化和相互作用过程的研究。

高能物理研究发现，核子还有内部结构。原子核结构是一个比原子结构更为复杂的研究领域，目前，已有的关于原子核结构、原子核反应和衰变的理论都是模型理论，其中一部分相当成功地反映了原子核的客观规律。

1 kg 铀裂变时所释放的能量，相当于约两万吨 TNT 炸药爆炸时所释放的能量，1 kg 氢原子核聚变所释放的能量还要大几倍。轻原子核聚变为较重的原子核并释放能量的过程，就是太阳几十亿年来的能量来源，也是热核爆炸的能量来源。如果能使重氢的聚变反应有控制地进行，那么能源问题就将得到比较彻底的解决。由于放射性同位素所放出的射线能产生各种物理效应、化学效应和生物效应，因此，放射性同位素在工业、农业、医学和科学研究中有广泛的应用。

11. 等离子体物理学

等离子体物理学是研究等离子体的形成及其各种性质和运动规律的学科。宇宙间的大部分物质处于等离子体状态。例如，太阳中心区的温度超过 10^7℃，太阳中的绝大部分物质处于等离子体状态。地球高空的电离层也处于等离子体状态。19 世纪以来对气体放电的研究、20 世纪初以来对高空电离层的研究，推动了等离子体的研究工作。从 20 世纪 50 年代起，为了利用轻核聚变反应解决能源问题，促使等离子体物理学研究蓬勃发展。

等离子体内部存在着很多种运动形式，并且相互转化着，高温等离子体还有多种不稳定性，因此，等离子体研究是非常复杂的问题。虽然知道了描述等离子体的基本数学方程，但这组方程非常难解，目前还很难准确预言等离子体的性质和行为。

12. 粒子物理学

目前对所能探测到的物质结构最深层次的研究称为粒子物理学，又称为高能物理学。在 20 世纪 20 年代末，人们曾经认为电子和质子是基本粒子，后来又发现了中子。在宇宙射线研究和后来利用高能加速器进行的实验研究中，又发现了数以百计的不同种类的粒子。这些粒子的性质很有规律性，所以现在将基本两字去掉，统称为粒子。

研究这些粒子，发现它们都是配成对的。配成对的粒子称为正、反粒子。正、反粒子一部分性质完全相同，而另一部分性质完全相反。另一个重要发现是，所有粒子在一定条件下都能产生和消灭。例如，高能光子在原子核的电场中能转化为电子和正电子，电子和正电子相遇，就会同时湮没而转化为两个或三个光子。

在实验上把已经发现的粒子分为两大类。一类是不参与强相互作用的粒子，统称为轻子。另一类是参与强相互作用的粒子统称为强子。已经发现的数百种粒子中绝大部分是强子。实验发现，强子也具有内部结构。强子内部带点电荷的东西在外国称为夸克，中国的部分物理学家称之为层子。因为他们认为：即使层子也不是物质的始元，也只不过是物质结构无穷层次中的一个层次而已。

虽然层子在强子内部可以相当自由地运动，但即使用目前加速器所能产生的能量最高的粒子束轰击强子，也没有能将层子打出来，使它们成为处于自由状态的层子。将层子囚禁在强子内部是强相互作用所独有的性质，这种性质称为“囚禁”。

弱相互作用也有其独特的性质。它的基本规律对于左和右、正粒子和反粒子、过去和未来都是不对称的。弱相互作用的不对称就是李政道和杨振宁在 1956 年所预言、不久在实验上为吴健雄所证实的宇称在弱相互作用中的不守恒。

在量子场论中，各种粒子均用相应的量子场来反映。空间、时间中每一点的量子场均以算符来表示，称为场算符。这些场算符满足一定的微分方程和对应关系或反对应关系。量子场的确既能反映波粒二象性，又能反映粒子的产生和消灭，还能自然地反映正、反粒子配成对的现象。

0.2 物理学是科学的基石和技术的先导

物理学是自然科学的基础，它的基本理论渗透到自然科学的各个领域，应用到生产技术的许多部门。物理学与其他科学具有广泛密切的联系，它的发展极大地推动了整个科学技术和社会经济的发展，深刻影响着人类对物质世界的基本认识、人类的思维方式和生活方式，还将继续改变世界的面貌和人类的生存环境。

0.2.1 物理学是自然科学的基础

1. 物理学的发展与数学的发展相辅相成

我们所面对的大自然，既具有物理规律的优美性又具有数学的简洁质朴性，因此，物理学和数学的关系是相辅相成的。一方面，数学是物理学不可缺少的工具，也是物理学最简洁的语言。伽利略说过：“如果不理解它的语言，没有人能够读懂宇宙这本伟大的书，它的语言就是数学。”物理学构建的物理模型和发现的普遍规律，最终需要使用数学表达式定量而简洁地表述出来，物理学的理论体系只有用优美严谨的数学语言表述，才更显示出它的准确性和唯一性。另一方面，物理学的发展和需要也不断地为数学研究提出新的课题和挑战，开辟更广阔的天地，从而推动数学的发展。历史上许多著名科学家（如牛顿、欧拉、高斯等）对于物理和数学都作出了巨大贡献，而很多大数学家（如彭加勒、克莱因、希尔伯特等）也都精通理论物理。

2. 物理学的发展与天文学的发展密不可分

物理学与天文学的关系密不可分，早期的天文观测使人类发现了星球的运动和引力的规律，近代的天文学观测还为广义相对论的理论提供了有力的证据。反过来，物理学的发展又进一步带动了天文学的发展，人们正是在相对论的指导下，解决了大量天文学的问题，并且改变和发展了天文学的最根本的理论，直至建立了现代宇宙论的标准模型——大爆炸理论。同时，物理学的发展也给天文学的研究提供了重要的手段，现在采集天文信息的电磁波波段早已从可见光扩展到无线电波、微波、X 射线、γ 射线，各种探测手段也随着物理学的发展而进一步提高。

3. 物理学的发展与化学的发展相互促进

化学是研究原子、分子层次的物质结构、性质和变化规律的学科，而物理学的研究层次更为广泛。在很多时候，化学过程与物理过程是相伴进行的，化学现象和物理现象也有密切的联系。化学中的原子论和分子论为物理学中的气体分子运动论奠定了基础，而物理学中的量子理论、原子的电子壳层结构又从本质上说明了各种元素性质周期性变化的规律，量子力学的诞生导致量子化学的产生。还有很多化学的分支学科（如激光化学、分子反应动力学、固体表面催化、结构化学等）与物理学密切相关，越来越多的物理手段（如光谱分析、X 射线结构分析、激光、核磁共振等）被广泛应用到化学研究中。

4. 物理学的发展为地质学的研究奠定了基础

地质学是研究地球的组成、构造及其运动和发展历史的科学，它应用物理学中的万有引力定律、质量守恒定律、摩擦定律、胡克定律、帕斯卡原理、阿基米德原理、波动理论等研究河流、海洋、冰川的运动，岩石的形成与形变，地震与火山活动等；利用声学、磁学、热对流原理完善了大陆漂移、洋底扩张、板块理论。地质学中渗透着物理学，而地质学中的未解之谜也有待于物理学的进一步探索来给出答案。

5. 物理学的发展为医学作出了巨大贡献

17 世纪初威廉·哈维发现了血液循环理论，19 世纪末巴斯德创立了生物致病学说，前者是在物理学诞生之时，后者是在物理学革命的前夜。回顾获得诺贝尔生理学或医学奖的历史，不难发现其中很多获奖项目与物理学有关，例如，1911 年古尔斯特兰德关于眼睛屈光学的研究，1922 年希尔在肌肉的能量代谢和物质代谢方面的研究，1924 年爱因托芬心电图原理的发现，1946 年马勒关于 X 射线引起基音突变的发现，1961 年贝克西“行波学说”的确立和耳蜗感音的物理机制的发现，1962 年沃森、克里克和威尔金斯 DNA（脱氧核糖核酸）分子双螺旋结构模型的构建，1979 年科马克和亨斯菲尔德关于 X 射线计算机层析扫描的发明，2003 年劳特伯尔和曼斯菲尔德对开发像技术所作出的巨大贡献等。在现代医学发展过程中，物理学的基本原理、研究方法和技术被广泛地应用到医学的预防、诊断和治疗中，现在医院中使用的仪器，小到体温表、听诊器、显微镜，大到 X—CT（X 射线计算机断层成像）、MRI（磁共振成像）、医用加速器等医疗设备，随处可见物理学原理和技术在临床医学中的应用。

6. 物理学的发展促进了生命科学的发展

物理学和生命科学的相互作用由来已久。历史上几乎是同时诞生了电学（库仑，1785 年）与电生理学（伽伐尼，1791）。生物学为物理学启示了能量转换与能量守恒的观念；物理学中的理论、模型、方法和计算模式，在生物系统中得到广泛应用。在近代的生物学发展中，物理学方法必不可少。物理学处理宏观体系的理论，如热力学、统计力学、耗散结构理论、熵与信息的研究成果等，帮助人们从宏观角度研究生物体系的物质、能量和信息转换的关系，推动了生命科学的发展；物理学的微观理论，如原子分子物理、量子力学、粒子物理等，帮助人们从微观角度研究生物大分子和分子聚集体（如生物膜、细胞、组织等）的结构与功能；在涉及复杂的人类意识、思维等的脑科学研究中，非线性物理学的理论发挥了重要的指导作用；物理学为生物学的研究提供了大量的现代化实验手段和技术，例如 X 射线、中子衍射、示踪原子、核磁共振、同步辐射等技术在生物学中的应用，还有光学显微镜、扫描隧道显微镜等各种现代化的实验仪器。有一个众所周知的典型事例说明了物理学家对生物学的贡献，揭示生命本质的著作——《生命是什么?》的作者是物理学家薛定谔，他在 20 世纪 40 年代提出遗传密码存储于非周期晶体的观点，科学家经长期努力确定了 DNA（脱氧核糖核酸）的晶体结构，揭示了遗传密码的本质，最终在近期完成了人体信息图谱的工作，这是 20 世纪生物科学的最大突破。特别是当前基础生物科学的飞速发展又提出了大量的新课题、新挑战，更加激励了物理学家的介入和参与。

0.2.2　物理学的发展对社会科学的影响

物理学的发展对社会科学会产生深刻的影响。物理学曾被称为“自然哲学”，那么与之相对的就是“社会哲学”了。关于哲学可以这样定义：哲学是关于世界观的学说，是自然知识和社会知识的概括和总结，是人类对自然界和人类社会的总的看法。哲学的根本问题是思维和存在、精神和物质的关系问题。物理学属于自然知识，它所揭示的正是自然界“物质”和“存在”的规律，因此从“物质决定精神，存在决定思维”这个方面看，物理学的研究成果，特别是物理学的重大科学发现，无疑是最根本地影响了人类的“思维”和“精神”。

人类对物质世界的最根本的看法左右着人类的物质观、自然观和宇宙观。物理学的发展过程就是人类对整个客观物质世界的认识过程，所以物理学是建立科学的世界观和方法论的基础。每一个新的物理概念的确立和物理规律的发现，都是人类认识上的一个飞跃，是对旧有观念的冲击，是对传统束缚的突破。例如，哥白尼的“日心说”引起的天文学革命，改变了人类以自己为宇宙中心的错误认识；“相对论时空观”突破了“绝对时空观”对时间和空间的认识局限；量子力学的建立使人们改变了对物质和能量的传统认识；物理学中关于宇宙起源和演化的理论，改变着人类对宇宙的认识；物理学中熵概念的推广和信息熵的发展，不仅影响了信息学的发展，还为建立科学发展观和解决能源、环境等社会问题提供了理论依据；还有普里高津的耗散结构理论，它表明远离平衡态的开放系统才具有活力，这是对管理科学的重要启示，并且成为经济体制改革、社会全面开放、引进竞争机制的最好的理论说明。

从 20 世纪以来，很多物理学家把研究领域从自然科学转向传统的社会科学。一些物理学家引用物理学中的科学分析方法，类比统计物理学中的概念，对各种经济现象和规律进行解释和预测，已经取得显著成果。例如，提出中微子理论的物理学家马约拉纳在 1942 年就发表过一篇文章，探讨物理学和社会科学中统计规律的相似性。在上世纪 60 年代，分形科学的创始人曼德勃罗就在市场的随机性方面做过开创性工作，在金融市场上，观察到了分形结构。从物理学上看，分形是一种具有自相似特性的现象或物理过程，将其局部细微部分放大后，其结构看起来仍与原先的一样，也就是说在分形中，每一个组成部分都在特征上与整体相似，仅仅是变小了而已。分形分为两类：一类是几何分形，它不断地重复着同一种花样图案，另一种是随机分形，它只是统计意义上的自相似，例如分形布朗运动。曼德勃罗认为金融市场和其他经济体系的规律不会是没有记忆的，他把含有记忆的随机过程（即分形随机过程）用到了经济分析之中。特别是自20世纪90年代以来，随着计算机技术和网络技术的发展，获取和处理各种金融数据变得比较容易，在很大程度上刺激了经济物理学的诞生。还有一个典型事例，2003年春天北京被突如其来的“非典”侵袭，当时人们不禁要问：“非典”这场灾难到底肆虐到何时才能结束呢？其实物理学家已经用经典的物理模型和数据处理方法给出了准确的答案。根据当时公布的病例数，物理学家们在5月上旬作出了预测：北京的“非典”新增病例将在6月上旬下降到1人左右，这与后来的事实是吻合的。

21世纪的文明是以科学为中心的文明。著名物理学家费曼说：物理学是“当代真正文化的主体”。我们已经看到，物理学贡献给人类社会的不仅仅是具体的物理规律和技术，更重要的是一种观念和文化，这种观念和文化正在迅速传播到社会生活的各个领域。每一个现代公民，特别是每一个受过高等教育的人都应该理解和热爱物理科学，感受和欣赏物理文化，从而使全社会走近物理、崇尚物理、应用物理、发展物理。

0.2.3 物理学是技术的先导

物理学是一门科学，无论是过去、现在、还是将来，物理学都是很多高新技术诞生的基础和先导。过去，物理学研究的重大突破曾导致生产技术的飞跃；现在，一个新的物理学规律的发现和掌握，转化为技术的速度越来越快，应用范围越来越宽，这充分体现了科学对技术的指导作用；而未来世界，随着物理学研究的新突破，还将会引发新一轮的技术革命。

科学与技术是两个不同的概念。科学是宇宙客观存在的规律性的东西，它不以人们的意志而转移和变化，人们只能去探索它、发现它、认识它，而不可能去创建它、改造它。科学一旦被人类所发现和认识，与在被发现和认识之前一样，是人类共有的财富，而不是部分人的财富或专利。技术是在科学指导下产生的改造世界的手段，这些手段是工程技术人员依照科学的基本原理和自己头脑中的设想，以及前人的经验而创造出来的方法和手段。由此可见，技术中包含着人的创造，技术成果是人们创造性劳动的结果。一个新的科学发现在很短的时间内就可能带动起一系列的技术成果，这些成果是属于技术发明家或技术革新者个人的成就，其专利以及所产生的财富部分地属于发明家或革新者本人。

纵观科学发展的历史不难看出，技术的发展更多地依赖于物理学理论的进展。有了经典力学和热力学的发展，才使汽车、火车、飞机得以诞生，才会有火箭和人造卫星帮助人类实现飞向太空的梦想；有了电磁学理论的完善与发展，才使人类进入了电气化时代，才产生了电机、电报、电视、雷达等，还创建了现代电力工程与无线电技术、现代通信技术等；有了核物理的研究进展，才推动了核能技术的发展，把人类带进了原子能时代。

激光器的诞生和激光技术的发展是20世纪物理学的一大贡献。但激光的发展历史却要追溯到激光诞生的100年前：1860年麦克斯韦建立光的电磁场理论，知道了光是一种电磁波；1900年普朗克提出量子假说，物理学家开始对光的量子性有了认识；1917年爱因斯坦提出“受激发射”理论，激光就是“光的受激发射与放大”的简称。1953年量子电子学专家汤斯建造了微波激射器，1958年美国的汤斯、肖洛，前苏联的罗霍罗夫、巴索夫分别设想以法布里-珀罗干涉仪作为谐振腔构建近红外或可见光波段的激射器，两年之内，梅曼等人的第一台红宝石激光器诞生。我国的第一台激光装置在1961年由长春光机所的物理学家邓锡铭、王之江等人研制成功。

再如，以半导体物理为基础的电子信息技术，可以说对 20 世纪的人类社会影响最大。1947 年 12 月 23 日，巴丁、肖克莱、布拉顿正式演示了他们制作的世界第一支晶体管的功率放大作用，从而开辟了电子信息时代。晶体管的出现使人类的生产结构、科研手段、战争模式、思想方式和生活方式都产生了跃变，它所引起的技术革命比历史上任何一次革命对社会政治、经济、文化带来的冲击都更为巨大。然而这一切都建筑在量子力学的基础上。自 1925 年量子力学建立以来，对固体（特别是半导体）的认识，从泡利原理、能带理论、电子或空穴的概念，到 n 型、p 型半导体和 p-n 结的制备，肖特基的整流理论与场效应原理等，经过 20 年的物理学孕育过程，发明了晶体管技术。1947 年以后，随着硅平面工艺的发展和集成电路的发明，从小规模、中规模集成电路，到大规模、超大规模、甚大规模集成电路，集成度以每 1.5 年翻一番的速度增长，出现了微电子技术及其产业在几十年中持续的发展。电子计算机技术的飞速发展正是依靠了集成电路的进步而取得的。

实际上，物理科学与技术的关系是相辅相成、相得益彰的。历史上一些生产实践的需要使人们创建了部分技术，例如 18、19 世纪蒸汽机等热机技术，然后把它提高到理论上，建立了热力学。而反过来，热力学理论又进一步促进了热机技术的发展。一方面，物理学提供了技术革命的根据；另一方面，技术的发展又对物理学提出了新的要求和课题，同时也提供了更加先进的研究条件和技术手段，从而有力地推动了物理学研究的发展。例如固体物理、原子核物理、等离子体物理、激光物理、现代宇宙学等，它们之所以迅速发展，是和技术及生产力发展不断提出更高的要求分不开的，而现在在物理学前沿进行研究工作，必须使用尖端技术，否则就无法使实验研究工作达到一定的深度和精度，也很难开辟新的研究领域。因此，基础理论和尖端技术的关系将日益密切，在互相促进中向前推进。

0.2.4 未来社会依赖于物理学的更大发展

2000 年 12 月在德国柏林举行的第三届世界物理学会大会的决议就曾精辟地指出：“物理学是其他科学（如制药、生物、化学、地球科学等）和绝大部分技术发展的直接或不可缺少的基础，物理学曾经是、现在是、将来也是全球技术和经济发展的主要驱动力。”决议还指出：“21 世纪的一些非常重要的研究领域，包括新能源、新材料、信息技术、交通运输、健康和环境等，这些领域中的科学成果和技术的进步将与物理学中完善的知识基础密切相关。”

2004 年 6 月 10 日，联合国大会鼓掌通过决议，规定 2005 年为“世界物理年”，决议确认：物理学是认识自然界的基础；物理学是当今众多技术发展的基石；物理教育为培养人的发展提供了必要的科学基础。这一决议的意义非常深远，它不仅是在国际最高层次的会议上对物理学的地位加以确认，同时预示了在 21 世纪一个物理学的学习与研究高潮即将到来。

我国国家科委基础研究与高技术司、国家自然科学基金委员会数理科学部和中国科学院基础局，曾多次举办“21 世纪中国物理学研讨会”，邀请国家教委、中国科学院和工业部门的近百名物理学家座谈讨论，回顾物理学发展的历史，讨论 21 世纪物理学发展的方向。专家们普遍认为，21 世纪物理学将在三个方向上继续发展：①在微观方向上深入下去；②在宏观方向上拓展开去；③深入探索各层次间的联系，进一步发展非线性科学。

专家们还提出，可能应该从两方面去探寻现代物理学革命的突破口：①发现客观世界中已知的四种力以外的其他力；②通过审思相对论和量子力学的理论基础的不完善性，重新定义时间、空间，建立新的理论。

关于物理学的未来发展，可谓前景广阔，悬念丛生，以下仅介绍几个方面，以适当开阔眼界。

1. 关于物质结构

物质结构及其相互作用是物理学基础研究永恒的前沿。在物质结构方面，粒子物理正酝酿着更深层次认识的飞跃。围绕原子核结构，今后的工作主要有几下几方面：

（1）核内夸克自由度的寻找与研究　主要方法有高能轻子（电子、μ 子和中微子）散射、在原子核内置入超子形成超核、质子与质子碰撞等。

（2）有关新物质形态——夸克胶子等离子体（QGP）的研究　特别是在实验室内产生QGP，进而研究长距离下的量子色动力学（QCD），还有模拟天体演化的实验等。

（3）有关 K 介子核物理研究　用 K 介子做探针，可以获得与奇异夸克有关的各种性质，进而研究夸克禁闭、核表面性质、H 粒子产生核稀少衰变事件，借以检验和发展人们熟知的标准模型。

（4）放射性核束的加速及有关核物理的研究　这是低能核物理的深入和必然发展的结果，将为人们认识强相互作用及核多体系统提供丰富全面的信息。

2. 关于物理学与生命科学的融合

物理学在生命科学中的渗透与生命科学中所提出的物理学问题正在成为国际上科学研究的热点。需要物理学的进一步推动和支撑的生命科学研究面临的主要物理问题有：

1）DNA 结构的解释、测定以及修饰改装，同位素标记跟踪技术；

2）脑和神经系统、结构，信息、能量传递；

3）体液，血液流动，流变学；

4）光合作用，物质转移，光电转换；

5）重大疾病的原因，癌症的光谱分析；

6）人体辐射场，经络点的发光现象（电、磁、热、光等），人体微弱发光；

7）人体探测（血管、神经及其位置、病变等）；

8）生命过程中的液体问题（水、细胞内外的粒子通道、DNA 结构、基因等）。

3. 关于凝聚态物理

凝聚态物理是最有发展前景的分支之一，可能出现的发展趋势有以下几个方面：

1）亚微米、纳米和原子尺度量级的微加工技术会有重大发展；

2）微电子器件中的工作原理有可能产生新的、原则性的、阶段性的跃进；

3）光电子器件的物理研究将成为一个重要的学科领域；

4）超导电性（包括高、低温的超导电性）的规模应用会变成现实；

5）传统的材料物理的面貌会进一步改革；

6）固体表面的反应动力学应当受到重视；

7）液态物理学会成为一门重要的内容丰富的学科领域；

8）生命物质作为凝聚态物理的研究对象将成为一个热门领域；

9）特殊极端条件下的凝聚态物理会引起显著的关注；

10）从计算凝聚态物理到凝聚态物质的计算机模拟，都将成为科学研究与生产实际的重要方面；

11）凝聚态理论作为复杂系统理论的一个方面，期待着概念与方法的突破。

4. 关于物理与材料科学

在材料科学中与物理学相关的问题包括：

1）新材料的仿生设计；

2）电流变液；

3）导电聚合物；

4）愈合材料；

5）复合材料、生物复合材料等；

6）隐形材料；

7）仿生材料；

8）超导材料；

9）新型金属材料；

10）新陶瓷材料；

11）高分子合成材料；

12）纳米材料；

13）小量子系统的微结构物理（包括单原子、单分子量子的极限材料）。

5. 关于核物理

受控核聚变和等离子体的研究将开辟新世纪人类的新能源。例如聚变等离子装置、第三代同步辐射装置、放射性核束装置、重离子加速器冷却储存环、τ-C 工厂的建立等。原子链式反应的和平利用——原子能反应堆。

6. 关于宇宙学

21 世纪的天体物理将要用更加令人信服的观测结果，更加严格、自洽的理论来确立宇宙的演化链；现在的宇宙演化模型也许会被新的观测事实所否认，并导致宇宙演化学说的再一次飞跃。

0.3 物理学的科学思想和研究方法

任何科学理论的形成都离不开科学思想的指导和科学方法的应用。物理学理论的形成，是科学的思想与科学的方法相结合的结果。

0.3.1 丰富深邃的科学思想

科学思想是建立在理论实践基础上的人的思维规范，是人类精神文明的重要组成部分。科学思想是人们形成科学的世界观的重要源泉，它具有强烈的时代性、社会性和进步性。

科学思想的时代性表现为它在不同的时代具有不同的内涵，某一时代的科学认识水平和社会生产力发展水平决定了该时代的科学思想主线，例如柏拉图、亚里士多德时代的机体论思想、牛顿时代的机械论思想、现代的系统论思想等。科学思想的社会性表现为它不为某一学派、某一阶层或某一领域所独有，而是在科学研究、技术发明和社会实践等各个领域都具有普遍的指导作用。科学思想的进步性表现为它是一个动态的、不断发展的概念，随着人类对自然规律的探索和认识，原有思想中的不合理部分将被扬弃，新的思想会不断涌现，甚至发生革命性的转变。

1. 自然科学的唯物主义思想

现代科学的唯物主义思想是由牛顿的机械唯物主义的自然观开始的。这一思想承认世界是物质的，而且物质是按照一定的规律运动着的。但是牛顿认为原子是不可分和不可变的，即原子是永恒的，所以得出物体的质量是不变的。他肯定了物质的客观性和永恒性，这一概念成为机械唯物主义的物质观的基础，并由此得出了绝对空间和绝对时间的概念。

根据体系在某一时刻的运动状态和作用于这一体系的外部的力，就可以准确地确定这个体系以往的运动状态，以及预测它在未来的运动状态。这就是机械的决定论的因果关系。实际上在牛顿以后的许多物理学家中，如焦耳、克劳修斯、玻耳兹曼、法拉第等都具有这一机械唯物主义的思想。创建电磁场基本理论的麦克斯韦也试图将电磁场纳入到经典力学的框架中，他的这一思想方法特别反映在寻找“以太”和确定地球的绝对运动的过程中。这一机械唯物主义的自然观到了爱因斯坦那里得到彻底的改造。

2. 物质世界统一性的思想

人们追求自然界的统一性的思想由来已久。中国古代的阴阳五行学说，就是把自然界看成是由金、木、水、火、土这五种基本元素构成的，而且这五行之间息息相关、相生相克。万事万物的基本性质均分成属阴、属阳两大类。还有毕达哥拉斯的“万物皆数”、德谟克利特的原子论等，都在于揭示自然界多样性的现象背后的统一本质。

牛顿从统一天上力学和地上力学开始，建立了他的自然科学的哲学观点，其中最重要的一条就是统一性原理，这一原理是牛顿的物质观、时空观、运动观的立身根本。所有物质都是由原子构成，绝对空间和绝对时间把世界上所有事物都统一到这个时空舞台上活动，万有引力和牛顿三大定律把天上和地上的物体的运动都统一起来。质量和力的概念对所有物体的运动都是普遍适用的，所以后来出现了热力、电力、磁力、化学力等。

电磁学的建立是从法拉第的工作开始的。法拉第进行科学研究的指导思想就是各种自然力的统一性。他认为各种自然现象都是相互关联的，各种自然力是可以相互转化的，所以他相信“磁一定能生电”。电磁感应现象和规律的发现，使他更加相信自然力的统一性以及自然界的简单性和协调性。他曾设计了很多实验，想把磁力和引力统一起来。电磁场理论的建立者麦克斯韦，也是在物质世界统一性的思想指导下，把电、磁、光三者统一在一个理论中。

爱因斯坦也是把世界的统一性思想贯穿到他的整个科学活动中。他坚信自然界一定有一个完全和谐的结构，总是本着统一性的思想去考察各种自然现象。他创立的狭义相对论把低速运动和接近光速的高速运动统一起来，而他创造的广义相对论又把引力质量和惯性质量统一起来。

爱因斯坦在完成了电场与磁场、动量与能量、质量和能量、惯性和引力的统一解释后，转向研究电磁场和引力场的统一，并试图用“统一场论”的观点把场与粒子统一起来，把相对论和量子论统一起来。虽然他没有最终完成这项工作，但是今天“统一场论”的研究方兴未艾。可以说，物质世界统一性的思想，不论是过去还是现在，都在指导着物理学的研究，而且将来也必会指导着物理学的发展。

3. 发展、变化和联系的思想

辩证唯物主义认为，世界上一切客观事物都在永恒地变化和运动着，任何科学理论自身，也不是永远不变的结论的汇集，同样要不断地发展和变化。这一思想在物理学的研究过程中发挥着重要作用，物理学没有所谓永恒的理论，纵观物理学的发展历史就能说明这一点。

19 世纪末，经典物理学以经典力学、经典电磁学和经典统计力学为三大支柱，达到了相对完整、系统、成熟的阶段。这使得不少物理学家认为，物理学的大厦已经基本建成，剩下的工作仅仅是在一些细节上进行补充和修整，物理学的发展似乎达到了顶峰。然而相继出现的两朵“乌云”导致了世纪交替时期的一场伟大而深刻的物理学革命，并由此诞生了相对论和量子力学，使物理学进入了一个崭新的近代物理阶段。

到了 20 世纪 30 年代，当以相对论和量子力学为主要标志的现代物理学大厦基本建成时，物理学的发展似乎又达到了顶峰。但是人们还没有来得及陶醉其中，科学技术又发生了突飞猛进的变化。以科学技术的高度分化和高度综合为特征，新兴技术迅速崛起，又诞生了新的横断科学，例如信息论、控制论、系统论、耗散结构理论、协同论和突变论等。

可见，科学的大厦只能不断加高，永远不会到达顶峰。爱因斯坦曾用爬山的比喻形象地指出新旧理论之间的否定之否定、螺旋式上升的关系。正是这种发展、变化和联系的思想，指引着人们不断向新的科学高峰攀登。人类只能不断地探索自然、认识自然，不断地进步，永远不会停止不前。

4. 有条件的怀疑主义思想

在科学研究的道路上，有条件的怀疑主义思想力求以逻辑的标准、实践的标准来检验一切科学假设和科学理论，不盲目迷信权威，敢于向既有的理论提出挑战，成为促使科学不断向前发展的动力。

历史上正是伽利略对亚里士多德的怀疑和批判，才最终推翻了错误的落体定律和强迫运动定律，得出了惯性定律，为经典力学奠定了基础。

身为酿酒师后代的焦耳，他的关于热功当量的测定和有关能量守恒和转换定律的论文，曾多次受到英国皇家学会的拒绝，但却没有动摇他的信念。他以实验事实为依据，为热力学的建立和发展做出了创造性的工作。

法拉第由于坚信自然力的统一性，并以此作为标准来审视自己所进行的科学实验，所以才能顶住各种打击和阻力，特别是一些权威人士的讥笑，终于以电磁感应现象及其规律的发现而一鸣惊人，他取得的成果为电力革命打下了坚实的基础。

普朗克在发表量子论时已经年近 40，由于受到旧有观念的束缚，所以在他的量子论与经典理论发生尖锐矛盾时，他曾多次企图把“能量子”的假说纳入到经典理论的范畴，显然这是不可能的。后来经过了 15 年的犹豫和彷徨，最终才确认自己的理论是正确的。这一事例也说明，只有敢于向既有的理论挑战，不迷信权威，坚持以逻辑的标准和实践的标准来裁决和检验科学假说和科学理论，才能在科学的道路上不断创新，为科学的发展留下光辉的业绩。

当 20 世纪初的许多新发现与牛顿的经典时空观相矛盾时，很多物理学家都竭力维护经典物理，而年仅 26 岁的爱因斯坦，在没有任何导师的情况下，利用业余时间孤军奋战，创立了狭义相对论，提出崭新的相对论时空观。虽然新理论的问世遭到了大多数物理学家的怀疑和反对，但爱因斯坦没有退却，又经过 10 年的不懈努力，创立了更加完善的广义相对论。

5. 对称性思想

对称性是人们在观察自然和认识自然的过程中产生的一个古老的观念。对称给人以圆满、匀称的美感，在所有的古代文明中常常体现着对称的观念。而对称性思想在物理学研究中历来都发挥着重要作用。

19 世纪初，法国数学家伽罗华创立了对称性数学理论——群论。如果说在此之前物理学家们还没有强调对称性思想的话，那么在此之后，对称性思想在物理学研究中开始大放光彩了。物理学家们运用对称性思想，把追求物理理论的对称性作为一种有效的途径。按照德国数学家克莱因的观点，伽利略变换的不变性导致牛顿力学，洛伦兹变换的不变性导致狭义相对论，相空间变换的不变性导致广义相对论，阿贝尔规范对称性导致电磁学，超对称性导致费米子和玻色子之间的对称理论……

在物理学中，人们对守恒定律很早就有了普遍的认识，例如能量守恒与转换、质量守恒与质能转化、动量守恒与角动量守恒、电荷守恒等，它们反映了在宏观、微观、宇观以及高速运动与低速运动的物理世界中存在着一些普适守恒的规律。但是守恒定律的实质是来源于自然界中的对称性，例如时间平移对称性导致能量守恒、空间平移对称性导致动量守恒、空间转动对称性导致角动量守恒、电磁场在规范变换下的对称性导致电荷守恒等。

现在人们已经认识到，对称性实质上是一个包含多种层次的复杂概念。随着研究的深入，人们发现较低层次的对称性往往要进化到较高层次的对称性，而较低层次的守恒定律往往在一定条件下并不守恒，而要归并到较高层次的守恒定律中，例如由机械能守恒到能量守恒与转换定律，再到质能转化关系等。而进一步的研究表明，较低层次对称性的破坏和较高层次对称性的建立，往往体现了物理理论的重大突破。例如：1954 年杨振宁与美国物理学家米尔斯将同位旋对称性从整体对称性推广到局部对称性；1955 年，杨振宁、李政道发现弱相互作用下的宇称不守恒，而后建立了 CP 联合守恒；1964 年，美国物理学家克罗宁和菲奇发现 CP 联合不守恒，而建立了 CPT 联合守恒；20 世纪 70 年代以后，美国物理学家温伯格、格拉肖和巴基斯坦物理学家萨拉姆等人利用希格斯机制克服了杨-米尔斯理论的困难，终于建成了将局域同位旋对称性与自发对称性破缺相结合的弱电统一理论……

自然界在向我们展示其对称性的同时，也在向我们揭示它非对称的一面。近年来，物理学家们开始从单纯追求对称性转向接受对称的绝对性与相对性对立统一的辩证观念。这一发展变化过程恰好显示出物理学从低级走向高级、从特殊走向一般、由表及里、由浅到深的进化规律。

0.3.2 科学有效的研究方法

物理学研究范围广泛，历经几百年的发展，它的研究方法也十分丰富。除了最常用的观察法和实验法，还有理想实验法、类比法、分析与综合法、归纳与演绎法、科学抽象法、假说法、模型法、数学的方法等。下面对一些常用方法进行简单介绍。

1. 观察法

观察法是人们对自然界发生的物理现象进行考察的一种方法。通过观察可以收集材料、发现新的事实，这种方法是科学认识的重要源泉，是物理学最早采用的、最基本的研究方法，也是检验物理理论正确与否的标准。哥白尼经过 34 年的天文观察才写下了《天体运行论》，开普勒正是在第谷·布拉赫 32 年观察所取得的丰富天文资料的基础上，得出行星运动三大定律的。爱因斯坦广义相对论的三大实验验证，即水星近日点的进动、光线在强引力场中的弯曲和光线在引力场中的红移，也是天文观测的结果。随着科学技术的发展，观察手段也越来越多、越来越先进，从肉眼的直接观察发展到用仪器进行间接观察。

观察方法虽然重要，但单凭观察所得到的经验存在着一定的局限性，因此还必须依靠实验方法，并通过理论思维来弥补观察法的不足。

2. 实验法

物理学是一门实验性很强的科学。实验法是探索物理现象及其规律的基本方法。人们根据研究目的，利用物理仪器和设备，人为地控制或模拟物理现象，排除各种偶然因素和次要因素的干扰，突出主要因素，在有利的条件下重复地研究物理现象和规律。实验是建立和检验理论的基础。牛顿曾利用光学实验解开了颜色之谜；焦耳利用浆轮实验测出了热功当量；法拉第通过无数次的实验发现了电磁感应现象；卢瑟福通过 α 粒子的散射实验建立了原子的核式模型；密立根通过油滴实验测出了基本电荷的电量……利用物理实验得出正确结论的例子不胜枚举。

实验可分为定性实验和定量实验。定性实验用于判定某种因素是否存在，某些因素之间是否有关系，例如赫兹证明电磁波存在的实验、迈克耳逊-莫雷否定“以太”存在的实验、戴维孙-革末证实实物粒子具有波粒二象性的电子衍射实验等。而定量实验是用于测量某个研究对象的数值，求出某些经验公式或定律等，例如卡文迪什测定万有引力常数的实验、菲索测定光速的实验、汤姆逊测出电子荷质比的实验等。

3. 理想实验法

理想实验又叫“假想实验”，它是在人们思想中塑造的理想过程，是一种逻辑推理的思维过程，因此也叫做“思想上的实验”，它是一种重要的理论研究方法，与实际的物理实验有着本质的区别。理想实验不是脱离实际的主观臆测，而是在真实的科学实验基础上对实际过程做出更深入的抽象分析，它可以弥补实验条件的不足。理想实验作为抽象思维的方法，可以使人们对实际的科学实验有更深刻的理解，从而进一步揭示客观现象和过程之间内在的逻辑关系，并由此得出重要结论。伽利略的惯性定律的推导就是采用了理想实验的方法，因为实际上是不存在无限大的没有任何摩擦的平面的。还有马赫，他设想了壁厚几千米的水桶对牛顿的转动水桶实验提出了反驳，批判了牛顿的绝对空间和绝对运动的观念，而实际上，人们不会真的去制造壁厚几千米的水桶。爱因斯坦更是运用理想实验的典范，由“爱因斯坦列车”他发现了“同时的相对性”，由理想升降机实验他得出了著名的等效原理，正如他本人所说：“理想实验无论什么时候都是不能实现的，但它使我们对实际的实验有更深的了解。”随着现代科学研究向着微观世界和宇观世界的纵向发展，理想实验法将越来越显示出其重要性。

4. 类比法

类比是一种常用的抽象思维方式，通过联想，把异常的、未知的事物与寻常的、熟悉的事物进行对比，根据两个事物之间存在的某种类似或相似关系，从已知事物的某种性质推出未知事物相应的性质。由类比法得出的结论虽不一定完全可靠，但它在逻辑思维中是富有创造性的。很多物理学家是采用类比法得出正确结论的。例如库仑定律，是采用了类比于万有引力定律而得出正确结论的。惠更斯利用类比法的思想研究光的本性：“我们对声音在空气中传播所知道的一切，可能会导致我们理解光的传播方式。”19 世纪初，托马斯·杨进一步以水波和光波做类比，提出了“干涉”的概念。麦克斯韦采用物理类比的思想方法得出了麦克斯韦方程组。

类比法是一种从特殊到特殊的逻辑思维方法，由此法推出的结论往往带有一定的局限性，因为进行类比的两个对象除了具有相似性的一面外，还具有差异的一面，正是这种差异限制了类比法的作用，如果忽视这种差异，由类比法得出的结论就会降低甚至失去价值。

5. 分析与综合法

分析与综合是抽象思维的基本方法。分析是把研究对象分解成各个组成部分，然后对各个组成部分进行研究的方法，即从“整体”到“部分”的思维方法；而综合是把研究对象的各个组成部分联系起来，在整体上研究事物的本质和规律的方法，即从“部分”到“整体”的思维方法。分析和综合的关系是相辅相成的，分析是为了综合，综合是分析的归宿。

通过分析的方法对事物“整体”进行分解，把“部分”从整体中分割出来，分析各个“部分”的特殊性；再通过综合的方法，对分析结果进行加工整理，进一步研究各个“部分”之间的相互联系和相互作用，并上升为理论观点或得出具有说服力的定量关系。例如正是由于开普勒精于抽象思维和综合概括，才在第谷丰富准确的各种天文资料基础上，取得了发现行星三定律的成果，这是历史上分析、综合方法的一次成功的运用。

6. 归纳和演绎法

归纳就是从个别事物中概括出一般概念、一般规律的思维方法，是一种由“特殊”到“一般”的推理方法。运用归纳法进行推理有三个环节：一是收集材料，材料越全面、越具体，推出的普遍结论越可靠；二是整理材料，把纷繁杂乱的材料适当整理归类；三是概括抽象，对材料进行比较、分析，剔除非本质的成分，从而揭示事物的本质和内在规律。

演绎是把一般性判断作为前提，从事物的一般规律推演出个别事物的特性，是一种由“一般”到“特殊”的推理方法。演绎推理也是做出科学预见的一种手段，如果把已被实践证明了的科学一般性原理运用到具体问题上，得出正确的推论来，这就是科学预见。

归纳法和演绎法两者之间既有区别又有联系，归纳法是有偶然性的，前提和结论没有必然的联系；而演绎法是有必然性的，前提和结论有必然的联系。演绎以归纳为基础，归纳以演绎为指导。

运用归纳和演绎相结合的方法，必须首先系统地积累大量实验事实，经过分析归纳，总结出经验规律。然后从特殊到一般，经过合理的推广，使经验规律上升为普遍适用的科学理论。再通过逻辑演绎，从理论上推出新的结论和预言。最后将理论上的新结论和预言再放到实践中检验其真伪。牛顿就非常善于运用这一科学方法。牛顿在进行实验时强调归纳法，通过反复的大量实验，从中归纳出规律性的东西；而在应用力学定律解决问题时，巧妙地运用数学演绎法。实验物理学大师法拉第，在发现电磁感应现象后，又用2个月时间进行各种实验，然后运用归纳和演绎相结合的方法，概括出可以产生电磁感应现象的五类情况。还有焦耳，他在大量的实验中，首先应用归纳和演绎相结合的方法得出表述电能与热能转换的公式——焦耳定律，随后通过大量实验，再一次运用归纳和演绎相结合的方法，总结出热的机械当量。

7. 建立模型法

建立物理模型以及利用模型研究问题，是物理学常用的理想化方法。

模型是理论知识的一种初级形式。做理论研究时，通常要从建立模型开始。对复杂事物的原型进行高度抽象、简化和纯化，突出主要的、本质的起决定作用的因素，排除次要的、非本质的因素，构成一个概念或实物体系，突出地反映客观事物的主要矛盾和特征，这就形成了模型。物理学中有很多模型，如质点、刚体、流体、谐振子、理想气体、绝对黑体、点电荷、原子的核式结构模型等。

为了对模型进行研究，还要运用数学的语言进行描述和计算，找出“量”的关系和规律，也就是把“物理模型”上升为“数学模型”。例如，由克劳修斯提出的理想气体模型推导出气体压强公式；范德瓦尔斯分子模型的提出导致真实气体方程的建立；卡诺的理想热机和理想循环的建立导致卡诺定理的确立等。

8. 数学方法

数学是研究物理学必不可少的工具，自然界的一切规律原则上都可以在数学中找到它的表现形式，物理学必须与数学相结合才能成为一门真正的科学。在物理学的发展过程中，必须依靠数学的方法对事物进行高度的抽象，并运用数学的方法进行精确的推导，才能到达真理的彼岸。正如爱因斯坦所说：“在我们全部知识中，那个能够用数学语言表达的部分，就划为物理学领域。”不论是麦克斯韦的电磁场理论还是薛定谔的物质波理论，不论是万有引力定律还是洛伦兹变换关系，最终都是用完美对称的数学方程准确地表达出来，才反映出它们内在的本质和联系。

人们在观察和实验中积累的大量数据，要借助于数学方法来处理。自然界中许多定理、公式和常数，都是在经过精确的定量实验后，通过数学计算而得到的。数学方法还能产生新的科学观念、科学思想，做出科学预言。在物理学的发展中，很多伟大的发现都是先通过数学上的严密的逻辑运算而得出结论，再由实验来验证的。

9. 科学假说法

科学假说法在物理学研究中占有重要地位。为了揭示自然发展的规律、创立科学理论，人们往往需要根据已有的科学原理和事实，经过一系列理论思维过程，预先在头脑中做出一些假定性的推测或解释。这种推测和解释未经实践的检验，就是一种假说。如果假说被实践证明是正确的，就成为一种理论；如果假说被证明不正确，就要进行修正或放弃。

历史上成功的运用假说最终得出正确理论的例子有很多。比如安培提出的分子电流假说开创了电动力学新纪元；麦克斯韦提出的位移电流假说最终导致了完美对称的电磁场方程组；普朗克提出的能量子假说为量子论的发展铺平了道路；卢瑟福提出的原子核式模型结构为原子核物理的建立奠定了基础；爱因斯坦提出的光量子假说，以光的波粒二像性代替了光的波动说等。

0.4　真与美：物理学家的最高境界

物理学是追求真理与完美的科学，它既是一门科学，又是一种高层次高品位的文化。“真”蕴藏在物理的科学真理中，“美”反映在物理的文化中。只有“真”的才是“美”的，真与美不可分割。纵观物理学发展史不难看出，在对自然界进行探索的漫长历程中，正是物理学家们对真理的渴望、热爱和执着追求，对自然界和谐、统一与完美的坚定信念，成为他们在艰难崎岖的科学道路上勇敢攀登的精神动力，他们把科学理论能够“真实”地反映自然界的“和谐与完美”，作为不懈追求的最高境界。

物理学的“真”，是科学真理的真，科学家们为了追求真理，夜以继日，呕心沥血，一丝不苟，孜孜以求，可以耗尽毕生精力；为了捍卫真理，科学家们敢于挑战落后传统，与保守势力勇敢抗争，甚至献出宝贵的生命。布鲁诺、哥白尼、伽利略、爱因斯坦等都是杰出的典范。我们还可以从书刊杂志中，或利用丰富的网络资源，了解更多的中外科学家们相关的信息和故事，并写成文章或做成课件与大家分享，并以科学家的事迹激励自己，鼓舞斗志，战胜困难，认真学习，不断进步。

物理学的“美”是最高层次的美，是自然界本身所展示出来的天造地设的美、朴素的美，也是贯穿在物理定律中的美——简单美、对称美、和谐美与统一美。很早科学家们就懂得科学中蕴涵着奇妙的美。1543 年出版的哥白尼的伟大著作《天体运行论》，其中第一句话就是：“在哺育人的天赋才智的多种多样的科学和艺术中，我认为首先应该用全部精力来研究那些与最美的事物有关的东西。”这表明他多么欣赏科学中蕴涵的美。确实，他的“日心说”比“地心说”更简单和谐，具有美感。杨振宁在一篇题为《美和理论物理学》的论文中写道：“我考虑了试图用一些词来定义科学中美的可能性。显然，这样一些词，如：和谐、优雅、一致、简单、整齐等等都与科学中的美，特别是物理学中的美有关。”英国科学家邦迪曾经回忆与爱因斯坦的有趣对话：“当我提出一个自认为有道理的设想时，爱因斯坦并不与我争辩，而只是说，‘啊，多丑!’只要觉得一个方程是丑的，他就对此完全失去兴趣，并且不能理解为什么还会有人愿意在上面花这么多的时间。他深信，美是探求理论物理学中重要结果的一个指导原则。”美国物理学家阿·热十分称赞爱因斯坦的观点，他表明自己所撰写《可怕的对称》一书的目的就是想讨论“给 20 世纪物理学带来活力的美学动机。”

0.4.1 和谐美：开普勒与“和谐”的哲学思想

以发现行星运动三定律而被誉为“天空立法者”的德国天文物理学家约翰内斯·开普勒，其毕生的事业是将宇宙结构的思辨和经验事实结合为不可分割的统一体，并用数学的方法来处理这个统一体。他使物理学进入到了当时科学的前沿——天文学领域。正是对自然界“和谐”的神秘感受，始终支配着他对天文奥秘的探索活动。在波兰天文学家哥白尼的《天体运行论》中，“日心说”体系所展现的那种另人赞叹的数学的“和谐的美”，使开普勒感觉到它就是真实的宇宙图景，因此他一生都坚持这种基本思想：和谐、协调与统一。

开普勒深信上帝是按照完美的数学原则来创造世界的。他在《宇宙的和谐》一书中阐明，宇宙杂乱中有统一，不协调中有协调，各行星的运动有某种数的和谐。他在《宇宙的奥秘》第 1 版序言中写道：“首先是三个问题及其原因：它们为什么是这样而不是那样，我不倦地研究着，这三个问题就是轨道的数目、大小和运动。……太阳、恒星和距离的美妙和谐，它们就像圣父、圣子和圣灵的美妙和谐，我在我的宇宙结构中将继续遵循这一类比。”

开普勒 1619 年出版了《宇宙和谐论》，这一著作不仅汇集了宇宙中各种和谐关系的例子，而且把“和谐”概念本身作为一种普遍科学理论的哲学基础。此书共有五篇：几何学篇、建筑学篇、真正的声学篇、形而上学篇和天文学篇。在第一篇中，他认为数学对观察自然作出了最重大的贡献，它揭示了思想的巧妙结构，而且一切事物都是按照这种结构构成的。他认为只有“拟形”的数才有特殊意义，几何学是宇宙美妙和谐的体现。在第二篇中，开普勒讨论了立体形状的规律性，他认为这种规律性是造成和谐作用的一种“图像和序曲”，其条件是要能在几何学和抽象的理性想象之外，在自然事物和天体事物中发现这些和谐作用，并在上帝的造物中显现出来。在第三篇中，开普勒对音乐的全部和谐机制进行了研究，其最终目标还是要说明宇宙的和谐是怎样神圣地体现在天体运行上：“人的心灵舒服地倾听着和谐的声音，这种和谐的声音遵循的是宇宙和谐的相同法则，手工业者据此决定他们锤子的节拍，士兵据此决定他们的步伐。只要和谐持续着，一切就生机勃勃，一旦和谐受到扰乱，一切就都松松垮垮。”把“和谐”的思想应用于宇宙问题，在最后两篇中继续深化。开普勒认识到，天文学作为研究天体的现实活动的一门科学，必须和物理学的科学基础联系在一起。对天文现象只进行数学描述是不够的，只有把它们纳入到数学和物理学原理体系的全面联系中，才能真正得到“阐明”。开普勒第三定律的发现充分证实了这一点，“把行星的所有运动过程的总和融为一个有规律有秩序的体系，并统一成和谐的宇宙。”

0.4.2　统一美：法拉第与自然力的“统一性”

法拉第作为著名的实验物理学大师、电磁学大厦的奠基者，坚信自然界是统一的、和谐的；坚信物质世界中的一切现象都是以这种或那种方式相互联系着；坚信自然力的“统一性”、不可毁灭性和可转化性。他在关于磁致旋光效应（法拉第效应）的文章中写道：“我早已持有一种见解，几乎达到深信不移的程度，而且我想这也是其他许多自然科学的追求者所持有的见解，即物质之力所表现出来的各种形式具有共同的起源，换言之，它们之间是如此相互依赖，以至于它们能够相互转化并具有力的当量。”法拉第在科学实践活动中，不是对某一现象进行独立的研究，而是在“科学统一性”思想的指导下，用普遍联系的观点进行研究。

1831 年，法拉第发现了电磁感应现象，实现了转磁为电的愿望，揭示了机械运动、磁运动与电流产生这三者普遍联系的客观规律。1833 年，法拉第又对伏打电、摩擦电、磁感应电、温差电和动物电这五种电进行了全面考察和系统的实验研究，发现它们具有相同的物理效应、生理效应和化学效应，由此他得出结论：“不管电的来源如何，它们的本性全都相同”，并将电的统一性应用到电解实验中，发现了法拉第电解定律。1834 年，法拉第发表和讲演了《化学亲和力、电、热、磁以及其他物质动力的联系》，他指出：任何一种力，从另一种力中产生，或者彼此转化。1845 年，法拉第发现了磁致旋光效应，揭示了磁与光的联系。1846 年，他在皇家学院发表题为《关于光振动的想法》的演说，已经提到光波可能是电力线与磁力线的一种振动，其中包含了把光与电磁统一起来的思想。

关于自然力的“统一性”思想还促使法拉第把磁力、电力和万有引力联系起来。1849 年，他在实验日记中写道：“重力，这种力与电力、磁力和万有引力的实验关系一定能够找出来”，虽然“实验……结果是否定的，但并没有动摇我的坚强信念。”

0.4.3　对称美：麦克斯韦与“完美、对称”的麦克斯韦方程组

在对电磁学多年研究的基础上，麦克斯韦在 1865 年完成了第三篇电磁学论文《电磁场的动力学理论》，进一步使用动力学的方法全面概括了电磁场的运动特征，建立了电磁场方程，提出了一套包括 8 个方程式在内的完整的方程组。后来经过德国物理学家赫兹和英国物理学家亥维赛的两次简化，成为今天通用的形式

$$\nabla\cdot\boldsymbol{D}=\rho$$

$$\nabla\times\boldsymbol{E}=-\frac{\partial\boldsymbol{B}}{\partial t}$$

$$\nabla\boldsymbol{B}=0$$

$$\nabla \times \boldsymbol{H} = \boldsymbol{J} + \frac{\partial \boldsymbol{D}}{\partial t}$$

麦克斯韦方程组以简洁、完美、对称的数学形式，使电和磁的作用对称起来，表达了电磁场理论严密的逻辑体系、正确的科学推论、出色的理论规范。从方程组导出自由空间的电场强度 $\boldsymbol{E}$ 和磁感应强度 $\boldsymbol{B}$ 的波动方程也具有一种对称美

$$\nabla^2 \boldsymbol{E} = \varepsilon\mu \frac{\partial^2 \boldsymbol{E}}{c^2 \partial t^2}$$

$$\nabla^2 \boldsymbol{H} = \varepsilon\mu \frac{\partial^2 \boldsymbol{H}}{c^2 \partial t^2}$$

0.4.4 简单、对称、统一美：爱因斯坦与“统一场论”

阿尔伯特·爱因斯坦在 1901—1955 年半个世纪的科学生涯中，发表专业性科学论文 200 多篇，内容涉及分子物理学、量子论、光学、狭义相对论、广义相对论、宇宙学、统一场论等领域，其深邃的科学思想和卓越的科学方法更是留给后人的宝贵财富。

爱因斯坦关于世界的统一性的思想，贯穿于他毕生的科学实践之中。早在 1901 年他就说过：“从那些看来同直接可见的真理十分不同的各种复杂的现象中认识到它们的统一性，那是一种壮丽的感觉。”由于受到斯宾诺莎哲学思想的强烈影响，爱因斯坦坚信客观世界一定有一个完全和谐的结构，“我信仰斯宾诺莎的那个在事物的有秩序的和谐中显示出来的上帝，而不信仰那个同人类的命运和行为有牵累的上帝。”他总是力图用“统一性”的思想去考察自然界的现象。正是这种力求物理学逻辑统一的愿望，推动着他永不停息的科学创造活动。爱因斯坦认为自然界中各种复杂纷纭的现象具有内在的“统一性”，这种统一性遵循着“对称性”和“简单性”两个原则。

“对称性”原则要求反映客观世界本质及规律的各种不同理论之间应具有逻辑上的一致性，或无矛盾性。他对完美对称的麦克斯韦方程组大加赞赏，高度评价。他认为，不同理论之间如果出现了逻辑上的不一致，就意味着理论本身没有真实地反映自然界的统一性，应该从这种不同理论之间的对立中去探求它们的统一性，建立新的各种原理或假说应具有某种对称性或不变性。爱因斯坦建立狭义相对论就是为了解决把电动力学应用到运动物体时引起的一些不对称问题。他注意到，一个磁体同一个导体之间若有相对运动，那么按照伽利略相对性原理，把哪一个看做运动的都应该是等同的，所得结果也应是等效的。但是从磁体运动或导体运动出发却不等同：如果磁体运动而导体静止，则在磁体周围会出现一个具有一定能量的电场，它在导体中激发电动势而产生电流；如果磁体静止而导体运动，那磁体周围就没有电场，而只在导体中产生电动势而引起电流，这显然是不对称的。还有把伽利略变换应用到真空中的麦克斯韦方程组时，它是不协变的。爱因斯坦认为上述两种不对称性并不是自然界本身所固有的，自然界本身应该是统一又和谐的，只有改变经典物理的时空观念，把伽利略的相对性原理加以推广，才能消除这种不对称性。

“简单性”原则要求理论前提本身具有最大的“逻辑简单性”。爱因斯坦认为：“一种理论的前提的简单性越大，它的外延就越大，所涉及的事物种类就越多，应用范围就越广，因而确立的理论体系就具有极大的普遍性和统一性。”他还认为：“逻辑上简单的东西当然不一定就是物理上真实的东西，但是物理上真实的东西一定是在逻辑上简单的东西，也就是

说，它们在基础上具有统一性。”

关于“统一场论”的研究是爱因斯坦科学生涯的最后一项重要工作。从 1923 年起直到 1955 去世，他把后半生的精力都花费在“统一场论”上，试图以此作为整个物理学大厦的基础。他设想：物理学最终应当能够从一个统一的、高度抽象化的场方程出发，推导出其中现有的和应有的一切公式与定律，以此就可以统一解释物质的基元结构，彻底消除物理学中的不和谐。统一场论既是爱因斯坦为物理学发展所绘制的一张理想蓝图，也是他的一个科学思想，他把实现这一理想作为自己对挽救近代物理学危机的一种最终责任。他认为，没有统一场论就没有物理学。

1923 年，爱因斯坦在英国《自然》周刊上发表了《仿射场论》，作为他对场论研究的开始。1929 年他在德国《普鲁士科学院会议报告》上发表了论文——《关于统一场论》，1945 年在美国《数学杂志》上发表了论文——《相对论性引力理论的一种推广》，这些都标志着他对统一场论的研究曾经取得的一些重要进展。1954 年，爱因斯坦又发表了论文——《非对称场的相对论性理论》，这是他对 30 多年来关于统一场论的研究与探索的最后总结。

由于种种原因，爱因斯坦对统一场论的研究没有得到任何具有深远物理意义的研究结果，但是他对这项研究始终充满信心。他对好友索洛文谈到他对统一场论的看法：“我完成不了这项工作了，我的这项研究即使被遗忘，但是将来仍会被重新发现。历史上这样的先例很多。”后来的事实证明了爱因斯坦的预言是完全正确的。早在 1957 年，美国的惠勒与米斯纳等人就开始了这方面的研究，他们将引力场、电磁场、质量与电荷等都作为弯曲空间的性质来解释，并试图实现物理学的全盘几何化。杨振宁与密尔斯开创了杨-密尔斯理论，萨拉姆、温伯格与格拉肖则运用杨-密尔斯理论提出了弱电相互作用的统一场论，根据这一理论做出的许多预言已经为实验所证实，他们三人因此而获得 1979 年的诺贝尔物理学奖。前苏联著名的物理学家约飞对爱因斯坦的统一场论有如下评价：“如果说这献身于统一场论的最后 30 年并未留下一些有用的成果的话，但却激发了许多深邃的思想，而且为以后的物理学提出了一系列的问题。”以后，人们开始向弱相互作用、电磁相互作用、强相互作用的统一理论进军，这一理论认为，能量很高时只有一种相互作用，只有低能时三种相互作用的差别才会显示出来，统一所有的相互作用其相应的能量尺度为 10^{24} eV。

进一步实现四种相互作用的“全面大统一”的工作已经由超对称、超引力理论提出，这是规范场论的进一步发展。爱因斯坦留下的关于“统一场论”的火炬，已由后辈科学家们高高擎起。今天的“大统一理论”已经成为当代物理学的研究前沿。正如一些科学家所指出的那样：自然科学的一个基本任务就是用一组为数很少的原理和数学关系式去描述整个自然现象。这种“统一性”分别表现为物质宏观规律的一致性和微观规律的相对性，物理学的发展就标志着为深化“统一性原理”而奋斗的过程。

0.4.5 物理模型与“美的真谛”

支配自然界各种形态和行为的物理学规律和由此引发出的物理模型与物理理论，包含着最深沉内在的美，是物理学家孜孜不倦所追求的美。从一系列物理模型可见，物理模型的最高境界是用“美和简单”来理解世间的万事万物。正是美和简单，才使我们得以目睹永不停歇的量子舞蹈，得以窥视空间和时间的永恒奥秘。物理学家在构建物理模型的过程中，更深刻地理解了美的真谛是简单、和谐、对称。

物理模型的美首先体现在“逻辑结构的美”。任何一种物理模型都遵循基本命题、导出命题、推论和应用这四部分之间的和谐与统一，要求基本命题尽可能少，得出的导出命题尽可能简洁，而推论和应用尽可能多，最终形成的理论体系在逻辑上要前后一致，各部分缜密结合，无懈可击。以牛顿的万有引力定律和整个牛顿力学体系为例，胡宁曾有如下言简意赅的论述：“物理学的发展是从人类对天体的观察和研究开始的。在这以前，人类曾对星象进行长期的观察，并根据观察记录制定历法，这是对天体运动规律认识的唯象阶段。直到开普勒给出他的三定律，物理学才从唯象阶段过渡到理论阶段。开普勒的定律实际上给出了太阳系行星运行的模型。按照这个模型，行星绕着太阳在椭圆轨道上运动，而且行星对太阳视角的改变速度是与行星到太阳距离的二分之三次方成正比的。牛顿正是在这个模型基础上建立牛顿力学和万有引力理论的。”牛顿的万有引力定律和力学体系要比开普勒的太阳系行星运行模型所体现的逻辑结构更加优美，它的推论更加广泛。但是，随着物理学的进一步发展，牛顿经典力学自身出现了危机，那就是被后来的许多事实证明它存在的“不完美性”，可以说物理学家们对“完美”的追求甚至导致整个物理学理论体系的变革。

物理模型的美还体现在“去繁就简”的美，能够恰如其分地把握研究对象的本质特征，将次要的、非本质的因素进行忽略和舍弃，从而把研究对象进行合理地抽象。正如库伯所说的：“虽然物体本身可能是很复杂的，但当我们研究这个物体的行为时，完全可用一些简化的模型来代替它，而这些简化模型在具体情况下恰恰具有我们所感兴趣并且在相互作用中保持不变的性质。”其实，这种简化模型的方法是与自然规律的“简单性”相一致的。1926年，爱因斯坦和海森伯进行过交谈，承认马赫所提出的“思维经济原则”包含部分真理，但这种认识论是属于“商业上的名称”，海森伯为此一再向爱因斯坦进行解释，以便说明物理模型的真理性同其简洁优美的表述形式有着必然的联系。他说：“正像你一样，我相信自然规律的简单性具有一种客观的特征，它并非只是思维经济的结果。如果自然界把我们引向极其简单而美丽的数学形式——这里的形式是指假设、公理等贯穿一切的体系——引向前人所未见过的形式，我们就不得不认为这些形式是真的，它们显示自然界的真正特征。”例如19世纪英国物理学家提出的气体微观模型，假设气体是由相互作弹性碰撞的自由运动的分子构成，可以交换动量和能量，忽略分子内部复杂的结构和运动，也忽略分子内部各种形式的能量交换，将分子视为不可分割、不能变化的物质基元。在该模型基础上建立起来的气体分子运动论是物理学上的第一个微观理论，得出了许多与实验相符的理论结果，达到了正确揭示气体动力过程中气体分子本质特征的目的。尽管后来被普朗克的量子学说所修正，但它在一定范围内还是相当成功的。在室温（300 K）下，大多数原子之间的碰撞为弹性碰撞，原子内部的复杂结构并未影响对气体动力学的研究。

物理模型的美还表现在数学形式的“对称美”。除了前面提到的麦克斯韦方程组，在数学形式上与之相媲美的还有牛顿的万有引力定律、库仑定律、薛定谔方程、洛伦兹变换、哈密顿的牛顿正则方程和爱因斯坦的质能关系式等，普朗克的黑体辐射公式和闵科夫斯基的四维空间洛伦兹变换也很优美。特别是爱因斯坦在1905年创立狭义相对论时，就为空间和时间在抽象的数学涵义上“具有对称性”这一概念铺设了道路。就此问题狄拉克曾与杨振宁有一次谈话，说明该物理模型形式的优美，在于客观的物理世界的“时间和空间的对称。”对理论具有数学美的追求，是狄拉克毕生科学活动的最重要的心理动机之一。在大学期间他极其崇拜爱因斯坦，认为相对论树立了物理学具有广泛的对称性和统一性的最好榜样。他坚信，理论物理学必须是数学性的，如果物理学方程在数学上不美，那就标志着不足，需要改进。他甚至认为“数学美”是对物理理论具有取舍作用的一个准则，“宇宙是这样构成的，它使得数学成为描述它的有用工具。”这也正是他能够提出如此优美和谐的正电子理论的基本指导思想。正电子的预言和发现，使人们第一次认识到自然界中存在着反粒子，它显示了大自然的一种基本对称性——正与反的对称性。以后，反质子、反中子、反 Σ^- 超子……陆续被发现，进一步证实了这种对称性。1933 年，狄拉克又提出反物质的假设，拉开了人类对反粒子、反物质研究的序幕。从理论上说，由于对称性，自然界的正粒子和反粒子的数量应当相等，这意味着在宇宙的深处很可能存在着一个与我们所在的星球对称的反物质世界。

第1篇

机械运动

机械运动是指一个物体相对于另一个物体（或一个物体的某些部分相对于其他部分）位置随时间的变动。大到天体的运行，小到微观粒子的运动，还有在日常生活中最常见的各种交通工具的行驶、各种机器的运转等，都体现了机械运动。机械运动是物质运动最简单、最基本的初级运动形态，各种复杂的高级的运动形态都包含有这种最基本的初级运动形态，例如热运动、电磁运动以及基本粒子的运动等都包含了机械运动。

在物理学中，研究机械运动及其规律的分支叫做力学。力学知识对于现代工程技术和生产实践具有重大的应用价值。无论是设计房屋、桥梁，制造各种机器，还是发射人造卫星、宇宙飞船，进行太空探索，都要以力学的基本原理为基础。因此可以说，力学是物理科学的最为基础的内容和极为重要的分支。

本篇涉及质点力学、刚体力学和相对论力学的最基本的内容。在质点力学中，主要研究质点的运动和牛顿运动定律，讨论自然界的对称性与守恒定律；在刚体力学中，主要讨论刚体的定轴转动及其规律。这两部分内容属于经典力学范畴，以牛顿的绝对时空观为基础，研究宏观物体的低速运动。由于经典力学的局限性，对于物体的高速运动问题则要通过相对论力学来解决，即以爱因斯坦的相对论时空观为基础，研究高速运动物体的运动效应。这里主要讨论狭义相对论的基本知识，最后对广义相对论作简要介绍。

第1章　质点的运动和力

本章主要介绍描述质点运动状态的基本物理量，即位置矢量、位移、速度、加速度等，以及使质点运动状态变化的原因及其规律——牛顿运动定律。

1.1　质点、参考系和坐标系

1.1.1　质点

当物体的线度和形状在所研究的问题中的作用可以忽略不计时，可以将物体的全部质量看成是集中在物体的重心之上，从而将物体抽象成一个有质量而无形状和大小的理想物体，称为**质点**。这是牛顿力学中非常重要的理想模型之一。

例如，没有形变的物体作平动时，物体上各点具有相互平行的运动轨道和相同的运动状态，即物体上任一点的运动都能代表整个物体的运动，因此可以把平动的物体当做质点。但应注意，同一个物体在不同条件下，有时可视为质点，有时不能视为质点。例如，研究地球绕太阳的公转时，由于地球至太阳的平均距离（约 1.5×10^{8} km）比地球半径（约 6 371 km）大得多，因此地球上各点相对于太阳的运动可视为相同，这时可把地球当做质点；但是当研究地球绕地轴的自转时，因地球上近轴和远轴部分的运动状态不同，就不能把地球视为质点了。

质点的运动是研究物体运动的基础。在不能把物体当做质点时，可把整个物体视为由许多质点组成，弄清这些质点的运动，就可以了解整个物体的运动。

1.1.2　参考系

自然界中，所有的物体都在不停地运动着，绝对静止不动的物体是不存在的。但是对运动的描述与参考物体的选取有关，是相对的。为描述一个物体的运动情况而选定的另一个作为参考的物体称为**参考系**。

不同的参考系对同一物体运动的描述是不同的。例如在匀速行驶的列车中，静坐的乘客相对于车厢是静止的，而相对于路边某一固定物体，乘客是和列车一起作匀速运动的；假设有一滴水自列车顶部落下，若以车厢为参考物，水滴是作自由落体运动，而若以地面为参考物，则水滴是作平抛运动，这就是运动描述的相对性。因此，在描述某一物体的运动状态时，必须首先指明是相对于哪个参考系而言。

在研究物体的运动时，一般是根据问题的性质和研究的方便来选取参考系。例如在研究物体在地面上的运动时，选取地面为参考系最为方便；而研究地球等行星绕太阳的运动时，则要选取太阳为参考系。今后在讨论地面及其附近物体的运动时，如无特别说明，都是指相对于地面参考系而言。

1.1.3　坐标系

为了定量地描述物体的位置和运动状态，需要在参考系上建立一个坐标系，坐标系是参考系的数学抽象。最常用的坐标系有直角坐标系、极坐标系和自然坐标系。有时根据需要还可以选用其他坐标系，例如球坐标系和柱坐标系等。

1. 直角坐标系

如图 1-1a 所示，在参考系上任选一点 O 为坐标原点，并选定 Ox，Oy，Oz 三个互相垂直的轴为坐标轴，则质点的位置就由 x，y，z 三个坐标量唯一确定。Ox，Oy，Oz 坐标轴的方向分别由 $\boldsymbol{i}$，$\boldsymbol{j}$，$\boldsymbol{k}$ 三个**单位矢量**来确定，它们的大小为 1 个单位，方向分别沿坐标轴 Ox，Oy，Oz 轴的正方向。

2. 平面极坐标系

如图 1-1b 所示。在平面上取一点 O 作为极点，从点 O 出发的一根射线 Ox 称为极轴，平面上任意一点 A 的位置就可以用 OA 的长度 r（径矢）和 OA 与 Ox 的夹角 θ（极角）来确定，r 和 θ 称点 A 的极坐标。

3. 平面自然坐标系

如图 1-1c 所示。在物体运动轨道已知的情况下，质点的位置可用从轨道曲线上某个选定的原点 O 算起到质点的位置 A 的轨道曲线长度 s 来表示，s 称为路程。如质点作平面曲线运动时，其速度方向沿轨道切线方向，轨道上任意一点 A 的切线和法线所构成的坐标系称为自然坐标系。其中 $\boldsymbol{t}$ 和 $\boldsymbol{n}$ 分别代表切线和法线方向的单位矢量，且 $\boldsymbol{t}$，$\boldsymbol{n}$ 方向随质点所在位置的不同而改变。

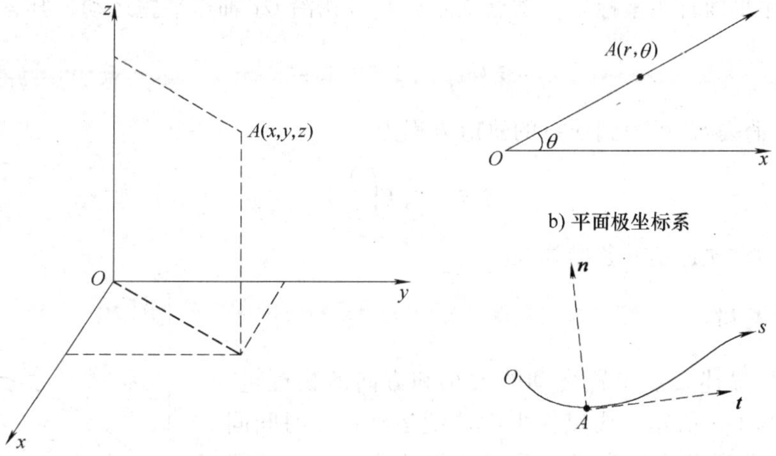

a) 直角坐标系　　c) 平面自然坐标系

图 1-1　几种常见的坐标系

1.2　描述质点运动的基本物理量

为简单起见，我们以质点在平面内的运动即二维运动为例，来分析描述质点运动的基本物理量及其直角坐标表示。

1.2.1 位置矢量

在图 1-2 所示的平面直角坐标系中，在时刻 t 某质点在点 P 的位置可用自坐标系原点 O 指向点 P 的有向线段$\overrightarrow{OP}$表示，记作矢量$\boldsymbol{r}$，称为**位置矢量**，简称**位矢**。

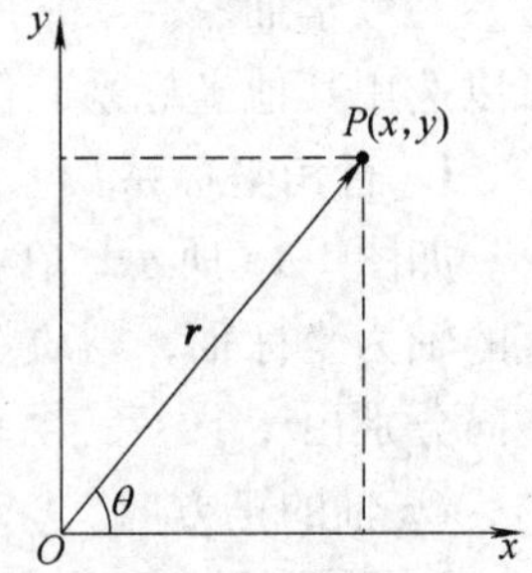

图 1-2 位置矢量

空间任一点的坐标就是该点位矢$\boldsymbol{r}$沿各坐标轴的分量，即

$$\boldsymbol{r} = x\,\boldsymbol{i} + y\,\boldsymbol{j} \tag{1-1}$$

式中，$\boldsymbol{i}$，$\boldsymbol{j}$分别为 x，y 轴方向的单位矢量。由上式可知，$\boldsymbol{r}$的大小和方向可由下式确定

$$r = \sqrt{x^2 + y^2}, \quad \theta = \arctan\frac{y}{x} \tag{1-2}$$

当质点运动时，其位矢$\boldsymbol{r}$的大小和方向均随时间发生变化，对于任一时刻 t，都有一个完全确定的$\boldsymbol{r}$与之对应，即$\boldsymbol{r}$是时间 t 的单值连续函数，即

$$\boldsymbol{r} = \boldsymbol{r}(t) \tag{1-3}$$

式（1-3）称为质点的**运动方程**。

在空间直角坐标系中，式（1-3）的分量式为

$$x = x(t), \quad y = y(t), \quad z = z(t) \tag{1-4}$$

从式（1-4）中消去时间 t，可以得到质点运动的**轨道方程**。对于直线运动，只需要用其中的一个分量式；对于平面运动，如抛体运动、圆周运动等，只需要用其中的两个分量式；对于空间运动，如飞机的飞行，就需要用三个分量式。

例如，选用平面直角坐标系，质点从原点 O 开始沿 Ox 轴作平抛运动，其运动方程为

$$x = v_0 t, \qquad y = -\frac{1}{2}gt^2$$

从上式 x，y 中消去 t，可得到质点的轨道方程为

$$y = -\frac{1}{2}g\left(\frac{x}{v_0}\right)^2$$

它表明质点的运动轨道是一条抛物线。

1.2.2 位移矢量

位移矢量是描述质点位置变动的大小和方向的物理量，简称**位移**。如图 1-3 所示，质点作平面曲线运动，经时间间隔 Δt 由 A 点运动到 B 点，定义由质点的初位置指向末位置的有向线段$\overrightarrow{AB}$为质点在这段时间内的位移矢量，用 $\Delta\boldsymbol{r}$表示，即

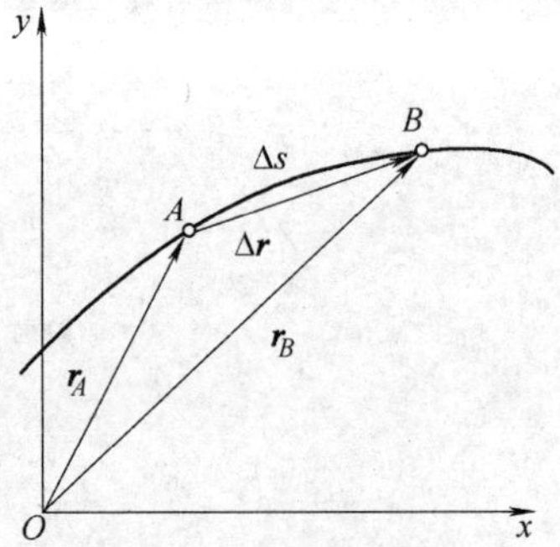

图 1-3 位移矢量

$$\Delta\boldsymbol{r} = \overrightarrow{AB} = \boldsymbol{r}_B - \boldsymbol{r}_A \tag{1-5}$$

上式表明，位移 $\Delta\boldsymbol{r}$等于在时间间隔 Δt 内位置矢量 $\boldsymbol{r}$ 的增量。

由式（1-1），可以将 A，B 两点的位置矢量分别写为

$$\boldsymbol{r}_A = x_A\,\boldsymbol{i} + y_A\,\boldsymbol{j} \quad \boldsymbol{r}_B = x_B\,\boldsymbol{i} + y_B\,\boldsymbol{j}$$

于是，有

$$\Delta \boldsymbol{r} = \boldsymbol{r}_B - \boldsymbol{r}_A = (x_B - x_A)\boldsymbol{i} + (y_B - y_A)\boldsymbol{j} = \Delta x\,\boldsymbol{i} + \Delta y\,\boldsymbol{j} \tag{1-6}$$

推广到质点在三维空间中的运动，则在直角坐标系 $Oxyz$ 中，质点的位移为

$$\Delta \boldsymbol{r} = \boldsymbol{r}_B - \boldsymbol{r}_A = (x_B - x_A)\boldsymbol{i} + (y_B - y_A)\boldsymbol{j} + (z_B - z_A)\boldsymbol{k} = \Delta x\,\boldsymbol{i} + \Delta y\,\boldsymbol{j} + \Delta z\,\boldsymbol{k} \tag{1-7}$$

位移的大小用位移矢量 $\Delta \boldsymbol{r}$的模来表示，对于二维平面运动，有

$$r = |\Delta \boldsymbol{r}| = \sqrt{(\Delta x)^2 + (\Delta y)^2} \tag{1-8a}$$

对于三维空间运动，有

$$r = |\Delta \boldsymbol{r}| = \sqrt{(\Delta x^2) + (\Delta y^2) + (\Delta z)^2} \tag{1-8b}$$

在图 1-3 中，Δs 是质点在时间 Δt 内从 A 点运动到 B 点所经历的实际轨道曲线的长度，叫做**路程**。要注意区别位移和路程两个不同的概念：**位移** $\Delta \boldsymbol{r}$是一个矢量，表示质点在某段时间内位置的变化，它只与质点的初位置和末位置有关，而与质点在初末位置之间运动的路径无关；而**路程** Δs 是一个标量，是指在某段时间内质点在运动轨道上所经过的路径的长度，其大小不仅与质点的初末位置有关，还与质点在初末位置之间的运动路径有关。例如，当运动质点经一闭合路径回到原来的起始位置时，其位移为零，但路程却不为零。一般情况下，$|\Delta \boldsymbol{r}| < \Delta s$，只有质点作单方向直线运动时，才有 $|\Delta \boldsymbol{r}| = \Delta s$。当质点作曲线运动且 $\Delta t \to 0$ 时，$\Delta \boldsymbol{r}$写为 $\mathrm{d}\boldsymbol{r}$，Δs 写为 $\mathrm{d}s$，有 $|\mathrm{d}\boldsymbol{r}| = \mathrm{d}s$。

另外，要注意位移矢量 $\Delta \boldsymbol{r}$与位置矢量的径向增量 Δr 的区别。在图 1-3 中，位移矢量 $\Delta \boldsymbol{r}$的大小为有向线段$\overrightarrow{AB}$的长度，而位置矢量的径向增量 $\Delta r = |\boldsymbol{r}_B| - |\boldsymbol{r}_A|$。

1.2.3　速度矢量

速度矢量是描述质点运动快慢和方向的物理量。

1. 平均速度

如图 1-4 所示，质点在点 A 的位置矢量为$\boldsymbol{r}(t)$，经过 Δt 时间后，到达点 B，位置矢量为 $\boldsymbol{r}(t+\Delta t)$，则定义质点在时间间隔 Δt 内的位移与 Δt 的比值称为质点在 Δt 内的**平均速度**，即

$$\overline{\boldsymbol{v}} = \frac{\Delta \boldsymbol{r}}{\Delta t} \tag{1-9}$$

平均速度的方向与 $\Delta \boldsymbol{r}$的方向相同，其大小等于单位时间内的位移大小。

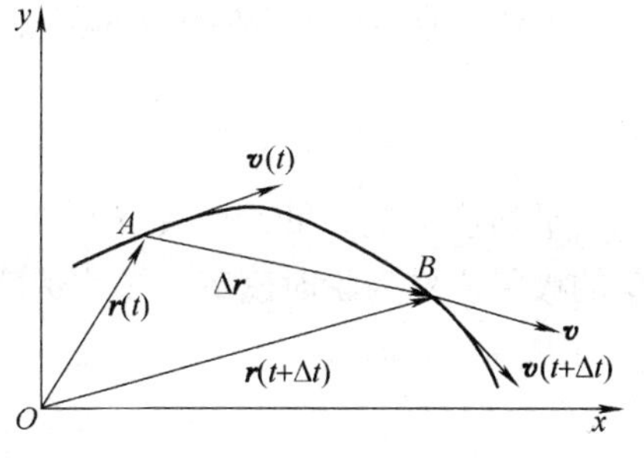

图 1-4　速度

在平面直角坐标系中，平均速度可以表示为

$$\overline{\boldsymbol{v}} = \frac{\Delta \boldsymbol{r}}{\Delta t} = \frac{\Delta x}{\Delta t}\boldsymbol{i} + \frac{\Delta y}{\Delta t}\boldsymbol{j} \tag{1-10a}$$

在三维直角坐标系中，平均速度可以表示为

$$\overline{\boldsymbol{v}} = \frac{\Delta \boldsymbol{r}}{\Delta t} = \frac{\Delta x}{\Delta t}\boldsymbol{i} + \frac{\Delta y}{\Delta t}\boldsymbol{j} + \frac{\Delta z}{\Delta t}\boldsymbol{k} \tag{1-10b}$$

2. 瞬时速度

平均速度只反映了质点在一段时间内位置变化快慢的平均值，是一种粗略的描述，时间间隔 Δt 取得越小，描述就越精确；Δt 取得越大，描述就越粗略。因此要精确地描述质点在某一时刻的 t 的运动速度，应该使 Δt 尽量减小，趋近于零。当 $\Delta t \to 0$ 时，则 $\Delta \boldsymbol{r} \to 0$，平均

速度 $\Delta \boldsymbol{r}/\Delta t$ 就趋近于一极限值。这个无限短时间内的平均速度的极限值就是质点在该时刻 t 的**瞬时速度**（简称**速度**），用$\boldsymbol{v}$ 表示，则有

$$\boldsymbol{v} = \lim_{\Delta t \to 0} \frac{\Delta \boldsymbol{r}}{\Delta t} = \frac{\mathrm{d}\boldsymbol{r}}{\mathrm{d}t} \tag{1-11}$$

即速度矢量$\boldsymbol{v}$ 是位置矢量$\boldsymbol{r}(t)$对时间的一阶导数。$\boldsymbol{v}$ 的方向为 $\Delta t \to 0$ 时 $\Delta \boldsymbol{r}$的极限方向。由图 1-4 可知，当 $\Delta t \to 0$ 时，点 B 将无限地向点 A 靠近，割线 AB 就无限趋近于 A 点的切线。所以瞬时速度的方向是沿着轨道上质点所在点的切线方向，并指向质点前进的方向。这在日常生活中是经常可以观察到的，例如，拴在绳子上的小球，如果绳子突然断开，小球就会沿切线方向飞出去。

在平面直角坐标系 Oxy 中，速度可以表示为

$$\boldsymbol{v} = \frac{\mathrm{d}\boldsymbol{r}}{\mathrm{d}t} = \frac{\mathrm{d}x}{\mathrm{d}t}\boldsymbol{i} + \frac{\mathrm{d}y}{\mathrm{d}t}\boldsymbol{j} = v_x\boldsymbol{i} + v_y\boldsymbol{j} \tag{1-12a}$$

式中

$$v_x = \frac{\mathrm{d}x}{\mathrm{d}t},\ v_y = \frac{\mathrm{d}y}{\mathrm{d}t}$$

所以，速度的大小和方向可以由下式决定，即

$$\begin{cases} 大小: v = \sqrt{v_x^2 + v_y^2} \\ 方向: \theta = \arctan \dfrac{v_y}{v_x} \end{cases} \tag{1-12b}$$

由二维的速度定义很容易推广得到在空间三维直角坐标系中速度的表达式为

$$\boldsymbol{v} = \frac{\mathrm{d}\boldsymbol{r}}{\mathrm{d}t} = \frac{\mathrm{d}x}{\mathrm{d}t}\boldsymbol{i} + \frac{\mathrm{d}y}{\mathrm{d}t}\boldsymbol{j} + \frac{\mathrm{d}z}{\mathrm{d}t}\boldsymbol{k} = v_x\boldsymbol{i} + v_y\boldsymbol{j} + v_z\boldsymbol{k} \tag{1-13}$$

3. 速率

若质点在 Δt 时间内通过的路程为 Δs，则质点在 Δt 内的**平均速率**为

$$\bar{v} = \frac{\Delta s}{\Delta t} \tag{1-14}$$

平均速率是标量，在数值上等于质点在单位时间内所通过的路程。当 $\Delta t \to 0$ 时，平均速率的极限值称为**瞬时速率**，简称**速率**，即

$$v = \lim_{\Delta t \to 0} \frac{\Delta s}{\Delta t} = \frac{\mathrm{d}s}{\mathrm{d}t} \tag{1-15}$$

当 $\Delta t \to 0$ 时，$|\Delta \boldsymbol{r}|$ 与 Δs 近似相等，可写为$\dfrac{|\mathrm{d}\boldsymbol{r}|}{\mathrm{d}t} = \dfrac{\mathrm{d}s}{\mathrm{d}t}$。因此，任一时刻质点的**瞬时速率**与速度矢量的大小相等。

【例 1-1】 质点在 Oxy 平面内的运动方程为$\boldsymbol{r} = 2t\,\boldsymbol{i} + \left(\dfrac{1}{2}t^2 - 2\right)\boldsymbol{j}$，式中各量均为国际单位制（SI）。求：（1）在 $t=2$ s 到 $t=4$ s 这段时间内的平均速度；（2）在 $t=4$ s 时的速度和速率；（3）质点的轨道方程。

【解】（1）由定义，在 $t=2$ s 到 $t=4$ s 内的平均速度为

$$\bar{\boldsymbol{v}}=\frac{\Delta \boldsymbol{r}}{\Delta t}=\frac{\Delta x}{\Delta t}\boldsymbol{i}+\frac{\Delta y}{\Delta t}\boldsymbol{j}=\frac{8-4}{4-2}\boldsymbol{i}+\frac{6-0}{4-2}\boldsymbol{j}=2\boldsymbol{i}+3\boldsymbol{j}\ (\mathrm{m\cdot s^{-1}})$$

（2）由速度的定义式，可得

$$\boldsymbol{v}=\frac{\mathrm{d}\boldsymbol{r}}{\mathrm{d}t}=\frac{\mathrm{d}x}{\mathrm{d}t}\boldsymbol{i}+\frac{\mathrm{d}y}{\mathrm{d}t}\boldsymbol{j}=\frac{\mathrm{d}}{\mathrm{d}t}(2t)\boldsymbol{i}+\frac{\mathrm{d}}{\mathrm{d}t}\left(\frac{1}{2}t^2-2\right)\boldsymbol{j}=2\boldsymbol{i}+t\boldsymbol{j}(\mathrm{m\cdot s^{-1}})$$

将 $t=4$ s 代入上式，可得此时的速度为

$$\boldsymbol{v}=2\boldsymbol{i}+4\boldsymbol{j}\ (\mathrm{m\cdot s^{-1}})$$

速率为

$$v=\sqrt{v_x^2+v_y^2}=\sqrt{2^2+4^2}=4.47\ \mathrm{m\cdot s^{-1}}$$

（3）由运动方程 $\begin{cases}x=2t\\ y=\frac{1}{2}t^2-2\end{cases}$ 消去时间 t，可得轨道方程

$$y=\frac{1}{8}x^2-2$$

1.2.4　加速度矢量

质点在运动中，其速度的大小和方向都可能会发生变化。**加速度矢量**就是描述质点运动速度大小和方向随时间变化程度的物理量。

1. 平均加速度

如图 1-5 所示，质点的运动轨道为一曲线。设在时刻 t，质点位于 A 点，其速度为 $\boldsymbol{v}_A$，在时刻 $t+\Delta t$，质点到达 B 点，其速度为 $\boldsymbol{v}_B$。由图 1-5 所示的速度矢量的增量图可以看出，在时间间隔 Δt 内，质点速度的增量为

$$\Delta\boldsymbol{v}=\boldsymbol{v}_B-\boldsymbol{v}_A$$

则质点的**平均加速度**为 Δt 时间内速度对时间的平均变化率，表示为

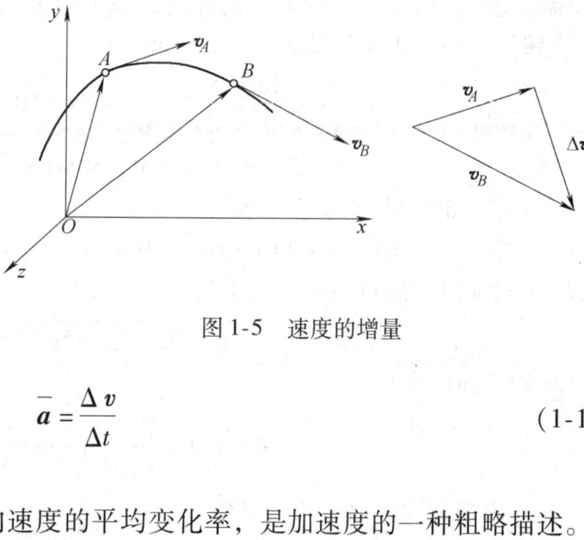

图 1-5　速度的增量

$$\bar{\boldsymbol{a}}=\frac{\Delta\boldsymbol{v}}{\Delta t} \tag{1-16}$$

2. 瞬时加速度

平均加速度只是反映了在时间 Δt 内速度的平均变化率，是加速度的一种粗略描述。要精确地描述质点在某一时刻 t 的加速度，应该使 Δt 尽量减小，趋近于零。当 $\Delta t\to 0$ 时，平均加速度的极限值称为**瞬时加速度**，简称加速度，用 $\boldsymbol{a}$ 表示，则有

$$\boldsymbol{a}=\lim_{\Delta t\to 0}\frac{\Delta\boldsymbol{v}}{\Delta t}=\frac{\mathrm{d}\boldsymbol{v}}{\mathrm{d}t}=\frac{\mathrm{d}^2\boldsymbol{r}}{\mathrm{d}t^2} \tag{1-17}$$

即加速度矢量 $\boldsymbol{a}$ 等于速度矢量 $\boldsymbol{v}$ 对时间的一阶导数或位置矢量 $\boldsymbol{r}(t)$ 对时间的二阶导数。加速度 $\boldsymbol{a}$ 既反映了速度数值的变化，又反映了速度方向的变化。$\boldsymbol{a}$ 的数值是 $|\Delta\boldsymbol{v}/\Delta t|$ 的极限值，$\boldsymbol{a}$ 的方向是 $\Delta t\to 0$ 时 $\Delta\boldsymbol{v}$ 的极限方向。质点作直线运动时，$\boldsymbol{a}$ 与 $\boldsymbol{v}$ 同向（加速运动）或反向

(减速运动)。质点作曲线运动时，任一时刻质点的加速度方向并不与速度方向相同，即不沿曲线的切线方向。在曲线运动中，加速度的方向总指向曲线的凹侧。如弹丸在运动过程中，其加速度就是重力加速度，加速度的方向永远向下（见图 1-6）；在匀速圆周运动中，质点的加速度方向永远指向圆心。

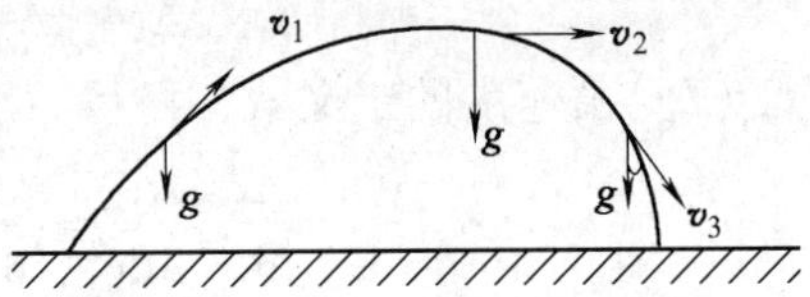

图 1-6　弹丸的速度方向与加速度方向

在平面直角坐标系 Oxy 中，常用以下分量表示加速度$\boldsymbol{a}$：

$$\boldsymbol{a}=a_x\boldsymbol{i}+a_y\boldsymbol{j}=\frac{\mathrm{d}v_x}{\mathrm{d}t}\boldsymbol{i}+\frac{\mathrm{d}v_y}{\mathrm{d}t}\boldsymbol{j}=\frac{\mathrm{d}^2x}{\mathrm{d}t^2}\boldsymbol{i}+\frac{\mathrm{d}^2y}{\mathrm{d}t^2}\boldsymbol{j} \tag{1-18a}$$

由此，有

$$\begin{cases}\text{大小}:a=\sqrt{a_x^2+a_y^2}\\ \text{方向}:\theta=\arctan\dfrac{a_y}{a_x}\end{cases} \tag{1-18b}$$

式中 θ 为$\boldsymbol{a}$与 Ox 轴的夹角。

由二维的加速度定义很容易推广得到在空间三维直角坐标系中其分量表达式

$$\boldsymbol{a}=a_x\boldsymbol{i}+a_y\boldsymbol{j}+a_z\boldsymbol{k}=\frac{\mathrm{d}v_x}{\mathrm{d}t}\boldsymbol{i}+\frac{\mathrm{d}v_y}{\mathrm{d}t}\boldsymbol{j}+\frac{\mathrm{d}v_z}{\mathrm{d}t}\boldsymbol{k}=\frac{\mathrm{d}^2x}{\mathrm{d}t^2}\boldsymbol{i}+\frac{\mathrm{d}^2y}{\mathrm{d}t^2}\boldsymbol{j}+\frac{\mathrm{d}^2z}{\mathrm{d}t^2}\boldsymbol{k} \tag{1-19}$$

【例 1-2】　已知质点的运动方程为$\boldsymbol{r}=(-5t+10t^2)\boldsymbol{i}+(10t-15t^2)\boldsymbol{j}$，式中各量均采用国际单位制。求：(1) $t=2$ s 时质点的速度；(2) 任意时刻质点的加速度。

【解】　(1) 由速度的定义式，可得

$$\begin{aligned}\boldsymbol{v}&=\frac{\mathrm{d}\boldsymbol{r}}{\mathrm{d}t}=\frac{\mathrm{d}x}{\mathrm{d}t}\boldsymbol{i}+\frac{\mathrm{d}y}{\mathrm{d}t}\boldsymbol{j}=\frac{\mathrm{d}}{\mathrm{d}t}(-5t+10t^2)\boldsymbol{i}+\frac{\mathrm{d}}{\mathrm{d}t}(10t-15t^2)\boldsymbol{j}\\&=(-5+20t)\boldsymbol{i}+(10-30t)\boldsymbol{j}\end{aligned}$$

当 $t=2$ s 时，质点的速度为

$$v=(-5+20\times2)\boldsymbol{i}+(10-30\times2)\boldsymbol{j}=(35\,\boldsymbol{i}-50\,\boldsymbol{j})\ (\mathrm{m\cdot s^{-1}})$$

所以，$t=2$ s 时，质点速度的大小为

$$v=\sqrt{v_x^2+v_y^2}=\sqrt{35^2+(-50)^2}\ \mathrm{m\cdot s^{-1}}\approx61\ \mathrm{m\cdot s^{-1}}$$

$\boldsymbol{v}$与 Ox 轴正向的夹角为

$$\theta=\arctan\frac{v_y}{v_x}=\arctan\frac{-50}{35}\approx-55^\circ$$

(2) 由加速度的定义式，可得

$$\boldsymbol{a}=\frac{\mathrm{d}v_x}{\mathrm{d}t}\boldsymbol{i}+\frac{\mathrm{d}v_y}{\mathrm{d}t}\boldsymbol{j}=\frac{\mathrm{d}}{\mathrm{d}t}(-5+20t)\ \boldsymbol{i}+\frac{\mathrm{d}}{\mathrm{d}t}(10-30t)\ \boldsymbol{j}=(20\,\boldsymbol{i}-30\,\boldsymbol{j})\ (\mathrm{m\cdot s^{-2}})$$

质点加速度的大小为

$$a=\sqrt{a_x^2+a_y^2}=\sqrt{20^2+(-30)^2}\ \mathrm{m\cdot s^{-2}}\approx36.1\ \mathrm{m\cdot s^{-2}}$$

$\boldsymbol{a}$与 Ox 轴正向的夹角为

$$\theta=\arctan\frac{a_y}{a_x}=\arctan\frac{-30}{20}\approx-56^\circ19'$$

1.3　圆周运动

圆周运动是一种常见的曲线运动。例如机器上的飞轮转动时，轮上（除转轴中心以外）的各点都作半径不同的**圆周运动**。圆周运动的知识也是以后将要研究的刚体定轴转动的基础。

圆周运动是一般曲线运动的特例。当物体作一般曲线运动时，虽然它的运动轨迹可以是各种形状，但是由数学知识可知，过曲线上任一点都能作一个曲率圆与曲线相切，相切点附近的一小段可以认为是曲率圆的一部分。因此，一般的曲线运动可以看成是一系列半径不同的圆周运动的组合。所以，掌握了圆周运动的规律，再去讨论一般的曲线运动就方便得多了。

1.3.1　切向加速度和法向加速度

1. 匀速率圆周运动

质点作圆周运动时，如果在任意相等的时间内通过相等长度的圆弧，则称质点在作**匀速率圆周运动**。虽然速度的大小不变，但速度的方向时刻都在变化，因此**匀速率圆周运动是一种变速度运动。**

如图 1-7 所示，设 t 时刻质点位于点 A，$t+\Delta t$ 时刻运动到点 B，$\widehat{AB}$所对应的圆心角为 $\Delta\varphi$。现把 v_A，v_B 平移，并构成$\triangle O'A'B'$，考虑到$\triangle OAB \backsim \triangle O'A'B'$，$|\boldsymbol{v}_A| = |\boldsymbol{v}_B| = v$，故有

$$\frac{|\Delta \boldsymbol{v}|}{v} = \frac{\overline{AB}}{R}$$

或

$$|\Delta \boldsymbol{v}| = \frac{\overline{AB}}{R}v$$

两边同除以 Δt，得

$$\frac{|\Delta \boldsymbol{v}|}{\Delta t} = \frac{v}{R}\frac{\overline{AB}}{\Delta t}$$

两边取极限，得

$$\lim_{\Delta t\to 0}\frac{|\Delta \boldsymbol{v}|}{\Delta t} = \frac{v}{R}\lim_{\Delta t\to 0}\frac{\overline{AB}}{\Delta t}$$

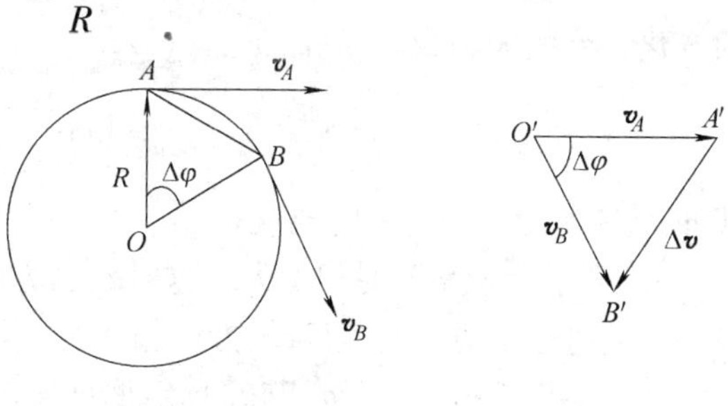

图 1-7　匀速率圆周运动的加速度

式中的左侧就是加速度。考虑到当 $\Delta t\to 0$ 时，$B\to A$，$\overline{AB}\to\widehat{AB}$，有

$$\lim_{\Delta t\to 0}\frac{\widehat{AB}}{\Delta t} = v$$

所以加速度的大小为

$$a = \lim_{\Delta t\to 0}\frac{|\Delta \boldsymbol{v}|}{\Delta t} = \frac{v}{R}\lim_{\Delta t\to 0}\frac{\overline{AB}}{\Delta t} = \frac{v^2}{R} \tag{1-20}$$

加速度的方向由速度增量 $\Delta \boldsymbol{v}$的极限方向来确定。从图 1-7 可以看出，当 $\Delta t\to 0$ 时，有

$\Delta\varphi\to0$，$\Delta\boldsymbol{v}$的极限方向垂直于$\boldsymbol{v}_A$。所以，在 A 点加速度的方向沿着半径 OA，并指向圆心。这个加速度称为**向心加速度**，在自然坐标系中叫做**法向加速度**，常用$\boldsymbol{a}_n$ 表示。法向加速度是反映速度方向变化快慢的物理量。需要注意的是，在匀速率圆周运动中，由于质点在切向的速度大小不变，因此切向加速度为零。

2. 变速率圆周运动

质点作圆周运动时，如果速率的大小随时间变化，则称质点在作变速率圆周运动。

如图 1-8a 所示，质点沿半径为 R 的圆周从点 A 运动到点 B，经过的时间为 Δt，速度则从$\boldsymbol{v}_A$变到$\boldsymbol{v}_B$，速度的大小和方向都发生了变化，且$\boldsymbol{v}_B>\boldsymbol{v}_A$，圆弧$\overset{\frown}{AB}$所对应的圆心角为 $\Delta\varphi$。将速度矢量$\boldsymbol{v}_A$，$\boldsymbol{v}_B$分别平移，如图 1-8b 所示。在表示$\boldsymbol{v}_B$的有向线段$\overrightarrow{O'B'}$上截取 $|\overrightarrow{O'C}|=|\boldsymbol{v}_A|$，连接 $A'C$。则$\overrightarrow{A'B'}=\Delta\boldsymbol{v}$，$\overrightarrow{CB'}=\Delta\boldsymbol{v}_t$，$\overrightarrow{A'C}=\Delta\boldsymbol{v}_n$(由前面介绍的自然坐标系的知识可知，其中 $\Delta\boldsymbol{v}_n$沿速度的法线方向，称为速度的法向增量；$\Delta\boldsymbol{v}_t$沿速度的切线方向，称为速度的切向增量)。可以看出，$\Delta\boldsymbol{v}$(有向线段$\overrightarrow{A'B'}$) 等于 $\Delta\boldsymbol{v}_n$(有向线段$\overrightarrow{A'C}$) 和 $\Delta\boldsymbol{v}_t$(有向线段$\overrightarrow{CB'}$) 的矢量和，即

$$\Delta\boldsymbol{v}=\Delta\boldsymbol{v}_n+\Delta\boldsymbol{v}_t$$

由加速度的定义，则有

$$\boldsymbol{a}=\lim_{\Delta t\to0}\frac{\Delta\boldsymbol{v}}{\Delta t}=\lim_{\Delta t\to0}\frac{\Delta\boldsymbol{v}_n}{\Delta t}+\lim_{\Delta t\to0}\frac{\Delta\boldsymbol{v}_t}{\Delta t}=\frac{d\boldsymbol{v}}{dt}=\frac{d\boldsymbol{v}_n}{dt}+\frac{d\boldsymbol{v}_t}{dt}=\boldsymbol{a}_n+\boldsymbol{a}_t \tag{1-21}$$

其中，第一项$\boldsymbol{a}_n$ 就是**法向加速度**，与 $\Delta\boldsymbol{v}_n$相对应，方向指向圆心，代表质点速度方向的变化，其大小为 $a_n=\dfrac{v^2}{R}$，v 指质点在某时刻速度的大小。第二项$\boldsymbol{a}_t$ 是**切向加速度**，与 $\Delta\boldsymbol{v}_t$相对应，方向为 $\Delta\boldsymbol{v}_t$的极限方向（即与$\boldsymbol{v}_A$同向，沿轨道过点 A 的切线方向），代表质点速度大小的变化，$\boldsymbol{a}_t$ 的大小为

$$a_t=\lim_{\Delta t\to0}\frac{\Delta v_t}{\Delta t}=\lim_{\Delta t\to0}\frac{\Delta v}{\Delta t}=\frac{dv}{dt} \tag{1-22}$$

即 a_t 是速率对时间的一阶导数。

$\alpha_t>0$ 表示速率随时间增大，这时$\boldsymbol{a}_t$ 的方向与速度$\boldsymbol{v}$的方向相同；$a_t<0$ 表示速率随时间减小，这时$\boldsymbol{a}_t$ 的方向与速度$\boldsymbol{v}$的方向相反。

如图 1-9 所示，由于$\boldsymbol{a}_n$ 与$\boldsymbol{a}_t$ 总是垂直的，所以圆周运动总加速度$\boldsymbol{a}$的大小为

$$a=\sqrt{a_n^2+a_t^2}=\sqrt{\left(\frac{v^2}{R}\right)^2+\left(\frac{dv}{dt}\right)^2} \tag{1-23}$$

以 θ 表示加速度$\boldsymbol{a}$与速度$\boldsymbol{v}$之间的夹角，则

$$\theta=\arctan\frac{a_n}{a_t} \tag{1-24}$$

由图 1-9 可见，在一般的非匀速圆周运动中，总加速度$\boldsymbol{a}$的方向并不指向圆心。

1.3.2 圆周运动的角量描述

关于描述质点运动的物理量，前面讨论的直角坐标系中的位移、路程、速度、速率、加速度等，以及自然坐标系中的切向加速度、法向加速度等，一般统称为**线量**。而质点作圆周

运动时，其某时刻的位置、位置的变化、速度和加速度等，还可以用极坐标中与角度相联系的各量——角位置 θ、角位移 $\Delta\theta$、角速度 ω、角加速度 β 等进行描述，这些物理量统称为**角量**。在描述质点的圆周运动时，运用角量比较方便。

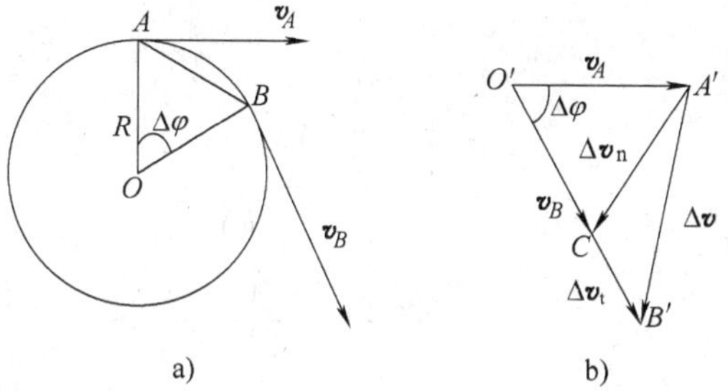

图 1-8　变速率圆周运动的加速度

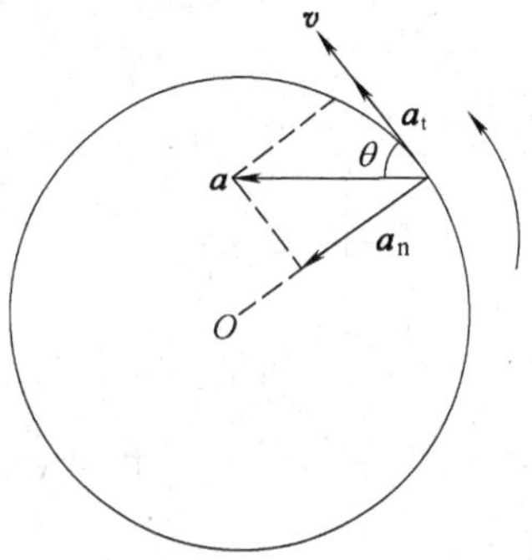

图 1-9　圆周运动的总加速度

1. 角位置

如图 1-10 所示，质点在 Oxy 平面内作半径为 r 的圆周运动，某时刻它位于 A 点。则在平面极坐标中，质点在任一点 A 的位置，可以由（r，θ）来确定。极角 θ 称为**角位置**，也称为角坐标。以 Ox 轴正方向为参考方向，一般规定与参考方向成逆时针的角度为正，反之为负。在国际单位制中，角位置的单位为弧度，用 rad 表示。在平面直角坐标系中，点 A 的坐标为（x，y），两个坐标系间的变换关系为

$$\left.\begin{aligned} x &= r\cos\theta \\ y &= r\sin\theta \end{aligned}\right\} \tag{1-25}$$

2. 角位移

角位置的变化可以用角位置的增量 $\Delta\theta$ 来表示，$\Delta\theta$ 就是**角位移**。如图 1-11 所示，质点沿半径为 R 的圆周作逆时针运动，在 t 时刻质点在圆周上的 A 点，其角位置为 θ_0，经过 Δt 时间后，质点运动到 B 点，其角位置为 θ，质点从 A 运动到 B 的角位移就是半径 R 转过的角度 $\Delta\theta$，亦即质点在 Δt 时间内角位置的增量，则有

$$\Delta\theta = \theta - \theta_0 \tag{1-26}$$

一般规定沿逆时针方向的角位移为正，反之为负。角位移 $\Delta\theta$ 的 SI 单位也是弧度，用 rad 表示。

质点在运动中，其角位置 θ 是随时间变化的，即

$$\theta = \theta(t)$$

所以质点作半径为 R 的圆周运动的运动方程可以用极坐标表示为

$$\left.\begin{aligned} r &= R \\ \theta &= \theta(t) \end{aligned}\right\} \tag{1-27}$$

3. 角速度

可以类比线速度的定义方法，引入角速度的概念。图 1-11 中的角位移 $\Delta\theta$ 与所经历的时间 Δt 的比值，称为质点在 Δt 时间内对 O 点的平均角速度，用 $\overline{\omega}$ 表示，即

$$\bar{\omega}=\frac{\Delta\theta}{\Delta t} \tag{1-28}$$

当 $\Delta t\to 0$ 时，$\Delta\theta\to 0$，$\Delta\theta/\Delta t$ 则趋近于某一极限值，即

$$\omega=\lim_{\Delta t\to 0}\frac{\Delta\theta}{\Delta t}=\frac{\mathrm{d}\theta}{\mathrm{d}t} \tag{1-29}$$

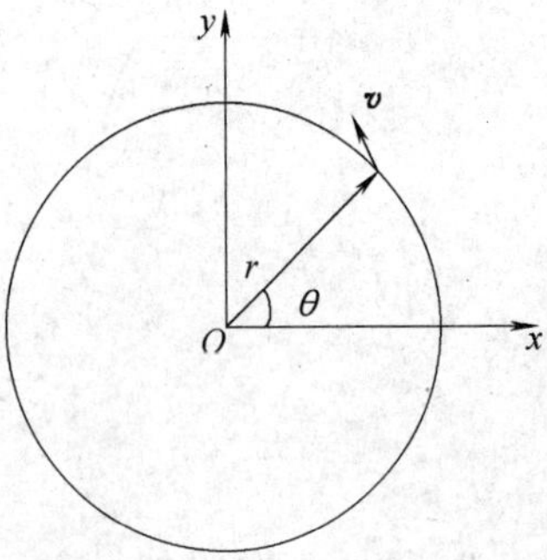

图 1-10 角位置

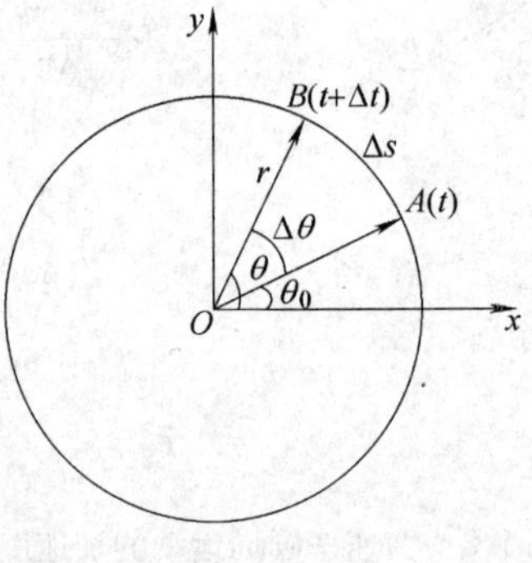

图 1-11 角位移

称 ω 为某一时刻 t 质点对 O 点的瞬时角速度，简称角速度。其 SI 单位是弧度 · 秒$^{-1}$，用 rad · s^{-1}表示。

4. 角加速度

设质点在 t 时刻的角速度为 ω_0，$t+\Delta t$ 时刻的角速度为 ω，则 $\Delta\omega=\omega-\omega_0$ 叫做 Δt 时间内角速度的增量。$\Delta\omega$ 与时间间隔 Δt 之比被定义为在 Δt 时间内质点对 O 点的平均角加速度，以 $\bar{\beta}$ 表示，即

$$\bar{\beta}=\frac{\Delta\omega}{\Delta t} \tag{1-30}$$

当 $\Delta t\to 0$ 时，$\Delta\omega\to 0$，$\Delta\omega/\Delta t$ 则趋近于某一极限值，即

$$\beta=\lim_{\Delta t\to 0}\frac{\Delta\omega}{\Delta t}=\frac{\mathrm{d}\omega}{\mathrm{d}t}=\frac{\mathrm{d}^2\theta}{\mathrm{d}t^2} \tag{1-31}$$

这就是某一时刻质点对 O 点的瞬时角加速度 β，简称角加速度。其 SI 单位是弧度 · 秒$^{-2}$，用 rad · s^{-2}表示。

对于匀变速圆周运动，角加速度 β 为常量，可以得到类似于匀变速直线运动的三个运动学公式，即

$$\left.\begin{aligned}&\theta=\theta_0+\omega_0 t+\frac{1}{2}\beta t^2\\&\omega=\omega_0+\beta t\\&\omega^2-\omega_0^2=2\beta(\theta-\theta_0)\end{aligned}\right\} \tag{1-32}$$

式中，θ_0 和 ω_0 分别表示质点在 $t=0$ 时的初角位置和初角速度。

1.3.3　角量和线量的关系

在图 1-11 中，质点在 Δt 时间内从 A 点运动到 B 点，所经过的弧长 $\Delta s = r\Delta\theta$，则 t 时刻质点的速率为

$$v = \lim_{\Delta t\to 0}\frac{\Delta s}{\Delta t} = \lim_{\Delta t\to 0} r\frac{\Delta\theta}{\Delta t} = r\frac{\mathrm{d}\theta}{\mathrm{d}t} = r\omega \tag{1-33}$$

这就是质点的线速度与速度的关系。

将式（1-33）对时间求导，可得

$$a_t = \frac{\mathrm{d}v}{\mathrm{d}t} = r\frac{\mathrm{d}\omega}{\mathrm{d}t} = r\beta \tag{1-34}$$

这就是质点的切向加速度与角加速度之间的关系

将式（1-33）代入法向加速度的公式，有

$$a_n = \frac{v^2}{r} = r\omega^2 \tag{1-35}$$

这就是质点的法向加速度与角速度之间的关系。

以上分析结果也适用于一般曲线运动。只是由于质点在作一般曲线运动时其轨道曲率是变化的，没有固定不变的半径，因此需要把式中的半径 r 用曲线在该点的曲率半径 ρ 来代替。

【例 1-3】　一质点在水平面内以顺时针方向沿着半径为 2 m 的圆形轨道运动。该质点的角速度与运动时间的平方成正比，即 $\omega = kt^2$，式中 k 为常数。已知质点在第 2 s 末的线速度为 $32\ \mathrm{m\cdot s^{-1}}$，求 $t = 0.5$ s 时质点的线速度大小、切向加速度、法向加速度和总加速度。

【解】　先确定常数 k。因 $t = 2$ s 时质点的线速度 $v = 32\ \mathrm{m\cdot s^{-1}}$，利用线速度与角速度的关系 $v = R\omega$，有

$$k = \frac{\omega}{t^2} = \left(\frac{v}{R}\right)\frac{1}{t^2} = \frac{32}{2\times 2^2}\ \mathrm{s^{-3}} = 4\ \mathrm{s^{-3}}$$

所以得

$$\omega = 4t^2,\quad v = R\omega = 4Rt^2$$

将 $t = 0.5$ s 代入上式，得线速度大小

$$v = 4\times 2\times(0.5)^2\ \mathrm{m\cdot s^{-1}} = 2.00\ \mathrm{m\cdot s^{-1}}$$

切向加速度和法向加速度分别为

$$a_t = \frac{\mathrm{d}v}{\mathrm{d}t} = 8Rt = 8\times 2\times 0.5\ \mathrm{m\cdot s^{-2}} = 8.00\ \mathrm{m\cdot s^{-2}}$$

$$a_n = \frac{v^2}{R} = \frac{2^2}{2}\ \mathrm{m\cdot s^{-2}} = 2.00\ \mathrm{m\cdot s^{-2}}$$

总加速度大小

$$a = \sqrt{a_t^2 + a_n^2} = \sqrt{8^2 + 2^2}\ \mathrm{m\cdot s^{-2}} \approx 8.25\ \mathrm{m\cdot s^{-2}}$$

总加速度方向

$$\theta = \arctan\frac{a_n}{a_t} = \arctan\frac{2}{8} \approx 14°2'$$

1.4 牛顿运动定律

在前几节的质点运动学中，我们只讨论了对质点运动的描述，而没有涉及其运动状态变化的原因。下面讨论物体运动状态变化的原因及其相应的规律——牛顿运动定律。

1687 年，牛顿发表了《自然哲学的数学原理》，标志着经典物理学的建立。在这本巨著中，牛顿概括了伽利略、笛卡儿、开普勒、惠更斯、胡克等人的研究成果以及他自己的创造，首次创立了一个地面力学和天体力学统一的严密体系，实现了物理学史上的第一次大综合。牛顿运动定律是经典力学的核心，是研究质点机械运动的基础，是质点动力学的基本定律，数百年来有了广泛的扩展和应用。

1.4.1 牛顿第一定律 惯性系

1. 牛顿第一定律

任何物体都保持静止或匀速直线运动的状态，直到其他物体所作用的力迫使它改变这种状态为止。这便是牛顿第一定律。

牛顿第一定律阐明了以下两个方面的内容：

1）不受外力作用的任何物体都具有保持其静止或匀速直线运动状态不变的特性，也即物体具有保持其速度不变的性质，这个性质称为**惯性**。所以第一定律也叫**惯性定律**。

2）第一定律还指出了引起物体运动状态变化的原因是外力。这里强调外力是必要的，因为构成任何物体的分子、原子间都存在相互作用力，但这些是物体的内力，不会影响物体的机械运动。严格地说，宇宙万物都要受到其他物体的作用，所以实际上并不存在不受外力作用的物体。但物体相距越远，其相互作用越弱。因此，只要一个物体距其他物体足够远，或者其他所有物体对该物体的作用互相抵消，这个物体就可以视为不受外力作用的物体。

2. 惯性系与非惯性系

运动的描述是相对的。例如，地面上静止的物体对地面参考系中的观察者甲来说是静止的，但对于坐在加速运动的汽车中的观察者乙而言就既不是静止也不是作匀速直线运动的了。所以，牛顿第一定律不可能对所有的参考系都成立。我们把牛顿第一定律在其中成立的参考系称为**惯性系**，当然所有相对于惯性系静止或作匀速直线运动的参考系也是惯性系。把牛顿第一定律在其中不成立的参考系或相对于惯性系有加速度的参考系称为**非惯性系**。从这个意义上讲，牛顿第一定律是对惯性系的定义。要保证“不受外力作用的物体保持静止或匀速直线运动”，必须选取一个惯性系作为参考系。所以，牛顿第一定律不能作为牛顿第二定律在合外力为零时加速度为零的一个特例而并入到牛顿第二定律中去，必须列为一条独立的定律。

自然界是否存在严格的惯性系，目前也没有定论，但存在十分近似的惯性系。在处理具体问题时我们只能根据实际情况选择近似的实用惯性系。如固定在地面上的任何一个坐标系都是很好的惯性系，因为地球自转引起的向心加速度最大（在赤道上）不过 3.4×10^{-2} $m\cdot s^{-2}$，仅为地表重力加速度的 0.34%，所以，当我们研究地面物体的运动时，认为地面参考系是惯性系。当然，如果观察的加速运动本身就是这个数量级时，地面参考系就不能被视为惯性系了。所以惯性系的优劣是相对于要观察的运动而言的。经常用的近似惯性系还有地心参考系（即以地心为坐标原点、以指向某个恒星的直线为坐标轴的参考系）和更精确的太阳参考系（即以太阳为坐标原点、以指向某个恒星的直线为坐标轴的参考系）。

惯性系和非惯性系是非常重要的物理概念。虽然从运动学的角度来看，参考系的选择可以是任意的，仅仅取决于研究问题的需要和方便。但是，在后面的学习中大家将会看到，经典力学定律只对惯性系适用。为了使一切物理定律在所有的惯性系中具有相同的数学形式，爱因斯坦建立了狭义相对论；为了使物理定律在所有的参考系中（惯性系和非惯性系中）具有相同的数学形式，爱因斯坦又创建了广义相对论。

1.4.2 牛顿第二定律

在宏观低速运动的前提下，牛顿第二定律可以表述为：**一物体的加速度的大小与其所受的合外力的大小成正比，与物体的质量成反比，加速度的方向与合外力的方向相同**，即

$$\boldsymbol{F} = km\boldsymbol{a}$$

在国际单位制中，质量的单位是千克（kg），加速度的单位是米每二次方秒（$m \cdot s^{-2}$），力的单位是牛顿（N），比例系数 $k=1$，则使质量 1 kg 的物体产生 1 $m \cdot s^{-2}$的加速度所需的力定义为 1 N。这样，上式可简化为

$$\boldsymbol{F} = m\boldsymbol{a} \tag{1-36}$$

由于$\boldsymbol{a}=\dfrac{d\boldsymbol{v}}{dt}$，式（1-36）可以表示为

$$\boldsymbol{F} = \frac{d(m\boldsymbol{v})}{dt} \tag{1-37}$$

这是牛顿第二定律更为普遍的形式，它包含了质量 m 随时间变化的情况，即变质量的问题。

牛顿第二定律具有两个基本意义：

1）阐明了加速度和质量的关系。由式（1-36）不难看出：质量不同的两个物体，在相同外力作用下，产生的加速度大小和它们的质量成反比。质量较小的物体，加速度较大，速度容易改变，即其惯性较小；质量较大的物体，加速度较小，速度不易改变，即其惯性较大，所以物体的质量是其惯性大小的量度。

2）它指出了力的独立性（或叠加性）。实验表明，如果物体同时受到几个力$\boldsymbol{F}_1$，$\boldsymbol{F}_2$，$\boldsymbol{F}_3$，…的作用，它所产生的加速度等于合外力$\boldsymbol{F}$所产生的加速度，也等于每个力单独作用时所产生的加速度$\boldsymbol{a}_1$，$\boldsymbol{a}_2$，$\boldsymbol{a}_3$，…的矢量和，即每一个力对物体作用的结果，并不因为有其他力的同时作用而有所改变。这就是**力的独立性原理（或称力的叠加原理）**。按照这个原理，以上叙述可表示为

$$\boldsymbol{F} = \boldsymbol{F}_1 + \boldsymbol{F}_2 + \boldsymbol{F}_3 + \cdots = m\boldsymbol{a}_1 + m\boldsymbol{a}_2 + m\boldsymbol{a}_3 + \cdots = m\boldsymbol{a} \tag{1-38}$$

所以$\boldsymbol{F}$应理解为所有外力的矢量和，$\boldsymbol{a}$就是合外力作用下物体的加速度。

前面我们分析过，虽然根据牛顿第二定律，当合外力$\boldsymbol{F}$为零时，加速度$\boldsymbol{a}=0$。但只能说明牛顿第二定律和第一定律是一致的，并不能将第一定律当成第二定律的特例。只有在牛顿第一定律确定了惯性系的条件下，才能应用牛顿第二定律。

1.4.3 牛顿第三定律

两个物体之间的作用力$\boldsymbol{F}$与反作用力$\boldsymbol{F}'$大小相等，方向相反，作用在同一条直线上，即

$$F = -F' \tag{1-39}$$

牛顿第三定律表明，物体间的作用力总是相互的，所以力总是成对地出现。关于牛顿第三定律应注意以下几点：

1）作用力与反作用力同时产生，同时消失，任何一方都不能孤立地存在。

2）作用力与反作用力分别作用在两个不同物体上，因此它们不能相互抵消。

3）作用力与反作用力是属于同种性质的力。例如，若作用力是万有引力，那么反作用力也一定是万有引力。

1.5 力学中几种常见的力

1.5.1 自然界的基本力

自然界中存在着各种性质的力，它们的起源和特性是不一样的。若按照它们相互作用的宏观形式来划分，可以分成两类。一类是由两个物体相互接触并发生作用而产生的，称为**接触力**，如摩擦力、弹性力、正压力等；另一类是通过“场”来传递和实现的，称为**非接触力或场力**，如万有引力、重力、库仑力、洛伦兹力等。

20 世纪 30 年代，物理学家们认识到自然界的基本作用力有四种，即万有引力、电磁力、强力和弱力。

万有引力 由于物体具有质量，物体之间所具有的引力。万有引力是一种长程力，原则上其作用范围可以达到无限远。

电磁力 存在于静止电荷或运动电荷之间的相互作用力。日常中的张力、弹性力、压力、摩擦力等，追根溯源都是来源于物质内部分子间或原子间的电磁力相互作用。电磁力也是一种长程力。

强力 存在于核子（中子和质子）、介子等强子之间的一种相互作用力。例如许多质子能紧紧聚积在原子核内就是由于这种比电场力还强的强相互作用的结果。这种力是短程力，它的作用范围只有 10^{-15}m，在核子之间的距离大于这个范围时，这种力迅速减低到可忽略的程度。

弱力 产生于放射性衰变过程和其他一些基本粒子衰变过程中的相互作用力。弱相互作用也是一种短程力，只在 10^{-18}m 范围内起作用。

1967—1968 年，温伯格（S. Winberg）、萨拉姆（A. Salam）和格拉肖（S. L. Glashow）在杨振宁和李政道等提出的理论基础上，提出了一个把电磁力和弱力统一起来的理论——电弱统一理论。这种理论指出，在高能范围内，电磁相互作用和弱相互作用是同一性质的相互作用，称为**电弱相互作用**。在低于 250 GeV 的能量范围内，由于“对称性的自发破缺”，统一的电弱相互作用分解成了性质极不相同的电磁相互作用和弱相互作用。这个理论后被实验所证实。这个发现把原来的四种基本相互作用统一为三种。为此，他们于 1979 年共同获得了诺贝尔物理学奖。鲁比亚（C. Rubbia）和范德米尔（Vander Meer）因从实验中证实了电弱相互作用，于 1984 年获诺贝尔物理学奖。现在，物理学家们正在进行电弱相互作用和强相互作用之间统一的“大统一理论”研究，并企盼把万有引力作用也包括进去的“超统一理论”的建立。

1.5.2　几种常见的力

1. 万有引力

17 世纪初，德国的天文学家开普勒（J. kepler，1571—1630）分析第谷（Tycho Brahe，1546—1601）的行星观测数据后，提出了行星运动的三大定律。牛顿继承了开普勒等人的研究成果，通过深入研究，提出了著名的万有引力定律。该定律指出，在星体之间、地球与地球表面附属的物体之间，以及所有物体与物体之间都存在着一种相互作用力，所有这些力都遵循同一规律，这种相互吸引的力叫做**万有引力**。万有引力定律可以表述为：在两个相距为 r，质量分别为 m_1，m_2 的质点间有万有引力，其方向沿着它们的连线，其大小与它们质量的乘积成正比，与它们之间距离 r 的二次方成反比，即

$$F = G\frac{m_1 m_2}{r^2}$$

式中，G 为一普适常数，叫做引力常量。引力常量最早是英国物理学家卡文迪许（H. Cavendish，1731—1810）于 1798 年由实验测出的。在一般计算时取 $G = 6.67\times10^{-11}\mathrm{N\cdot m^2\cdot kg^{-2}}$。

用矢量表示，万有引力定律可写成

$$\boldsymbol{F} = -G\frac{m_1 m_2}{r^2}\boldsymbol{e}_r \tag{1-40}$$

式中，$\boldsymbol{e}_r$ 表示由施力者 m_1 指向受力者 m_2 方向的单位矢量；负号表示 m_1 施于 m_2 的万有引力的方向始终与 $\boldsymbol{e}_r$ 方向相反，即该力是引力。应该注意，万有引力定律中的 $\boldsymbol{F}$ 是两个质点间的引力。若欲求两个物体间的引力，必须把物体先细分成许多微元，将每个微元看成是一个质点，计算出所有质点间的相互作用力，然后求和，这是一个积分的过程。计算表明，对于两个密度均匀的球体，它们之间的万有引力可以直接用式（1-40）计算，这时 r 表示两球心间的距离。即两球体的引力与把球的质量全部集中在球心时的引力是一样的。

按照广义相对论的解释，万有引力是一种场力。它的作用机理是：质量为 m_1 的物体在周围空间产生引力场，将质量为 m_2 的物体置于该引力场中距 m_1 为 r 处时，则 m_1 产生的引力场对 m_2 作用有万有引力 $\boldsymbol{F}$。式中 Gm_1/r^2 反映了 m_1 所产生的引力场的特性，称为引力场强度。

地球是一个质量为 6.0×10^{24} kg 的物体，在其周围产生引力场。通常，把地球表面的引力场称为重力场。质量为 m 的物体，在地球附近应受到一个指向地球中心的万有引力，这个引力就是通常所说的重力 $\boldsymbol{W}$，其大小为

$$W = mg = G\frac{mm_{\mathrm{E}}}{R^2} \tag{1-41}$$

式（1-41）中，地球产生的重力场强度可以表示为 $g = \dfrac{Gm_{\mathrm{E}}}{R^2}$，其中，$R$ 为地球的半径，其值约为 6.4×10^6 m。重力场强度通常也称为重力加速度。在通常的计算中，地球表面附近的重力加速度取 $g = 9.8\ \mathrm{m\cdot s^{-2}}$；在近似计算中，可以取 $g = 10\ \mathrm{m\cdot s^{-2}}$。

顺便指出，由月球的质量和半径也可以计算出月球表面附近的重力加速度约为 $g = 1.6\ \mathrm{m\cdot s^{-2}}$，近似等于地球表面重力加速度的 1/6。所以，习惯在地面行走的人，到月球后就显

著地处于失重的状态。

牛顿引力理论在天文学上已经取得了无可置疑的胜利，天上地下的鸿沟已不复存在，这极大地加强了自然界规律是统一的信念。今天，牛顿万有引力定律是蓬勃发展的航天技术的基础，正是它使人类飞向宇宙的这一梦想得以实现：人造卫星的上天，载人航天器的发射，人类首次登月成功……2003 年 10 月 15 日，中国航天员杨利伟乘坐的“神舟”五号载人飞船发射成功，圆了中华民族的“飞天梦”，标志着我国航天事业跃上了一个新的台阶；2005 年 10 月 12 日，中国航天员费俊龙、聂海胜乘坐神舟六号飞船进行中国第二次载人航天飞行，标志着中国在发展载人航天技术、进行有人参与的空间实验活动方面取得了又一个具有里程碑意义的重大胜利。

2. 弹性力

弹性力是一种接触力。当两个物体相互接触且发生挤压时，要发生形变，物体形变时欲恢复原来的形状，物体间就会有作用力产生。这种物体因形变而产生的欲使其恢复原来形状的力叫做**弹性力**。弹性力起源于接触面处两物体内部分子间的相互作用。常见的弹性力有弹簧被拉伸或压缩时产生的弹簧弹性力、绳索被拉紧时所产生的张力、重物放在支承面上所产生的正压力（作用在支承面上）和支持力（作用在重物上）等。

弹簧被拉伸或压缩时产生的弹簧弹性力，其大小由胡克定律决定：在弹簧的弹性限度内，弹簧的恢复力 F 和形变量 x 成正比，即

$$F = -kx \tag{1-42}$$

式中，x 表示弹簧沿 x 方向拉伸或压缩的形变量；负号表示弹性力的方向与形变的方向相反；k 称为弹簧的劲度系数，取决于弹簧的材料、粗细和形状等固有属性。当 $x=0$ 时，$F=0$，称为弹簧的平衡点。

3. 摩擦力

摩擦力也是一种接触力。它是由两个相互接触的物体，由于有切向的相对运动或者虽然没有相对运动但是有相对运动趋势时，在接触面产生的一种**阻碍相对运动或相对运动趋势的切向力**。摩擦力也起源于接触面处两物体内部分子间的相互作用，其大小与接触面的情况（如表面材料、粗糙程度、正压力等）有关，其方向与物体间相对运动或相对运动趋势相反。

在平动的情况下，摩擦力有**静摩擦力** F_s 和**滑动摩擦力** F_k 之分。物体在外力作用下由静止到开始运动之前，受到的是静摩擦力，它始终与外力等值反向。当外力增大到刚要使物体开始运动时，静摩擦力达到最大值，方向仍与相对运动趋势相反，大小与正压力成正比，即

$$F_{s,\max} = \mu_s F_N \tag{1-43}$$

式中，μ_s 为静摩擦因数，与两接触物体的材料性质及接触面的粗糙程度有关，与接触面的大小无关；F_N 称正压力，是作用在接触物体上的法向压力。

滑动摩擦力 F_k 是两接触物体已经发生相对运动时的摩擦力，其方向与相对运动方向相反，大小仍与正压力成正比，即

$$F_k = \mu F_N \tag{1-44}$$

式中，μ 为动摩擦因数。μ 与两接触物体的材料性质及接触面的粗糙程度、温度、湿度等有关，还与两接触物体的相对速度有关。在相对速度不太大时，可以认为动摩擦因数 μ 略小于静摩擦因数 μ_s，在一般计算时，除非特别指出，可认为它们是相等的。

摩擦力的存在有利也有弊。人的行走、车轮的滚动、货物借助胶带输送机的传输等，都是依赖摩擦力的存在才能进行。但是，摩擦力的弊端也有很多，例如所有机器的运动部分都有摩擦，它既磨损机器又浪费大量能量，而且会使机器局部温度升高，从而降低机器的精度。

1.6 牛顿运动定律的应用举例

利用牛顿运动定律求解力学问题时，一般按以下步骤进行：

1. 确定研究对象

选取问题中需要讨论的物体作为研究对象。

2. 分析物体的受力

先把研究对象从与之相联系的其他物体中“隔离”出来，然后把作用在此物体上的力一个不漏地都画出来，并且正确地标明力的方向。这种分析物体受力的方法叫做**“隔离体法”**。为避免多画或漏画力，对地球表面附近的物体一般按照重力、弹力、摩擦力和其他力的顺序逐个画出研究对象的受力图。

3. 分析物体的运动状态

分析研究对象的运动状态，包括它的轨迹、速度和加速度。问题涉及几个物体时，还要找出它们的运动之间的联系，即它们的速度或加速度之间的关系。

4. 建立适当的坐标系，运用牛顿定律列方程

建立恰当的坐标系可使问题的解决变得容易。根据问题的需要，可选直角坐标系、自然坐标系或极坐标系等。对于直线运动，常选加速度的方向为坐标轴的正向。然后，求出各个力在坐标轴上的分力，再根据牛顿第二定律列出研究对象的动力学方程。必要时，还需补充运动学方程，以使方程个数与未知数的个数相等。最后，求解方程即可。

【例 1-4】 质量 $m=1.0\ \text{kg}$ 的物体，放在水平地面上，静摩擦因数 $\mu_s=0.40$。今要拉动这个物体，试求所需要的最小拉力，拉力的方向如何？

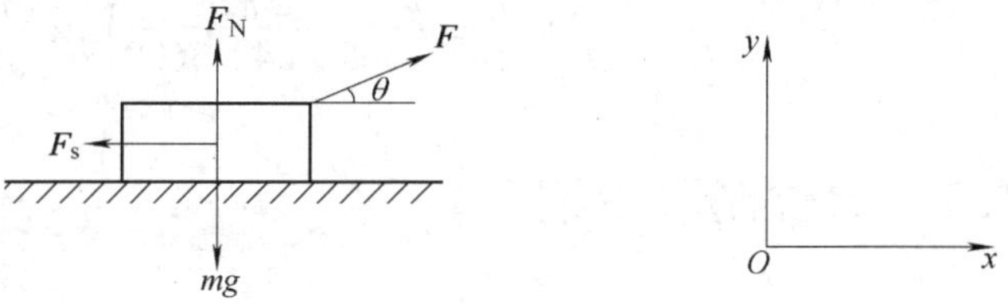

图 1-12 例 1-4 用图

【解】 选物体为研究对象。在水平地面上，物体受重力 $m\boldsymbol{g}$、地面支持力 $\boldsymbol{F}_N$，物体与地面间的静摩擦力 F_s、外力 $\boldsymbol{F}$（与水平面夹角为 θ）作用（图 1-12）。建立 Oxy 坐标系，设物体的加速度大小为 a，则

x 方向：
$$\sum F_x = F\cos\theta - F_s = ma \quad ①$$

y 方向：
$$\sum F_y = F\sin\theta + F_N - mg = 0 \quad ②$$

由式②可得

$$F_N = mg - F\sin\theta$$

由式①可得，物体刚好可以运动时，$a=0$，则静摩擦力为最大静摩擦力，即

$$F_{smax} = \mu_s F_N = \mu_s(mg - F\sin\theta)$$

而
$$F\cos\theta - F_s \geqslant 0$$

即 $$F\cos\theta-\mu_s(mg-F\sin\theta)\geqslant 0$$

解得 $$F\geqslant\frac{\mu_s mg}{\mu_s\sin\theta+\cos\theta}$$

F 要求最小，即要求 $\mu_s\sin\theta+\cos\theta$ 为最大，由

$$\frac{\mathrm{d}}{\mathrm{d}\theta}(\mu_s\sin\theta+\cos\theta)=0$$

有 $$-\mu_s\cos\theta+\sin\theta=0$$

由此得到 $$\tan\theta=\mu_s$$

所以 $$\theta=\arctan\mu_s=\arctan 0.40=21.8°$$

因此 $$F\geqslant\frac{\mu_s mg}{\mu_s\sin 21.8°+\cos 21.8°}=\frac{0.40\times1.0\times9.8}{0.40\times0.37+0.93}\text{ N}=3.64\text{ N}$$

【例 1-5】 一般可近似认为地球绕太阳作匀速圆周运动，地球与太阳的距离 r 约为 1.5×10^{11} m，试估算太阳的质量 m'。

【解】 选地球为研究对象。在忽略其他星体的微弱作用情况下，地球只受到太阳的引力 F 作用（图 1-13）。

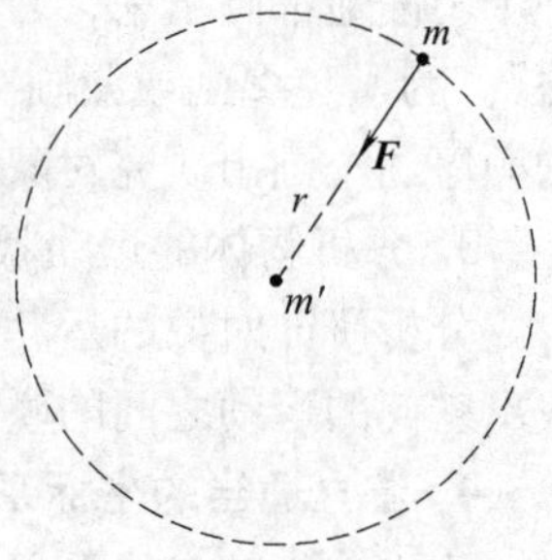

图 1-13 地球绕太阳作近似匀速圆周运动

假设地球的质量为 m，根据万有引力定律，地球受到太阳的吸引力 $F=G\frac{m'm}{r^2}$，假设地球绕太阳的向心加速度为 a，速度为 v，则 $G\frac{m'm}{r^2}=m\frac{v^2}{r}$，由此得到

$$m'=r\frac{v^2}{G}$$

其中，地球绕太阳的公转速度 $v=\frac{2\pi r}{T}$，代入上式可解得太阳的质量为

$$m'=r\frac{v^2}{G}=\left(\frac{2\pi}{T}\right)^2\frac{r^3}{G}=\left(\frac{2\pi}{365\times24\times3600}\right)^2\times\frac{(1.5\times10^{11})^3}{6.67\times10^{-11}}\text{ kg}=2.0\times10^{30}\text{ kg}$$

1.7 单位制和量纲

使用任何一个物理量都要考虑它的单位。由于各个物理量间都是由一定的物理规律联系着的，所以它们的单位必然有一定的联系。因此，在确定各物理量的单位时，总是根据它们之间的联系选定少数几个物理量作为基本量，并人为地规定它们的单位，这样的单位叫做**基本单位**。其他物理量都可以根据一定的物理关系从基本量导出，这些物理量叫做导出量，导出量的单位是基本单位的组合，称为**导出单位**。基本单位和由它们组成的导出单位构成一套单位制。历史上物理量的单位制有很多种，使用起来不方便也不规范。1984 年 2 月，我国开始实行以国际单位制为基础的法定单位制，SI 是国际单位制的缩写。SI 单位制中以长度、时间和质量为基本力学量。

时间的国际单位制单位是秒（s），曾经规定平均太阳日的 1/86400 是 1 s。随着人们对微观世界的不断深入了解，为了提高时间测量的精度，1967 年第 13 届国际计量大会决定采

用铯原子钟作为新的时间计量基准，定义 1 s 的长度等于与铯 133 原子基态的两个超精细能级之间跃迁相对应的辐射周期的 9 192 631 770 倍。目前国际上对时间计量的精度已达 18^{-18}，是所有物理量计量中精度最高的。

长度的国际单位制是米（m），1889 年第 1 届国际计量大会曾通过，将保藏在法国巴黎国际计量局中的铂铱合金棒在 0 ℃时两条刻线间的距离定义为 1 m。为提高长度测量的精度并保证标准的稳定性和可复现性，1983 年 10 月第 17 届国际计量大会决定：1 米是光在真空中（1/299 792 458）s 的时间间隔内运行路程的长度。

质量的国际单位制单位是千克（kg），1 kg 等于一个人工制造的铂铱圆柱体（国际千克原器）的质量。

在国际单位制中，厘米（cm）、毫米（mm）、千米（km）、克（g）等称为辅助单位，它们和基本单位之间有一定的换算关系。除了基本单位外，其他单位为导出单位。如速度的单位 $\mathrm{m \cdot s^{-1}}$、加速度的单位 $\mathrm{m \cdot s^{-2}}$等都可以由 m 和 s 导出。

在物理学中，导出量和基本量之间的关系可以用**量纲**来表示。如果以 L 表示长度，以 T 表示时间，以 M 表示质量，则任何一个力学量的单位都可以用这三个量的一定的幂次关系的乘积表示，称为**量纲表示**。例如，速度的量纲为 $\mathrm{LT^{-1}}$，加速度的量纲为 $\mathrm{LT^{-2}}$，力的量纲为 $\mathrm{MLT^{-2}}$。任何一个物理公式两端的量纲必须相同。例如 $\boldsymbol{F}=m\boldsymbol{a}$ 两端的量纲都是 $\mathrm{MLT^{-2}}$。若一个公式两端的量纲相同，公式不一定正确，但是一个公式两端的量纲不同，则公式必然错误。

习　　题

一、简答题

1. 简述路程和位移的区别。
2. 物体运动的速度矢量和加速度矢量是怎样定义的？
3. 运动方程和轨道方程有什么区别？
4. 圆周运动的角速度和角加速度是怎样定义的？
5. 切向加速度和法向加速度的表达式是什么？有何物理意义？

二、选择题

1. 运动质点在某瞬时位于矢径 $\boldsymbol{r}(x, y)$ 的端点处，其速度大小为［　　］。

(A) $\dfrac{\mathrm{d}r}{\mathrm{d}t}$　　(B) $\dfrac{\mathrm{d}\boldsymbol{r}}{\mathrm{d}t}$　　(C) $\dfrac{\mathrm{d}|\boldsymbol{r}|}{\mathrm{d}t}$　　(D) $\sqrt{\left(\dfrac{\mathrm{d}x}{\mathrm{d}t}\right)^2+\left(\dfrac{\mathrm{d}y}{\mathrm{d}t}\right)^2}$

2. 某质点的运动方程为 $x=-6t+5t^3+2$（SI），则该质点作［　　］。

(A) 匀加速直线运动，加速度沿 x 轴正方向

(B) 匀加速直线运动，加速度沿 x 轴负方向

(C) 变加速直线运动，加速度沿 x 轴正方向

(D) 变加速直线运动，加速度沿 x 轴负方向

3. 一质点作直线运动，其运动方程为 $x=6t-t^2$（SI 单位），在 $t=1\mathrm{s}$ 到 $t=4\mathrm{s}$ 的时间内质点的位移和路程为［　　］。

(A) 3 m，3 m　(B) 9 m，10 m　(C) 9 m，8 m　　(D) 3 m，5 m

三、填空题

1. 一质点作半径 $R=0.1\ \mathrm{m}$ 的圆周运动，其运动方程为 $\theta=5\pi t-\pi t^3$（SI 制），$t=0$ 时的角速度为________；角加速度为________。

2. 已知质点的运动方程为 $\boldsymbol{r}(t)=0.6\sin(5t)\boldsymbol{i}+0.6\cos(5t)\boldsymbol{j}$（SI 制），则 t 时刻质点在 x 和 y 方向的速度分量 $v_x=$________，$v_y=$________，质点的速率为 $v=$________；切向加速度为 $a_\tau=$________，法向加速度为 $a_n=$________。

四、计算题

1. 一小球从静止开始竖直向上运动，其运动方程为 $s=5+4t-t^2$，求小球运动到最高点的时间及小球的加速度。

2. 一物体沿 x 轴作直线运动，运动方程为 $x=6t^2-2t^3$，式中各量采用国际单位制，求：(1) 物体在第 2 s 内的平均速度；(2) 物体在第 3 s 末的瞬时速度；(3) 物体在第 1 s 末的瞬时加速度；(4) 物体运动的类型。

3. 已知质点的运动方程为 $x=2t$，$y=2-t^2$，式中各量采用国际单位制，求：(1) 质点的轨道方程；(2) $t=1\ \mathrm{s}$ 和 $t=2\ \mathrm{s}$ 时质点的位置矢量；(3) 在 $t=1\ \mathrm{s}$ 和 $t=2\ \mathrm{s}$ 之间质点的位移矢量；(4) 质点在任意时刻的速度矢量；(5) 质点在任意时刻的加速度矢量。

4. 质点的运动方程为 $\boldsymbol{r}(t)=8\cos(2t)\boldsymbol{i}+8\sin(2t)\boldsymbol{j}$，求：(1) 质点在任意时刻的速度和加速度的大小；(2) 质点的切向加速度和法向加速度大小；(3) 质点的轨道方程。

5. 质点作半径 $R=0.20\ \mathrm{m}$ 的圆周运动，其运动方程为 $\theta=\pi+\frac{1}{4}t^2$，求：(1) 质点在任意时刻的角速度 ω；(2) 质点在任意时刻的切向加速度和法向加速度。

6. 质点作圆周运动的运动方程为 $\theta=50\pi t+\frac{1}{2}\pi t^2$，求：(1) 质点在第 3 s 末的瞬时角速度和瞬时角加速度；(2) 质点在第 3 s 内的角位移。

第2章　对称性与守恒定律

在现代物理学中，对称性是一个十分重要的概念，正是对称性决定着物体间的相互作用。在粒子物理、固体物理、原子物理等许多领域里，对称性都是一个重要的问题。诺贝尔物理学奖获得者斯蒂芬·温伯格在他的“终极理论之梦”一文中写到：“物理学在20世纪取得了令人惊讶的成功，它改变了我们对空间和时间、存在和认识的看法，也改变了我们描述自然界的基本语言。在本世纪行将结束之际，我们已拥有一个对宇宙的崭新看法，在这个新的宇宙观中，物质已失去它原来的中心地位，取而代之的是自然界的对称性。引起这场思想革命的原动力，是探索自然界的终极规律，即对我们的问题——为什么世界是这个样子——的最终回答”。

牛顿运动定律虽然原则上可以解决一切宏观低速的力学问题，但是对多质点系和约束较多的情况，直接应用牛顿运动定律十分繁琐困难。而守恒定律是自然界的基本法则，与运动细节无关。当我们研究新现象时，往往可以运用守恒定律作出关键性的预言，指导研究过程。例如，中微子的发现就是人们在研究放射性衰变过程中发现，衰变前和衰变后的核及电子不遵守动量守恒定律，从而预言新粒子——中微子的存在。在工程领域将守恒定律作为解决实际问题的工具，能简化分析和计算，也有着广泛的应用。

本章将对动量、动能、角动量定理和在特定条件下的三个守恒定律，以及对称性的概念、对称性原理、对称性与守恒定律的关系、自然界重大的对称性破缺作简要介绍。

2.1　动量定理　动量守恒定律

2.1.1　动量　冲量　质点的动量定理

1. 动量

质点的质量 m 和速度$\boldsymbol{v}$ 的乘积称为质点的**动量**，用$\boldsymbol{p}$ 表示，即

$$\boldsymbol{p}=m\boldsymbol{v} \tag{2-1}$$

动量是一个矢量，其方向与速度方向相同。在SI单位制中，动量的单位是千克·米·秒$^{-1}$（$\mathrm{kg\cdot m\cdot s^{-1}}$）。

由牛顿第二定律可得

$$\boldsymbol{F}=\frac{\mathrm{d}(m\boldsymbol{v})}{\mathrm{d}t}=\frac{\mathrm{d}\boldsymbol{p}}{\mathrm{d}t} \tag{2-2}$$

式（2-2）指出，一个物体的动量的时间变化率等于物体所受的合外力，这是牛顿第二定律的更普遍的表述形式，也是力的定义式：力是质点动量变化率的量度。在质点的高速运动情况下，质点的质量 m 不再是恒量，$\boldsymbol{F}=m\boldsymbol{a}$ 不再适用，但 $\boldsymbol{F}=\frac{\mathrm{d}\boldsymbol{p}}{\mathrm{d}t}$仍然成立。式（2-2）也可以称为质点动量定理的微分形式。

2. 冲量　质点的动量定理

由式（2-2）可得

$$\boldsymbol{F}\mathrm{d}t = \mathrm{d}\boldsymbol{p} = \mathrm{d}(m\boldsymbol{v}) \tag{2-3}$$

上式左侧 $\boldsymbol{F}\mathrm{d}t$ 称为外力 $\boldsymbol{F}$ 在 $\mathrm{d}t$ 时间内的元冲量，用 $\mathrm{d}\boldsymbol{I}$ 表示，是一个矢量且与 $\boldsymbol{F}$ 同方向。于是，在 $t_1 \to t_2$ 的时间内，物体在外力 $\boldsymbol{F}$ 的作用下，速度由$\boldsymbol{v}_1$ 变为$\boldsymbol{v}_2$，物体受到 $\boldsymbol{F}$ 的冲量 $\boldsymbol{I}$ 就是对式（2-3）的积分，即

$$\boldsymbol{I} = \int \mathrm{d}\boldsymbol{I} = \int_{t_1}^{t_2} \boldsymbol{F}\mathrm{d}t = \int_{v_1}^{v_2} \mathrm{d}(m\boldsymbol{v}) = m\boldsymbol{v}_2 - m\boldsymbol{v}_1 = \boldsymbol{p}_2 - \boldsymbol{p}_1 \tag{2-4}$$

式（2-4）就是质点动量定理的一般表达式，即在 $t_1 \to t_2$ 时间间隔内，外力作用在质点上的冲量 $\boldsymbol{I} = \int_{t_1}^{t_2} \boldsymbol{F}\mathrm{d}t$ 等于质点在该时间内的动量的增量。式中

$$\boldsymbol{I} = \int_{t_1}^{t_2} \boldsymbol{F}\mathrm{d}t \tag{2-5}$$

称为 $t_1 \to t_2$ 时间内力 $\boldsymbol{F}$ 的**冲量** $\boldsymbol{I}$。在 SI 单位制中，冲量的单位是牛顿 · 秒（N · s），量纲和动量相同。

式（2-4）是动量定理的矢量表达式，在直角坐标系中的分量式为

$$\begin{aligned} I_x &= \int_{t_1}^{t_2} F_x \mathrm{d}t = mv_{2x} - mv_{1x} \\ I_y &= \int_{t_1}^{t_2} F_y \mathrm{d}t = mv_{2y} - mv_{1y} \\ I_z &= \int_{t_1}^{t_2} F_z \mathrm{d}t = mv_{2z} - mv_{1z} \end{aligned} \tag{2-6}$$

若在 $t_1 \to t_2$ 时间内 $\boldsymbol{F}$ 是恒力，则式（2-4）可以写成

$$\boldsymbol{F}\Delta t = m\boldsymbol{v}_2 - m\boldsymbol{v}_1$$

当 $\boldsymbol{F}$ 是变力时，也可以求出力的平均值 $\overline{\boldsymbol{F}} = \dfrac{1}{t_2 - t_1}\int_{t_1}^{t_2} \boldsymbol{F}\mathrm{d}t$，然后求出平均力的冲量

$$\overline{\boldsymbol{F}}\Delta t = m\boldsymbol{v}_2 - m\boldsymbol{v}_1 \tag{2-7}$$

【例 2-1】 有一冲力作用在质量为 0.3 kg 的物体上，物体最初处于静止状态，已知力的大小 F 与时间 t 的关系为

$$F(t) = \begin{cases} 2.5 \times 10^4 t & 0 \leqslant t \leqslant 0.02 \\ 2.0 \times 10^5 (t - 0.07)^2 & 0.02 \leqslant t \leqslant 0.07 \end{cases}$$

式中 F 的单位为 N，t 的单位为 s。求：（1）上述时间内的冲量、平均冲力的大小；（2）物体的末速度的大小。

【解】（1）由冲量的定义式有

$$I = \int_{t_1}^{t_2} F(t)\mathrm{d}t = \int_0^{0.02} 2.5 \times 10^4 t\mathrm{d}t + \int_{0.02}^{0.07} 2.0 \times 10^5 (t - 0.07)^2 \mathrm{d}t = 13.3\ \mathrm{N \cdot s}$$

而平均冲力的大小为

$$\overline{F} = \frac{1}{t_2 - t_1}\int_{t_1}^{t_2} F(t)\mathrm{d}t = \frac{1}{0.07 - 0} \times 13.3\ \mathrm{N} = 190\ \mathrm{N}$$

（2）由动量定理得物体的末速度大小为

$$v_2 = v_1 + \frac{I}{m} = \left(0 + \frac{13.3}{0.3}\right) \mathrm{m \cdot s^{-1}} = 44.3\ \mathrm{m \cdot s^{-1}}$$

【例 2-2】 一个球的质量 $m = 0.5$ kg，从高度 $h = 2$ m 处自由下落，假设球与地面碰撞时没有能量损失，和地面的接触时间为 $\Delta t = 0.02$ s，求该球受到的平均作用力。

【解】 由运动学关系可知，球下落到地面时的速度为

$$v = \sqrt{2gh}$$

因假设球与地面碰撞时没有能量损失，所以球从地面弹起的速度大小等于下落速度，方向相反。则在碰撞过程中球的动量改变量为 $2mv$，由动量定理得知该球受到的平均作用力为

$$\overline{F} = \frac{2mv}{\Delta t} = \frac{2m\sqrt{2gh}}{\Delta t} = \frac{2 \times 0.5 \times \sqrt{2 \times 9.8 \times 2}}{0.02}\ \mathrm{N} = 313\ \mathrm{N}$$

球本身的重力为

$$W = mg = 0.5 \times 9.8\ \mathrm{N} = 4.9\ \mathrm{N}$$

显然，球本身的重力只有球受到的地面的平均作用力的 $\frac{1}{64}$ 倍。

动量定理在实际生活中有广泛的应用。根据需要，人们有时设法延长力的作用时间，减小冲力，避免冲力造成损害，例如火车车厢两端的缓冲器和车厢底下的减震器，高层楼房施工时脚手架下安放的安全网，打篮球时人们在接抛来的篮球时总是把接球的手顺势往后一缩，这些做法都是为了延长作用时间，减小冲力。相反，有时根据需要又要缩短作用时间，增大冲力，例如在钉钉子、锻压等过程中，则是利用短暂的作用时间来获得巨大的冲力。

2.1.2 质点系的动量定理与动量守恒定律

在研究多个有相互作用的物体的运动情况时，可以把这些物体作为整体系统来研究，称为物体系。若其中的每一物体都能抽象为质点，则该物体系就可以抽象为质点系。我们把系统外的质点对系统内质点的作用力称为外力，系统内质点之间的相互作用力称为内力。设系统内有两个质点 1 和 2，质量分别为 m_1 和 m_2。设两质点在碰撞时间 $\Delta t = t_2 - t_1$ 内，除有相互作用的内力 $\boldsymbol{F}_{12}$ 和 $\boldsymbol{F}_{21}$ 外，还分别受到外力 $\boldsymbol{F}_1$ 和 $\boldsymbol{F}_2$ 的作用（图 2-1），则两质点所受力的冲量和动量增量分别为

$$\int_{t_1}^{t_2} (\boldsymbol{F}_1 + \boldsymbol{F}_{12})\,\mathrm{d}t = m_1 \boldsymbol{v}_1 - m_1 \boldsymbol{v}_{10}$$

$$\int_{t_1}^{t_2} (\boldsymbol{F}_2 + \boldsymbol{F}_{21})\,\mathrm{d}t = m_2 \boldsymbol{v}_2 - m_2 \boldsymbol{v}_{20}$$

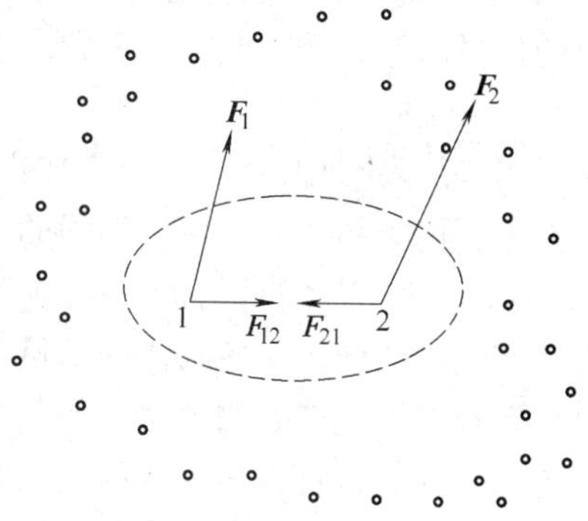

图 2-1　推导质点系的动量定恒用图

将上两式相加，有

$$\int_{t_1}^{t_2} (\boldsymbol{F}_1 + \boldsymbol{F}_2)\,\mathrm{d}t + \int_{t_1}^{t_2} (\boldsymbol{F}_{12} + \boldsymbol{F}_{21})\,\mathrm{d}t = (m_1 \boldsymbol{v}_1 + m_2 \boldsymbol{v}_2) - (m_1 \boldsymbol{v}_{10} + m_2 \boldsymbol{v}_{20})$$

由牛顿第三定律可知，系统的内力满足 $\boldsymbol{F}_{12} = -\boldsymbol{F}_{21}$，内力冲量的矢量和为零，所以上式变成

$$\int_{t_1}^{t_2}(\boldsymbol{F}_1+\boldsymbol{F}_2)\mathrm{d}t=(m_1\boldsymbol{v}_1+m_2\boldsymbol{v}_2)-(m_1\boldsymbol{v}_{10}+m_2\boldsymbol{v}_{20}) \tag{2-8}$$

式（2-8）表明：作用于两个质点组成的质点系统的外力的矢量和的冲量等于质点总动量的增量。把这一结论推广到由 n 个质点组成的质点系统，则有

$$\int_{t_1}^{t_2}\boldsymbol{F}_{外}\,\mathrm{d}t=\sum_{i=1}^{n}m_i\boldsymbol{v}_i-\sum_{i=1}^{n}m_i\boldsymbol{v}_{i0} \tag{2-9}$$

即

$$\boldsymbol{I}=\boldsymbol{p}-\boldsymbol{p}_0 \tag{2-10}$$

式（2-10）表明：作用于系统的合外力的冲量等于系统动量的增量。这就是**质点系的动量定理**。

对上面的推证过程我们应该注意：作用于系统的合外力是作用于系统内每一质点的外力的矢量和。只有外力对系统的动量变化有贡献，而系统的内力是不能改变整个系统的动量的，但可以改变单个质点的动量。

在人造地球卫星的定轨和运行过程中，常常需要纠正同步卫星的运行轨道。有一种方法是利用离子推进器系统所产生的推力来达到这一目的，其基本原理就是质点系的动量定理。

从式（2-9）可知，若 $\boldsymbol{F}_{外}=0$，则有

$$\boldsymbol{p}=\sum_{i=1}^{n}m_i\boldsymbol{v}_i=\text{恒矢量} \tag{2-11}$$

式（2-11）就是质点系的**动量守恒定律**。它的表述为：**当系统所受合外力为零时，系统的总动量将保持不变。**

应用动量守恒定律时应注意以下几点：

1）系统动量守恒的条件是 $\sum\boldsymbol{F}_{外}=0$，即系统所受外力的矢量和在整个过程中为零。在一些实际问题（如碰撞、爆炸、冲击等过程）中，系统所受外力的矢量和虽不为零，但却远远小于系统的内力，这时仍可视为满足动量守恒条件。

2）动量守恒为矢量守恒。具体运用时可用直角坐标系下的分量式表示。若系统所受外力的矢量和不为零，但在某个方向上的分量为零，则系统的总动量虽不守恒，但在该方向上动量的分量守恒。

3）动量定理和动量守恒定律都是只在惯性系中成立。因为动量具有相对性，对不同的惯性系，同一物体的动量是不同的。因此定律中所涉及的动量都应是相对于同一惯性系的。

4）在系统所受外力的矢量和为零的情况下，虽然系统的总动量不变，但由于系统内各物体间内力的作用，各物体的动量要发生转移，各物体的动量大小和方向都可能变化。

动量守恒定律是物理学最普遍、最基本的定律之一。动量守恒定律的应用非常广泛，从锻造、反冲、打桩、爆炸过程的研究到微观粒子的探索、火箭的飞行、卫星的发射等方面都有广泛的应用。动量守恒定律虽然是从表述宏观物体运动规律的牛顿运动定律导出的，但近代的科学实验和理论分析都表明：在自然界中，大到天体间的相互作用，小到质子、中子、电子等基本粒子间的相互作用，动量守恒定律都适用；而在原子、原子核等微观领域中，牛顿运动定律却不适用了。因此动量守恒定律比牛顿运动定律适用范围更加广泛。

2.2　功与能　机械能守恒定律

2.2.1　功

1. 恒力的功

如图 2-2 所示，质量为 m 的物体在恒力 $\boldsymbol{F}$ 作用下作直线运动，当发生位移 $\Delta\boldsymbol{r}$ 时，恒力 $\boldsymbol{F}$ 所做的功为

$$A = F\Delta r\cos\theta \tag{2-12}$$

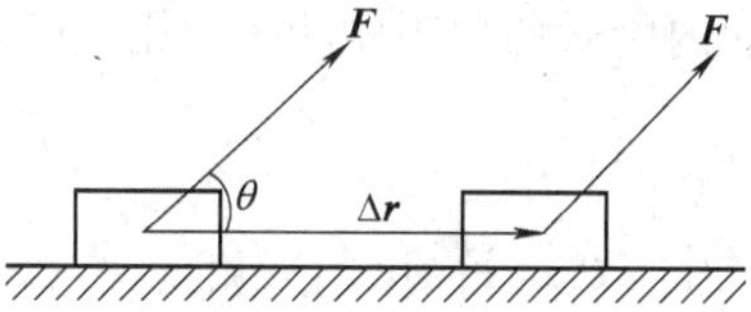

图 2-2　恒力功的定义

式中，θ 为 $\boldsymbol{F}$ 与位移 $\Delta\boldsymbol{r}$ 的夹角。式（2-12）可以写成矢量 $\boldsymbol{F}$ 与 $\Delta\boldsymbol{r}$ 的点积形式，即

$$A = \boldsymbol{F}\cdot\Delta\boldsymbol{r} \tag{2-13}$$

功是标量，只有大小，没有方向，但有正功、负功之分。

当 $0\leqslant\theta\leqslant\frac{\pi}{2}$ 时，$\cos\theta>0$，$A>0$ 为正功，表示力对物体做正功；

当 $\theta=\frac{\pi}{2}$ 时，$\cos\theta=0$，$A=0$，表示当外力和位移方向相互垂直时外力对物体不做功；

当 $\frac{\pi}{2}<\theta\leqslant\pi$ 时，$\cos\theta<0$，$A<0$，为负功，表示物体克服外力而做功，即外力对物体做负功。

在 SI 单位制中，功的单位是焦耳（J）。1 J 等于在位移方向上 1 N 的力使物体产生 1 m 位移时所做的功，即 1 J = 1 N · m。

2. 变力的功

一般情况下，作用在物体上的力不一定是恒力，物体也不一定沿直线运动。下面我们讨论在变力作用下物体作曲线运动时变力的功。如图 2-3 所示，设质量为 m 的质点在变力 $\boldsymbol{F}$ 作用下沿曲线 AB 由 A 运动到 B。我们可以把整个路程分成许多小段，作用在任一小段位移 $\mathrm{d}\boldsymbol{r}$ 上的力可视为恒力，在这段位移上力对质点做的元功为

$$\mathrm{d}A = \boldsymbol{F}\cdot\mathrm{d}\boldsymbol{r}$$

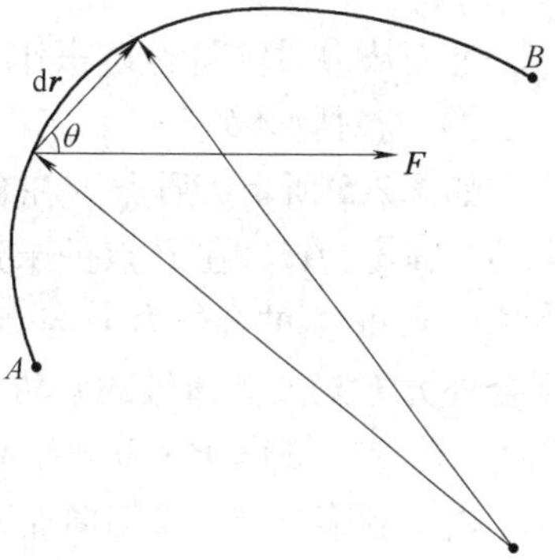

图 2-3　变力的功

然后把整个路径上所有元功加起来就得到沿整个路径变力对质点所做的功。当 $\mathrm{d}\boldsymbol{r}$ 趋于零时，对元功的求和就变成了对元功的积分。因此，质点沿路径 AB 由 A 运动到 B，力 $\boldsymbol{F}$ 对它所做的功为

$$A_{AB} = \int_A^B \mathrm{d}A = \int_A^B \boldsymbol{F}\cdot\mathrm{d}\boldsymbol{r} \tag{2-14}$$

当质点同时受到几个力 $\boldsymbol{F}_1$，$\boldsymbol{F}_2$，$\boldsymbol{F}_3$，…，$\boldsymbol{F}_n$ 的作用而沿路径 AB 由 A 运动到 B 时，合力 $\boldsymbol{F}$ 对它所做的功为

$$
\begin{aligned}
A_{AB} &= \int_A^B \mathrm{d}A = \int_A^B \boldsymbol{F} \cdot \mathrm{d}\boldsymbol{r} = \int_A^B (\boldsymbol{F}_1 + \boldsymbol{F}_2 + \boldsymbol{F}_3 + \cdots + \boldsymbol{F}_n) \cdot \mathrm{d}\boldsymbol{r} \\
&= \int_A^B \boldsymbol{F}_1 \cdot \mathrm{d}\boldsymbol{r} + \int_A^B \boldsymbol{F}_2 \cdot \mathrm{d}\boldsymbol{r} + \int_A^B \boldsymbol{F}_3 \cdot \mathrm{d}\boldsymbol{r} + \cdots + \int_A^B \boldsymbol{F}_n \cdot \mathrm{d}\boldsymbol{r} \\
&= A_{1AB} + A_{2AB} + A_{3AB} + \cdots + A_{nAB}
\end{aligned}
\tag{2-15}
$$

即合力的功等于各分力沿同一路径所做的功的代数和。

3. 功率

在生产实践中，人们希望在较短时间内获得更多的功。为此，引入功率的概念。单位时间内所做的功叫做功率，用字母 P 表示，即

$$
P = \frac{\mathrm{d}A}{\mathrm{d}t} = \frac{\boldsymbol{F} \cdot \mathrm{d}\boldsymbol{r}}{\mathrm{d}t} = \boldsymbol{F} \cdot \boldsymbol{v} = Fv\cos\theta \tag{2-16}
$$

式中，θ 是 $\boldsymbol{F}$ 与 $\boldsymbol{v}$ 的夹角。

在 SI 单位制中，功率的单位是瓦特，简称瓦，符号为 W，$1\ \mathrm{W} = 1\ \mathrm{J} \cdot \mathrm{s}^{-1}$。

【例 2-3】 水平桌面上有一个质量为 m 的小物体，沿半径为 R 的圆弧从 A 移动到 B（图 2-4）。物体与桌面间的动摩擦因数为 μ，求摩擦力所做的功。

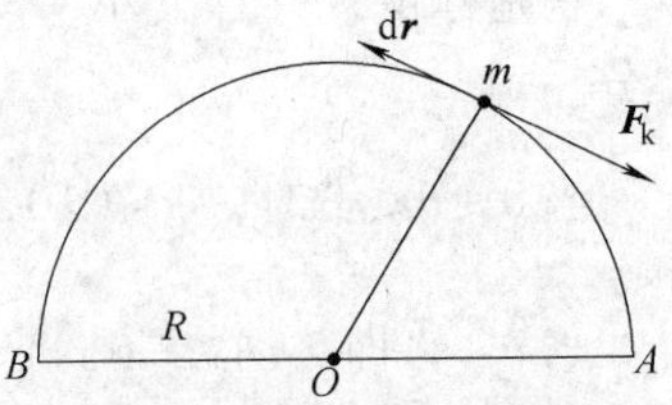

图 2-4 例题 2-3 用图

【解】 物体 m 在移动任一元位移 $\mathrm{d}\boldsymbol{r}$ 的过程中，它所受的摩擦力的方向与 $\mathrm{d}\boldsymbol{r}$ 相反，即二者夹角为 π，其大小为 $F_\mathrm{k} = \mu F_\mathrm{N} = \mu mg$，所以

$$
A_{AB} = \int_A^B \mathrm{d}A = \int_A^B \boldsymbol{F}_\mathrm{k} \cdot \mathrm{d}\boldsymbol{r} = -\int_A^B F_\mathrm{k} \mathrm{d}r = -\mu mg \int_0^{\pi R} \mathrm{d}r = -\mu mg\pi \mathrm{R}
$$

式中，负号表示滑动摩擦力对物体做了负功。

功的大小与路径有关，若物体沿直径 AB 从 A 移动到 B，则滑动摩擦力所做的功为 $-\mu mg2R$。

2.2.2 质点的动能定理

上面从力对空间的累积作用出发，讨论了力对物体所做的功。那么，力的空间累积（做功）将对物体的运动状态产生怎样的效果呢？下面我们来讨论这个问题。

如图 2-5 所示，质点 m 在合外力 $\boldsymbol{F}$ 的作用下沿曲线路径 L 由 A 点运动到 B 点。质点在 A 点的初速度为 $\boldsymbol{v}_A$，在 B 点的末速度为 $\boldsymbol{v}_B$。设作用在位移元 $\mathrm{d}\boldsymbol{r}$ 上的合外力 $\boldsymbol{F}$ 与 $\mathrm{d}\boldsymbol{r}$ 之间的夹角为 θ。则合外力 $\boldsymbol{F}$ 对质点所做的元功为

$$
\mathrm{d}A = \boldsymbol{F} \cdot \mathrm{d}\boldsymbol{r} = F\cos\theta \mathrm{d}r
$$

由牛顿第二定律及切向加速度 a_t 的定义，有

$$
F\cos\theta = ma_\mathrm{t} = m\frac{\mathrm{d}v}{\mathrm{d}t}
$$

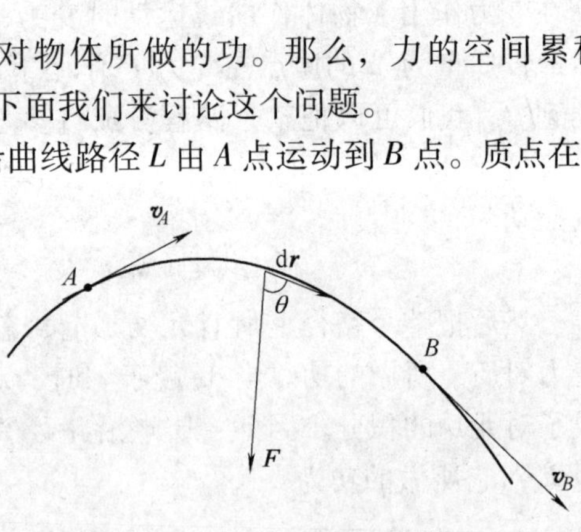

图 2-5 推导质点的动能定理用图

所以合外力 $\boldsymbol{F}$ 对质点所做的元功为

$$
\mathrm{d}A = \boldsymbol{F} \cdot \mathrm{d}\boldsymbol{r} = F\cos\theta \mathrm{d}r = m\frac{\mathrm{d}v}{\mathrm{d}t}\mathrm{d}r = mv\mathrm{d}v
$$

于是，质点由 A 点运动到 B 点过程中，合外力所做总功为

$$A=\int_A^B \mathrm{d}A=\int_{v_A}^{v_B} mv\mathrm{d}v=\frac{1}{2}mv_B^2-\frac{1}{2}mv_A^2 \tag{2-17}$$

式中，$\frac{1}{2}mv^2$ 是与质点的运动状态有关的参量，叫做质点的**动能**，用 E_k 表示。这样就可以用 $E_{kA}=\frac{1}{2}mv_A^2$ 表示质点的初动能，$E_{kB}=\frac{1}{2}mv_B^2$ 表示质点的末动能。式（2-17）可以写成

$$A=E_{kB}-E_{kA}=\Delta E_k \tag{2-18}$$

式（2-18）即为**质点的动能定理**：合外力对质点所做的功等于质点动能的增量（末动能减去初动能）。动能定理的实质是给出外力做功的效果是改变物体的动能。当不了解过程的详细情况，但又需求出变力做功时，可以根据动能定理很方便地求出变力所做的功。

动能的单位和量纲与功完全相同，其 SI 单位是焦耳（J）。

质点的动能 $E_k=\frac{1}{2}mv^2$ 和动量 $\boldsymbol{p}=m\boldsymbol{v}$ 都是利用 m 和 v 两个因素来表示物体的运动状态的，都是质点运动状态的单值函数，是状态量。二者数量上的联系是

$$E_k=\frac{p^2}{2m} \tag{2-19}$$

但动量是矢量，依赖速度的方向，动能是标量，与速度方向无关。动量的改变由力的冲量决定，是力的时间累积效应；动能的改变由力的功决定，是力的空间累积效应。

因为动能定理也是从牛顿运动定律推出的，所以动能定理也仅仅适用于惯性系。在不同的惯性系中，质点的位移和速度是不同的，所以功和动能依赖于惯性系的选择。

【例 2-4】　一质量为 0.1 kg 的质点由静止开始运动，运动方程为 $\boldsymbol{r}=\frac{5}{3}t^3\boldsymbol{i}+2\boldsymbol{j}$（SI 单位），求在 $t_0=0$ s 到 $t=2$ s 的时间内，作用在该质点上的合力所做的功。

【解法一】　利用功的定义式 $A=\int \mathrm{d}A=\int \boldsymbol{F}\cdot \mathrm{d}\boldsymbol{r}$ 计算。

由题意，可得

$$\boldsymbol{v}=\frac{\mathrm{d}\boldsymbol{r}}{\mathrm{d}t}=5t^2\boldsymbol{i},\quad \boldsymbol{a}=\frac{\mathrm{d}\boldsymbol{v}}{\mathrm{d}t}=10t\boldsymbol{i}$$

所以　$\boldsymbol{F}=m\boldsymbol{a}=0.1\times10t\boldsymbol{i}=t\boldsymbol{i}$

由 $\boldsymbol{v}=\frac{\mathrm{d}\boldsymbol{r}}{\mathrm{d}t}=5t^2\boldsymbol{i}$ 得

$$\mathrm{d}\boldsymbol{r}=(5t^2\mathrm{d}t)\boldsymbol{i}$$

则合力对质点的元功为

$$\mathrm{d}A=\boldsymbol{F}\cdot\mathrm{d}\boldsymbol{r}=t\boldsymbol{i}\cdot(5t^2\mathrm{d}t)\boldsymbol{i}=5t^3\mathrm{d}t$$

所以

$$A=\int\mathrm{d}A=\int\boldsymbol{F}\cdot\mathrm{d}\boldsymbol{r}=\int_0^2 5t^3\mathrm{d}t=20\mathrm{J}$$

【解法二】　利用动能定理求变力的功。

因为 $\boldsymbol{v}=\frac{\mathrm{d}\boldsymbol{r}}{\mathrm{d}t}=5t^2\boldsymbol{i}$，所以物体在 $t_0=0$ s 到 $t=2$ s 两个状态的初、末加速度分别为

$t_0=0$ s 时，$v_0=0\ \mathrm{m\cdot s^{-1}}$；$t=2$ s 时，$v=20\ \mathrm{m\cdot s^{-1}}$

根据质点的动能定理，有

$$A = \Delta E_{\mathrm{k}} = \frac{1}{2}mv^2 - \frac{1}{2}mv_0^2 = \frac{1}{2} \times 0.1 \times 20^2\ \mathrm{J} = 20\ \mathrm{J}$$

从上面的两种解法可以看出，根据动能定理可以很方便地求出变力所做的功。

2.2.3 保守力的功

某些力的功与质点的路径无关，只与质点的始末位置有关，这些力就是保守力。下面我们从重力、万有引力及弹性力做功的特点出发，引出保守力与非保守力的概念。

1. 重力的功

设一质量为 m 的物体，在重力作用下，从点 a 沿 acb 路径至点 b，点 a 和点 b 距地面的高度分别为 y_1 和 y_2（图 2-6）。我们把曲线 acb 分成许多位移元，在位移元 $\mathrm{d}\boldsymbol{r}$ 中，重力 $m\boldsymbol{g}$ 所做的元功为

$$\begin{aligned}\mathrm{d}A &= m\boldsymbol{g} \cdot \mathrm{d}\boldsymbol{r} \\ &= -mg\boldsymbol{j} \cdot (\mathrm{d}x\boldsymbol{i} + \mathrm{d}y\boldsymbol{j}) \\ &= -mg\mathrm{d}y\end{aligned}$$

物体由点 a 移至点 b 的过程中，重力做的总功为

$$A = -mg\int_{y_1}^{y_2}\mathrm{d}y = -(mgy_2 - mgy_1)$$

即

$$A = mgy_1 - mgy_2 \tag{2-20}$$

上述结果表明，重力做功只与质点的始末两点位置 y_1 和 y_2 有关，而与其所经过的路径无关。

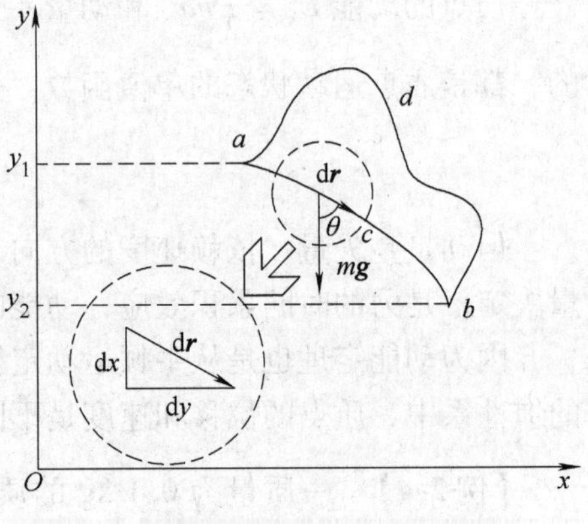

图 2-6 重力的功

2. 万有引力的功

如图 2-7 所示，有一质量为 m' 的质点，另一质量为 m 的质点在 m' 的引力场中经任意路径由点 a 运动到点 b。a、b 两点对固定质点的位置矢量分别为 $\boldsymbol{r}_a$ 和 $\boldsymbol{r}_b$。现在计算万有引力对质点 m 所做的功。

在质点 m 的运动过程中，万有引力的大小、方向都在变化，设在任一位置，质点 m 的位置矢量为 $\boldsymbol{r}$，$\boldsymbol{e}_r$ 为沿位置矢量 $\boldsymbol{r}$ 方向的单位矢量。则质点 m 所受的万有引力为

$$\boldsymbol{F} = -G\frac{m'm}{r^2}\boldsymbol{e}_r$$

在任一段元位移 $\mathrm{d}\boldsymbol{r}$ 中，万有引力可视为恒力，则万有引力所做的元功为

$$\mathrm{d}A = \boldsymbol{F} \cdot \mathrm{d}\boldsymbol{r} = -G\frac{m'm}{r^2}\boldsymbol{e}_r \cdot \mathrm{d}\boldsymbol{r}$$

从图 2-7 中可以看出，若设 $\mathrm{d}\boldsymbol{r}$ 与 $\boldsymbol{e}_r$ 的夹角为 θ，则

$$\boldsymbol{e}_r \cdot \mathrm{d}\boldsymbol{r} = |\boldsymbol{e}_r||\mathrm{d}\boldsymbol{r}|\cos\theta = |\mathrm{d}\boldsymbol{r}|\cos\theta = \mathrm{d}r$$

式中 $\mathrm{d}r$ 为质点发生位移 $\mathrm{d}\boldsymbol{r}$ 时位矢 $\boldsymbol{r}$ 大小的增量。

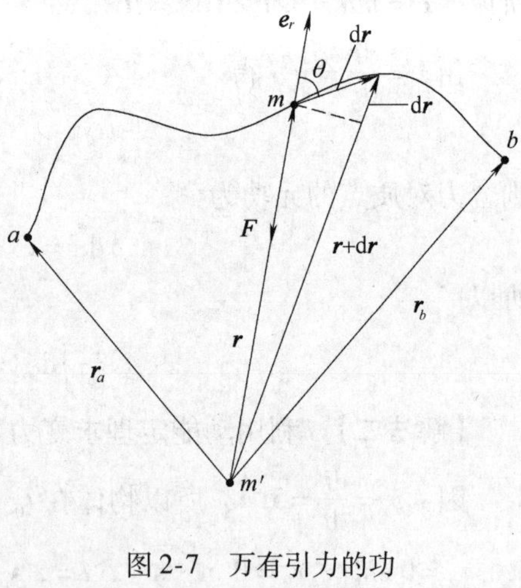

图 2-7 万有引力的功

于是，万有引力所做的元功为

$$dA = \boldsymbol{F} \cdot d\boldsymbol{r} = -G\frac{m'm}{r^2}\boldsymbol{e}_r \cdot d\boldsymbol{r} = -G\frac{m'm}{r^2}dr$$

所以，质点 m 从点 a 沿任意路径到达点 b 的过程中，万有引力对它做的功为

$$A = \int_a^b dA = \int_{r_a}^{r_b} -\frac{Gm'm}{r^2}dr = \frac{Gm'm}{r_b} - \frac{Gm'm}{r_a}$$

$$A = Gm'm\left(\frac{1}{r_b} - \frac{1}{r_a}\right) \tag{2-21}$$

式（2-21）表明，万有引力所做的功只与运动质点 m 的始末位置（r_a 和 r_b）有关，而与质点 m 所经历的路径无关。

3. 弹性力的功

如图 2-8 所示，有一弹簧水平放置，弹簧的一端固定，另一端与一质量为 m 的物体相连。当弹簧在水平方向不受外力作用时，它将不发生形变，此时物体的位置称为平衡位置。取质点运动的直线为 x 轴，坐标原点 O 在质点的平衡位置处。在质点运动过程中的任一位置 x，弹簧的伸长量也是 x。

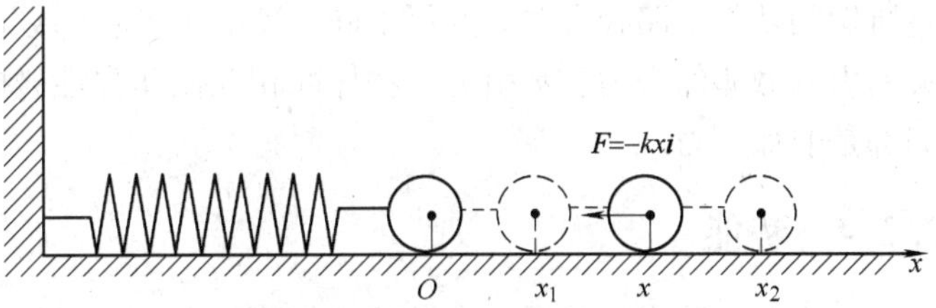

图 2-8　弹簧弹性力的功

在弹簧被拉长的过程中，根据胡克定律，在弹性限度内，弹簧的弹性力 $\boldsymbol{F}$ 与弹簧的伸长量 x 之间的关系为

$$\boldsymbol{F} = -kx\boldsymbol{i}$$

式中，k 为弹簧劲度系数；负号表示其方向总是指向平衡位置。

弹性力是变力，但弹簧伸长 dx 时的弹性力可近似看成是不变的，于是，物体位移 $dx\boldsymbol{i}$ 时，弹性力所做的元功为

$$dA = \boldsymbol{F} \cdot dx\boldsymbol{i} = -kx\boldsymbol{i} \cdot \boldsymbol{i}dx = -kxdx$$

这样，当弹簧的伸长量由 x_1 变为 x_2 时，弹性力所做的功就等于各个元功之和，由积分计算可得

$$A = \int dA = -k\int_{x_1}^{x_2} xdx = \frac{1}{2}kx_1^2 - \frac{1}{2}kx_2^2 \tag{2-22}$$

可见，弹性力所做的功只与弹簧始末位置 x_1 和 x_2 有关，而与弹簧形变的过程无关。

4. 保守力与非保守力

从上述对重力、万有引力和弹性力做功的讨论中可以看出，它们都有一个共同的特点，即这些力所做的功只与物体（或弹簧）的始末位置有关，而与路径无关。我们把具有这种特点的力称为**保守力**。以后我们还会知道，静电力也是一种保守力。

保守力做功与路径无关，可用另一种方式表述：在保守力作用下，物体沿任一闭合曲线路径绕行一周时，保守力 $\boldsymbol{F}$ 所做的功为零，即

$$\oint_L \boldsymbol{F} \cdot d\boldsymbol{r} = 0 \tag{2-23}$$

式（2-23）是反映保守力做功特点的数学表达式。式中积分号 $\oint_L$ 表示沿闭合曲线一周

进行积分。下面给出简单证明。

如图2-9所示，设一物体在保守力$\boldsymbol{F}$作用下自点A沿路径ACB到达点B，然后再沿路径BDA返回A点，保守力$\boldsymbol{F}$沿闭合路径$ACBDA$对物体所做的功为

$$A=\oint_L \boldsymbol{F}\cdot \mathrm{d}\boldsymbol{r}=\int_{ACB}\boldsymbol{F}\cdot \mathrm{d}\boldsymbol{r}+\int_{BDA}\boldsymbol{F}\cdot \mathrm{d}\boldsymbol{r}$$
$$=\int_{ACB}\boldsymbol{F}\cdot \mathrm{d}\boldsymbol{r}-\int_{ADB}\boldsymbol{F}\cdot \mathrm{d}\boldsymbol{r}$$

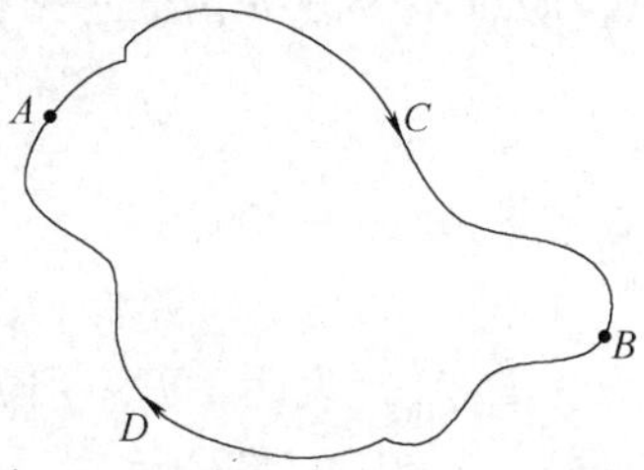

图2-9 保守力沿任意闭合路径做功

由于保守力做功与路径无关，所以有$\int_{ACB}\boldsymbol{F}\cdot \mathrm{d}\boldsymbol{r}=\int_{ADB}\boldsymbol{F}\cdot \mathrm{d}\boldsymbol{r}$，所以有$A=\oint_L \boldsymbol{F}\cdot \mathrm{d}\boldsymbol{r}=0$。

然而，在物理学中并非所有的力都具有做功与路径无关这一特点，例如常见的摩擦力，它所做的功就与路径有关。路径不同，摩擦力做功的数值也不同。我们把这种做功与路径有关的力叫做非保守力。牵引力、物体间相互做非弹性碰撞时的冲击力等都具有这一特点，它们都是非保守力。

2.2.4 势能

由于两个质点间的保守力做的功与路径无关，而只决定于两质点的始末位置，所以对于这两个质点系统，存在着一个由它们的相对位置决定的状态函数。这个状态函数叫做系统的**势能函数**，简称**势能**，用E_{p}表示。用$E_{\mathrm{p}a}$和$E_{\mathrm{p}b}$分别表示初末状态的势能，则它们和保守力做的功的关系是

$$A_{ab保}=E_{\mathrm{p}a}-E_{\mathrm{p}b}=-\Delta E_{\mathrm{p}} \tag{2-24}$$

即质点由位置a到位置b的过程中，保守力所做的功等于系统势能的减少（或势能增量的负值）。

从势能的定义可以看出，势能只与质点的位置坐标有关，质点如果长期处在保守力场的某个位置，那么其势能便会长期保持不变，可见势能是一种可以长期储存或潜在的能量。一旦条件许可，就会通过保守力做功的过程释放出来。这便是所谓“势”的含义。从式（2-24）可以看出，若$A_{ab保}>0$，则$\Delta E_{\mathrm{p}}<0$，势能减少，说明保守力做功是以势能的减少为代价的。若$A_{ab保}<0$，则$\Delta E_{\mathrm{p}}>0$，势能增加，说明外力做了正功，并以势能的形式储存了起来。

势能的SI单位与功相同，也是焦耳（J）。

势能是一个相对值。要确定质点在任一给定位置的势能值，可以选定某一参考位置b，规定质点在该位置处的势能为零，即$E_{\mathrm{p}b}=0$，则质点在其他位置（如a点）的势能值为

$$E_{\mathrm{p}a}=A_{ab}=\int_a^b \boldsymbol{F}\cdot \mathrm{d}\boldsymbol{r}\qquad (E_{\mathrm{p}b}=0) \tag{2-25}$$

式（2-25）表示，质点在任一位置的势能等于把该质点由该位置移到势能零点的过程中保守力所做的功。势能零点的选择是任意的，对不同的零势点，质点在同一位置的势能可以不同。但是，质点在任意两个给定位置的势能之差总是相同的，与零势点的选择无关。

另外，势能是属于以保守力相互作用着的整个质点系统的，不属于单个质点。

只有保守力才有势能，不同的保守力对应不同类型的势能。非保守力没有对应的势能。

在力学中对应于重力、万有引力和弹性力有以下三种势能。

重力势能　若选择地面为重力势能的零值平面，则物体在距地面任一高度 h 处的重力势能为

$$E_p = mgh \tag{2-26}$$

若选重力场中任一水平面为势能零值，只需将上式的 h 理解为质点相对于零值面的高度差。

万有引力势能　选取两物体 m'、m 相距无穷远处时的势能为零，当两物体相距为 r 时的引力势能为

$$E_p = -\frac{Gm'm}{r} \tag{2-27}$$

这个势能总是负值，说明把一个质点从引力场中某处移至无穷远的过程中，万有引力做负功，系统势能增加。

弹性势能　对弹性系统，通常规定弹簧无形变时的势能为零。则当弹簧伸长或缩短 x 时系统的弹性势能为

$$E_p = \frac{1}{2}kx^2 \tag{2-28}$$

即弹性势能与弹簧的形变量的平方成正比。

当坐标系和势能零点确定后，物体的势能仅是坐标的函数。按此函数画出的势能随坐标变化的曲线，称为势能曲线。图 2-10a 是重力势能曲线，是一条直线。图 2-10b 是万有引力势能曲线，是一条双曲线。图 2-10c 是弹性势能曲线，该曲线是一条通过原点的抛物线。

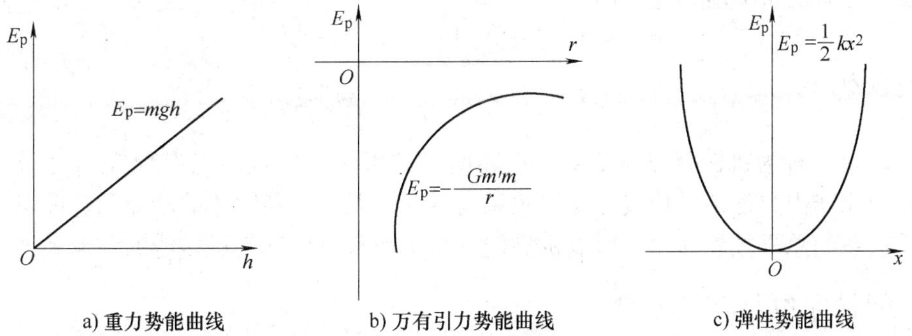

a) 重力势能曲线　b) 万有引力势能曲线　c) 弹性势能曲线

图 2-10　势能曲线

2.2.5　功能原理　机械能守恒定律

1. 质点系的动能定理

前面式（2-18）表示单个质点的动能定理，它可推广到由 n 个质点所组成的质点系。可以证明，**所有外力对质点系所做的功和所有内力对质点系所做的功的代数和等于质点系总动能的增量**。这就是**质点系的动能定理**，即

$$A_{外} + A_{内} = E_{kB} - E_{kA} \tag{2-29}$$

式中，E_{kA}是系统内 n 个质点的初动能之和；E_{kB}是这些质点的末动能之和；$A_{外}$ 是外力对质点系所做功之和；$A_{内}$ 是质点系内力所做功之和。

应该注意，系统内力之和虽然为零，但是内力做功的代数和可以不为零，因而可以改变

系统的总动能。例如，地雷爆炸后，弹片四处飞散，它们的总动能显然比爆炸前增加了。这就是内力（火药的爆炸力）对各弹片做正功的结果。内力能改变系统的总动能，但不能改变系统的总动量。这是特别需要加以区分的。

2. 功能原理

由于力有保守力和非保守力之分，所以，对于一个质点系而言，其内力也可以分为保守内力和非保守内力。因此在功能原理中，内力的功可以写成保守内力的功 $A_{内保}$ 和非保守内力的功 $A_{内非保}$ 之和，则式（2-28）可以写成

$$A_{外}+A_{内保}+A_{内非保}=E_{kB}-E_{kA} \tag{2-30}$$

由于保守内力做功等于系统势能的减少，即

$$A_{内保}=E_{pA}-E_{pB}$$

所以式（2-30）可以写成

$$\begin{aligned} A_{外}+A_{内非保} &= (E_{kB}-E_{kA})-A_{内保}=(E_{kB}-E_{kA})-(E_{pA}-E_{pB}) \\ &= (E_{kB}+E_{pB})-(E_{kA}+E_{pA}) \end{aligned} \tag{2-31}$$

把系统的总动能和势能之和叫做系统的机械能，用 E 表示，即 $E=E_k+E_p$，所以式（2-31）可以写成

$$A_{外}+A_{内非保}=E_B-E_A \tag{2-32}$$

其中 $E_A=E_{kA}+E_{pA}$，$E_B=E_{kB}+E_{pB}$，分别表示系统在初、末态的机械能。式（2-32）即为功能原理：**系统机械能的增量等于系统外力的功与非保守内力的功的代数和。**

3. 机械能守恒定律

由功能原理式（2-32）可知，当质点系所受外力和非保守内力做功的代数和为零时，质点系初、末态的机械能相等，即

$$A_{外}+A_{内非保}=0\text{ 时，}E_B-E_A=\text{常量} \tag{2-33}$$

上式也可写为

$$A_{外}+A_{内非保}=0\text{ 时，}E_{kA}+E_{pA}=E_{kB}+E_{pB}=\text{常量} \tag{2-34}$$

式（2-34）称为**机械能守恒定律**，它表明：如果一个质点系只有保守内力做功，而其他外力和非保守内力都不做功或做功代数和为零时，系统内各物体的动能和势能可以相互转化，但质点系的总机械能守恒。所以机械能守恒定律也可以称为机械能的守恒和转化定律。

2.2.6 能量守恒与转换定律

在长期的生产活动和科学实验中，人们总结出一条重要的规律：在一个不受外界作用的孤立系统中，各种形式的能量是可以相互转换的，但是无论怎样转换，能量的总和是不变的。这一结论称为**能量守恒与转换定律**，它是自然界的基本定律之一。

自然界中的物质存在着许多种运动形式，对应于不同的运动形式有不同的能量形式，当运动形式相互转化时，物质的能量也随之相互转换。无论是机械的、热的、电磁的、原子的、化学的还是生物的能量，既不能创造，也不能消失，只能从一种形式转换为另一种形式。机械能守恒定律是普遍的能量守恒与转换定律的一种特例。

2.3 质点的角动量定理 角动量守恒定律

物理学中经常会遇到质点围绕一定点转动的情况，例如行星绕太阳的运动、原子中电子

绕原子核的转动等。在这类转动问题中，如果用动量来描述质点的转动问题会很不方便，因为动量的方向每时每刻不断变化着。为此，我们引入角动量的概念，并讨论角动量所遵从的规律。

2.3.1 质点的角动量

设质量为 m 的质点相对于某一参考点 O 运动，如图 2-11 所示。在某一时刻，质点相对于参考点 O 的位置矢量为 $\boldsymbol{r}$，质点的速度为$\boldsymbol{v}$，则质点的动量为 $\boldsymbol{p}=m\boldsymbol{v}$。我们定义位置矢量 $\boldsymbol{r}$ 与动量 $\boldsymbol{p}$ 的矢积为质点相对于 O 点的**角动量**，用 $\boldsymbol{L}$ 表示，即

$$\boldsymbol{L}=\boldsymbol{r}\times\boldsymbol{p}=\boldsymbol{r}\times m\boldsymbol{v} \tag{2-35}$$

从角动量的定义可以看出以下几点：（1）质点的角动量与参考点的选择有关，对同一质点的运动，参考点的选择不同，角动量不同。（2）角动量是一个矢量，其大小为 $L=rmv\sin\phi$，ϕ 为 $\boldsymbol{r}$ 与$\boldsymbol{v}$ 的夹角；角动量 $\boldsymbol{L}$ 的方向由右手螺旋法则决定，即当右手弯曲的四指从 $\boldsymbol{r}$ 经过 $\boldsymbol{r}$ 与 $\boldsymbol{p}$（或$\boldsymbol{v}$）之间小于 π 的夹角 ϕ 转到 $\boldsymbol{p}$（或$\boldsymbol{v}$）时，伸直的大拇指的指向就是角动量 $\boldsymbol{L}$ 的方向（图 2-11b)。(3) 角动量反映了质点绕参考点旋转运动的强弱。

在 SI 单位制中，角动量的单位是千克 · 米^2 · 秒$^{-1}$，符号是 $\mathrm{kg\cdot m^2\cdot s^{-1}}$。

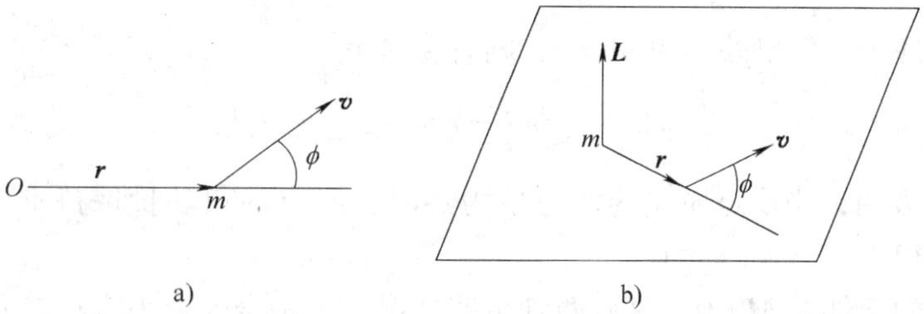

图 2-11 质点的角动量

角动量的概念提出较晚，但由于大到星体、小到微观粒子都有旋转运动，由于发现微观粒子的角动量具有量子化的重要特征，又由于角动量遵守守恒定律，所以 20 世纪以来，角动量及其守恒定律已经成为物理学中最重要的概念和规律之一。

2.3.2 质点的角动量定理 力矩

根据质点的角动量公式 $\boldsymbol{L}=\boldsymbol{r}\times m\boldsymbol{v}$，两边对时间求导，得

$$\frac{\mathrm{d}\boldsymbol{L}}{\mathrm{d}t}=\frac{\mathrm{d}\boldsymbol{r}}{\mathrm{d}t}\times m\boldsymbol{v}+\boldsymbol{r}\times\frac{\mathrm{d}}{\mathrm{d}t}(m\boldsymbol{v})$$

因$\dfrac{\mathrm{d}\boldsymbol{r}}{\mathrm{d}t}=\boldsymbol{v}$，$\boldsymbol{F}=\dfrac{\mathrm{d}}{\mathrm{d}t}(m\boldsymbol{v})$，所以上式可写成

$$\frac{\mathrm{d}\boldsymbol{L}}{\mathrm{d}t}=\boldsymbol{v}\times m\boldsymbol{v}+\boldsymbol{r}\times\boldsymbol{F} \tag{2-36}$$

根据矢积的性质，上式右边第一项为零，第二项定义为力对参考点 O 的力矩 $\boldsymbol{M}$，即

$$\boldsymbol{M}=\boldsymbol{r}\times\boldsymbol{F} \tag{2-37a}$$

如图 2-12 所示，上式中转轴与力的作用线间的垂直距离用 d 表示，叫做力臂，则力矩 $\boldsymbol{M}$ 的大小为

$$M = rF\sin\theta = Fd \tag{2-37b}$$

力矩 $\boldsymbol{M}$ 的方向垂直于 $\boldsymbol{r}$ 和 $\boldsymbol{F}$ 所确定的平面，指向由右手螺旋法则确定。

在 SI 单位制中，力矩的量纲为 ML^2T^{-2}，单位名称是牛顿·米，符号是 N·m。

所以式（2-36）可改写成

$$\boldsymbol{M} = \frac{\mathrm{d}\boldsymbol{L}}{\mathrm{d}t} \tag{2-38}$$

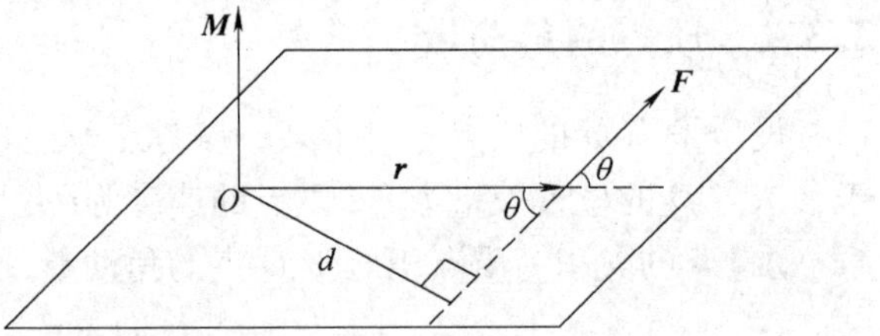

图 2-12　力矩的定义

式（2-38）表明，质点所受外力对某定点的力矩，等于质点对该定点的角动量的时间变化率，这就是**质点的角动量定理**。

关于质点的角动量定理需要注意的是：（1）角动量定理中的角动量 $\boldsymbol{L}$ 和力矩 $\boldsymbol{M}$ 必须是相对于同一个参考点的。（2）角动量定理与牛顿第二定律在数学形式上相互对应，即

$$\frac{\mathrm{d}\boldsymbol{p}}{\mathrm{d}t} = \boldsymbol{F},\ \frac{\mathrm{d}\boldsymbol{L}}{\mathrm{d}t} = \boldsymbol{M}$$

2.3.3　角动量守恒定律

在角动量定理中，如果外力矩 $\boldsymbol{M}=0$，则有

$$\frac{\mathrm{d}\boldsymbol{L}}{\mathrm{d}t} = 0 \qquad \text{或}\ \boldsymbol{L} = \boldsymbol{r}\times m\,\boldsymbol{v} = \text{常矢量} \tag{2-39}$$

式（2-39）表明，当质点所受的外力矩为零时，质点的角动量保持不变，这就是质点的**角动量守恒定律**。

角动量守恒的条件是 $\boldsymbol{M}=0$，这有两种可能情况：一是合外力为零，二是合外力 $\boldsymbol{F}$ 不为零，但在任意时刻 $\boldsymbol{F}$ 总是与质点对固定点的位矢 $\boldsymbol{r}$ 平行。例如有心力就属于第二种情况，据此可以证明开普勒第二定律。

开普勒第二定律的内容是：行星对太阳的位矢在相等的时间内扫过相同的面积。我们知道，行星总是在太阳的引力作用下沿着椭圆轨道运动的。由于引力的方向在任何时刻总是与行星对太阳的位矢的方向平行，所以，行星受到的引力对太阳的力矩等于零。因此，行星在运动过程中，它对太阳的角动量将保持不变。

由于角动量 $\boldsymbol{L}$ 的方向不变，表明 $\boldsymbol{r}$ 和 $\boldsymbol{v}$ 所决定的平面的方位不变。即行星总在一个平面内运动，它的轨道是一个平面轨道，而角动量 $\boldsymbol{L}$ 垂直于这个平面。这其实是开普勒第一定律的内容：每个行星沿椭圆轨道绕太阳运行，太阳位于椭圆轨道的一个焦点上（图 2-13）。

行星对太阳的角动量的大小为

$$L = |\boldsymbol{r}\times\boldsymbol{p}| = rp\sin\theta = rmv\sin\theta = rm\left|\frac{\mathrm{d}\boldsymbol{r}}{\mathrm{d}t}\right|\sin\theta$$

$$= rm\sin\theta\lim_{\Delta t\to 0}\frac{|\Delta\boldsymbol{r}|}{\Delta t} = m\lim_{\Delta t\to 0}\frac{r|\Delta\boldsymbol{r}|\sin\theta}{\Delta t}$$

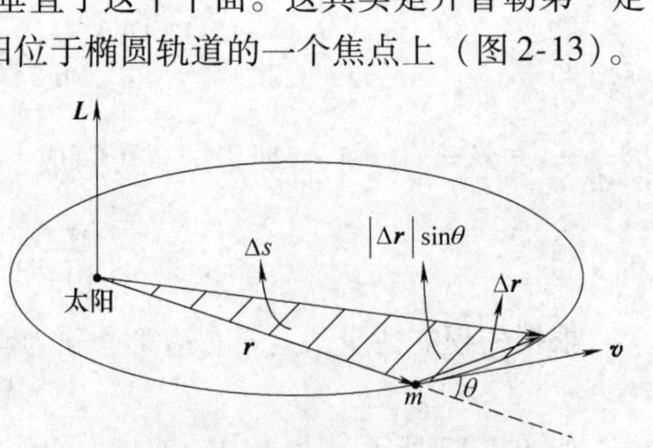

图 2-13　推证开普勒第二定律用图

式中 θ 是 $\boldsymbol{r}$ 与 $\boldsymbol{p}$ 的夹角。由图 2-13 可知，乘积 $r|\Delta\boldsymbol{r}|\sin\theta$ 等于阴影三角形的面积 Δs（忽略右下小角的面积）的两倍。即 $r|\Delta\boldsymbol{r}|\sin\theta = 2\Delta s$，代入上式，可得

$$L = 2m \lim_{\Delta t \to 0}\frac{\Delta s}{\Delta t} = 2m\frac{\mathrm{d}s}{\mathrm{d}t}$$

由于行星对太阳的角动量大小不变，所以$\frac{\mathrm{d}s}{\mathrm{d}t}=\frac{L}{2m}=$恒量，表示行星对太阳的位矢在单位时间内扫过相同的面积。

这一结论也称为**行星运动的面积定律**。由于行星不仅受到太阳引力的作用，还要受到太阳系中其他行星的作用，所以面积定律并不是精确成立的。历史上曾由于面积定律受到的微扰而发现了海王星和冥王星。

2.4　对称性与守恒定律

前面我们介绍了力学中的三大守恒定律——动量守恒定律、能量守恒定律和角动量守恒定律。现代研究表明，守恒定律是对自然界中某种基本对称性的反映。本节将介绍对称性的概念、对称性原理、对称性与守恒律的关系、自然界重大的对称性破缺等知识。

2.4.1　对称性

在日常生活中有很多对称的现象，例如人体外部器官和植物叶子的左右对称，球体对球心的对称，还有古代建筑的对称。图 2-14 中的天坛祈年殿就具有严格的对竖直中心轴的对称性。一般日常生活中常说的**对称性**，是指一个物体或一个系统各部分之间的比例适当、平衡、协调，从而产生一种简单性和美感。这种美来源于几何确定性，来源于群体与个体的有机结合。

图 2-14　天坛祈年殿

德国数学家魏尔（H. Weyl，1885—1955）用严谨的概念描述了对称性：若某个体系经某种操作（或变换）后，其前后状态等价（相同），则称该体系对此操作具有对称性，相应的操作称为**对称操作**。体系的所有对称操作（变换）的集合构成**对称群**。描述对称性的数学工具是群论。简言之，**对称性就是某种变换下的不变性**。

将对称性的概念应用于物理学中，研究对象不仅是图形，还有物理量或物理定律的对称等。时空坐标的改变、尺度的放大或缩小，均可视为操作。若物理规律在某种变换（或操作）下形式不变，则称此规律对此变换具有对称性。

2.4.2　几种常见的对称性

1. 空间变换对称性

对一个体系进行空间对称操作，可以有旋转、平移、镜像反射等多种形式，对应着下面几种对称性。

（1）**空间平移对称性**　即对位置矢量作 $\boldsymbol{r}\to\boldsymbol{r}+\boldsymbol{r}_0$ 的变换，相应的对称性称为平移对称性。例如一条不带任何标记的无限长直线，对沿直线的任意平移具有对称性，而当此直线上均匀布满刻度时，则对沿直线平移单位刻度的整数倍具有对称性。

物理定律的空间平移对称性表现在空间各位置对物理定律等价，没有哪一个位置具有特别优越的地位。例如在地球、月球、火星、河外星系……进行实验，得出的引力定律相同。

(2) **空间旋转对称性** 体系经过绕某定点或轴线的转动操作后具有不变性。如果一个体系绕某轴每转$\frac{2\pi}{n}$角度后恢复原状，该轴被称为此体系的 n 次旋转对称轴。例如没有标记的一个圆对于绕过其中心垂直于圆面的轴 O 旋转任意角度的操作都是对称的。对于在圆内加一对相互垂直直径的体系，其对称操作只能是转动$\frac{\pi}{2}$的整数倍。如果在圆环上加一个小球，其对称操作就只能是转动 2π 的整数倍了。

物理定律的空间旋转对称性表现为空间各方向对物理定律等价，没有哪一个方向具有特别优越的地位。例如，分别在南、北半球进行单摆实验，实验仪器取向不同，得出的单摆周期公式 $T=2\pi\sqrt{\frac{l}{g}}$仍然相同。

(3) **镜像反射（空间反演）对称性** 通常说的左右对称，本质上就是镜像反射对称，相应的操作就是镜像反射（或空间反射）。在这种操作下，沿镜面法线方向的坐标变换从 z 到 $-z$，其他方向不变，于是左手变成了右手（如图 2-15）。镜像反射的不对称，称为手性(chirality)。

根据镜像对称后的不同规律，矢量可以分成两种。如图 2-16 所示的就是这两种矢量。一类矢量称为**极矢量**，即经过镜像反射后，与镜面垂直的分量反向，与镜面平行的分量不变，例如位矢 $\boldsymbol{r}$ 及和位矢 $\boldsymbol{r}$ 相联系的速度$\boldsymbol{v}$ 、加速度 $\boldsymbol{a}$、力 $\boldsymbol{F}$ 等矢量都应有相同的变换规律。另一类矢量称为**轴矢量或赝矢**，它们经过镜像反射操作后，垂直镜面的分量不变，与镜面平行的分量反向，如转动物体的角速度 $\boldsymbol{\omega}$、磁感应强度 $\boldsymbol{B}$ 等。

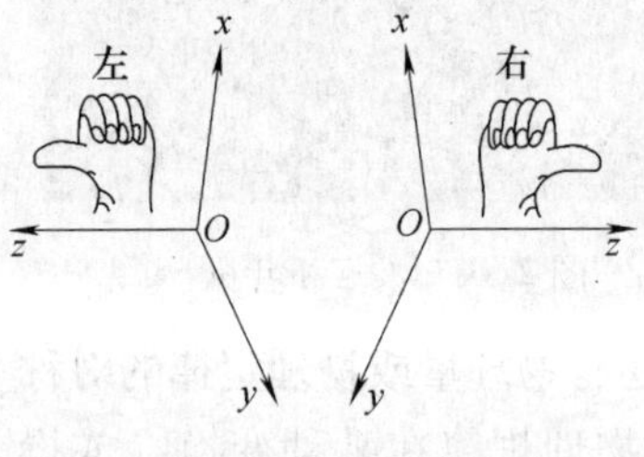

图 2-15 镜像反演

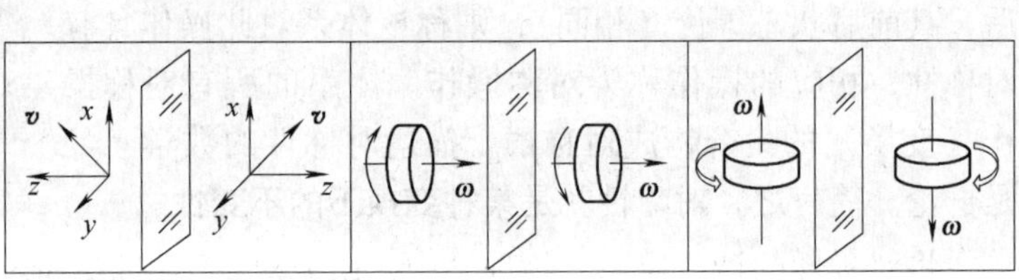

图 2-16 极矢量与轴矢量

物理定律具有镜像反射（空间反演）对称性。可以这样设想：一只钟和另一只与该钟镜像完全一样的钟（图 2-17）。这两只钟将会完全按互为镜像的方式走动。这表明把所有东西从“左”式的换成“右”式的，物理定律保持不变。实际上大量的宏观现象和微观过程都表现出这种物理定律的镜像（空间）反演对称性。

(4) **标度变换对称性** 标度变换对称性是指图像对于标尺的缩涨具有不变性。

在数学中，由 $r=1.3^{\phi}\sin\theta$ 描述的一条螺线，具有标度不变性的函数关系，即当这个图形放大或缩小时，只需转过一个角度，就可以与原来的曲线重合。该螺线被称为对数螺线，是瑞士数学家伯努利首先从鹦鹉螺壳的剖面（图 2-18）显示出的螺线发现并命名的。伯努利感到这曲线具有如此美妙的性质（标度变换不变性），嘱咐要把它铭刻在自己的墓碑上，并附上一句颂词，意思是“虽然改变了，我还是和原来一样”（图 2-19）。我们仔细观察向日葵的花盘上也排列出很多相互交织的对数螺线。

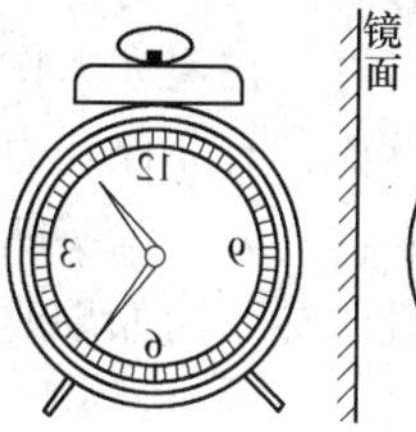

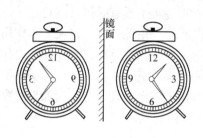

图 2-17　镜像对称的钟

图 2-18　鹦鹉螺壳的标度不变性

标度不变的典型特征也称分形，即分形体在标度变换下整体与部分的自相似性。人们已把它运用到了许多实际问题上，其范围从电化学沉积、薄膜形态、电介质击穿，到人类肺部气管分支结构等。如图 2-20 所示是绝缘体电击穿时的电子路径。

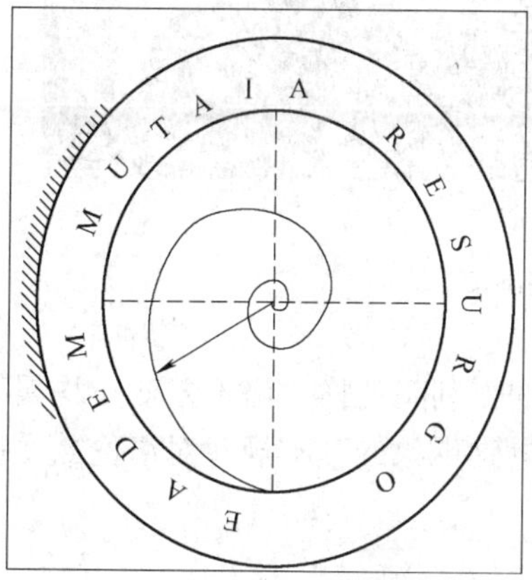

图 2-19　伯努利墓碑

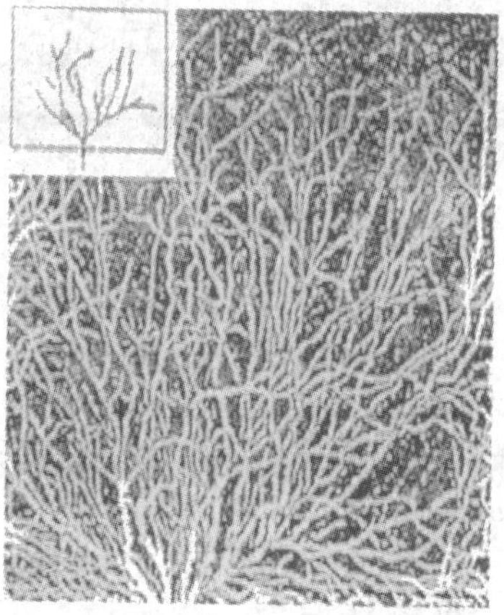

图 2-20　绝缘体电击穿

2. 时间变换对称性

（1）**时间平移对称性**　对体系作 $t \to t + t_0$ 的变换后体系不变，这就是时间平移的对称性。例如，匀速运动物体的速度，对任一时间平移具有对称性；变化周期为 T 的系统对 $t \to t + nT$（n 为整数）的时间平移具有对称性。

物理定律的时间平移对称性是指该定律不随时间流逝而发生变化，物理实验是可以在不同时间重复的。

（2）**时间反演对称性** 对体系作 $t \to -t$ 的变换后（即通常所谓“时间倒流”设想用录像机拍摄下物理过程，再倒过来放映）系统状态不变，系统就具有时间反演对称性。例如牛顿定律中，将时间 t 换成 $-t$，$\boldsymbol{F}=\frac{\mathrm{d}^2\boldsymbol{r}}{\mathrm{d}(-t)^2}$与 $\boldsymbol{F}=\frac{\mathrm{d}^2\boldsymbol{r}}{\mathrm{d}t^2}$具有相同的规律。根据太阳、月亮满足的牛顿方程，我们不仅可以准确地推算出未来将观察到的日食的时间，还可以准确说出过去曾经发生日食的时间，所以，牛顿定律具有时间反演对称性。

通常，保守系统时间反演不变，非保守系统中的宏观过程不具有时间反演对称性。它们具有单向箭头，如热力学箭头、心理学箭头、宇宙学箭头等。由此可见，在保守力作用下运动的系统，其运动过程的录像，无论正、反放映都符合力学规律。然而，有非保守力作用的系统其运动的时间反演就会违背牛顿定律。例如，把一个穿着宽大衣袍的人自墙头跃下的录像倒放，尽管已变为纵身跃上墙头，但从衣袖飘动的方向上就会发现破绽，而如果改穿紧身衣，观众就无法判断录像究竟是正放还是倒着放的了。

3. 联合变换对称性

有时，单独的时间或空间变换不构成对称变换，但其几个变换的联合变换却是对称变换。例如，我国古代的阴阳图（图2-21），围绕其中心旋转180度，相当于黑白互换；再黑白互换，即将两个变换联合起来，就实现了一个对称变换。

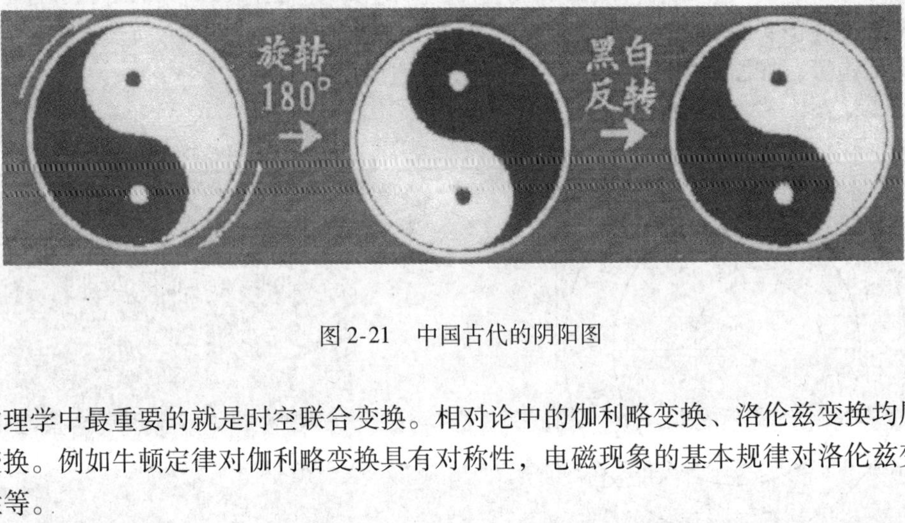

图2-21 中国古代的阴阳图

物理学中最重要的就是时空联合变换。相对论中的伽利略变换、洛伦兹变换均属于时空联合变换。例如牛顿定律对伽利略变换具有对称性，电磁现象的基本规律对洛伦兹变换具有对称性等。

2.4.3 对称性原理

对称性原理是皮埃尔·居里于1894年首先提出的关于事物之间因果关系的原理。其内容如下：

原因中的对称性必然反映在结果中，即结果中的对称性至少和原因中的对称性一样多；结果中的不对称性必在原因中有所反映，即原因中的不对称性至少有结果中的不对称性那样多。

或者表述为：原因中的对称性必反映在全部可能结果的集合中，即全部可能结果集合中的对称性至少有原因中的对称性那样多。

对称性原理是自然界的一条基本原理。有时，在不知道某些具体物理规律的情况下，我们可以根据对称性原理进行分析，对问题给出定性或半定量的结果。

【例 2-5】 根据对称性原理论证抛体运动为平面运动。

【解】 原因：重力和初速决定一个平面，无偏离该平面的因素，对该平面镜像对称。结果：质点的运动不会偏离该平面，轨道一定在该平面内。

【例 2-6】 一个电荷均匀分布的带电球体，球外任一个点电荷 P 的静电力的方向必定沿球心 O 与 P 的连线。

【解】 电荷分布对 OP 轴具有任意旋转对称性（原因），静电力方向（结果）对 OP 轴线的任何偏离都将失去这一对称性，从而违背对称性原理，因此是不可能的。所以球外任一个点电荷 P 的静电力的方向必定沿球心 O 与 P 的连线。

【例 2-7】 铅笔的倾倒

【解】 设想一支质量严格轴对称分布的圆柱形铅笔，笔端削成圆锥面，将其尖端向下立在水平桌面上（图 2-22）。这种平衡是不稳定的，笔会向某个方向倾倒，但向各个方向倾倒的概率相同。原因中的对称性反映在所有可能结果的集合中。

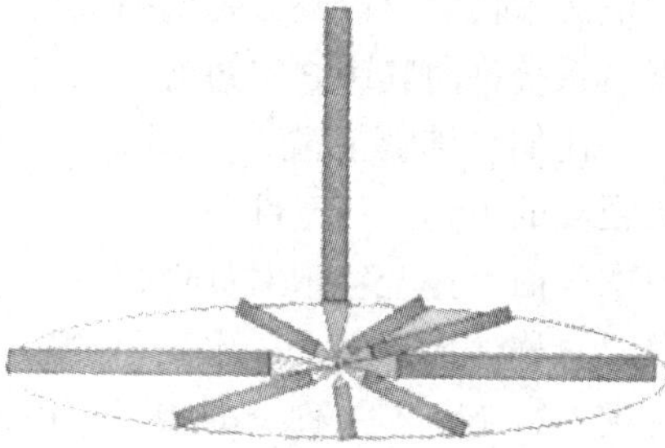

图 2-22　铅笔的倾倒

2.4.4　对称性与守恒律——诺特定理

1918 年，德国女数学家诺特（A. E. Noether）发表了著名的将对称性和守恒律联系在一起的定理：自然界的每一种对称性都将有一个守恒量与之对应；反之，每一守恒定律均揭示蕴涵其中的一种对称性。这个定理可用下面关系表示：

对称性⟷守恒量

物理学中存在着许多守恒定律，如能量守恒、动量守恒、角动量守恒、电荷守恒等。这些守恒定律的存在并不是偶然的，它们是自然规律具有各种对称性的结果。根据诺特定理，自然界的每一种对称性都对应着一种守恒定律，严格的对称性对应着严格的守恒定律，近似的对称性对应着近似的守恒定律，这为物理学研究带来极大的方便。可以证明：

相互作用的时间平移对称性⟷能量守恒
相互作用的空间平移对称性⟷动量守恒
相互作用的空间转动对称性⟷角动量守恒
空间反演对称性⟷强相互作用与电磁相互作用中宇称守恒
规范不变性⟷电荷守恒
……

一种对称性的发现远比一种物理效应或具体物理规律的发现的意义要重大得多！例如，爱因斯坦为使力学相对性原理在电磁理论中有对称性，创立狭义相对论；为寻找引力理论的不变性而继续创立了广义相对论；狄拉克为使微观粒子的波动方程具有洛伦兹不变性，修正了描写微观粒子波动性的薛定谔方程，并根据方程解的对称性预言了反电子（正电子）的存在，进而使人们开始了对反粒子、反物质的探索等。

2.4.5 对称性破缺

1. 对称性的自发破缺

一个原来具有较高对称性的体系，在没有被施加任何不对称因素的情况下，突然对称性明显下降的现象，称为**对称性的自发破缺**。或者用物理语言叙述为：控制参量 λ 跨越某临界值 λ_0 时，系统原有对称性较高的状态失稳，新出现若干个等价的、对称性较低的稳定状态，系统将向其中之一过渡。

比如贝纳德实验，如图 2-23 所示，用一平底容器放入很浅的牛奶，从底部大面积均匀加热到某一程度，突然原本表面上完全均匀对称性很好的液面出现很多六角形花纹。对称性被打破了，出现了对称性的破缺。时空、不同种类的粒子、不同种类的相互作用、整个复杂纷纭的自然界，包括人类自身，都是对称性自发破缺的产物。对称性自发破缺对于认识自然具有重要的意义。下面列举几个对称性自发破缺的事例。

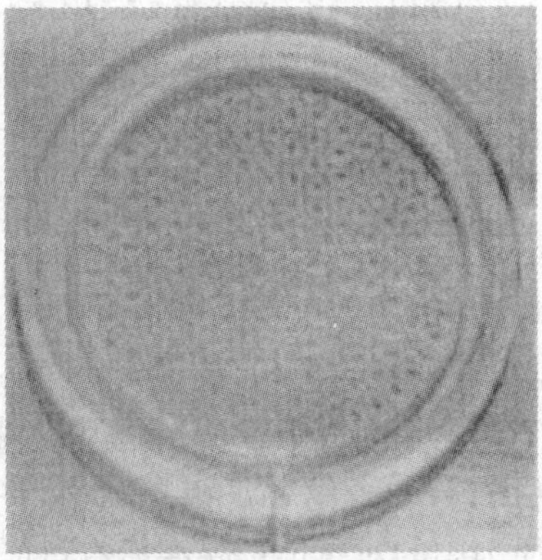
图 2-23　贝纳德对流

2. 几个重大的对称性破缺的实例

（1）**重子—反重子的不对称性**　质子、中子和它们的反粒子，在粒子物理的分类学中属于重子。按照狄拉克的理论，每种粒子都有自己的反粒子，如反质子、反中子、反电子（正电子）等，1933 年他因这个理论获得了诺贝尔物理学奖。在狄拉克方程中，粒子和反粒子处在对称的地位，当时他认为，在自然界中正、反粒子的地位也应是完全对称的。虽然我们的地球，以至整个太阳系中恰好是质子、中子和电子占优势，但在其他某地方，也许这地方十分遥远，应存在反物质世界。在那里的原子、分子是由反质子、反中子和正电子构成的。由于由物质和反物质构成的星体光谱一样，用当时的天文学手段很难区分。以狄拉克为代表的这一反物质世界的假说曾为许多人信奉，但从那时以来的各种天文观测，越来越对这一假设不利。宇宙射线中反质子与质子数量之比相差一万倍；无论在太阳系内、银河系内，还是整个星系团的更大范围内，都未观测到正、反粒子对湮没时发射的强大 γ 射线。看来正、反粒子不对称，这是物质世界对称性最大的破缺。目前，对正、反重子不对称比较得到大家认可的解释是，早期极高温的宇宙中存在着违反重子数守恒的过程。

（2）**生物界的左右不对称性**　大多数动物在外观上看都具有左右对称性（当然也有少数例外，如蜗牛、比目鱼等），但体内的器官就不那么对称了，例如人的心脏在左、盲肠在右，等等。这类不对称性还只是比较肤浅的。如果深入到分子水平，我们就会发现一种普遍存在于生物界的更深刻的左右不对称性。

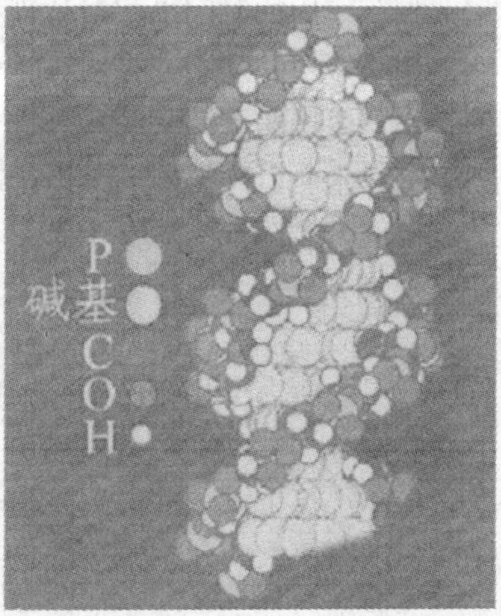

图 2-24　DNA 分子模型

现代生物化学指出：有机化合物的旋光异构现象与有机分子中碳原子四个键的空间构形有关。用 L（livo）和

D（dextro）分别表示左、右型旋光异构体，（+）、（-）代表该物质的溶液的旋光方向，（-）表示左旋，（+）代表右旋。生命的基本物质是生物大分子，它包括蛋白质、核酸、多糖和脂类。其中蛋白质是生命功能的执行者，其分子是右氨基酸组成的长链。每种氨基酸都应有 L、D 两种旋光异构体。但实验证明组成生物蛋白质的 20 种氨基酸都是 L 型的，D 型氨基酸只存在于细菌细胞壁和其他细菌产物中。核酸是遗传信息的携带者和传递者，分为核糖核酸（RNA）和脱氧核酸（DNA）两种。如图 2-24 所示是 DNA 分子双螺旋结构模型，通常是右旋的。生物体内化合物的这种左右不对称性正是生命力的体现。维持这种左右不平衡状态的是生物体内的酶，生物一旦死亡，酶便失去活力，造成左右不平衡的生物化学反应也就停止了。由此可见，生命与分子的不对称性息息相关。

问题是地球上生命发源之初，左右对称性的破缺是怎样开始的？生物的起源是什么？有人在地球上形成生物的外部条件上找原因。譬如，宇宙线中的正、负带电粒子是不对称的，它们在地磁场中的回旋运动也不对称，从而使阳光通过大气时，其中左右旋偏振光的成分不对称。再通过光合作用，合成了生物体内不对称的有机化合物。实际测量表明，这种效应即使有，也极其微弱，恐怕难以说明问题。总之，这些问题当前仍然是谜。

（3）**弱相互作用宇称不守恒**　在量子力学中，和镜像反射（空间反演）对称性相对应的守恒量叫**宇称**。镜像反射（空间反演）操作就是把波函数中空间坐标（x，y，z）同时对原点反号，若波函数空间反演后形式不变则其宇称为 1（或称“偶宇称”），若波函数在反演后改变符号则其宇称为 -1（或称“奇宇称”）。一个粒子或一个粒子系统的“总”宇称是各粒子的轨道宇称和内禀宇称的乘积。在经典物理中没有用到宇称的概念，但在量子力学中有一条很重要的定律——**宇称守恒定律**：在经过某一相互作用后，粒子系统的总宇称与相互作用前粒子系统的总宇称相等。宇称守恒定律原来被认为和动量守恒定律一样是自然界的普遍定律。

但是在 20 世纪 50 年代，物理学界发生了一件奇怪的事，称为“θ—τ 之迷”。两个奇怪的粒子 θ 粒子和 τ 粒子，它们质量相同，都是质子质量的一半；寿命相同，为 0.01μs；自旋相同，都为零；电荷也相同。这样，从质量、寿命和电荷来看，θ 粒子和 τ 粒子应该是同一种粒子。但这将破坏被认为是金科玉律的宇称守恒定律。实验中观测到，二者的衰变方式不同：$\tau^+ \rightarrow \pi^+ + \pi^+ + \pi^-$，$\theta^+ \rightarrow \pi^+ + \pi^0$。已知 π 介子的宇称是 -1，θ 粒子衰变成两个 π 介子，是偶宇称；τ 粒子衰变成 3 个 π 介子，是奇宇称。所以，从衰变行为来看，如果宇称是守恒量，则 θ 粒子和 τ 粒子就不可能是同一种粒子。这就是“θ—τ 之迷”。

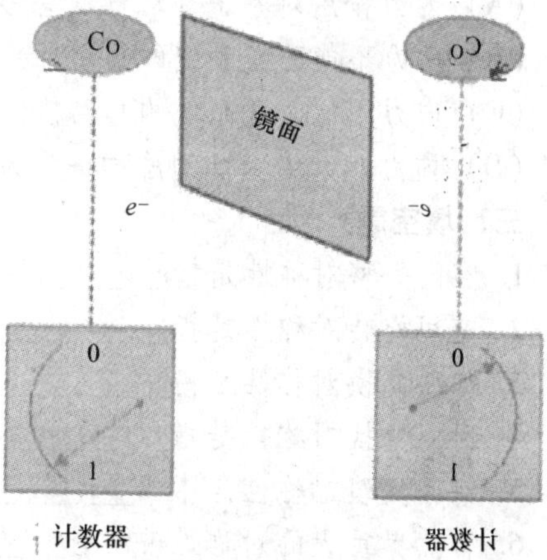

图 2-25　验证弱作用宇称不守恒的实验示意图

1956 年夏天，李政道和杨振宁提出弱相互作用过程中宇称不守恒的设想，解决了“θ—τ 之迷”。他们认为 θ 粒子和 τ 粒子是同一种粒子——K 粒子；K 粒子有两种衰变形式，这种衰变属于弱相互作用，没有镜像反演对称性，宇称不守恒。并建议做实验检验上述假设。

1956 年，吴健雄等做了钴 60 原子核 β 蜕变实验验证了李—杨的设想：弱相互作用，没有镜像反演对称性，宇称不守恒。该实验由如图 2-25 所示的两套装置组成，这两套装置完全相同，只是在 0.01 K 的温度下用核磁共振技术使钴 60 核的初始自旋方向相反。也就是说，这两套装置是互为镜像对称的。然而，实验发现，这两套装置得到的末态电子分布的个数并不是互为镜像的。即，初态互为镜像，但末态位形并不是互为镜像的。因此在弱作用中，不具有空间反演对称性，宇称不守恒。宇称不守恒现象的发现在物理学发展史上有重要的意义，这也可由第二年（1957 年）李、杨就获得了诺贝尔物理学奖看出。这样人们就认识到有些守恒定律是“绝对的”，如动量守恒、角动量守恒、能量守恒等，任何自然过程都要服从这些定律；有些守恒定律则有局限性，只适用于某些过程，如宇称守恒定律只适用于强相互作用和电磁相互作用引起的变化，而在弱相互作用中则不成立。

习　题

一、简答题

1. 简述求变力冲量的方法，并写出公式。
2. 写出质点的动量定理表达式，它有何物理意义？
3. 简述求变力做功的方法，并写出公式。
4. 写出质点的动能定理表达式，它有何物理意义？
5. 简述对称性原理。
6. 简述对称性与守恒量之间的对应关系。

二、选择题

1. 对功的概念有以下几种说法，其中正确的是［　　］。

(A) 保守力做正功时，系统内相应的势能增加

(B) 质点沿一个闭合路径运动一周，保守力对质点做功为零

(C) 作用力与反作用力大小相等、方向相反，所以二者做功的代数和一定为零

(D) 摩擦力一定是做负功

2. 下列表述中，正确的是［　　］。

(A) 内力作用对系统的动量没有影响

(B) 内力不能改变系统的总动量

(C) 内力不能改变系统的总动能

(D) 内力对系统做功的总和一定为零

三、填空题

1. 空间平移对称性是指______________________________。
2. 空间旋转对称性是指______________________________。
3. 标度变换对称性是指______________________________。
4. 时间变换对称性是指______________________________。
5. 时间反演对称性是指______________________________。
6. 自然界重大的对称性破缺有________、________、________。

四、计算题

1. 一个力 $\boldsymbol{F} = (3+4t)\,\boldsymbol{i}$（式中各量采用国际单位制），作用在一质点上，使之沿 x 轴

运动，求在 $t=0$ 到 $t=2\mathrm{s}$ 的时间间隔内，该力的冲量大小。

2. 力 $\boldsymbol{F}$ 沿 x 轴作用在质量为 1.0 kg 质点上，使之沿 x 轴运动，质点运动方程为 $x=3t-4t^2+t^3$（式中各量采用国际单位制），求在 0 ~ 4 s 的时间间隔内，力 F 的冲量的大小和平均冲力的大小？

3. 一物体在大小为 $F=2+6x$（式中各量采用国际单位制）的外力作用下沿 x 轴作直线运动，求物体从 $x_0=0$ 处移动到 $x=2$ m 处时，外力所做的功。

4. 质量 $m=2$ kg 的物体在 $F=10+6x^2$ 的外力作用下沿 x 轴作直线运动，如果在 $x_0=0$ 处时，质点的速度 $v_0=0$，求该物体从 $x_0=0$ 移动到 $x=2$ m 处时外力做的功和质点的速率。

5. 一人从 10 m 深的井中提水，开始时桶中装有 10 kg 的水，由于桶漏水，每提升 1 m 要漏去 0.2 kg 的水。求水被匀速地提升到井口时人所做的功。

6. 质量为 4.0 kg 的物体在 $\boldsymbol{F}=(4+8t)\boldsymbol{i}$ N 的力作用下，由静止出发沿 x 轴运动，求在 2 s的时间内，该力所做的功。

第3章　刚体的定轴转动

前面讨论的质点力学问题，忽略了物体的大小和形状，这在某些情况下可以突出主要矛盾，简化问题的处理。但是在研究另一些问题时，就不能用一个质点的运动来代表整个物体的运动，必须考虑物体的大小和形状。为此我们引入一个新的物理模型——刚体，并讨论刚体定轴转动的转动定理、力矩的功和转动动能定理、刚体的角动量定理和角动量守恒定律。

3.1　刚体的运动

3.1.1　刚体

如果物体在运动的过程中其大小和形状不能忽略，则不能将它看成是质点。例如，研究物体的转动时，物体上各点的运动状态各不相同，而且物体的转动情况与其大小和形状密切相关，这时就不能用一个质点的运动来代表物体的全部运动。一般情况下，由于受到外力的作用，物体的大小和形状在运动的过程中都会发生变化，这会使问题的研究变得复杂。但由于大多数固体在运动过程中，其大小和形状的变化极小，因此可以将这种变化作为次要因素忽略不计。我们把在外力作用下其大小和形状都不变化的物体称为**刚体**，这是力学中又一个理想模型。

在讨论刚体的定轴转动时，往往把刚体分成无数个质元，每个质元都可以看成是质点。由于刚体不发生形变，即各质元之间的距离保持不变，因此可以把刚体看做质元间的距离保持不变的“不变质点系”，并运用已知的质点和质点系的运动规律进行分析，这是研究刚体力学的基本方法。

3.1.2　刚体的平动

刚体运动时，如果刚体上连接任意两点间的直线在运动过程中始终保持平行，则这种运动称为刚体的平动。如图3-1所示，物体上A、B两点间的连线在运动中始终平行。

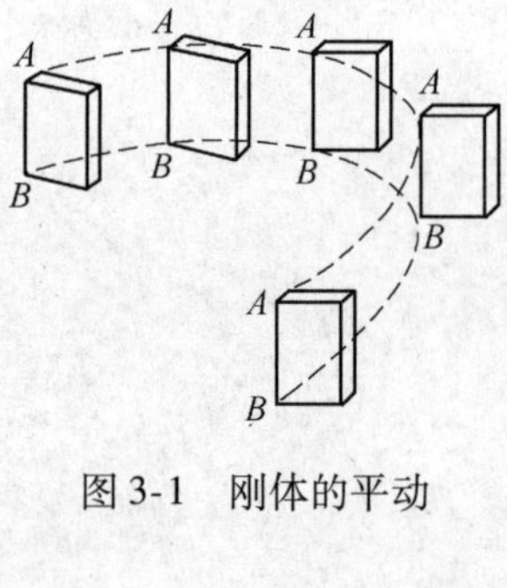

图3-1　刚体的平动

不难看出，刚体作平动时，刚体上各点的运动状态完全相同，即具有相同的位移、速度、加速度等，因此只要知道刚体上任一点的运动情况，则整个刚体的运动情况也就知道了。这样可以把平动的刚体看做质点，描述质点运动的各个物理量和质点力学的规律都适用于刚体的平动。

3.1.3　刚体的定轴转动

刚体运动时，如果刚体上各点均绕同一条直线作圆周运动，则这种运动称为刚体的**转**

动，而这一直线称为**转轴**。如果转轴是固定的，则称刚体的转动为**定轴转动**。定轴转动是最简单最基本的一种转动形式。

实际上刚体的运动往往不是单纯的平动或单纯的转动，而是较复杂的运动。可以证明，刚体的任何复杂运动都可看成是由平动和转动合成的。

3.1.4　刚体定轴转动的角量描述

刚体作定轴转动时，如图 3-2 所示，刚体上任一点 P 将在通过 P 点且与转轴垂直的平面内作圆周运动，与转轴垂直的平面称为**转动平面**，圆心 O 是转轴与转动平面的交点。因此，刚体的定轴转动实质上就是刚体上各点在垂直于转轴的转动平面内作圆周运动。

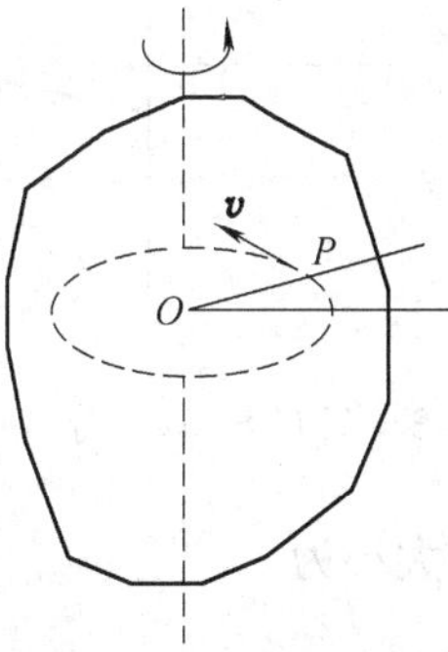

图 3-2　刚体的定轴转动

显然，刚体作定轴转动时，在相同的一段时间内，刚体上转动半径不同的各点的位移、速度和加速度一般各不相同，但各点的半径所转过的角度却是相同的，因此在描述刚体的定轴转动时，用角量较为方便。

关于刚体转动时的**角位移**、**角速度**和**角加速度**的定义与 1.3 节中对质点圆周运动的角量描述相同。刚体作定轴匀变速转动时，其运动学方程与用角量描述的质点作匀变速圆周运动的方程相同。

3.2　力矩　转动定理

上面讨论了刚体的运动学问题，本节开始讨论刚体定轴转动的动力学问题，研究刚体作定轴转动时所遵从的动力学规律。

3.2.1　力矩

为了改变刚体的运动状态，必须对刚体施以作用力。外力对刚体转动状态的影响，不仅与作用力的大小有关，而且还与作用力的方向和力的作用点的位置有关。例如，我们用同样大小的力开门，当作用点靠近门轴时，不容易把门推开，当作用点远离门轴时，就容易推开，而且当力的作用点及其延长线通过门轴或力的方向与门轴平行时，就不能把门推开。

如图 3-3 所示，设推门的作用力为 $\boldsymbol{F}$，把 $\boldsymbol{F}$ 分解成两个分量：一个分量平行于门轴，用 $\boldsymbol{F}_{/\!/}$ 表示，另一分量垂直于门轴，用 $\boldsymbol{F}_{\perp}$ 表示。如上所述，只有 $\boldsymbol{F}_{\perp}$ 能对门的转动起作用，而 $\boldsymbol{F}_{/\!/}$ 对门的转动没有贡献。因此，今后我们只考虑垂直于转轴的作用力。

综上所述，要改变刚体的运动状态就要综合考虑作用力的大小、方向和作用点这三个要素，具备这三个要素的物理量，正是我们在第 2 章中研究质点绕定点转动的角动量时就已经引入的力矩。现在讨论刚体绕定轴转动时作用力对转轴的力矩，为简单起见，只讨论作用力在转动平面内的情况。

在刚体上任取一个转动平面，如图 3-4 所示，刚体的转轴与转动平面垂直相交于 O 点，作用力 $\boldsymbol{F}$ 的方向垂直于转轴且与转动平面平行，$\boldsymbol{r}$ 是从转轴指向力的作用点 P 的矢径，ϕ 为力 $\boldsymbol{F}$ 与矢径 $\boldsymbol{r}$ 的夹角。定义作用力对转轴的**力矩**（与前面作用力对定点的力矩相同）为

$$\boldsymbol{M}=\boldsymbol{r}\times\boldsymbol{F} \tag{3-1}$$

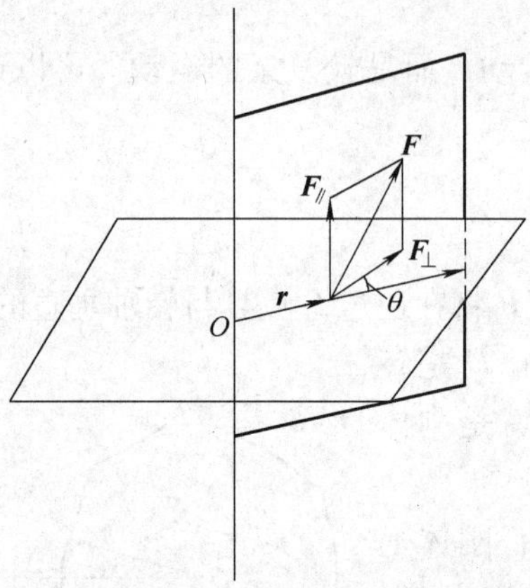

图 3-3　只有 $\boldsymbol{F}_{\perp}$ 这一分量对门的转动起作用

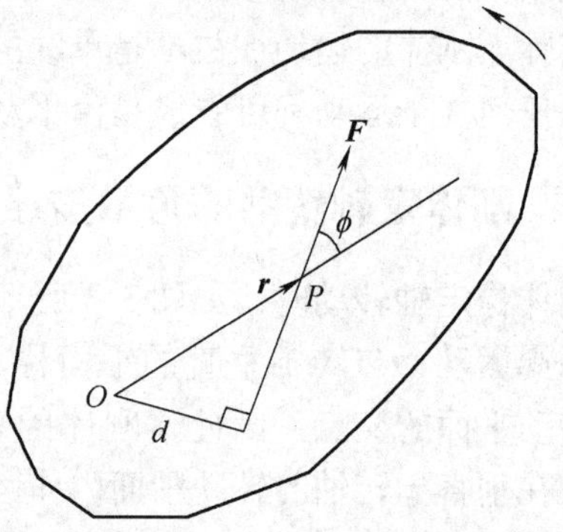

图 3-4　作用力对转轴的力矩

力矩的大小为

$$M=Fr\sin\phi=Fd \tag{3-2}$$

式中 $d=r\sin\phi$ 是转轴与力的作用线间的垂直距离，称为**力臂**。显然，力 $\boldsymbol{F}$ 越大，力的作用点离转轴的距离 $\boldsymbol{r}$ 越大，以及 ϕ 角越接近 $\pi/2$，则力的作用效果就越大。力矩的方向用右手螺旋法则确定：伸开右手，四指与拇指垂直，四指先指向 $\boldsymbol{r}$ 方向，再沿小于 180°的角度转向 $\boldsymbol{F}$ 的方向，则拇指所指方向就是力矩的方向（图 3-5）。可见，力矩的方向与转轴方向平行，有两个可能的方向，因此可用 M 的正负表示力矩的方向，如果约定使刚体作逆时针转动的力矩为正，则使刚体作顺时针转动的力矩就为负。当刚体同时受到几个力矩的作用时，合力矩等于各个力矩的代数和。

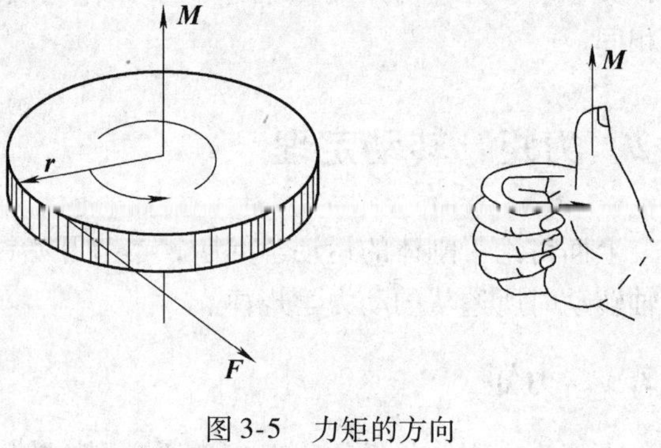

图 3-5　力矩的方向

3.2.2　转动定理

前面讨论质点的运动时已经知道，外力是使质点运动状态发生变化的原因，且质点的加速度与外力的关系遵从牛顿第二定律。而对于刚体的运动来说，外力矩是使刚体的运动状态发生变化的原因，那么刚体的角加速度与外力矩的关系遵从什么规律呢？下面从牛顿第二定律出发，导出刚体角加速度与它所受力矩之间的关系。如图 3-6 所示，在绕定轴转动刚体上取任一转动平面，设该平面上的第 i 个质元，其矢径为 $\boldsymbol{r}_i$，质量为 Δm_i。该质元所受的外力

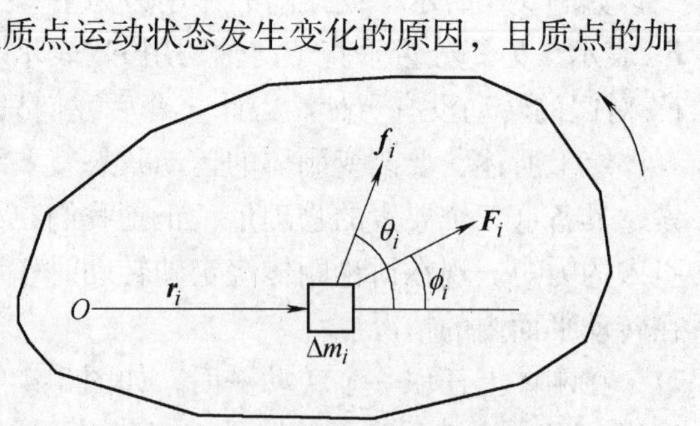

图 3-6　推导转动定理

为 $\boldsymbol{F}_i$，它与矢径 $\boldsymbol{r}_i$ 的夹角为 ϕ_i，所受的内力为 $\boldsymbol{f}_i$，它与 $\boldsymbol{r}_i$ 的夹角为 θ_i。刚体定轴转动时，该质元绕 O 点作半径为 r_i 的圆周运动，它所受合力的切向分力的大小为 $F_i\sin\phi_i + f_i\sin\theta_i$，根据牛顿第二定律，有

$$F_i\sin\phi_i + f_i\sin\theta_i = \Delta m_i a_t$$

式中 a_t 是切向加速度，将 $a_t = r_i\beta$ 代入上式，得

$$F_i\sin\phi_i + f_i\sin\theta_i = \Delta m_i r_i\beta$$

上式两端同乘以 r_i，有

$$F_i r_i\sin\phi_i + f_i r_i\sin\theta_i = \Delta m_i r_i^2\beta$$

对刚体上所有的质元求和，得

$$\sum_i F_i r_i\sin\phi_i + \sum_i f_i r_i\sin\theta_i = \sum_i \Delta m_i r_i^2\beta$$

上式左端第一项是刚体所受的外力矩大小之和，用 M 表示；第二项是内力矩大小之和，根据牛顿第三定律，内力中的任一对（比如质点 Δm_i 和 Δm_j 之间）作用力和反作用力大小相等方向相反，且在同一条直线上，所以每一对内力的合力矩为零，这样左端第二项 $\sum_i f_i r_i\sin\theta_i = 0$，于是上式简化成

$$M = \left(\sum_i \Delta m_i r_i^2\right)\beta$$

把上式圆括号中的内容定义为刚体对转轴的转动惯量，用 J 表示，即

$$J = \sum_i \Delta m_i r_i^2 \tag{3-3}$$

由以上两式，得出

$$M = J\beta \tag{3-4}$$

式（3-4）表明，刚体作定轴转动时，刚体对转轴的转动惯量与角加速度的乘积等于刚体所受外力的合力矩，这就是**转动定理**。它的数学表达式与牛顿第二定律具有类比性，在研究刚体的转动问题时，其作用与牛顿第二定律研究质点运动时的作用相当。

3.2.3 转动惯量

与质点平动具有惯性一样，刚体转动也表现出惯性，将转动定理 $M = J\beta$ 与牛顿第二定律 $\boldsymbol{F} = m\boldsymbol{a}$ 比较，可以看出，转动惯量 J 反映了刚体转动时的惯性大小。对于质量不连续分布的刚体，可以按照式（3-3）先求出各质元的转动惯量，然后求和；对于质量连续分布的刚体，式（3-3）可改写成

$$J = \int r^2 \mathrm{d}m = \int r^2 \rho \mathrm{d}V \tag{3-5}$$

式中 ρ 是刚体的质量密度。式（3-5）是计算刚体转动惯量的一般公式。对于形状规则的刚体，其转动惯量容易计算。

由转动惯量的计算公式可知：（1）刚体的总质量越大，转动惯量越大；（2）刚体上的质量分布离轴越远，转动惯量越大；（3）转动惯量的大小与刚体转轴的位置有关。

在国际单位制中，转动惯量的单位是 $\mathrm{kg\cdot m^2}$。

【例 3-1】 求质量为 m，长为 L 的均匀细棒绕下列转轴的转动惯量：（1）转轴通过棒的中心并与棒垂直；（2）转轴通过棒的一端并与棒垂直。

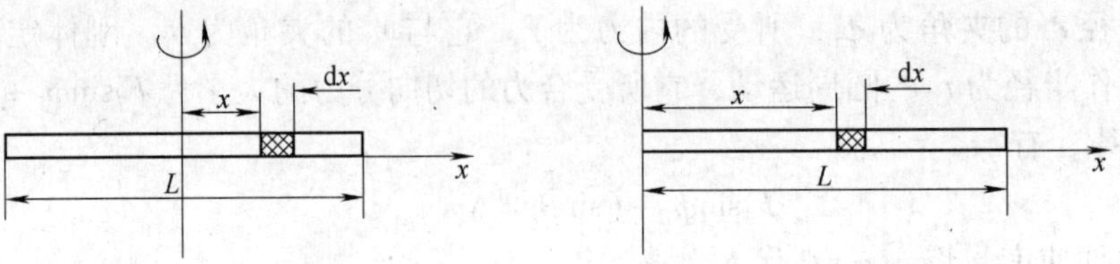

图 3-7　例 3-1 用图

【解】 在细棒上任取一质元 dx，它离转轴的距离为 x，质量为 $\mathrm{d}m=\rho\mathrm{d}x$，其中 $\rho=m/L$ 为细棒的质量线密度。则该质元绕转轴的转动惯量为

$$\mathrm{d}J=x^2\mathrm{d}m=x^2\rho\mathrm{d}x$$

（1）当转轴通过棒的中心并与棒垂直时（图 3-7a），转动惯量为

$$J=\int_{-\frac{L}{2}}^{\frac{L}{2}}x^2\rho\mathrm{d}x=\frac{L^3}{12}\rho=\frac{1}{12}mL^2$$

（2）当转轴通过棒的一端并与棒垂直时（图 3-7b），转动惯量为

$$J=\int_0^L x^2\rho\mathrm{d}x=\frac{1}{3}\rho L^3=\frac{1}{3}mL^2$$

表 3-1 给出了几种几何形状简单、密度均匀的物体的转动惯量。

表 3-1　几种刚体的转动惯量

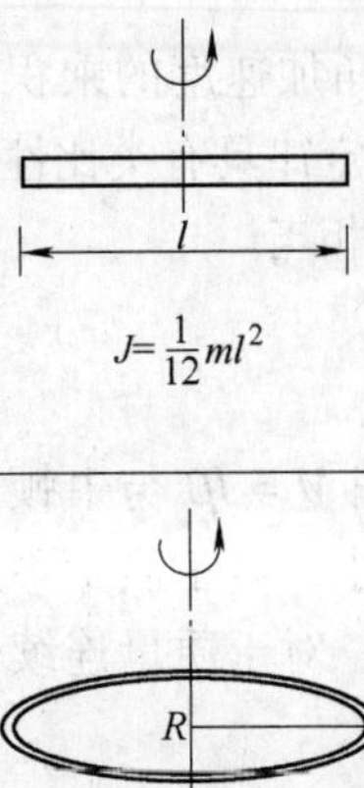 $J=\frac{1}{12}ml^2$	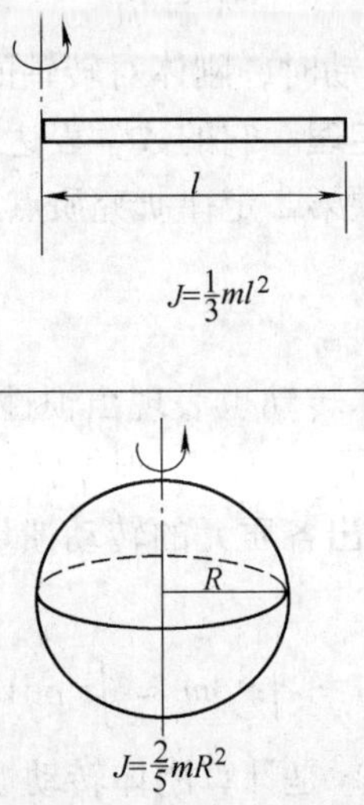 $J=\frac{1}{3}ml^2$	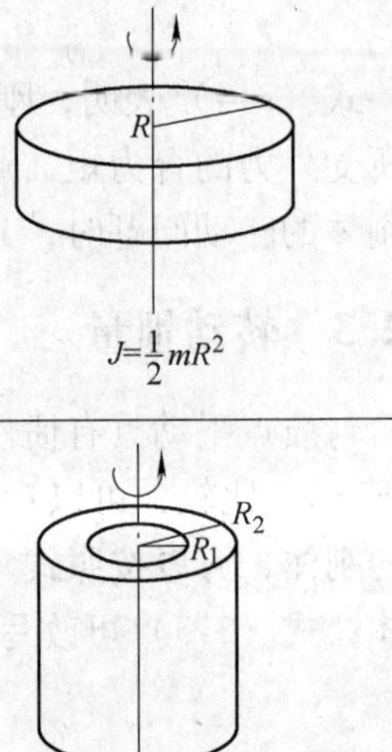 $J=\frac{1}{2}mR^2$
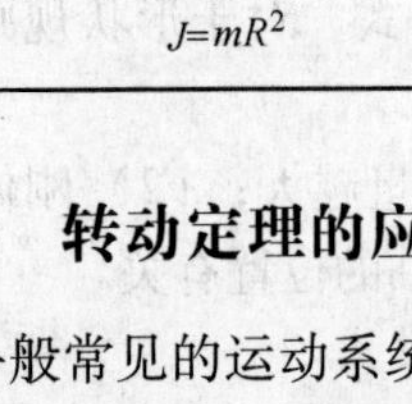 $J=mR^2$	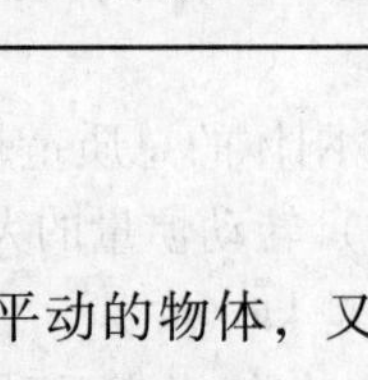 $J=\frac{2}{5}mR^2$	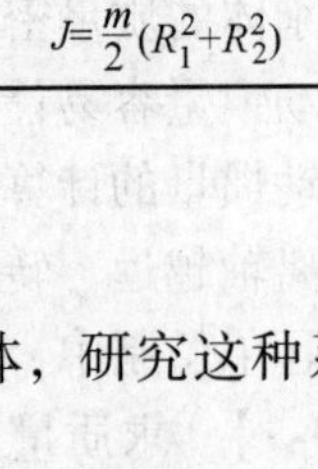 $J=\frac{m}{2}(R_1^2+R_2^2)$

3.2.4　转动定理的应用举例

一般常见的运动系统中，既有作平动的物体，又有作转动的物体，研究这种系统的运动，通常的解题步骤如下：

1）隔离物体，分析受力。把系统中各个物体隔离出来，把平动的物体作为质点处理，找出所受的外力；把转动的物体作为刚体，找出所受的外力矩，画出受力图。

2）对质点列出牛顿第二定律方程；对刚体列出转动定理方程。

3）根据其他关系（几何关系、运动学关系和角量与线量的关系等），补足方程个数。

4）解方程，代入数据，求出结论。

【例 3-2】 如图 3-8 所示，长为 L、质量为 m 的均匀细棒能绕一端点 O 在铅垂平面内转动，开始时水平，然后令其在重力作用下由静止开始下摆，求：细棒下摆 θ 角时的角加速度和角速度。

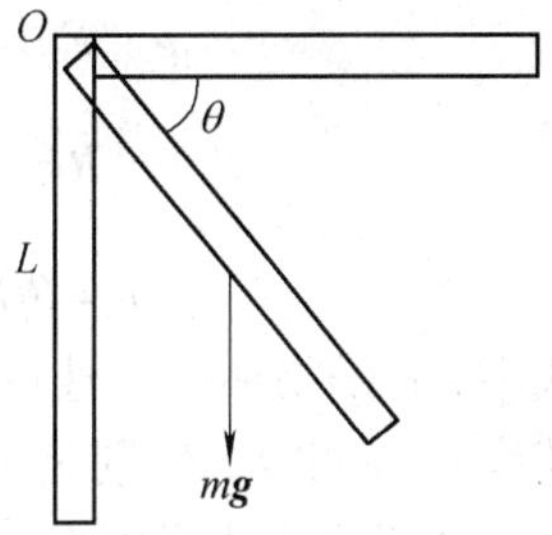

图 3-8　例 3-2 用图

【解】 细棒转动时，受到两个力的作用：重力 $m\boldsymbol{g}$ 和转轴对细棒的约束力 $\boldsymbol{N}$。由于细棒均匀，重力可视为作用于细棒的重心，它对转轴的力矩为$\frac{1}{2}mgL\cos\theta$；而约束力通过转轴，其力矩为零。故总力矩为$\frac{1}{2}mgL\cos\theta$，根据转动定理有

$$\frac{1}{2}mgL\cos\theta = J\beta \qquad ①$$

而 $J=\frac{1}{3}mL^2$，代入式①，得角加速度

$$\beta = \frac{3g}{2L}\cos\theta \qquad ②$$

将式②作变换，得

$$\beta = \frac{\mathrm{d}\omega}{\mathrm{d}t} = \frac{\mathrm{d}\omega}{\mathrm{d}\theta}\frac{\mathrm{d}\theta}{\mathrm{d}t} = \omega\frac{\mathrm{d}\omega}{\mathrm{d}\theta} \qquad ③$$

将式③代入式②，有

$$\omega\frac{\mathrm{d}\omega}{\mathrm{d}\theta} = \frac{3g}{2L}\cos\theta$$

两边取积分，即

$$\int_0^{\omega}\omega\mathrm{d}\omega = \int_0^{\theta}\frac{3g}{2L}\cos\theta\mathrm{d}\theta$$

得

$$\frac{1}{2}\omega^2 = \frac{3g}{2L}\sin\theta$$

解出角速度为

$$\omega = \sqrt{\frac{3g}{L}\sin\theta}$$

【例 3-3】 如图 3-9 所示，一轻绳跨过一光滑的轴承定滑轮，绳的两端分别悬有质量为 m_1 和 m_2 的物体，$m_1 < m_2$，设滑轮的质量为 m、半径为 R，绳与轮之间无相对滑动，试求物体的加速度和绳的张力。

【解】 滑轮具有一定的转动惯量$J = \frac{1}{2}mR^2$，在转动中，两边绳子的张力不再相等

($F_1 < F_2$)。用隔离法画出受力图，因 $m_1 < m_2$，故 m_1 向上运动，m_2 向下运动，滑轮顺时针旋转。对平动的物体 m_1 和 m_2 列出牛顿第二定律方程，对定轴转动的滑轮 m 列出转动定理方程，并利用角量和线量的关系，得出以下四式：

$$F_1 - m_1 g = m_1 a$$

$$m_2 g - F_2 = m_2 a$$

$$F_2 R - F_1 R = \frac{1}{2} m R^2 \beta$$

$$a = R\beta$$

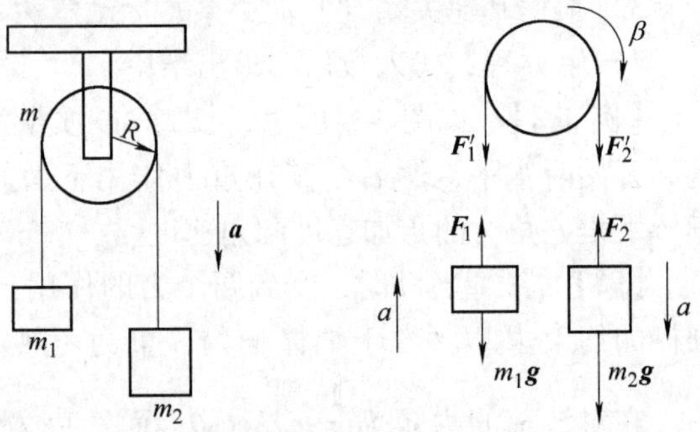

图 3-9　例 3-3 用图

式中，a 是物体的加速度，β 是滑轮的角加速度，F_1 和 F_2 分别是 m_1 和 m_2 对绳的张力。从以上四式可解得

$$a = \frac{(m_2 - m_1) g}{m_1 + m_2 + \frac{1}{2} m}$$

$$\beta = \frac{(m_2 - m_1) g}{\left(m_1 + m_2 + \frac{1}{2} m\right) R}$$

$$F_1 = \frac{m_1 \left(2m_2 + \frac{1}{2} m\right) g}{m_1 + m_2 + \frac{1}{2} m}$$

$$F_2 = \frac{m_2 \left(2m_1 + \frac{1}{2} m\right) g}{m_1 + m_2 + \frac{1}{2} m}$$

3.3　力矩的功　转动的动能定理

刚体在受到外力矩作用并绕定轴转动时，刚体上各点都有角位移，即外力矩对刚体做了功，做功的结果使刚体的角速度发生变化，因而其动能也作相应变化。本节讨论力矩的功和刚体的转动动能，以及两者之间的关系。

3.3.1　力矩的功

现在计算力矩对转动刚体所做的功。在刚体上任取一个转动平面，如图 3-10 所示，外力 $\boldsymbol{F}$ 在该平面内作用于刚体的 P 点。当刚体绕定轴转动产生一个极小的角位移 $\mathrm{d}\theta$ 时，力的作用点 P 的位移 $\mathrm{d}\boldsymbol{s}$，按照功的定义，力 $\boldsymbol{F}$ 在这段位移上所做的元功为

$$\mathrm{d}A = F\mathrm{d}s\cos\left(\frac{\pi}{2} - \phi\right) = Fr\sin\phi\mathrm{d}\theta$$

因为力 $\boldsymbol{F}$ 对转轴的力矩大小为 $M=Fr\sin\phi$，所以上式可写成

$$dA=Md\theta \tag{3-6}$$

式(3－6)表明，外力矩对刚体所做的元功等于力矩与角位移的乘积。如果刚体在外力矩的作用下产生一个有限的角位移时，则力矩的功定义为

$$A=\int_{\theta_1}^{\theta_2}Md\theta \tag{3-7}$$

式中 θ_1 和 θ_2 分别代表初始时刻与终了时刻的角位置。

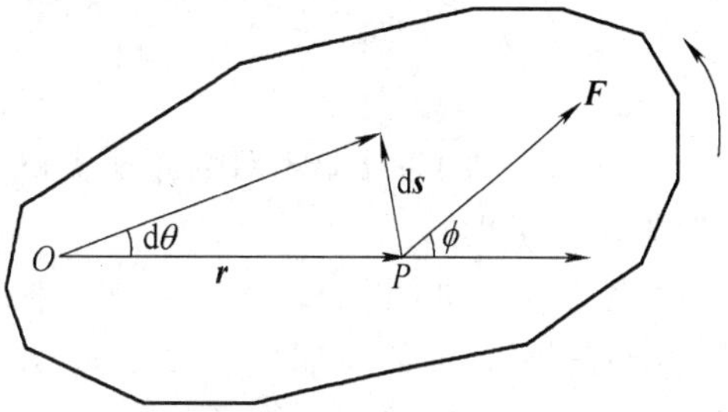

图 3-10　力矩的功

式(3-7)是计算外力矩对刚体做功的基本公式。可以看出式(3-7)与外力对质点做功的定义式 $A=\int_a^b\boldsymbol{F}\cdot d\boldsymbol{r}$ 在形式上具有相互对应关系：力矩 M 对应力 $\boldsymbol{F}$，角位移 $d\theta$ 对应线位移 $d\boldsymbol{r}$。

由式(3-6)可得力矩对刚体做功的功率为

$$P=\frac{dA}{dt}=M\frac{d\theta}{dt}=M\omega \tag{3-8}$$

上式也与力对质点做功的功率有对应关系。

3.3.2　转动动能

刚体绕定轴转动时，由于每个质元都在绕轴作圆周运动，因此都具有一定的动能，所有质元的动能之和就是整个刚体的转动动能。如图 3-11 所示，设第 i 个质元的质量为 Δm_i，它到转轴的垂直距离为 r_i，刚体的角速度为 ω，则该质元的线速度的大小为

$$v_i=r_i\omega$$

它的动能为

$$\Delta E_{k_i}=\frac{1}{2}\Delta m_i v_i^2=\frac{1}{2}\Delta m_i r_i^2\omega^2$$

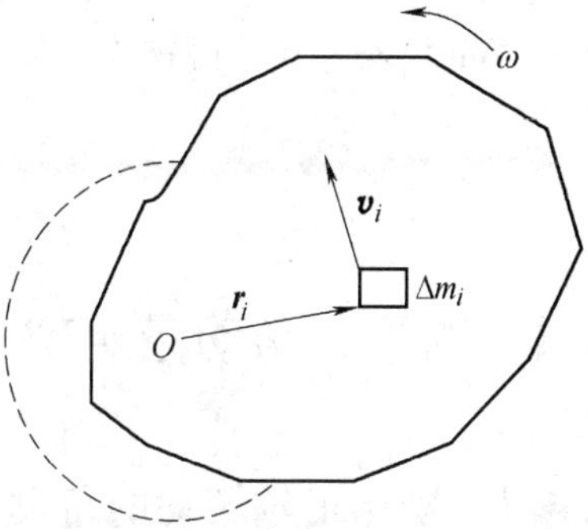

图 3-11　转动动能

对所有质元的动能求和，得刚体的转动动能为

$$E_k=\sum_i\frac{1}{2}\Delta m_i r_i^2\omega^2=\frac{1}{2}\left(\sum_i\Delta m_i r_i^2\right)\omega^2$$

因为 $\sum_i\Delta m_i r_i^2=J$ 为刚体转动惯量，所以有

$$E_k=\frac{1}{2}J\omega^2 \tag{3-9}$$

从式(3-9)可以看出，刚体的转动动能与质点的动能 $E_k=\dfrac{1}{2}mv^2$ 在形式上也是相互对应的，转动惯量与质量对应，角速度与速度对应。

3.3.3　转动的动能定理

当外力矩对刚体做功时，刚体的转动动能要发生变化，下面讨论力矩的功与刚体的转动动

能的变化之间的关系。将转动定理代入式(3-6),得

$$dA = Md\theta = J\beta d\theta = J\frac{d\omega}{dt}d\theta = J\frac{d\theta}{dt}d\omega = J\omega d\omega$$

当刚体角速度由 ω_1 变为 ω_2 时,外力矩对刚体所做的功为

$$A = \int dA = \int_{\omega_1}^{\omega_2} J\omega d\omega = \frac{1}{2}J\omega_2^2 - \frac{1}{2}J\omega_1^2 \tag{3-10}$$

式(3-10)表明,外力矩对刚体所做的功等于刚体转动动能的增量,这就是刚体作定轴转动时的动能定理。

【例 3-4】 如图 3-12 所示，一个半径为 R、质量为 m_1 的滑轮上绕有轻绳，绳的一端挂一质量 m_2 的物体。当物体从静止下降 h 距离时，物体的速度是多少?

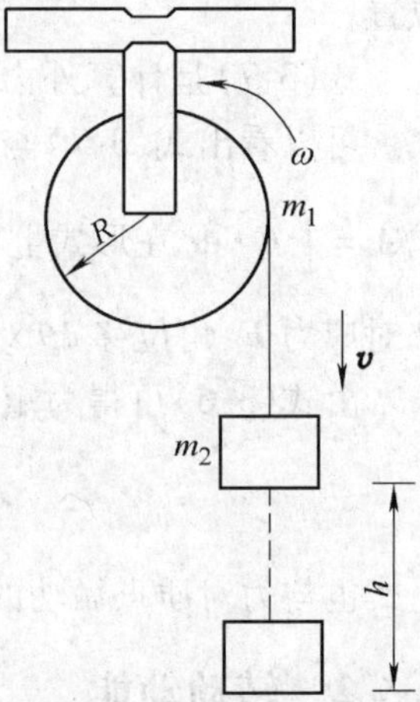

图 3-12 例 3-4 用图

【解】 以滑轮、物体和地球组成的系统机械能守恒。设物体静止时为初态，下降 h 距离后为终态。设物体终态时其重力势能为零，则初态时的重力势能为 m_2gh。系统在初态时由于静止，其动能为零，而在终态时由于运动而具有动能，动能包括滑轮的转动动能和物体的平动动能。根据机械能守恒定律，有

$$m_2gh = \frac{1}{2}J\omega^2 + \frac{1}{2}m_2v^2$$

将滑轮的转动惯量 $J = \frac{1}{2}m_1R^2$ 和物体下降速度与滑轮角速度的关系 $v = R\omega$ 代入上式，得物体下降 h 距离时的速度为

$$v = 2\sqrt{\frac{m_2gh}{m_1 + 2m_2}}$$

3.4 刚体的角动量定理 角动量守恒定律

3.4.1 刚体定轴转动的角动量

在研究质点的运动时，我们曾讨论了一个质点对某点的角动量、角动量定理及角动量守恒定律，下面介绍刚体对定轴的角动量、角动量定理及角动量守恒定律。设刚体绕定轴以角速度 ω 转动（参见图 3-11）。由于刚体上每一个质元均绕转轴作圆周运动，所以都具有一定的角动量。设第 i 个质元的质量为 Δm_i，它到转轴的垂直距离为 r_i，则该质元对转轴的角动量大小为

$$\Delta L_i = \Delta m_i v_i r_i = \Delta m_i r_i^2 \omega$$

对刚体上所有质元对转轴的角动量求和，就得到整个刚体对转轴的角动量，即

$$L = \sum \Delta L_i = \sum_i \Delta m_i r_i^2 \omega = (\sum_i \Delta m_i r_i^2)\omega = J\omega \tag{3-11}$$

式（3-11）表明，刚体绕定轴转动的角动量等于刚体的转动惯量与角速度的乘积。它与质点的动量 $\boldsymbol{p} = m\boldsymbol{v}$ 在形式上相互对应。

3.4.2　刚体的角动量定理和角动量守恒定律

根据转动定理，刚体所受的合外力矩与角加速度的关系为

$$M = J\beta = J\frac{\mathrm{d}\omega}{\mathrm{d}t}$$

刚体的大小和形状一定时，其转动惯量 J 为常数，故上式可改写成

$$M = \frac{\mathrm{d}}{\mathrm{d}t}(J\omega) = \frac{\mathrm{d}L}{\mathrm{d}t} \tag{3-12a}$$

改写上式，并对两边取积分，得

$$\int_{t_1}^{t_2} M\mathrm{d}t = \int_{L_1}^{L_2}\mathrm{d}L = L_2 - L_1 \tag{3-12b}$$

上式就是刚体的角动量定理，它与质点的动量定理 $\int_{t_1}^{t_2}\boldsymbol{F}\mathrm{d}t = \boldsymbol{P}_2 - \boldsymbol{P}_1$ 在形式上有对应关系。由式（3-12a）可知，如果外力矩 $M=0$，则有

$$\frac{\mathrm{d}L}{\mathrm{d}t}=0 \quad 或 \quad L = J\omega = 常量 \tag{3-13}$$

式（3-13）表明，在合外力矩为零的情况下，刚体的角动量保持恒定，这就是刚体的角动量守恒定律。关于角动量守恒定律需要说明以下几点：

（1）对于转动惯量 J 为常数的刚体，在角动量守恒的情况下，角速度保持恒定。

（2）对于转动惯量 J 可变的刚体，在角动量守恒时，如果使转动惯量减小，则角速度增加；反之，若使转动惯量增大，则角速度减小。例如芭蕾舞演员在以身体为轴作转动时，可认为其角动量守恒，他可以通过伸展或收回双臂来改变自身的转动惯量，从而达到改变角速度的目的。

（3）当转动系统是由多个刚体组成时，若该系统受到的合外力矩为零，则该系统角动量守恒，此时角动量守恒定律式（3-13）应改写为

$$\sum_i J_i\omega_i = 常量 \tag{3-14}$$

【例 3-5】 如图 3-13 所示，长为 L，质量为 m_1 的均匀细棒能绕一端在铅直平面内转动，开始时细棒静止于垂直位置，现有一质量为 m_2 的子弹以水平速度 $\boldsymbol{v}_0$ 射入细棒的下端而不复出。求细棒和子弹开始一起运动时的角速度。

【解】 由于子弹射入细棒的时间极短，在这一过程中细棒仍处于垂直位置，因此，对于由细棒和子弹组成的系统，在子弹射入细棒的过程中，系统所受的外力（重力和轴的支持力）对于转轴的力矩都为零。这样，系统对于转轴的角动量守恒。设 v 和 ω 分别表示子弹和细棒开始一起运动时细棒端点的速度和角速度，由角动量守恒定律可得

$$m_2Lv_0 = m_2Lv + \frac{1}{3}m_1L^2\omega$$

再利用角量和线量关系 $v = L\omega$，可解得细棒和子弹开始一起运动时的角速度

$$\omega = \frac{3m_2v_0}{(3m_2+m_1)L}$$

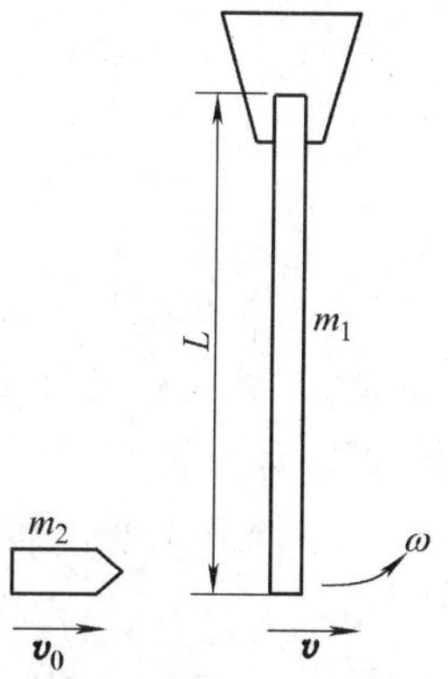

图 3-13　例 3-5 用图

习　题

一、简答题

1. 什么是刚体？什么是刚体的定轴转动？
2. 写出转动定理公式，并说明其物理意义。
3. 刚体的转动惯量和哪些因素有关？
4. 力矩和哪些因素有关？写出力矩的表达式。
5. 写出刚体的转动动能表达式，并与质点的平动动能表达式相比较。
6. 写出刚体的转动动能定理的表达式，并说明其物理意义。
7. 写出刚体的角动量的表达式，并与质点的动量表达式相比较。
8. 写出刚体的角动量定理的表达式。刚体的角动量守恒条件是什么？

二、选择题

均匀细棒 OA 可绕通过其一端 O 而与棒垂直的水平固定光滑轴转动（题图 3-1）。今使棒从水平位置由静止开始自由下落，在棒摆动到竖直位置的过程中，下述说法哪一种是正确的［　　］？

(A) 角速度从小到大，角加速度从大到小
(B) 角速度从小到大，角加速度从小到大
(C) 角速度从大到小，角加速度从大到小
(D) 角速度从大到小，角加速度从小到大

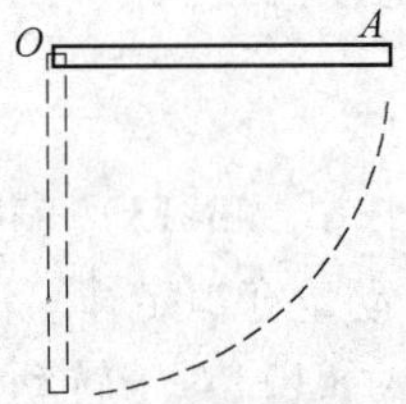

题图 3-1

三、填空题

1. 一长为 l 的轻质细杆，两端分别固定质量为 m 和 $2m$ 的小球，此系统在竖直平面内可绕过中点 O 且与杆垂直的水平光滑固定轴转动。如题图 3-2 所示，开始杆与水平成 30° 角，由静止释放后，系统绕 O 轴转动，系统绕 O 轴的转动惯量 $J=$________；当杆绕到水平位置时，刚体的角速度 $\omega=$________，刚体受到的合外力矩 $M=$________，角加速度 $\beta=$________。

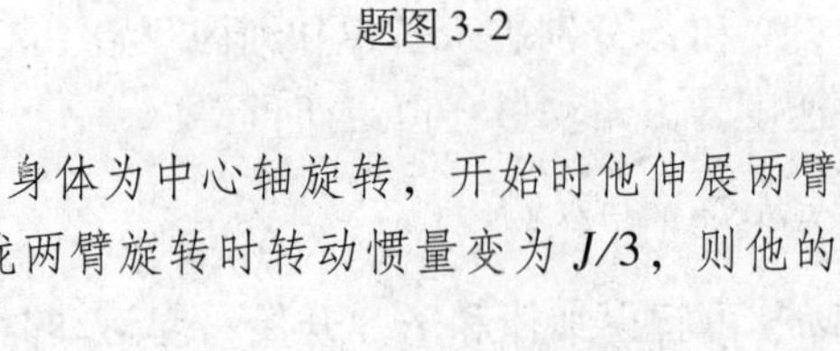

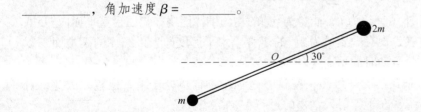

题图 3-2

2. 花样滑冰运动员以身体为中心轴旋转，开始时他伸展两臂旋转时的转动惯量为 J，以角速度 ω_0 旋转；当他收拢两臂旋转时转动惯量变为 $J/3$，则他的角速度 $\omega=$________。

四、计算题

1. 一个作匀变速转动的飞轮在 10 s 内转过 16r，其末角速度为 15 $\text{rad}\cdot\text{s}^{-1}$，求角加速度的大小。

2. 一转速为 1 800 $\text{r}\cdot\text{min}^{-1}$ 的飞轮因受制动而均匀减速，经过 20 s 停止转动。求：

(1) 飞轮的角加速度；(2) 从制动开始到停止转动飞轮转过的圈数；(3) 制动开始后 10 s 时飞轮的角速度；(4) 设飞轮半径为 0.5 m，求 $t=10$ s 时飞轮边缘上一点的线速度、切向加速度和法向加速度。

3. 在边长为 a 的正方形的顶点上，分别有质量为 m 的 4 个质点，求此系统绕下列转轴的转动惯量：(1) 通过其中一质点 A、平行于对角线 BD 的转轴（题图 3-3）；(2) 通过 A、且垂直于质点所在平面的转轴。

4. 在题图 3-4 所示的系统中，$m_1=40$ kg，$m_2=50$ kg，圆盘形滑轮质量 $m=16$ kg、半径 $r=0.1$ m，若斜面是光滑的，倾角为 30°，绳与滑轮间无相对滑动，不计滑轮轴上的摩擦，求：(1) 绳中的张力；(2) 运动开始时，m_2 距地面高度为 1 m，需多少时间 m_2 到达地面？

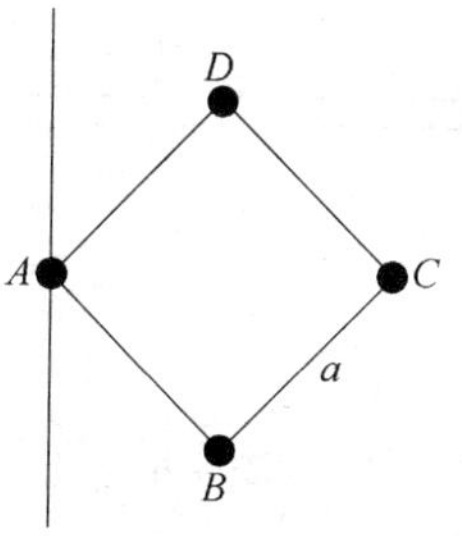

题图 3-3

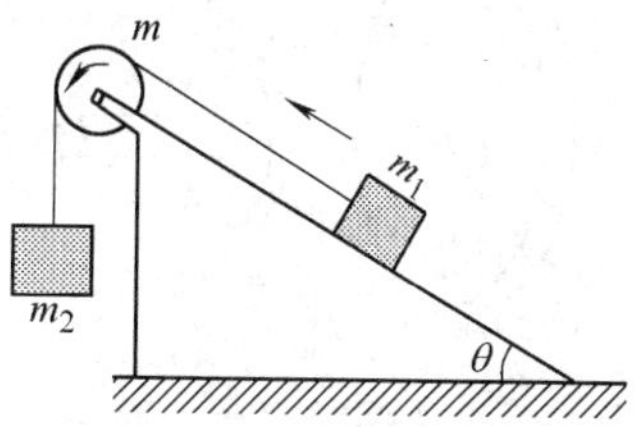

题图 3-4

5. 如题图 3-5 所示，质量为 24 kg 的鼓形轮，可绕水平轴转动，一绳绕于轮上，另一端通过质量为 5 kg 的圆盘形滑轮悬有 10 kg 物体，设绳与滑轮间无相对滑动。当重物由静止开始下降了 $h=0.5$ m 时，求：(1) 物体的速度；(2) 绳中张力。

6. 如题图 3-6 所示，质量分别为 m 和 $2m$、半径分别为 r 和 $2r$ 的两个均匀圆盘，同轴地粘在一起，可以绕通过盘心且垂直于盘面的水平光滑固定轴转动，对转轴的转动惯量为 $9mr^2/2$，大小圆盘边缘都绕有绳子，绳子下端都挂有一质量为 m 的重物。求盘的角加速度的大小。

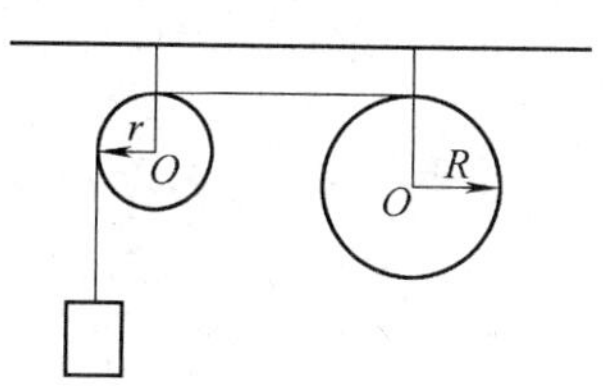

题图 3-5

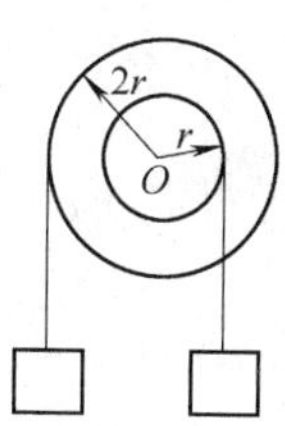

题图 3-6

7. 一蒸汽机的圆盘形飞轮质量为 200 kg，半径为 1 m，当飞轮转速为 120 $\mathrm{r\cdot min^{-1}}$ 时关闭蒸汽阀门，若飞轮在 5 min 内停下来，求在此期间飞轮轴上的平均摩擦力矩及此力矩所做的功。

8. 如题图 3-7 所示，A、B 两飞轮的轴杆在同一中心线上，两轮转动惯量 $J_A=10\ \mathrm{kg\cdot m^2}$，$J_B=20\ \mathrm{kg\cdot m^2}$，开始时 A 轮转速 600 $\mathrm{r\cdot min^{-1}}$，B 轮静止，当两轮啮合时 B 轮得到加速而 A

轮减速，直到二轮转速相等。求：(1) 两轮啮合后的转速；(2) 啮合过程中损失的机械能。

9. 一根放在水平光滑桌面上的质量均匀的棒，可绕通过其一端的竖直固定光滑轴 O 转动。棒的质量为 $m=1.5\ \mathrm{kg}$、长度为 $L=1.0\ \mathrm{m}$，对轴的转动惯量为 $J=\dfrac{1}{3}mL^2$。初始时棒静止。现有一水平运动的子弹垂直地射入棒的另一端并留在棒内（题图 3-8）。子弹的质量为 $m'=0.020\ \mathrm{kg}$、速率为 $v=400\ \mathrm{m\cdot s^{-1}}$。求：(1) 棒开始和子弹一起转动时的角速度 ω 有多大？(2) 设棒转动时受到大小为 $M_r=4.0\ \mathrm{N\cdot m}$ 的恒定阻力矩作用，则棒所能转过的角度 θ 有多大？

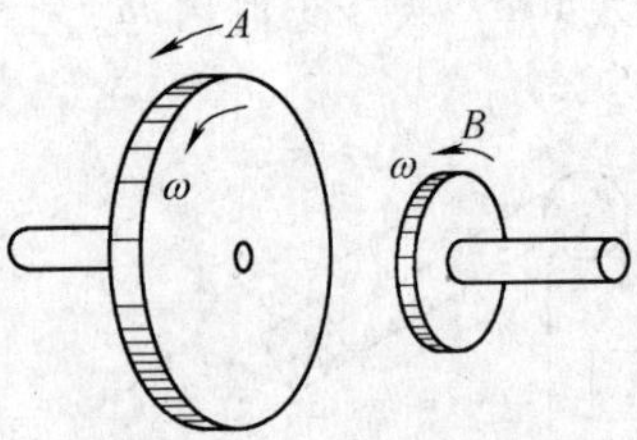

题图 3-7

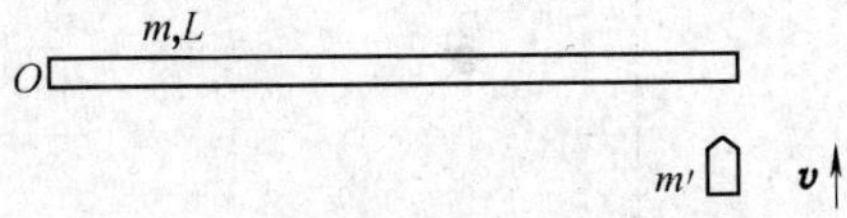

题图 3-8

第 4 章　相对论力学

爱因斯坦创立的相对论是 20 世纪物理学最伟大的成就之一。狭义相对论指出，物理定律对一切惯性参考系是等价的，揭示了空间和时间、质量和能量的内在联系。广义相对论进一步指出物理定律对一切参考系都是等价的，更深入地揭示了时空性质与运动的物质之间不可分割的联系。相对论不仅被大量实验证实，而且已经成为近代科学技术不可缺少的理论基础。这一理论从根本上改变了传统的时间、空间概念，建立了崭新的时空观。法国物理学家朗之万认为，爱因斯坦对于科学的贡献深入到人类思想基本概念的结构中，他的伟大可以同牛顿比拟。德国物理学家普朗克把爱因斯坦誉为 20 世纪的哥白尼。

本章主要介绍狭义相对论建立的科学背景，狭义相对论的内容和时空效应，狭义相对论对牛顿力学的修正，质能关系，广义相对论的建立、基本原理、时空效应和实验验证。

4.1　力学相对性原理和伽利略变换

4.1.1　力学相对性原理

自古以来，空间的概念来源于物体的广延性，时间概念来源于过程的持续性。经典物理学的奠基人牛顿也是这种观念，他把空间-时间作为物理事件的载体或框架，一切事件都相对于它们而用空间坐标和时间坐标来加以描述。具体地说，空间既作为物质世界位置性质的表现，又作为容纳一切物质客体的容器。在这两种空间概念的结合上，牛顿作了更进一步的假定："在空时坐标的参考系中，存在一种优越地位的'惯性系'，对于它来说，物体运动遵从惯性定律，即不受力（远离其他物体的相互作用）的物体保持其原有的静止或匀速运动状态。"因此，在牛顿力学中，空间和时间不仅被看做为同物质一样的独立存在，而且还扮演了某种具有绝对意义的角色，它作为一种惯性系作用于一切物质客体。

与地球表面相连的参考系可看成是近似的惯性系，但地球除自转外，还以 30 km/s 的速度绕太阳运动，因此，看来太阳系是更好的惯性系。但是，也许最好的惯性系应该是绝对静止的"以太"参考系。但是，重要的是：即使是严格意义下的惯性系也不止一个，这一事实是意大利科学家伽利略首先发现的。

1636 年，意大利科学家伽利略写道："……你可以使轮船以任何速度航行，只要它是在作匀速直线运动，你就一点也不会觉出前面所说的一切动作有任何改变，你也不能根据这些动作中的任何一个来判断轮船是在航行或是停泊着不动……你掷一样东西给一个人，假如他是在船头，你是在船尾，你不要用比你们两人处于相反位置上所用的更大的劲去掷那样东西。水滴仍会落在盘子底上，一滴也不会斜向船尾那个方向落下来，尽管当水滴还在空中的时候，船已经朝前行了几寸……"这里，伽里略已经明确地指出，不论做什么力学实验，都不能判断船相对于地球的匀速运动状态。而当船处于加速（或减速）状态中时，则因水滴下落时向后（或向前）偏斜，人们是能够判断出自己是处在加速（或减速）状态中的。

如果承认地球表面是惯性系，那么匀速运动的船同样也是一个惯性系（不论速度大小）；但加速的船则不是一个惯性系，而是一个非惯性系。于是，我们可以得出两点相互密切联系的结论：

1）相对于一个惯性系作匀速直线运动的参考系也是一个惯性系；

2）在一个惯性系内通过一切力学实验都不能判断这个惯性系相对于另一个惯性系的匀速运动状态。

我们可以进一步归纳得出：在相对作匀速直线运动的所有惯性系里，物体的运动都遵从同样的力学定律；或者说在研究力学规律时一切惯性系都是等价的。这个原理称为**伽利略相对性原理或力学相对性原理**。

这种关于相对性原理的思想，在我国古代也有记述。成书于西汉时代的《尚书纬·考灵曜》中有这样的记述："地恒动不止而人不知，譬如人在大舟中，闭牖而坐，舟行而不觉也。"比伽利略的相对性原理早1700年！

4.1.2 伽利略变换

如图4-1所示，有两个相对作匀速直线运动的参考系，分别以直角坐标系S和S′表示，各对应轴互相平行，而且x轴和x'轴重合在一起。S′相对于S系沿x轴正方向以速度v运动。为了测量时间，假设S和S′系中各处各有自己的钟，所有的钟结构完全相同，且同一参考系中的所有钟都是校准好而且同步的，它们分别指示时间t和t'。为对比两个参考系钟所测的时间，以O和O'重合的时刻作为计算时间的零点。

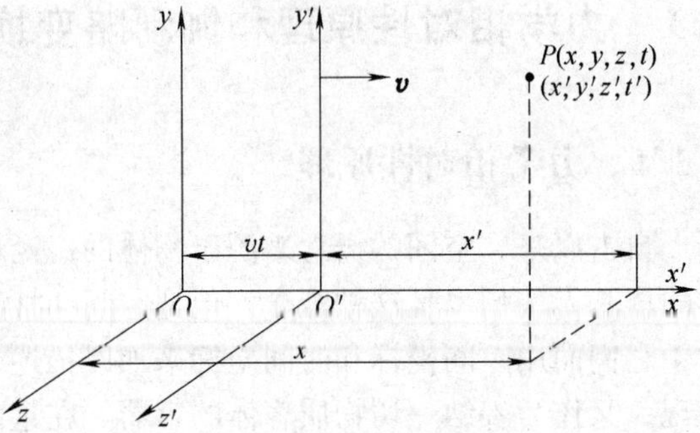

图4-1 伽利略变换

由于时间和空间度量的绝对性，可以得到以下**伽利略变换式**：

$$\begin{cases} x' = x - vt \\ y' = y \\ z' = z \\ t' = t \end{cases} \tag{4-1}$$

由$t' = t$可知，S和S′的观察者可以共用一只钟。伽利略变换把两个惯性系间的空间时间坐标联系起来了。

从伽利略变换很容易推出经典力学的速度相加定理：

$$\boldsymbol{u}' = \boldsymbol{u} - \boldsymbol{v}$$

从而推出

$$\boldsymbol{a}' = \boldsymbol{a} \tag{4-2}$$

在牛顿力学中，质点的质量和运动速度无关，也不受参考系的影响，所以牛顿运动定律$\boldsymbol{F} = m\boldsymbol{a}$在伽利略变换下形式是不变的，具有对伽利略变换的对称性。

但是由基于"以太"的麦克斯韦的电磁理论推出的真空中的光速不变：$c = 2.99 \times 10^8$ $\mathrm{m \cdot s^{-1}}$，与力学相对性原理存在着巨大的矛盾。为解决这一矛盾，洛伦兹、庞加莱等著名物理学家都提出了一些理论，但是他们都没能打破旧理论的束缚。彻底解决这一矛盾，创建新的和谐的力学新体系的是一位当时名不见经传的专利局的小职员——爱因斯坦。

4.2　狭义相对论的基本原理　同时的相对性

4.2.1　狭义相对论的基本原理

1905 年，爱因斯坦发表了《论动体的电动力学》，他从自然界应该是对称和谐这一思想出发，提出了狭义相对论的基本原理。

原理一　光速不变原理　真空中的光速是常量，它与光源或观察者的运动无关，即光速与惯性系的选择无关。

原理二　相对性原理　任何物理定律（无论力学的还是电磁学的），在任何惯性系中都具有相同的表达形式，即所有的惯性系对运动的描述都是等效的。

对于原理一，爱因斯坦在他的文章中几乎没有引用什么实验，这反映了在当时也许引文还不是写论文的严格要求，另一方面恐怕更反映了他独特的思维方法。在 1905 年时，测量以太是否存在的迈克耳孙-莫雷等实验都已是物理学的一个热门话题，爱因斯坦不可能不知道。也许在他看来，一个或几个特殊实验都不足以确立一个普遍原理；也许从天文观测上证明光速与光源速度无关的实验（菲索实验、双星的观察实验等）在他看来是更为自然而重要的；此外，为了摆脱他自己提出的“追光佯谬”，最自然、最简单，也可以说是唯一的可能性是：坚决而明确地不谈“以太”而假定原理一普遍成立。

原理二是上一节中“力学相对性原理”的推广：爱因斯坦把“力学”定律推广为“物理学”定律，特别是：即使你做光学实验，还是分辨不出各个相互作匀速运动的惯性系之间有哪一个更绝对一些——即与“以太”相对静止的绝对参考系是不存在的，一切惯性系都是平等的。从力学相对性原理到狭义相对性原理可以说是一种对称性扩展的结果。

4.2.2　同时的相对性

爱因斯坦为什么把光速不变原理作为狭义相对论的基本原理之一呢？原理二在进一步定量化时应表述为：反映物理学规律的微分方程式在两个惯性系之间作变换时形式是不变的。为此我们便需要一个新的坐标变换关系来代替伽利略变换，它一定包含一个不变的常数（否则变换便不确定或没有意义），而这个常数正是光速 c。事实上，在 1905 年时，这个新的变换已被找到而称为洛伦兹变换，但其解释不正确。爱因斯坦敏锐地注意到：之所以包括科学家在内的许多人对洛伦兹变换不能正确理解，关键在于大家对时间的观念不正确，特别是：大家都相信时间是普适的（即绝对的），在伽利略变换中，虽然 x 变为 x'，t 却永远等于 t'——两个惯性系的观察者共用了同一只时钟。

爱因斯坦指出：时间是最“骗人”的。而只要承认光速不变，就会看到时间的快慢在不同参考系中是不同的，时间（或同时性）是相对的，各个不同参考系中的观察者应各人用自己的钟，然后再相互比较。

1. 时钟的校准方法

爱因斯坦从时间概念入手，提出时间没有绝对意义，时间总是与光信号的速度有一种不可分割的联系。要定义时间，首先要确定两个同时的事件。如果事情发生在同一地点，用一只钟定义时间就足够了。然而事情不是发生在一个地点，用一只钟定义就不够了。要定义时间，必须在不同地点放上一系列的时钟，通过校准，使这一系列的时钟同步。问题是怎样校准不同地点的钟，使之同步呢？

要校准不同地点的时钟，必须用第三者，这就是光信号。或者更广义地说用电磁波信号，如用广播、电视显示来校准时钟，甚至看着标准钟校准时钟都离不开电磁波和光信号。大家的直觉是，光速非常快，走这样一段距离所用的时间可以忽略不计。这在日常生活中的确如此。然而从科学的意义上，更重要的是光速是一个恒量，光和电磁波走过相等的距离所用的时间相等。

严格地定义时间，要在坐标系的各个点上设立经过校准的同步的钟。校准的方法如下：在坐标原点发出标准时刻 t_0 的光信号或电磁波信号，与坐标原点距离为 r 的点，接收到该信号的时刻为

$$t_r = t_0 + \frac{r}{c} \tag{4-3}$$

通过这样不断地校准，就可以使同一个坐标系的各个不同地点的时钟完全同步。这样，在这个坐标系不同地点对时间才有共同的认识，才有共同的统一的时间。但这只是同一个惯性系和坐标系的时间。对于每一个惯性系及其坐标系来说，按照以上的校准方法，都可以得到该惯性系和坐标系的同一的时间定义。那么，不同惯性系的时间是否同一呢？

2. 同时的相对性

要解决时间的概念，首先要讨论同时这个概念。下面举例说明。

假设三架高速飞机在一直线上等速飞行，在地面上 S 系观测各飞机间距均为 5×10^8 m（图 4-2），三架飞机的飞行速度均为 2×10^8 m/s。此时中间飞机同时向前、后各发射一束激光。在飞机坐标系 S′系观察，根据光速不变原理，两束激光的速度都是 3×10^8 m/s。相对中间飞机，前、后两架飞机均静止不动，所以激光同时到达前后两架飞机，也就是前、后两架飞机收到激光的两事件是同时发生的。

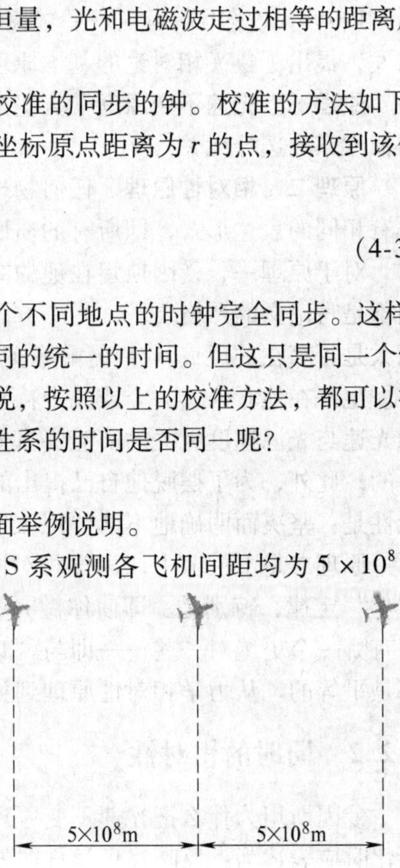

图 4-2 说明同时的相对性用图

可是在地面 S 系观察结果就不同了。根据光速不变原理，在 S 系中，两束激光的速度也都是 3×10^8 m/s，一束向前，另一束向后，前、后两架飞机也在运动。若考虑向前发出的激光和前面飞机的运动，在 S 系观察，飞机前进的速度是 2×10^8 m/s，而激光前进的速度是 3×10^8 m/s。因此，激光发射后，经过 5/(3－2) s＝5 s，到达前面飞机。再考虑向后发射的激光和后面飞机的运动，在 S 系观察，后面飞机是迎向激光的。因此，经过 5/(3＋2) s＝1 s，激光到达后面飞机。这就是说，前面飞机收到激光的第一个事件和后面飞机收到激光的第二个事件不是同时发生的，第二个事件比第一个事件早发生 4 s。

用相对性原理和光速不变原理考察，不同惯性系没有共同的时间，两个事件的同时没有绝对的意义。只有在一个惯性系看，有两个事件是同时且同地发生的，在另一个惯性系看，两个事件才是同时发生的；否则，在一个惯性系中同时但不同地发生的两个事件在另一个惯性系中则不是同时发生的。这就是**同时的相对性**。

在地球的各个地方，都有统一校准好的时钟。相对于地面运动的汽车、火车和飞机上的时钟，也是和地面上的时钟校准好的，用的都是统一的时间，从来没有发生过问题。原因很简单，相对于光速来说，汽车、火车和飞机的速度都太慢了。光速是每秒 3×10^5 km，比飞机快几十万倍，比汽车和火车快千万倍。在这些条件下，同时的相对性是观察不出来的。

4.3　狭义相对论的时空效应

4.3.1　高速运动的时间延缓

同时具有了相对性，那么时间间隔的始末两个时刻的相对性必然表现为不同参考系所测量的时间间隔具有相对性。我们分析一个例子：如图 4-3 所示，一辆高速运行的车厢，速度为$\boldsymbol{v}$，在车厢的底部有一激光光源，光源上方的车厢顶部有一个平面镜。两个惯性系的观察者，甲在车厢 S′系上，乙在地面 S 系上，他们手上各有一个标准时钟 C 和 C′——光钟。如图 4-3a 所示，观察者甲在车厢参考系 S′中观察车厢里发生的事件 1——光源发出光信号、事件 2——光源接收到反射回来的光信号，这两事件的时间间隔用同一个钟测得的时间间隔为 Δt_0，即光脉冲往返一次的时间间隔，则

$$\Delta t_0=\frac{2h}{c} \tag{4-4}$$

乙从地面参照系中不同地点的两个时钟测得的同样两个事件的时间间隔，即光脉冲往返一次的时间间隔为 Δt。如图 4-3b 所示，由于车厢向右匀速运动，地面观察者看到光往返的光程 $c\Delta t$（根据光速不变原理）比 $2h$ 长了，是如图所示的等腰三角形的两腰，车厢在此段时间的路程 $v\Delta t$ 是等腰三角形的底边。由勾股定理可得

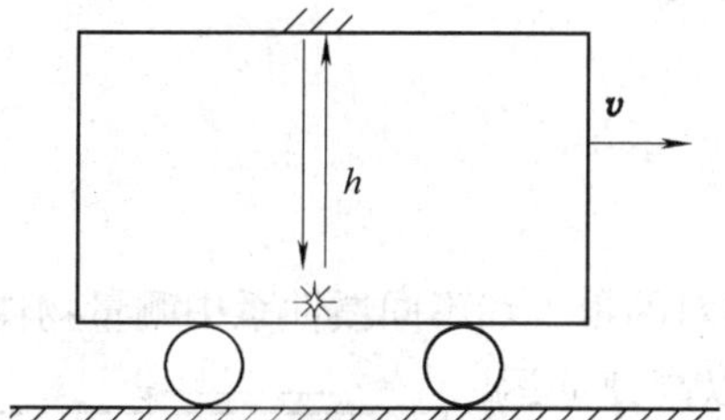

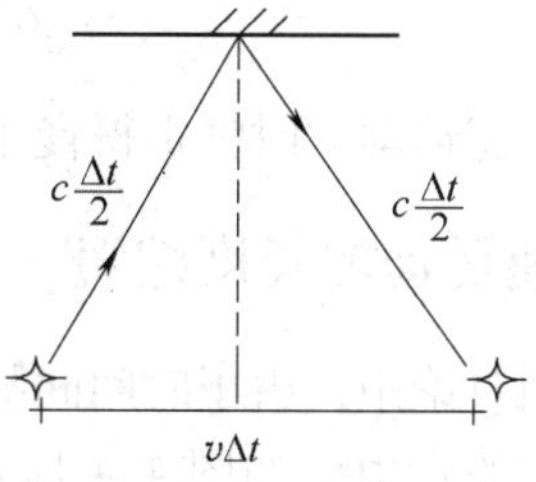

图 4-3　说明高速运动时间延缓效应用图

$$\left(\frac{v}{2}\Delta t\right)^2+h^2=\left(\frac{c}{2}\Delta t\right)^2$$

而

$$c\Delta t_0=2h$$

化简，得

$$\Delta t = \frac{\Delta t_0}{\sqrt{1 - v^2/c^2}} \tag{4-5}$$

式中，Δt_0 是在相对事件静止的惯性参考系中同一地点的同一时钟所测得两事件的时间间隔，称原时或固有时；Δt 是从非事件发生的自身参考系中不同地点的两个时钟测得的同样两个事件的时间间隔，称两地时或运动时。

由式（4-5）可得，$\Delta t > \Delta t_0$，地面参考系上的观察者乙得出结论：运动着甲的时钟慢了。这就称为高速运动的时间延缓效应，也称为时间膨胀。由上面的论证可见，动钟延缓是光速不变原理的必然结果。

容易看出，这一时钟变慢的效应与$\boldsymbol{v}$ 的方向无关：即在甲系观察，将同样发现动钟乙慢了，也得到动钟延缓的结论。这正是相对性原理所要求的：C 发现 C′变慢了，而 C′发现 C 变慢了，慢的因子都是$\sqrt{1 - v^2/c^2}$。当两个人相互停下来比较时，发现各人的钟都是一样的标准，毫无毛病。

上面的推导和论证，虽然结合了一个例子，但可以证明，该结论是普遍成立的。

还应该说明一点，图 4-3b 中，我们把三角形底边的长大大地夸大了。通常，速度 v 远小于光速 c（$v \ll c$），因此，三角形的底边应是非常短的，以至于无法画出。此时 Δt_0 和 Δt 的差别可以略去。这可以从图中看出，也可以由式（4-5）得到（此时$\sqrt{1 - v^2/c^2} \approx 1$）。

【例 4-1】 乘坐近光速 $v = 0.95c$ 的宇宙飞船航行，则宇航员的 10 min 在地面上的人看来是多长时间？

【解】 设火箭为 S′系、地球为 S 系

$$\Delta t_0 = 10\ \text{min}$$

$$\Delta t = \frac{\Delta t_0}{\sqrt{1 - v^2/c^2}} = \frac{10}{\sqrt{1 - 0.95^2}}(\text{min}) = 32.01(\text{min})$$

显然，高速运动的时钟走得慢了。

4.3.2 高速运动的长度缩短

在狭义相对论中，由于时间间隔是一个相对的量，在不同惯性系中测量物体的长度也不再是一个绝对的量值。如图 4-4 所示，一个以高速 v 运行的小车的左侧有一个激光源，右侧是反射镜。光脉冲由 s 发出被反射镜 M 反射后又回到 s。现在从车厢（S′）系和地面（S）系两种观点去分析此现象。

在车厢（S′）系上，测得的车厢长度记为 L_0，光脉冲在前后车厢板之间往返一次所需时间

$$\Delta t_0 = \frac{2L_0}{c}$$

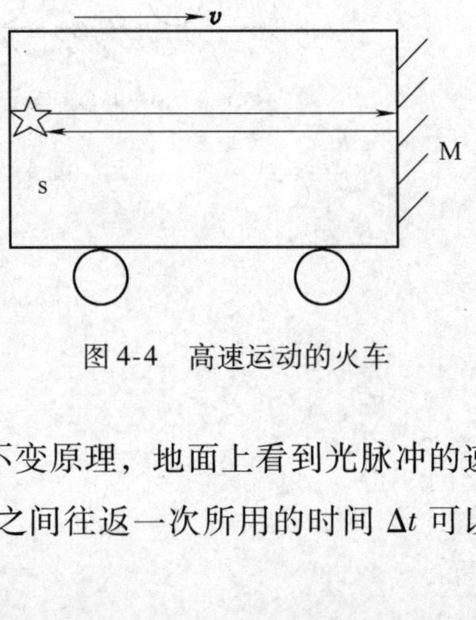

图 4-4 高速运动的火车

在地面（S）系上，测得车厢的长度记为 L。由光速不变原理，地面上看到光脉冲的速度仍然为 c。由于车厢在运动，所以光脉冲在车厢前后板之间往返一次所用的时间 Δt 可以

分成两部分之和：$\Delta t=\Delta t_1+\Delta t_2$，$\Delta t_1$ 为光脉冲由 s→M 所用时间；Δt_2 为光脉冲由 M→s 所用时间，如图 4-5 所示。由几何关系可得：

$$L+v\Delta t_1=c\Delta t_1$$

$$L=c\Delta t_2+v\Delta t_2$$

可得

$$\Delta t_1=\frac{L}{c-v}$$

$$\Delta t_2=\frac{L}{c+v}$$

因此

$$\Delta t=\Delta t_1+\Delta t_2=\frac{2Lc}{c^2-v^2}$$

由于

$$\Delta t=\frac{\Delta t_0}{\sqrt{1-v^2/c^2}}$$

则

$$\Delta t=\frac{\Delta t_0}{\sqrt{1-v^2/c^2}}=\frac{2L_0}{c\sqrt{1-v^2/c^2}}=\frac{2L_0}{\sqrt{c^2-v^2}}$$

由此得

$$\frac{2L_0}{\sqrt{c^2-v^2}}=\frac{2Lc}{c^2-v^2}$$

所以

$$L=L_0\sqrt{1-v^2/c^2} \tag{4-6}$$

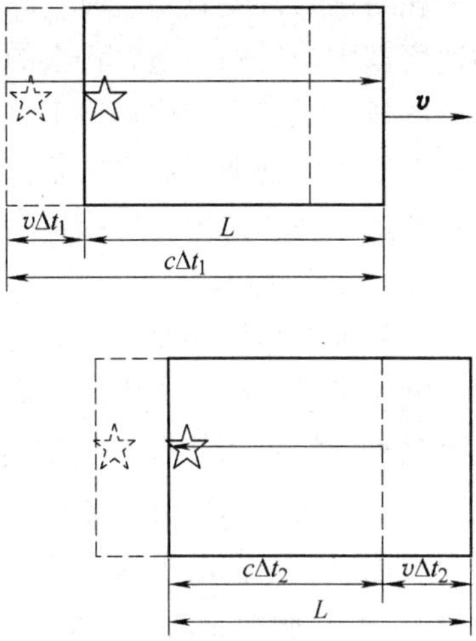

图 4-5　推导高速运动的长度缩短用图

这就是说，**从对物体有相对速度大小为v 的参考系中测得的沿速度方向的物体的长度** L（在相对运动的参考系中测得的长度），**总是比物体的固有长度** L_0（在相对静止的参考系中测得的长度）**短，这种效应称为高速运动的长度收缩效应**。注意，在垂直于相对运动方向的长度测量与参考系无关。

显然，动尺缩短也是光速不变原理的必然结果。

【例 4-2】 一张正方形的宣传画边长为 5 m，平行地贴在铁路旁边的墙上，一高速列车以 $2\times10^8\ \mathrm{m\cdot s^{-1}}$的速度接近此宣传画，问若是高速列车上的乘客测量该画的边长为多少?

【解】 由题意得，在垂直于相对运动的方向上，画的高度不变，在平行于相对运动的方向上，长度变短。由长度收缩效应公式有

$$L=L_0\sqrt{1-\frac{v^2}{c^2}}=5\times\sqrt{1-\frac{(2\times10^8)^2}{(3\times10^8)^2}}\ \mathrm{m}=3.7\ \mathrm{m}$$

即乘客测量的尺寸为 $5\times3.7\ \mathrm{m}^2=18.5\ \mathrm{m}^2$。

4.3.3 狭义相对论时空效应的实验验证

相对论的长度收缩、时间膨胀效应，在日常生活中很难发现，因为日常生活中遇到的运动速度都太慢。然而随着科学的发展和技术的进步，人们从实验中发现了许多种微观粒子，它们的速度比宏观物体快得多，有些微观粒子以接近光速的速度运动。这就为从实验验证狭义相对论效应创造了极好的条件。迄今为止，已经进行过的大量的有关微观粒子的实验，无可非议地证明，爱因斯坦提出的运动物体的时间膨胀效应是正确的。

1. π介子的寿命

实验证明由加速器产生的π介子的寿命和它们的运动速度有关。π介子是在加速器中由高能质子撞击靶核产生的。经过一个短暂的时间，它要衰变为μ子和中微子，π介子从产生到衰变的时间就是它们的寿命。实验中通过测量加速器产生的大量π介子的半衰期，换算出它们的平均寿命。经过多次不同条件下的实验，发现当π介子产生时速度很慢、远低于光速时，它们的平均寿命是2.6×10^{-8} s，称为本征寿命（即在粒子自身参考系测得的寿命）；当它们产生的速度很快，与光速可比时，其平均寿命明显延长；当π介子产生时的速度达到$v=0.91c$时，测量出它们的平均寿命是6.24×10^{-8} s，是低速时的2.4倍。从后一结果，可以由爱因斯坦给出的公式计算π介子的本征寿命

$$\tau_0=\tau\sqrt{1-\frac{v^2}{c^2}}=6.24\times10^{-8}\times\sqrt{1-0.91^2}\text{s}=2.58\times10^{-8}\text{ s}$$

这个计算结果与在低速情况下测得的π介子的寿命相同。这就是说，π介子的本征寿命有确定的值。然而，当它们相对于实验室以高速运动时，从实验室参考系测量，它们的寿命随它们速度的增加而增加，与爱因斯坦给出的公式计算的结果完全符合。

2. π介子的飞行距离

由于宏观物体的运动速度很难接近光速，直接验证长度缩短的效应很难。然而，通过π介子寿命的实验，可以反过来证明长度的缩短效应。现在实验室产生一束π介子，在实验室中测得它的速率为$v=0.91c$，并测得它在衰变前通过的平均距离$l=17$ m，由此推断π介子在静止参考系中的本征寿命τ_0。因为从π介子的参考系看来，实验室以$-v$运动，实验中测得的实验室的后退距离l是原长。在π介子参考系中测量此距离，应为

$$l'=l\sqrt{1-v^2/c^2}=17\times\sqrt{1-0.91^2}\text{m}=7.1\text{ m}$$

而实验室飞过这一段距离所用时间为静止π介子的平均寿命即本征寿命τ_0，即

$$\tau_0=\frac{l'}{v}=\frac{7.1}{0.91c}=2.58\times10^{-8}\text{s}$$

此结果与上面实验事实符合得很好。长度的缩短效应和时间的膨胀效应，是一个事物的两个方面，都反映了时空的特性，这是两个并存的相对论效应，一个存在，另一个必然存在。

3. 原子钟直接验证动钟延缓效应

对动钟时间延缓效应的最直接的验证是由飞机载着钟做航行实验。1970年，哈菲尔（Hafele）设计了这样一个实验：将两个在地球上调整同步的原子钟分开，一个留在地球上，另一个由飞机运载绕地球航行。飞机绕地球飞行一周以后降落到地面上，然后将两个原子钟

的读数进行比较，根据原子钟的精确度和飞机的飞行速度，可以断定这种实验是能够对理论预言的效应进行检验的。

实际上，由于飞机在飞行过程中要受到引力场作用，所以，飞机上原子钟的快慢除了狭义相对论中的动钟延缓效应以外，还有引力场所产生的效应（属于广义相对论效应）。1971年，哈菲尔和凯廷完成了这一实验，他们把 4 个铯原子钟分别放在两架飞机上，一架向东飞，另一架向西飞，都在赤道面附近高速度飞行。两架飞机在绕地球飞行一周以后回到地面，与留在地面上的铯原子钟进行比较。去掉地球引力场所产生的效应（这部分效应要用广义相对论计算）以后，在实验误差允许的范围内，实验结果与狭义相对论动钟延缓效应的理论预言完全吻合。

4.4　洛伦兹变换

4.4.1　洛伦兹坐标变换

从前面的讨论我们知道，同时性的概念没有绝对的意义，时间和长度都只有相对的意义。下一步自然要找出不同惯性系之间的时间与空间坐标的变换关系。我们从相对性原理和光速不变原理出发，并且考虑到空间和时间的均匀性，来推导出两个惯性系之间的新的变换关系。

如图 4-6 所示，设 S、S′两个参考系，S′以速度$\boldsymbol{v}$相对 S 向右运动，两者原点 O 和 O'在 $t=t'=0$时重合。我们求由两个坐标系测出的在某时刻发生在 P 点的一个事件（例如一次爆炸）的两套坐标值之间的关系。

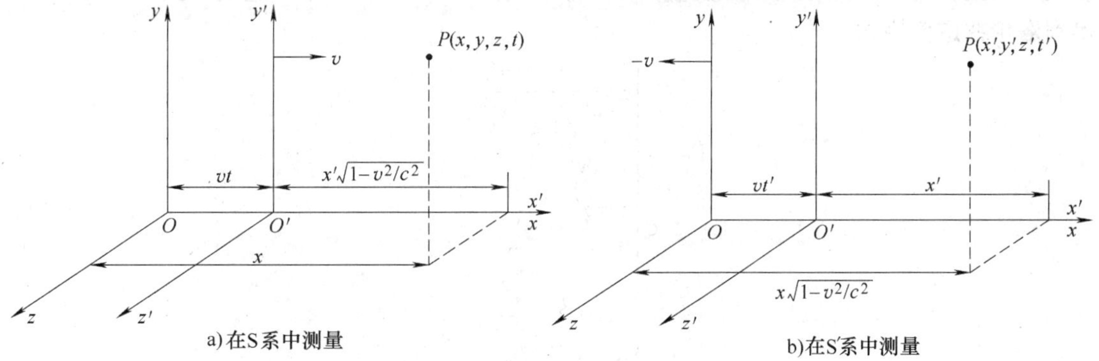

图 4-6　洛伦兹变换的推导

如图 4-6b 所示，在 S′系中测量时刻为 t'，从 $y'z'$平面到 P 点的距离为 x'。如图 4-6a 所示，在 S 系中测量，该同一时刻为 t，从 yz 平面到 P 点的距离 x 应等于此时刻两原点之间的距离 vt 加上 $y'z'$平面到 P 点的距离。但这后一段距离在 S 系中测量，其数值不再等于 x'，根据长度收缩，应等于 $x'\sqrt{1-v^2/c^2}$，因此在 S 系中测量的结果应为

$$x=vt+x'\sqrt{1-v^2/c^2} \tag{4-7}$$

或者

$$x' = \frac{x - vt}{\sqrt{1 - v^2/c^2}} \tag{4-8}$$

为了求得时间 t 和 t'的变换公式，可以先求出以 x 和 t'表示的 x'的表示式。如图 4-6b 所示，在 S′系中观察时，yz 平面到 P 点的距离应为 $x\sqrt{1 - v^2/c^2}$，而 OO'的距离为 vt'，这样就有

$$x' = x\sqrt{1 - v^2/c^2} - vt' \tag{4-9}$$

在式（4-7）和式（4-9）中消去 x'，可得

$$t' = \frac{t - \dfrac{v}{c^2}x}{\sqrt{1 - v^2/c^2}} \tag{4-10}$$

在上节已经指出，垂直于相对运动方向的长度测量与参考系无关，即 $y' = y$、$z' = z$，将上述变换式列到一起，有

$$\begin{cases} x' = \dfrac{x - vt}{\sqrt{1 - v^2/c^2}} \\ y' = y \\ z' = z \\ t' = \dfrac{t - \dfrac{vx}{c^2}}{\sqrt{1 - v^2/c^2}} \end{cases} \tag{4-11}$$

式（4-11）称为**洛伦兹变换式**。

根据相对性原理，惯性系 S 和 S′是等价的，两个坐标系间变换式的形式应具有相同的形式。从把式（4-11）中的带撇变量和不带撇变量互换，同时将相对速度 v 换成 $-v$，可以得到**洛伦兹逆变换式**

$$\begin{cases} x = \dfrac{x' + vt'}{\sqrt{1 - v^2/c^2}} \\ y = y' \\ z = z' \\ t = \dfrac{t' + \dfrac{vx'}{c^2}}{\sqrt{1 - v^2/c^2}} \end{cases} \tag{4-12}$$

与伽利略变换相比，洛伦兹变换中的时间坐标明显地和空间坐标有关。这说明，在相对论中，时间空间的测量互相不能分离，它们联系成了一个整体。因此，在相对论中常把一个事件发生时的位置和时刻联系起来称为它的**时空坐标**，在直角坐标系中表示为 $P(x, y, z, t)$。可以看出，当 $v \ll c$ 时，洛伦兹变换式就变为伽利略变换式。说明牛顿的绝对时空概念是相对论时空概念在参考系相对速度很小时的近似。

还可以从式（4-11）看到，洛伦兹变换是一个线性变换，用简单的计算就可以证明一个关系：

$$x^2 + y^2 + z^2 - c^2t^2 = x'^2 + y'^2 + z'^2 - c^2t'^2$$

这表明时空坐标组合 $x^2+y^2+z^2-c^2t^2$ 是一个洛伦兹变换下的“不变量”，记为常量。

上节讲到的高速运动时间延缓和长度收缩效应都可以由洛伦兹变换严格地推导出来，这里不再详细介绍。

4.4.2 洛伦兹速度变换式

洛伦兹坐标变换对时间求一阶导数，可以得到洛伦兹速度变换式

$$\begin{cases} u_x' = \dfrac{u_x - v}{1-\dfrac{u_x v}{c^2}} \\ u_y' = \dfrac{u_y\sqrt{1-\dfrac{v^2}{c^2}}}{1-\dfrac{u_x v}{c^2}} \\ u_z' = \dfrac{u_z\sqrt{1-\dfrac{v^2}{c^2}}}{1-\dfrac{u_x v}{c^2}} \end{cases} \qquad \begin{cases} u_x = \dfrac{u_x' + v}{1+\dfrac{u_x' v}{c^2}} \\ u_y = \dfrac{u_y'\sqrt{1-\dfrac{v^2}{c^2}}}{1+\dfrac{u_x' v}{c^2}} \\ u_z = \dfrac{u_z'\sqrt{1-\dfrac{v^2}{c^2}}}{1+\dfrac{u_x' v}{c^2}} \end{cases} \tag{4-13}$$

这里 u_x、u_y、u_z 代表一个运动质点在 S 系的速度分量，u_x'、u_y'、u_z'代表同一个运动质点在中 S′中测得的速度分量。如果 $\boldsymbol{u}$ 和$\boldsymbol{v}$ 是同一个方向，只有一个表达式：

$$u' = \frac{u-v}{1-\dfrac{uv}{c^2}} \qquad u = \frac{u'+v}{1+\dfrac{u'v}{c^2}} \tag{4-14}$$

从洛伦兹速度变换式，可以得到如下两个重要的结果：①两个小于光速的速度 v 和 u'，合成之后的速度 u 仍然小于光速；②如果运动以光速进行，合成后的速度仍然是光速。有了这个新的速度加法定理，在一切惯性系光速都是同一个恒量 c，这就与相对性原理没有任何矛盾了。

总之，由爱因斯坦的狭义相对性原理和光速不变原理可以推导出洛伦兹坐标和速度变换式，有了洛伦兹变换，电动力学与相对性原理的矛盾解决了，相对性原理与光速不变的矛盾也解决了。这就使整个物理学都可以建立在相对性原理的基础之上，实质上是建立在新的时空观的基础之上。

【例 4-3】 一观察者看到 A、B 两宇宙飞船以 0.99c 的速率彼此离开，求从一个飞船上看到另一个飞船的速率为多大？

【解】 设观察者静止于 S 系，S′系固定于船 A，并以船 A 的飞行方向为 x 轴正向，由题意，S′系相对于 S 系的速率为 $v=0.99c$，S 系的观察者测得船 B 的速率为 $u_x=-0.99c$，由洛伦兹速度变换式得

$$u_x' = \frac{u_x - v}{1-\dfrac{v}{c^2}u_x} = -0.99995c$$

所以从一个飞船上看到另一个飞船的速率为 0.99995c。

4.5 狭义相对论的动力学和质能关系

在经典力学中，物体的质量被认为是一个恒量，在不同运动速度下它的数值不变。如果有一物体受到一恒力作用，它的速度最终一定会超过光速，如图 4-7 所示（图中的水平虚线对应 $v=c$）。

而狭义相对论断言，任何物体的运动速度都不会超过光速，这显然是一对矛盾。所以，仅仅有我们前几节讨论的相对论的运动学是不够的，必须转入动力学的讨论。1905 年，爱因斯坦根据两条普遍成立的定律——动量守恒定律和能量守恒定律，用归纳法得出了物体质量与运动速度的关系和划时代的质能关系（$E=mc^2$），从而解决了这两者的矛盾。

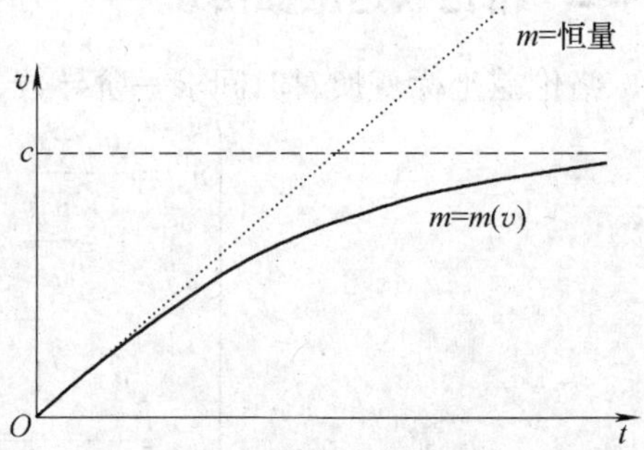

图 4-7 相对论质量与速度

4.5.1 相对论质量

1. 相对论质量公式

我们在重新建立相对论力学量时，只能依据狭义相对论的两条基本原理，并要求所得到的相对论运动方程在低速情况下与经典力学的运动方程一致。按照狭义相对性原理，一切物理定律（力学的和电磁学的）在任何惯性系中都应具有相同的形式。根据动量守恒定律和相对性原理，可以证明物体的质量与速度间存在下面的关系：

$$m=\frac{m_0}{\sqrt{1-v^2/c^2}} \tag{4-15}$$

这就是狭义相对论中的质量-速度关系式，式中 m_0 称作该物体的**静止质量**，也就是物体的运动速度为零时的质量；m 是自变量 v 的函数，称物体的**相对论质量**。

与相对论质量相对应，物体的动量是

$$\boldsymbol{p}=m\boldsymbol{v}=\frac{m_0\boldsymbol{v}}{\sqrt{1-v^2/c^2}} \tag{4-16}$$

这样定义了质量和动量，牛顿第二定律仍保留它的形式，即

$$\boldsymbol{F}=\frac{\mathrm{d}\boldsymbol{p}}{\mathrm{d}t} \tag{4-17}$$

请读者注意，这里不能用牛顿第二定律的常见形式 $\boldsymbol{F}=m\boldsymbol{a}$，因为相对论质量 m 是随速度变化的量，不是恒量，所以 $\boldsymbol{F}=m\boldsymbol{a}$ 不成立。在物体的速度远小于光速的条件下，相对论质量 m 就和静止质量 m_0 相等，质量可以看做恒量，通常的牛顿运动定律的形式 $\boldsymbol{F}=m\boldsymbol{a}$ 才成立。由此可见，具有普遍意义的是相对论的质量概念、动量概念和相应的力学方程，牛顿力学则是物体在低速运动条件下相对论力学的很好的近似。

图 4-8 画出了质量-速度曲线。按照相对论力学，质量随着速度的增加而增加，当速度接近于光速时，质量趋向于无穷大。按照运动定律，无论对一个物体施加多大的力，施加多长时间的力，都不可能将一个物体加速到超过光速。所以，由相对论力学也得到如下结论：

光速是一个极限速度，超光速的物体是不存在的。

2. 相对论质量公式的实验验证

1901 年，考夫曼就已经从放射性镭放出的高速电子流（β 射线）实验中发现了电子质量随速度增大而增大的现象。

布赫勒的实验也能充分证实相对论质量公式。在磁感应强度为 $\boldsymbol{B}$ 的磁场中，有一静止质量为 m_0、电荷为 q、速度为$\boldsymbol{v}$ 的粒子，且粒子的运动速度$\boldsymbol{v}$ 与 $\boldsymbol{B}$ 垂直，于是，作用在带电粒子上的洛伦兹力为

$$\boldsymbol{F} = q\boldsymbol{v} \times \boldsymbol{B}$$

其方向与粒子速度$\boldsymbol{v}$ 垂直。这样，带电粒子将在向心力作用下作半径为 R 的圆周运动，有

$$qvB = \frac{mv^2}{R}$$

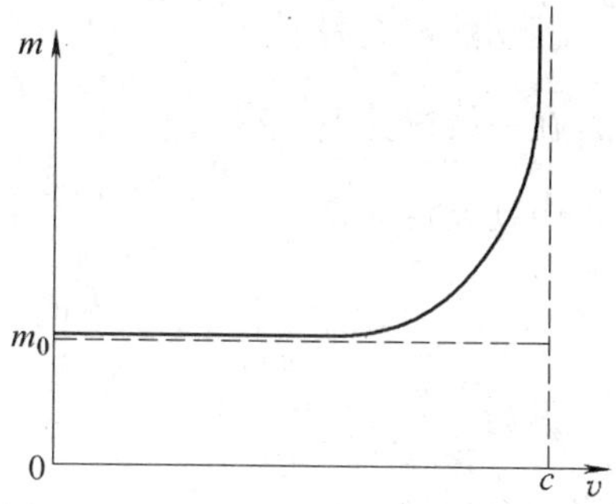

图 4-8　相对论性质量

式中　m 为带电粒子的相对论质量。上式也可以写成

$$qBR = mv = \frac{m_0 v}{\sqrt{1 - v^2/c^2}} = p$$

解得

$$\frac{q}{m} = \frac{v}{BR}$$

或

$$\frac{q}{m_0} = \frac{v}{RB\sqrt{1 - v^2/c^2}}$$

布赫勒从一个放射源中得到高能电子射线，并使射线通过由电场和磁场所构成的区域，即所谓速度选择器。从速度选择器出来的电子束再进入一磁场，在这个磁场中电子的轨迹是半径为 R 的圆弧，并沉积在照相底片上，对于不同的 v 值，半径 R 是不同的。从上式可以看出，当已知 $q = e$、v 和 B，并测量出 R 时，就可以算出 e/m_0 的值。布赫勒的实验结果如表 4-1 所示。从表中可以看出 e/m_0 是一个常数，而 e/m 不是常数，而且，表中所列数据证明了 $m = \dfrac{m_0}{\sqrt{1 - v^2/c^2}}$的关系。

布赫勒的实验结果也可以用图 4-9 的曲线表示，图 4-9 中的点为实验值，实线为理论计算值。从图 4-9 可见，两者符合得很好。

表 4-1　布赫勒实验

v/c	e/m 的实验值 (C·kg^{-1})	e/m_0 的计算值 (C·kg^{-1})
0.3173	1.661×10^{11}	1.752×10^{11}
0.3787	1.630×10^{11}	1.761×10^{11}
0.4281	1.590×10^{11}	1.760×10^{11}
0.6154	1.511×10^{11}	1.763×10^{11}
0.6870	1.283×10^{11}	1.767×10^{11}

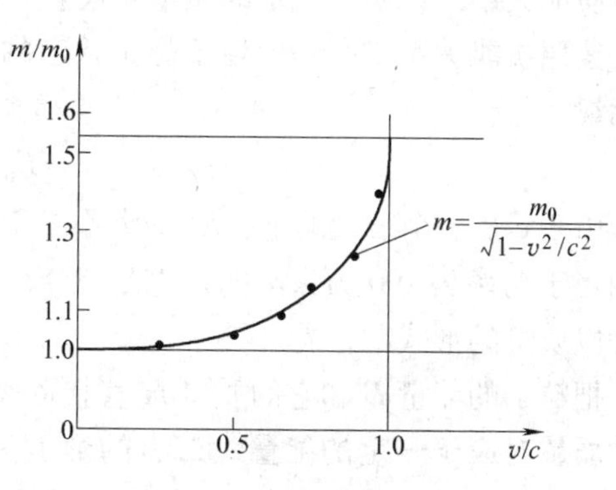

图 4-9　布赫勒实验曲线

4.5.2 质能关系式

1. 质能关系式的导出

相对论力学的一项重要成果，是推导出了质量与能量的简单关系。

元功的定义为
$$dA = \boldsymbol{F} \cdot d\boldsymbol{r}$$

在一维情况下，有
$$A = \int dA = \int F dx$$

由动能定理得
$$E_k = \int F_x dx = \int \frac{dp}{dt} dx = \int v dp$$

因为
$$d(pv) = p dv + v dp$$

两边同时积分
$$\int d(pv) = pv = \int p dv + \int v dp$$

所以
$$E_k = pv - \int_0^v p dv$$

将相对论动量式 $p = mv = \dfrac{m_0 v}{\sqrt{1 - v^2/c^2}}$ 代入上式，得

$$E_k = \frac{m_0 v^2}{\sqrt{1 - v^2/c^2}} - \int_0^v \frac{m_0 v}{\sqrt{1 - v^2/c^2}} dv = \frac{m_0 v^2}{\sqrt{1 - v^2/c^2}} + m_0 c^2 \sqrt{1 - v^2/c^2} - m_0 c^2$$

将相对论质量式 $m = \dfrac{m_0}{\sqrt{1 - v^2/c^2}}$ 代入上式，得

$$E_k = mv^2 + mc^2 - mv^2 - m_0 c^2 = mc^2 - m_0 c^2 \tag{4-18}$$

式（4-18）称为**相对论的动能公式**，式中 m 是物体具有速度 v 时的相对论质量，m_0 是物体速度为零时的静止质量。

由式（4-18）可以得到 $mc^2 = E_k + m_0 c^2$，即物质的总能量等于动能与静止能 $m_0 c^2$ 之和。于是，爱因斯坦给出了著名的**质能关系式**

$$E = mc^2 \tag{4-19a}$$

或
$$E = mc^2 = E_k + m_0 c^2 \tag{4-19b}$$

质能关系式说明，一定的质量就代表一定的能量，质量与能量是相当的。

按照质能关系式，一个处于静止状态的物体，因为它具有静止质量 m_0，因而也就有**静止能量**

$$E_0 = m_0 c^2 \tag{4-20}$$

由于 c 是一个很大的量，E_0 的大小是很惊人的。例如 1 kg 物质的能量是 9×10^{16}J，这大约相当于功率为 100 万 kW 的发电站三年的发电量。然而这样巨大的能量并没有表现出来，而是以质量的形式贮存着。

把粒子的能量 E 和它的质量 m 直接联系起来的结果是相对论最有意义的结论之一。**一定的质量对应于一定的能量，二者的数值只相差一个恒定的因子 c^2**。按照相对论的理论，几个粒子在相互作用过程中，普遍的**能量守恒**应表示为

$$\sum_i E_i = \sum_i m_i c^2 = \text{常量} \tag{4-21}$$

由此公式，显然可以得出

$$\sum_i m_i = \text{常量} \tag{4-22}$$

式（4-22）表示质量守恒。在历史上相互独立的两个自然规律——能量守恒和质量守恒，在相对论中是完全统一的结论。爱因斯坦在阐述质能关系式的意义时说："把任何惯性质量理解为能量的一种贮藏看来要自然得多。""对于孤立的物理体系，质量守恒定律只有在其能量保持不变的情况下才是正确的，这时这个质量守恒定律同能量原理具有同样的意义。"

在核反应中，以 m_{01} 表示反应粒子的总静止质量，m_{02} 表示生成粒子的总静止质量，以 E_{k1}、E_{k2} 分别表示反应前、后粒子的总动能，则由能量守恒式（4-21）可得

$$m_{01}c^2 + E_{k1} = m_{02}c^2 + E_{k2}$$

由此得

$$E_{k2} - E_{k1} = (m_{01} - m_{02})c^2 \tag{4-23a}$$

$E_{k2} - E_{k1}$ 表示核反应后与反应前相比，粒子总动能的增量，也就是核反应所释放的能量，通常以 ΔE 表示；$m_{01} - m_{02}$ 表示经过反应后粒子的总的静止质量的减小，叫做**质量亏损**，以 Δm_0 表示。这样，式（4-23a）可以写为

$$\Delta E = \Delta m_0 c^2 \tag{4-23b}$$

式（4-23）是关于原子能的一个基本公式。

爱因斯坦从理论上得到的质能关系式是否正确，当然要由实践来检验。由于 19 世纪末发现了某些物质的放射性，因此，普朗克和爱因斯坦先后提出了由物质的放射性衰变实验来检验这个质能关系式。但 20 世纪初期的实验技术水平难以达到足够的精度，这种检验未能立即实现。然而随着时间的推移，物理学和化学的实验技术发展很快，爱因斯坦的质能关系式不但已为大量实验事实所证明，而且对于后来发展的原子能事业起到了指导作用。

2. 原子能的利用——核的裂变和聚变

（1）重核裂变　一个重核分裂为两个较轻的核，同时放出能量的过程称为**重核裂变**。其中典型的是铀原子核 $^{235}_{92}U$ 的裂变。$^{235}_{92}U$ 中有 235 个核子，其中 92 个质子，143 个中子。在热中子的轰击下，一个 $^{235}_{92}U$ 分裂为一个氙核和一个锶核，并放出两个中子。其反应式为

$$^{235}_{92}U + ^{1}_{0}n \rightarrow ^{139}_{54}Xe + ^{95}_{38}Sr + 2^{1}_{0}n$$

在这个过程中，生成核的静止质量之和比反应核的静止质量减少 0.22 u（$1\ u = 1.66 \times 10^{-27}$ kg，称为原子质量单位），放出能量为

$$\Delta E = \Delta m_0 c^2 = 0.22 \times 1.66 \times 10^{-27} \times (3 \times 10^8)^2\ J = 3.3 \times 10^{-11}\ J$$

这个能量值看似很小，但是这仅是一个铀核裂变发出的能量。因为 1 g 铀-235 的原子核数约为 $6.02 \times 10^{23}/235 = 2.56 \times 10^{21}$ 个，所以 1 g 铀-235 的原子核全部裂变时所释放的能量可以达 $3.3 \times 10^{-11} \times 2.56 \times 10^{21}\ J = 8.5 \times 10^{10}\ J$。值得注意的是，在热中子轰击铀-235 核的生成物中又多了一个中子，若它们被其他铀核俘获，将会发生新的裂变。这一连串的裂变称为链式反应。利用链式反应可以制成各种型号和用途的反应堆。世界第一座链式反应堆于 1943 年建成，1945 年制造出第一颗原子弹，1954 年建成第一座核电站。

（2）轻核聚变　由较轻的核结合在一起形成较重的核，同时释放出能量的过程称为轻核聚变。以两个氘核聚变为一个氦核为例，核反应方程式为

$$_1^2\text{H} + _1^2\text{H} \rightarrow _2^4\text{He}$$

经过测量，氘核的静止质量为 $m_0(_1^2\text{H}) = 3.3437 \times 10^{-27}$ kg = 2.002 u，氦核的静止质量为 $m_0(_2^4\text{He}) = 6.6425 \times 10^{-27}$ kg = 3.977 u，生成物氦核的静止质量比两个氘核的静止质量之和要小，它们的差值约为 $\Delta m = 0.026$ u $= 4.3 \times 10^{-29}$ kg，因此，由（4-23）式可得

$$\Delta E = \Delta m_0 c^2 = 4.3 \times 10^{-29} \times (3 \times 10^8)^2 \text{ J} = 3.87 \times 10^{-12} \text{ J}$$

应该注意，因为氘核的质量轻，1 g 氘核的原子核数目 N 约为 10^{23} 数量级，所以就单位质量而言，轻核聚变释放的能量比重核裂变的能量大很多倍。虽然轻核聚变能释放出巨大的能量，但是要实现轻核聚变，必须克服两个氘核之间的库仑斥力。据计算，只有当温度达到 10^8 K 时，才能使氘核具有克服库仑斥力的动能，从而实现聚变反应。在恒星内部（如太阳）就进行着类似的核反应。

原子能（实际是原子核能）的利用已经为人类带来巨大的影响，一方面，它是破坏性的，原子弹和氢弹会给人类和地球带来巨大的灾难；而另一方面，它又是建设性的，和平利用原子能可以为人类造福。现今，全世界范围已有大量的原子核能发电站，核电站的发电比率逐年提高，如果有朝一日，受控热核反应研究成功，将给人类带来取之不尽的能源。所以，质能关系式不仅有重要的理论意义，而且有着巨大的现实意义。

4.5.3　动量与能量的关系

相对论动量 p、静能量 E_0 和总能量 E 之间的关系，是非常简单而又很有用的，下面我们推出这一关系式。

在相对论中，静质量为 m_0、运动速度为 v 的质点的总能量和动量，可表示为 $E = mc^2$ 和 $p = mv$，二式相比可得 $v = \dfrac{p}{E}c^2$，将此 v 值代入能量公式

$$E = mc^2 = m_0 c^2 / \sqrt{1 - v^2/c^2}$$

整理后可得

$$(mc^2)^2 = (m_0 c^2)^2 + m^2 v^2 c^2$$

由于 $p = mv$、$E_0 = m_0 c^2$ 和 $E = mc^2$，所以上式可写成

$$E^2 = E_0^2 + p^2 c^2 \tag{4-24}$$

这就是**相对论动量和能量关系式**。为便于记忆，它们间的关系可用图 4-10 所示的三角形表示。

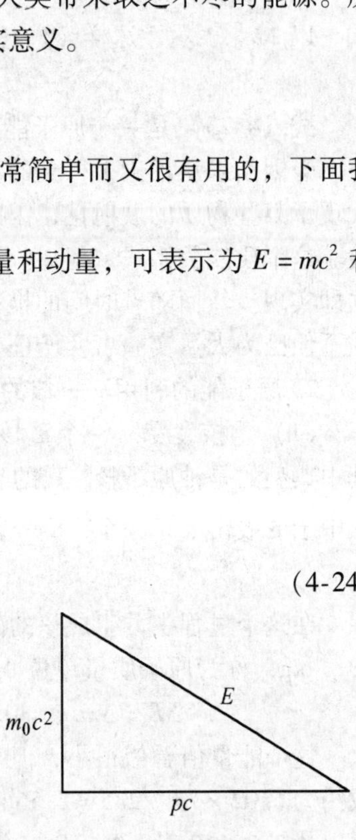

图 4-10　相对论性动量能量关系

如果质点的能量 E 远远大于其静能量 E_0，即 $E \gg E_0$，那么式（4-24）中等号右边第一项可略去不计，近似写成

$$E \approx pc \tag{4-25}$$

上式也可以表述像光子这类静止质量为零的粒子的能量和动量之间的关系（当然，式中为等号）。光子的能量决定于频率 ν，其值为 $h\nu$，h 为普朗克常量。于是，由式（4-25）可得光子的动量为

$$p=\frac{E}{c}=\frac{h\nu}{c}=\frac{h}{\lambda} \tag{4-26}$$

式中 λ 为此光束的波长。这就告诉我们，光子的动量与光的波长成反比。由此，人们对光的本性的认识又深入了一步。

【例 4-4】 若一电子的总能量为 5.0 MeV，求该电子的静能、动能、动量和速率。

【解】 粒子的静能 E_0 是指粒子在相对静止的参考系中的能量。由相对论质能关系得

$$E_0=m_0c^2=0.512\ \text{MeV}$$

由相对论动能定义可得电子的动能为

$$E_k=E-E_0=4.488\ \text{MeV}$$

由相对论动量与能量关系式 $E^2=p^2c^2+E_0^2$，得电子的动量为

$$p=\frac{1}{c}\sqrt{E^2-E_0^2}=2.66\times10^{-21}\ \text{kg}\cdot\text{m}\cdot\text{s}^{-1}$$

由 $E=E_0\sqrt{1-\frac{v^2}{c^2}}$，可得电子速率为

$$v=c\sqrt{\frac{E^2-E_0^2}{E^2}}=0.995c$$

【例 4-5】 由相对论动能公式推出经典力学中的动能公式。

【解】 由相对论质量公式　$m=m_0\left(1-\frac{v^2}{c^2}\right)^{-\frac{1}{2}}$

按级数展开　$m=m_0\left[1+\frac{1}{2}\left(\frac{v}{c}\right)^2+\frac{3}{8}\left(\frac{v}{c}\right)^4+\cdots\right]$

质能关系式可写成

$$E_k=c^2(m-m_0)=\frac{1}{2}m_0v^2+\frac{3}{8}m_0\frac{v^4}{c^2}+\cdots=\frac{1}{2}m_0v^2\left[1+\frac{3}{4}\left(\frac{v}{c}\right)^2+\cdots\right]$$

当 $v \ll c$ 时，括号中后两项与第一项相比较可以略去不计，上式成为

$$E_k=\frac{1}{2}m_0v^2$$

式中，m_0 为质点的静止质量，这与经典力学中质点动能的定义是一致的。

4.6　广义相对论简介

4.6.1　狭义相对论的局限性

爱因斯坦建立狭义相对论以后不久的 1907 年，发现狭义相对论有两个方面的局限性。

1. 惯性系问题

狭义相对论和以前的物理学规律一样，都只适合于惯性系，而实际上却难以找到真正的惯性系。通常我们以地面作为惯性系，实际上地球有自转和公转，严格地说，地面是属于转

动性质的非惯性系。我们在实验室这个小区间作实验，以地面为惯性系，也只是一种近似而已。

在经典物理学中，惯性系被当成特殊优越的参考系。在此参考系中建立起牛顿定律，这些物理定律具有最简明的相同形式。狭义相对论只是清除了以洛伦兹静止“以太”形式出现的绝对空间，指出了空间和时间的内在联系，但也以惯性系为基础，未能完全摆脱牛顿的绝对时空。从和谐与对称的角度说，一切自然规律不应该局限于惯性系，必须考虑非惯性系。

2. 引力问题

牛顿的引力理论是**超距**的，在万有引力的表达式和牛顿引力场方程的其他表达式中都不含有时间 t。这表明，在牛顿引力理论中，t 时刻作用在质点 m 上的力 $\boldsymbol{F}$ 完全决定于同一时刻两质点间的距离及它们的质量，即力 F 由 m_1 至 m_2 的传播不需要时间。这种作用称为超距作用。两个物体之间的引力作用是瞬时传递的，也就是以无穷大的速度传递的。这就与相对论所依据的场的观点和极限的光速相冲突。引力又到处存在而不能避免，所以爱因斯坦认识到，一定要解决引力的问题。在狭义相对论中，惯性、质量和能量之间的关系已经完美地推导出来，但惯性和引力之间的关系却没能说明。

上述两个问题又是有关联的，引力要引起物体的加速度，而加速参考系是非惯性系，所以爱因斯坦认为二者可以通过建立新的引力理论来统一解决。

爱因斯坦解决这两个问题时注意到了一个实验事实——惯性质量和引力质量的等同性，正是这个事实，使爱因斯坦提出了广义相对论的两个基本原理。

4.6.2 惯性质量和引力质量的等同性

1. 两种质量的定义

惯性质量和**引力质量**这两个概念是牛顿最早提出的。

一个是由牛顿第二定律定义的质量，代表物体的惯性大小。当力 $\boldsymbol{F}$ 作用于物体上时，它产生加速度 $\boldsymbol{a}$，这时有 $\boldsymbol{F}=m_i\boldsymbol{a}$。式中 m_i 也是通常所说的物体的质量，它是物体本身的性质，不过在这里它是该物体惯性的量度，叫做物体的惯性质量。m_i 也可以理解为物体对加速度的阻抗。

另一个是由牛顿万有引力定律定义的质量，代表与物体引力大小有关的质量。设地球表面附近有一物体 m，受地球引力可以表示为

$$F=G\frac{m_e m_g}{r^2}$$

式中，m_e 为地球质量；m_g 就是通常说的物体的质量，它也是物体本身的性质，它决定所受引力的大小，为了确切表达这种属性，我们称之为物体的引力质量。

从概念上讲，这两个质量是本质上不同的物理量，是在不同实验事实基础上定义出来的。物体的引力质量与所受的引力有关，与物体的运动状态毫无关系；而惯性质量是对加速度的阻抗，在运动过程中（运动状态变化时）才体现出来。比如，一个物体放在磅秤上不动，它的引力质量可以明显地表现出来（它决定了物体所受的引力的大小），但它的惯性质量却无法表现出来，因为它没有被加速。同一物体的惯性质量和引力质量是完全不同的两个概念，但实验却证实两者数值相等。

2. 两种质量等同的实验验证

(1) **伽利略的自由落体实验**　假设有两个不同材质的物体，质量分别为 m 和 m'，它们所受的万有引力恰等于使它们产生加速度的力，则有

$$\left.\begin{aligned} F &= G\frac{m_e m_g}{r^2} \\ F &= m_i a \end{aligned}\right\} \qquad \left.\begin{aligned} F' &= G\frac{m_e m_g'}{r^2} \\ F' &= m_i' a' \end{aligned}\right\}$$

由这两组方程分别得到

$$a = \frac{m_g}{m_i}\frac{Gm_e}{r^2} \qquad a' = \frac{m_g'}{m_i'}\frac{Gm_e}{r^2}$$

伽利略的自由落体实验证实了，两个材质不同的物体的加速度相等（$a = a'$），所以有

$$\frac{m_g}{m_i} = \frac{m_g'}{m_i'} = \cdots = K$$

由此得到一个结论，任意物体的引力质量和惯性质量之比都等于一个恒量（记为 K）。适当地选择单位（SI），便可以使 $K = 1$。这样，上面的结论就是：**任何物体的引力质量恒等于其惯性质量。**

(2) **牛顿的空心单摆实验**　牛顿曾用两个等长的相同形状的单摆，一个摆锤是金的，另一个摆锤是等重的其他金属（银、铅等），由单摆周期测定惯性质量与引力质量之比。他得到的结果是：$T = 2\pi\sqrt{\frac{m_i}{m_g}\frac{L}{g}}$，当摆长和摆角相等时，无论摆球材质如何，周期总相等，即 $\frac{m_i}{m_g}$ 的比值与材料选择无关，精度是千分之一数量级。

(3) **厄缶的扭摆实验**　匈牙利物理学家——一位矿业学院的普通物理教师厄缶从 1890 年起，设计了精巧的扭摆装置，先后持续做了 25 年的实验，以检验惯性质量与引力质量比值。他的实验结果也证明惯性质量与引力质量比值与材料的选择无关，精度达到 10^{-8}。1961 年狄克以 10^{-10} 的精度，1971 年布拉津斯基又以 10^{-12} 的高精确度，都得到了同样结果。这些实验结果说明，一个物体的引力质量与惯性质量相等。

物体的引力质量恒等于其惯性质量，这一事实在经典力学和狭义相对论中是一种巧合，可是爱因斯坦却从这司空见惯的事实中发现了新理论的线索。我们将看到，这一事实与惯性力场和引力场的等效性有内在联系。

4.6.3　广义相对论的基本原理

广义相对论的基本原理是等效原理和广义相对性原理。

1. 等效原理

(1) **非惯性系中的惯性力**　在牛顿力学中，除了弹力、摩擦力和万有引力以外，还有一种“虚构的力”——惯性力。按照牛顿的定义，力是物体间的相互作用。只要有力，就一定有施力物体和受力物体。可是惯性力是由于物体所在的参考系相对于惯性系有加速度所产生的，没有施力物体。惯性力的大小等于物体的惯性质量与参考系的加速度 a 的乘积，方向与参考系的加速度的方向相反，即

$$F_{惯} = -m_i \boldsymbol{a} \tag{4-27}$$

例如，匀角速转动的转盘上的质点要受到一个大小等于 $m\omega^2 r$ 的惯性离心力，式中 m 是质点的质量，ω 是转盘的角速度，r 是质点与盘心的距离，方向沿径向向外。惯性离心力是惯性力的一种，它没有施力者。又如公交汽车在行驶时突然刹车（即车箱向后有一个加速度），乘客会向前拥去（即受到向前的力）。车厢是一个非惯性系，乘客受的向前的力就是惯性力，这个力也没有施力者。由于惯性力没有施力物体，不符合“力是物体之间的相互作用”的定义，所以称为虚构的力。但是这种虚构的力却有真实的效果，可以与真实力的效果相互抵消。

（2）**爱因斯坦的理想电梯实验** 爱因斯坦回忆：这个难题的突破点突然在某一天找到了。那天我坐在伯尔尼专利局的办公室里，脑子里突然闪出一个念头：如果一个人正在自由下落，他决不会感到他有重量。下面是爱因斯坦设计的两个理想电梯实验。

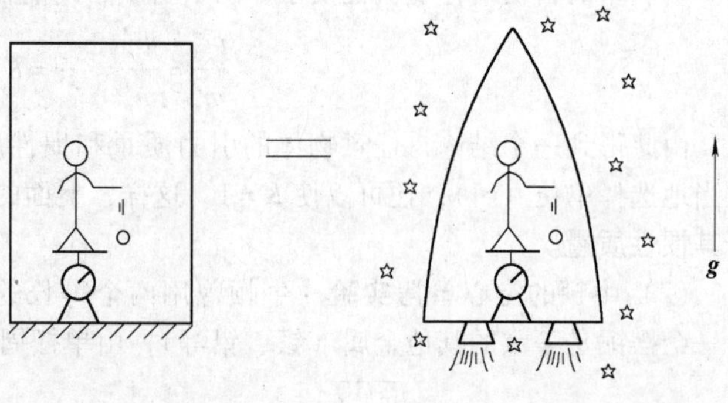

a)引力场中静止的电梯　　b)无引力空间的加速电梯

图 4-11　爱因斯坦的理想电梯实验一

如图 4-11 所示，图 a 中实验者处在地球表面静止的电梯中，图 b 中同一实验者处在无引力空间中、以 $a = g$ 向上加速的电梯中。让观察者做同样的力学实验，如用台秤称量体重，并观察释放手中小球后小球的运动状态。那么观察者发现，两种情况下自己的休重完全相同，小球都是以 g 的加速度落向电梯地面。由于引力质量与惯性质量的等同性，$m_g = m_i$，实验者将无法区分图 a 与图 b 的情况，即**无法区别加速体系与引力场的效应**。

又如图 4-12a 所示，实验者处在地球表面自由下落的电梯中；图 b 中同一实验者处在无引力外层空间中静止的电梯中。让实验者做同样的力学实验，如测体重和释放手中重物，同样会观察到相同的实验结果。由于引力质量与惯性质量的等同性，$m_g = m_i$，实验者无法区分自己处在哪种环境之中，即**引力场与重力加速度抵消，自由落体参考系等效为惯性系**。

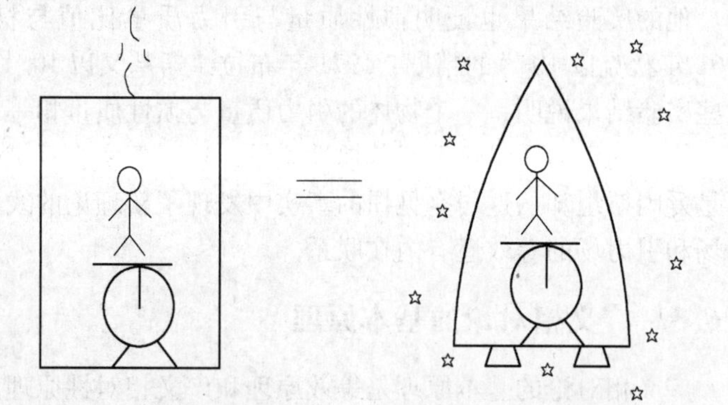

a)在地球表面自由落体的电梯中　　b)在无引力的外层空间静止的电梯中

图 4-12　爱因斯坦的理想电梯实验二

（3）**等效原理** 由上面的实验可知，任何力学实验无法区分是重力的效果或惯性力的效果。引力和惯性力的等效性或引力场同参考系相当的加速度在物理上完全等价，允许用一个均匀加速参考系来代替一个均匀引力场，称为**弱等效原理**。这里的“弱”是指只涉及力学实验规律、均匀引力场、均匀加速参考系。

弱等效原理实质上就是引力质量与惯性质量相等的一个推论。而实际的非惯性系更复杂，有非均匀的平移加速参考系，还有转动参考系，或者是既有平移又有转动的参考系。要使理论具有普遍意义，也不能只局限于力学规律，要考虑到所有的物理学规律和自然规律。爱因斯坦继续把弱等效原理推广。

爱因斯坦在分析引力场时提出："对于无限小的四维区域，如果坐标选择得适当，狭义相对论是适合的。为此，必须这样来选取无限小的（"局部的"）坐标系的加速度状态，使引力场不会出现，这对于无限小区域是可能的。"这就是说，爱因斯坦重新定义了惯性系，也就是狭义相对论适合的参考系是惯性系，这种惯性系中没有引力场，更确切地说是参考系的加速度与引力场正好相互抵消。这样定义的惯性系与以前定义的惯性系是不同的。以前定义适用于惯性定律的参考系为惯性系，它是非加速参考系，但允许存在引力场。由于在时空中引力场的大小是变化的，这样的参考系只能是在无限小的时空区才能成立。在这无限小的时空区，引力场被看做是均匀恒定的，相应地才能选择适当的加速参考系，以使引力场不出现。所以，无限小时空区是严格的理论说法，它适用于各种情况，有普遍意义。但是在实际上，这个理论上的无限小的区域可以是相当大的。例如地面附近，重力加速度可看做恒量的区域就很大，相应的自由下落的封闭舱的区域可以很大。在这样的参考系中，加速度与引力场相互抵消，成了没有引力场的惯性系。

等效原理的现代表述如下：在任何引力场中任一时空点，人们总能建立一个自由下落的**局域参考系**，在这一参考系中狭义相对论及其所确立的物理规律全部有效，而且对这个局域参考系引力场为零；如果定义狭义相对论有效的参考系为惯性系，在引力场中自由下落的封闭舱就正好构成惯性系，也就是上面所说的局域参考系。

2. 广义相对性原理

在等效原理的基础上，自然可以把狭义相对论中的相对性原理推广到所有的参考系之中：**自然规律对于任何参考系（惯性系、非惯性系）而言都应具有相同的形式，这就是广义相对性原理。**

等效原理与广义相对性原理是广义相对论中相互密切联系的两个基本原理，可以说，等效原理是广义相对性原理的先决条件，而广义相对性原理则是等效原理的数学表述。前者依据惯性质量和引力质量相等的实验事实，后者来自物理学家对自然规律对称性的坚定信念，它们都是不能直接证明的，其正确性取决于实验事实。

4.6.4 广义相对论的时空效应

爱因斯坦认为引力场的存在会有引力时间延缓效应和空间弯曲效应。下面介绍广义相对论的时空效应。

1. 引力时间延缓效应——光谱线引力红移

1907 年，爱因斯坦由广义相对论预言：因为引力场可等价于加速场，高速运动下时钟有延缓效应，所以引力场也会产生时钟延缓效应。存在引力场的情况下，同一个参考系的不同地点的时钟是不同步的，沿引力场增大的方向，时钟越来越慢；沿引力场减小的方向，时钟越来越快。

引力时间延缓的一个可观测的效应是星光谱线的引力红移。原子发出的光频率可以看做是一种钟的计时信号，振动一次好比秒针走一格，算作一秒。由于引力时间延缓效应，在太阳表面上原子发出的光的频率比远离太阳的地方的同种原子发出的光的频率低。因此，在地面上接收到的太阳上钾原子发出的光比地面上钾原子发出的光的频率要低。由于在可见光范围内，从紫到红频率降低，所以这种光的频率减小的现象叫做红移。又因为是由于引力引起的，所以叫**引力红移**。

通过观测卫星与地球上原子钟的时间之差可以直接检验引力的时间延缓效应。

1976 年，曾发射带有频率为 420MHz 的原子钟的人造卫星。卫星上的原子钟与地面上一个同样的原子钟预先校准同步。当卫星远离地面 10^4 km 时，观测到卫星上的原子钟比地球上的原子钟快，其频率变化 $\Delta\nu/\nu = 4.5\times10^{-10}$，与理论计算符合得很好。现这一理论已应用到 GPS 全球卫星定位系统。

2. 有引力场存在的空间是弯曲的

我们生活的空间是平直的。平直空间的属性完全由欧氏几何学描述：两条平行线永不相交，直角三角形两直角边的平方和等于斜边的平方，任一三角形的内角和为 180°，圆的周长与半径之比等于 2π 等。

广义相对论断言，有引力场存在的空间一定是弯曲的。**弯曲空间**不遵守欧氏几何学，我们以一个转盘所在的二维空间为例，对此试作说明。

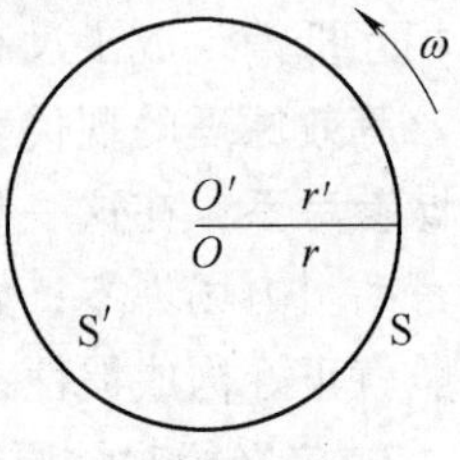

图 4-13 空间弯曲理想实验

设想一个平的透明片和一个平板面重合（图 4-13）。当透明片和平板相对静止时，在透明片上画一个半径为 r' 的圆，圆心为 O'。将此圆重叠地画在平板上，于是平板上也有一个圆，设想圆心为 O，半径为 r。透明片和平板相对静止时两圆重合，即 $r'=r$。在两个圆面上都放有完全相同的标准尺和标准钟。

如让透明片绕 O（当然也是 O'）点，相对于平板作角速度为 ω 的匀速圆周运动，并设透明片所在的参考系为 S′系、平板所在的参考系为 S 系。设想透明片 S′系有一观察者 A，他可以观测到当地的每个物体都受到惯性离心力，所以也可认为 A 处于一个局域的非惯性参考系，根据等效原理，等效于透明片上存在一个沿径向的引力场，其强度为 $g=\omega^2 r$，越靠近边缘引力越强。S 系为惯性系，其中的观测者是 B，他可以应用狭义相对论中的所有公式并来审视转盘上（有引力场）的几何学性质。在 S 系中的观测者 B 发现，观察者 A 的沿半径放置的标准尺没有动尺缩短效应，因为标准尺与速度的方向垂直，在沿着与速度垂直的方向上没有运动，当然就不会缩短，所以观察者 A 测半径的结果是 $r'=r$（在惯性系中测得的半径长）。即，当透明片转动起来以后，S′系的圆仍然保持和 S 系平板上的圆重合。

但是当 B 看到 S′系的观察者 A 用标准尺去量度圆 O' 的周长时，尺在沿着其长度的方向上有一个速度 $v=\omega r$，于是尺的长度 l 变为 $l\sqrt{1-\omega^2 r^2/c^2}$（动尺缩短）。这样，B 认为 S′系的观察者 A 量得的周长在数值上比盘不转时长。所以，观察者 A 在转盘上测得圆的周长和半径之比大于 2π，即

$$\frac{L}{r}>2\pi \qquad (4\text{-}28)$$

惯性参考系中的观察者 B 认为这是合理的。因为观察者 A 所处的参考系是非惯性系（等效为引力场），因而四维空间的几何不再是欧氏几何学所能描述了。**由于出现了引力场，**

使空间变得弯曲了，即引力场改变了空间的属性（由平直变为弯曲）。

满足$\frac{L}{r}>2\pi$的几何学称为**罗巴切夫斯基几何学**，是非欧几何的一种。现在我们可以设想一个平的薄铝制圆盘，用小锤将其周围（很窄的一圈）砸一遍，此时它的周长明显变大而半径的增加却很小。我们会看到这一薄铝盘不再是平面的，而是像荷叶边一样翘了。

对于永久引力场，比如太阳附近的空间，引力场的方向是沿着径向指向中心的，与转盘上的引力场方向相反。可以证明，测量圆的周长与半径之比的结果也跟上述结果相反：

$$\frac{L}{r}<2\pi \qquad \text{（永久引力场）} \tag{4-29}$$

满足$\frac{L}{r}<2\pi$的这种非欧氏几何学称为**黎曼**（Riemann）**几何学**。黎曼几何中，有如下的一些奇妙的性质：(1) 两条相邻的经线在赤道上可认为是平行的，但它们分别经“平行移动”后，在北极（南极）处将会相交；(2) 由图上 3 条测地线组成的球面三角形，其3 个内角之和大于180°；(3) 在球面上，以北极为中心，以纬度为θ的线作为边界的一个圆周，其周长L与直径D之比小于π（图 4-14）。

图 4-14　黎曼几何中的一些几何性质

3. 引力场方程

具体的引力场中时空的弯曲程度怎么用数学语言来描述呢？1915 年 11 月 25 日，爱因斯坦在他的老同学——数学家格罗斯曼的帮助下，用黎曼几何把它表达成为引力场方程：

$$R_{\mu\nu}-\frac{1}{2}g_{\mu\nu}R=-kT_{\mu\nu} \tag{4-30}$$

式中，$R_{\mu\nu}$是里奇张量，相当于与空间曲率有关的张量，R是与$R_{\mu\nu}$有关的标量；$T_{\mu\nu}$是与物质有关的动量能量张量；$g_{\mu\nu}$是度规张量，表示引力场的势；k是与万有引力常数G有关的常数。由于四维时空是较复杂的，方程中必不可少地应用复杂的数学知识，如表达空间多维方向各异的物理量的张量。

4.6.5　广义相对论的实验验证

在广义相对论建立的之初，爱因斯坦提出了三项实验检验的推论：水星轨道近日点的反常进动、星光在太阳引力场中的偏折和光谱线的引力红移。这三个理论预言都相继被实验所证实。在 20 世纪中叶以后，随着实验技术和物理学理论的进步，广义相对论有了“雷达回波延迟实验”、“引力波探测”等验证实验。

1. 水星轨道近日点的反常进动

自从开普勒建立行星绕日运行的三个定律以来，已经知道行星环绕太阳沿椭圆轨道运行，太阳处在椭圆的一个焦点上，因此就有近日点和远日点。应用牛顿的引力理论可以定量地计算行星的运行轨迹，与天文学的观测大体上是符合的。然而，天文学的精细观测发现，行星运行的轨道并不是固定不变的，而是有一个连续的小的偏转，称做行星近日点的**进动**。所谓进动，就是物体绕轴转动，而轴又有一个转动，如陀螺旋转时其轴也有一个转动。越靠近太阳的行星，进动越明显，水星距离太阳最近，所以水星的进动值最大（图 4-15）。按照牛顿的引力理论，基本上解决了进动的原因，它主要是由于其他行星对这颗行星的引力所引起的摄动（微扰）造成的。以水星为例，实测每一百年水星近日点偏转角是 5600.73″±0.41″，按照牛顿引力理论计算，其他行星摄动导致的偏转角是 5557.62″±0.20″，只相差 43.11″±0.45″，这就是说，99% 以上的进动值都已经由牛顿理论解决了，只剩下不到 1% 的进动值未能解决。这个不到 1% 的进动，长期未能解决，天文学上称做**剩余进动**。这个事实，早在 19 世纪中叶就已经发现了，当时提出的水星近日点的剩余进动的数值是每百年 38″，1915 年爱因斯坦知道的剩余进动数值是每百年 45″，现在提供的最准确的数值是上面给出的每百年 43.11″。

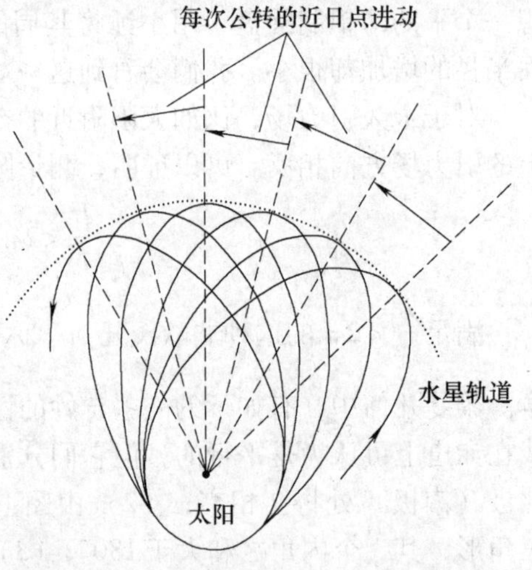

图 4-15 水星轨道近日点的进动

爱因斯坦根据广义相对论认为，由于太阳的巨大引力使其附近的时空发生弯曲，水星正好处于这一时空强烈弯曲的区域内，从而造成近日点的旋进，并得到水星近日点每百年的剩余进动为 43″。这是对广义相对论获得证实的第一个实验验证。

2. 星光在太阳引力场中的偏折

广义相对论预言，假如观察恒星时，恒星的星光是掠过太阳边缘到达地球的，要受到太阳引力场的影响而发生弯曲，看起来恒星的位置会有所变化（图 4-16）。

关于星光在太阳引力场中的偏折问题，牛顿从光的微粒说的角度早已提出过。根据牛顿的光的微粒说和万有引力定律，1801 年，德国科学家索尔纳计算了光线通过太阳边缘时偏转的角度为 $\alpha=0.84''$。爱因斯坦早期虽然用的方法与牛顿理论的方法不同，但所得结果同样也是 $\alpha=0.84''$。广义相对论认为，存在引力场的空间不是平直的，不是**欧氏空间**，而是弯曲的**黎曼空间**，光线在弯曲的黎曼空间走短程线，因而有了光线的偏折现象。由此，爱因斯坦重新计算出了光线在引力场中的偏转角的结果是 $\alpha=1.75''$，是以前结果的 2 倍。恰恰就是这个 2 倍，在光线偏折的问题上区分了广义相对论和牛顿理论。

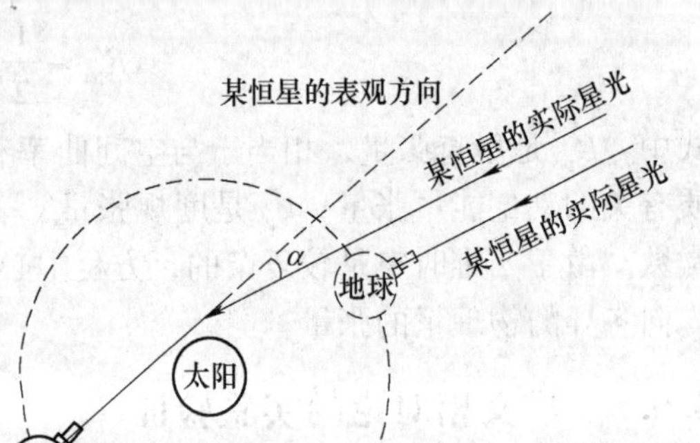

图 4-16 恒星星光掠过太阳表面发生偏折

要确定星光掠过太阳边缘的偏转角就要拍下太阳边上的恒星照片，这必须在日全食的时候进行拍摄，否则无法看到太阳附近天空背景上的星。天文学家要经过几个月甚至几年的准备工作和辛勤的劳动，最终才可拍摄到日全食照片，证实太阳后面的恒星发出的光线经过太阳边缘时发生的引力偏转，结果如下：

1919 年 5 月 29 日　　Dyson　　测得 $\alpha=1.98''\pm0.16''$

Eddington 测得 $\alpha = 1.61'' \pm 0.4''$

1952 年 2 月 25 日　Biesbroek 测得 $\alpha = 1.70'' \pm 0.10''$

1973 年 6 月 30 日　Texas 大学测得 $\alpha = 1.58'' \pm 0.16''$

20 世纪 70 年代以来，由于射电天文学的发展，采用长基线干涉仪进行观测，使精确度大大提高。这些测量进一步证实了广义相对论预言的正确性。比如 1969 年夏皮罗（Shapiro）测得 $\alpha = 1.80'' \pm 0.20''$，1970 年海尔（Hill）测得 $\alpha = 1.87'' \pm 0.3''$，都与理论预言值吻合得很好。

最近的一个精密实验是两位科学家科佩金（Kopeikin）和费马龙（Fomalont）做的，他们抓住 2002 年 9 月 8 日一颗遥远的类星体 J0842 + 1835 发出的无线电波刚被运动着的木星遮掩的瞬间去测量波的偏折，利用美国目前最大的 VLBA，包括一系列 10 个直径 25 m 的无线电望远镜加上一个在德国的 100 m 口径的无线电望远镜，整个阵列跨度达到 10^4 km，使测量精度达到 1 微角秒（$10^{-6} \times 1''$）。

3. 星光谱线的引力红移

广义相对论预言，从一个恒星（引力场较强）发出的光在地球上（引力场较弱）被接收时，应有频率减小的“引力红移”现象。

由于红移效应很小，测量上存在很多困难，直到 20 世纪 60 年代才得到比较确定的结果。1961 年观测了太阳光谱中的钠 589.6 nm 谱线的引力红移，结果与理论值基本相同，偏离值小于 5%；1971 年观察了太阳光谱中的钾 769.9 nm 谱线的引力红移，结果与理论值的偏离值小于 6%；1971 年对天狼星伴星（白矮星）的测量得到的结果红移量为 $-(30 \pm 5) \times 10^{-5}$，理论值的偏离小于 7%。

现在引力红移现象进一步被大量观测实验所验证。

4. 雷达回波延迟实验

当地球、太阳和某行星几乎排在一条直线上的时候，从地球掠过太阳表面某点向行星发射一束雷达波，由于时空弯曲，雷达波沿弯曲轨道传播，然后按原路返回。广义相对论预言，雷达回波将比用地球和行星的距离除以真空中的光速 c 所得到的时间 t 延迟一定的时间 Δt。对于金星，理论计算的结果是 $\Delta t = 2.05 \times 10^{-4}$ s，相当于信号多走 61.5 km 的路程。1971 年夏皮罗等人的测量结果对此值的偏离不到 2%。

5. 引力波探测

爱因斯坦由引力场方程预言有引力波从物质发出，并以光速传播。许多作加速运动的物体都可以发射引力波。

尽管人们从理论上承认引力波存在的预言，但由于引力辐射太弱，对引力波的观测与检验异常困难。宇宙间大质量天体的运动是较强的引力波源。双星是一种典型的引力辐射源，引力辐射把双星的能量一点点带走，结果会使双星的绕转周期越来越短，这个性质叫做引力辐射阻尼。1974 年底，美国射电天文学家泰勒（J. H. Taylor）和他的学生胡尔斯（R. A. Hulse）对新发现的射电脉冲双星 PSR1913 + 16 开始进行了数十年的观测，使许多观测参数的精度达到百亿分之几。他们发现了这颗双星的周期在稳定地变短，每转一周减小 3×10^{-12} s，与引力波辐射而损失的能量的理论预言值相符合。这被看做是引力波存在的一个令人信服的间接证据，它再一次证明了广义相对论的正确性，他们二人也因此获得了 1993 年度的诺贝尔物理学奖。

这一时期，广义相对论在天体物理学和宇宙学上的成功应用也日益引人瞩目。特别是20世纪60年代以来关于类星体、脉冲星、3 K宇宙微波背景辐射的发现，给广义相对论宇宙学说提供了有力的支持。因此，广义相对论重新成为理论物理学界的重要研究内容。

习　　题

一、简答题

1. 爱因斯坦的狭义相对论的两条基本假设是什么？

2. 举例说明什么是同时的相对性？

3. 解释“动钟变慢”效应和“动尺收缩”效应。

4. 写出动质量和静质量的关系式，并说明其物理意义。

5. 写出爱因斯坦的质能关系式，并说明其物理意义。

6. 写出相对论力学的动量公式，并说明其物理意义。

二、选择题

1. (1) 对某观察者来说，发生在某惯性系中同一地点、同一时刻的两个事件，对于相对该惯性系作匀速直线运动的其他惯性系中的观察者来说，它们是否同时发生？(2) 在某惯性系中发生于同一时刻、不同地点的两个事件，它们在其他惯性系中是否同时发生？关于上述两个问题的正确答案是 [　　]。

(A) (1) 同时，(2) 不同时

(B) (1) 不同时，(2) 同时

(C) (1) 同时，(2) 同时

(D) (1) 不同时，(2) 不同时

2. 广义相对论中爱因斯坦定义的惯性系是 [　　]。

(A) 静止或匀速直线运动的坐标系

(B) 转动的坐标系

(C) 有恒定加速度的坐标系

(D) 加速度与引力场正好抵消的坐标系

三、填空题

1. 某物体的固有长度是指__________的长度。固有长度的特点为__________。

2. 固有时间是指发生于某惯性系中__________的两个事件的时间间隔。固有时间的特点是__________。

3. 验证广义相对论的实验有__________、__________、__________。

四、计算题

1. 一张正方形的宣传画边长为5 m，平行地贴在铁路旁边的墙上，一高速列车以2×10^8 $m\cdot s^{-1}$的速度接近此宣传画，问若是高速列车上的乘客测量该画的边长为多少？

2. 从地球上测得，地球到最近的恒星半人马座S′星的距离为4.3×10^{16} m。某宇宙飞船以速率$v=0.99c$从地球向该星飞行，问飞船上的观察者将测得地球与该星间的距离为多大？

3. 一个在实验室中以$0.8c$的速率运动的粒子，飞行3 m后衰变，实验室中的观察者测量，该粒子衰变前存在了多长时间？而由一个与该粒子一起运动的观察者来测量，这粒子存在了多长时间？

4. 两个婴儿A、B分别在相距2.0×10^3 m的两所医院里同时出生。若一宇宙飞船沿两医院的连线方向由A向B飞行时，测得A、B出生地相距为1.0×10^3 m。试问宇航员认为A、B是同时出生的吗？

5. 静止于地面的观察者测得一立方体静止于地面时的体积为V_0，质量为m_0。现在假设观察者沿立方体某一棱的方向以速率v运动时进行测量，则测得立方体的体积和密度各为多少？

6. 当电子的运动速率达到$v=0.98c$时，其质量m等于多少？电子的动能等于多少？

7. 一个粒子的动量为非相对论动量的2倍，问该粒子的速率是多少？

8. 若一电子的总能量为5.0 MeV，求该电子的静能、动能、动量和速率。

第2篇

电 磁 运 动

电磁现象是自然界存在的一种极为普遍的现象。电磁运动是物质的一种最常见最基本的运动形式，无论在日常生活还是在生产实践中，都要涉及电磁运动。电磁相互作用是自然界的基本相互作用之一，也是人们认识得较为深入的一种相互作用，它在决定原子和分子结构方面起着关键性的作用，并在很大程度上决定着物质的物理和化学性质，因此，在对物质结构的深入研究过程中，总要涉及电磁相互作用。

以电磁运动的规律为研究对象的电磁学是经典物理学的重要组成部分。电磁学理论不仅为工业电气化、自动化奠定了坚实的理论基础，而且在当今数字化、信息化社会的发展和科学技术进步的过程中发挥着极其重要的作用。因此，学好电磁学知识、理解和掌握电磁运动的基本规律及其应用是非常重要的。

电磁学研究的内容可概括为“场”和“路”两大部分。而本篇教学内容侧重建立“场”的概念，研究“场”的性质和规律。主要研究电荷和电流所产生的电场和磁场、电荷和电流受到电场和磁场的作用的规律、电场和磁场的相互联系以及电磁场对物质的各种效应等。

本篇内容分为三大部分：静电场、稳恒磁场和电磁感应。

第5章　静　电　场

相对观察者静止的电荷在空间激发的电场称为静电场。本章主要研究静电场的基本定律——库仑定律；描述静电场的两个基本物理量——电场强度和电势；反映静电场性质的两条基本定律——高斯定理和环路定理。

5.1　电荷　库仑定律

5.1.1　电荷　电荷守恒定律

1746年，美国费城的富兰克林（Benjamin Franklin，1706—1790）通过一位英国朋友得到了莱顿瓶等电学实验仪器，开始了他近10年的电学研究。富兰克林利用从雷云中收集的电荷给莱顿瓶充电而得到电火花，从而证明了闪电是一种放电现象，天电和地电具有一致性。他注意到导体的尖端更易于放电，建议用避雷针来防护建筑物免遭雷击。这一想法在1754年首先由狄维施（Procopius Dicisch）实现，是迄今所知的电的第一个实际应用。富兰克林创造了"电荷"、"正电"、"负电"等术语，发现了电荷守恒定律，使电学的研究开始从单纯的现象观察迈进到精密的定量描写。

1. 电荷的种类

物体有了吸引轻小物体的性质，就说它带了电，或有了电荷。带电的物体叫带电体，带电体所带电荷的多少叫**电荷量**。实验证明，自然界中只存在两种性质不同的电荷——正电荷和负电荷——富兰克林当时给出了规定：用绸子摩擦过的玻璃棒所带的电荷叫正电荷，用毛皮摩擦过的硬橡胶棒所带的电荷叫负电荷。同种电荷互相排斥，异种电荷互相吸引。宏观带电体所带电荷种类不同的根源是组成它们的微观粒子带电荷的种类不同：电子带负电荷，质子带正电荷，中子不带电荷。

2. 电荷守恒定律

在实验中人们总结出如下的电荷守恒定律：在一个孤立系统中，无论系统中的电荷怎样转移，系统内正、负电荷的代数和始终保持不变，即电荷守恒。

近代科学实验证明，电荷守恒不仅在宏观过程中成立，而且在微观过程中（如一对正、负电子湮灭时转化成电中性的光子，或光子与重核作用时产生正负电子对等）也成立，电荷守恒定律是物理学中的基本定律之一。

3. 电荷的量子性

人们对电和磁的认识在19世纪得到了飞速发展。1897年，英国物理学家J. J汤姆孙（J. J Thomson，1856—1940）发现了电子，并测定了它的荷质比。后来发现，电子是一切原子的组成部分。从1906年开始，经过十年左右的时间，密立根（Robert Andrews Millokan，1868—1953）通过油滴实验首次测得了元电荷的电荷量为 $e=1.602\times10^{-19}$ C，并证明了任何带电体所带电荷量都是元电荷 e 的整数倍，电荷量是量子化的，即

$$Q = ne \tag{5-1}$$

式中，$n=1, 2, 3, \cdots$，称为量子数。为此密立根获得了1923年的诺贝尔物理学奖。

5.1.2　库仑定律

1. 点电荷

类比于质点模型，当一个带电体本身的线度比所研究的问题中所涉及的距离小很多时，该带电体本身的形状与电荷在其上的分布状况均无关紧要，可以认为其所带电荷量都集中在一点，叫做**点电荷**。当在宏观意义上谈论电子、质子等带电粒子时，完全可以把它们视为点电荷。

2. 库仑定律

库仑定律由法国工程师、物理学家库仑（Charles Augustin de Coulomb，1736—1806）建立。他于1785年利用他所发明的灵敏度很高的测量装置"电扭秤"，广泛地进行了电学和磁学的实验。库仑通过与万有引力规律的类比，断定两同电性小球间的斥力和它们间的距离的平方成反比，并证明了电场力和磁场力都服从平方反比规律。

库仑定律的表达如下：在真空中，两个静止的点电荷之间的相互作用力（斥力或引力，统称库仑力），与这两个电荷的电荷量的乘积成正比，与它们之间距离的平方成反比；作用力的方向沿着两点电荷的连线，同号电荷相斥，异号电荷相吸。

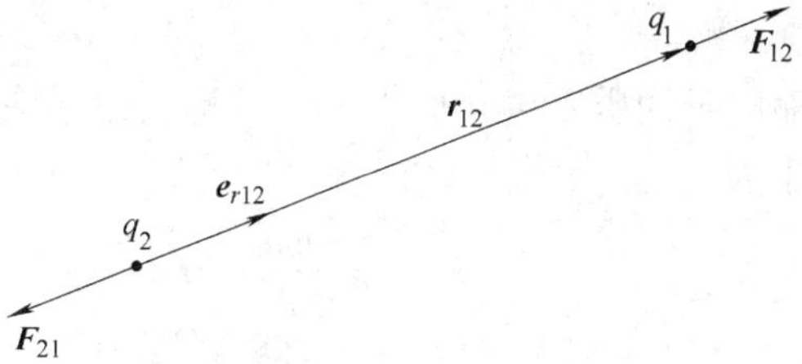

图5-1　库仑定律

如图5-1所示，电荷1受到电荷2的库仑力$\boldsymbol{F}_{12}$的数学表达式为

$$\boldsymbol{F}_{12} = k\frac{q_1 q_2}{r^2}\boldsymbol{e}_{r12} \tag{5-2a}$$

式中，q_1和q_2是两个点电荷的电荷量（带正负号）；r是两点电荷间的距离；$\boldsymbol{e}_{r12}$是从施力电荷q_2指向电荷q_1的单位矢量，当两个点电荷q_1和q_2同号时，$\boldsymbol{F}_{12}$与$\boldsymbol{e}_{r12}$同向，表示电荷q_1受到电荷q_2的斥力；当两个点电荷q_1和q_2异号时，$\boldsymbol{F}_{12}$与$\boldsymbol{e}_{r12}$反向，表示电荷q_1受到电荷q_2的引力；k为比例系数，它的数值和单位取决于式（5-2a）中各物理量的单位，当各物理量均采用国际单位时，实验中测得$k=9.0\times10^9\ \text{N}\cdot\text{m}^2\cdot\text{C}^{-2}$。

静止的点电荷之间的作用力符合牛顿第三定律，电荷2受到电荷1的库仑力为

$$\boldsymbol{F}_{21} = -\boldsymbol{F}_{12} \tag{5-3}$$

通常还引入另一个常数ε_0来代替k，使

$$k = \frac{1}{4\pi\varepsilon_0}$$

若用$\boldsymbol{e}_r$表示从施力电荷指向受力电荷的矢径的单位矢量，则库仑定律的数学表达式可以写成

$$F=\frac{1}{4\pi\varepsilon_0}\frac{q_1q_2}{r^2}e_r \tag{5-2b}$$

式中，ε_0 叫做真空电容率，在 SI 单位制中，它的大小和单位为

$$\varepsilon_0=\frac{1}{4\pi k}=8.8542\times10^{-12}\ \mathrm{F\cdot m^{-1}}$$

在库仑定律表示式中引入 4π 因子的做法，称为单位制的有理化，可以使以后常用到的电磁学规律的表达式因不出现 4π 因子而变得简单。

实验证明，库仑定律（5-2）式对空气中的点电荷也是成立的。另外，静止的点电荷间的库仑力也遵从力的叠加原理。

库仑力属于电磁相互作用，其作用强度比万有引力大很多。例如，在氢原子内，电子和原子核所带的电荷 $q=1.60\times10^{-19}$C，它们之间的距离为 $r=0.53\times10^{-10}$ m，则它们之间的库仑力大小为

$$F_e=\frac{1}{4\pi\varepsilon_0}\frac{q_1q_2}{r^2}=9\times10^9\times\frac{(1.60\times10^{-19})^2}{(0.53\times10^{-10})^2}\ \mathrm{N}$$
$$=8.23\times10^{-8}\ \mathrm{N}$$

而电子的质量 $m=9.11\times10^{-31}$ kg，原子核质量 $m'=1.67\times10^{-27}$ kg，它们之间的万有引力大小为

$$F_m=G\frac{mm'}{r^2}=6.67\times10^{-11}\times\frac{9.11\times10^{-31}\times1.67\times10^{-27}}{(0.53\times10^{-10})^2}\ \mathrm{N}$$
$$=3.64\times10^{-47}\ \mathrm{N}$$

可见，在原子内，电子和原子核之间的静电力比万有引力大 10^{39} 倍，在这种情况下，引力作用完全可以忽略了。

从库仑定律的发现经过我们可以看到类比方法在科学研究中所起的重大作用。类比是一种逻辑推理，也是抽象思维的一种基本形式。它通过联想，把异常的、未知的事物（研究对象）对比寻常的、熟悉的事物（类比对象），然后依据两个对象之间存在着的某种类似或相似的关系，从已知对象具有的某种性质推出未知对象相应的一种性质。库仑在实验中得出指数偏差为 0.04，但他断定 $F\propto\frac{1}{r^2}$，这是库仑在研究电力和磁力时将它们跟万有引力类比，事先建立了平方反比的概念，成功运用类比研究方法的结果。如果单靠实验精度的提高和数据的不断积累来得到严格的库仑定律形式，则这个过程肯定会很漫长。

5.2 电场与电场强度

5.2.1 电场

我们知道，电荷或带电体之间有库仑力，这种相互作用是如何实现的呢？在很长一段时间内，人们认为这种作用是“超距”的，即电荷之间的库仑力是从一个电荷直接和立即到达另一个电荷，既不需要中间物质进行传递，也不需要作用时间，如图 5-2 所示。

到了 19 世纪，法拉第提出场的观点，认为电荷周围存在着电场，电荷之间的相互作用

是通过电场这种媒介传递的，如图 5-3 所示，即

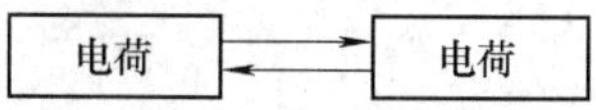

图 5-2　电荷间的超距作用

图 5-3　法拉第场的观点

近代物理学的理论和实验都证明电场的观点是正确的。

电场与由原子、分子组成的实物一样，也具有质量、能量及动量，是物质存在的一种形式。相对于观察者静止的带电体（电荷）在其周围产生的电场称为**静电场**。

静电场对放入其中的电荷有电场力的作用；当电荷在电场中移动时，电场力对电荷做功，电场具有能的性质。

5.2.2　电场强度

为了定量地描述电场中任一点处电场的性质，可以将一检验电荷 q_0 放到电场中的不同位置，观察检验电荷 q_0 所受的静电力情况。为使测量精确，检验电荷必须满足两个条件：（1）检验电荷的电荷量 q_0 应足够小，以至把它放到电场中后对原有电场几乎没有什么影响；（2）检验电荷的线度必须足够小，可以被看做点电荷。

实验表明，若将同一检验电荷依次放入静电场的不同位置，该检验电荷所受的电场力 $\boldsymbol{F}$ 的大小和方向由场点的位置决定。若在电场中某确定位置依次放入电荷量不同的检验电荷，检验电荷所受的电场力 $\boldsymbol{F}$ 的大小与检验电荷的电荷量成正比，而比值 $\boldsymbol{F}/q_0$ 与检验电荷的电荷量无关，只与电荷在电场中的位置有关。因此，可以用比值 $\boldsymbol{F}/q_0$ 来描述电场的强弱。定义单位正电荷在电场中受到的库仑力（或静电力）称为该处的**电场强度 $\boldsymbol{E}$**，即

$$\boldsymbol{E} = \frac{\boldsymbol{F}}{q_0} \tag{5-4}$$

电场强度是一个矢量，它的方向和正电荷在该点所受的电场力方向相同。

在 SI 单位制中，$\boldsymbol{F}$ 单位为 N(牛顿)，q 的单位为 C(库仑)，$\boldsymbol{E}$ 的单位为 $\mathrm{N \cdot C^{-1}}$（牛顿每库仑）。$\mathrm{N \cdot C^{-1}}$与 $\mathrm{V \cdot m^{-1}}$(伏特每米) 是等价的。

根据电场强度的定义，若已知电场中某点的电场强度 $\boldsymbol{E}$，则一个电荷为 q 的点电荷受到的静电力 $\boldsymbol{F}$ 为

$$\boldsymbol{F} = q\boldsymbol{E} \tag{5-5}$$

若 $q>0$，$\boldsymbol{F}$ 与 $\boldsymbol{E}$ 的方向相同；若 $q<0$，$\boldsymbol{F}$ 与 $\boldsymbol{E}$ 的方向相反。

5.2.3　点电荷的电场强度

现在讨论场源电荷是静止点电荷的电场强度的分布。现计算距静止电荷 Q 的距离为 r 的 P 点处的电场强度 $\boldsymbol{E}$（图 5-4）。设想把一个检验电荷 q_0 放在 P 点，根据库仑定律，q_0 受到的电场力为

$$\boldsymbol{F} = \frac{1}{4\pi\varepsilon_0}\frac{Qq_0}{r^2}\boldsymbol{e}_r$$

式中 $\boldsymbol{e}_r$ 是从场源电荷 Q 指向场点 P 的矢径单位矢量，由电场强度定义式（5-4）可得场点 P

处的电场强度为

$$\boldsymbol{E}=\frac{\boldsymbol{F}}{q_0}=\frac{1}{4\pi\varepsilon_0}\frac{Q}{r^2}\boldsymbol{e}_r \tag{5-6}$$

式（5-6）即为真空中点电荷的电场强度分布公式。式中，若 $Q>0$，则电场强度 $\boldsymbol{E}$ 与 $\boldsymbol{e}_r$ 同向，即在正电荷周围，任意点的电场强度沿该点的径矢方向，如图 5-4a 所示；如果 $Q<0$，则电场强度 $\boldsymbol{E}$ 与 $\boldsymbol{e}_r$ 反向，即在负电荷周围的电场中，任意点的电场强度沿该点径矢的反方向，如图 5-4b 所示。此式还说明静止的点电荷的电场强度具有球对称性，在以点电荷为球心、以 r 为半径的球面上，$\boldsymbol{E}$ 的大小处处相等，方向沿半径。

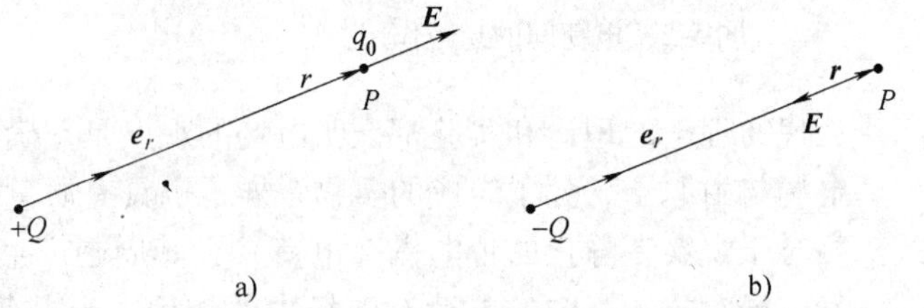

图 5-4 静止点电荷的电场

5.2.4 电场强度的叠加原理

设真空中存在着由 n 个点电荷 Q_1，Q_2，…，Q_n 组成的点电荷系，将检验电荷 q_0 放在场点 P 处，q_0 所受的电场力 $\boldsymbol{F}$ 等于 Q_1，Q_2，…，Q_n 分别单独存在时作用于 q_0 的电场力 $\boldsymbol{F}_1$，$\boldsymbol{F}_2$，…，$\boldsymbol{F}_n$ 的矢量和，即

$$\boldsymbol{F}=\boldsymbol{F}_1+\boldsymbol{F}_2+\cdots+\boldsymbol{F}_n$$

由电场强度定义，可求点 P 处的电场强度

$$\boldsymbol{E}=\frac{\boldsymbol{F}}{q_0}=\frac{\boldsymbol{F}_1}{q_0}+\frac{\boldsymbol{F}_2}{q_0}+\cdots+\frac{\boldsymbol{F}_n}{q_0}$$

式中右边各项分别为 Q_1，Q_2，…，Q_n 单独存在时在点 P 处产生的电场强度 $\boldsymbol{E}_1$，$\boldsymbol{E}_2$，…，$\boldsymbol{E}_n$ 的矢量和，即

$$\boldsymbol{E}=\boldsymbol{E}_1+\boldsymbol{E}_2+\cdots+\boldsymbol{E}_n \tag{5-7}$$

式（5-7）表明，在点电荷系激发的电场中任一点处的电场强度等于各点电荷分别单独存在时在该点产生的电场强度的矢量和。这就是**电场强度的叠加原理**。

【例 5-1】 如图 5-5 所示，两个等量异号点电荷相距为 l，若 l 远小于它们的中心到场点的距离 r 时，这对点电荷就构成一个电偶极子。$\boldsymbol{l}$ 表示从负电荷指向正电荷的矢量，称为电偶极子的轴线。求电偶极子轴线上和中垂线上任意一点处的电场强度。

【解】（1）电偶极子轴线上任意一点处的电场强度

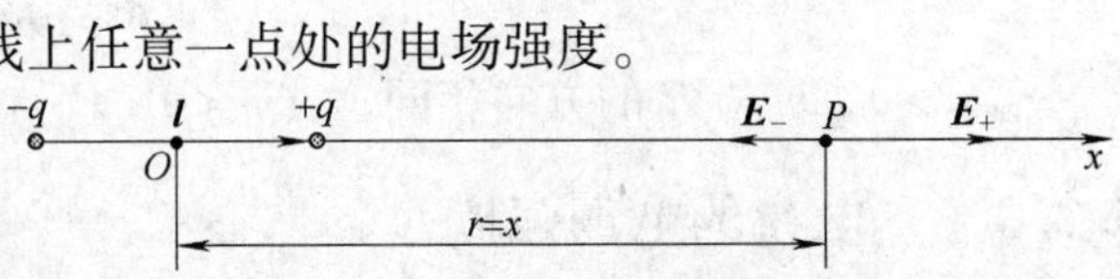

图 5-5 电偶极子轴线上任意一点的电场强度

如图 5-5 所示，取电偶极子轴线的中点为坐标原点 O，极轴的延长线为 Ox 轴正向，轴上任意一点 P 距坐标原点 O 的距离为 x。

点电荷 $+q$ 和 $-q$ 在点 P 处产生的电场强度大小分别为

$$E_+=\frac{1}{4\pi\varepsilon_0}\frac{q}{(x-l/2)^2},\quad E_-=\frac{1}{4\pi\varepsilon_0}\frac{q}{(x+l/2)^2}$$

$\boldsymbol{E}_+$ 和 $\boldsymbol{E}_-$ 的方向都沿 Ox 轴，但方向相反，如图 5-5 所示。由电场强度叠加原理可知，点 P 处总的电场强度 $\boldsymbol{E}$ 的大小为

$$E = E_+ - E_- = \frac{q}{4\pi\varepsilon_0}\left[\frac{1}{(x-l/2)^2} - \frac{1}{(x+l/2)^2}\right] = \frac{q}{4\pi\varepsilon_0}\left[\frac{2xl}{(x^2-l^2/4)^2}\right]$$

方向沿 $\boldsymbol{E}_+$ 方向。

对于电偶极子来说，考虑到 $x \gg l$，上式中 $(x^2-l^2/4) \approx x^2$。于是得点 P 处的总的电场强度 $\boldsymbol{E}$ 的大小为 $E = \dfrac{1}{4\pi\varepsilon_0}\dfrac{2lq}{x^3}$，$\boldsymbol{E}$ 的方向沿 $\boldsymbol{E}_+$ 方向。

（2）电偶极子中垂线上任意一点处的电场强度

如图 5-6 所示，取电偶极子轴线的中点为坐标原点 O，极轴的延长线为 Ox 轴正向，中垂线为 Oy 轴，则中垂线上任意一点 B 距坐标原点 O 的距离为 y。

点电荷 $+q$ 和 $-q$ 在点 B 处产生的电场强度大小相等，其值为

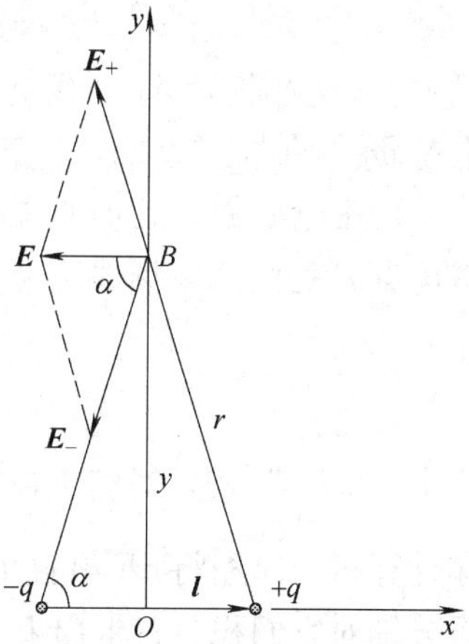

图 5-6　电偶极子中垂线上任意一点的电场强度

$$E_+ = E_- = \frac{q}{4\pi\varepsilon_0 r^2}$$

其中 $r = r_+ = r_- = \sqrt{y^2 + \left(\dfrac{l}{2}\right)^2}$，由于点电荷 $+q$ 和 $-q$ 在点 B 处产生的电场强度方向不同，因此由对称性可得点 B 处的总电场强度 $\boldsymbol{E}$ 值为

$$E = -E_{+x} - E_{-x} = -E_+\cos\alpha - E_-\cos\alpha = -2E_+\cos\alpha$$

把 $\cos\alpha = \dfrac{l/2}{\sqrt{y^2+l^2/4}}$ 代入，则 B 处的总电场强度的大小为

$$E = \frac{1}{4\pi\varepsilon_0}\frac{ql}{(y^2+l^2/4)^{3/2}}$$

方向沿 Ox 轴的负向。

考虑到电偶极子 $y \gg l$，上式中 $y^2 + l^2/4 \approx y^2$，于是可得总的电场强度为

$$\boldsymbol{E} = -\frac{ql}{4\pi\varepsilon_0 y^3}\boldsymbol{i}$$

由上面的分析可知，ql 是反映电偶极子电学性质的物理量。定义电偶极矩（又称电矩）为 $\boldsymbol{p} = q\boldsymbol{l}$，电偶极矩的方向由 $-q$ 指向 $+q$。上述结果可以写为

$$\boldsymbol{E} = -\frac{\boldsymbol{p}}{4\pi\varepsilon_0 y^3}$$

此结果表明，电偶极子中垂线上距离电偶极子中心较远处各点的电场强度与电偶极子的电矩成正比，与该点距离电偶极子中心的距离的三次方成反比，方向与电矩的方向相反。

5.2.5　连续带电体的电场强度

实际带电体都不是严格的点电荷，都具有一定的大小。我们可以将它们分割成无限多个

体积元 $\mathrm{d}V$，设每个体积元携带电荷 $\mathrm{d}q$，每个电荷元可以作为点电荷来处理。如图 5-7 所示，先由点电荷电场强度公式求出各电荷元 $\mathrm{d}q$ 产生的电场强度 $\mathrm{d}\boldsymbol{E}$，即

$$\mathrm{d}\boldsymbol{E}=\frac{1}{4\pi\varepsilon_0}\frac{\mathrm{d}q}{r^2}\boldsymbol{e}_r \tag{5-8}$$

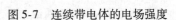

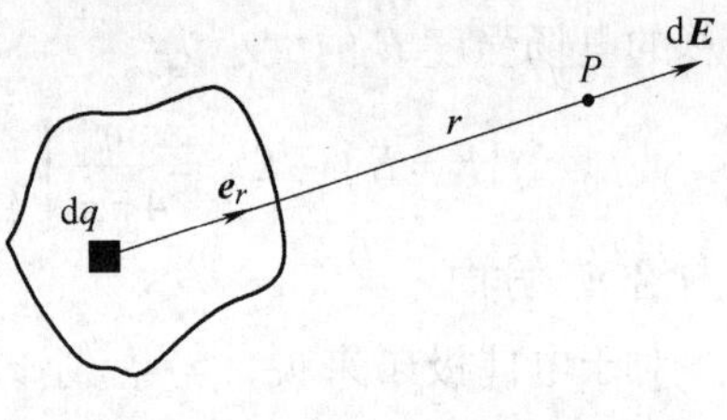

图 5-7 连续带电体的电场强度

式中，r 是电荷元 $\mathrm{d}q$ 到场点 P 的距离，$\boldsymbol{e}_r$ 是由场源元电荷 $\mathrm{d}q$ 指向场点 P 的单位矢量。

再用电场强度叠加原理将所有 $\mathrm{d}\boldsymbol{E}$ 叠加起来，即可得场点 P 处的总电场强度为

$$\boldsymbol{E}=\int_Q \mathrm{d}\boldsymbol{E}=\int_Q \frac{1}{4\pi\varepsilon_0}\frac{\mathrm{d}q}{r^2}\boldsymbol{e}_r \tag{5-9}$$

式中“$\int_Q$”表示对整个带电体进行积分。由于上式为矢量积分，一般不能直接计算。在具体计算时，应先将 $\mathrm{d}\boldsymbol{E}$ 沿直角坐标分解为 $\mathrm{d}E_x$、$\mathrm{d}E_y$、$\mathrm{d}E_z$（或根据需要分解为其他方向），然后分别对它们积分，求出 $\boldsymbol{E}$ 的三个分量 E_x、E_y、E_z，最后再确定电场强度 $\boldsymbol{E}$ 的大小和方向。

若电荷在带电体中连续分布，称为连续带电体。通常以电荷密度来表示电荷的分布情况，电荷密度有以下几种：

（1）电荷体密度 ρ。若电荷分布在整个体积 V 中，定义电荷体密度 $\rho=\frac{\mathrm{d}q}{\mathrm{d}V}$，表示单位体积的电荷量。则电荷元的电荷量 $\mathrm{d}q=\rho\mathrm{d}V$。式（5-9）可以表示为

$$\boldsymbol{E}=\int_Q \mathrm{d}\boldsymbol{E}=\int_V \frac{1}{4\pi\varepsilon_0}\frac{\rho\mathrm{d}V}{r^2}\boldsymbol{e}_r \tag{5-10a}$$

式中“$\int_V$”表示对整个带电体进行积分。

（2）电荷面密度 σ。若带电体是一个薄片或壳体，电荷分布在一薄层中，需用电荷面密度来表示电荷的分布，如静电平衡的导体。定义电荷面密度 $\sigma=\frac{\mathrm{d}q}{\mathrm{d}S}$，表示单位面积的电荷量。则电荷元的电荷量为 $\mathrm{d}q=\sigma\mathrm{d}S$。式（5-9）可以表示为

$$\boldsymbol{E}=\int_Q \mathrm{d}\boldsymbol{E}=\int_S \frac{1}{4\pi\varepsilon_0}\frac{\sigma\mathrm{d}S}{r^2}\boldsymbol{e}_r \tag{5-10b}$$

式中“$\int_S$”表示对整个带电体进行积分。

（3）电荷线密度 λ。若电荷沿线或柱分布，定义电荷线密度 $\lambda=\frac{\mathrm{d}q}{\mathrm{d}l}$，表示单位长度的电荷量，则电荷元的电荷量为 $\mathrm{d}q=\lambda\mathrm{d}l$。式（5-9）可以表示为

$$\boldsymbol{E}=\int_Q \mathrm{d}\boldsymbol{E}=\int_L \frac{1}{4\pi\varepsilon_0}\frac{\lambda\mathrm{d}l}{r^2}\boldsymbol{e}_r \tag{5-10c}$$

式中“$\int_L$”表示对整个带电体进行积分。

【例 5-2】 一根带电直棒，当场点到棒的距离远大于棒的横截面积时，该带电直棒就可

以看做是一条带电直线。设有一均匀带电直线，长为 L，电荷线密度（即单位长度上的电荷）为 λ（设 $\lambda>0$），求直线中垂线上距离直线的距离为 a 处的 P 点的电场强度。

【解】 以带电直线的中点 O 为原点，建立平面直角坐标系 Oxy（图 5-8）。在带电直线上任取一长为 dy 的电荷元，其电荷量 $dq=\lambda dy$。电荷元 dq 在 P 点的电场强度为 $d\boldsymbol{E}$，$d\boldsymbol{E}$ 沿两个坐标轴的分量分别为 $d\boldsymbol{E}_x$ 和 $d\boldsymbol{E}_y$。由于电荷分布对于 OP 直线的对称性，所以全部电荷在 P 点的电场强度沿 y 轴方向的分量之和为零。因而 P 点的总电场强度 $\boldsymbol{E}$ 应沿 x 轴方向，且

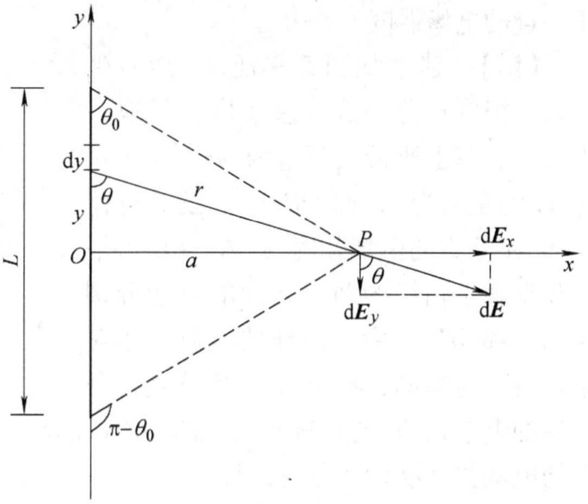

图 5-8　均匀带电直线中垂线上的电场

$$E=\int_L dE_x$$

而 $$dE_x=dE\sin\theta=\frac{\lambda dy}{4\pi\varepsilon_0 r^2}\sin\theta$$

因为在被积函数中有 λ、y、θ 三个彼此相关联的变量，所以首先要统一变量。为积分方便，一般统一到角量 θ 上。由图可知 $r=\dfrac{a}{\sin\theta}$，由 $y=a\cot\theta$ 可得

$$dy=-a\csc^2\theta d\theta=-\frac{a}{\sin^2\theta}d\theta$$

所以

$$dE_x=dE\sin\theta=\frac{\lambda dy}{4\pi\varepsilon_0 r^2}\sin\theta=-\frac{\lambda}{4\pi\varepsilon_0 a}\sin\theta d\theta$$

对整个带电直线来说，θ 的变化范围是从 $\pi-\theta_0$ 到 θ_0，所以

$$E=\int_L dE_x=\int_{\pi-\theta_0}^{\theta_0}-\frac{\lambda}{4\pi\varepsilon_0 a}\sin\theta d\theta=\frac{\lambda\cos\theta_0}{2\pi\varepsilon_0 a}$$

将 $\cos\theta_0=\dfrac{L/2}{\sqrt{(L/2)^2+a^2}}$代入，可得

$$E=\frac{\lambda L}{4\pi\varepsilon_0 a(a^2+L^2/4)^{1/2}}$$

电场强度 $\boldsymbol{E}$ 的方向垂直于带电直线而指向远离直线的一方。

当 $a\ll L$ 时，即在带电直线中部的近旁区域内，可以将此带电直线看做无限长的，有

$$(a^2+L^2/4)^{1/2}\to\frac{L}{2},E=\frac{\lambda}{2\pi\varepsilon_0 a}$$

所以在一无限长带电直线周围任意点的电场强度与该点到带电直线的距离成反比。

当 $a\gg L$ 时，即在原理带电直线的区域内，有

$$(a^2+L^2/4)^{1/2}\to a,E=\frac{\lambda L}{2\pi\varepsilon_0 a^2}=\frac{q}{2\pi\varepsilon_0 a^2}$$

此结果表示离带电直线很远处，带电直线的电场相当于一个点电荷 q 的电场。

【例 5-3】 一均匀带电细圆环，半径为 R，所带总电荷量为 q(设 $q>0$)，求圆环轴线上任一点的电场强度。

【解】 建立如图 5-9 所示的 Ox 坐标系。把圆环分割成许多小段，任取一小段 $\mathrm{d}l$，其上所带电荷量为 $\mathrm{d}q$。设 P 点与 $\mathrm{d}q$ 的距离为 r，而 $OP=x$。设此电荷元 $\mathrm{d}q$ 在 P 点的电场强度为 $\mathrm{d}\boldsymbol{E}$，$\mathrm{d}\boldsymbol{E}$ 沿平行和垂直于轴线的两个方向的分量分别为 $\mathrm{d}\boldsymbol{E}_{/\!/}$ 和 $\mathrm{d}\boldsymbol{E}_{\perp}$。由于圆环的电荷分布对于轴线是对称的，所以 $\mathrm{d}\boldsymbol{E}_{\perp}$ 必被直径另一端的电荷元 $\mathrm{d}q'$ 的垂直分量抵消。所以圆环上全部电荷的 $\mathrm{d}\boldsymbol{E}_{\perp}$ 分量的矢量和为零，因而 P 点的电场强度沿轴线方向，且

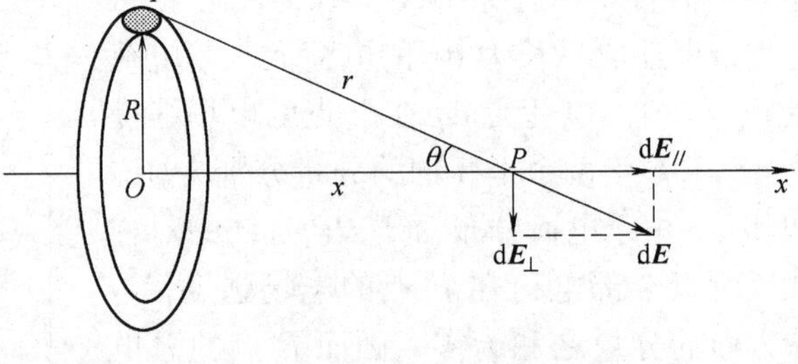

图 5-9 均匀带电圆环轴线上的电场

$$E=\int_q \mathrm{d}E_{/\!/}$$

上式表示对环上所有电荷 q 积分。

设 $\mathrm{d}\boldsymbol{E}$ 与 x 轴的夹角为 θ，则

$$\mathrm{d}E_{/\!/}=\mathrm{d}E\cos\theta=\frac{\mathrm{d}q}{4\pi\varepsilon_0 r^2}\cos\theta$$

所以

$$E=\int_q \mathrm{d}E_{/\!/}=\int_q \frac{\mathrm{d}q}{4\pi\varepsilon_0 r^2}\cos\theta=\frac{\cos\theta}{4\pi\varepsilon_0 r^2}\int_q \mathrm{d}q$$

上式中的积分值即为整个圆环上的电荷 q，所以

$$E=\frac{q\cos\theta}{4\pi\varepsilon_0 r^2}$$

若把 $\cos\theta=\dfrac{x}{r}$ 和 $r=\sqrt{R^2+x^2}$ 代入，上式可以写成

$$E=\frac{qx}{4\pi\varepsilon_0(R^2+x^2)^{3/2}}$$

电场强度 $\boldsymbol{E}$ 的方向为沿着轴线指向远离圆环的一方。

当 $x=0$ 时，$E=0$，说明均匀带电圆环中心处电场强度为零。

当 $x\gg R$ 时，$(R^2+x^2)^{3/2}\to x^3$，则电场强度 $\boldsymbol{E}$ 的大小为

$$E=\frac{q}{4\pi\varepsilon_0 x^2}$$

此结果说明，远离环心处的电场也相当于一个点电荷 q 所产生的电场。

【例 5-4】 如图 5-10 所示，一均匀带电圆面，半径为 R，面电荷密度

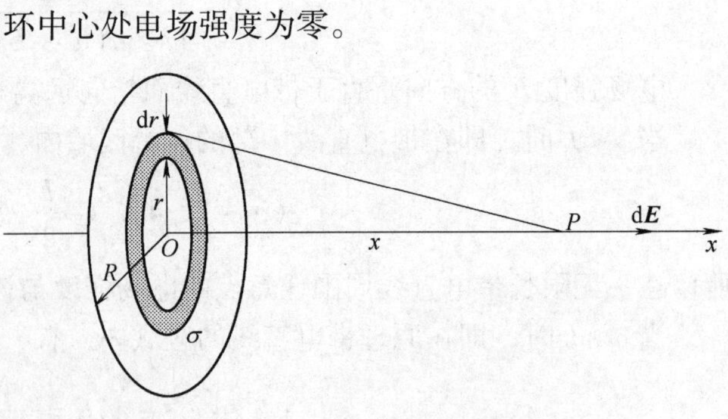

图 5-10 均匀带电圆面轴线上的电场

为 σ(设 $\sigma>0$)，求圆面轴线上任一点的电场强度。

【解】 带电圆面可以看成由许多带电细圆环组成。取一半径为 r、宽度为 dr 的细圆环，由于此圆环带有电荷 $\mathrm{d}q=\sigma 2\pi r\mathrm{d}r$，所以由上例可知，此圆环在 P 点的电场强度大小为

$$\mathrm{d}E=\frac{x\mathrm{d}q}{4\pi\varepsilon_0(x^2+r^2)^{3/2}}=\frac{x\sigma}{2\varepsilon_0}\frac{r\mathrm{d}r}{(x^2+r^2)^{3/2}}$$

方向沿着轴线指向远方。由于组成圆面的各圆环的电场强度 d$\boldsymbol{E}$ 的方向都相同，所以 P 点的电场强度为

$$E=\int_q \mathrm{d}E=\frac{x\sigma}{2\varepsilon_0}\int_0^R\frac{r\mathrm{d}r}{(x^2+r^2)^{3/2}}=\frac{\sigma}{2\varepsilon_0}\left[1-\frac{x}{(x^2+R^2)^{1/2}}\right]$$

其方向也垂直于圆面指向远方。

当 $x\ll R$ 时，$(x^2+R^2)^{1/2}\to x$，则相对于 x，可以将该带电圆面看做“无限大”平面，其电场强度

$$E=\frac{\sigma}{2\varepsilon_0}\tag{5-11}$$

即在无限大均匀带电平面附近，电场是均匀场，其大小由式（5-11）给出，方向决定于电荷的正负。

当 $x\gg R$ 时，$(x^2+R^2)^{-1/2}=\frac{1}{x}\left(1-\frac{R^2}{2x^2}+\cdots\right)\approx\frac{1}{x}\left(1-\frac{R^2}{2x^2}\right)$，于是

$$E\approx\frac{\sigma\pi R^2}{4\pi\varepsilon_0x^2}=\frac{q}{4\pi\varepsilon_0x^2}$$

式中，$q=\sigma\pi R^2$ 为圆面所带的总电荷量。这一结果说明，在远离带电圆面处的电场也相当于一个点电荷的电场。

5.3 静电场中的高斯定理

5.3.1 电场线

为了形象直观地描述电场中电场强度的分布情况，我们可以在电场中画出一些假想的线——电场线，来反映电场的特性。对电场线的画法有如下规定：

1）电场线上每一点的切线方向和该点电场强度 $\boldsymbol{E}$ 的方向一致。这样电场线的方向就反映了电场强度的方向。

2）在任一场点，使通过垂直于电场强度 $\boldsymbol{E}$ 的单位面积的电场线的数目等于该点电场强度 $\boldsymbol{E}$ 的大小，即

$$E=\frac{\mathrm{d}\Phi_{\mathrm{e}}}{\mathrm{d}S_{\perp}}\tag{5-12}$$

式中 $\mathrm{d}\Phi_{\mathrm{e}}$ 为通过垂直面元 $\mathrm{d}S_{\perp}$ 的电场线条数。这样电场线稀疏的地方表示电场强度小，电场线稠密的地方表示电场强度大。

电场线可以通过一些实验方法显示出来。如在水平玻璃板上撒些细小的石膏晶粒或在油上浮些草籽，它们就会沿电场线排列起来。图 5-11 给出了一些带电体系的电场线图。

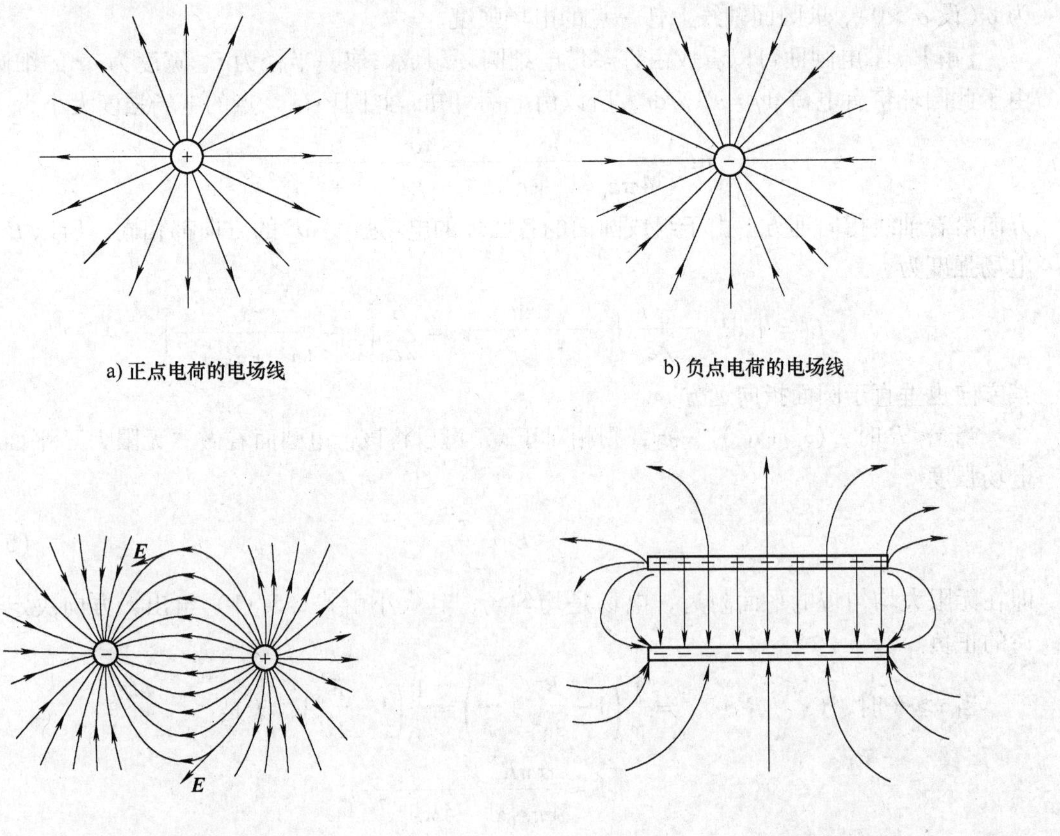

a) 正点电荷的电场线　b) 负点电荷的电场线

c) 电偶极子的电场线　d) 一对带等量异号电荷平板的电场线

图 5-11　几种带电体系的电场线

由图 5-11 可知电场线有如下性质：

1）电场线起始于正电荷（或无穷远），终止于负电荷（或无穷远），不形成闭合曲线。在无电荷处电场线不中断。

2）任何两条电场线都不相交。这是静电场中每一点处的电场强度具有确定方向的必然结果。

5.3.2　电通量

穿过电场中任意曲面 S 的电场线条数，称为穿过该曲面的电场强度通量（简称电通量），用符号 Φ_e 表示，SI 单位为 $N \cdot m^2 \cdot C^{-1}$（牛顿 · 米^2 · 库仑$^{-1}$）。

在匀强电场中，电场线是一系列均匀分布的平行直线，则通过垂直于匀强电场的 $S_\perp$ 的电通量为（见图 5-12a）

$$\Phi_e = ES_\perp \tag{5-13}$$

若平面 S 与匀强电场的电场强度方向不垂直，平面 S 法线方向的单位矢量 $\boldsymbol{e}_n$ 与电场强度方向有夹角 θ，则通过该平面的电通量为（见图 5-12b）

$$\Phi_e = ES\cos\theta = \boldsymbol{E} \cdot \boldsymbol{S} \tag{5-14}$$

式（5-14）决定的电通量 Φ_e 有正负之分。当 $0\leqslant\theta\leqslant\pi/2$ 时，$\Phi_e>0$；当 $\pi/2\leqslant\theta\leqslant\pi$ 时，$\Phi_e<0$。

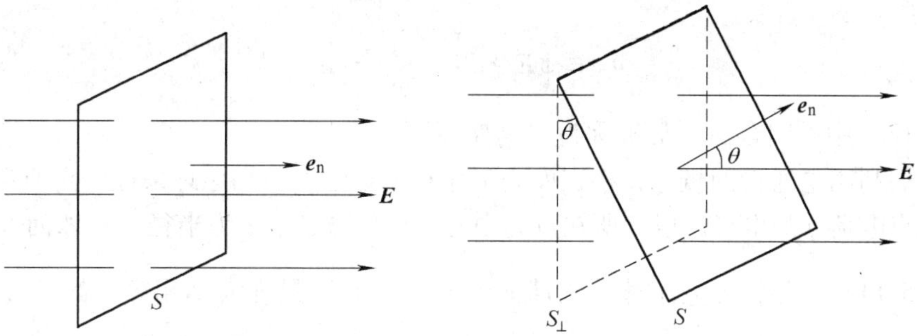

a) 平面 S 垂直于电场强度　　b) 平面 S 的法线方向与电场强度有夹角 θ

图 5-12　均匀电场中的电通量

在非匀强电场中，为了求出通过任意曲面 S 的电通量 Φ_e（图 5-13），可以把曲面 S 分成无限多个面元 dS，先计算出每一小面元的电通量 $\mathrm{d}\Phi_e$，然后再对整个 S 上所有面元的电通量积分，即

$$\mathrm{d}\Phi_e=\boldsymbol{E}\cdot\mathrm{d}\boldsymbol{S}$$

$$\Phi_e=\int\mathrm{d}\Phi_e=\int_S\boldsymbol{E}\cdot\mathrm{d}\boldsymbol{S}\qquad(5\text{-}15)$$

这样的积分在数学上叫面积分，积分号下标 S 表示此积分遍及整个曲面。

通过闭合曲面 S 的电通量为

$$\Phi_e=\oint_S\mathrm{d}\Phi_e=\oint_S\boldsymbol{E}\cdot\mathrm{d}\boldsymbol{S}\qquad(5\text{-}16)$$

式中，$\oint_S$ 表示对整个闭合曲面进行积分。

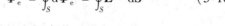

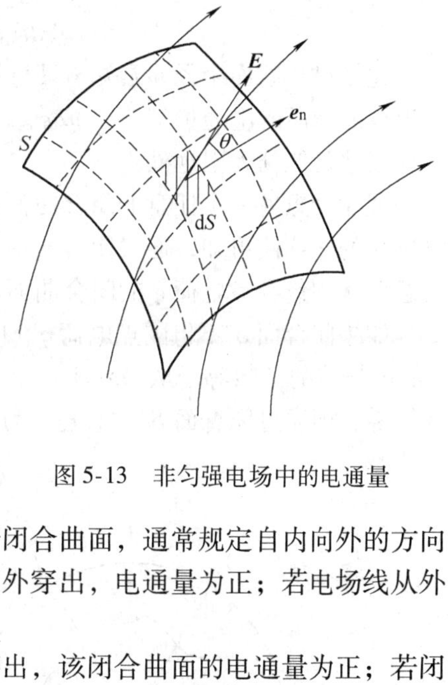

图 5-13　非匀强电场中的电通量

必须指出，对于不闭合曲面，面上各处法向单位矢量的正向可以任意取法向的两个方向之一。但是对于闭合曲面，通常规定自内向外的方向为各面元法向的正方向。所以，若电场线从曲面之内向外穿出，电通量为正；若电场线从外部穿入曲面，则电通量为负。

若闭合曲面内放置正电荷，则电场线是从里向外穿出，该闭合曲面的电通量为正；若闭合曲面内放置负电荷，则电场线从外向里穿入，该闭合曲面的电通量为负。若某个电荷（不论正负）放在闭合曲面的外面，则穿入和穿出的电场线数目相同，由于规定了自内向外为法线的正方向，所以所有穿出曲面的电通量为正值，穿入曲面的电通量为负值，整个闭合曲面的电通量为零。

5.3.3　高斯定理

德国数学家、天文学家和物理学家高斯（K. F. Gauss，1777—1855）导出的高斯定理，是电磁学中的一条重要规律。

高斯定理给出了在静电场中，穿过任意闭合曲面 S 的电通量 Φ_e 与该闭合曲面内包围的电荷之间的关系。该定理的表述如下：在真空中的静电场内，通过任意一个闭合曲面 S 的电通量 Φ_e 等于该曲面内所包围的所有电荷量的代数和 $\sum_{S内} q_i$ 除以 ε_0。其数学表达式为

$$\Phi_e = \oint_S \boldsymbol{E} \cdot d\boldsymbol{S} = \frac{1}{\varepsilon_0}\sum_{S内} q_i \tag{5-17}$$

式（5-17）中的闭合曲面常被称为“高斯面”。

下面我们利用电通量的概念，根据库仑定律和电场强度叠加原理来证明高斯定理。

先讨论点电荷 q 的电场。以 q 所在点为中心，以任意长度 r 为半径作一球面 S 包围该点电荷 q（图 5-14a）。根据库仑定律，在球面上各点的电场强度大小相等，都是 $E = \frac{q}{4\pi\varepsilon_0 r^2}$，方向沿着径矢 $\boldsymbol{r}$ 的方向，处处垂直于球面，与球面的法线方向相同。根据闭合曲面电通量的定义式（5-16）可得通过该球面 S 的电通量为

$$\begin{aligned}\Phi_e &= \oint_S \boldsymbol{E} \cdot d\boldsymbol{S} = \oint_S E \cdot dS = \oint_S \frac{q}{4\pi\varepsilon_0 r^2} dS \\ &= \frac{q}{4\pi\varepsilon_0 r^2}\oint_S dS = \frac{q}{4\pi\varepsilon_0 r^2} \cdot 4\pi r^2 = \frac{q}{\varepsilon_0}\end{aligned}$$

此结果与球面半径 r 无关，只与它所包围的电荷量有关。也就是说，通过以 q 为中心任意半径的球面的电通量都等于 q/ε_0。这说明从正电荷 q 发出的电场线的条数是 q/ε_0，电场线连续地延伸到无限远处。

现在设想另一个任意的闭合曲面 S'，S' 与球面 S 包围着同一个点电荷 q（图 5-14a），由电场线的连续性可知，通过闭合曲面 S' 和通过球面 S 的电场线的条数是相同的。因此通过任意形状的包围点电荷 q 的闭合曲面的电通量都等于 q/ε_0。

如果闭合面 S'' 不包围点电荷 q（图 5-14b），则由电场线的连续性可得出，由某一侧进入 S'' 的电场线的条数等于从另一侧穿出 S'' 的电场线条数，所以净穿出闭合面 S'' 的电场线的总条数为零，即通过闭合面 S'' 的电通量为零。即

$$\Phi_e = \oint_S \boldsymbol{E} \cdot d\boldsymbol{S} = 0$$

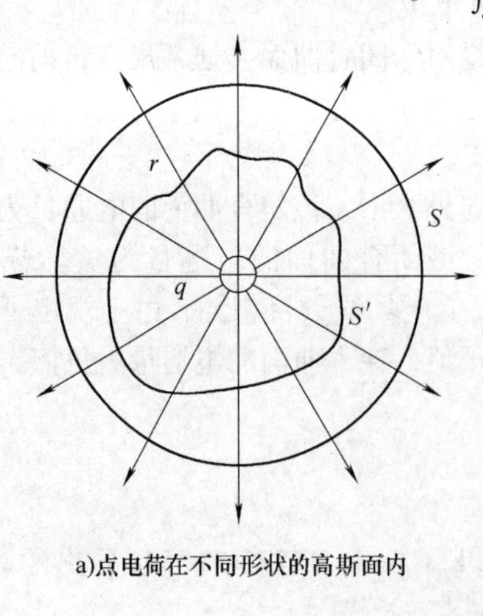

a)点电荷在不同形状的高斯面内

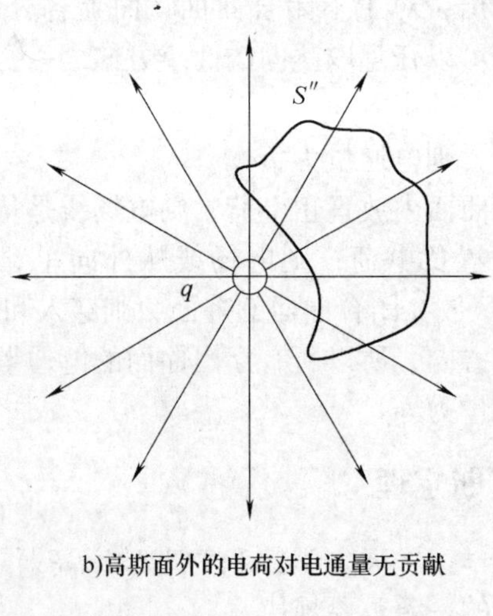

b)高斯面外的电荷对电通量无贡献

图 5-14　证明静电场的高斯定理用图

以上是关于单个点电荷的电场的结论。若一个带电体系由多个电荷 q_1，q_2，…，q_n 组成，由电场强度的叠加原理得知，空间任一点的电场强度为

$$\boldsymbol{E}=\boldsymbol{E}_1+\boldsymbol{E}_2+\cdots+\boldsymbol{E}_n$$

其中 $\boldsymbol{E}_1$，$\boldsymbol{E}_2$，…，$\boldsymbol{E}_n$ 为单个点电荷产生的电场，$\boldsymbol{E}$ 为总电场强度。这时通过任意封闭曲面 S 的电通量为

$$\begin{aligned}\Phi_e &= \oint_S \boldsymbol{E}\cdot d\boldsymbol{S} = \oint_S \boldsymbol{E}_1\cdot d\boldsymbol{S} + \oint_S \boldsymbol{E}_2\cdot d\boldsymbol{S} + \cdots + \oint_S \boldsymbol{E}_n\cdot d\boldsymbol{S} \\ &= \Phi_{e1}+\Phi_{e2}+\cdots+\Phi_{en}\end{aligned}$$

式中，Φ_{e1}，Φ_{e2}，…，Φ_{en}为单个点电荷的电场通过闭合曲面的电通量。当 q_i 在闭合曲面内时，$\Phi_{ei}=q_i/\varepsilon_0$；当 q_i 在闭合曲面外时，$\Phi_{ei}=0$，所以上式可以写成

$$\Phi_e = \oint_S \boldsymbol{E}\cdot d\boldsymbol{S} = \frac{1}{\varepsilon_0}\sum_{S内} q_i$$

至此，高斯定理全部证明完毕。

对高斯定理的理解应注意以下两点：①高斯定理表达式左方的电场强度 $\boldsymbol{E}$ 是高斯面上各点的电场强度，它是由全部电荷（既包括闭合曲面内的电荷又包括闭合曲面外的电荷）共同产生的合电场强度，并非只由闭合曲面内的电荷所产生。②通过闭合曲面（或高斯面）的总电通量只决定于该面所包围的电荷，即只有闭合曲面内部的电荷才对总通量有贡献，闭合曲面外的电荷对总通量无贡献。

在静电学中，高斯定理的重要意义在于它把电场与产生电场的源电荷联系起来了，反映了静电场是有源场这一基本性质，正电荷是静电场的源头。虽然高斯定理可以由库仑定律直接推出，但是对于运动电荷的电场或随时间变化的电场，库仑定律不再成立，而高斯定理却依然有效。所以高斯定理是关于电场的普遍的基本规律。

5.3.4　应用高斯定理求静电场的分布

在一个参考系中，当静止的电荷分布具有某种对称性时，可以应用高斯定理求其电场强度分布。这种方法一般可以分为如下三步。首先，分析电荷分布的对称性，得到电场强度 $\boldsymbol{E}$ 分布的对称性。然后，选取适当的高斯面，使积分 $\oint_S \boldsymbol{E}\cdot d\boldsymbol{S}$ 中的 $\boldsymbol{E}$ 能以标量的形式从积分号内提出来，并能方便地计算高斯面上的电通量。通常选曲面上各点 $\boldsymbol{E}$ 的大小相同、方向与 S 处处垂直的闭合曲面 S 为高斯面；或者是一部分满足上述条件，另一部分上各点 $\boldsymbol{E}$ 的方向与闭合曲面平行的闭合曲面为高斯面。最后，应用高斯定理计算电场强度。下面举例说明如何用高斯定理求静电场的电场强度分布。

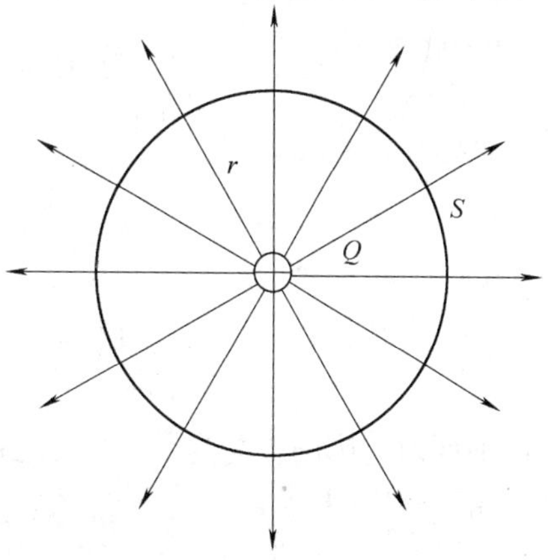

图 5-15　点电荷的电场强度分布

【例 5-5】　求点电荷 Q 的电场强度分布情况。

【解】　由前面分析知，点电荷的电场具有球对称性，即各点的电场强度方向沿从点电荷引向各点的径矢 $\boldsymbol{r}$ 的方向，且在距点电荷等距的所有各点上，电场强度的大小应该相等。据此，可以选择一个以点电荷所在点为球心、半径为 r 的球面为高斯面 S（图 5-15）。

通过 S 面的电通量为

$$\Phi_e = \oint_S \boldsymbol{E} \cdot d\boldsymbol{S} = \oint_S E \cdot dS = E\oint_S dS$$

最后的积分就是球面的总面积 $4\pi r^2$，所以

$$\Phi_e = E \cdot 4\pi r^2$$

S 面内所包围的电荷为 Q。由高斯定理得

$$\Phi_e = E \cdot 4\pi r^2 = \frac{1}{\varepsilon_0}Q$$

由此得出

$$E = \frac{Q}{4\pi\varepsilon_0 r^2}$$

表示成矢量形式

$$\boldsymbol{E} = \frac{Q}{4\pi\varepsilon_0 r^2}\boldsymbol{e}_r$$

这就是点电荷的电场强度公式。

【例 5-6】 求均匀带电球面的电场分布。已知球面半径为 R，所带总电荷量为 Q（设 $Q>0$）。

【解】 先求球面外任一点 P 处的电场强度。设 P 距球心为 r（$r>R$），由于电荷分布对于 O 点有球对称性（图 5-16a），所以电场的分布也具有球对称性。即球面外任一点 P 处的电场强度方向沿径向，且在同一球面上电场强度大小相等。为求 P 处的电场强度，选取过 P 点与带电球面同心的半径为 r 球面 S 为高斯面，在高斯面上各点的电场强度大小相等，方向与球面 S 的法线方向相同，则通过高斯面的电通量为

$$\Phi_e = \oint_S \boldsymbol{E} \cdot d\boldsymbol{S} = \oint_S E \cdot dS = E\int_S dS = E \cdot 4\pi r^2$$

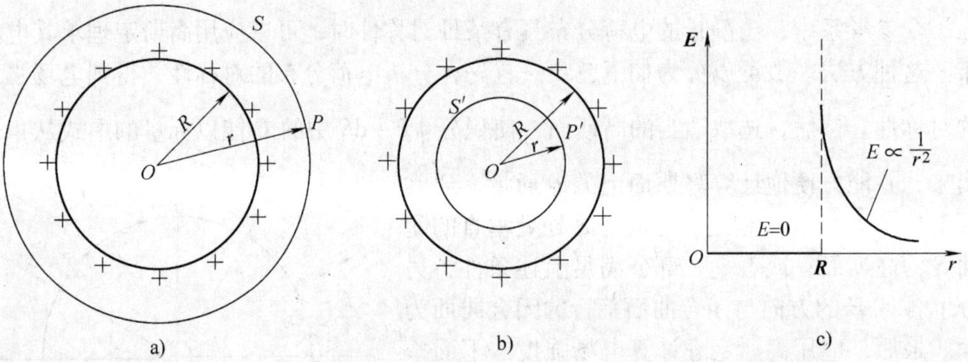

图 5-16 均匀带电球面的电场强度分布

此高斯面内包围的电荷为 $\sum q_i = Q$

由高斯定理，得

$$E \cdot 4\pi r^2 = \frac{Q}{\varepsilon_0}$$

由此得均匀带电球面外任一点 P 处的电场强度大小为

$$E=\frac{Q}{4\pi\varepsilon_0 r^2}\qquad (r>R)$$

方向沿径矢方向。其矢量式为

$$\boldsymbol{E}=\frac{Q}{4\pi\varepsilon_0 r^2}\boldsymbol{e}_r\qquad (r>R)$$

此结果说明均匀带电球面外的电场强度分布，与把球面上的所有电荷都集中在球心时所形成的一个点电荷在该区域的电场强度分布相同。

对球面内部任一点 P'，电荷分布和电场分布仍有球对称性。过 P' 作半径为 $r(r<R)$ 的同心球面 S' 为高斯面（图 5-16b），因高斯面 S' 内没有包围电荷，根据高斯定理，有

$$\Phi_e=E\cdot 4\pi r^2=0$$

所以

$$E=0\qquad (r<R)$$

这表明，均匀带电球面内部的电场强度处处为零。

根据上述结果可以画出电场强度随距离的变化曲线——$E-r$ 曲线（图 5-16c）。从图中可以看出，在球面上（$r=R$）电场强度 $\boldsymbol{E}$ 不连续。

【例 5-7】 求均匀带电球体的电场强度分布。已知球的半径为 R，所带总电荷量为 Q（设 $Q>0$）。

【解】 由于电荷分布具有球对称性，因此在均匀带电球体的电场中任意点的电场强度 $\boldsymbol{E}$ 的方向均沿径矢方向，且在以球心为原点的同一球面上各点 $\boldsymbol{E}$ 的大小相等，所以其高斯面仍选以原点为球心的同心球面。

对于球外的任一点 P，选取过 P 点与带电球体同心的半径为 r 球面 S 为高斯面（图 5-17a）。在高斯面上各点的电场强度大小相等，方向与球面 S 的法线方向相同，通过高斯面的电通量为

$$\Phi_e=\oint_S \boldsymbol{E}\cdot d\boldsymbol{S}=\oint_S E\cdot dS=E\oint_S dS=E\cdot 4\pi r^2$$

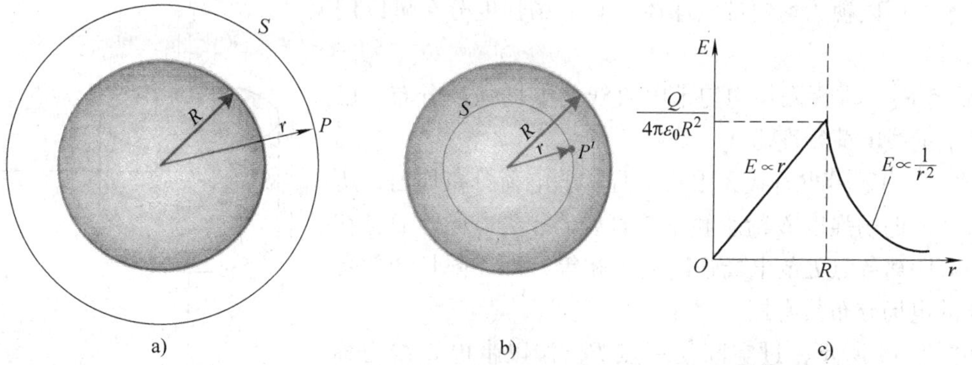

图 5-17　均匀带电球体的电场强度分布

此高斯面包围的电荷为　$\sum q_i=Q$

由高斯定理，得

$$E\cdot 4\pi r^2=\frac{Q}{\varepsilon_0}$$

由此得均匀带电球体外任一点 P 处的电场强度大小为

$$E=\frac{Q}{4\pi\varepsilon_0 r^2}\qquad (r>R)$$

方向沿径矢方向。

此结果说明均匀带电球体外的电场强度分布，与把球体上的所有电荷都集中在球心时所形成的一个点电荷在该区域的电场强度分布相同。

对球体内部任一点 P'，电荷分布和电场分布仍有球对称性。过 P' 作半径为 $r(r<R)$ 的同心球面 S' 为高斯面，如图 5-17b 所示。通过此高斯面的电通量仍为

$$\Phi_e=\oint_S \boldsymbol{E}\cdot \mathrm{d}\boldsymbol{S}=\oint_S E\cdot \mathrm{d}S=E\oint_S \mathrm{d}S=E\cdot 4\pi r^2$$

此高斯面包围的电荷为

$$\sum q_i=\frac{Q}{\frac{4}{3}\pi R^3}\cdot\frac{4}{3}\pi r^3=\frac{Qr^3}{R^3}$$

由高斯定理可得

$$E\cdot 4\pi r^2=\frac{1}{\varepsilon_0}\cdot\frac{Qr^3}{R^3}$$

所以，球体内任一点的电场强度大小为

$$E=\frac{1}{4\pi\varepsilon_0}\cdot\frac{Qr}{R^3}$$

方向沿径矢方向。

根据以上的计算可得均匀带电球体的 $E-r$ 曲线，图 5-17c 所示，从曲线可以看出，在球体内（$r<R$），E 随 r 的增加而线性增加，在球面上（$r=R$），E 达到极大值；在球体外（$r>R$），E 与 r^2 成反比，即 $E\propto\frac{1}{r^2}$。

原子核可以视为均匀带电球体，其电场强度分布可以用本例来讨论。

【例 5-8】 求无限长均匀带电直线的电场强度分布。已知直线上的线电荷密度为 λ。

【解】 由于带电直线无限长，且其上电荷分布均匀，所以其产生的电场强度 $\boldsymbol{E}$ 沿垂直于该直线的径矢方向，而且在距直线等距离各点处的电场强度大小相等，即无限长均匀带电直线的电场分布具有柱对称性。

如图 5-18 所示，过空间任一点 P，作以带电直线为轴线、P 与直线的垂直距离 r 为半径、高为 l 的圆柱形闭合面为高斯面。

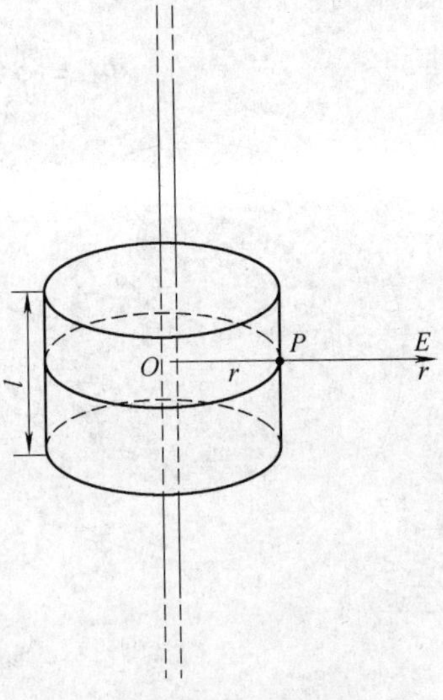

图 5-18 无限长均匀带电直线的电场强度分布

由于电场强度 $\boldsymbol{E}$ 的方向与圆柱的上、下底面平行，所以通过圆柱两个底面的电通量为零，而通过圆柱侧面的电场强

度与侧面处处垂直且大小相等，所以通过该高斯面的电场强度通量为

$$\oint_S \boldsymbol{E}\cdot \mathrm{d}\boldsymbol{S} = \int_{\text{下底}} \boldsymbol{E}\cdot \mathrm{d}\boldsymbol{S} + \int_{\text{上底}} \boldsymbol{E}\cdot \mathrm{d}\boldsymbol{S} + \int_{\text{侧}} \boldsymbol{E}\cdot \mathrm{d}\boldsymbol{S}$$

$$= 0 + 0 + \int_{\text{侧}} \boldsymbol{E}\cdot \mathrm{d}\boldsymbol{S} = E\int_{\text{侧}} \mathrm{d}S = E\cdot 2\pi rl$$

该高斯面所包围的电荷量为

$$\sum_{S\text{内}} q_i = \lambda l$$

根据高斯定理有

$$E\cdot 2\pi rl = \frac{1}{\varepsilon_0}\lambda l$$

由此可得

$$E = \frac{\lambda}{2\pi\varepsilon_0 r}$$

即无限长均匀带电直线外某点处的电场强度，与该点距带电直线的垂直距离 r 成反比，与电荷线密度 λ 成正比。

【例 5-9】 求无限大均匀带电平面的电场强度分布。已知带电平面上的面电荷密度为 σ。

【解】 任取距离带电平面为 a 的点 P（图 5-19）。由于电荷分布对于垂线 OP 是对称的，所以 P 点的电场强度必然垂直于该带电平面。又由于电荷均匀分布在一个无限大平面上，所以电场分布必然对该平面对称，且距离平面等远处（两侧一样）的电场强度大小都相等，方向都垂直指离平面（当 $\sigma>0$ 时）。

选一个轴垂直于带电平面的圆柱式的闭合曲面为高斯面 S，带电平面平分此圆筒，而 P 点位于它的一个底上。

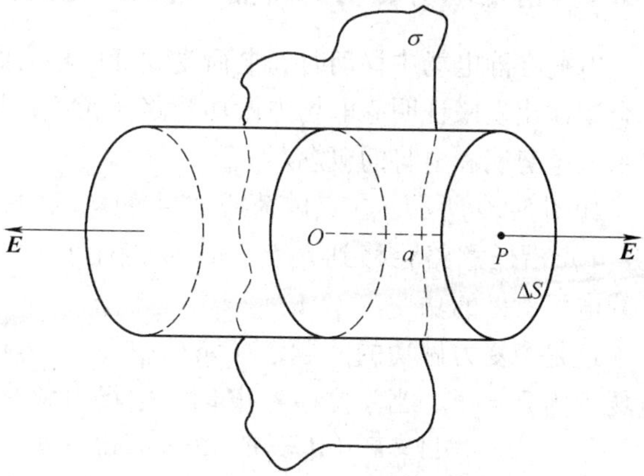

图 5-19 无限大均匀带电平面的电场强度分布

由于圆筒的侧面上各点的电场强度方向与侧面平行，所以通过侧面的电通量为零。高斯面上的总通量等于通过两底面的电通量。若用 ΔS 表示一个底的面积，则

$$\Phi_e = \oint_S \boldsymbol{E}\cdot d\boldsymbol{S} = \int_{\text{左底}} \boldsymbol{E}\cdot \mathrm{d}\boldsymbol{S} + \int_{\text{右底}} \boldsymbol{E}\cdot \mathrm{d}\boldsymbol{S} + \int_{\text{侧}} \boldsymbol{E}\cdot \mathrm{d}\boldsymbol{S}$$

$$= E\Delta S + E\Delta S + 0 = 2E\Delta S$$

该高斯面所包围的电荷量为

$$\sum_{S\text{内}} q_i = \sigma\Delta S$$

根据高斯定理有

$$2E\Delta S = \frac{1}{\varepsilon_0}\sigma\Delta S$$

所以

$$E=\frac{\sigma}{2\varepsilon_0}$$

此结果说明，无限大均匀带电平面两侧的电场是均匀场，方向与带电平面垂直。若平面带的电荷为正，则电场强度的方向垂直于平面指离平面；若平面所带电荷为负，则电场强度的方向垂直于平面指向平面。

上述各例中的带电体的电荷分布都具有某种对称性，利用高斯定理计算这类带电体的电场强度分布是很方便的。不具有特定对称性的电荷分布，其电场不能直接用高斯定理求出，但高斯定理仍然成立。

5.4 静电场力的功 电势

在力学中，我们已经学过，万有引力、弹簧弹力等保守力对物体所做的功与路径无关，只和物体的始末位置有关，保守力场的能量可以用势能表示。可以证明，静电场也是保守力场，其能量也可以用势能表示。

5.4.1 静电场力做功的特点 静电场的安培环路定理

电荷在静电场中移动时，电荷受到静电场力的作用，静电场力对运动电荷做功。下面从库仑定律出发来证明静电场力做功与路径无关，是保守力，可以引入电势能和电势的概念。

如图 5-20 所示，在点电荷 Q 产生的电场中，把检验电荷 q 从 a 点沿任意路径移到 b 点，a、b 点距 Q 分别为 r_a 和 r_b，求静电场所做的功。

这是个变力做功的问题，在路径中任取一点 c，q 受到的电场力为 $\boldsymbol{F}=q\boldsymbol{E}$，当 q 位移为 $\mathrm{d}\boldsymbol{l}$ 时，电场力做的元功为

$$\mathrm{d}A=\boldsymbol{F}\cdot\mathrm{d}\boldsymbol{l}=q\boldsymbol{E}\cdot\mathrm{d}\boldsymbol{l}=qE\mathrm{d}l\cos\theta$$

由图 5-20 可知，$\mathrm{d}l\cos\theta=\mathrm{d}r$，并把该处电场强度大小 $E=\dfrac{Q}{4\pi\varepsilon_0 r^2}$代入上式，得

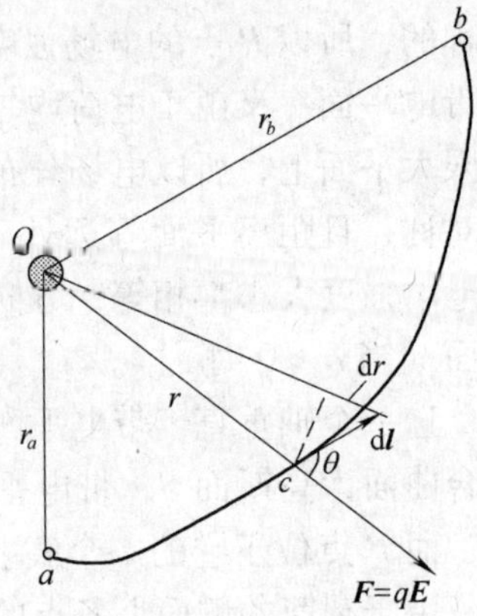

图 5-20 静电场力做功

$$\mathrm{d}A=qE\mathrm{d}l\cos\theta=q\frac{Q}{4\pi\varepsilon_0 r^2}\mathrm{d}r$$

所以，检验电荷 q 从 a 点移到 b 点，静电场力所做的功为

$$A=\int_{ab}\mathrm{d}A=\frac{qQ}{4\pi\varepsilon_0}\int_{r_a}^{r_b}\frac{1}{r^2}\mathrm{d}r=\frac{qQ}{4\pi\varepsilon_0}\left(\frac{1}{r_a}-\frac{1}{r_b}\right) \tag{5-18}$$

由此得静电场力做功的特点为：静电场力所做的功仅与其在静电场中的始末位置有关，而与电荷所经历的路径无关。因此，静电场力是保守力，静电场也是保守场。这一结论虽然是从点电荷的静电场力做功得出的，但利用电场强度叠加原理可以证明它也适用于任何静电场。

静电场的保守性还可以表示成另一种形式。在图 5-21 中，在静电场中作任一闭合路径

L，在 L 上任取两点 a 和 b，它们把 L 分成 L_1 和 L_2 两段，则检验电荷由点 a 经路径 L_1 到达点 b，再由点 b 经路径 L_2 返回点 a 的全过程中，电场力做的功为

$$A = q\oint_L \boldsymbol{E}\cdot\mathrm{d}\boldsymbol{l} = q\int_{aL_1b}\boldsymbol{E}\cdot\mathrm{d}\boldsymbol{l} + q\int_{bL_2a}\boldsymbol{E}\cdot\mathrm{d}\boldsymbol{l}$$

$$= q\int_{aL_1b}\boldsymbol{E}\cdot\mathrm{d}\boldsymbol{l} - q\int_{aL_2b}\boldsymbol{E}\cdot\mathrm{d}\boldsymbol{l}$$

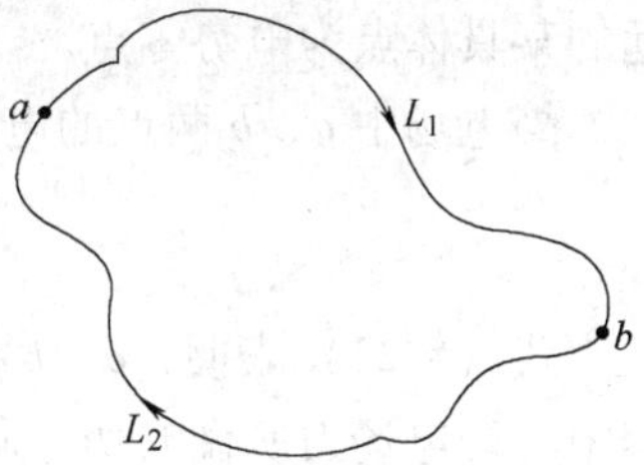

图 5-21　静电场力沿闭合路径做功

因静电场力做功与路径无关，所以上式的值为零，即

$$A = q\oint_L \boldsymbol{E}\cdot\mathrm{d}\boldsymbol{l} = 0$$

因为 $q\neq 0$，所以

$$\oint_L \boldsymbol{E}\cdot\mathrm{d}\boldsymbol{l} = 0 \tag{5-19}$$

式（5-19）表明，**在静电场中，电场强度沿任意闭合路径的线积分等于零或 $\boldsymbol{E}$ 的环流为零**。这是静电场是保守场的另一种说法，称为**静电场的安培环路定理**。

5.4.2　电势能和电势

由于静电场是保守场，所以在静电场中可以引入电势能概念。在力学中我们学习过，保守力的功等于相应的势能增量的负值。所以静电场力的功等于电荷电势能增量的负值，即

$$A_{ab} = q\int_a^b \boldsymbol{E}\cdot\mathrm{d}\boldsymbol{l} = -(E_{pb} - E_{pa}) = E_{pa} - E_{pb}$$

和重力势能一样，电势能也是相对量，它的大小取决于零势能点的选取。为了方便，常选择无穷远处的电势能为零。若令上式中的 b 点为电势能零点，有 $E_{pb}=0$，则

$$E_{pa} = A_{a\infty} = q\int_a^{\infty} \boldsymbol{E}\cdot\mathrm{d}\boldsymbol{l} \tag{5-20}$$

式（5-20）表明，当选取无穷远处为势能零点时，检验电荷 q 在电场某点 a 的电势能，在数值上等于把它从点 a 移到无穷远处静电场力所做的功 $A_{a\infty}$。

在国际单位制中，电势能的单位是焦耳（J）。

电势能 E_{pa} 的大小与检验电荷的电量 q 有关，所以不能用它来描述静电场的性质。但是电势能与电荷量的比值是与检验电荷无关的物理量，能反映电场本身的性质。因此，若将 b 点选为电势能零点，$\frac{E_{pa}}{q}$ 定义为静电场中某点 a 的电势 U_a，则

$$U_a = \frac{E_{pa}}{q} = \int_a^b \boldsymbol{E}\cdot\mathrm{d}\boldsymbol{l} \tag{5-21a}$$

从上式可以看出，静电场中某点的电势，在数值上等于单位正电荷在该点所具有的电势能；或者说，在数值上等于把单位正电荷从该点移到电势零点过程中电场力所做的功。

若选无穷远为电势零点，则静电场中某点 a 的**电势为**

$$U_a = \int_a^{\infty} \boldsymbol{E}\cdot\mathrm{d}\boldsymbol{l} \tag{5-21b}$$

在 SI 单位制中，电势的单位是 $\mathrm{J\cdot C^{-1}}$ 或伏特（V）。

对于电势概念，我们应该注意以下几点：①电势是描述电场本身性质的物理量，与某点有无检验电荷无关。②电势是标量，有正负，但无方向。③电势是相对量，其值与电势零点

的选取有关。原则上，可以选取任意位置为电势零点，为计算方便，对有限分布的带电体，常取无穷远处为电势零点，实际问题中常取地球为无穷远处；对于无限大带电体，常取有限远的某具体点为电势零点。

静电场中 a、b 两点的电势之差，称为两点间的**电势差**，用符号 U_{ab} 表示。即

$$U_{ab} = U_a - U_b = \int_a^b \boldsymbol{E} \cdot \mathrm{d}\boldsymbol{l} \tag{5-22}$$

式（5-22）表明，a、b 两点的电势差，在数值上等于把单位正电荷从点 a 移到点 b 过程中，静电场力所做的功。同理，若已知 a、b 两点间的电势差 U_{ab}，可得知把任意点电荷 q 由点 a 移到点 b 过程中，静电场力所做的功为

$$A = qU_{ab} = q(U_a - U_b) \tag{5-23}$$

电势差的SI单位制的单位与电势相同，也是伏特（V）。要注意，电势是相对量，而两点间的电势差是一个绝对量，与零势点的选取无关。

5.4.3 电势叠加原理

1. 点电荷电场的电势分布

选取无穷远处为电势零点，将点电荷 Q 的电场强度分布公式 $\boldsymbol{E} = \dfrac{Q}{4\pi\varepsilon_0 r^2}\boldsymbol{e}_r$ 代入电势的定义式，并选沿电场线的方向 $\boldsymbol{e}_r$ 为积分路径，则点电荷电场中某点 a 的电势为

$$U_a = \int_a^\infty \boldsymbol{E} \cdot \mathrm{d}\boldsymbol{l} = \int_a^\infty \frac{Q}{4\pi\varepsilon_0 r^2}\boldsymbol{e}_r \cdot \mathrm{d}\boldsymbol{r} = \frac{Q}{4\pi\varepsilon_0}\int_a^\infty \frac{1}{r^2}\mathrm{d}r = \frac{Q}{4\pi\varepsilon_0 r} \tag{5-24}$$

式中 r 为点电荷 Q 到任意场点 a 的距离。上式表明点电荷电场的电势分布具有球对称性，且电势的正负由场源电荷的正负决定。即当场源电荷 $Q>0$ 时，其静电场中各点的电势为正；当场源电荷 $Q<0$ 时，其静电场中各点的电势为负。

2. 电势叠加原理

当空间有 n 个点电荷存在时，该点电荷系激发的静电场中某点的电势，等于点电荷系中各个点电荷分别单独存在时在该点产生的电势的代数和，此即为**电势叠加原理**。根据电势的定义和电场强度叠加原理，可推证如下

$$\begin{aligned} U_a &= \int_r^\infty \boldsymbol{E} \cdot \mathrm{d}\boldsymbol{l} = \int_r^\infty \left(\sum_{i=1}^n \boldsymbol{E}_i\right) \cdot \mathrm{d}\boldsymbol{l} \\ &= \sum_{i=1}^n \int_r^\infty \boldsymbol{E}_i \cdot \mathrm{d}\boldsymbol{l} = \sum_{i=1}^n U_i \end{aligned} \tag{5-25}$$

设点电荷系中各点电荷的电荷量分别为 Q_1，Q_2，…，Q_n，各点电荷到场点 a 的距离分别为 r_1，r_2，…，r_n，则点 a 处的电势为

$$U_a = \sum_{i=1}^n \frac{Q_i}{4\pi\varepsilon_0 r_i} \tag{5-26}$$

式中 r_i 为点电荷 Q_i 到场点 a 的距离。

对一个电荷连续分布的带电体 Q，可以设想它由许多电荷元 $\mathrm{d}q$ 组成，将每个电荷元 $\mathrm{d}q$ 视为点电荷（图5-22）。设电荷元 $\mathrm{d}q$ 到场点 a 的距离为 r，则 $\mathrm{d}q$ 在场点 a 产生的电势为

$$dU=\frac{1}{4\pi\varepsilon_0}\frac{dq}{r}$$

由电势叠加原理，整个连续带电体 Q 在场点 a 产生的电势为

$$U=\int_Q dU=\frac{1}{4\pi\varepsilon_0}\int_Q\frac{dq}{r} \tag{5-27}$$

式中 “$\int_Q$” 表示对整个带电体进行积分，r 是电荷元 dq 到场点 a 的距离。应该指出，一个带电体系的电势要有公共的电势零点。以上两式均以点电荷的电势公式为基础，电势零点选在无穷远处。

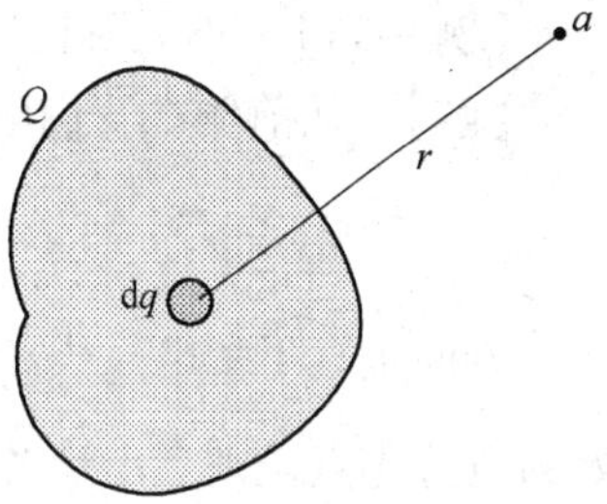

图5-22 连续分布带电体的电势

5.4.4 电势的计算

1. 利用电势的定义

若已知带电体的电场强度分布，可以利用电势的定义式 $U_a=\int_a^b \boldsymbol{E}\cdot d\boldsymbol{l}$（其中 b 为电势零点，即 $U_b=0$）求得电势分布。

【例5-10】 求半径为 R，电量为 Q 的均匀带电球面的电场中的电势分布。

【解】 由前面例可知，均匀带电球面的电场强度分布为

$$\boldsymbol{E}=\begin{cases}0 & (r<R)\\ \dfrac{Q}{4\pi\varepsilon_0 r^2}\boldsymbol{e}_r & (r>R)\end{cases}$$

取无穷远处为电势零点，积分路径沿电场线方向即 $\boldsymbol{e}_r$ 方向。在电场中任选一点 a，a 点到球心的距离为 r（图5-23）。由电势定义式分别计算均匀带电球面内、外的电势分布，有

球面外任一点 a，$U_{a2}=\int_a^\infty \boldsymbol{E}_2\cdot d\boldsymbol{l}=\int_r^\infty E_2 dr=\int_r^\infty\frac{Q}{4\pi\varepsilon_0 r^2}dr=\frac{Q}{4\pi\varepsilon_0 r}$

球面内任一点 a，积分区间跨越两个电场强度区域，积分需分区域进行，即

$$\begin{aligned}U_{a1}&=\int_a^\infty \boldsymbol{E}\cdot d\boldsymbol{l}=\int_r^\infty E dr\\ &=\int_r^R E_1 dr+\int_R^\infty E_2 dr\\ &=0+\int_R^\infty\frac{Q}{4\pi\varepsilon_0 r^2}dr=\frac{Q}{4\pi\varepsilon_0 R}\end{aligned}$$

所以，均匀带电球面的电势分布为

$$U_a=\begin{cases}\dfrac{Q}{4\pi\varepsilon_0 R} & (r\leqslant R)\\ \dfrac{Q}{4\pi\varepsilon_0 r} & (r>R)\end{cases}$$

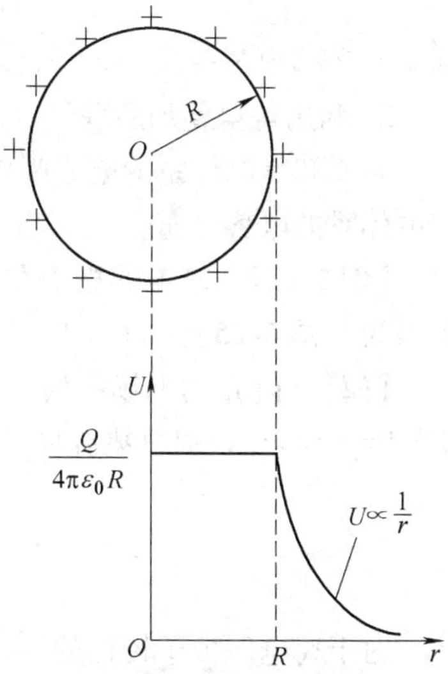

图5-23 均匀带电球面的电势分布

由这个例题可以看出，均匀带电球面内部及球面上各点的电势相等，是一个等势体。球面外部的电势分布与电荷全部集中在球心时的情况一样。特别应该注意，球面内部的电场强度 $\boldsymbol{E}=0$，但电势 $U\neq0$，$U=\dfrac{Q}{4\pi\varepsilon_0 R}$（常数）。与电场强度分布相比，在球面处，电场强度不连续，而电势是连续的。

【例 5-11】 求无限长均匀带电直线在电场中的电势分布。设其电荷的线密度为 λ。

【解】 从前例中我们已经求得无限长均匀带电直线的电场强度大小为

$$E=\frac{\lambda}{2\pi\varepsilon_0 r}$$

方向垂直于带电直线。因带电体无限长，若仍选取无限远处为电势零点，则会出现各点电势 $U_a=\int_a^\infty \boldsymbol{E}\cdot d\boldsymbol{r}$ 的值为无限大，没有意义。这时，可以选距离带电直线为 r_0 的 a_0 点为电势零点（a_0 在过 a 点与带电直线垂直的直线上，如图 5-24 所示），则距离带电直线为 r 的 a 点的电势可以由电势的定义式 $U_a=\int_a^{a_0}\boldsymbol{E}\cdot d\boldsymbol{l}$ 求得。选择积分路径沿垂直于带电直线的方向，有

$$U_a=\int_a^{a_0}\boldsymbol{E}\cdot d\boldsymbol{l}=\int_r^{r_0}\frac{\lambda}{2\pi\varepsilon_0 r}dr$$

$$=\frac{\lambda}{2\pi\varepsilon_0}\ln\frac{r_0}{r}=-\frac{\lambda}{2\pi\varepsilon_0}\ln r+\frac{\lambda}{2\pi\varepsilon_0}\ln r_0$$

这一结果可以一般地表示为

$$U_a=-\frac{\lambda}{2\pi\varepsilon_0}\ln r+C$$

式中 C 为与电势零点有关的常数。

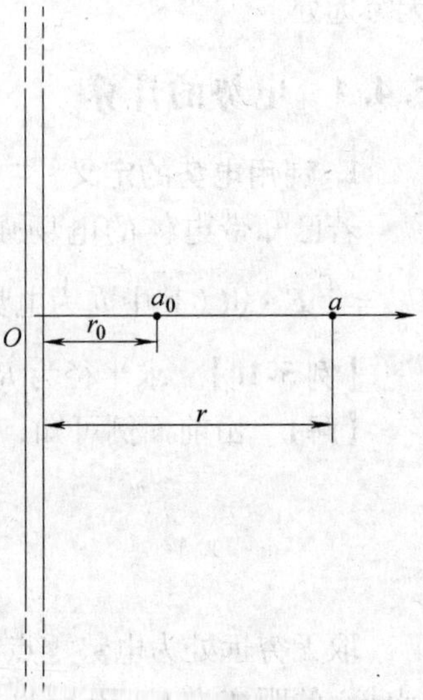

图 5-24 求无限长均匀带电直线的电势分布

2. 利用电势叠加原理

若不知带电体系的电场强度分布，或电场分布较难求出时，可以用电势叠加原理来求得带电体系的电势分布。

【例 5-12】 求电偶极子在电场中的电势分布。已知电偶极子中两点电荷 $-q$ 与 $+q$ 间的距离为 l（图 5-25）。

【解】 设 P 为电场中任一点，P 距离 $+q$、$-q$ 分别为 r_+ 和 r_-，P 距离电偶极子的中心 O 的距离为 r。根据电势叠加原理，P 点的电势为

$$U_p=U_++U_-=\frac{q}{4\pi\varepsilon_0 r_+}+\frac{-q}{4\pi\varepsilon_0 r_-}=\frac{q(r_--r_+)}{4\pi\varepsilon_0 r_+r_-}$$

对于离电偶极子较远的点，即 $r\gg l$，应有

$$r_+r_-\approx r^2,\ r_--r_+\approx l\cos\theta$$

所以可得

$$U_P = \frac{ql\cos\theta}{4\pi\varepsilon_0 r^2} = \frac{p\cos\theta}{4\pi\varepsilon_0 r^2} = \frac{\boldsymbol{p} \cdot \boldsymbol{r}}{4\pi\varepsilon_0 r^2}$$

式中 $\boldsymbol{p} = q\boldsymbol{l}$ 是电偶极子的电矩。

【例 5-13】 一半径为 R 的均匀带电细圆环，所带总电荷量为 Q，求圆环轴线上任一点 P 处的电势（图 5-26）。

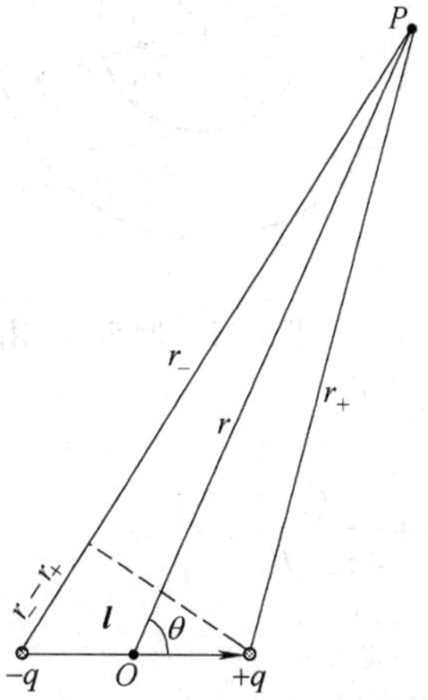

图 5-25 计算电偶极子的电势用图

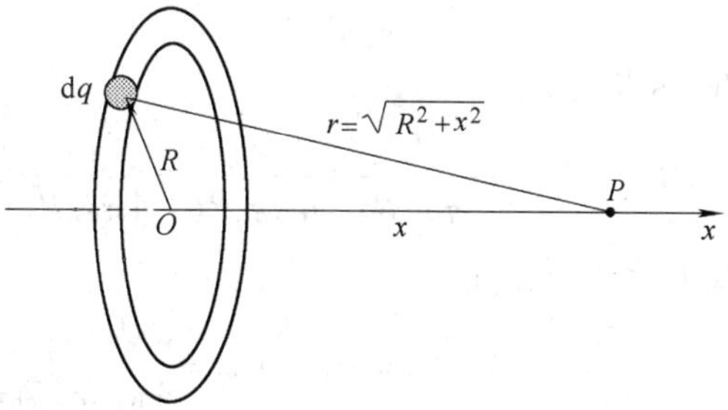

图 5-26 求均匀带电圆环轴线上的电势用图

【解】 设点 P 到环心点 O 的距离为 x，在圆环上任取一电荷元 dq，则该电荷元距离 P 的距离 $r = \sqrt{R^2 + x^2}$，所以 dq 在 P 点产生的电势为

$$dU_P = \frac{dq}{4\pi\varepsilon_0 r} = \frac{dq}{4\pi\varepsilon_0 \sqrt{R^2 + x^2}}$$

整个圆环在点 P 产生的电势为

$$U_P = \int_Q dU_P = \int_Q \frac{dq}{4\pi\varepsilon_0 r} = \frac{1}{4\pi\varepsilon_0 r}\int_Q dq = \frac{Q}{4\pi\varepsilon_0 r} = \frac{Q}{4\pi\varepsilon_0 \sqrt{R^2 + x^2}}$$

当 P 点位于环心 O 时，$x = 0$，则

$$U_P = \frac{Q}{4\pi\varepsilon_0 R}$$

当 P 点位于距离环心相当远处时，$x \gg R$，则

$$U_P = \frac{Q}{4\pi\varepsilon_0 x}$$

可见，圆环轴线上足够远处某点 P 的电势与将环上所有电荷集中于环心处的点电荷在 P 点产生的电势相同。

另外，由例 5-3 的结论：圆环轴线上 $\boldsymbol{E}$ 的方向沿轴线方向，大小为 $E = \frac{qx}{4\pi\varepsilon_0 (R^2 + x^2)^{3/2}}$，选积分路径为 $\boldsymbol{E}$ 的方向，用电势的定义也可以求得圆环轴线上某点的电势，留给读者自己推证。

【例 5-14】 两个同心均匀带电球面，半径分别为 R_A 和 R_B，内球面 A 带电 $Q_A=-q$，外球面 B 带电 $Q_B=+Q$，求距离球心距离分别为（1）$r<R_A$（2）$R_A<r<R_B$（3）$r>R_B$ 处一点的电势（图 5-27）。

【解】 这一带电系统的电场的电势分布可以由两个带电球面的电势叠加而成。每一个带电球面的电势分布已在例 5-10 中求出。$U_a=\begin{cases}\dfrac{Q}{4\pi\varepsilon_0 R} & (r\leqslant R)\\ \dfrac{Q}{4\pi\varepsilon_0 r} & (r>R)\end{cases}$，所以

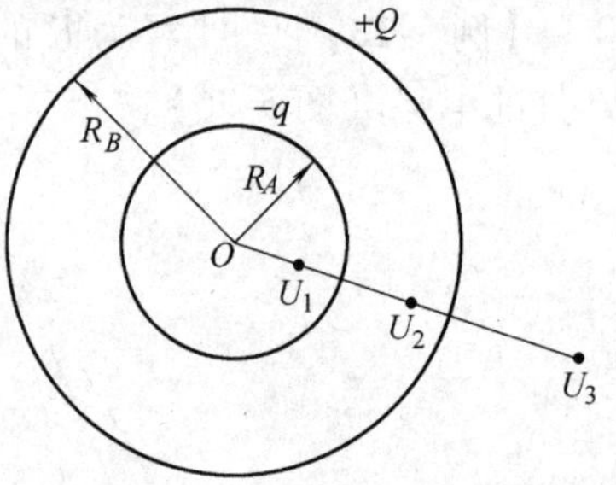

图 5-27 例 5-14 用图

在 $r<R_A$ 处

$$U_1=U_{A1}+U_{B1}=\frac{Q_A}{4\pi\varepsilon_0 R_A}+\frac{Q_B}{4\pi\varepsilon_0 R_B}=\frac{-q}{4\pi\varepsilon_0 R_A}+\frac{Q}{4\pi\varepsilon_0 R_B}$$

在 $R_A<r<R_B$ 处

$$U_2=U_{A2}+U_{B2}=\frac{Q_A}{4\pi\varepsilon_0 r}+\frac{Q_B}{4\pi\varepsilon_0 R_B}=\frac{-q}{4\pi\varepsilon_0 r}+\frac{Q}{4\pi\varepsilon_0 R_B}$$

在 $r>R_B$ 处

$$U_3=U_{A3}+U_{B3}=\frac{Q_A}{4\pi\varepsilon_0 r}+\frac{Q_B}{4\pi\varepsilon_0 r}=\frac{-q+Q}{4\pi\varepsilon_0 r}$$

5.4.5 等势面 电场强度和电势的微分关系

1. 等势面

电场强度的分布可以用电场线形象地表示；电势的分布可以用等势面来表示。在静电场中，电势相等的点组成的曲面称为等势面。可以证明，在任何静电场中，等势面有如下性质：①等势面和电场线总是互相正交的；②等势面越密的地方场强越大；③在等势面上任意两点间移动电荷时电场力不做功；④任意两个等势面不相交。

图 5-28 是几种常见的电场的等势面和电场线图，图中有箭头的实线表示电场线，虚线表示等势面。由于测量电势比测量电场强度容易，在实际问题中往往先测出静电场的等势面分布图，然后根据等势面与电场线的关系，绘制出电场线。

2. 电场强度和电势的微分关系

电势的定义式 $U_a=\int_a^b \boldsymbol{E}\cdot \mathrm{d}\boldsymbol{l}$（其中 b 为电势零点，$U_b=0$）给出了电场强度和电势的积分关系，下面我们研究它们之间的微分关系。

在电势差公式 $U_a-U_b=\int_a^b \boldsymbol{E}\cdot \mathrm{d}\boldsymbol{l}$ 中，若将积分路径规定为沿着电场线积分，则 $\boldsymbol{E}$ 和 $\mathrm{d}\boldsymbol{l}$ 的方向相同，可以将矢量点积改成普通乘积，于是有

$$U_a-U_b=\int_a^b E\mathrm{d}l$$

上式中的积分路径不再是任意路径，而是沿电场线的积分。

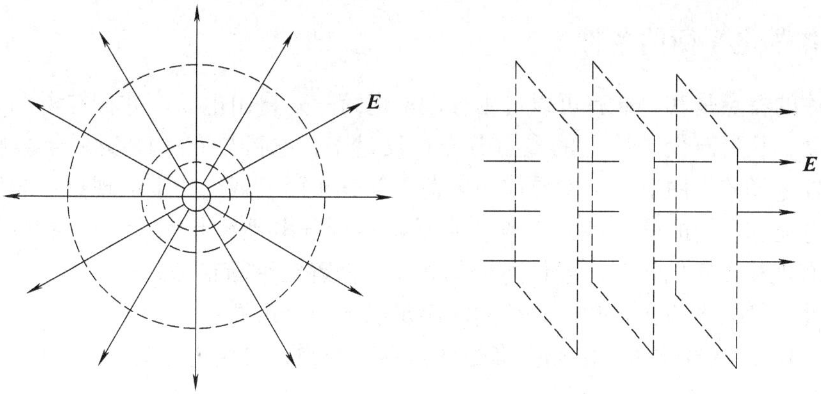

a)正点电荷　　b)匀强电场

图 5-28　等势面和电场线

如果 a 与 b 之间只是一段很小的距离 Δl，则两点之间的电场强度 $\boldsymbol{E}$ 可以认为是不变的，此时的积分可以用 $E\Delta l$ 代替，电势差 U_a-U_b 可以用 $-\Delta U=-(U_b-U_a)$代替，于是上式改写为

$$-\Delta U=E\Delta l$$

$$E=-\frac{\Delta U}{\Delta l}$$

当 Δl、ΔU 趋于无限小时，可得

$$E=-\frac{\mathrm{d}U}{\mathrm{d}l} \tag{5-28}$$

这就是电场强度和电势的微分关系。这里 $\mathrm{d}l$ 是沿电场强度方向的微小位移。式（5-28）表示：**电场强度等于电势在垂直于等势面方向对位移的导数，或等于在垂直于等势面方向上电势的变化率（单位距离上电势的变化）**。其中的**负号表示电场强度指向电势减小的方向**。这与上面指出的“等势面越密处的电场强度越大”的结论是一致的，因为等势面密度越大，单位距离中电势的变化就越大，所以电场强度越大。

将 $E=-\frac{\mathrm{d}U}{\mathrm{d}l}$用于点电荷，点电荷的电势为 $U(r)=\frac{Q}{4\pi\varepsilon_0 r}$，假设是正电荷，电场方向就是 $\boldsymbol{r}$ 的方向，所以点电荷的电场强度为

$$E=-\frac{\mathrm{d}U}{\mathrm{d}r}=\frac{Q}{4\pi\varepsilon_0 r^2}$$

其方向指向电势减小的方向，即 $\boldsymbol{r}$ 的方向。

5.5　静电场中的导体和电介质

在前面几节，我们讨论的对象是真空中的静电场。但是在实际应用中，电场中经常存在导体或电介质。下面我们就来讨论置于静电场中的导体和电介质本身会发生什么变化以及它们对静电场的影响，我们涉及的电介质仅限于各向同性均匀电介质。

5.5.1 导体静电平衡的条件

金属导体的特点是其内部有可以自由移动的电荷——自由电子，它们在电场的作用下会产生定向运动，从而改变导体上的电荷分布；反过来，电荷分布的改变又会影响到电场分布。这种在外电场的作用下，引起导体中电荷重新分布而呈现出的带电现象，叫做**静电感应现象**。这种电荷和电场的分布将一直改变到导体达到静电平衡状态为止。导体中（包括导体表面）没有电荷作定向运动时导体所处的状态叫做**静电平衡状态**。

当导体处于静电平衡状态时，必须同时满足以下两个条件：

1）$E_{内}=0$，**即在导体内部电场强度处处为零**。否则，自由电子在电场的作用下将发生定向运动。

2）$\boldsymbol{E}_{表面}\perp$**表面，即在靠近导体表面处的电场强度必定和导体表面垂直**。否则，电场强度沿表面的分量将使自由电子沿导体表面作定向运动。

导体的静电平衡条件，也可以用电势来表述，即导体是一个等势体，导体表面是一个等势面。读者可以根据电势差的定义式 $U_{ab}=U_a-U_b=\int_a^b \boldsymbol{E}\cdot \mathrm{d}\boldsymbol{l}$ 和电场力做功的公式 $A=qU_{ab}=q(U_a-U_b)$ 推证此结论。

5.5.2 静电平衡导体上的电荷分布

下面应用高斯定理，分析在静电平衡时，导体上的电荷分布特点。

(1) **导体内部各处的净电荷为零，电荷只分布在导体的表面** 此结论可以用高斯定理证明。如图 5-29 所示，由于导体内的电场强度 E 处处为零，所以通过导体内任意高斯面的电场强度通量为零，即

$$\oint_S \boldsymbol{E}\cdot \mathrm{d}\boldsymbol{S}=0$$

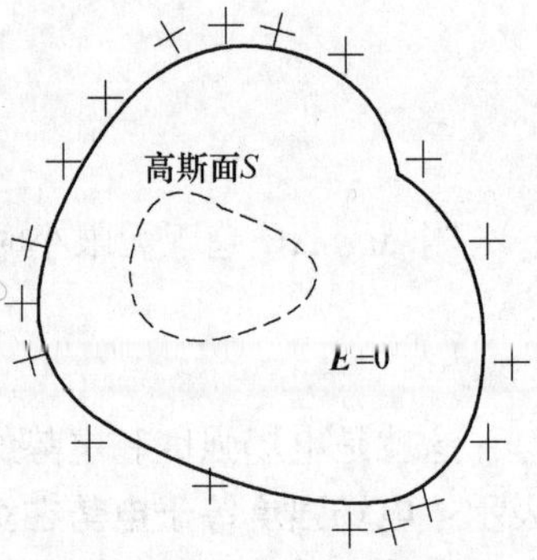

图 5-29 说明导体内部无净电荷用图

根据高斯定理，此高斯面所包围的电荷量的代数和必然为零。因为此高斯面是任意作的，由此可得上述结论。

(2) **导体表面上各处的面电荷密度与该表面外附近处的电场强度 E 的大小成正比** 该结论也可以用高斯定理证明如下：在导体表面附近点 P 处取一平行于导体表面的面积元 ΔS，以 ΔS 为底，以过点 P 的导体表面法线为轴作一个封闭的扁圆柱形高斯面，另一底面 $\Delta S'$ 处于导体内部，如图 5-30 所示。

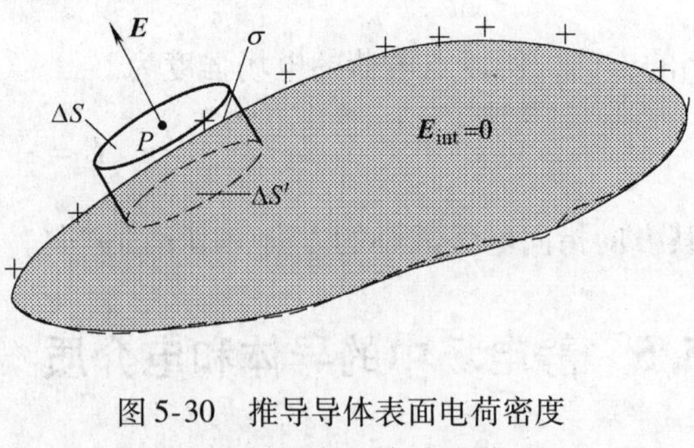

图 5-30 推导导体表面电荷密度与电场强度的关系用图

由于导体内部电场强度为零，而表面之外附近空间的电场强度方向垂直于导体表面，所以通过此圆柱形高斯面的电通量就是通过 ΔS 面的电通量，即等于 $E\Delta S$。设导体表面 P 点附近的电荷面密度为 σ，则该高斯面内的电荷就是 $\sigma\Delta S$。根据高斯定理可得

$$E\Delta S = \frac{\sigma \Delta S}{\varepsilon_0}$$

所以

$$\sigma = \varepsilon_0 E \tag{5-29}$$

式（5-29）说明，在静电平衡时，导体表面上各处的面电荷密度与该表面外附近处的电场强度的大小成正比。

用同样的方法可以证明，当导体壳内没有其他带电体时，导体壳的内表面没有电荷，电荷只能分布在外表面；当导体壳内有带电 q 的物体时，则导体壳的内表面上带电 $-q$。

（3）**孤立的导体处于静电平衡时，它的表面各处的电荷面密度与各处表面的曲率有关，曲率半径越小的地方，电荷面密度越大**　如图 5-31 所示，在导体表面 A 点附近，曲率半径较小，其电荷面密度和电场强度的值较大；而在 B 点附近，曲率半径较大，电荷面密度和电场强度的值较小。

在导体的尖端附近电荷面密度最大，电场强度值也最大。当尖端上的电荷积聚过多，其附近的电场强度过大时，就会使附近的空气发生电离，产生大量带电粒子，与尖端上电荷异号的带电粒子会与尖端上的电荷发生中和；与尖端上电荷同号的带电粒子受到排斥而从尖端附近飞开，其宏观效果就是**尖端放电**。在电场不大的情况下，带电尖端经由电离化的空气而放电的过程，是比较平稳无声的；但在电场很强的情况下，放电就会以暴烈的火花放电的形式出现，并在短暂的时间内释放出大量能量。

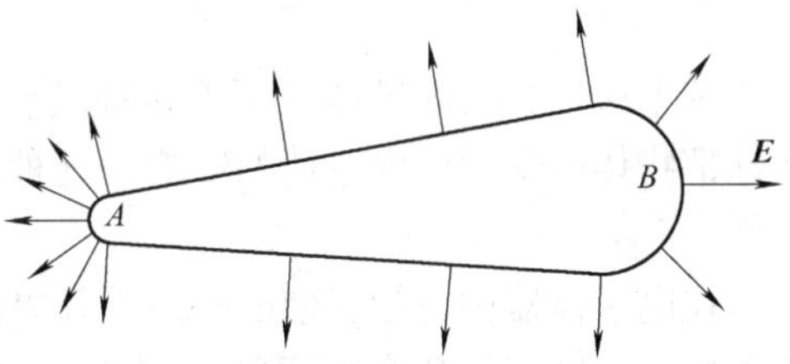

图 5-31　导体尖端处电荷多电场强度大

在高压输电设备中，为了防止因尖端放电而引起的危险和漏电造成的损失，输电线的表面应是光滑的。具有高电压的零部件的表面也必须做得十分光滑并尽量做成球面，以避免尖端放电。

在很多情况下，尖端放电还可以加以利用。例如，建筑物上的避雷针，就是不断地通过尖端放电来中和积雨云中的电荷以避免“雷击”，飞机机翼上伸出的短导线杆也具有同样的作用。又如，燃气炉、燃气热水器等的电子点火器，都是通过压电陶瓷、电池等，在尖端处引起尖端放电现象，从而实现点火功能的。

5.5.3　静电屏蔽

由于导体处于静电平衡状态时，导体内部的电场强度处处为零。利用这一规律，我们可以用空腔导体来屏蔽外电场，使空腔内的物体不受外电场的影响。

1. 空腔导体对外电场的屏蔽作用

如图 5-32 所示，把一空腔导体放在静电场中，则电场线将终止于导体的外表面而不能透过导体的内表面进入腔内。这时，导体中和空腔内部的电场强度处处为零。这表明，可以用空腔导体来屏蔽外电场，使空腔内的物体不受外电场的影响。

2. 接地空腔导体屏蔽腔内电荷对外界的影响

如图 5-33 所示，在一空腔导体内放入一正电荷，则空腔的内表面上将产生等量的感应负电荷。为使导体外物体不受腔内电荷的电场影响，可以把导体接地，则外表面上正电荷将与大地中的负电荷中和，从而使导体外表面的电场消失。这样，接地的空腔导体内的电荷产生的电场对导体外的物体就不会产生影响。

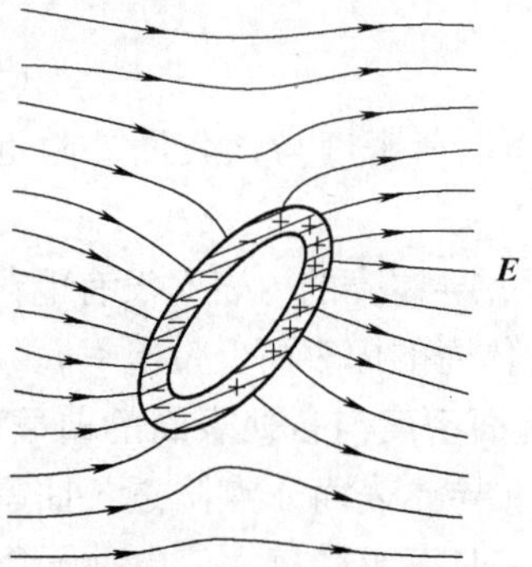

图 5-32 用空腔导体屏蔽外电场

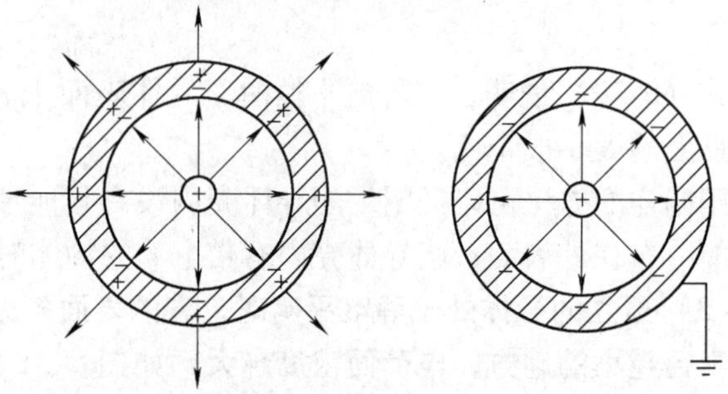

图 5-33 接地空腔导体的屏蔽作用

综上所述，空腔导体（不论接地与否）内部电场不受导体外电场的影响，接地空腔导体外部物体不受导体内电荷的影响。这种现象叫做**静电屏蔽**，在电工和电子技术中有广泛的应用。

在电子仪器中，为了使电路不受外界带电体的干扰，常把电路封闭在金属壳内，实际上往往用金属网来代替全封闭的金属壳，同样能达到静电屏蔽的效果；传送微弱电信号的导线，如电视机的公用天线、收录机的内录线等，为防外界干扰、不失真地传送微弱信号，在导线的外表包一层金属网——这样的导线叫屏蔽线。电力工人带电作业时，为了保证人身安全，必须穿金属网制成的屏蔽服。这些都是静电屏蔽在实际中的应用。

5.5.4 电介质 有电介质的静电场

从前面的讨论我们知道，把导体置于电场中，要发生静电感应现象，并影响电场的分布。下面我们讨论把电介质置于电场中时发生的物理效应。

1. 电介质的极化

电介质又称绝缘体。实际上没有完全电绝缘的材料，我们通常把气体、油类、蜡纸、玻璃、云母、陶瓷、橡胶等这些基本不导电的物质称为**电介质**。由于电介质中的原子核与核外电子的结合非常紧密，电子处于被束缚状态，因此，电介质中几乎没有自由电子，一般情况下呈电中性。

对于各向同性的电介质，可分为两类：无极分子和有极分子。**无极分子**内部的电荷分布具有对称性，正、负电荷的中心在无外电场时是重合的，如氢、甲烷、石蜡、聚苯乙烯等，如图 5-34a 所示；**有极分子**内部的电荷分布是不对称的，正、负电荷的中心即使在外电场不存在时也是不重合的，分子相当于一个电偶极子，所以这类分子叫做有极分子，如水、有机玻璃、纤维素、聚氯乙烯等，如图 5-34b 所示。有极分子具有电偶极矩 $\boldsymbol{p}$。

对于无极分子电介质，在外电场 $\boldsymbol{E}_0$ 的作用下，正、负电荷的中心将被电场力拉开，使得正、负电荷中心产生相对位移，这种极化称为位移极化。这时每个分子可以看做一个电偶极子，其电偶极矩的方向与外电场的方向基本一致，如图 5-35 所示。分子排列的结果是电介质的两端出现等量异号的电荷。

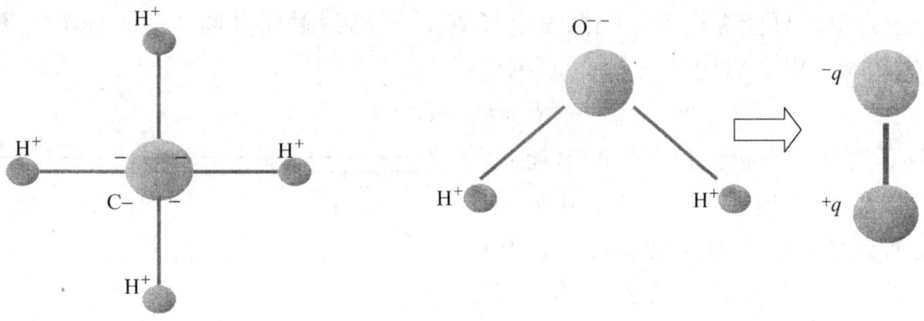

a) 甲烷分子　　b) 水分子

图 5-34　无极分子和有极分子的分子结构

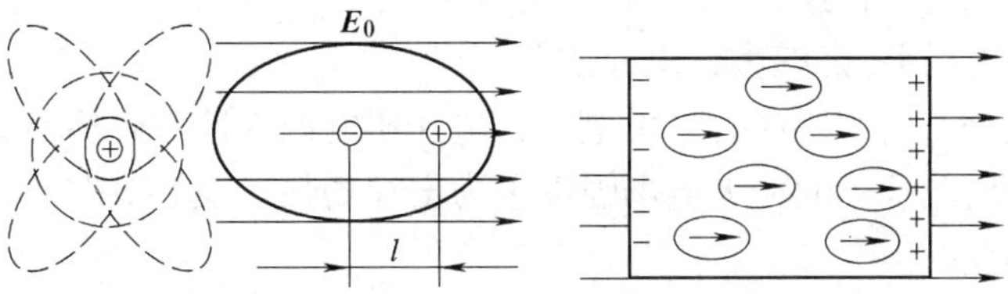

图 5-35　无极分子的位移极化

对于有极分子，在无外电场时，虽然每个分子都有一定的电偶极矩，但由于分子作无规则的热运动，所以，各电偶极子的电偶极矩的取向是杂乱无章的，对外不呈现出电性，如图 5-36a 所示；当有外电场 $\boldsymbol{E}_0$ 时，每个分子都受到一个力偶矩的作用，在此力偶矩的作用下，有极分子的电偶极矩方向将转向与外电场一致的方向，如图 5-36b、c 所示，这种极化称为转向极化。其结果是电介质的两端也出现等量异号的电荷。

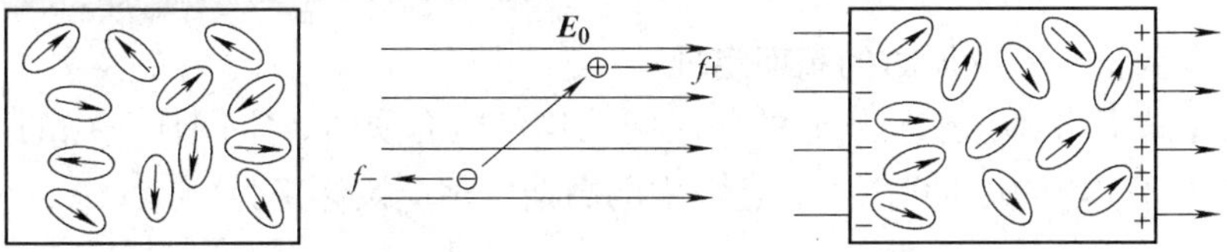

a)　　b)　　c)

图 5-36　有极分子的取向极化

综上所述，无论是无极分子，还是有极分子，虽然它们在外电场中发生极化的微观机制不尽相同，但极化的宏观效果却是相同的。在电介质内部，由于正、负电荷中和而呈电中性，但在电介质与外电场方向垂直的两个表面上却要出现等量的正、负电荷，因其不能脱离电介质中原子核的束缚而单独存在，所以称之为**极化电荷或束缚电荷**。在外电场的作用下，电介质表面出现极化电荷或束缚电荷的现象，叫做**电介质的极化**。

2. 介质中的电场强度　相对电容率

电介质放在外电场 $\boldsymbol{E}_0$ 中，会发生极化现象，产生极化电荷。这些极化电荷虽然不能脱离电介质分子，但同样能在周围空间激发电场 $\boldsymbol{E}'$，$\boldsymbol{E}'$ 称为附加电场。此附加电场 $\boldsymbol{E}'$ 会对原电场 $\boldsymbol{E}_0$ 产生影响。电介质内任一点的总场强为

$$\boldsymbol{E}=\boldsymbol{E}_0+\boldsymbol{E}'$$

由图5-37可知，极化电荷产生的电场 $\boldsymbol{E}$ 的方向与外电场 $\boldsymbol{E}_0$ 的方向相反，所以，电介质中的电场强度 $\boldsymbol{E}$ 的值比插入电介质前的外电场 $\boldsymbol{E}_0$ 的值小，即 $E=E_0-E'<E_0$。实验表明，对于各向同性的均匀介质，有

$$E=\frac{E_0}{\varepsilon_r} \tag{5-30}$$

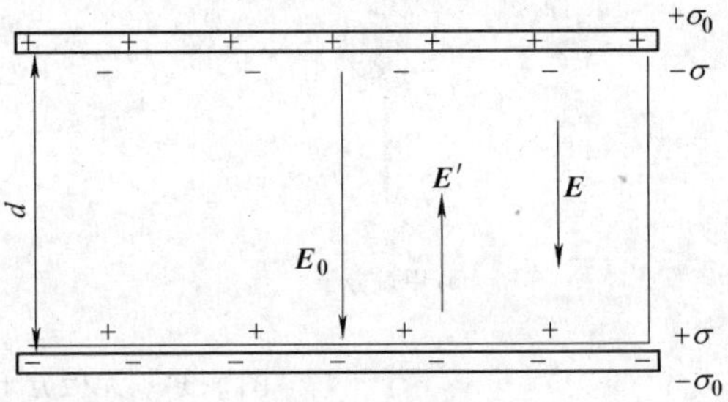

图5-37 电介质中的场强

式中，$\varepsilon_r>1$，是一个无量纲的数，称为介质的**相对电容率**。如果外电场 $\boldsymbol{E}_0$ 足够大，电介质分子中的电子就会摆脱分子的束缚成为自由电子，电介质的绝缘性被破坏而成为导体，这称为**电介质的击穿**。电介质能承受的最大电场强度称为击穿场强。表5-1中给出了几种电介质的相对电容率和击穿场强。

表5-1 几种各向同性均匀电介质的相对电容率和击穿场强

材料	相对电容率	击穿场强(10^6 V·m^{-1})	材料	相对电容率	击穿场强(10^6 V·m^{-1})
真空	1		纸	3.7	12
空气	1.00059	3	纯水(20 ℃)	80	—
电木	4.9	24	变压器油	2.24	12
(硼硅酸)玻璃	5.6	14	石蜡	2.1~2.5	10
云母	5.4	10~100			

3. 电位移矢量 $\boldsymbol{D}$ 有介质时的高斯定理

当电场中充满了相对电容率为 ε_r 的各向同性均匀电介质时，空间任一点的电场 $\boldsymbol{E}$ 应由自由电荷 Q_i 与极化电荷 Q' 共同产生。真空中的高斯定理应该修正为

$$\oint_S \boldsymbol{E}\cdot d\boldsymbol{S}=\oint_S(\boldsymbol{E}_0+\boldsymbol{E}')\cdot d\boldsymbol{S}=\frac{1}{\varepsilon_0}\sum(Q_i+Q')$$

式中，Q_i 和 Q' 分别表示高斯面内的自由电荷与极化电荷，$\boldsymbol{E}_0$ 和 $\boldsymbol{E}'$ 分别表示自由电荷和极化电荷产生的电场强度。为避开不好确定的极化电荷 Q' 与极化电场强度 $\boldsymbol{E}'$，我们利用真空中的高斯定理和各向同性均匀介质中电场强度和相对电容率的关系 $E=\dfrac{E_0}{\varepsilon_r}$，推出介质中的高斯定理。

当电场中没有介质时，根据真空中的高斯定理，有

$$\oint_S \boldsymbol{E}_0\cdot d\boldsymbol{S}=\frac{1}{\varepsilon_0}\sum Q_i$$

若在各向同性均匀介质中，由 $E=\dfrac{E_0}{\varepsilon_r}$，得 $\boldsymbol{E}_0=\varepsilon_r\boldsymbol{E}$，则有

$$\oint_S \varepsilon_r\boldsymbol{E}\cdot d\boldsymbol{S}=\frac{1}{\varepsilon_0}\sum Q_i$$

亦即

$$\oint_S \varepsilon_0\varepsilon_r \boldsymbol{E}\cdot \mathrm{d}\boldsymbol{S} = \sum Q_i$$

若引进辅助矢量

$$\boldsymbol{D} = \varepsilon_0\varepsilon_r \boldsymbol{E} = \varepsilon \boldsymbol{E} \tag{5-31}$$

则得到

$$\oint_S \boldsymbol{D}\cdot \mathrm{d}\boldsymbol{S} = \sum Q_i \tag{5-32}$$

式中，$\varepsilon = \varepsilon_0\varepsilon_r$ 称为介质的电容率，SI 单位与真空电容率 ε_0 相同，为法拉每米，符号为 $\mathrm{F\cdot m^{-1}}$；$\boldsymbol{D}$ 称为电位移矢量，SI 单位是库仑每平方米，符号为 $\mathrm{C\cdot m^{-2}}$；$\oint_S \boldsymbol{D}\cdot \mathrm{d}\boldsymbol{S}$ 称为电位移通量。

式（5-32）表示：在充满各向同性均匀介质的电场中，通过任意闭合曲面的电位移通量等于该闭合曲面内所包围的自由电荷的代数和，称为**有介质时的高斯定理或 $\boldsymbol{D}$ 的高斯定理。**

在求解介质中的电场强度 $\boldsymbol{E}$ 时（本书只讨论各向同性均匀介质），可以先根据自由电荷的分布情况，利用 $\boldsymbol{D}$ 的高斯定理求出 $\boldsymbol{D}$ 的分布情况，然后再利用 $\boldsymbol{D} = \varepsilon_0\varepsilon_r \boldsymbol{E}$ 求出 $\boldsymbol{E}$ 分布情况，这样就无需考虑极化电荷的分布情况了。

【例 5-15】 一半径为 R 的金属球带有电荷量为 q_0 的自由电荷，该金属球周围是均匀无限大的电介质（相对电容率为 ε_r），求球外任意一点处的电场强度。

【解】 过球外任一点 P，以 r 为半径作一个与带电金属球同心的球面为高斯面（图 5-38），由高斯定理得知通过该闭合球面的电位移通量

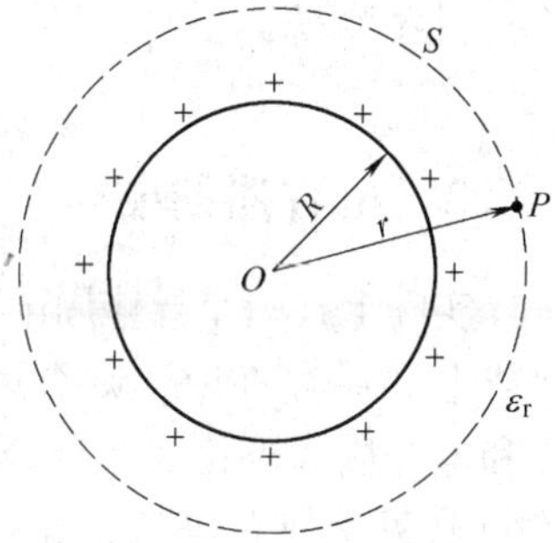

图 5-38　例 5-15 用图

$$\oint_S \boldsymbol{D}\cdot \mathrm{d}\boldsymbol{S} = \sum Q_i$$

即

$$D4\pi r^2 = q_0$$

所以

$$D = \frac{q_0}{4\pi r^2}$$

又因为 $D = \varepsilon_0\varepsilon_r E$，故球外任一点处的电场强度为

$$E = \frac{q_0}{4\pi\varepsilon_r\varepsilon_0 r^2}$$

5.6　导体的电容　电容器

金属导体的重要特性之一是很容易带电并能储存电荷。电容就是反映导体这种储存电荷本领的物理量。

5.6.1　孤立导体的电容

在真空中，一个与其他导体没有相互作用的孤立导体，带电荷 Q，若取无穷远处为电势零点，其电势正比于其所带电荷 Q，而且与导体的形状、尺寸有关。例如，真空中有一个半

径为R、电荷量为Q的孤立导体球，其电势为$U=\frac{1}{4\pi\varepsilon_0}\frac{Q}{R}$（取无穷远处为电势零点），由此可见，当孤立导体球的半径一定时，该导体的电势与它所带的电量成线性关系，但$\frac{Q}{U}$却是一个常量。上述结果对其他非球形的孤立导体也是成立的。于是，我们把孤立导体球所带的电荷Q与其电势U的比值称为孤立导体的电容，用C表示，即

$$C=\frac{Q}{U} \tag{5-33}$$

由于孤立导体球的电势总是正比于电荷，所以它们的比值——电容既不依赖于电势U又不依赖于其所带电荷Q，仅与导体的形状和尺寸有关。对于在真空中的孤立导体球来说，其电容为

$$C=\frac{Q}{U}=\frac{Q}{\frac{1}{4\pi\varepsilon_0}\frac{Q}{R}}=4\pi\varepsilon_0R$$

由此式可以看出，孤立导体球的电容是反映导体自身性质的物理量，仅仅正比于球的半径，与导体是否带电无关。

在SI单位制中，电容的单位是法拉（简称法），符号为F，$1F=1C\cdot V^{-1}$。在实际应用中，由于法拉的单位太大，因此，常用微法（μF）和皮法（pF）等作为电容的单位，它们之间的关系为

$$1F=10^6\mu F=10^{12}pF$$

5.6.2 电容器的电容

实际上，一个导体周围总是会有别的导体或电介质，孤立导体是不存在的。当有其他导体或电介质存在时，则会因导体的静电感应和电介质的极化而改变原来的电场分布。我们把两个带有等值、异号的导体所组成的系统，称为**电容器**。

如图5-39所示，两个导体A、B放在相对电容率为ε_r的电介质中，它们所带的电荷分别为$+Q$和$-Q$，它们的电势分别为U_1和U_2，它们之间的电势差即为$U=U_1-U_2$，则将两导体中任何一个导体所带的电荷量Q的大小与两导体间电势差U_{12}的比值定义为电容器的电容，即

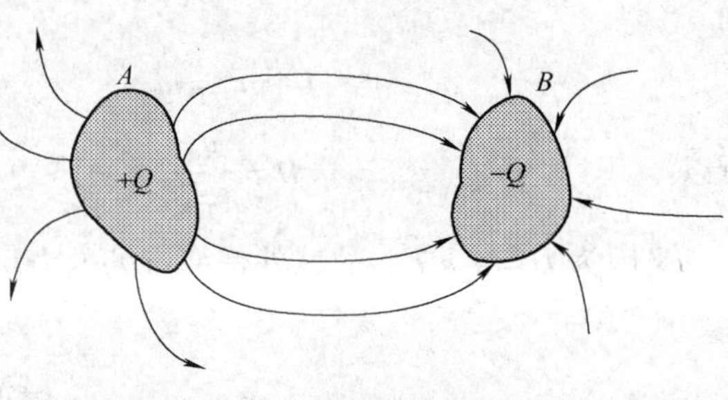

图5-39 两个带等值异号电荷的导体

$$C=\frac{Q}{U_{12}}=\frac{Q}{U_1-U_2} \tag{5-34}$$

导体A、B被称做电容器的两个**电极或极板**。将式（5-34）与孤立导体球的电容公式相比，发现若将导体B移到无穷远处，即$U_2=0$，电容器的电容公式就变为孤立导体的电容公式。孤立导体可以和无穷远处的另一个导体组成的电容器。

电容器可以储存电荷和能量，是现代电工和电子技术中的重要元件，其大小、形状不

一，种类繁多。但就其构造而言，多数是由两块彼此靠近的金属薄片（或金属膜）构成极板，中间隔以电介质而组成。根据极板的形状不同可以分为平行板电容器、球形电容器、柱形电容器等；根据电容器中的电介质的不同，又可以分为空气电容器、云母电容器、陶瓷电容器、纸质电容器、电解电容器等。

下面我们计算几种典型的电容器的电容。

1. 平行板电容器

平行板电容器由两块彼此靠得很近且相互平行的金属板组成。设极板的面积为S，板间距为d（$d<<$极板的线度，可以忽略边缘效应），两极板间充满相对电容率为ε_r的电介质（图5-40）。假设它带的电荷量为Q（即两板上相对的两个表面分别带上$+Q$和$-Q$的电荷）。忽略边缘效应，它的两极板间的电场可视为均匀电场。

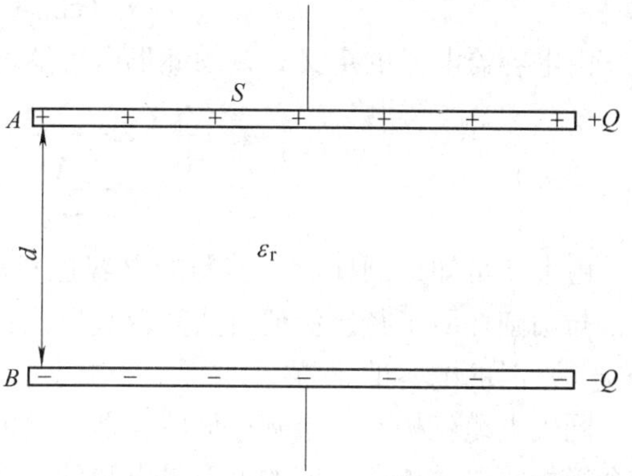

图5-40 平行板电容器

由电介质中的高斯定理可得

$$\oint_S \boldsymbol{D}\cdot \mathrm{d}\boldsymbol{S} = DS = \sigma S$$

所以

$$D=\sigma,\ E=\frac{D}{\varepsilon_0\varepsilon_r}=\frac{\sigma}{\varepsilon_0\varepsilon_r}=\frac{Q}{\varepsilon_0\varepsilon_r S}$$

两极板间的电势差为

$$U_{AB} = U_A - U_B = \int_A^B \boldsymbol{E}\cdot \mathrm{d}\boldsymbol{l} = Ed = \frac{Qd}{\varepsilon_0\varepsilon_r S}$$

由电容器的电容定义式（5-34）得，平行板电容器的电容为

$$C=\frac{Q}{U_{AB}}=\frac{\varepsilon_0\varepsilon_r S}{d} \tag{5-35}$$

此结果表明平行板电容器的电容只取决于电容器的结构——与极板面积成正比，与极板间的距离成反比；且其中充满电介质时的电容是板间为真空（$\varepsilon_r=1$）时的电容的ε_r倍。

2. 圆柱形电容器

圆柱形电容器由两个不同半径的同轴金属圆柱面A、B组成，并且圆柱筒的长度远大于外圆柱筒的半径（图5-41）。

设两圆柱面半径分别为R_A、R_B，柱面长为l，其间充满相对电容率为ε_r的电介质。假设内外圆柱面带电荷量为$+Q$和$-Q$，则单位长度上的线电荷密度为$\lambda=Q/l$。忽略两端的边缘效应，由介质的高斯定理可知在两柱面之间、距离圆柱轴线为r处的电介质中一点的电场强度的大小为

$$E=\frac{\lambda}{2\pi\varepsilon r}=\frac{Q}{2\pi\varepsilon_0\varepsilon_r rl}$$

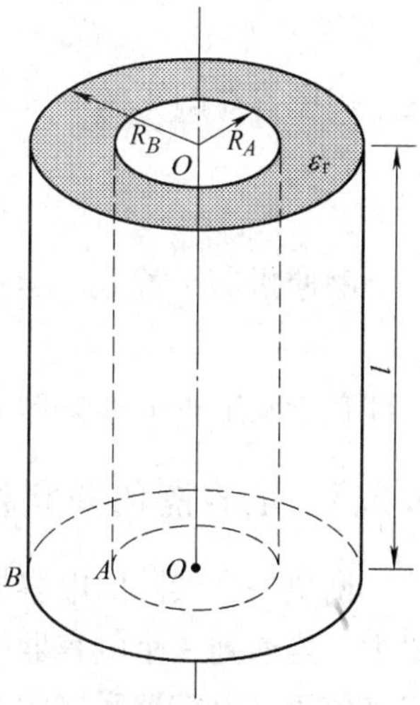

图5-41 圆柱形电容器

方向垂直于圆柱轴线而沿径向。取场强方向为积分路径，两极板间的电势差为

$$U_{AB}=U_A-U_B=\int_A^B \boldsymbol{E}\cdot \mathrm{d}\boldsymbol{l}=\int_{R_A}^{R_B} E\mathrm{d}r$$

$$=\int_{R_A}^{R_B}\frac{\lambda}{2\pi\varepsilon_0\varepsilon_r}\frac{\mathrm{d}r}{r}=\frac{\lambda}{2\pi\varepsilon_0\varepsilon_r}\ln\frac{R_B}{R_A}$$

由电容器电容的定义式，圆柱形电容器的电容为

$$C=\frac{Q}{U_{AB}}=\frac{\lambda l}{\dfrac{\lambda}{2\pi\varepsilon_0\varepsilon_r}\ln\dfrac{R_B}{R_A}}=2\pi\varepsilon_0\varepsilon_r\frac{l}{\ln\dfrac{R_B}{R_A}} \tag{5-36}$$

由上式可知，圆柱形电容器的电容也只取决于电容器的结构——与圆柱面的长度成正比，与两圆柱面半径比值的自然对数成反比；且两极板间充满电介质时的电容是板间为真空（$\varepsilon_r=1$）时的电容的 ε_r 倍。

同轴电缆就构成一个圆柱形电容器，它的铜芯线和它的外包铜线相当于圆柱形电容器的两个极板。电缆单位长度的电容是电缆的一个重要的特性参数。

3. 球形电容器

球形电容器由两个同心导体球壳组成（图 5-42）。设两球壳半径分别为 R_A、R_B，其间充满相对电容率为 ε_r 的电介质。假设内外球壳分别带有电荷 $+Q$ 和 $-Q$。

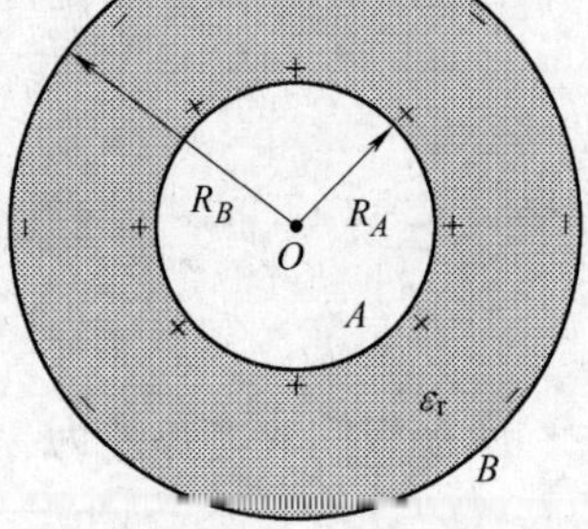

图 5-42 球形电容器

由介质的高斯定理，两球面间距球心为 r 的某点的电场强度的大小为

$$E=\frac{Q}{4\pi\varepsilon_0\varepsilon_r r^2}$$

方向沿径向。所以两球壳间的电势差为

$$U_{AB}=U_A-U_B=\int_A^B \boldsymbol{E}\cdot \mathrm{d}\boldsymbol{l}=\int_{R_A}^{R_B} E\mathrm{d}r$$

$$=\int_{R_A}^{R_B}\frac{Q}{4\pi\varepsilon_0\varepsilon_r}\frac{\mathrm{d}r}{r^2}=\frac{Q}{4\pi\varepsilon_0\varepsilon_r}\left(\frac{1}{R_A}-\frac{1}{R_B}\right)$$

由电容器的定义，可得球形电容器的电容为

$$C=\frac{Q}{U_{AB}}=4\pi\varepsilon_0\varepsilon_r\frac{R_AR_B}{R_B-R_A} \tag{5-37}$$

顺便指出，若 $R_B\to\infty$，且 $\varepsilon_r=1$，有

$$C=4\pi\varepsilon_0R_A$$

此即置于真空中的孤立球形导体的电容公式。

5.6.3 电容器的并联和串联

衡量一个实际的电容器的性能有两个主要的指标：电容的大小和耐电压能力。在实际电路中，当遇到一个电容器的电容大小或耐压能力不能满足要求时，就需要把几个电容器联接起来使用。电容器联接的基本方式是并联和串联。

电容器并联时（图 5-43），加在各个电容器上的电压相同，都是总电压 U，该电容器组

的总电量 Q 为各电容器所带的电量之和，即 $Q=\sum_{i=1}^{n}Q_i$。由电容的定义，该电容器组的等效电容为

$$C=\frac{Q}{U}=\frac{Q_1+Q_2+\cdots+Q_n}{U}=\frac{C_1U+C_2U+\cdots+C_nU}{U}$$

$$=C_1+C_2+\cdots+C_n=\sum_{i=1}^{n}C_i \tag{5-38}$$

电容器串联时（图 5-44），由于静电感应，各电容器所带电荷量相等，也就是电容器组的总电荷量 Q，而总电压 U 为各电容器的电压之和，即 $U=\sum_{i=1}^{n}U_i$。由电容的定义，该电容器组的等效电容为

$$C=\frac{Q}{U}=\frac{Q}{U_1+U_2+\cdots+U_n}=\frac{Q}{Q/C_1+Q/C_2+\cdots+Q/C_n}$$

所以

$$\frac{1}{C}=\frac{1}{C_1}+\frac{1}{C_2}+\cdots+\frac{1}{C_n}=\sum_{i=1}^{n}\frac{1}{C_i} \tag{5-39}$$

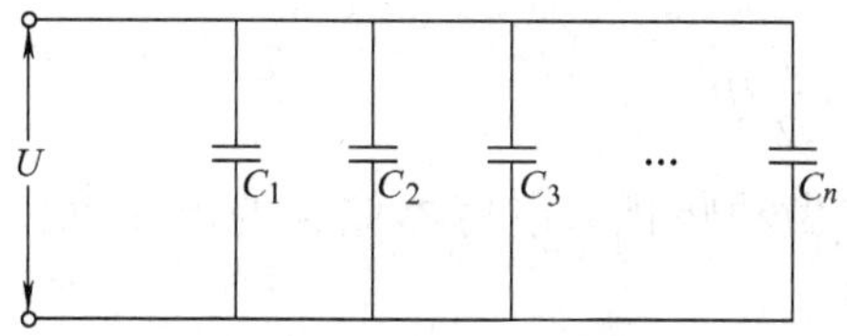

图 5-43　电容器的并联

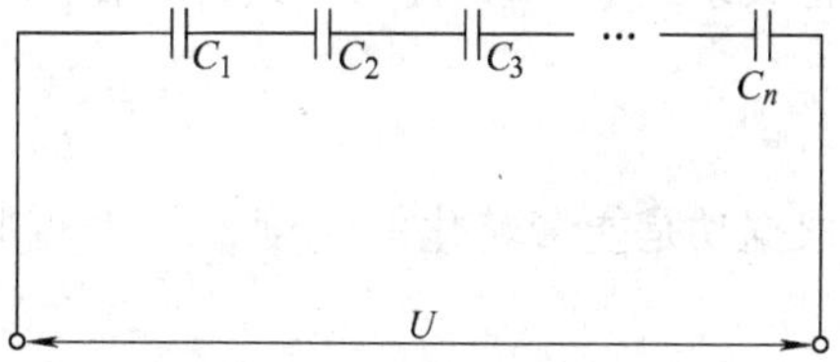

图 5-44　电容器的串联

可见，电容器并联时，等效电容等于各电容器的电容之和，因此利用并联可以获得较大的电容；但因每个电容器都直接连到电压源上，所以电容器组的耐压能力受到耐压能力最小的那个电容器的限制。电容器串联时，等效电容的倒数等于各电容器电容的倒数之和，因此等效电容比每个串联电容器的电容都小；但是由于总电压分配到各个串联电容器上，所以电容器组的耐压能力比每个电容器提高了。对照平行板电容器的电容公式 $C=\frac{Q}{U_{AB}}=\frac{\varepsilon_0\varepsilon_r S}{d}$，不难理解，电容器并联相当于增大了极板面积 S，所以总电容 C 增大了；而串联时，相当于增大了极板的距离 d，故总电容减小了。

5.7　静电场的能量

电场是物质存在的一种形式，因此，必然具有能量。一个电中性的物体周围是没有静电场的，当其中的正、负电荷被外力分开，该物体周围就建立了静电场。可见，电场的能量是通过外力做功把其他形式的能量转变为电能并储存在电场中的。下面我们将以平行板电容器的充电过程为例，讨论通过外力做功把其他形式的能量转变为电能的机理。

5.7.1 电容器的静电能

如图5-45所示，有一电容为 C 的平行板电容器正处于充电过程中。由于电容器两极板的电量等值异号，可以想象充电过程就是把元电荷 $+\mathrm{d}q$ 从负极板逐份搬到正极板的过程。

搬移第一份 $+\mathrm{d}q$ 时，两板还不带电，电场为零，电场力做功为零。但是，当电容器已经有了某一电荷量 q 时，这部分电荷量将建立一个电场 $\boldsymbol{E}$，在极板间产生电压 u，在搬移 $+\mathrm{d}q$ 的过程中，电场 $\boldsymbol{E}$ 将阻碍电荷 $+\mathrm{d}q$ 的移动，搬移 $+\mathrm{d}q$ 时需要克服电场力所做的元功

$$\mathrm{d}A = u\mathrm{d}q = \frac{1}{C}q\mathrm{d}q$$

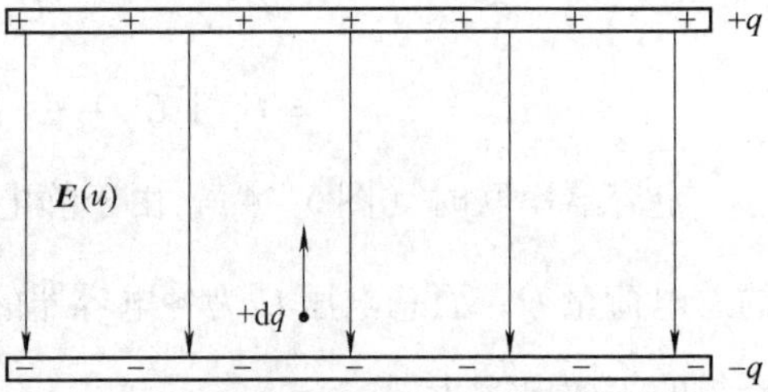

图5-45 移动电荷需要克服阻力做功

式中，u 与 q 分别表示充电到某一程度时两板间的电压和极板上的电荷量，不同于充电结束时的电压 U 和电荷量 Q。在搬移电荷量 $+Q$ 的整个过程中外力克服电场力所做总功 A 为

$$A = \int \mathrm{d}A = \int_0^Q u\mathrm{d}q = \frac{1}{C}\int_0^Q q\mathrm{d}q = \frac{Q^2}{2C}$$

将关系式 $Q = CU$ 代入上式，可得

$$A = \frac{1}{2}\frac{Q^2}{C} = \frac{1}{2}CU^2 = \frac{1}{2}QU$$

根据功是能量转化的量度，外力克服静电场力做功转化为电容器储存的电能 W_e，于是有

$$W_e = A = \frac{1}{2}\frac{Q^2}{C} = \frac{1}{2}CU^2 = \frac{1}{2}QU \tag{5-40}$$

式中 Q 为电容器极板上带的电荷量，U 为两极板间的电势差。

【例5-16】 某电容器标有“10 μF、400 V”，求：该电容器最多能储存多少电荷及静电能？

【解】

$$Q = CU = 10\times10^{-6}\times400\ \mathrm{C} = 4\times10^{-3}\ \mathrm{C}$$

$$W_e = \frac{1}{2}CU^2 = \frac{1}{2}\times10\times10^{-6}\times400^2\ \mathrm{J} = 0.8\ \mathrm{J}$$

由此可见，一般的电容器储存的能量并不多，但如果使电容器的能量在很短时间内释放出来，却可以得到相当大的瞬时功率。照相机的闪光灯就是利用电容器快速放电而获得瞬时大功率，实现瞬时照明。

5.7.2 静电场的能量　能量密度

从上面讨论可见，在电容器充电的过程中，外力通过克服静电场力做功，把非静电能转化为电容器的电能。下面将说明静电场具有能量，带电系统的能量就是电场的能量，而且分布在电场所占的整个空间之中。

对于极板面积为 S、间距为 d 的平行板电容器，电场所占有的空间体积为 $V = Sd$。板间充满相对电容率为 ε_r 的电介质，若不计边缘效应，则两极板间的电压 U 和场强 E 的关系为

$U=Ed$，平行板电容器的电容公式 $C=\dfrac{\varepsilon_0\varepsilon_r S}{d}$，代入式（5-40），于是此电容器储存的能量也可以写成

$$W_e=\frac{1}{2}CU^2=\frac{1}{2}\ \frac{\varepsilon_0\varepsilon_r S}{d}(Ed)^2=\frac{1}{2}\varepsilon_0\varepsilon_r E^2 Sd=\frac{1}{2}\varepsilon E^2 V \tag{5-41}$$

此式是用场量 E 来表示的，说明了电场能量的携带者是电场本身。

所以，单位体积电场内所具有的电场能量为

$$w_e=\frac{W_e}{V}=\frac{1}{2}\varepsilon E^2 \tag{5-42}$$

式中，w_e 为单位体积电场所具有的能量，称为电场的能量密度。式（5-42）表明，电场的能量密度与电场强度的二次方成正比，电场强度越大，电场的能量密度也越大。前面已经指出，电容器中储存了能量，式（5-42）进一步指出该能量储存在电容器极板间的静电场中。式（5-42）虽然是从平行板电容器这个特例中求得的，但可以证明，对于任意电场，这个结论也是正确的。

对于非均匀场，只要在场中取一体积元 $\mathrm{d}V$，可以认为 $\mathrm{d}V$ 内是均匀电场，则在 $\mathrm{d}V$ 内电场所储存的能量为

$$\mathrm{d}W_e=w_e\mathrm{d}V=\frac{1}{2}\varepsilon E^2\mathrm{d}V$$

因此，整个电场的能量为

$$W_e=\int_V \mathrm{d}W_e=\int_V w_e\mathrm{d}V=\int_V\frac{1}{2}\varepsilon E^2\mathrm{d}V \tag{5-43}$$

式中，$\int_V$ 表示积分遍布整个电场空间。

【例 5-17】 一球形电容器的内、外半径分别为 R_1 和 R_2，所带电荷量分别为 $+Q$ 和 $-Q$，若在两球壳间充满电容率为 ε 的电介质（图 5-46）。问此电容器储存的电场能量是多少？

【解】 带电球形电容器的电场分布在两个球面之间，且具有球对称性，内球面内和外球面外区域内电场均为零。由高斯定理可求得两球面间电场强度的大小为

$$E=\frac{Q}{4\pi\varepsilon r^2}$$

则电场能量密度为

$$w_e=\frac{1}{2}\varepsilon E^2=\frac{Q^2}{32\pi^2\varepsilon r^4}$$

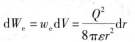

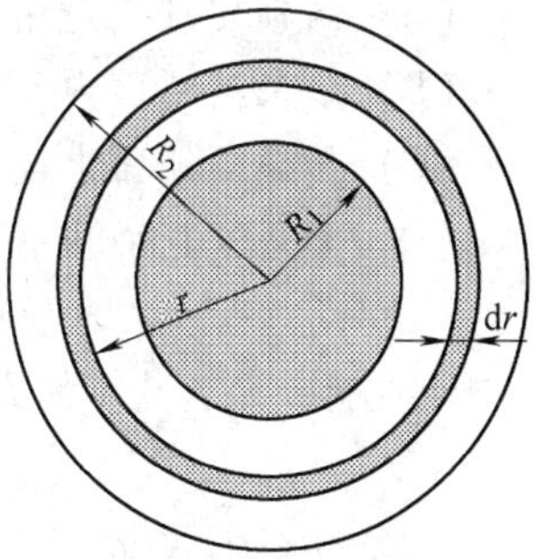

图 5-46 例 5-17 用图

取半径为 r、厚为 $\mathrm{d}r$ 的球壳为体积元 $\mathrm{d}V$，则该体积元的体积为 $\mathrm{d}V=4\pi r^2\mathrm{d}r$。因此体积元中储存的电场能量为

$$\mathrm{d}W_e=w_e\mathrm{d}V=\frac{Q^2}{8\pi\varepsilon r^2}\mathrm{d}r$$

整个电场的总能量为

$$W_e = \int_V dW_e = \int_{R_1}^{R_2} \frac{Q^2}{8\pi\varepsilon}\frac{dr}{r^2} = \frac{Q^2}{8\pi\varepsilon}\left(\frac{1}{R_1} - \frac{1}{R_2}\right)$$

该例题也说明电容器的能量储存于电场之中。

另外此题还可以利用电容器储能公式 $W_e = \dfrac{Q^2}{2C}$以及球形电容器电容公式 $C = \dfrac{4\pi\varepsilon R_1 R_2}{R_2 - R_1}$，求得到相同的结果，读者可以自行推证。

习　　题

一、简答题

1. 电场强度是怎样定义的？写出定义式。
2. 写出真空中点电荷的电场强度公式。
3. 怎样求点电荷系的电场强度？写出公式。
4. 怎样求连续分布带电体的电场强度？总结用积分叠加法求解电场强度的基本步骤。
5. 写出真空中静电场的高斯定理公式。
6. 在什么情况下可以用高斯定理求解电场强度？利用高斯定理求解电场强度时，对高斯面有什么要求？
7. 静电场力做功的特点是什么？写出静电场的环路定理公式。
8. 电势是怎样定义的？写出定义式。
9. 电势差是怎样定义的？写出定义式。
10. 写出真空中点电荷的电势。
11. 怎样求点电荷系的电势？写出公式。
12. 怎样求连续分布带电体的电势？总结用积分叠加法求解电势的基本步骤。
13. 导体静电平衡时，电荷分布、电场和电势各有什么特点？

二、选择题

1. 关于高斯定理的理解有下面几种说法，其中正确的是［　　］。

(A) 高斯定理仅适用于具有高度对称性的电场；

(B) 如果高斯面内无电荷，则高斯面上电场强度处处为零；

(C) 如果高斯面上电场强度处处不为零，则高斯面内必有电荷；

(D) 如果高斯面内有净电荷，则通过高斯面的电通量必不为零。

2. 在点电荷 q 的电场中，选取以 q 为中心、R 为半径的球面上一点 P 处作为电势零点，则与点电荷 q 距离为 r 的 P' 点的电势为［　　］。

(A) $\dfrac{q}{4\pi\varepsilon_0 r}$　(B) $\dfrac{q}{4\pi\varepsilon_0}\left(\dfrac{1}{r} - \dfrac{1}{R}\right)$　(C) $\dfrac{q}{4\pi\varepsilon_0 (r - R)}$　(D) $\dfrac{q}{4\pi\varepsilon_0}\left(\dfrac{1}{R} - \dfrac{1}{r}\right)$

3. 真空中有一电荷量为 Q 的点电荷，在与它相距为 r 的 a 点处有一试验电荷 q，现使试验电荷 q 从 a 点沿半圆弧轨道运动到 b 点，如题图 5-1 所示。则电场力做功为［　　］。

(A) $\dfrac{Qq}{4\pi\varepsilon_0 r^2}\dfrac{\pi r^2}{2}$　(B) $\dfrac{Qq}{4\pi\varepsilon_0 r^2}2r$　(C) $\dfrac{Qq}{4\pi\varepsilon_0 r^2}\pi r$　(D) 0

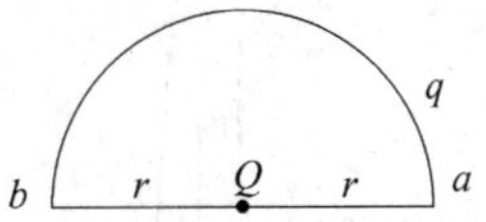

题图 5-1

4. 一空气平行板电容器，充电后把电源断开，这时电容器中储存的能量为 W_0。然后在两极板之间充满相对电容率为 ε_r 的各向同性均匀电介质，则该电容器中储存的能量为 [　　]。

(A) $W=\varepsilon_r W_0$　　(B) $W=\dfrac{W_0}{\varepsilon_r}$　　(C) $W=(1-\varepsilon_r)W_0$　　(D) $W=W_0$

5. 如题图 5-2 所示，有四个等量点电荷在 Oxy 平面上的四种不同组态，所有点电荷均与原点等距。设无限远处电势为零，则原点 O 处电场强度和电势均为零的组态是 [　　]。

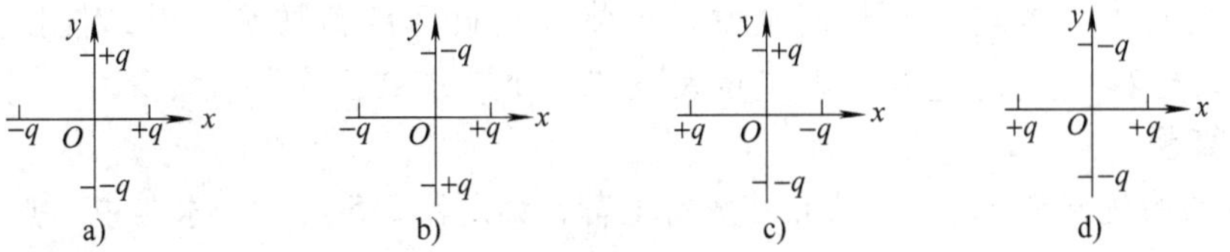

题图 5-2

三、填空题

1. 将一个试验电荷 q_0（正电荷）放在带有负电荷的大导体附近 P 点处，测得它所受的力为 F，若 q_0 不是足够小，则 F/q_0 比 P 点处原先的电场强度数值__________。(填“大”、“小”或“相等”)

2. 半径为 r 的均匀带电球面 1，带电荷量为 q；其外有一同心的半径为 R 的均匀带电球面 2，带电荷量为 Q，则此两球面之间的电势差 U_1-U_2 为__________。

3. 在点电荷 $+q$ 和 $-q$ 的静电场中，作出如题图 5-3 所示的三个闭合面 S_1、S_2、S_3，则通过这些闭合面的电场强度通量分别是：$\Phi_1=$__________，$\Phi_2=$__________，$\Phi_3=$__________。

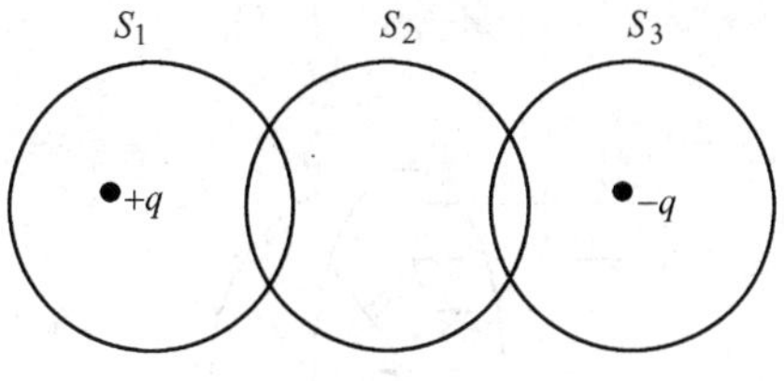

题图 5-3

4. 一高斯球面内有相距为 a 的等值异号点电荷，则穿过整个高斯面的电场强度通量为__________，面上各点电场强度__________。(填“为零”或“不为零”)

5. 如题图 5-4 所示的静电场等势线图，已知 $U_1<U_2<U_3$，在图上画出 a、b 两点的电场强度方向，并比较它们的大小，E_a __________ E_b。(填“<”、“>”、“=”)

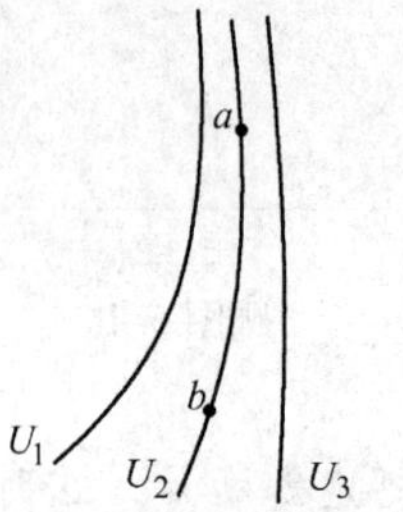

题图 5-4

6. 电介质在电容器中的作用是：(1) __________；(2) __________。

7. 一个不带电的金属球壳，内、外半径分别为 R_1 和 R_2，今在中心处放置一电荷量为 q 的点电荷，则球壳的电势为__________。

8. 一平行板电容器充电后切断电源，若使二极板间距离增加，则二极板间电场强度__________，电容__________。(填“增大”、“减小”或“不变”)。

四、计算题

1. 正方形的边长为 a，四个顶点都放有电荷，如题图5-5 所示。求其中心点 O 处的电场强度。

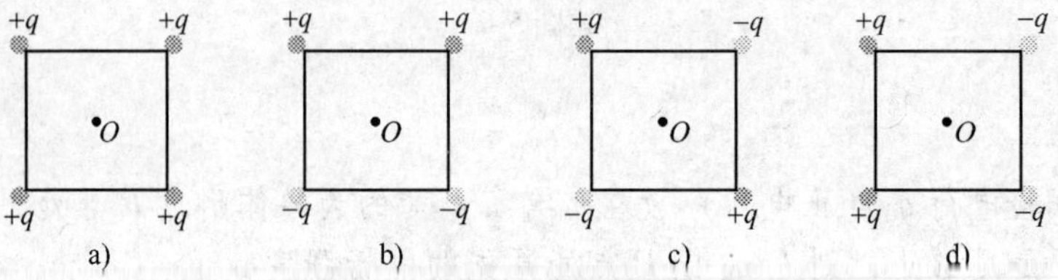

题图 5-5

2. 一半径为 R 的半圆细环上均匀地分布电荷 Q，求环心处的电场强度。

3. 设匀强电场的电场强度 $\boldsymbol{E}$ 与半径为 R 的半球面的对称轴平行（题图5-6），求通过此半球面的电场强度通量。

4. 一半径 R 的均匀带电无限长直圆柱体，电荷体密度为 $+\rho$，求带电圆柱体内、外的电场分布。

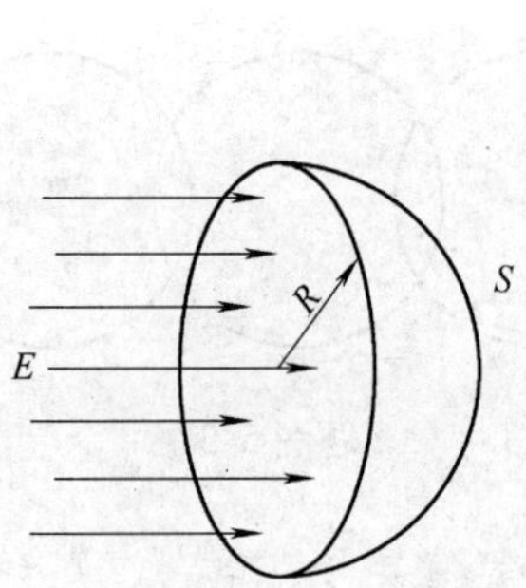

题图 5-6

5. 两个带有等量异号电荷的无限长同轴圆柱面，半径分别为 R_1 和 R_2（$R_1 < R_2$），单位长度上的带电荷量为 λ，求离轴线为 r 处的电场强度：（1）$r < R_1$；（2）$R_1 < r < R_2$；（3）$r > R_2$。

6. 题图 5-7 所示，两平行无限大均匀带电平面上的面电荷密度分别为 $+\sigma$ 和 -2σ，求图中 3 个区域的电场强度。

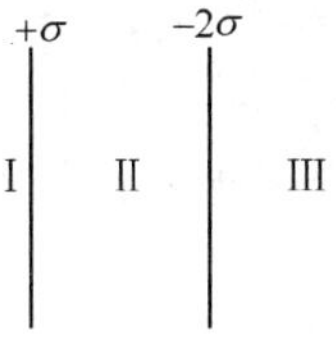

题图 5-7

7. 一均匀带电半圆环，半径为 R、带电荷量为 Q，求环心处的电势。

8. 电荷量 q 均匀分布在长为 $2l$ 的细杆上，求在杆外延长线上与杆端距离为 a 的点 P 的电势（设无穷远处为电势零点）。

9. 如题图 5-8 所示，两个同心球面，半径分别为 R_1 和 R_2，内球面带电 $-q$，外球面带电荷 $+Q$，求距球心（1）$r<R_1$；（2）$R_1<r<R_2$；（3）$r>R_2$ 处一点的电势。

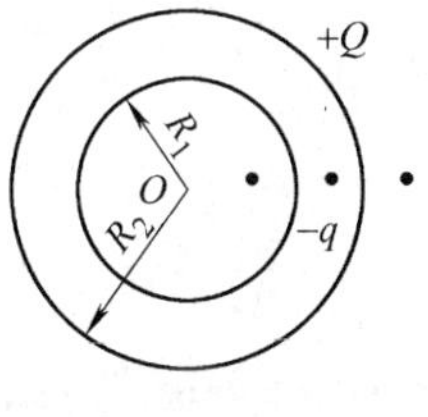

题图 5-8

10. 一半径为 R 的长棒，其内部的电荷分布是均匀的，电荷的体密度为 ρ。求：(1) 棒表面的电场强度；(2) 棒轴线上的一点与棒表面之间的电势差。

11. 两个很长的共轴圆柱面（$R_1 = 3.0\times10^{-2}$ m，$R_2 = 0.10$ m）带有等量异号的电荷，两者的电势差为 450 V。求：(1) 圆柱面单位长度上带有多少电荷？(2) 两圆柱面之间的电场强度？

12. 空气平行板电容器两极板间充满某种电介质，极板间距离 $d = 2$ mm、电压为 600 V，若断开电源抽出电介质，则电压升高到 1800 V。求：(1) 电介质的相对电容率；(2) 介质中的电场强度。

13. 作近似计算时，把地球当作半径为 6.40×10^6 m 的孤立球体。求：(1) 其电容为多少？(2) 若地球表面处的电场强度为 $100\ \mathrm{V\cdot m^{-1}}$，已知地球带负电荷，则地球的总电荷量为多少？(3) 地球表面的电势是多少？

14. 地球和电离层可当作球形电容器，它们之间相距约为 100 km。求地球-电离层系统的电容。(设地球与电离层之间为真空)

15. 一平行板电容器，极板形状为圆形，其半径为 8.0 cm、极板间距为 1.0 mm，中间充满相对电容率为5.5的电介质，若电容器充电到100 V，求：(1) 两极板带的电荷量为多少？(2) 储存的电能是多少？

16. 两个同心导体球壳，内球壳半径为R_1，外球壳半径为R_2，中间是空气，构成一个球形空气电容器，设内外球壳上分别带有电荷$+Q$和$-Q$；求：(1) 电容器电容；(2) 电容器储存的电能。

17. 一圆柱形电容器，内圆柱的半径为R_1，外圆柱的半径为R_2，长为L，$L \gg (R_2 - R_1)$，两圆柱之间充满相对介电常数为ε_r的各向同性均匀电介质，设内外圆柱单位长度上的电荷量分别为λ和$-\lambda$，求：(1) 电容器的电容；(2) 电容器储存的电能。

第6章　稳恒磁场

静止电荷的周围存在着静电场，运动电荷的周围不仅存在电场，而且还存在磁场。磁性是运动电荷的一种属性，磁性起源于电流（运动电荷）。本章研究由恒定电流所激发的稳恒磁场的性质和规律，主要内容有描述磁场的基本物理量——磁感应强度、电流激发磁场的规律——毕奥-萨伐尔定律、反映磁场性质的基本定理——磁场的高斯定理和安培环路定理、磁场对运动电荷的作用力——洛伦兹力和磁场对电流的作用力——安培力、磁介质中的磁场。

6.1　磁场　磁感应强度

6.1.1　基本磁现象

我国古代人们在春秋战国时期就对天然磁石有了一些认识。早期人们对磁现象的基本认识可以归纳为以下几点：

第一，磁铁具有吸引铁、镍、钴等物质的性质，称为磁性。磁铁有两个磁极，当自由悬挂时，它的一端恒指北，称之为北极（N极），另一端恒指南，称之为南极（S极）。

第二，磁体之间有相互作用，同名磁极相斥，异名磁极相吸。

第三，自然界中没有单一磁极存在。把磁铁作任意的分割，每一小块都有N极和S极，它们总是成对出现的，至今尚未发现磁单极子的存在，而正电荷和负电荷却可以独立存在，这是磁极和电荷的基本区别。

长时间内，磁学与电学各自独立发展互不相关，直到1820年丹麦物理学家奥斯特发现电流的磁效应之后，人们才逐渐认识到电现象与磁现象的内在联系。1822年安培提出分子电流的假说，他认为一切磁现象起源于电流，磁性物质的分子中，存在环形电流，称为分子电流。当分子电流在一定程度上规则排列时，物质便显示出磁性。安培的分子电流假说从物质的微观结构上解释了物质的磁性。这样，磁铁与磁铁、电流与电流、磁铁与电流间的相互作用都可归结为运动电荷（或电流）间的相互作用。

6.1.2　磁场与磁感应强度

我们已经知道静止电荷之间的相互作用力是通过电场传递的。与此类似，运动电荷之间的相互作用力是通过磁场传递的。这就是说，任何运动电荷（或电流、磁铁）的周围空间都存在着磁场，而磁场的基本特性就是对位于磁场中的其他运动电荷（或电流、磁铁）有力的作用。

磁场和电场一样，也具有能量，也是物质存在的一种形式。

为了定量地描述电场的分布，我们曾引入了电场强度矢量$\boldsymbol{E}$，同样为了定量地描述磁场的分布，也需要引入一个与电场中电场强度矢量$\boldsymbol{E}$地位相当的物理量，这个物理量称为磁感应强度，用 $\boldsymbol{B}$ 表示。

在静电场中，我们曾用电场对检验电荷 q 的作用来定义电场强度。与此类似，我们用磁场对运动电荷的作用来定义磁感应强度。

将一个速度为 $\boldsymbol{v}$ 、电荷量为 q 的运动电荷引入磁场（图 6-1）。实验发现，磁场对运动电荷的作用力具有如下的规律：

1）运动电荷所受磁力 $\boldsymbol{F}$ 的方向总与该电荷的运动方向垂直，即 $\boldsymbol{F}\perp\boldsymbol{v}$；

2）运动电荷所受磁力 $\boldsymbol{F}$ 的大小不仅与电荷量 q 和速率 v 的乘积成正比，即 $F\propto qv$，而且还与电荷的运动方向有关；

3）磁场中的每一点都存在一个与运动方向无关的特征方向，当运动电荷 q 沿该方向运动时，所受的磁力为零（$F=0$）；当运动电荷 q 沿该方向的垂直方向运动时，所受的磁力最大（$F=F_{max}$）。

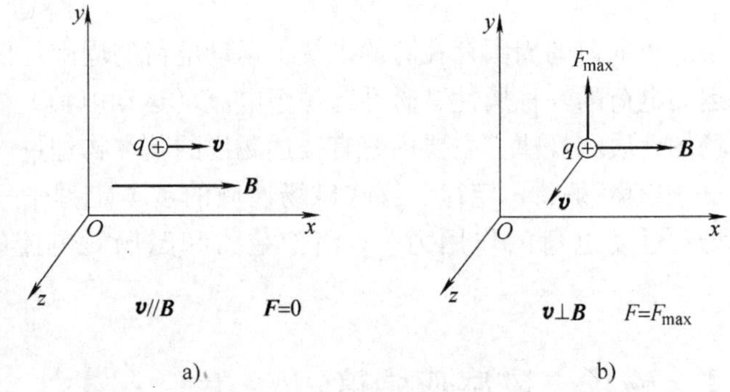

图 6-1 运动电荷在磁场中的受力

根据上述规律，我们对描述磁场性质的基本物理量——磁感应强度矢量 $\boldsymbol{B}$ 定义如下：磁场中的某点处运动电荷不受磁力作用的方向，即该点处小磁针受磁场力作用后静止时 N 极所指的方向，规定为该点处的磁感应强度 $\boldsymbol{B}$ 的方向。

运动电荷在磁场中某点所受的最大磁场力 F_{max} 与 qv 的比值与运动电荷无关，只取决于该点磁场本身的性质，故我们定义运动电荷在磁场中某点所受的最大磁场力 F_{max} 与 qv 的比值规定为该点处磁感应强度 $\boldsymbol{B}$ 的大小，即

$$B=\frac{F_{max}}{qv} \tag{6-1}$$

在国际单位制中，磁感应强度 $\boldsymbol{B}$ 的单位是特斯拉（简称特），用 T 表示，即

$$1\,\mathrm{T}=1\,\mathrm{N\cdot C^{-1}\cdot m^{-1}\cdot s}=1\,\mathrm{N\cdot A^{-1}\cdot m^{-1}}$$

地球表面的磁感应强度值约在 10^{-5} T（两极），一般永久磁铁的磁感应强度值约为 10^{-2} T，大型电磁铁能产生 2 T 的磁场，用超导材料制成的磁体可产生 10^2 T 的磁场。

6.2 毕奥-萨伐尔定律

本节我们将讨论恒定电流激发磁场的规律。恒定电流在其周围激发的不随时间变化的磁场称为稳恒磁场。

6.2.1 毕奥-萨伐尔定律

在静电场中计算任意带电体在某点的电场强度 $\boldsymbol{E}$ 时，我们曾把带电体分成无限多个电荷元 dq，求出每个电荷元在该点的电场强度 d$\boldsymbol{E}$，而所有电荷元在该点的电场强度叠加即为此带电体在该点的电场强度 $\boldsymbol{E}$。现在对于载流导线来说，可以仿此思路，把流过某一线元矢量 d$\boldsymbol{l}$ 的电流 I 与 d$\boldsymbol{l}$ 乘积 Id$\boldsymbol{l}$ 称为电流元，把电流元中电流的流向作为线元矢量的方向（图

6-2)。那么我们就可以把一载流导线看成是由许多个电流元 $I\mathrm{d}\boldsymbol{l}$ 连接而成。这样，载流导线在空间任一点所激发的磁感应强度 $\boldsymbol{B}$ 就是由这导线上所有的电流元在该点的磁感应强度 $\mathrm{d}\boldsymbol{B}$ 叠加而成。那么电流元 $I\mathrm{d}\boldsymbol{l}$ 与它所激发的磁感应强度 $\mathrm{d}\boldsymbol{B}$ 之间有什么样的关系呢?

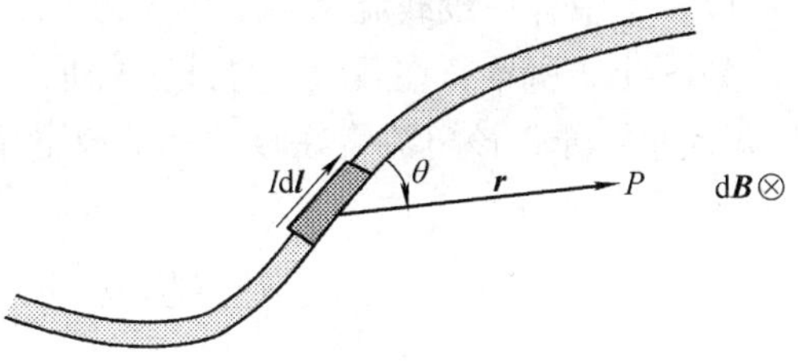

图 6-2　电流元的磁感应强度

1820 年 10 月，毕奥和萨伐尔两人通过大量的实验得到了载流导线周围磁场与电流的定量关系。在此基础上，数学家拉普拉斯将毕奥和萨伐尔的实验结果归纳成数学公式，总结出电流元产生磁场的基本规律——毕奥-萨伐尔定律。

该定律指出，电流元 $I\mathrm{d}\boldsymbol{l}$ 在真空中某点 P 所产生的磁感应强度 $\mathrm{d}\boldsymbol{B}$ 的大小，与电流元的大小 $I\mathrm{d}l$ 成正比，与电流元到点 P 的距离 r 的平方成反比，与电流元 $I\mathrm{d}\boldsymbol{l}$ 和自电流元到点 P 的矢径 $\boldsymbol{r}$ 间的夹角的正弦成正比，即

$$\mathrm{d}B = \frac{\mu_0}{4\pi}\frac{I\,\mathrm{d}l\sin\theta}{r^2} \tag{6-2}$$

式中，μ_0 称为真空磁导率，其值为 $\mu_0 = 4\pi\times10^{-7}\mathrm{N\cdot A^{-2}}$。$\mathrm{d}\boldsymbol{B}$ 的方向垂直于 $I\mathrm{d}\boldsymbol{l}$ 和 $\boldsymbol{r}$ 所组成的平面，并沿 $I\mathrm{d}\boldsymbol{l}\times\boldsymbol{r}$ 的方向，即当右手弯曲，四指从 $I\mathrm{d}\boldsymbol{l}$ 方向沿小于 π 的角转向 $\boldsymbol{r}$ 时，伸直的大姆指所指的方向为 $\mathrm{d}\boldsymbol{B}$ 的方向。因此，毕奥-萨伐尔定律可用矢量式表示为

$$\mathrm{d}\boldsymbol{B} = \frac{\mu_0}{4\pi}\frac{I\,\mathrm{d}\boldsymbol{l}\times\boldsymbol{r}}{r^3} \tag{6-3}$$

整个载流导线在空间某点 P 的磁感应强度 $\boldsymbol{B}$，等于导线上所有电流元在该点所产生的磁感应强度 $\mathrm{d}\boldsymbol{B}$ 的矢量和，即

$$\boldsymbol{B} = \int_L \mathrm{d}\boldsymbol{B} = \int_L \frac{\mu_0}{4\pi}\frac{I\,\mathrm{d}\boldsymbol{l}\times\boldsymbol{e}_r}{r^2} \tag{6-4}$$

式中，$\boldsymbol{e}_r$ 表示由电流元指向点 P 的单位矢量，积分是对整个载流导线进行矢量积分。

毕奥-萨伐尔定律是在实验基础上总结出来的，由于电流元不能单独存在，因此不能由实验直接加以证明，但由这个定律出发得出的结果与实验很好地吻合，可间接地验证该定律的正确性。

6.2.2　毕奥-萨伐尔定律应用举例

应用毕奥-萨伐尔定律和磁场的叠加原理，可以计算某些形状比较规则的载流导线在空间一些特定点处的磁感应强度。但是应当注意的是，磁感应强度是矢量，式（6-4）的积分是矢量积分，它不同于一般的代数积分。在进行具体积分运算时，要首先分析载流导线上各电流元所产生的磁场 $\mathrm{d}\boldsymbol{B}$ 的方向，只有各个 $\mathrm{d}\boldsymbol{B}$ 的方向都相同时，式（6-4）的积分才能直接转化为标量积分。若各个 $\mathrm{d}\boldsymbol{B}$ 的方向不同，则先求出 $\mathrm{d}\boldsymbol{B}$ 沿 3 个坐标轴的分量 $\mathrm{d}B_x$、$\mathrm{d}B_y$、$\mathrm{d}B_z$，然后对其分量分别进行积分，即

$$B_x = \int_L \mathrm{d}B_x,\quad B_y = \int_L \mathrm{d}B_y,\quad B_z = \int_L \mathrm{d}B_z$$

下面举几个简单例子加以说明。

1. 载流直导线的磁场

设真空中有一段载流直导线，长为 L、电流强度为 I，求空间某一点 P 的磁感应强度。

如图 6-3 所示，在载流直导线上任取一电流元 $I\mathrm{d}\boldsymbol{l}$，根据毕奥-萨伐尔定律，该电流元在点 P 处产生的磁感应强度 $\mathrm{d}\boldsymbol{B}$ 的大小为

$$\mathrm{d}B = \frac{\mu_0}{4\pi}\frac{I\mathrm{d}l\sin\theta}{r^2}$$

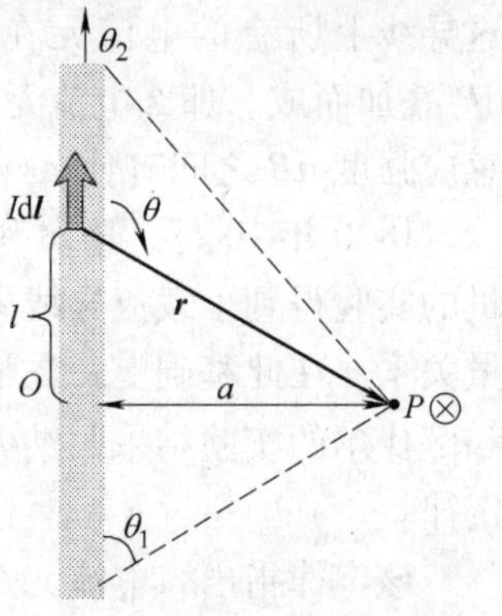

图 6-3 载流直导线的磁场

$\mathrm{d}\boldsymbol{B}$ 的方向垂直于纸面向里，图中用⊗表示。由于直导线上所有电流元在 P 点的磁感应强度 $\mathrm{d}\boldsymbol{B}$ 方向都相同，所以，点 P 的磁感应强度的大小等于各电流元在 P 点的 $\mathrm{d}\boldsymbol{B}$ 的大小之和，即

$$B = \int_L \mathrm{d}B = \int_L \frac{\mu_0 I\mathrm{d}l\sin\theta}{4\pi r^2}$$

由于积分式中 l、r、θ 都是变量，为了便于积分，首先统一变量为 θ。由图 6-3 可得

$$l = a\cot(\pi - \theta) = -a\cot\theta$$

$$\mathrm{d}l = \frac{a}{\sin^2\theta}\mathrm{d}\theta$$

而

$$r = \frac{a}{\sin(\pi - \theta)} = \frac{a}{\sin\theta}$$

于是得点 P 的磁感应强度的大小为

$$B = \int_{\theta_1}^{\theta_2} \frac{\mu_0 I}{4\pi a}\sin\theta\mathrm{d}\theta = \frac{\mu_0 I}{4\pi a}(\cos\theta_1 - \cos\theta_2) \tag{6-5}$$

式中，θ_1 和 θ_2 分别为直导线两端的电流元与它们到点 P 矢径之间的夹角。

若导线的长度远大于点 P 到直导线的垂直距离（$L \gg a$），则导线可视为无限长。此时，$\theta_1 = 0$，$\theta_2 = \pi$，P 点的磁感应强度为

$$B = \frac{\mu_0 I}{2\pi a} \tag{6-6}$$

式（6-6）表明，无限长载流直导线周围的磁场 $B \propto \dfrac{I}{a}$。这一正比关系与毕奥-萨伐尔的早期实验结果是一致的。

2. 载流圆线圈轴线上的磁场

设真空中有一载流圆线圈，半径为 R、电流为 I，求载流圆线圈轴线上一点 P 的磁感强度。

如图 6-4 所示，在载流圆线圈上任取一电流元 $I\mathrm{d}\boldsymbol{l}$，根据毕奥-萨伐尔定律，该电流元在点 P 处产生的磁感应强度 $\mathrm{d}\boldsymbol{B}$ 的大小为

$$\mathrm{d}B = \frac{\mu_0}{4\pi}\frac{I\mathrm{d}l\sin\dfrac{\pi}{2}}{r^2} = \frac{\mu_0 I\mathrm{d}l}{4\pi r^2}$$

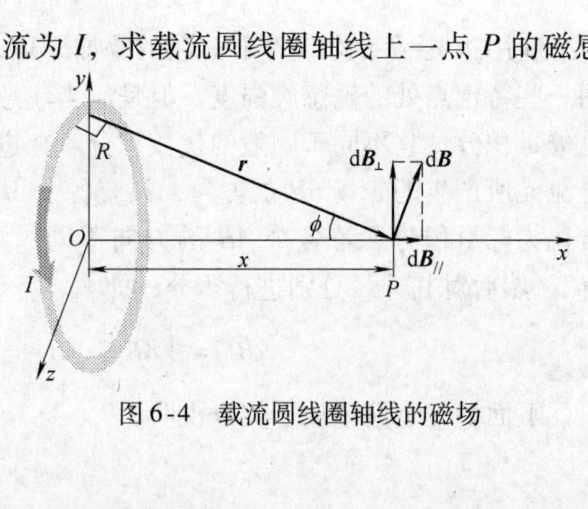

图 6-4 载流圆线圈轴线的磁场

$\mathrm{d}\boldsymbol{B}$ 的方向垂直于电流元 $I\mathrm{d}\boldsymbol{l}$ 与矢径 $\boldsymbol{r}$ 所组成的

平面，方向如图6-4所示。由于载流圆线圈上的各电流元在 P 点的磁感应强度 d$\boldsymbol{B}$ 的方向各不相同，因此将 d$\boldsymbol{B}$ 分成两个分量：平行于 x 轴的分量 d$\boldsymbol{B}_{/\!/}$ 和垂直于 x 轴的分量 d$B_{\perp}$，其大小分别为

$$\mathrm{d}B_{/\!/} = \mathrm{d}B\sin\phi$$

$$\mathrm{d}B_{\perp} = \mathrm{d}B\cos\phi$$

考虑到一直径两端的电流元对 x 轴的对称性，它们的垂直分量 d$B_{\perp}$ 两两抵消，所有电流元在 P 点产生的磁场磁感应强度的垂直分量 d$B_{\perp}$ 的总和为零，所以整个载流圆线圈在 P 点的磁感应强度的大小等于平行于 x 轴的分量，即

$$B = B_{/\!/} = \int_L \mathrm{d}B_{/\!/} = \int_L \frac{\mu_0 I\mathrm{d}l}{4\pi r^2}\sin\phi$$

总磁感应强度的方向沿 x 轴方向，与电流构成右手螺旋关系。由于 $\sin\phi = R/r$，代入上式得

$$B = \int_L \frac{\mu_0 IR\mathrm{d}l}{4\pi r^3} = \int_L \frac{\mu_0 IR\mathrm{d}l}{4\pi(x^2 + R^2)^{3/2}}$$

对于给定点 P 来说，x、R 和 I 都是常数，所以积分结果为

$$B = \frac{\mu_0 IR^2}{2(x^2 + R^2)^{3/2}} \tag{6-7}$$

在载流圆线圈的中心 O 处($x=0$)的磁感应强度大小为

$$B = \frac{\mu_0 I}{2R} \tag{6-8}$$

若 $x >> R$，即场点 P 在远离原点 O 的 Ox 轴上，则$(x^2 + R^2)^{3/2} \approx x^3$。由式（6-7）可得

$$B = \frac{\mu_0 IR^2}{2x^3}$$

线圈圆电流的面积为 $S = \pi R^2$，上式可写成

$$B = \frac{\mu_0}{2\pi}\frac{IS}{x^3}$$

在此，我们引入磁矩 $\boldsymbol{m}$ 来描述载流线圈的性质。定义 $\boldsymbol{m} = I\boldsymbol{S} = IS\boldsymbol{e}_{\mathrm{n}}$，$\boldsymbol{e}_{\mathrm{n}}$ 是圆电流平面的正法线单位矢量，它与电流 I 的流向遵守右手螺旋定则。如线圈有 N 匝，则 $\boldsymbol{m} = NI\boldsymbol{S} = NIS\boldsymbol{e}_{\mathrm{n}}$。这样上式可改写为

$$\boldsymbol{B} = \frac{\mu_0}{2\pi}\frac{m}{x^3}\boldsymbol{e}_{\mathrm{n}} = \frac{\mu_0}{2\pi}\frac{\boldsymbol{m}}{x^3} \tag{6-9}$$

3. 长直螺线管轴线上的磁场

如图6-5所示，长直螺线管长为 l、半径为 R，螺线管总匝数为 N，单位长度匝数 $n = N/l$，我们来计算螺线管轴线上 P 点处的磁感应强度。

在 x 处取长为 dx 的线元，其上载流线圈的匝数为 ndx。可相当于通有电流为 Indx 的圆形线圈，由式（6-7）可得 P 处的磁感应强度 d$\boldsymbol{B}$ 的值为

$$\mathrm{d}B = \frac{\mu_0}{2}\frac{IR^2 n\mathrm{d}x}{(x^2 + R^2)^{3/2}}$$

d$\boldsymbol{B}$ 的方向沿 Ox 轴正向。螺线管各元段上的载流线圈在轴上 P 点的磁感应强度的方向相同，均沿着 Ox 轴正向。所以，整个载流螺线管在点 P 处的磁感应强度，应为各元段上的载流线

圈在该点磁感应强度之和，即

$$B = \int \mathrm{d}B = \frac{\mu_0 n I}{2} \int_{x_1}^{x_2} \frac{R^2 \mathrm{d}x}{(x^2 + R^2)^{3/2}}$$

为便于积分，用角量β替换线量x，β为到元段$\mathrm{d}x$上线圈与P的连线与Ox轴之间的夹角。从图6-5可以看出

$$x = R\cot\beta, \mathrm{d}x = -R\csc^2\beta \mathrm{d}\beta$$

$$R^2 + x^2 = R^2(1+\cot^2\beta) = R^2\csc^2\beta$$

带入上式得

$$B = -\frac{\mu_0 n I}{2}\int_{\beta_1}^{\beta_2} \frac{R^3\csc^2\beta \mathrm{d}\beta}{R^3\csc^3\beta}$$

$$= -\frac{\mu_0 n I}{2}\int_{\beta_1}^{\beta_2} \sin\beta \mathrm{d}\beta$$

积分有 $B = \frac{\mu_0 n I}{2}(\cos\beta_2 - \cos\beta_1)$ （6-10）

若$l >> R$，即很细而很长的螺线管，可看做“无限长”螺线管。此时，可以取$\beta_1 = \pi$及$\beta_2 = 0$代入式（6-10）得

$$B = \mu_0 n I \tag{6-11}$$

若P处于半“无限长”载流螺线管的一端，$\beta_1 = \pi/2$，$\beta_2 = 0$，或者$\beta_1 = \pi$，$\beta_2 = \pi/2$。由式（6-10）得

$$B = \frac{\mu_0 n I}{2} \tag{6-12}$$

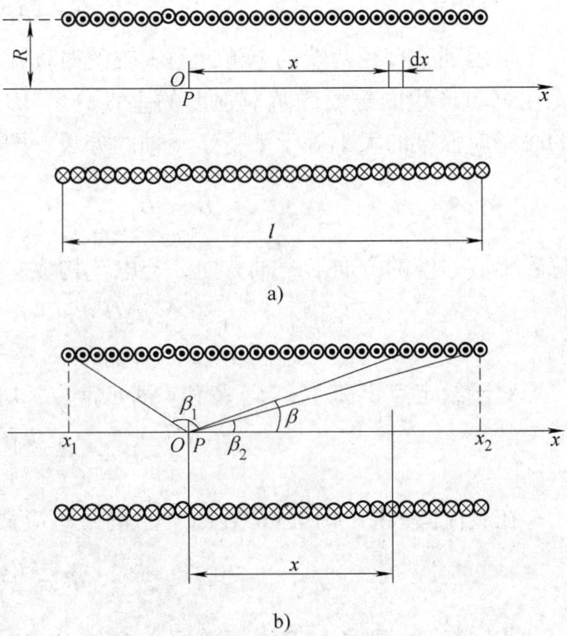

图6-5 长直螺线管轴线上的磁场

【例6-1】 一无限长载流直导线被弯成如图6-6所示的形状，试计算O点的磁感应强度。

【解】 点O的磁感应强度是图6-1中的4根载流导线在该点产生的磁感应强度的矢量和，即

$$\boldsymbol{B} = \boldsymbol{B}_1 + \boldsymbol{B}_2 + \boldsymbol{B}_3 + \boldsymbol{B}_4$$

由于点O在导线1、3的延长线上，因此

$$B_1 = B_3 = 0$$

导线2为四分之一圆弧，导线4为半无限长载流直导线，由式（6-8）和式（6-6）可知

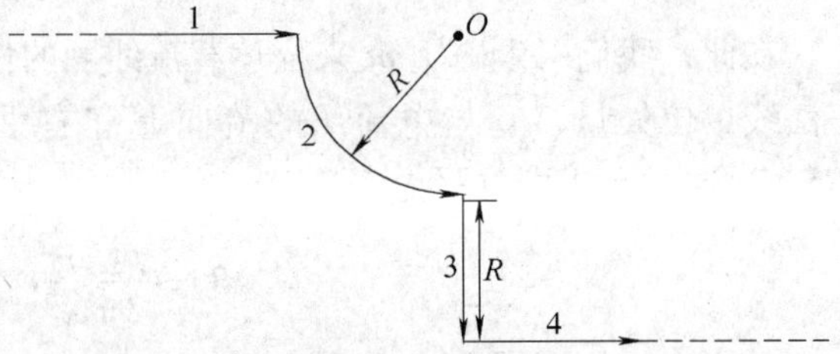

图6-6 例6-1用图

$$B_2 = \frac{\mu_0 I}{8R} \quad 方向垂直于纸面向外 \quad \odot$$

$$B_4 = \frac{\mu_0 I}{4\pi a} = \frac{\mu_0 I}{8\pi R} \quad 方向垂直于纸面向外 \quad \odot$$

所以O点的磁感应强度大小为

$$B = \frac{\mu_0 I}{8R} + \frac{\mu_0 I}{8\pi R} = \frac{\mu_0 I}{8R}\left(1 + \frac{1}{\pi}\right)$$

方向垂直于纸面向外。

6.3 磁场的高斯定理

6.3.1 磁感应线

在静电场中，我们曾用电场线直观形象地描绘静电场中各处 $\boldsymbol{E}$ 的分布。同样在磁场中，也可引入一些假想的曲线来描绘磁场中各处 $\boldsymbol{B}$ 的分布，这些曲线称为磁感应线。为使磁感应线能形象地反映出磁感应强度矢量的强弱和方向的分布，我们规定：①磁感线上任一点的切线方向与该点的磁感应强度方向一致；②通过磁场中某点处磁感应线疏密程度等于该点处磁感应强度的大小。这样便可用磁感应线的疏密来表示磁场的强弱。图6-7 分别为几种不同形状的电流周围磁场的磁感应线。

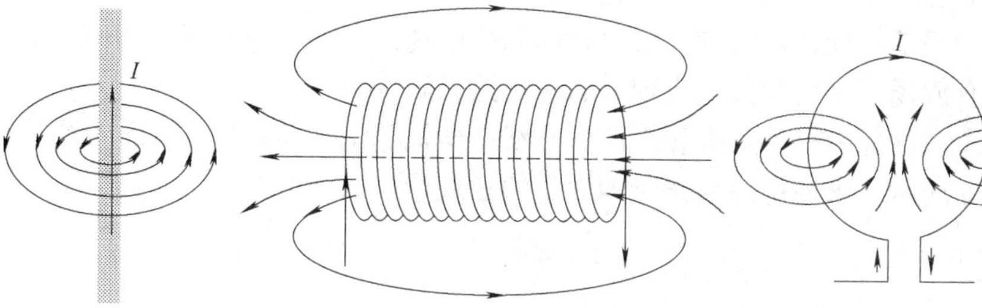

图6-7 磁感应线

从图6-7 可看出磁感应线具有以下特点：①磁场中任意两条磁感应线不相交，这是因为磁场中每一点的磁感应强度都具有唯一确定的方向；②每一条磁感应线都是环绕电流的无头无尾的闭合曲线，磁感应线的环绕方向与电流的流向构成右手螺旋定则。这一点与静电场中起自正电荷终止于负电荷的不闭合电场线是完全不同的。由此可见，稳恒磁场与静电场有着截然不同的性质。

6.3.2 磁通量 磁场的高斯定理

与电场强度通量类似引入磁通量概念。穿过磁场中某一给定曲面的磁感应线的总数，称为通过该曲面的磁通量，简称磁通，用 Φ_{m} 表示。

如图6-8 所示，S 为非匀强磁场中某一曲面，在 S 上任取一面元 $\mathrm{d}\boldsymbol{S}$，此面元所在处的磁感应强度 $\boldsymbol{B}$ 与面元的法向 $\boldsymbol{n}$ 之间的夹角为 θ，根据磁通量的定义，通过面元 $\mathrm{d}\boldsymbol{S}$ 的磁通量为

$$\mathrm{d}\Phi_{\mathrm{m}} = B\cos\theta\mathrm{d}S = \boldsymbol{B}\cdot\mathrm{d}\boldsymbol{S} \tag{6-13}$$

通过整个曲面 S 的磁通量等于通过其上所有面元磁通量的总和，即

$$\Phi_{\mathrm{m}} = \int_S \boldsymbol{B}\cdot\mathrm{d}\boldsymbol{S} = \int_S B\cos\theta\mathrm{d}S \tag{6-14}$$

在国际单位制中，磁通量的单位为韦伯，用 Wb 表示，即 $1\ \mathrm{Wb} = 1\ \mathrm{T}\cdot\mathrm{m}^2$。

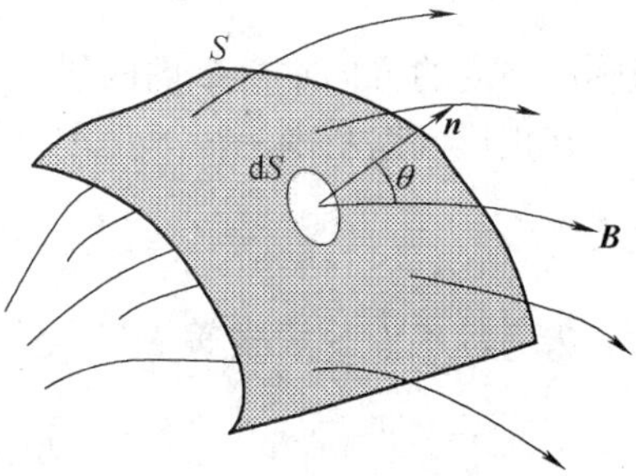

图6-8 任意曲面的磁通量

对于闭合曲面，通常规定闭合曲面的外法线方向为正方向。这样，在磁感应线穿出曲面处，$\theta<\pi/2$，$\cos\theta>0$，$d\Phi_m>0$，磁感应线从闭合曲面内穿出的磁通量为正；而在磁感应线穿入曲面处，$\theta>\pi/2$，$\cos\theta<0$，$d\Phi_m<0$，磁感应线穿入闭合曲面内的磁通量为负（图6-9）。

由于磁感应线为一系列闭合曲线，因此对任意一闭合曲面来说，有多少条磁感应线穿入闭合曲面，必定有相同数目的磁感应线从闭合曲面穿出来，也就是说，通过任意闭合曲面的磁通量必定等于零，即

$$\oint_S \boldsymbol{B}\cdot d\boldsymbol{S}=0 \qquad (6\text{-}15)$$

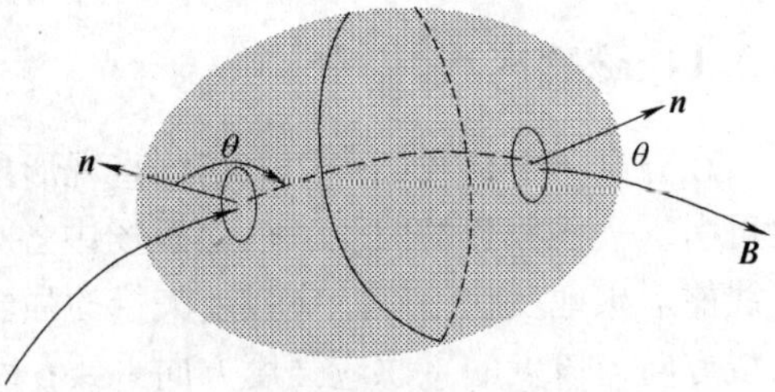

图6-9 闭合曲面的磁通量

式（6-15）就是磁场的高斯定理。它不仅对稳恒磁场适用，而且对非稳恒磁场也同样适用。

与静电场的高斯定理比较可知，稳恒磁场和静电场是不同性质的场。静电场的高斯定理表明静电场是有源场，磁场的高斯定理表明磁场是无源场。

【例6-2】 在真空中有一无限长载流直导线，电流为I，其旁有一矩形回路与直导线共面，如图6-10a所示。求通过该回路所围面积的磁通量。

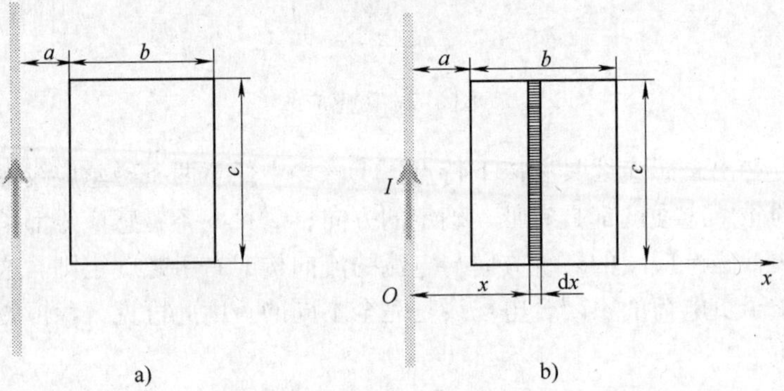

图6-10 例6-2用图

【解】 如图6-10b所示，长直导线周围的磁场为非匀强磁场。距导线为x处的磁感应强度的大小为

$$B=\frac{\mu_0 I}{2\pi x}$$

磁感应强度的方向垂直纸面向里。

在矩形回路所围平面S上取一面积元，$dS=c\,dx$，通过此面元的磁通量为

$$d\Phi_m=\boldsymbol{B}\cdot d\boldsymbol{S}=B\,dS=\frac{\mu_0 Ic}{2\pi x}dx$$

由此得通过平面S的磁通量

$$\Phi_m=\int_S d\Phi_m=\int_a^{a+b}\frac{\mu_0 Ic}{2\pi x}dx=\frac{\mu_0 Ic}{2\pi}\ln\frac{a+b}{a}$$

6.4　磁场的安培环路定理

6.4.1　磁场的安培环路定理

静电场的安培环路定理 $\oint_L \boldsymbol{E}\cdot \mathrm{d}\boldsymbol{l} = 0$ 表明静电场是保守场。在稳恒磁场中 $\oint_L \boldsymbol{B}\cdot \mathrm{d}\boldsymbol{l}$ 等于什么？磁场是否为保守场？安培环路定理回答了这些问题。

为简单起见，设真空中有一无限长直导线，通有电流 I 。取一半径为 R 的圆为积分回路 L ，其方向如图 6-11，并使回路所在的平面与导线垂直，其交点恰为积分回路的圆心，如图 6-11a 所示。

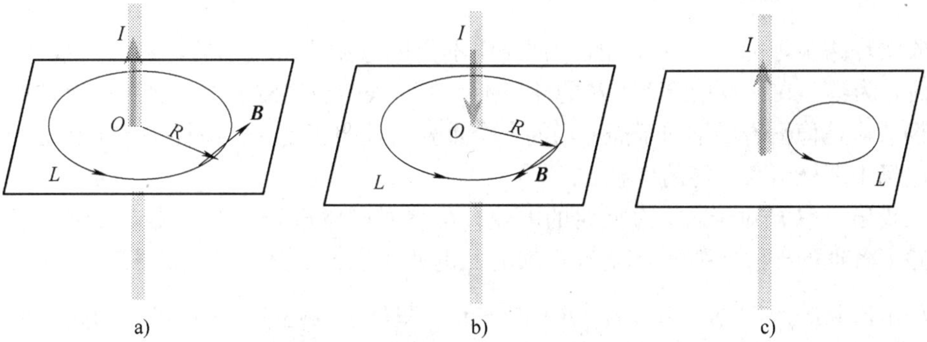

图 6-11　无限长载流直导线 $\boldsymbol{B}$ 的环流

在圆周上各点磁感应强度的大小为

$$B = \frac{\mu_0 I}{2\pi R} \tag{6-16}$$

方向符合右手螺旋定则。由于回路上每一点 $\boldsymbol{B}$ 的方向与线元 $\mathrm{d}\boldsymbol{l}$ 的方向总是相同的，即 $\boldsymbol{B}$ 与 $\mathrm{d}\boldsymbol{l}$ 之间的夹角 $\theta=0$，所以 $\boldsymbol{B}$ 的环流为

$$\oint_L \boldsymbol{B}\cdot \mathrm{d}\boldsymbol{l} = \oint_L B\cos\theta \mathrm{d}l = \oint_L \frac{\mu_0 I}{2\pi R}\mathrm{d}l = \mu_0 I$$

若保持积分回路的绕行方向不变，改变电流的流向，如图 6-11b 所示，则回路上每一点 $\boldsymbol{B}$ 的方向与线元 $\mathrm{d}\boldsymbol{l}$ 的方向总是相反的，即 $\boldsymbol{B}$ 与 $\mathrm{d}\boldsymbol{l}$ 之间的夹角 $\theta=\pi$，所以 $\boldsymbol{B}$ 的环流为

$$\oint_L \boldsymbol{B}\cdot \mathrm{d}\boldsymbol{l} = \oint_L B\cos\theta \mathrm{d}l = -\oint_L \frac{\mu_0 I}{2\pi R}\mathrm{d}l = -\mu_0 I = \mu_0(-I)$$

这时可以认为，对回路 L 而言，电流是负的。

当闭合回路不包围电流时，如图 6-11c 所示，路径上各点的磁感应强度虽然不为零，但是可以证明磁感应强度沿该闭合回路的积分为零，即

$$\oint_L \boldsymbol{B}\cdot \mathrm{d}\boldsymbol{l} = 0$$

综上所述，有

$$\oint_L \boldsymbol{B}\cdot \mathrm{d}\boldsymbol{l} = \mu_0 \sum_{L内} I_i$$

在电磁场理论中，严格的矢量场分析可以证明，在一般情况下，上式仍然成立，即若真空中有稳恒电流 I_1，I_2，…，I_n（图 6-12），磁感应强度 $\boldsymbol{B}$ 沿任意闭合回路 L 的积分为

$$\oint_L \boldsymbol{B} \cdot \mathrm{d}\boldsymbol{l} = \mu_0 \sum_{L内} I_i \tag{6-17}$$

式中，μ_0 为真空磁导率，$\sum\limits_{L内} I_i$ 等于该闭合回路 L 所包围的电流的代数和。电流的符号规定为：当电流的流向与回路 L 的绕行方向成右手螺旋关系时，电流 I 取正值；反之取负值。式（6-17）即为真空中的安培环路定理表达式。

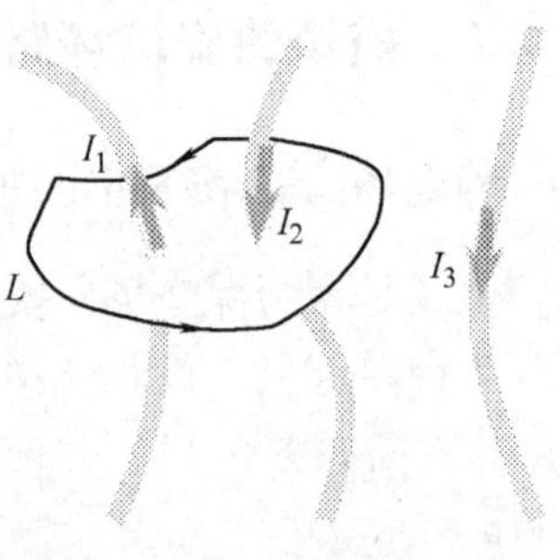

图 6-12　安培环路定理

在图 6-12 中，$I_1>0$，$I_2<0$，I_3 未穿过回路 L，所以磁感应强度 $\boldsymbol{B}$ 沿闭合回路 L 的环流为

$$\oint_L \boldsymbol{B} \cdot \mathrm{d}\boldsymbol{l} = \mu_0(I_1 - I_2)$$

由安培环路定理可知，只有当闭合回路中不包围电流或所包围的电流的代数和为零时，$\boldsymbol{B}$ 的环流才为零。在一般情况下，$\boldsymbol{B}$ 的环流不为零，表明稳恒磁场不是保守场而是涡旋场或称有旋场，这是稳恒磁场不同于静电场的一个重要特性，正是这一特性决定了在磁场中不能像在静电场中那样引入势能的概念。

必须指出：(1) 对于未穿过回路的电流，虽然对磁感应强度的环流无贡献，但这些电流对回路上各点的磁感应强度 $\boldsymbol{B}$ 是有贡献的。也就是说，回路上各点的磁感应强度 $\boldsymbol{B}$ 是回路内、外电流共同产生的；(2) 若 $\oint_L \boldsymbol{B} \cdot \mathrm{d}\boldsymbol{l} = 0$，只能说明磁感应强度沿该回路的环流为零（此时回路所包围的电流代数和为零），而回路上各点的磁感应强度 $\boldsymbol{B}$ 不一定为零。

6.4.2　磁场安培环路定理的应用

利用安培环路定理可以比较方便地计算某些具有一定对称性的载流导线周围的磁感应强度分布。

【例 6-3】　一个无限长密绕螺线管，已知每匝线圈中的电流均为 I，单位长度上有 n 匝线圈。求螺线管内、外的磁感应强度。

【解】　如图 6-13 所示为长直密绕螺线管的剖面图，由式（6-11）可知管内中轴线上的磁感应强度为 $\mu_0 nI$，且磁感应强度的方向平行于管轴。长直螺线管由于“无限长”对称性，轴线上磁感应强度的大小与位置无关，也就是轴线上磁感应强度处处相同。再由于螺线管是无限长密绕，管内磁感应强度方向必然平行于轴线。为计算管内任一点 P' 的磁感应强度，通过 P' 点做一闭合矩形回路 $a'b'c'd'a'$，其中 $\overline{a'b'}=\overline{c'd'}$ 且平行于管轴，$\overline{b'c'}=\overline{d'a'}$ 且垂直于管轴。因此，$\boldsymbol{B}$ 沿闭合回路的环流为

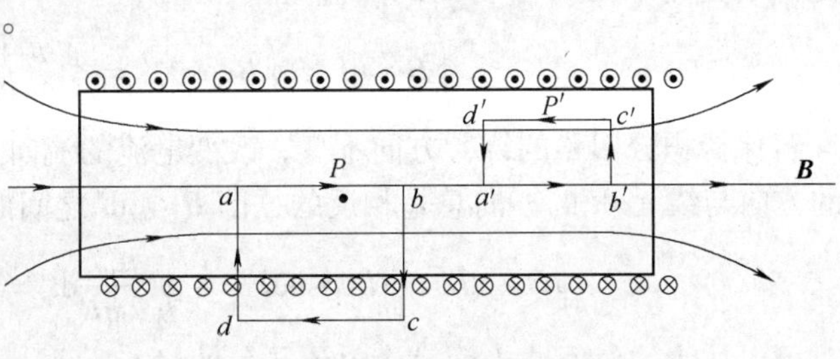

图 6-13　例 6-3 用图

$$\oint_L \boldsymbol{B} \cdot \mathrm{d}\boldsymbol{l} = \int_{a'b'} \boldsymbol{B} \cdot \mathrm{d}\boldsymbol{l} + \int_{b'c'} \boldsymbol{B} \cdot \mathrm{d}\boldsymbol{l} + \int_{c'd'} \boldsymbol{B} \cdot \mathrm{d}\boldsymbol{l} + \int_{d'a'} \boldsymbol{B} \cdot \mathrm{d}\boldsymbol{l} = 0$$

因为，$b'c'$、$a'd'$ 与磁感应强度方向垂直，点乘为零。$a'b'$ 与磁感应强度方向一致，两者夹角

的余弦为 +1；$c'd'$与磁感应强度反向，两者的夹角为 π，余弦为 -1。

$$\oint_L \boldsymbol{B}\cdot \mathrm{d}\boldsymbol{l} = B_{a'b'}\,\overline{a'b'} - B_{c'd'}\,\overline{c'd'} = \mu_0\sum I = 0$$

由式（6-10）可知，长直螺线管中轴线上磁感强度 $B=\mu_0 nI$。所以

$$B_{a'b'} = B_{c'd'} = \mu_0 nI \tag{6-18}$$

考虑 $b'c'$可以是小于螺线管半径的任意值，以上证明了长直螺线管内部磁场是均匀的。

为了解管外磁场，取矩形回路 $abcda$ 应用安培环路定理

$$\oint_L \boldsymbol{B}\cdot \mathrm{d}\boldsymbol{l} = \int_{ab}\boldsymbol{B}\cdot \mathrm{d}\boldsymbol{l} + \int_{bc}\boldsymbol{B}\cdot \mathrm{d}\boldsymbol{l} + \int_{cd}\boldsymbol{B}\cdot \mathrm{d}\boldsymbol{l} + \int_{da}B\cdot \mathrm{d}\boldsymbol{l} = \mu_0\sum I$$

根据前面分析

$$\oint_L \boldsymbol{B}\cdot \mathrm{d}\boldsymbol{l} = B_{ab}\,\overline{ab} - B_{cd}\,\overline{cd} = \mu_0\sum I = \mu_0 n\,\overline{ab}I$$

因为，$\overline{ab}$、$\overline{cd}$数值相等，$B_{ab}-B_{cd}=\mu_0 nI$ 。然而，$B_{ab}=\mu_0 nI$ ，于是，螺线管外磁感应强度为

$$B_{cd} = B_{ab} - \mu_0 nI = 0 \tag{6-19}$$

在这里 bc、da 是任取的，所以长直螺线管外磁感应强度为零。

【例 6-4】 计算载流螺绕环内磁场。设内为真空的环上均匀地密绕有 N 匝线圈，线圈中的电流为 I 。并且环的平均半径 R 远远大于管截面的直径 d 。

【解】 图 6-14 为一螺绕环，由于环上的线圈绕得很密集，环外的磁场很微弱，可以略去不计，磁场几乎全部集中在螺绕环内。由对称性分析可知，导线内的电流使磁场也具对称性，导致环内的磁感应线也是环形的，且同一圆周上各点的磁感应强度 $\boldsymbol{B}$ 的大小相等，方向处处和环面平行。

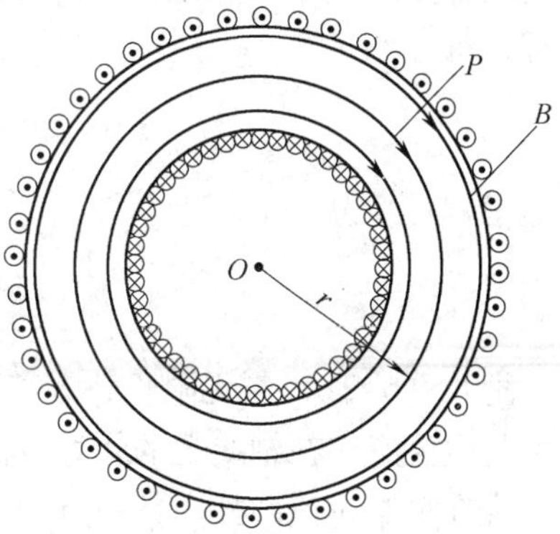

图 6-14 例 6-4 用图

现通过环内点 P，以半径 r 作一圆形闭合路径，如图 6-14 所示，显然闭合路径上各点的磁感应强度方向都和闭合路径相切，各点 $\boldsymbol{B}$ 的值都相等，并且圆形闭合路径内电流的流向和此圆形闭合路径构成右螺旋关系。这样，根据安培环路定理有

$$\oint_L \boldsymbol{B}\cdot \mathrm{d}\boldsymbol{l} = B2\pi r = \mu_0 NI$$

可得

$$B = \frac{\mu_0 NI}{2\pi r}$$

从上式可以看出，螺绕环内的横截面上各点的磁感应强度是不同的，与 r 有关。

当螺绕环中心线的直径比线圈的直径大得多，即 $2R >> d$ 时，$r\approx R$，管内的磁场可近似看成是均匀的，$N/2\pi R$ 可视为螺绕环线圈的线密度 n，管内任意点的磁感应强度均可表示为

$$B \approx \mu_0 nI \tag{6-20}$$

从此结果可见，细螺绕环与“无限长”螺线管一样，产生的磁场全部集中在管内，并且 $B=\mu_0 nI$。当螺绕环半径 R 趋于“无限大”，且单位长度的匝数 n 值不变时，螺绕环就过渡为“无限长”直螺线管。

【例 6-5】 一载流无限长圆柱体，其半径为 R，电流强度为 I，且均匀分布在圆柱体的

横截面上，求圆柱体内外的磁感应强度分布。

【解】 无限长圆柱体中的电流分布是轴对称的，因此它产生的磁场也是轴对称分布的。

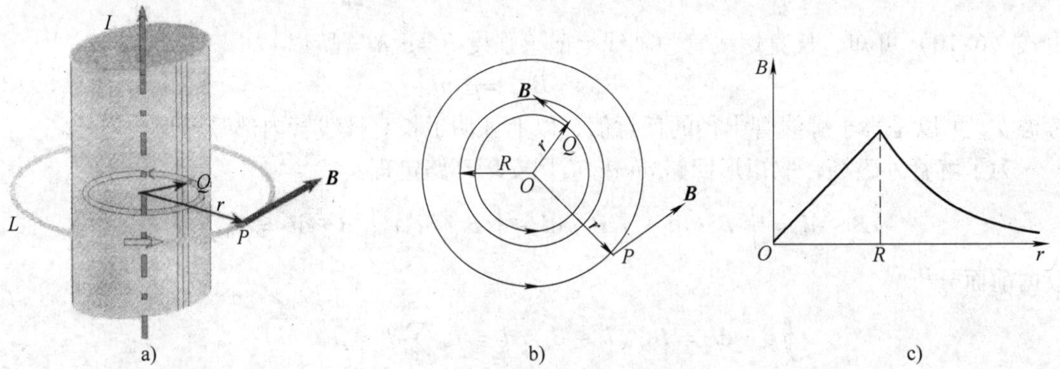

图 6-15 例 6-5 用图

如图 6-15 所示，首先讨论圆柱外一点 P 的磁感应强度。设点 P 离圆柱体轴线的垂直距离为 r，且 $r>R$。通过点 P 作一半径为 r 的圆，圆面与圆柱体的轴线垂直。由于对称性，在圆周上各点的 $\boldsymbol{B}$ 大小相等，方向都是沿圆的切线，故 $\boldsymbol{B}\cdot \mathrm{d}\boldsymbol{l}=B\mathrm{d}l\cos 0^\circ=B\mathrm{d}l$。根据安培环路定理，有

$$\oint_L \boldsymbol{B}\cdot \mathrm{d}\boldsymbol{l}=\oint_L B\mathrm{d}l=B\oint_L \mathrm{d}l=B2\pi r=\mu_0 I$$

于是得

$$B=\frac{\mu_0 I}{2\pi r}\ (r>R) \tag{6-21}$$

把式（6-21）与无限长载流直导线的磁场比较可以看出，无限长载流圆柱外的磁感应强度与电流集中在轴线上的长直载流导线的磁感应强度是相同的。

现在再来讨论圆柱内任一点 Q 的磁感应强度。设点 Q 离圆柱体轴线的垂直距离为 r，$r<R$。通过点 Q 作一半径为 r 的圆，该回路所包围的电流不再是 I，而是

$$I'=\pi r^2\ \frac{I}{\pi R^2}=\frac{r^2}{R^2}I$$

根据安培环路定理，有

$$\oint_L \boldsymbol{B}\cdot \mathrm{d}\boldsymbol{l}=\oint_L B\mathrm{d}l=B\oint_L \mathrm{d}l=B2\pi r=\mu_0\ \frac{r^2}{R^2}I$$

由此得

$$B=\frac{\mu_0 I}{2\pi R^2}r\quad (r<R) \tag{6-22}$$

式（6-22）表明，长直载流圆柱内一点的磁感应强度的大小与该点到轴线的距离成正比。磁感应强度的方向与电流成右手螺旋关系。图 6-15c 为长直载流圆柱内、外的磁感应强度的分布情况。

应用安培环路定理可以计算某些对称分布电流的磁感应强度，表 6-1 为几种常用的对称分布电流的磁场。

表6-1 几种常用的对称分布电流的磁场

无限长密绕螺线管	环形密绕螺线管	无限长圆柱
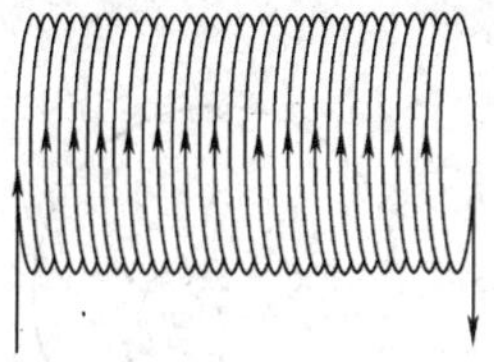	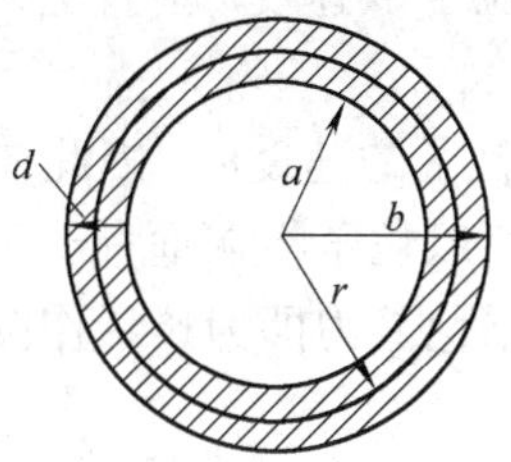	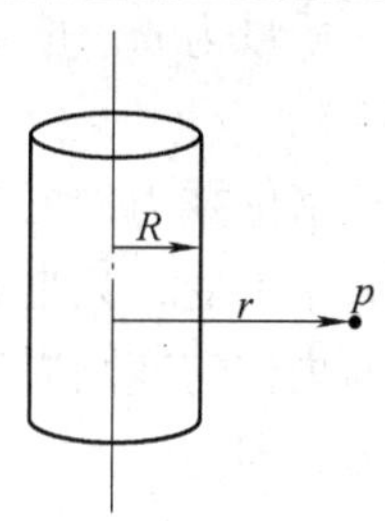
内部：$B=\mu_0 nI$ 外部：$B=0$	内部：$B=\mu_0\dfrac{N}{2\pi r}I$ （$r>>d$ 时：$B=\mu_0 nI$） 外部：$B=0$	$r<R$ 时，$B=\dfrac{\mu_0 Ir}{2\pi R^2}$ $r>R$ 时，$B=\dfrac{\mu_0 I}{2\pi r}$

6.5 磁场对运动电荷的作用

6.5.1 洛伦兹力

运动电荷在磁场中受到磁场的作用力称为洛伦兹力。洛伦兹力不仅与电荷运动的速率有关，而且与电荷运动的方向有着密切的关系。当电荷 q 以速度$\boldsymbol{v}$ 垂直于磁感应强度 $\boldsymbol{B}$ 的方向通过磁场时，它所受的洛伦兹力最大，其值为

$$F_{\max} = qvB$$

当电荷沿磁感应强度方向运动时不受磁场力的作用，即 $F=0$。一般情况下，电荷的运动速度$\boldsymbol{v}$ 与磁感应强度 $\boldsymbol{B}$ 之间的夹角 θ 为任意值（图6-16）。

此时将速度$\boldsymbol{v}$ 分解为平行于磁场方向和垂直于磁场方向的两个分量，它们的大小分别为

$$v_{/\!/} = v\cos\theta \quad v_{\perp} = v\sin\theta$$

由于电荷沿磁场方向运动时不受磁场力的作用，所以只需考虑垂直于磁场方向的分量，即运动电荷所受洛伦兹力的大小为

$$F = qvB\sin\theta$$

将上式写成矢量式，有

$$\boldsymbol{F} = q\,\boldsymbol{v}\times\boldsymbol{B} \tag{6-23}$$

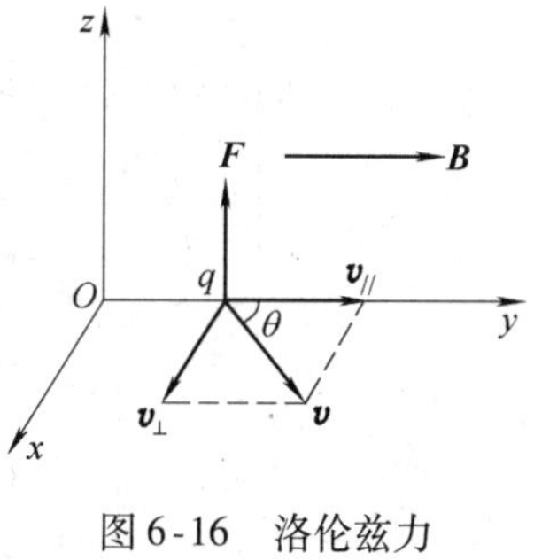

图6-16 洛伦兹力

洛伦兹力的方向垂直于运动电荷的速度$\boldsymbol{v}$ 和磁感应强度 $\boldsymbol{B}$ 所组成的平面且符合右手螺旋定则。当 $q>0$ 时，$\boldsymbol{F}$ 的方向为$\boldsymbol{v}\times\boldsymbol{B}$ 的方向；当 $q<0$ 时，$\boldsymbol{F}$ 的方向为$\boldsymbol{v}\times\boldsymbol{B}$ 的反方向。

洛伦兹力有一个非常重要的特性，即洛伦兹力总是垂直于运动电荷的速度$\boldsymbol{v}$，因此洛伦兹力对运动电荷不做功，它只改变运动电荷速度的方向，不改变速度的大小，它使运动电荷的路径发生弯曲。

6.5.2 带电粒子在磁场中的运动

设一质量为 m、电荷量为 q 的粒子以速度 $\boldsymbol{v}$ 垂直进入一磁感应强度为 $\boldsymbol{B}$ 的匀强磁场中（图6-17）。

由于洛伦兹力的方向总是垂直粒子的速度 $\boldsymbol{v}$，因此粒子运动速度的大小不变，只是方向改变，所以粒子将在垂直于磁感应强度的平面内作匀速圆周运动，此时洛伦兹力即为粒子作圆周运动的向心力，即

$$qvB = m\frac{v^2}{R}$$

由此得粒子作圆周运动的半径（回旋半径）为

$$R = \frac{mv}{qB} \tag{6-24}$$

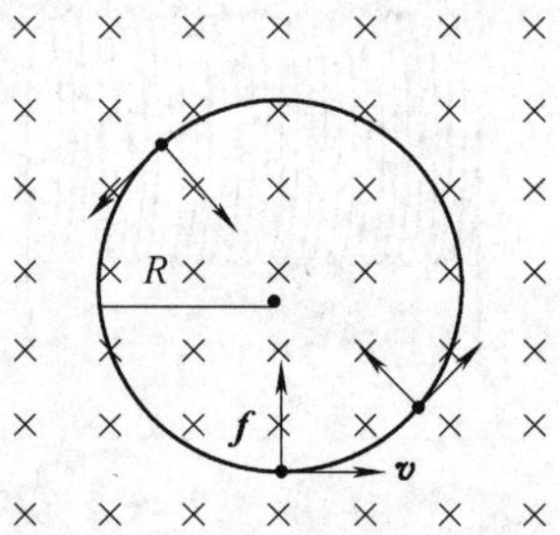

图6-17　带电粒子在匀强磁场中的圆周运动

回旋周期为

$$T = \frac{2\pi R}{v} = \frac{2\pi m}{qB} \tag{6-25}$$

由以上两式可知，回旋半径与粒子的速率成正比，速率越大粒子的回旋半径越大，而回旋周期与粒子的速率及回旋半径无关，这正是制造回旋加速器和质谱仪的理论依据。

若带电粒子进入磁场时的速度 $\boldsymbol{v}$ 与磁感应强度 $\boldsymbol{B}$ 的方向不垂直，而是成任意夹角 θ，则可将带电粒子的速度 $\boldsymbol{v}$ 分解为沿 $\boldsymbol{B}$ 方向的纵向分量 $v_{/\!/}$ 和垂直于 $\boldsymbol{B}$ 方向的横向分量 $v_{\perp}$，如图6-18a 所示。这样粒子的运动可分解为垂直于 $\boldsymbol{B}$ 方向的匀速圆周运动和平行于 $\boldsymbol{B}$ 方向的匀速直线运动。这两种运动的合成为螺旋运动，如图6-18b 所示。显然，螺旋运动的半径为

$$R = \frac{mv_{\perp}}{qB} = \frac{mv\sin\theta}{qB} \tag{6-26}$$

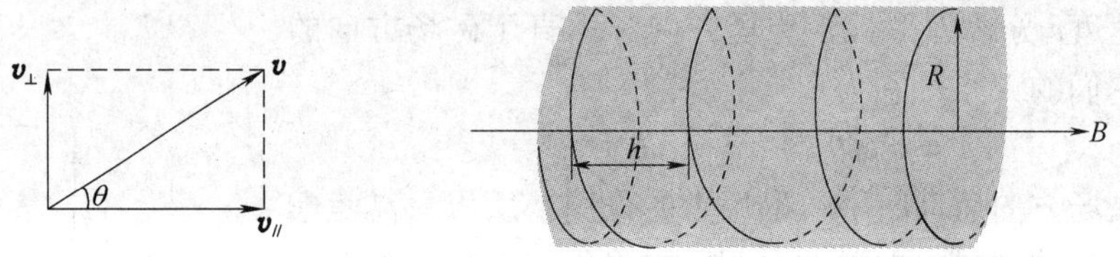

图6-18　带电粒子在匀强磁场中的螺旋运动

若把粒子每转一周前进的距离称为螺距，用 h 表示，则

$$h = v_{/\!/}T = \frac{2\pi mv_{/\!/}}{qB} = \frac{2\pi mv\cos\theta}{qB} \tag{6-27}$$

【例6-6】　一质子以速度 $\boldsymbol{v} = (2.0\times10^5\boldsymbol{i} + 3.0\times10^5\boldsymbol{j})\ \mathrm{m\cdot s^{-1}}$ 射入磁感应强度为 $\boldsymbol{B} = 0.080\boldsymbol{i}$(T) 的匀强磁场中，求这粒子作螺旋运动的半径和螺距。

【解】　由题目已知得

$$v_{/\!/} = 2.0\times10^5\ \mathrm{m\cdot s^{-1}},\ v_{\perp} = 3.0\times10^5\ \mathrm{m\cdot s^{-1}}$$

因此，粒子作螺旋运动的半径为

$$R=\frac{mv_{\perp}}{qB}=3.9\times10^{-2}\ \mathrm{m}$$

螺距为

$$h=v_{/\!/}T=v_{/\!/}\frac{2\pi m}{qB}=0.165\ \mathrm{m}$$

如果在匀强磁场中某点 A 有一束带电粒子，尽管这些粒子的横向速度 $v_{\perp}$ 各不相同，但只要它们的纵向速度 $v_{/\!/}$ 是相同的，那么这些带电粒子经过一个回旋周期后，各自经过不同的螺旋轨道仍能重新汇聚于一点 A'，如图 6-19 所示。这种发散粒子束在磁场的作用下汇聚于一点的现象称为磁聚焦，它与光束通过光学透镜聚焦相类似。磁聚焦在电子光学中得到了广泛的应用。

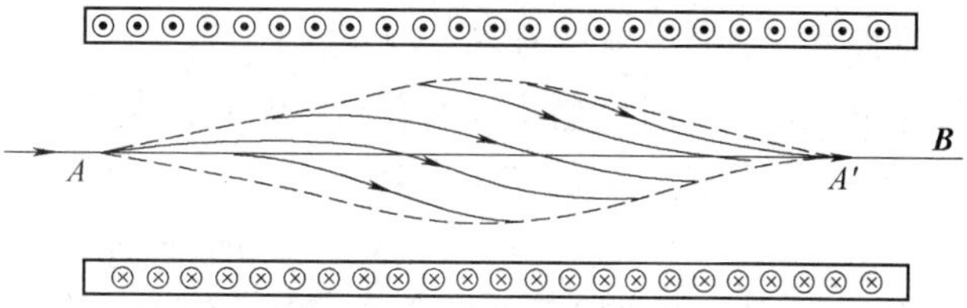

图 6-19 磁聚焦

当带电粒子进入电场和磁场共存的空间时，它将受到电场力和磁场力的共同作用，带电粒子所受的合力为

$$\boldsymbol{F}=q(\boldsymbol{E}+\boldsymbol{v}\times\boldsymbol{B})\quad(6\text{-}28)$$

从此式可以看出，通过改变电场强度 $\boldsymbol{E}$ 和磁感应强度 $\boldsymbol{B}$ 的空间分布可以实现对带电粒子运动的控制。

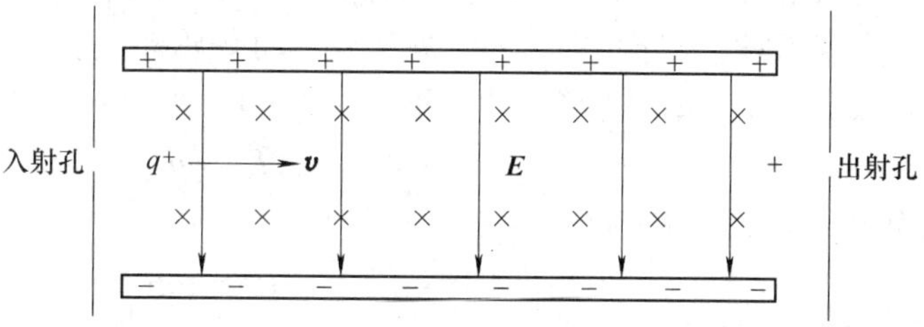

图 6-20 滤速器

图 6-20 为滤速器的原理图，在一对平行板间加上电压 U，产生如图所示向下的匀强电场 $\boldsymbol{E}$（忽略边缘效应），在与电场强度 $\boldsymbol{E}$ 垂直的方向上加一匀强磁场 $\boldsymbol{B}$，其方向垂直纸面向里。一束带电量为 q 的粒子沿垂直于 $\boldsymbol{E}$ 和 $\boldsymbol{B}$ 的方向射入滤速器中。若粒子所带电荷量 $q>0$，则它受到竖直向下的电场力和竖直向上的洛伦兹力的作用；若粒子所带电荷量 $q<0$，则它受到竖直向上的电场力和竖直向下的洛伦兹力的作用。当粒子运动的速度恰好使电场力和洛伦兹力相平衡时，粒子将沿原方向作匀速直线运动。此时

$$qvB=qE,\quad v=\frac{E}{B}$$

因此，在带电粒子流中，只有那些速率满足上式的粒子才能无偏转通过滤速器从出射孔射出，而那些速率大于或小于 E/B 的粒子将在电场和磁场的共同作用下发生偏转而不能从滤速器中射出。由此可见，只要调节极板间的电压或磁感应强度的大小，就可以用滤速器从带电粒子流中选择具有所需速率的粒子。

6.5.3 霍尔效应

霍尔效应是霍尔（E. H. Hall）于 1879 年在实验中发现的，如图 6-21 所示，将一块宽为 b、厚为 d 的导体薄片放在磁感应强度为 $\boldsymbol{B}$ 的匀强磁场中。若在薄片的横向上通入一定的电流，则在薄片的纵向两端出现一定的电势差。这一现象称为霍尔效应，该电势差称为**霍尔**

电压。

霍尔发现，该纵向电势差 U_H 与电流 I 及磁感应强度 B 成正比，与板的厚度 d 成反比，即

$$U_H = R_H \frac{IB}{d} = K_H IB \qquad (6\text{-}29)$$

式中，R_H 为霍尔系数，K_H 为霍尔片的灵敏度，且 $K_H = R_H/d$。式（6-29）最初只是一个经验公式，只有在洛伦兹的电子论提出来以后才从理论上对霍尔效应作出了很好的解释。

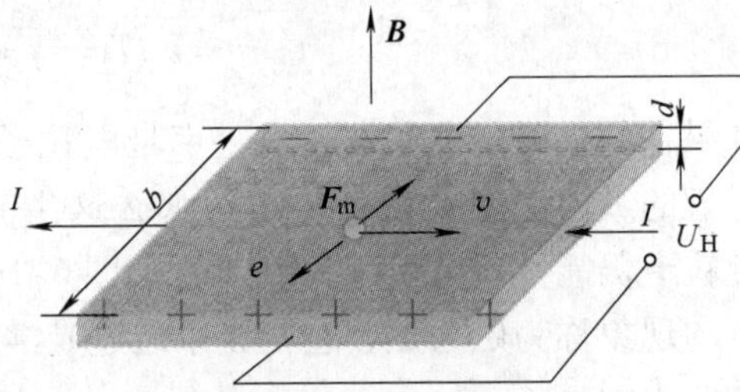

图 6-21　霍尔效应

在图 6-21 中导体的载流子为电子，当薄片中通以电流 I 时，电荷运动方向与电流方向相反。设电子的平均速率为 v，这些载流子在磁场中受到洛伦兹力的作用，其值为

$$F_m = qvB$$

方向为$-\boldsymbol{v} \times \boldsymbol{B}$。因此载流子在洛伦兹力的作用下向里偏移而聚集在内侧表面，同时在外侧表面上出现等量的正电荷。这样，在金属片里外两侧表面之间产生一纵向电场 $\boldsymbol{E}$，使载流子受到与洛伦兹力方向相反的电场力的作用。随着电荷的不断积累，电场力逐渐增大。当电场力增大到正好等于洛伦兹力时，就达到了动态平衡。这时，在里外两侧面间形成一稳定的电场，该电场称为**霍尔电场**。载流子受到的电场力大小为

$$F_e = qE$$

因为 $F_m = F_e$，且 $E = U_H/b$，所以

$$U_H = bvB$$

设导体的载流子浓度为 n，垂直于电流方向的横截面积为 $S = bd$，则电流为

$$I = nqvbd$$

由此得霍尔电压为

$$U_H = \frac{IB}{nqd}$$

霍尔系数为

$$R_H = \frac{1}{nq} \qquad (6\text{-}30)$$

对于一定的材料，载流子浓度 n 和电荷量 q 都是一定的，因此，对于给定的材料霍尔系数为一常数。由上式可见，霍尔系数 R_H 与载流子浓度 n 成反比。在金属导体中，由于载流子的浓度很大，因而金属导体的霍尔系数很小，相应的霍尔电压也就很弱。而在半导体中，载流子的浓度比金属的要低得多，因而半导体的霍尔系数比金属导体大得多，所以半导体能产生很强的霍尔效应。

以上讨论的载流子带负电，若载流子带正电，在电流和磁场方向均不变的情况下，所产生的霍尔电压与上述情况正好相反。因此根据霍尔电压的正负便可判断载流子的正负，从而判断半导体是 n 型还是 p 型。

由于一般材料的霍尔系数很小，霍尔效应很不明显，因而自霍尔效应发现后长期未得到

实际应用。直到 20 世纪 60 年代，随着半导体工艺和材料的发展，这一效应才在科学实验和生产实际中得到广泛的应用，如可以测量磁感应强度、制成传感器等。

6.6　磁场对载流导线的作用

6.6.1　安培定律

载流导线在磁场中受到磁场的作用力称为**安培力**。安培力所遵循的规律是从安培的实验定律得到的，其本质实际上是运动电荷在磁场中受到洛伦兹力的宏观表现。对于一个导体，其中存在着大量的自由电子。当导体中没有电流通过时，电子作无规则热运动，宏观上导体不受磁力的作用。当导体中通有电流时，电子作定向运动。在洛伦兹力作用下，导体中定向运动的电子与金属导体中晶格上的正离子不断地碰撞，把动量传递给导体，因而使载流导体在磁场中受到磁力的作用。

如图 6-22 所示，在磁场中有一电流元 $I\mathrm{d}\boldsymbol{l}$，电流元所在处的磁感应强度为 $\boldsymbol{B}$。电流元中电子以速度 $\boldsymbol{v}$ 定向运动，其方向与电流的流向相反。

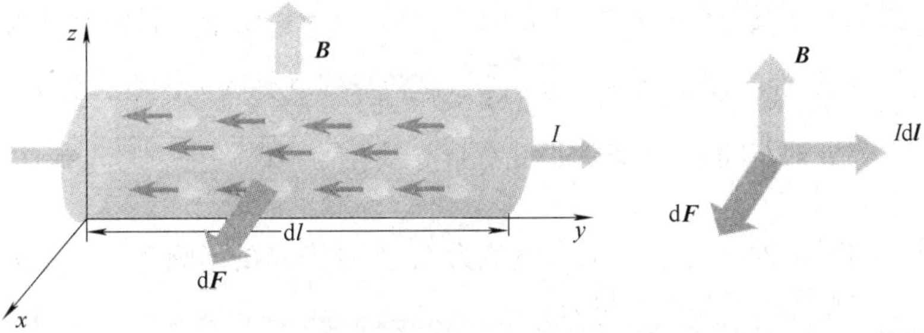

图 6-22　磁场对电流元的作用

由洛伦兹力公式得知，一个电子受到的洛伦兹力为 $\boldsymbol{F}=q\boldsymbol{v}\times\boldsymbol{B}=-e\boldsymbol{v}\times\boldsymbol{B}$，方向沿 x 正向。设电流元中自由电子个数为 $\mathrm{d}N$，这 $\mathrm{d}N$ 个自由电子所受洛伦兹力的总和即为电流元所受的安培力，即

$$\mathrm{d}\boldsymbol{F}=\mathrm{d}N(-e\boldsymbol{v}\times\boldsymbol{B})$$

$\mathrm{d}N$ 个电子通过导线界面时间为 $\mathrm{d}t$，根据电流的定义 $I=\frac{\mathrm{d}q}{\mathrm{d}t}=\frac{(\mathrm{d}N)e}{\mathrm{d}t}$得

$$I\mathrm{d}\boldsymbol{l}=\frac{(\mathrm{d}N)e}{\mathrm{d}t}\mathrm{d}l=(\mathrm{d}N)\mathrm{e}\frac{\mathrm{d}l}{\mathrm{d}t}=(\mathrm{d}N)ev$$

因为电流的方向与电子的运动方向相反，即

$$I\mathrm{d}\boldsymbol{l}=-(\mathrm{d}N)e\boldsymbol{v}$$

所以，电流元所受的安培力

$$\mathrm{d}\boldsymbol{F}=I\mathrm{d}\boldsymbol{l}\times\boldsymbol{B}\tag{6-31}$$

此即为**安培定律**：磁场对电流元 $I\mathrm{d}\boldsymbol{l}$ 的作用力在数值上等于电流元的大小、电流元所在处的磁感应强度的大小以及电流元 $I\mathrm{d}\boldsymbol{l}$ 和 $\boldsymbol{B}$ 之间夹角的正弦的乘积，即

$$\mathrm{d}F=I\mathrm{d}l\cdot B\cdot\sin\theta$$

d$\boldsymbol{F}$ 的方向为 $I\mathrm{d}\boldsymbol{l}\times\boldsymbol{B}$ 的方向，即右手四指从 $I\mathrm{d}\boldsymbol{l}$ 弯曲沿小于 π 的角转向 $\boldsymbol{B}$ 时，伸直的大拇指所指的方向就是 d$\boldsymbol{F}$ 的方向。

对于一段有限长的载流导线在磁场中所受的安培力为

$$\boldsymbol{F} = \int_L I\mathrm{d}\boldsymbol{l} \times \boldsymbol{B} \tag{6-32}$$

式中 $\boldsymbol{B}$ 为电流元所在处的磁感应强度。注意上述积分为矢量积分。

【例 6-7】 有一长为 L 通以电流为 I 的直导线，放在磁感应强度为 $\boldsymbol{B}$ 的匀强磁场中，导线与 $\boldsymbol{B}$ 间的夹角为 θ，如图 6-23 所示。求该导线所受的安培力。

【解】 在载流导线上任取一电流元 $I\mathrm{d}\boldsymbol{l}$，它与 $\boldsymbol{B}$ 的夹角为 θ，该电流元所受的安培力大小为

$$\mathrm{d}F = I\mathrm{d}lB\sin\theta$$

力的方向垂直于纸面向里。因为导线上各电流元受力方向都相同，所以整个载流导线受到的安培力的大小为

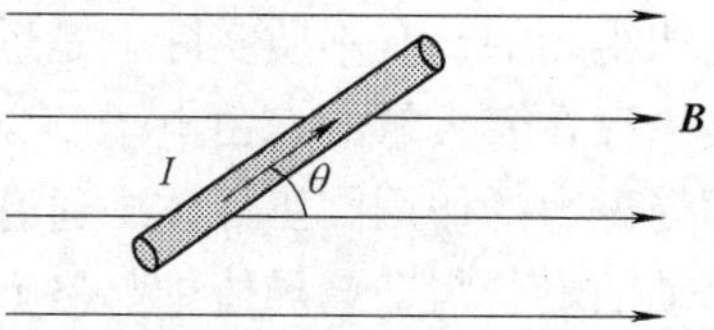

图 6-23 例 6-7 用图

$$F = \int_L I\mathrm{d}lB\cdot\sin\theta = ILB\sin\theta$$

力的方向垂直于纸面向里。

讨论：①当载流导线与磁感应强度方向平行时，$\theta=0$ 或 π，载流导线受到的力为零；②当载流导线与磁感强度方向垂直时，$\theta=\dfrac{\pi}{2}$，载流导线受到的力最大，为 $F=ILB$。

由此可见，式 $F=ILB$ 的适用条件是载流直导线在匀强磁场中，且电流的流动方向垂直于磁感应强度方向。

【例 6-8】 如图 6-24 所示，一通有电流为 I、半径为 R 的半圆弧，放在磁感应强度为 $\boldsymbol{B}$ 的匀强磁场中，求该导线所受的安培力。

【解】 在载流导线上任取一电流元 $I\mathrm{d}\boldsymbol{l}$，该电流元所受的安培力大小为

$$\mathrm{d}F = I\mathrm{d}lB\cdot\sin\frac{\pi}{2} = IB\mathrm{d}l$$

力 d$\boldsymbol{F}$ 的方向沿径向斜向上方。由此可见，导线上各电流元所受的安培力方向各不相同。故将 d$\boldsymbol{F}$ 沿 x 轴方向和 y 轴方向分解。由于对称性，半圆上各电流元受到的安培力沿 x 轴的分量互相抵消，所以整个半圆弧所受的合力方向竖直向上。

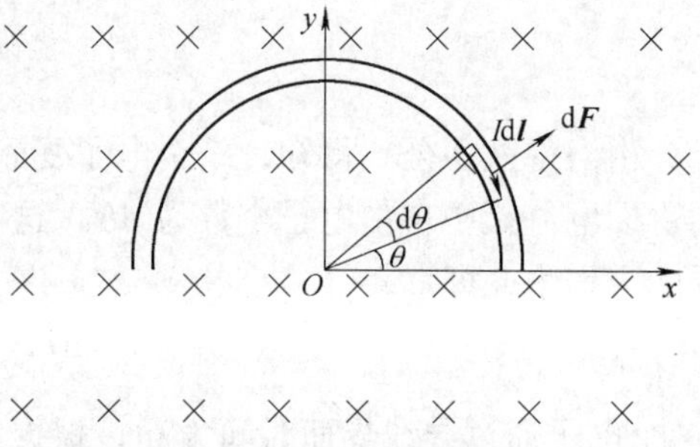

图 6-24 例 6-8 用图

$$F = F_y = \int_L IB\mathrm{d}l\sin\theta = 2\int_0^{\frac{\pi}{2}} IBR\sin\theta\mathrm{d}\theta$$

$$= 2IBR\int_0^{\frac{\pi}{2}}\sin\theta\mathrm{d}\theta = 2IBR$$

上式表明整个弯曲导线所受的安培力可等效为从起点到终点连成的直导线通过相同的电流时所受的安培力。可以证明，此结论对匀强磁场中的任意形状载流导线均成立。

【例 6-9】 如图 6-25 所示，设有两无限长平行直导线 AB 和 CD，它们之间的距离为 a，各自通有电流 I_1 和 I_2，且电流的流向相同，求两无限长平行载流直导线间每单位长度上的

相互作用力。

【解】　当导线 AB 中通有电流 I_1 时，它在 CD 导线上各点的磁感应强度 $\boldsymbol{B}_1$ 的大小为

$$B_1 = \frac{\mu_0 I_1}{2\pi a}$$

$\boldsymbol{B}_1$ 的方向垂直于 CD（图 6-25），根据安培定律，作用在 CD 导线上任意电流元 $I_2 \mathrm{d}\boldsymbol{l}_2$ 的力 $\mathrm{d}\boldsymbol{F}_2$ 的大小为

$$\mathrm{d}F_2 = B_1 I_2 \mathrm{d}l_2 \sin\theta$$

由于 $\mathrm{d}\boldsymbol{l}_2$ 与 $\boldsymbol{B}_1$ 垂直，$\theta = 90°$，所以上式为

$$\mathrm{d}F_2 = B_1 I_2 \mathrm{d}l_2 = \frac{\mu_0}{2\pi}\frac{I_1 I_2}{a}\mathrm{d}l_2$$

而 $\mathrm{d}\boldsymbol{F}_2$ 的方向在两平行导线所组成的平面内，且垂直地指向导线 AB。

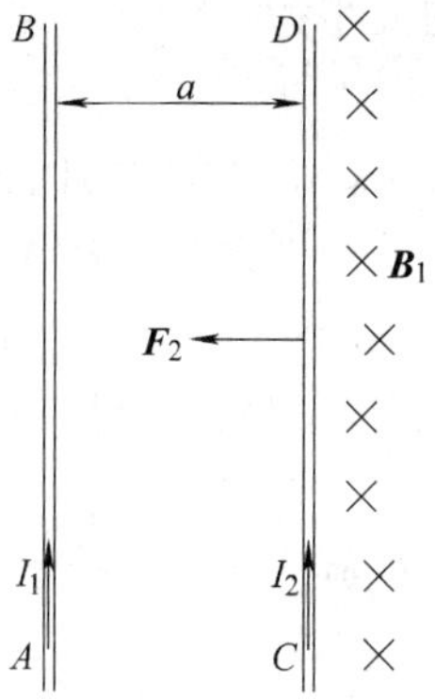

图 6-25　例 6-9 用图

显然，载流导线 CD 上任一电流元所受的作用力的大小和方向都和上述电流元相同。所以，导线 CD 上每单位长度所受的力为

$$\frac{\mathrm{d}F_2}{\mathrm{d}l_2} = \frac{\mu_0}{2\pi}\frac{I_1 I_2}{a}$$

按照上述讨论方法，同样也可以计算出载流导线 CD 在导线 AB 处产生的磁感应强度 $\boldsymbol{B}_2$，从而计算出导线 AB 上每单位长度所受的力（$\mathrm{d}\boldsymbol{F}_1$ 的方向垂直地指向导线 CD）亦为

$$\frac{\mathrm{d}F_1}{\mathrm{d}l_1} = \frac{\mu_0}{2\pi}\frac{I_1 I_2}{a}$$

由上述讨论可以看出，两根载有同向电流的平行长直导线，通过彼此间的磁场作用，表现为相互吸引。若使它们电流的流向相反，表现为相互排斥。

6.6.2　磁场对载流线圈的作用

在磁电式电流计和直流电动机内，一般都有放在磁场中的线圈。当线圈中通有电流时，它们将在磁场的作用下发生偏转，即载流线圈在磁场中受到磁力矩的作用。

有一平面矩形刚性载流线圈 $abcd$，边长分别为 l_1、l_2，通以电流 I，并规定线圈平面的法线方向为电流的右手螺旋方向，单位矢量记为 $\boldsymbol{e}_\mathrm{n}$。若线圈处于磁感应强度为 $\boldsymbol{B}$ 的匀强磁场中，$\boldsymbol{e}_\mathrm{n}$ 与磁感应强度 $\boldsymbol{B}$ 的方向成 θ 角（图 6-26）。

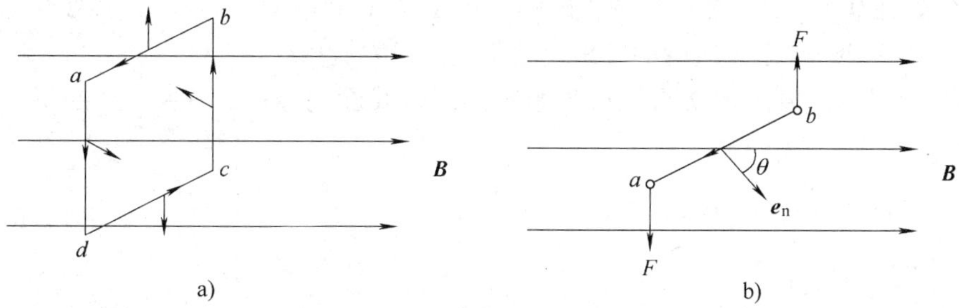

图 6-26　磁场对载流线圈的作用

根据安培定律，导线 ab 和导线 cd 所受的磁场力大小相等，方向相反，作用在同一直线

上，所以它们的作用互相抵消，合力为零。而导线 ad 和导线 bc 所受的磁场力虽然大小相等，方向相反，但是这两个力的作用线不在同一直线上。由图 6-26b 可以看出，它们合力矩的大小为

$$M = F\,\overline{ab}\sin\theta = BI\,\overline{ad}\;\overline{ab}\sin\theta = BIl_1 l_2\sin\theta = ISB\sin\theta$$

式中，S 为线圈的面积，磁力矩的方向为垂直于纸面向上。

若平面线圈有 N 匝，则磁力矩的大小为

$$M = NISB\sin\theta$$

式中，NIS 是反映线圈自身性质的物理量。定义载流线圈磁矩为

$$\boldsymbol{m} = NIS\boldsymbol{e}_{\mathrm{n}} \tag{6-33}$$

则载流线圈所受的磁力矩的大小为

$$M = mB \cdot \sin\theta \tag{6-34}$$

用矢量式表示为

$$\boldsymbol{M} = \boldsymbol{m} \times \boldsymbol{B} \tag{6-35}$$

磁力矩的方向与 $\boldsymbol{m} \times \boldsymbol{B}$ 的方向一致。

如图 6-27 所示，当 $\boldsymbol{m}$ 与 $\boldsymbol{B}$ 的方向一致，即 $\theta = 0$ 时，$\sin\theta = 0$，线圈所受的磁力矩为零，这时线圈处于稳定平衡位置；当 $\boldsymbol{m}$ 与 $\boldsymbol{B}$ 的方向垂直时，即 $\theta = \pi/2$，$\sin\theta = 1$，线圈所受的磁力矩为最大，$M_{\max} = mB$；当 $\boldsymbol{m}$ 与 $\boldsymbol{B}$ 的方向相反时，即 $\theta = \pi$，$\sin\theta = 0$，线圈所受的磁力矩也为零，但这一平衡位置是不稳定的。

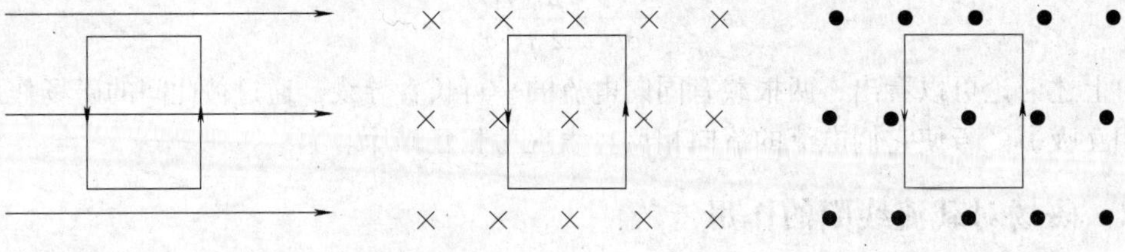

图 6-27　载流线圈的磁矩与磁感应强度方向夹角为不同值时的磁力矩

应当指出，上述结论虽然是从矩形线圈推导出来的，但对任意形状的线圈都是适用的。

【例 6-10】 一半径为 0.1 m 的半圆形闭合线圈，通以 10 A电流，处在 0.5 T 的匀强磁场中，磁感应强度方向与线圈平面平行（图 6-28）。求该线圈的磁矩及其所受的磁力矩。

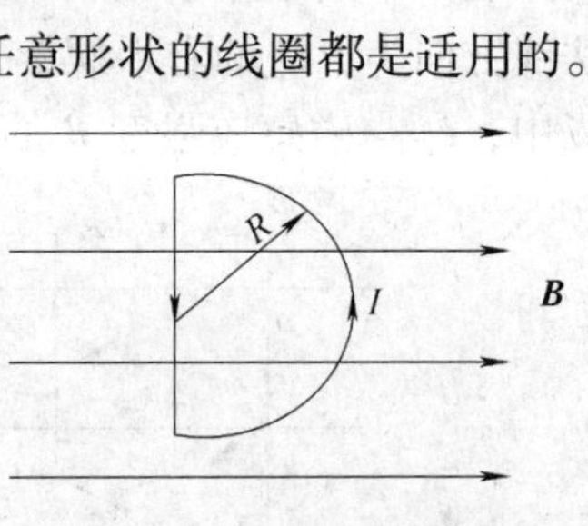

图 6-28　例 6-10 用图

【解】 由线圈的磁矩定义得该载流半圆形闭合线圈的磁矩大小为

$$m = IS = I\frac{\pi R^2}{2} = 0.05\pi\ \mathrm{A \cdot m^2} = 0.157\ \mathrm{A \cdot m^2}$$

其方向垂直于纸面向外。

根据式

$$\boldsymbol{M} = \boldsymbol{m} \times \boldsymbol{B}$$

得线圈所受的磁力矩大小为

$$M = mB\sin\frac{\pi}{2} = 0.0785\ \text{N}\cdot\text{m}$$

磁力矩的方向沿纸面竖直向上。

6.7　磁介质中的磁场

前面讨论了真空中的磁场，然而在实际的磁场中存在着各种各样的物质，这些物质在磁场中被磁化，磁化后的物质反过来又要对原来的磁场产生影响。本节讨论磁介质的磁化及其对磁场的影响。

6.7.1　磁介质的磁化

1. 磁介质

磁场与电场一样对其中的物质有作用，使其磁化。磁化了的磁介质会产生附加磁场，对原磁场产生影响。磁介质在磁感应强度 $\boldsymbol{B}_0$ 的外磁场中，受外磁场的作用而被磁化产生附加磁场 $\boldsymbol{B}'$。此时，磁场 $\boldsymbol{B}$ 是这两个磁感应强度的矢量和，即

$$\boldsymbol{B} = \boldsymbol{B}_0 + \boldsymbol{B}'$$

实验表明，不同磁介质对磁场的影响不同。有些磁介质磁化后所产生的附加磁场 $\boldsymbol{B}'$ 的方向与原磁场 $\boldsymbol{B}_0$ 的方向相同，使得磁感应强度的值为 $B = B_0 + B' > B_0$，这种磁介质叫做**顺磁质**，如锰、铝、氧等。而另一些磁介质磁化后所产生的附加磁场的 $\boldsymbol{B}'$ 方向与原磁场的 $\boldsymbol{B}_0$ 方向相反，使得磁感应强度的值为 $B = B_0 - B' < B_0$，这种磁介质叫做**抗磁质**，如铜、铋、氢等。无论是顺磁质还是抗磁质，磁化后所产生的附加磁场对原磁场的影响都是比较微弱的，且随着外磁场的消失而消失。所以，顺磁质和抗磁质统称为弱磁材料。另外，还有一类物质磁化后所产生的附加磁感应强度 $\boldsymbol{B}'$ 的方向与原磁场的磁感应强度 $\boldsymbol{B}_0$ 的方向相同，但 $\boldsymbol{B}'$ 的值却要比 $\boldsymbol{B}_0$ 的值大很多，即 $B' \gg B_0$，且外磁场撤去时，往往有较强的剩磁，这类磁介质称为**铁磁质**，如铁、钴、镍和它们的合金。

2. 磁介质的磁化机理

为了说明顺磁质的磁化，首先介绍分子磁矩的概念。从物质的微观结构来看，任何物质分子中的每个电子都围绕原子核运动，同时电子自身还有自旋运动。如果把分子作为一个整体，分子中所有电子的等效圆电流叫做分子电流。在没有外磁场时，如果分子电流不为零，其对应的磁矩通常被称为分子固有磁矩，记为 $\boldsymbol{m}$（图 6-29）。

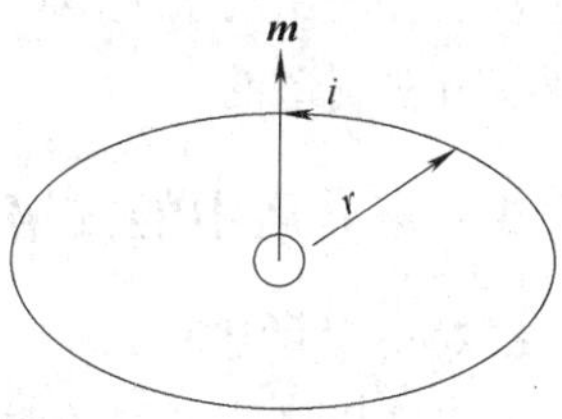

图 6-29　分子电流和分子磁矩

在顺磁质中，分子固有磁矩不为零。在无外磁场时，由于分子的无规则热运动，这些分子固有磁矩的取向是杂乱无章的，因此在磁介质中任一宏观小体积中，所有分子磁矩的矢量和为零，即 $\sum \boldsymbol{m} = 0$，对外不显磁性。当有外磁场 $\boldsymbol{B}_0$ 存在时，每个分子的固有磁矩都受到磁力矩的作用，使各分子都不同程度地沿外磁场方向排列，因此在一宏观小体积中，所有分子磁矩的矢量和不再为零，即 $\sum \boldsymbol{m} \neq 0$，其方向沿外磁场方向。这样，分子电流产生了一个沿外磁场的 $\boldsymbol{B}_0$ 方向的附加磁场 $\boldsymbol{B}'$，从而使总的磁感应强度增加，即磁感应强

度的值为 $B=B_0+B'>B_0$。

在抗磁质中，分子固有磁矩都等于零，在无外磁场时，对外也不显磁性。当有外磁场存在时，分子中的每个电子在洛伦兹力的作用下发生进动，从而使每个分子产生了一个附加磁矩。理论可以证明，这个附加磁矩与外磁场 $\boldsymbol{B}_0$ 的方向相反，其附加磁场 $\boldsymbol{B}'$ 与外磁场的 $\boldsymbol{B}_0$ 方向相反，从而使总磁场的磁感应强度减弱，即磁感应强度的值为 $B=B_0-B'<B_0$。

实际上，在顺磁质中每个分子的电子在外磁场中同样会受到洛伦兹力的作用而发生进动，产生与外磁场的 $\boldsymbol{B}_0$ 反向的附加磁矩，因此顺磁质同样存在着抗磁效应，但是顺磁质的抗磁效应小于其顺磁效应，总体上表现出顺磁效应。

6.7.2 铁磁质

铁磁质是一类磁性很强的磁介质，也是用途最广的磁介质。

铁磁质与一般的顺磁质相比，其主要特点是：相对磁导率 $\mu_r >> 1$，大约可达 $10^2 \sim 10^5$ 数量级，且不是常量。铁磁质存在一个临界温度，称为居里点，若温度超过居里点，铁磁质就变为一般的顺磁质。铁磁质存在着剩磁现象，即当使铁磁质磁化的外磁场 $\boldsymbol{B}_0$ 撤去之后，铁磁质仍能保留部分磁性，称为**剩磁**。要消除铁磁质中的剩磁，必须加上一个反向的磁场。随着反向磁场强度的增大，剩磁开始减少；当反向磁场强度增大到某个数值时，剩磁就会全部消失。

由于铁磁质在外磁场下能产生很大的与外磁场同向的附加磁感应强度，即铁磁质具有很大的磁导率，所以它已被广泛地应用于工程技术的各个领域。需要产生强磁场的装置中，几乎都采用铁磁材料。用它制造的磁芯材料器件，被广泛应用于发电、输配电和电机等领域。

剩磁很容易消除的磁性材料称为**软磁材料**，如硅钢片、铁镍合金、铁铝合金和铁钴合金等。由于在外磁场撤销后，其磁性也随着消失，因而软磁材料适合在交变磁场中使用。例如，电子设备中的各种电感元件、变压器、镇流器、继电器以及电磁铁、电动机、发电机的铁心等，都是用软磁材料制造的。

剩磁不容易消除的磁性材料称为**硬磁材料**，如碳钢、铝镍钴合金和铝钢等。由于外磁场撤销后，其磁性仍然存在，所以适于制造永久磁铁。如磁电式仪表、扬声器、耳机以及雷达中的磁控管等用的永久磁铁，都是用硬磁材料制造的。另外，磁盘、磁带等存储器元件也是用硬磁材料制造的。

6.7.3 磁介质中的安培环路定理

1. 磁介质的磁导率

为了定量描述不同的磁介质对磁场的影响程度的不同，引入相对磁导率和磁导率的概念。设一长直密绕螺线管，其中通以电流 I，单位长度的匝数为 n。在真空情况下，螺线管内部磁场的磁感应强度为

$$B_0=\mu_0 nI$$

若在无限长螺线管内部充满某种各向同性的均匀磁介质，则由于磁介质磁化使螺线管内部磁场的磁感应强度变为 B，均匀介质充满磁场时，反映介质磁化性质的相对磁导率 μ_r 与 B、B_0 有关系：

$$\mu_r = \frac{B}{B_0} \tag{6-36}$$

相对磁导率是无量纲的纯数，它的大小表示了磁介质对外磁场的影响程度。对于顺磁质，μ_r 略大于 1；对于抗磁质 μ_r 略小于 1；对于真空 $\mu_r = 1$；空气的相对磁导率接近 1，一般情况下，将空气中的磁场看做真空中的磁场来处理。

在有介质的情况下，长直密绕螺线管内部磁场的磁感应强度 B 为

$$B = \mu_r B_0 = \mu_r \mu_0 nI = \mu nI \tag{6-37}$$

式中，$\mu = \mu_r \mu_0$ 为磁介质的绝对磁导率，简称磁导率。它的单位与真空磁导率的单位相同。

2. 磁介质中的安培环路定理

在有磁介质存在的情况下，由于磁介质磁化产生磁化电流 I'，在空间不但存在传导电流同时还有磁化电流，总磁场的磁感应强度应该是这两种电流共同产生的，所以有磁介质存在时的安培环路定理应为

$$\oint_L \boldsymbol{B} \cdot \mathrm{d}\boldsymbol{l} = \mu_0 \sum_{L内} (I_0 + I') \tag{6-38}$$

由于磁化电流 I' 一般是未知的，所以此式使用起来有困难。为此引入描述磁场的辅助物理量磁场强度的概念。

下面仍以长直螺线管为例进行讨论。若管内充满相对磁导率为 μ_r 的均匀磁介质，如图6-30所示。设管中的传导电流为 I_0，管内磁场的磁感应强度为 B，根据式（6-36）有

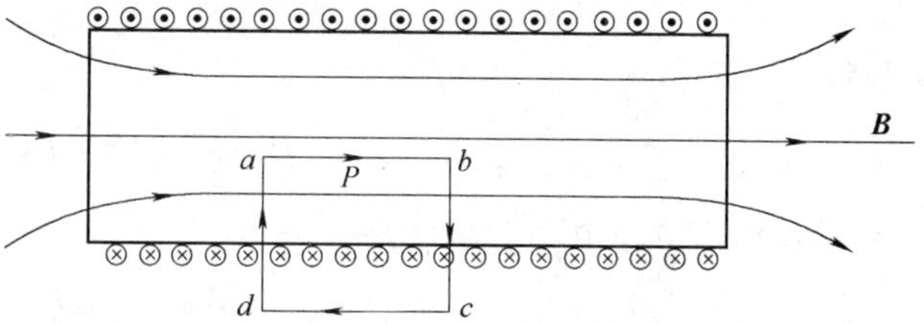

图 6-30　长直螺线管内的磁场

$$B_0 = \frac{B}{\mu_r}$$

根据安培环路定理，$\boldsymbol{B}_0$ 与传导电流 I_0 有关系

$$\oint_L \boldsymbol{B}_0 \cdot \mathrm{d}\boldsymbol{l} = \mu_0 \sum_{L内} I_0 \tag{6-39}$$

由此得

$$\oint_L \frac{\boldsymbol{B}}{\mu_r} \cdot \mathrm{d}\boldsymbol{l} = \mu_0 \sum_{L内} I_0$$

即

$$\oint_L \frac{\boldsymbol{B}}{\mu_r \mu_0} \cdot \mathrm{d}\boldsymbol{l} = \sum_{L内} I_0$$

为了方便，引入描述磁场的辅助物理量磁场强度 $\boldsymbol{H}$ 矢量

$$\boldsymbol{H} = \frac{\boldsymbol{B}}{\mu_r \mu_0} = \frac{\boldsymbol{B}}{\mu} \tag{6-40}$$

其单位为 $\mathrm{A \cdot m^{-1}}$。

在引入磁场强度矢量后，式（6-38）可写成

$$\oint_L \boldsymbol{H} \cdot \mathrm{d}\boldsymbol{l} = \sum_{L内} I_0 \tag{6-41}$$

式（6-41）虽然是在充满均匀各向同性介质的密绕螺线管的特殊情况下推导出来，严格的理论可以证明，此结论具有一般性，称为有磁介质存在时的安培环路定理。它表明，在稳恒

磁场中，磁场强度 $\boldsymbol{H}$ 沿任意闭合路径的环流等于该闭合路径所包围的传导电流的代数和。

【例 6-11】 有两个半径分别为 a 和 b 的同轴无限长圆筒，它们之间充满相对磁导率为 μ_r 的均匀磁介质，两圆筒分别通以反向电流，电流为 I。求：(1) 在磁介质中任意一点 P 的磁感强度；(2) 圆筒外一点 Q 的磁感应强度。

【解】 (1) 无限长圆筒中的电流分布是轴对称的，因此它产生的磁场也是轴对称分布的。

由于有磁介质存在，所以应根据传导电流的分布，应用有磁介质的安培环路定理求出磁场强度 $\boldsymbol{H}$ 的分布。然后根据磁场强度与磁感应强度之间的关系求出磁感应强度的分布（图 6-31）。首先讨论磁介质中一点 P 的磁感应强度，设点 P 离圆柱体轴线的垂直距离为 r，且 $a<r<b$。通过点 P 作一半径为 r 的圆，圆平面与圆柱体的轴线垂直。由于对称性，在圆周上各点的 $\boldsymbol{H}$ 值相等，方向都是沿圆的切线，故 $\boldsymbol{H}\cdot \mathrm{d}\boldsymbol{l}=H\mathrm{d}l\cos 0=H\mathrm{d}l$。根据安培环路定理，有

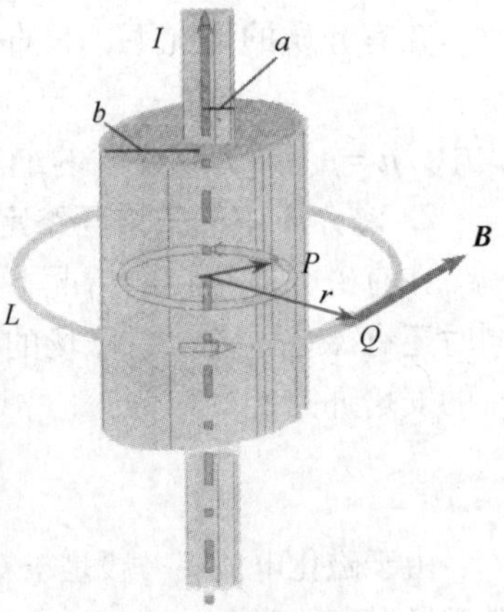

图 6-31 例 6-11 用图

$$\oint_L \boldsymbol{H}\cdot \mathrm{d}\boldsymbol{l} = \oint_L H\mathrm{d}l = H\oint_L \mathrm{d}l = H2\pi r = I$$

于是得

$$H=\frac{I}{2\pi r}\ (a<r<b)$$

由式 (6-40) 可得 P 点的磁感应强度为

$$B=\mu H=\frac{\mu I}{2\pi r}=\frac{\mu_r\mu_0 I}{2\pi r}\ (a<r<b)$$

(2) 现在再来讨论圆筒外一点 Q 的磁感应强度。设点 Q 离圆筒轴线的垂直距离为 r，$r>b$。通过点 Q 作一半径为 r 的圆。该回路所包围的电流为零，根据有磁介质的安培环路定理，有

$$\oint_L \boldsymbol{H}\cdot \mathrm{d}\boldsymbol{l} = \oint_L H\mathrm{d}l = H\oint_L \mathrm{d}l = H2\pi r = 0$$

由此得

$$H=0 \quad (r>b)$$

由式 (6-40) 可得 Q 点的磁感应强度为

$$B=0$$

习 题

一、简答题

1. 磁感应强度是怎样定义的？写出定义磁感应强度大小的公式。
2. 电流元是怎样定义的？写出真空中电流元的磁感应强度公式。
3. 总结用积分叠加法求解磁感应强度的一般步骤。
4. 写出真空中磁场的高斯定理表达式，并说明其物理意义。
5. 写出真空中安培环路定理的表达式，并说明其物理意义。
6. 在什么情况下可以用安培环路定理求解磁感应强度？利用安培环路定理求解磁感应

强度时，对所取的积分环路有什么要求？

7. 什么是洛伦兹力？写出洛伦兹力的表达式。

8. 什么是安培力？写出安培力的表达式。

9. 什么是平面载流线圈的磁矩？写出磁矩的表达式。

10. 写出平面载流线圈在均匀磁场中所受磁力矩的表达式。

二、选择题

1. 四条皆垂直于纸面的载流细长直导线，每条中的电流强度皆为 I，这四条导线被纸面截得的断面如题图 6-1 所示。它们组成了边长为 $2a$ 的正方形的四个角顶，每条导线中的电流流向如图所示。则在图中正方形中心点 O 的磁感应强度的大小为［　　］。

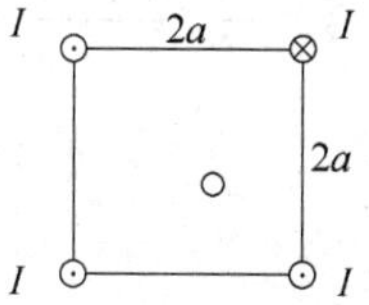

题图 6-1

(A) $\dfrac{2\mu_0}{\pi a}I$　(B) $\dfrac{\sqrt{2}\mu_0}{2\pi a}I$　(C) 0　(D) $\dfrac{\mu_0}{\pi a}I$

2. 顺磁物质的磁导率［　　］。

(A) 比真空的磁导率略小；(B) 比真空的磁导率略大；

(C) 远小于真空中的磁导率。(D) 远大于真空的磁导率。

3. 在均匀磁场中，有两个平面线圈，其面积 $A_1=2A_2$，通有电流 $I_1=I_2$，它们所受的最大磁力矩之比 M_1/M_2 等于［　　］。

(A) 1　(B) 2　(C) 4　(D) 1/4

三、填空题

1. 有两根长直导线通有电流 I，在如题图 6-2 所示的三种环路情况下，$\oint_l \boldsymbol{B}\cdot \mathrm{d}\boldsymbol{l}$ 分别等于：(对环路 a) ________；(对环路 b) ________；(对环路 c) ________。

2. 有一半径为 a、流过稳恒电流 I 的 $\dfrac{1}{4}$ 圆弧形导线 bc，按题图 6-3 所示方式置于均匀外磁场中。则该载流导线所受的安培力大小为__________。

3. 均匀磁场的磁感应强度 $\boldsymbol{B}$ 垂直于半径为 r 的圆面，如题图 6-4 所示。今以该圆面为边线作一半球面 S，通过 S 面的磁通量为__________。

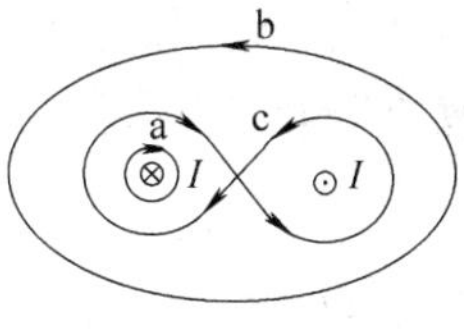

题图 6-2

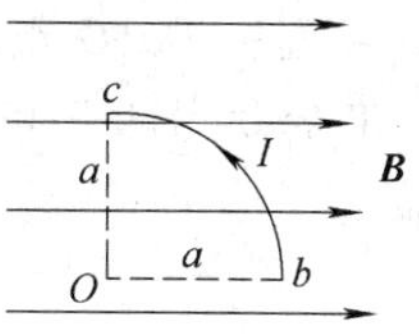

题图 6-3

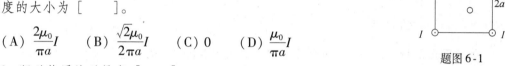

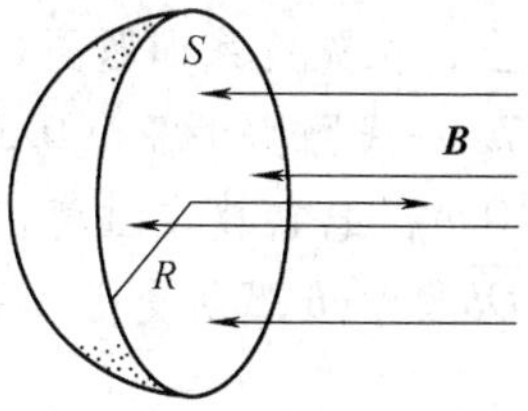

题图 6-4

四、计算题

1. 一长直导线被弯成如题图 6-5 所示的形状，半径为 R，通过的电流为 I。求圆心 O 处的磁感应强度的大小和方向。

2. 电流 I 沿着同一种材料作成的长直导线和半径为 R 的金属圆环流动，如题图 6-6 所示，求圆心 O 处的磁感应强度的大小和方向。

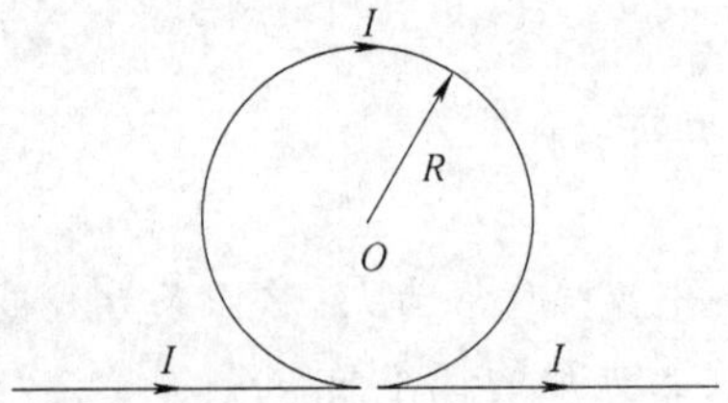

题图 6-5

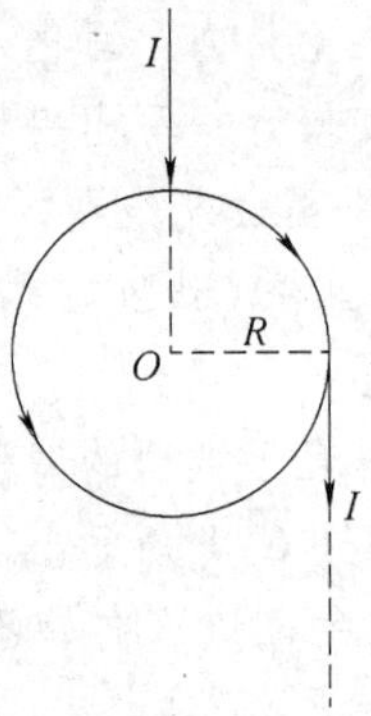

题图 6-6

3. 如题图 6-7 所示，一宽为 b 的薄金属板，其电流为 I，试求在薄板的平面上、距板的一边为 r 的点的磁感应强度。

4. 有一同轴电缆，其尺寸如题图 6-8 所示。两导体中的电流均为 I，但电流的流向相反。试计算以下各处的磁感应强度的大小并画出 B-r 曲线：（1）$r<R_1$；（2）$R_1<r<R_2$；（3）$R_2<r<R_3$；（4）$r>R_3$。

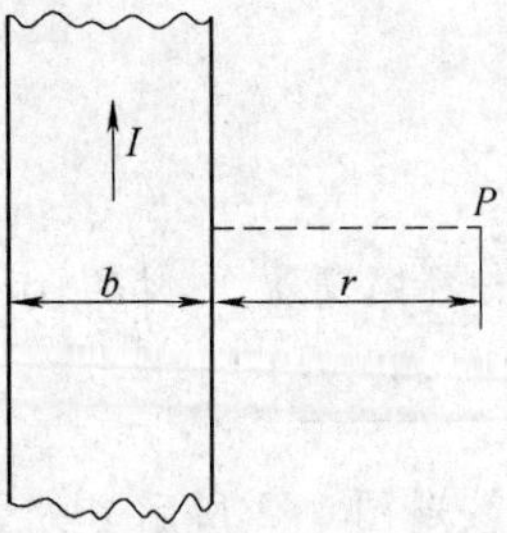

题图 6-7

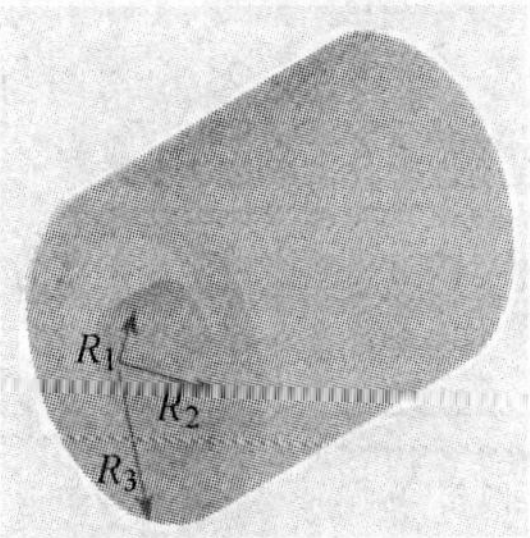

题图 6-8

5. 螺线管长 0.50 m，总匝数为 2000，问当通以 1 A 的电流时，求管内中央部分的磁感应强度为多少？

6. 一长直导线通有电流 $I=20$ A，其旁放一直导线 AB，通有电流 $I'=10$ A，二者在同一平面上，位置关系如题图 6-9 所示，求导线 AB 所受的力。

7. 一线圈由半径为 0.3 m 的四分之一圆弧 $OabO$ 组成，如题图 6-10 所示，通过的电流为 4.0 A，把它放在磁感应强度为 0.8 T 的均匀磁场中，磁场方向垂直于纸面向里，求 $\overline{Oa}$ 段、$\overline{Ob}$ 段、ab 弧所受磁力的大小和方向。

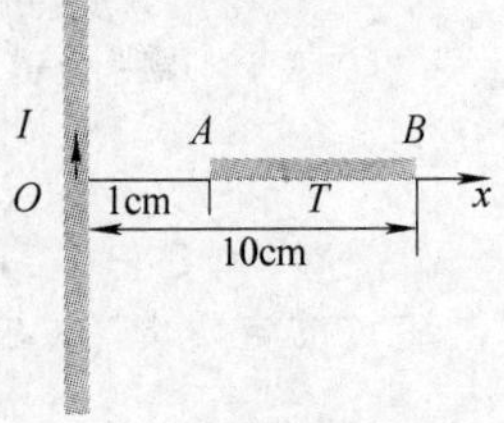

题图 6-9

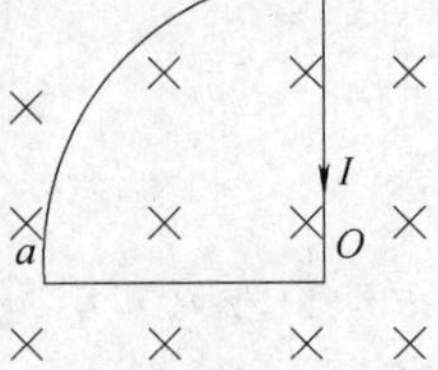

题图 6-10

8. 一直径为0.02 m的圆形线圈，共10匝，当通以0.1 A的电流时，求：(1) 它的磁矩是多少？(2) 若将线圈置于1.5 T的磁场中，线圈受到的最大磁力矩是多少？

9. 一长直螺线管，单位长度上绕线圈 $n=4000$ 匝、导线中通电流 $I_1=1.2$ A，在此螺线管中部放一长为 $a=1.0\times10^{-2}$ m的正方形线圈，其中通有顺时针方向的电流 $I_2=8$A，共10匝，如题图6-11所示。求：(1) 正方形线圈的磁矩的大小和方向；(2) 正方形线圈受的磁力矩的大小和方向。

10. 一无限长磁导率为 μ、半径为 R 的圆柱体导体，导体内通有电流 I，设电流均匀分布在导体的横截面上。今取一个长为 R、宽为 $2R$ 的矩形平面，其位置如题图6-12所示。试计算通过该矩形平面的磁通量。

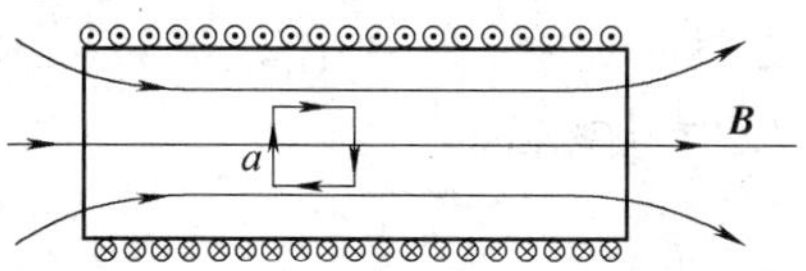

题图6-11

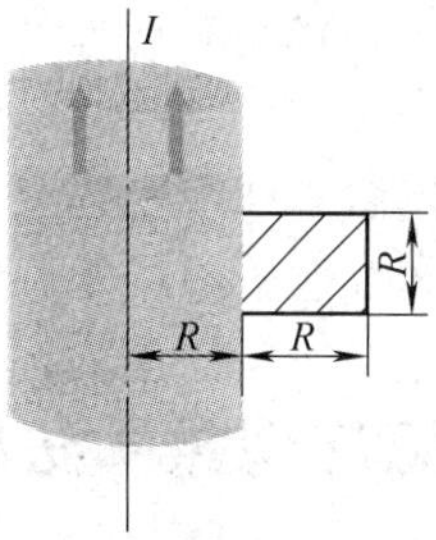

题图6-12

第 7 章　电磁感应　电磁场

1820 年奥斯特通过实验发现了电流的磁效应。由此人们自然想到，能否利用磁效应产生电流呢？从 1822 年起，法拉第就开始对这一问题进行有目的的实验研究。经过多次失败，终于在 1831 年取得了突破性的进展，发现了电磁感应现象，即利用磁场产生电流的现象。从实用的角度看，这一发现使电工技术有可能长足发展，为后来的人类生活电气化打下了基础。从理论上说，这一发现更全面地揭示了电和磁的联系，使麦克斯韦后来有可能建立一套完整的电磁场理论，这一理论在近代科学中得到了广泛的应用。

本章主要内容：在电磁感应现象的基础上讨论电磁感应定律、动生电动势和感生电动势，介绍自感和互感、磁场的能量、麦克斯韦电磁场理论和电磁波。

7.1　电磁感应现象　法拉第电磁感应定律

7.1.1　电磁感应现象

法拉第用不同的方式证实电磁感应现象的存在及其规律，下面介绍几个电磁感应现象的实验，并说明产生这一现象的条件。

1）磁铁与线圈相对运动时线圈中产生电流，如图 7-1a 所示，电流计的指针发生偏转，且运动方向不同，偏转方向也不同。

2）线圈中电流变化时另一线圈中产生电流，如图 7-1b 所示。

3）闭合回路的一部分切割磁力线，回路中产生电流，如图 7-1c 所示。

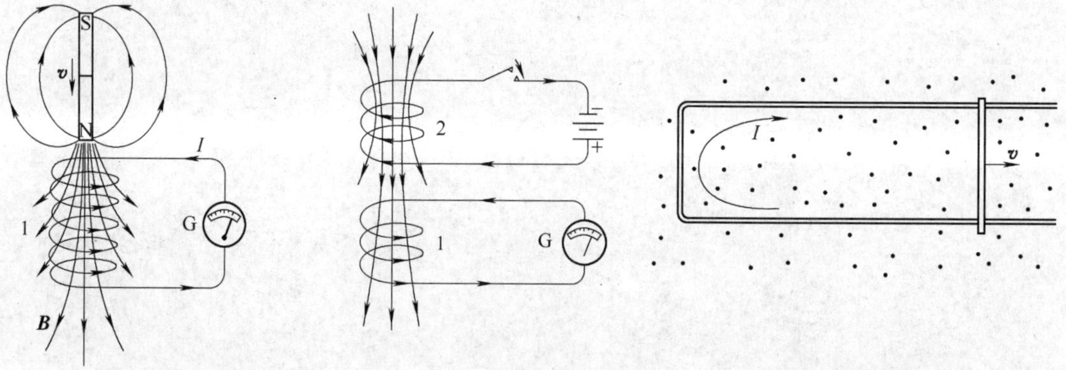

图 7-1　电磁感应现象实验

对所有电磁感应实验的分析表明，当穿过一个闭合导体回路所围面积的磁通量发生变化时，回路中就出现电流，这种电流叫感应电流。我们知道，在闭合回路中出现了电流一定是由于回路中产生了电动势。当穿过导体回路的磁通量发生变化时，回路中产生了电流，就说明此时在回路中产生了电动势（称做感应电动势）。

7.1.2　楞次定律

1833 年楞次总结出了判定感应电流方向的定律，称为楞次定律。其表述为：闭合回路中，感应电流的方向总是使它自身产生的电流所产生的磁通量反抗引起感应电流的磁通量的变化。

如图 7-2 所示，当磁铁棒的 N 极插入线圈时，通过线圈的磁通量增加。线圈中感应电流所产生的磁场要反抗线圈内磁通量的增加，故这个磁场的磁感应线方向与磁铁棒的磁感应线方向相反。再根据右手螺旋法则就可以确定线圈中感生电流的方向。当磁铁棒的 N 极从线圈中拔出时，情况正好相反。

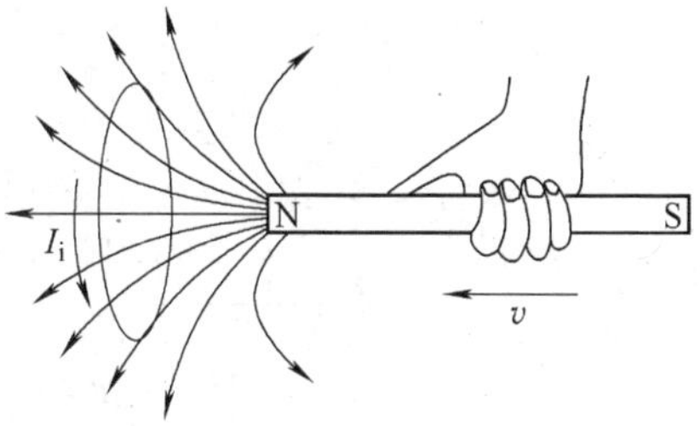

图 7-2　楞次定律

楞次定律在本质上是能量守恒定律在电磁现象中的体现。从上述例子中可以看出，感生电流的磁场总是阻碍该线圈内磁通量的变化，如果这个变化是由相对运动引起的，感生电流的作用就要反抗这个运动，使外力在运动过程中必须做功。外力所做的功转化为感应电流的电能，并转化为电路中的焦耳热。

7.1.3　法拉第电磁感应定律

法拉第通过大量的实验和研究总结出了电磁感应定律。

法拉第电磁感应定律表述为：当穿过闭合回路所围面积的磁通量发生变化时，不论这种变化是什么原因引起的，回路中都会产生感应电动势，其大小与穿过回路的磁通量对时间的变化率成正比。如果采用国际单位制，则此定律可表示为

$$\mathscr{E}_i = -\frac{\mathrm{d}\Phi}{\mathrm{d}t} \tag{7-1}$$

式中的负号表示感应电动势总是反抗磁通量的变化，即 $\mathscr{E}_i$ 的正负总是与磁通量对时间变化率的正负相反，这也是楞次定律的数学表示。

由于电动势和磁通量都是标量，因此，它们的正负相对于某一指定的方向才有意义。我们先规定回路绕行正方向，当回路中磁力线方向与回路绕行正方向满足右手螺旋关系时，$\Phi>0$(图 7-3)。这时如果穿过回路的磁通量增大，即 $\mathrm{d}\Phi/\mathrm{d}t>0$，则 $\mathscr{E}_i<0$，这表明此时感应电动势的方向与回路的绕行方向相反。如果穿过回路的磁通量减少，即 $\mathrm{d}\Phi/\mathrm{d}t<0$，则 $\mathscr{E}_i>0$，则感应电动势的方向与回路的绕行正方向相同。

如果闭合回路的电阻为 R，由式（7-1），则回路中的感应电流为

$$I_i = -\frac{1}{R}\frac{\mathrm{d}\Phi}{\mathrm{d}t} \tag{7-2}$$

利用式（7-2）以及 $I=\frac{\mathrm{d}q}{\mathrm{d}t}$，可计算出在时间间隔 $\Delta t=t_2-t_1$ 内，由于电磁感应的缘故，流过回路的电荷量。设在时刻 t_1 穿过回路所围面积的磁通量为 Φ_1，在时刻 t_2 穿过回路 L 所

围面积的磁通量为 Φ_2，于是在 Δt 时间内，通过回路的感应电荷量则为

$$q = \int_{t_1}^{t_2} I\mathrm{d}t = \int_{t_1}^{t_2} \frac{\mathscr{E}}{R}\mathrm{d}t = -\frac{1}{R}\int_{\Phi_1}^{\Phi_2}\mathrm{d}\Phi = \frac{1}{R}(\Phi_1 - \Phi_2) \tag{7-3}$$

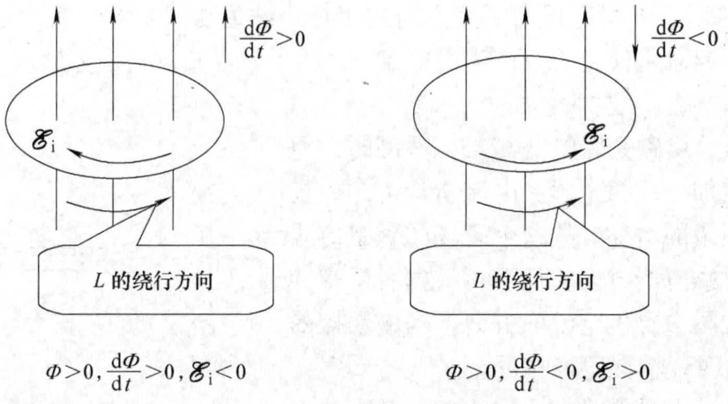

图 7-3 法拉第电磁感应定律

比较式(7-2)和式(7-3)可以看出，感应电流与回路中磁通量随时间的变化率有关，变化率越大，感应电流越强；但感应电荷量则只与回路中磁通量的变化量有关，而与磁通量随时间的变化率(即变化的快慢)无关。在计算感应电荷量时，式(7-3)取绝对值。从式(7-3)还可以看出，对于给定电阻 R 的闭合回路来说，如从实验中测出流过此回路的电荷量 q，那么就可以知道此回路内磁通量的变化。这就是磁强计的设计原理，在地质勘探和地震监测等部门中，常用磁强计来探测地磁场的变化。

应该指出，以上是由导线组成的单匝回路，如果回路系由 N 匝密绕线圈组成，而穿过每匝线圈的磁通量都等于 Φ，那么通过 N 匝密绕线圈的磁通匝数则为 $\Psi = N\Phi$，Ψ 也叫做磁通匝链数，简称磁链。对此，电磁感应定律就可写成

$$\mathscr{E}_i = -\frac{\mathrm{d}\Psi}{\mathrm{d}t} \tag{7-4}$$

【例 7-1】 如图 7-4 所示，有一由金属丝绕成的螺绕环，单位长度上的匝数 $n = 5000\ \mathrm{m}^{-1}$，截面积为 $S = 2\times10^{-3}\ \mathrm{m}^2$。金属丝的两端和电源以及可变电阻串联成一闭合电路。在环上再绕一线圈 A，其匝数 $N = 5$ 匝，电阻为 $R = 2\ \Omega$。调节可变电阻使通过螺绕环的电流 I 每秒降低 20 A。求：(1) 线圈 A 中产生的感应电动势 $\mathscr{E}_i$ 及感应电流 I_i；(2) 2 s内通过线圈 A 的感应电荷量 q。

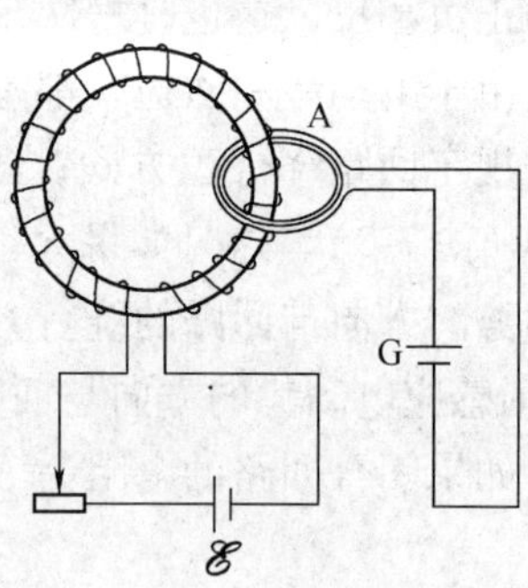

图 7-4 例 7-1 用图

【解】 螺绕环内的磁感应强度为

$$B = \mu_0 nI$$

式中，μ_0 为真空的磁导率。因为磁场完全集中在环内，所以通过线圈 A 的磁通量为

$$\Phi = \mu_0 nIS$$

因此，线圈 A 中感应电动势的量值为

$$\mathscr{E}_i = \left| N\frac{d\Phi}{dt} \right| = \mu_0 nNS\left|\frac{dI}{dt}\right|$$

把已知各量代入上式，得

$$\mathscr{E}_i = \mu_0 nNS\left|\frac{dI}{dt}\right| = 12.57\times10^{-7}\times5000\times5\times2\times10^{-3}\times20\ \text{V} = 1.26\times10^{-3}\ \text{V}$$

已知线圈 A 的电阻为 $R=2\ \Omega$，所以感应电流为

$$I_i = \frac{1.26\times10^{-3}}{2}\ \text{A} = 6.30\times10^{-4}\ \text{A}$$

在 2s 内通过线圈 A 的感应电荷量为

$$q = \int_{t_1}^{t_2} I_i \mathrm{d}t = 6.30\times10^{-4}\times2\ \text{C} = 1.26\times10^{-3}\ \text{C}$$

【例 7-2】 交流发电机的原理如图 7-5 所示，均匀磁场中，置有面积为 S 的可绕 OO' 轴转动的 N 匝线圈。外电路的电阻为 R 且远大于线圈的电阻。若线圈以角速度 ω 作匀速转动，求线圈中的感应电动势及感应电流。

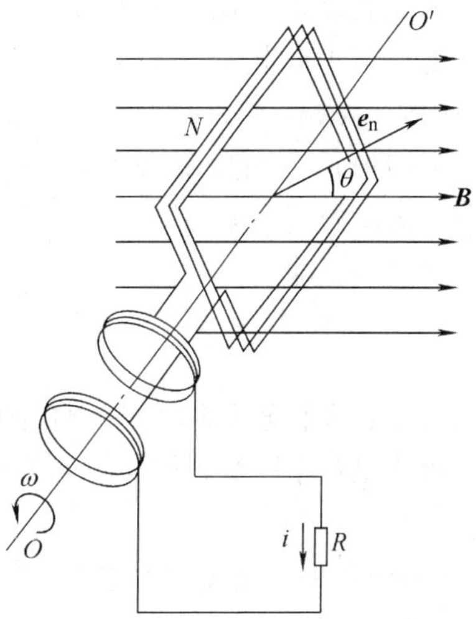

图 7-5　例 7-2 用图

【解】 设在 $t=0$ 时，线圈平面的正法线方向 $\boldsymbol{e}_n$ 与磁感应强度 $\boldsymbol{B}$ 的方向相同，即二者的夹角 $\theta=0$。那么在 t 时刻，线圈正法线方向 $\boldsymbol{e}_n$ 与磁感应强度 $\boldsymbol{B}$ 的夹角为 $\theta=\omega t$，此时穿过线圈的磁通匝链数为

$$\Psi = NBS\cos\theta = NBS\cos\omega t$$

则线圈中的感应电动势为

$$\mathscr{E}_i = -\frac{d\Psi}{dt} = NBS\omega\sin\omega t$$

式中，N、B、S 和 ω 均为常量。令 $\mathscr{E}_m = NBS\omega$，它是感应电动势的最大值。则线圈中的感应电动势

$$\mathscr{E}_i = \mathscr{E}_m\sin\omega t$$

感应电流

$$i = \frac{\mathscr{E}_i}{R} = \frac{\mathscr{E}_m}{R}\sin\omega t = I_m\sin\omega t$$

式中，$I_m = \dfrac{\mathscr{E}_m}{R}$为感应电流的最大值。由此可见，在均匀磁场中匀速转动的线圈内的感应电流也是时间的正弦函数，我们把这种电流叫做正弦交变电流，简称交流电。

7.2　电源的电动势

电路中要形成持续的电流，必须依靠电源。电源的作用是把其他形式的能转换成电能。干电池和蓄电池把化学能转换成电能，硅光电池是把光能转换成电能。电源在使用寿命内，源源不断地把其他形式的能量转换成电能，从而使电路中有持续的电流。

电源是怎样将其他形式的能量转换成电能的呢？

如图 7-6 所示，若将两个电势不等的带电导体 A、B 用导线连接起来，则导线中就会有

电场存在。在静电力的作用下，正电荷将从高电势的A板(正极)经导线流向低电势的B板(负极)，同B板的负电荷中和。为使两极板电荷数量不变，以保持两极板电势差恒定，从而维持恒定的电流，在这段时间内，必须有等量的正电荷从低电势的B板(负极)经电源内部移到高电势的A板(正极)。在电源内部，正电荷所受的静电力方向是由电源的正极指向负极，所以不可能把正电荷从负极移到正极，要做到这一点必须依靠一个与静电力性质不一样的非静电外力的作用才能使正电荷从B板流向A板，从而在导体两端维持恒定的电势差。我们把这个产生非静电力的装置称为电源。电源的作用正是靠非静电力做功，把正电荷从负极经电源内部移到正极，从而把其他形式的能转换成电源的电能。

不同的电源把其他形式的能转换成电能的能力是不同的。电源把单位正电荷从负极移到正极的过程中，非静电力做的功越多，由其他形式的能转换成的电能就越多，也就是电源把其他形式的能转换成电能的能力就越大。为了表示电源上述能力的大小，引入电源电动势的概念。

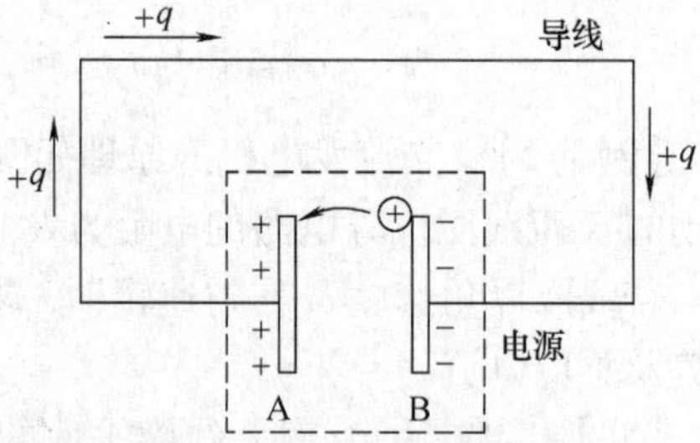

图7-6 电源中的能量转换

电源把正电荷由负极经电源内部移到正极时，非静电力所做的功A与所移动的电荷量q之比称为电源的电动势，即

$$\mathscr{E}=\frac{A}{q}$$

$\mathscr{E}$在数值上等于把单位正电荷由负极经电源内部移到正极过程中非静电力所做的功。

若正电荷q所受到的非静电力为$\boldsymbol{F}_{\mathrm{k}}$，则

$$A=\int_{-}^{+}\boldsymbol{F}_{\mathrm{k}}\cdot\mathrm{d}\boldsymbol{l}$$

由定义知

$$\mathscr{E}=\frac{A}{q}=\int_{-}^{+}\frac{\boldsymbol{F}_{\mathrm{k}}}{q}\cdot\mathrm{d}\boldsymbol{l}$$

若用$\boldsymbol{E}_{\mathrm{k}}$表示单位正电荷在电源中所受的非静电力，并称之为非静电性场强，则$\boldsymbol{F}_{\mathrm{k}}=q\boldsymbol{E}_{\mathrm{K}}$，故电源的电动势为

$$\mathscr{E}=\frac{A}{q}=\int_{-}^{+}\boldsymbol{E}_{\mathrm{k}}\cdot\mathrm{d}\boldsymbol{l}$$

由定义可以看出，电动势是标量，然而为了标明电源在电路中供电的方向，我们把由电源的负极经电源内部到正极的方向规定为电动势的方向，这实际上就是非静电力的方向。电动势的方向也是电源内部电势升高的方向。

在国际单位制中，电动势的单位是伏特(简称伏)，用V表示。

如果整个闭合回路上都有非静电力(例如置于随时间变化的磁场中的闭合线圈)，这时我们无法区分“电源内部”和“电源外部”，就把电动势定义为非静电性场强的环路积分，则有

$$\mathscr{E}=\oint_{L}\boldsymbol{E}_{\mathrm{k}}\cdot\mathrm{d}\boldsymbol{l}$$

即电源的电动势等于单位正电荷绕闭合回路一周的过程中，电源的非静电力所做的功。对于

给定的电源，其电动势是一定的。一般来说它与外电路的性质以及电路是否接通无关。

7.3　动生电动势

法拉第电磁感应定律告诉我们，不管什么原因，只要回路中的磁通量发生变化，回路中就有感应电动势产生。实际上，使回路中磁通量发生变化的方式是多种多样的。但是，最基本的方式只有两种：一是由于导线和磁场之间的相对运动所引起的回路中磁通量的变化；二是由于磁场随时间的变化所引起的回路中磁通量的变化。按照回路中磁通量变化的原因的不同，我们将感应电动势分为动生电动势和感生电动势两类。本节和下一节将分别加以讨论。

7.3.1　动生电动势

在稳恒磁场中，由于导线和磁场之间的相对运动而在导线中所产生的感应电动势叫做动生电动势。比较形象地说，动生电动势就是运动导线切割磁力线时在导线中所产生的电动势。

有电动势就有相应的非静电力，那么，产生动生电动势的非静电力在本质上是什么力呢？

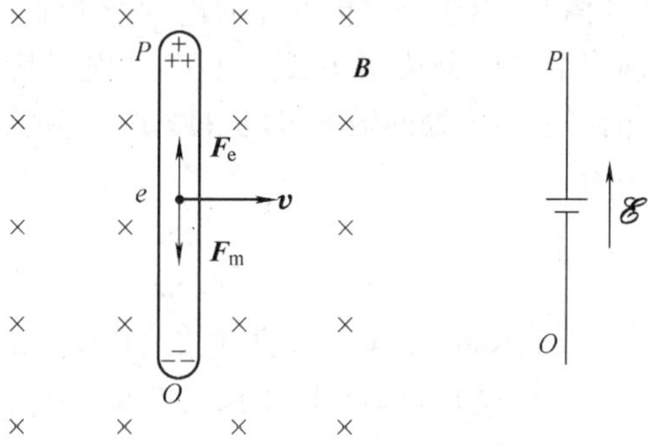

图 7-7　动生电动势的非静电力

如图 7-7 所示，当一长为 l 的导线 OP 在磁感应强度为 $\boldsymbol{B}$ 的均匀磁场中以速度 $\boldsymbol{v}$ 向右运动时，导线中的自由电子也以同样的速度 $\boldsymbol{v}$ 随导线一起向右作定向运动。而运动电荷在磁场中受到洛伦兹力的作用，根据洛伦兹力公式，导线内每个自由电子所受到洛伦兹力 $\boldsymbol{F}_m=-e(\boldsymbol{v}\times\boldsymbol{B})$，式中 $-e$ 为电子的电荷量，$\boldsymbol{F}_m$ 的方向与 $\boldsymbol{v}\times\boldsymbol{B}$ 的方向相反，由 P 指向 O。在洛伦兹力的推动下，自由电子就沿导线由 P 向 O 移动，致使 O 端积累了负电，P 端则积累了正电，从而在导线内建立起静电场。当作用在电子上的静电场力 $\boldsymbol{F}_e$ 与洛伦兹力 $\boldsymbol{F}_m$ 相平衡(即 $\boldsymbol{F}_e+\boldsymbol{F}_m=0$)时，$O$、$P$ 两端间便有稳定的电势差。显然，产生动生电动势的非静电力就是洛伦兹力，在磁场中运动的一段导体就相当于一个电源。

7.3.2　动生电动势的计算

产生动生电动势的非静电力为洛伦兹力，即 $\boldsymbol{F}_m=-e(\boldsymbol{v}\times\boldsymbol{B})$，则单位正电荷所受到的非静电力，也就是非静电性场强为

$$\boldsymbol{E}_k=\frac{\boldsymbol{F}_m}{-e}=\boldsymbol{v}\times\boldsymbol{B}$$

$\boldsymbol{E}_k$ 的方向与 $\boldsymbol{v}\times\boldsymbol{B}$ 的方向相同。

由电动势的定义可得，在磁场中运动导线 OP 所产生的动生电动势为

$$\mathscr{E}_i=\int_L\boldsymbol{E}_k\cdot d\boldsymbol{l}=\int_{OP}(\boldsymbol{v}\times\boldsymbol{B})\cdot d\boldsymbol{l}\tag{7-5}$$

式中，$\boldsymbol{v}$ 为导线相对于磁场 $\boldsymbol{B}$ 的运动速度；$\mathrm{d}\boldsymbol{l}$ 为导线上的长度元；L 为导线长度。

若 $\mathscr{E}_i>0$，表明动生电动势的方向与所选取的长度元 $\mathrm{d}\boldsymbol{l}$ 方向相同；若 $\mathscr{E}_i<0$，表明动生电动势的方向与所选取的长度元 $\mathrm{d}\boldsymbol{l}$ 方向相反。

如果 $\boldsymbol{v}$ 与 $\boldsymbol{B}$ 垂直，并且 $\boldsymbol{v}\times\boldsymbol{B}$ 的方向与 $\mathrm{d}\boldsymbol{l}$ 的方向相同，以及 $\boldsymbol{v}$ 与 $\boldsymbol{B}$ 均为恒矢量，则式(7-5)可简化为

$$\mathscr{E}_i=\int_0^l vB\mathrm{d}l=vBl$$

导线 OP 上动生电动势的方向是由 O 指向 P(图 7-7)。应当注意，上式只能用来计算在均匀磁场中导线以恒定速度垂直磁场运动时所产生的动生电动势。对任意形状的导线在非均匀磁场中运动所产生的动生电动势，则由式(7-5)来进行计算。

【例 7-3】 如图 7-8 所示，长直导线中通有电流 $I=10\ \mathrm{A}$，有一长 $l=0.1\ \mathrm{m}$ 的金属棒 AB，以 $v=4\ \mathrm{m\cdot s^{-1}}$ 的速度平行于长直导线作匀速运动，棒离导线较近的一端到导线的距离为 $a=0.1\ \mathrm{m}$，求金属棒中的动生电动势。

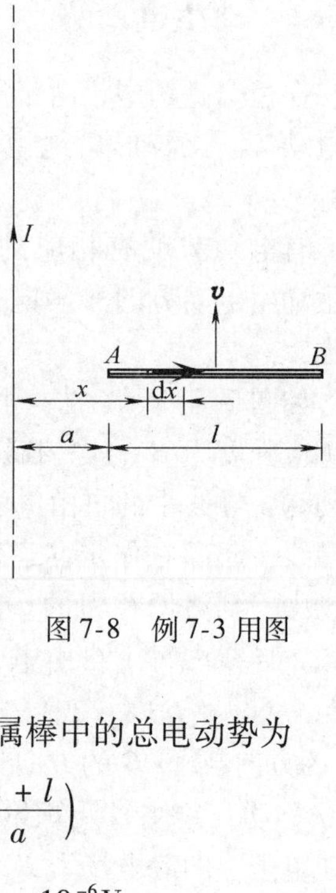

图 7-8 例 7-3 用图

【解】 由于金属棒处在通电导线的非均匀磁场中，因此必须将金属棒分成很多长度元 $\mathrm{d}x$，规定其方向由 A 指向 B。这样在每一 $\mathrm{d}x$ 处的磁场可以看做是均匀的，其磁感应强度的大小为

$$B=\frac{\mu_0 I}{2\pi x}$$

式中，x 为长度元 $\mathrm{d}x$ 与长直导线之间的距离。根据动生电动势的公式(7-5)，可知 $\mathrm{d}x$ 小段上的动生电动势为

$$\mathrm{d}\mathscr{E}_i=(\boldsymbol{v}\times\boldsymbol{B})\cdot\mathrm{d}\boldsymbol{l}=Bv\cos\pi\mathrm{d}x=-\frac{\mu_0 I}{2\pi x}v\mathrm{d}x$$

由于所有长度元上产生的动生电动势的方向都是相同的，所以金属棒中的总电动势为

$$\mathscr{E}_i=\int\mathrm{d}\mathscr{E}_i=\int_a^{a+l}-\frac{\mu_0 I}{2\pi x}v\mathrm{d}x=-\frac{\mu_0 I}{2\pi}v\ln\left(\frac{a+l}{a}\right)$$

$$=-\frac{4\pi\times10^{-7}\times10}{2\pi}\times4\times\ln2\mathrm{V}=-5.5\times10^{-6}\mathrm{V}$$

式中的负号表明动生电动势的方向与所选取的线元 $\mathrm{d}x$ 的方向相反，即动生电动势 $\mathscr{E}_i$ 的方向是由 B 到 A 的。

【例 7-4】 一根长度为 L 的铜棒，在磁感应强度为 $\boldsymbol{B}$ 的均匀磁场中，以角速度 ω 在与磁感应强度方向垂直的平面上绕棒的一端 O 作匀速转动，如图 7-9 所示，试求在铜棒两端的感应电动势。

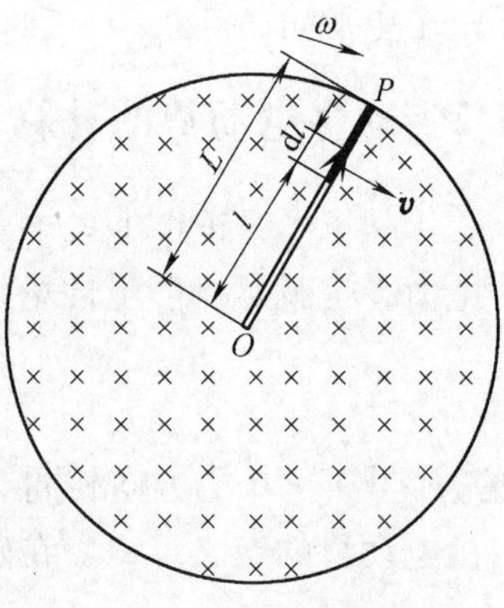

图 7-9 例 7-4 用图

【解】 在铜棒上距 O 点为 l 处取极小的一段长度元 $\mathrm{d}\boldsymbol{l}$，规定其方向由 O 指向 P。其速度为 $\boldsymbol{v}$，并且 $\boldsymbol{v}$、$\boldsymbol{B}$、$\mathrm{d}\boldsymbol{l}$ 互相垂直。于是，$\mathrm{d}\boldsymbol{l}$ 两端的动生电动势为

$$\mathrm{d}\mathscr{E}_i=(\boldsymbol{v}\times\boldsymbol{B})\cdot\mathrm{d}\boldsymbol{l}=vB\cos0\mathrm{d}l=vB\mathrm{d}l$$

把铜棒看成是由许多长度为 $\mathrm{d}\boldsymbol{l}$ 的长度元组成的，每

一个长度元的线速度$\boldsymbol{v}$都与$\boldsymbol{B}$垂直，且$v = l\omega$，于是铜棒两端之间的动生电动势为各长度元的动生电动势之和，即

$$\mathscr{E}_{\mathrm{i}} = \int_l \mathrm{d}\mathscr{E}_{\mathrm{i}} = \int_0^L Bv\mathrm{d}l = \int_0^L B\omega l\mathrm{d}l = \frac{1}{2}B\omega L^2$$

上式中$\mathscr{E}_{\mathrm{i}} > 0$，表明动生电动势的方向与所选取的线元$\mathrm{d}\boldsymbol{l}$方向相同，即动生电动势的方向由$O$指向$P$。

7.4　感生电场　感生电动势

7.4.1　感生电场与感生电动势

下面我们来讨论第二种电磁感应现象。一个静止的导体回路，当它所包围的磁场发生变化时，穿过它的磁通量也会发生变化，这时导体或导体回路中会产生感应电动势，这样产生的电动势称为感生电动势。

产生感生电动势的非静电力是什么呢？可以肯定，它不是洛伦兹力，因为导体或导体回路静止不动；它也不会是库仑力，因为库仑力是静止电荷之间的相互作用，而这里没有对导体中的自由电子施加库仑力的静止电荷。显然，在导体中驱动电荷作定向运动的力是一种当时人们还没有认识的非静电力。为了探索感生电动势非静电力的本质，麦克斯韦分析了有关实验事实，他注意到感生电动势是由变化的磁场引起的。透过这一客观事实，他敏锐地感觉到，感生电动势产生的原因预示着一种与变化的磁场相联系的新效应。于是，麦克斯韦在1861年提出了感生电场(又称涡旋电场)的概念。他认为：随时间变化的磁场在其周围空间要激发一种电场，这个电场叫做感生电场，其电场强度用符号$\boldsymbol{E}_{\mathrm{k}}$表示。感生电场对电荷有力的作用，正是由于这种感生电场力充当了产生感生电动势的非静电力，驱动电荷在导体中作定向运动。感生电场最初是由麦克斯韦作为一种假设提出来的，该假设已被实验证明是正确的。

由电动势的定义，由于磁场的变化，沿任意闭合回路L上产生的感应电动势为

$$\mathscr{E}_{\mathrm{i}} = \oint_L \boldsymbol{E}_{\mathrm{k}} \cdot \mathrm{d}\boldsymbol{l} \tag{7-6}$$

根据法拉第电磁感应定律可得

$$\mathscr{E}_{\mathrm{i}} = -\frac{\mathrm{d}\Phi}{\mathrm{d}t} = -\frac{\mathrm{d}}{\mathrm{d}t}\int_S \boldsymbol{B} \cdot \mathrm{d}\boldsymbol{S}$$

所以，式(7-6)也可写成

$$\mathscr{E}_{\mathrm{i}} = \oint_L \boldsymbol{E}_{\mathrm{k}} \cdot \mathrm{d}\boldsymbol{l} = -\frac{\mathrm{d}}{\mathrm{d}t}\int_S \boldsymbol{B} \cdot \mathrm{d}\boldsymbol{S} = -\int_S \frac{\partial \boldsymbol{B}}{\partial t} \cdot \mathrm{d}\boldsymbol{S} - \int_S \mathrm{d}\boldsymbol{B} \cdot \frac{\partial \boldsymbol{S}}{\partial t}$$

若闭合回路是静止的，即所围面积S不随时间变化，$\dfrac{\partial \boldsymbol{S}}{\partial t} = 0$，则上式亦可写成

$$\mathscr{E}_{\mathrm{i}} = \oint_L \boldsymbol{E}_{\mathrm{k}} \cdot \mathrm{d}\boldsymbol{l} = -\int_S \frac{\partial \boldsymbol{B}}{\partial t} \cdot \mathrm{d}\boldsymbol{S} \tag{7-7}$$

式中，$\dfrac{\partial \boldsymbol{B}}{\partial t}$是闭合回路所围面积内的磁感应强度随时间的变化率。曲面积分的区域S是以回

路 L 为边界的，S 的正法线方向与 L 的绕行方向遵从右手螺旋法则，所以当选定回路 L 的正绕行方向后，则 $-\frac{\partial \boldsymbol{B}}{\partial t}$与 $\boldsymbol{E}_k$ 在方向上遵从右手螺旋关系。也可以这样说，如果 $\boldsymbol{B}$ 随着时间 t 增加，则 $\boldsymbol{E}_k$ 的方向与 $\boldsymbol{B}$ 的反方向遵从右手螺旋关系；如果 $\boldsymbol{B}$ 随着时间 t 减小，则 $\boldsymbol{E}_k$ 的方向与 $\boldsymbol{B}$ 的正方向遵从右手螺旋关系。这与用愣次定律判断的结果是一致的。

7.4.2 感生电场和静电场的比较

下面我们来看看感生电场与静电场有什么相同和不同？实验证明，无论感生电场还是静电场都对电荷有力的作用，这是它们的相同点。不同点首先是产生的原因不同：静电场是由静止的电荷激发，而感生电场则是由变化磁场激发。再则，静电场和感生电场的性质不同：静电场的电场强度沿任意闭合回路的环流恒为零，即 $\oint_L \boldsymbol{E}\cdot \mathrm{d}\boldsymbol{l}=0$，说明静电场是一个保守场。而感生电场与静电场不同，其电场强度 $\boldsymbol{E}_k$ 沿任意闭合回路的环流一般不等于零，即 $\oint_L \boldsymbol{E}_k\cdot \mathrm{d}\boldsymbol{l}=-\frac{\mathrm{d}\Phi}{\mathrm{d}t}$。这说明，感生电场不是保守场。由于静电场的电场线不闭合，由静电场的高斯定理 $\oint_S \boldsymbol{E}\cdot \mathrm{d}\boldsymbol{S}=\frac{\sum q}{\varepsilon_0}$可见，静电场对任意闭合面的通量不为零，它是一个有源场；感生电场的电场线与有头有尾的静电场的电场线不同，是闭合的，无头无尾的（故又称为涡旋电场）。因此，感生电场通过场中任意闭合曲面的通量必然为零，即 $\oint_S \boldsymbol{E}_k\cdot \mathrm{d}\boldsymbol{S}=0$，该式是感生电场的高斯定理，它说明感生电场是无源场。

【例 7-5】 已知一个无限长直螺线管，半径为 R，管内各点的磁感应强度 $\boldsymbol{B}$ 随时间 t 均匀增大，即 $\frac{\partial \boldsymbol{B}}{\partial t}$是常量且大于零，试求螺线管内外的感生电场强度 $\boldsymbol{E}_k$。

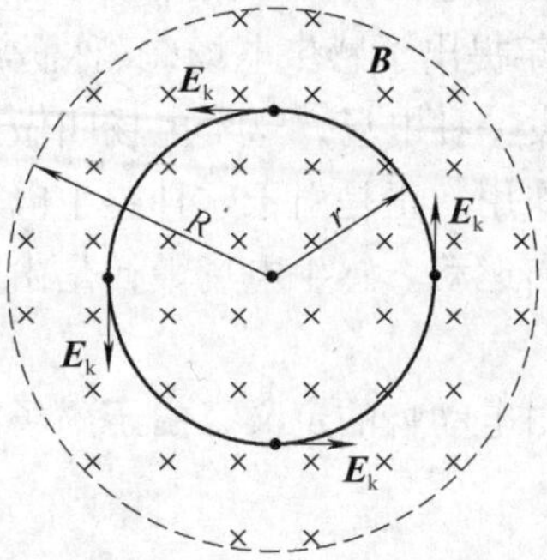

图 7-10 例 7-5 用图

【解】 如图 7-10 所示，磁场局限在半径 R 的圆周内，且$\frac{\partial \boldsymbol{B}}{\partial t}>0$，则 $\boldsymbol{E}_k$ 与 $\boldsymbol{B}$ 的反方向遵从右手螺旋关系，$\boldsymbol{E}_k$ 的方向如图所示；由圆的对称性可知在半径相同的同心圆上 $\boldsymbol{E}_k$ 的大小相等。

下面求感生电场强度 $\boldsymbol{E}_k$ 的大小。

（1）螺线管内，即 $r<R$，由圆的对称性，感生电场的方向与回路同心圆的环绕方向相同。

$$\mathscr{E}_i=\oint_l \boldsymbol{E}_k\cdot \mathrm{d}\boldsymbol{l}=\oint_l E_k\cdot \mathrm{d}l=E_k 2\pi r$$

由式(7-7)可知

$$\mathscr{E}_i=\int_S \frac{\partial \boldsymbol{B}}{\partial t}\cdot \mathrm{d}\boldsymbol{S}=\frac{\partial B}{\partial t}\int_S \mathrm{d}S=\frac{\partial B}{\partial t}\pi r^2$$

所以

$$E_k 2\pi r = \frac{\partial B}{\partial t}\pi r^2$$

则

$$E_k = \frac{r}{2}\ \frac{\partial B}{\partial t}$$

即

$$E_k \propto r$$

（2）螺线管外，即 $r > R$，由同样的对称性原理得到

$$\mathscr{E}_i = \oint_l \boldsymbol{E}_k \cdot d\boldsymbol{l} = \oint_l E_k \cdot dl = E_k 2\pi r$$

由式(7-7)可知

$$\mathscr{E}_i = \int_S \frac{\partial \boldsymbol{B}}{\partial t} \cdot d\boldsymbol{S} = \frac{\partial B}{\partial t}\int_S dS = \frac{\partial B}{\partial t}\pi R^2$$

所以

$$E_k 2\pi r = \frac{\partial B}{\partial t}\pi R^2$$

则

$$E_k = \frac{R^2}{2r}\ \frac{\partial B}{\partial t}$$

即

$$E_k \propto \frac{1}{r}$$

7.5　自感和互感

7.5.1　自感现象

如图 7-11 所示，当载流线圈中的电流发生变化时，该线圈中的磁通量也会发生变化，因而线圈中就有感生电动势产生，这种电磁感应现象称为自感现象。由于线圈中电流变化而在自身线圈中产生的电动势称为自感电动势。

考虑一个闭合回路，设其中的电流为 I。根据毕奥—萨伐尔定律，此电流在空间任意一点的磁感应强度 B 都与 I 成正比，又由 $\Phi = \oint_S \boldsymbol{B} \cdot d\boldsymbol{S}$ 可以推知，穿过回路本身所围面积的磁通量 $\boldsymbol{\Phi}$ 也与 I 成正比，即 $\Phi \propto I$。

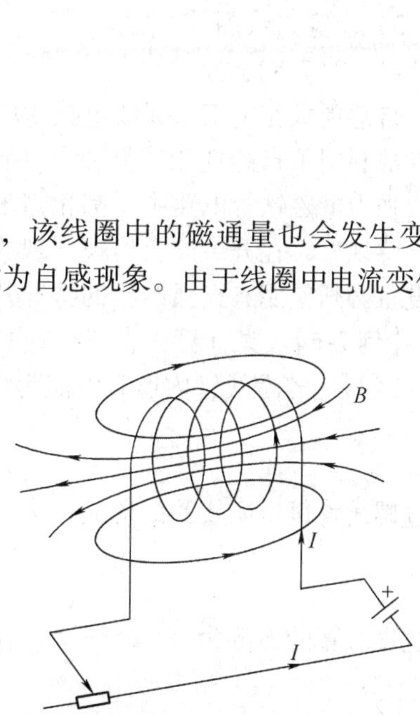

图 7-11　线圈的自感

若回路由 N 匝线圈密绕而成，且穿过每一匝线圈的磁通量 Φ 基本相同，则穿过 N 匝线圈中的全磁通 $\Phi_m = N\Phi$ 也与线圈中的电流成正比，即 $\Phi_m = N\Phi \propto I$，加上比例系数 L，写出等式即为

$$\Phi_m = N\Phi = LI \tag{7-8}$$

式中比例系数 L 称为线圈的自感。自感在数值等于线圈中的电流为一单位时穿过此线圈的全磁通。它是一个表征线圈本身电磁性质的物理量，它仅由线圈的形状、大小、匝数以及周围磁介质的分布所决定，在无铁磁质的情况下，它与线圈中的电流无关。

由法拉第电磁感应定律可知，自感电动势为

$$\mathscr{E}_L = -\frac{\mathrm{d}\Phi_m}{\mathrm{d}t} = -\frac{\mathrm{d}(LI)}{\mathrm{d}t} = -\left(L\frac{\mathrm{d}I}{\mathrm{d}t} + I\frac{\mathrm{d}L}{\mathrm{d}t}\right)$$

若 L 不随时间变化，得到

$$\mathscr{E}_L = -L\frac{\mathrm{d}I}{\mathrm{d}t} \tag{7-9}$$

由此也可得自感

$$L = -\frac{\mathscr{E}_L}{\dfrac{\mathrm{d}I}{\mathrm{d}t}}$$

它在数值上等于回路中的电流随时间的变化率为一个单位时，在回路中所引起的自感电动势的绝对值。

在国际单位制中，自感的单位为亨利，用符号 H 表示，由式(7-8)可知，1H = 1Wb/A。亨利是一个很大的量，经常采用毫亨(mH)、微亨(μH)。

自感的计算比较困难，一般由实验测定。只有某些简单的情况才可由定义式计算出自感，通常步骤如下：

1）设线圈中通有电流 I。

2）确定电流 I 在线圈中产生的磁场分布。

3）求穿过线圈的全磁通。

4）由(7-8)式求得 L。

自感现象在电工、无线电技术中有广泛的应用，如日光灯镇流器、滤波电路、电感传感器等都利用了自感现象。但在有些情况下，自感现象也会带来危害，比如在有绕组的电动机、强力电磁铁等电路中，都相当于有一个自感很大的线圈，在切断电流时，由于产生较强的自感现象，在开关处会出现强烈的电弧，这会烧坏开关，甚至造成火灾。所以，这些机器和设备必须使用有灭弧结构的特殊开关。

【例 7-6】 试计算长直螺线管的自感。已知螺线管半径为 R、长为 l、总匝数为 N。

【解】 若螺线管内通有电流为 I，管内磁感应强度 $\boldsymbol{B}$ 的大小为

$$B = \mu_0 nI = \mu_0 \frac{N}{l} I$$

穿过螺线管每一匝线圈的磁通量为

$$\Phi = BS = \mu_0 \frac{N}{l} I \pi R^2$$

穿过螺线管的磁链为

$$\Psi = NBS = \mu_0 \frac{N^2}{l} I \pi R^2$$

$$L = \frac{\Psi}{I} = \mu_0 \frac{N^2}{l} \pi R^2$$

螺线管单位长度的匝数 $n = N/l$，螺线管的体积 $V = \pi R^2 l$，上式可改写为

$$L = \mu_0 n^2 V$$

讨论：螺线管内若充满 μ_r 磁介质，B 增大 μ_r 倍（对软磁材料可忽略非线性），则

$$L = \mu_r \mu_0 n^2 V = \mu n^2 V$$

【例 7-7】 同轴电缆可视为二圆筒间充满 μ 的介质，半径分别为 R_1、R_2，两个圆筒通有大小相等，方向相反的电流 I，如图 7-12 所示。求单位长度的自感 L。

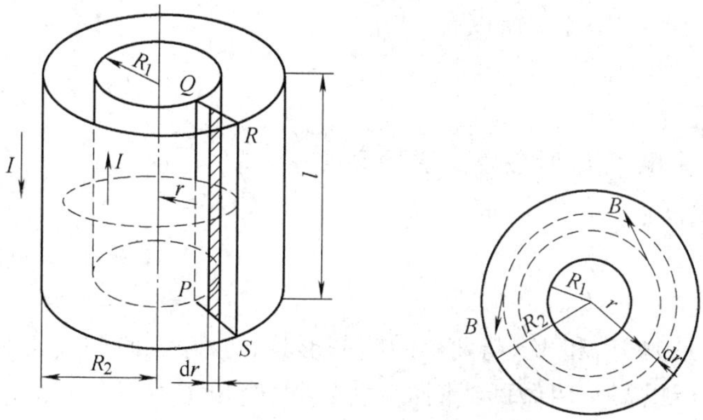

图 7-12　例 7-7 用图

【解】 两筒间的磁感应强度为

$$B = \frac{\mu I}{2\pi r}$$

如图所示，两筒间取一长 l 的法向截面 $PQRS$，取面元 $dS = l dr$，穿过该面元的磁通量为

$$d\Phi = \boldsymbol{B} \cdot d\boldsymbol{S} = Bl dr$$

穿过面积 $PQRS$ 的磁通量为

$$\Phi = \int d\Phi = \int B dS = \int_{R_1}^{R_2} \frac{\mu I}{2\pi r} l dr = \frac{\mu I l}{2\pi} \int_{R_1}^{R_2} \frac{dr}{r}$$

即

$$\Phi = \frac{\mu I l}{2\pi} \ln \frac{R_2}{R_1}$$

长度为 l 的同轴电缆的自感为

$$L = \frac{\Phi}{I} = \frac{\mu l}{2\pi} \ln \frac{R_2}{R_1}$$

单位长度的自感为

$$\frac{L}{l} = \frac{\mu}{2\pi} \ln \frac{R_2}{R_1}$$

7.5.2　互感现象

如图 7-13 所示，假定有两个邻近的线圈 1 和 2，匝数分别为 N_1 和 N_2，通有电流 I_1 和

I_2，当其他条件不变、只有其中一个线圈的电流发生变化时，在另一个线圈中就会引起感应电动势，这种现象称为互感现象，所产生的感应电动势称为互感电动势。这样的两个线圈称为互感耦合线圈。

若线圈 1 中电流 I_1 所激发的磁场穿过线圈 2 的磁通量是 Ψ_{21}，根据毕奥－萨伐尔定律，在空间的任意一点，I_1 所建立的磁感应强度都与 I_1 成正比，因此 I_1 的磁场穿过线圈 2 的磁通量也必然与 I_1 成正比，所以有

$$\Psi_{21}=M_{21}I_1$$

式中，M_{21}是比例系数。

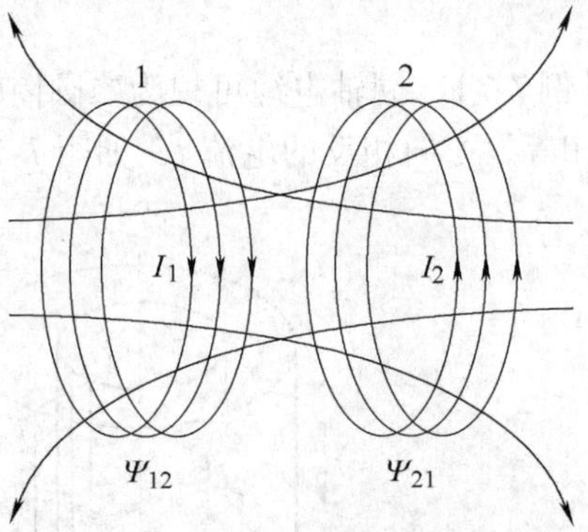

图 7-13　线圈的互感

同理，线圈 2 中电流 I_2 所激发的磁场穿过线圈 1 的磁通量 Φ_{12}，应与 I_2 成正比，所以有

$$\Psi_{12}=M_{12}I_2$$

以上两式中，比例系数 M_{21}和 M_{12}与两个线圈的形状、大小、匝数、相对位置以及周围磁介质的磁导率有关，所以把它叫做两线圈的互感。理论和实验都证明，在两线圈的形状、大小、匝数、相对位置以及周围的磁介质的磁导率都保持不变时，M_{21} 和 M_{12}是相等的。如果令 $M_{21}=M_{12}=M$，则上述两式可简化为

$$\Psi_{21}=MI_1,\Psi_{12}=MI_2$$

从上面两式可以看出，两个线圈的互感 M 在数值上等于其中一个线圈中的电流为一单位时，穿过另一个线圈所围面积的磁通量，即

$$M_{21}=\frac{\Psi_{21}}{I_1},\quad M_{12}=\frac{\Psi_{12}}{I_2} \tag{7-10}$$

由此可得当线圈 1 中的电流 I_1 发生变化时，根据电磁感应定律，在线圈 2 中引起的互感电动势为

$$\mathscr{E}_{21}=-\frac{\mathrm{d}\Psi_{21}}{\mathrm{d}t}=-M_{21}\frac{\mathrm{d}I_1}{\mathrm{d}t} \tag{7-11}$$

同理，当线圈 2 中的电流 I_2 发生变化时，在线圈 1 中引起的互感电动势为

$$\mathscr{E}_{12}=-\frac{\mathrm{d}\Psi_{12}}{\mathrm{d}t}=-M_{12}\frac{\mathrm{d}I_2}{\mathrm{d}t}$$

由此，也可得互感

$$M_{21}=-\frac{\mathscr{E}_{21}}{\mathrm{d}I_1/\mathrm{d}t},M_{12}=-\frac{\mathscr{E}_{12}}{\mathrm{d}I_2/\mathrm{d}t}$$

由上面两式看出，互感 M 的意义也可以这样来理解：两个线圈的互感 M，在数值上等于一个线圈中的电流随时间的变化率为一个单位时，在另一个线圈中所引起的互感电动势的绝对值。互感的单位与自感的单位相同，为亨利，互感通常用实验方法测定，只有在比较简单的情况下，才可以通过计算来求得。计算的步骤与计算自感的步骤大体一样。

互感现象在电工、无线电技术中得到广泛的应用，利用互感现象可以实现能量的转移和信号的传递。如变压器、测量交流高电压的小量程电表互感器以及许多传感器等都是根据互

感原理制成的。此外，在收音机、电视机等的电子线路中，还可以利用互感现象来进行信号的接收和耦合。

某些场合下互感现象是有害的。比如输电线路中的互感，会引起交流电干扰；在有线电话通信电路中，互感会引起串音；在电子仪器中，也往往由于导线与导线间、导线与器件间的互感而影响仪器的正常工作。

7.6　磁场的能量

7.6.1　自感线圈储存的磁能

在电流激发磁场的过程中，电源要克服自感电动势做功，消耗一部分电能并转化为磁能，所以磁场也应具有能量。

如图 7-14 所示，电路中含有一个自感为 L 的线圈，电源的电动势为 $\mathscr{E}$。在电键 S 未闭合时，电路中没有电流，线圈内也没有磁场。而电键闭合后，线圈中的电流逐渐增大，最后电流达到稳定值。即电流从 0 增大到 I，设该过程中任一瞬时的电流为 i。在电流增大的过程中，线圈中有自感电动势，它会阻止磁场的建立。因此，电流在线圈内建立磁场的过程中，电源供给的能量转换成线圈内的磁场能量。现在以自感为例来定量研究电路中电流增长时能量的转换情况。

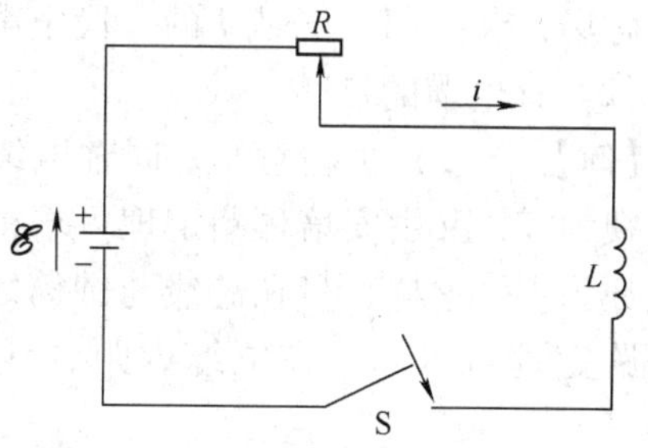

图 7-14　自感线圈储存的磁能

电源电动势反抗自感电动势所做的功为

$$dA = -\mathscr{E}_L i dt = L\frac{di}{dt}idt = Lidi$$

此功等于磁场能量的增量

$$dW_m = dA = Lidi$$

若自感不变，总磁场能量为

$$W_m = \int_0^I Lidi = \frac{1}{2}LI^2 \tag{7-12}$$

7.6.2　磁场的能量

我们知道，磁场的性质是用磁感应强度来描述的。为简单起见，我们以长直螺线管为例进行讨论。若体积为 V 的长直螺线管的自感 $L=\mu n^2V$，螺线管中通有电流 I 时，螺线管中磁场的磁感应强度为 $B=\mu nI$，把它们代入式(7-12)，可得螺线管内的磁场能量为

$$W_m = \frac{1}{2}LI^2 = \frac{1}{2}\mu n^2 V\left(\frac{B}{\mu n}\right)^2 = \frac{1}{2}\frac{B^2}{\mu}V = \frac{1}{2}BHV$$

上式表明，磁场能量与磁感强度、磁导率和磁场所占的体积有关。由此又可得出单位体积磁场的能量——磁场能量密度为

$$w_m = \frac{W_m}{V} = \frac{1}{2}\frac{B^2}{\mu} \tag{7-13}$$

w_m 的单位为 $J \cdot m^{-3}$。式(7-13)表明，磁场能量密度与磁感应强度的二次方成正比。对于均匀的各向同性的介质，由于 $B=\mu H$，式(7-13)又可以写成

$$w_m = \frac{1}{2}\mu H^2 = \frac{1}{2}BH \tag{7-14}$$

必须指出，式(7-13)虽然是从长直螺线管这一特例导出的，但是可以证明，在任意的磁场中某处的磁场能量密度都可以用此式表示，式中的 B 和 H 分别为该处的磁感应强度和磁场强度。总之，式(7-13)说明：任何磁场都具有能量，磁场的能量存在于磁场所在的整个空间之中。

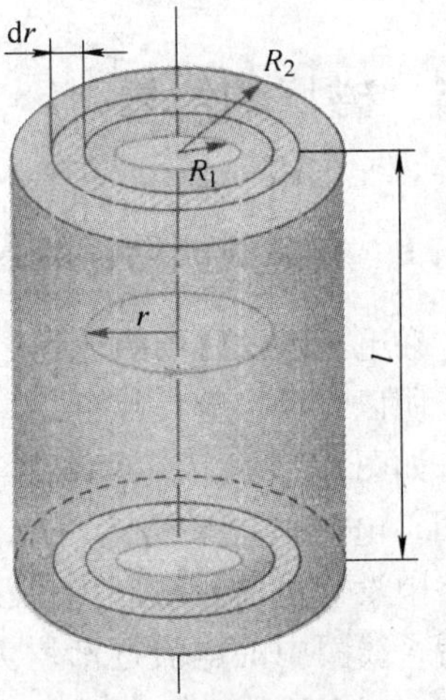

图 7-15 例 7-8 用图

【例 7-8】 如图 7-15 所示，同轴电缆中金属芯线的半径为 R_1，共轴金属圆筒的半径为 R_2，中间为空气，芯线与圆筒上通有大小相等、方向相反的电流 I。可略去金属芯线内的磁场，求：(1) 长为 l 的一段电缆中所储存的磁场能量。(2) 该电缆的自感。

【解】 (1) 由题意知，同轴电缆芯线内的磁感应强度可视为零，又由安培环路定理可求得电缆外部的磁感应强度亦为零，这样，只在芯线与圆筒之间存在磁场。由安培环路定理可求得，在电缆内距轴线为 r 处的磁感应强度为

$$B = \frac{\mu_0 I}{2\pi r}$$

由式(7-13)可得，在 r 处的，磁场的能量密度为

$$w_m = \frac{1}{2}\frac{B^2}{\mu_0} = \frac{\mu_0 I^2}{8\pi^2 r^2}$$

在半径为 r 和 $r+dr$ 长 l 的圆柱壳体积内磁能为

$$dW_m = w_m dV = \frac{\mu_0 I^2}{8\pi^2 r^2} 2\pi r l dr = \frac{\mu_0 I^2 l}{4\pi}\frac{dr}{r}$$

长为 l 同轴电缆储存磁场能量为

$$W_m = \int_V w_m dV = \frac{\mu_0 I^2 l}{4\pi}\int_{R_1}^{R_2}\frac{dr}{r} = \frac{\mu_0 I^2 l}{4\pi}\ln\frac{R_2}{R_1}$$

(2) 该电缆的自感为

$$L = 2\frac{W_m}{I^2} = \frac{\mu_0 l}{2\pi}\ln\frac{R_2}{R_1}$$

此例告诉我们，从自感储能公式出发，也可以求出自感元件的自感。

7.7 变化的电磁场 电磁波

7.7.1 位移电流

事实证明，自然规律在许多方面都表现出对称性。既然变化的磁场能够产生感生电场，

那么变化的电场是不是也能产生磁场呢？麦克斯韦通过分析和研究，提出了位移电流的假说，对上述问题作了肯定的回答。

在一个不含有电容器的闭合电路中，传导电流是连续的。这就是说，在任一时刻，流过导体上某一截面的电流与流过任何其他截面的电流是相等的。

在含有电容器的电路中，无论电容器被充电还是放电，传导电流都在导线内流过，但不能在电容器的两极板之间流过，这时传导电流不连续。

如图 7-16 所示，电容器在充电过程中，电路导线中的电流 I 是非稳恒电流，它随时间而变化，若在极板 A 的附近取一个闭合回路 L，则以此回路 L 为边界可作两个曲面 S_1 和 S_2。其中 S_1 与导线相交，S_2 在两极板之间，不与导线相交；面 S_1 和面 S_2 构成一个闭合曲面。取面 S_1 和面 S_2 的界线 L 作为安培环路线，根据安培环路定律，磁场强度 $\boldsymbol{H}$ 沿此回路的线积分只和穿过回路所在曲面的电流有关。由面 S_1 得到

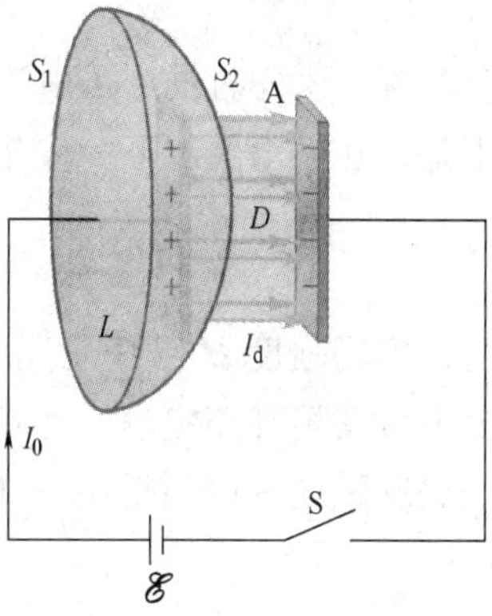

图 7-16　位移电流

$$\oint_L \boldsymbol{H} \cdot \mathrm{d}\boldsymbol{l} = I$$

对于面 S_2 上没有任何部分存在电流，得到

$$\oint_L \boldsymbol{H} \cdot \mathrm{d}\boldsymbol{l} = 0$$

显然，磁场强度通过一个回路线积分得到两个不同的结果，是矛盾的。由此矛盾，麦克斯韦提出位移电流假说，解决了这个问题。

麦克斯韦指出，在这个电路中，电容器的两极板间虽然没有传导电流，但在电容器中存在变化的电场，也就是说$\frac{\mathrm{d}\boldsymbol{E}}{\mathrm{d}t} \neq 0$ 或$\frac{\mathrm{d}\boldsymbol{D}}{\mathrm{d}t} \neq 0$。理论上可以推导出 $I = \frac{\mathrm{d}\psi_\mathrm{D}}{\mathrm{d}t} = \int_S \frac{\mathrm{d}\boldsymbol{D}}{\mathrm{d}t} \cdot \mathrm{d}\boldsymbol{S}$，即回路中的传导电流与极板间电位移矢量随时间的变化率相等。如果把 $\int_S \frac{\mathrm{d}\boldsymbol{D}}{\mathrm{d}t} \cdot \mathrm{d}\boldsymbol{S}$ 也看做是一种电流，则在电容器极板间中断了的传导电流 I 就被连接起来了，两者一起构成电流的连续性（图 7-17）。

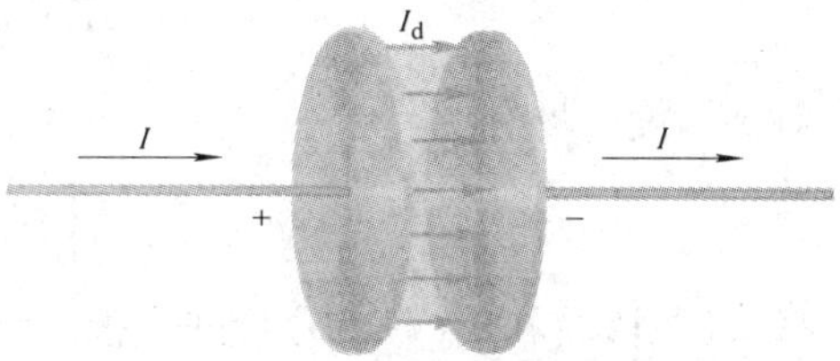

图 7-17　传导电流和位移电流

于是，麦克斯韦引进位移电流的概念，并定义：通过电场中某一截面位移电流 I_d 等于通过该截面电位移通量 ψ_D 对时间的变化率。即

$$I_\mathrm{d} = \frac{\mathrm{d}\psi_\mathrm{D}}{\mathrm{d}t} = \int_S \frac{\mathrm{d}\boldsymbol{D}}{\mathrm{d}t} \cdot \mathrm{d}\boldsymbol{S}$$

若空间各点的 $\boldsymbol{D}$ 不同，上式可以写成

$$I_{\mathrm{d}}=\frac{\mathrm{d}\psi_{\mathrm{D}}}{\mathrm{d}t}=\int_S\frac{\partial \boldsymbol{D}}{\partial t}\cdot\mathrm{d}\boldsymbol{S}$$

麦克斯韦认为位移电流(变化的电场)和传导电流一样，也会在其周围空间激发磁场。电路中可同时存在传导电流 I_{c} 和位移电流 I_{d}，那么，它们之和为

$$I_{\mathrm{s}}=I_{\mathrm{c}}+I_{\mathrm{d}}$$

I_{s} 叫做全电流。这样就推广了电流概念，无论对图 7-16 中取 S_1 或取 S_2 的情形，结果都是一样的。于是，在一般情况下，安培环路定理可修正为

$$\oint_l\boldsymbol{H}\cdot\mathrm{d}\boldsymbol{l}=I_{\mathrm{s}}=I_{\mathrm{c}}+\frac{\mathrm{d}\psi_{\mathrm{D}}}{\mathrm{d}t}=I_{\mathrm{c}}+\int_S\frac{\partial \boldsymbol{D}}{\partial t}\cdot\mathrm{d}\boldsymbol{S}\tag{7-15}$$

这就表明，磁场强度 $\boldsymbol{H}$ 沿任意闭合回路的线积分等于穿过此闭合回路所围曲面的全电流，这就是全电流安培环路定理。此定理表述了传导电流和位移电流(即变化的电场)所激发的磁场都是涡旋磁场。应当指出，在麦克斯韦的位移电流假说基础上所导出的结果，都与实验符合得很好。

7.7.2 麦克斯韦方程组

前面分别介绍了涡旋电场和位移电流。前者指出变化磁场要激发涡旋电场，后者指出变化电场要激发涡旋磁场。总之，这两个假设揭示了电场和磁场之间的内在联系。存在变化电场的空间会存在变化磁场。同样，存在变化磁场的空间也会存在变化电场。这就是说，变化电场和变化磁场是密切地联系在一起的，它们构成一个不可分割的统一体，这就是电磁场。实验证明电磁场具有能量，电磁场是物质存在的一种形式。

通过麦克斯韦的工作，人们的认识已从恒定的场扩展到变化的场。

对于静电场有

$$\oint_S\boldsymbol{D}\cdot\mathrm{d}\boldsymbol{S}=\sum_i q_{\mathrm{i}}\tag{7-16a}$$

对于涡旋电场有

$$\oint_S\boldsymbol{D}\cdot\mathrm{d}\boldsymbol{S}=0\tag{7-16b}$$

将式(7-16a)和式(7-16b)合并，推广到一般的电磁场，则有

$$\oint_S\boldsymbol{D}\cdot\mathrm{d}\boldsymbol{S}=\sum_i q_{\mathrm{i}}\tag{7-16}$$

对于静电场有

$$\oint_l\boldsymbol{E}\cdot\mathrm{d}\boldsymbol{l}=0\tag{7-17a}$$

对于涡旋电场有

$$\oint_l\boldsymbol{E}\cdot\mathrm{d}\boldsymbol{l}=-\frac{\mathrm{d}\Phi}{\mathrm{d}t}=-\int_S\frac{\partial \boldsymbol{B}}{\partial t}\cdot\mathrm{d}\boldsymbol{S}\tag{7-17b}$$

将式(7-17a)和式(7-17b)合并，推广到一般的电磁场，则有

$$\oint_l\boldsymbol{E}\cdot\mathrm{d}\boldsymbol{l}=-\frac{\mathrm{d}\Phi}{\mathrm{d}t}=-\int_S\frac{\partial \boldsymbol{B}}{\partial t}\cdot\mathrm{d}\boldsymbol{S}\tag{7-17}$$

无论是恒定电场还是变化的电场，它们所产生的磁场都是涡旋磁场，因此

$$\oint_S \boldsymbol{B} \cdot d\boldsymbol{S} = 0 \tag{7-18}$$

将式(7-16)、式(7-17)、式(7-18)、式(7-15)合在一起，就是描述电磁场普遍规律的麦克斯韦方程组，即

$$\oint_S \boldsymbol{D} \cdot d\boldsymbol{S} = \sum_i q_i$$

$$\oint_l \boldsymbol{E} \cdot d\boldsymbol{l} = -\int_S \frac{\partial \boldsymbol{B}}{\partial t} \cdot d\boldsymbol{S}$$

$$\oint_S \boldsymbol{B} \cdot d\boldsymbol{S} = 0$$

$$\oint_l \boldsymbol{H} \cdot d\boldsymbol{l} = I_c + \int_S \frac{\partial \boldsymbol{D}}{\partial t} \cdot d\boldsymbol{S}$$

麦克斯韦方程组全面地反映了电场和磁场的基本性质，并把电磁场作为一个整体，用统一的观点阐明了电场和磁场之间的联系。因此，麦克斯韦方程组是对电磁场基本规律所作的总结性、统一性的简明而完美的描述。

7.7.3　电磁波

麦克斯韦还预言了电磁波的存在。如果在空间某处有一电磁振源，并假定其能产生交变的电场(或磁场)，则在其周围可产生交变磁场(或电场)。于是，这种交变电磁场可不断由振源向远处传播开来，电磁振荡在空间的传播就形成了电磁波。图 7-18 是电磁振荡沿某一直线传播过程的示意图。

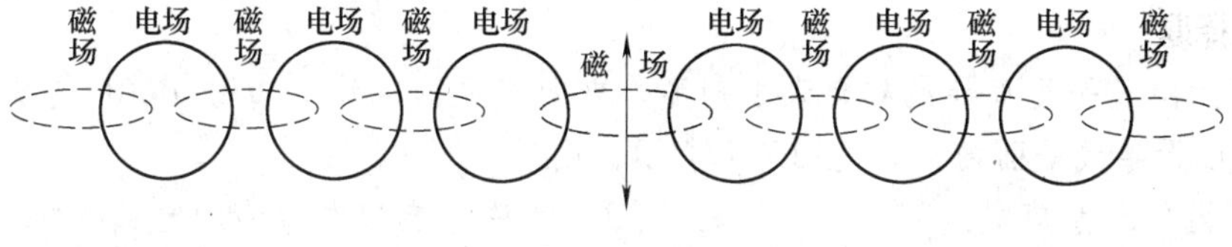

图 7-18　电磁波的形成和传播

电磁波是横波，即其中振动的电场和磁场互相垂直，且振动方向又都与传播方向垂直。麦克斯韦还指出电磁波在真空中的速度为

$$c = \frac{1}{\sqrt{\mu_0 \varepsilon_0}} \tag{7-19}$$

其中 μ_0 和 ε_0 分别是真空中的磁导率和电容率，均是常数。这样得到电磁波在真空的速度为 $3 \times 10^8\ \mathrm{m \cdot s^{-1}}$，它与光速相同。1888 年，赫兹首次用实验证实了电磁波的存在，此后大量的实验都证明了麦克斯韦电磁场理论的正确性。

电磁波的波长范围约在 $10^{-16} \sim 10^8$ m，频率范围约在 $10 \sim 10^{24}$ Hz。不同频率段的电磁波具有不同的物理特征，因此有不同的用途。图 7-19 给出了不同波段电磁波的主要用途。

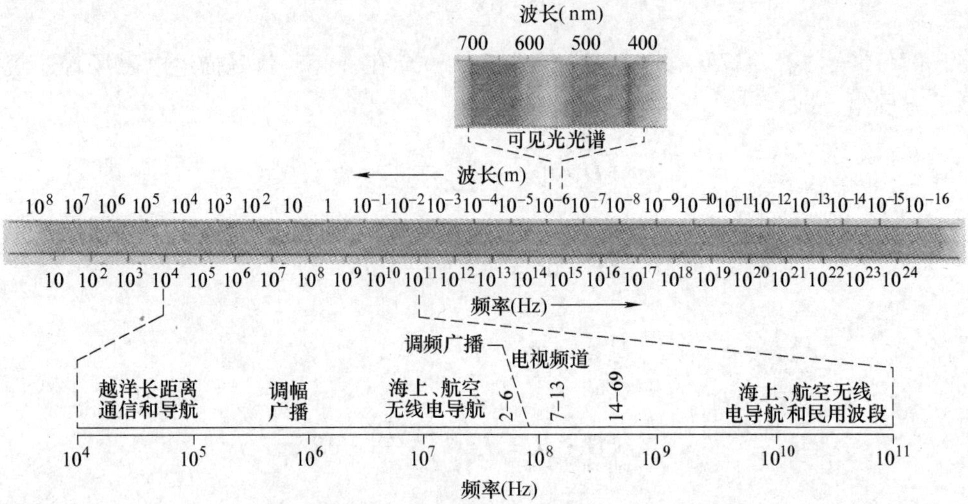

图 7-19 不同波段电磁波的主要用途

习 题

一、简答题

1. 什么是法拉第电磁感应定律？写出其表达式。

2. 用楞次定律怎样判断感应电动势的方向？

3. 什么是动生电动势？写出一段导体在均匀磁场中的动生电动势公式。

4. 什么是感生电动势？什么是感生电场？

5. 感生电场与静电场的区别是什么？二者的共同点是什么？

6. 什么是位移电流？位移电流与传导电流的区别是什么？二者的共同点是什么？

二、选择题

1. 两条无限长平行直导线载有大小相等、方向相反的电流 I，I 以 $\mathrm{d}I/\mathrm{d}t$ 的变化率减小。一矩形线圈位于导线平面内，如题图 7-1 所示，则［　　］。

(A) 线圈中无感应电流　　(B) 线圈中感应电流为顺时针方向

(C) 线圈中感应电流为逆时针方向　　(D) 线圈中感应电流方向不确定

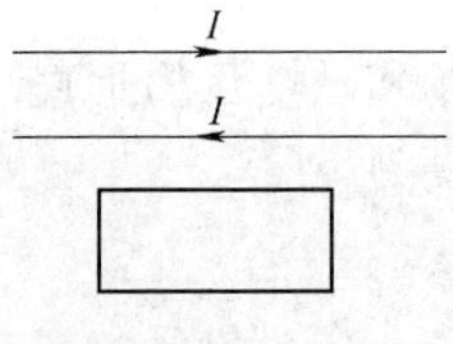

题图 7-1

2. 在感生电场中电磁感应定律可写成 $\oint_L \boldsymbol{E}_\mathrm{k}\cdot \mathrm{d}\boldsymbol{l} = -\frac{\mathrm{d}\Phi}{\mathrm{d}t}$。式中，$\boldsymbol{E}_\mathrm{k}$ 为感生电场的电场强度。此式表明：［　　］。

(A) 闭合曲线 L 上 $\boldsymbol{E}_\mathrm{k}$ 处处相等

(B) 感生电场是保守场

(C) 感生电场的电场线不是闭合曲线

(D) 在感生电场中不能像对静电场那样引入电势的概念

三、填空题

1. 自感为 0.5 H 的载流线圈，电阻为 2 Ω，当电流在$\frac{1}{8}$ s 内由 2 A 均匀减小到 0 时，线圈中自感电动势的大小为________，自感电流为________。

2. 半径为 a 的无限长密绕螺线管，单位长度上的匝数为 n，通以交变电流 $i=I_m\sin\omega t$，则围在管外的同轴圆形回路(半径为 r)上的感生电动势为________。

3. 自感 $L=0.3$ H 的螺线管中通过 $I=8$ A 的电流时，螺线管存储的磁场能量 $W=$________。

四、计算题

1. 有一匝数 $N=200$ 匝的线圈，今通过每匝线圈的磁通量 $\Phi=5\times10^{-4}\sin10\pi t$ (Wb)。求：(1) 在任一时刻线圈内的感应电动势；(2) 在 $t=10$ s 时线圈内的感应电动势。

2. 一个 $N=150$ 匝的边长为 $a=0.4$ m 的正方形线圈与一无限长导线共面，且线圈的一边与导线平行，其中离导线最近的一边与导线相距 $b=0.4$ m。若长直导线中通电流 $i=30\sin314t$ (A)。求：(1) 任意时刻线圈中的感应电动势；(2) $t=0$ 时刻线圈中的感应电动势。

3. 一根长 0.5 m 水平放置的金属棒 ab，以长度的 1/5 处为轴，在水平面内以每分钟两转的转速匀速转动，如题图 7-2 所示。已知均匀磁场 $\boldsymbol{B}$ 的方向竖直向上，大小为 $B=5.0\times10^{-3}$ T。求 a、b 两端的电势差。

4. 一根长度为 L 的铜棒，在均匀磁场 $\boldsymbol{B}$ 中以角速度 ω 绕棒的一端 O 点作匀速转动，$\boldsymbol{B}$ 的方向垂直铜棒转动的平面，如题图 7-3 所示。求铜棒两端之间的感应电动势。

5. 无限长的直导线，载有稳恒电流 I，长度为 b 的金属杆 CD 与导线共面且垂直，如题图 7-4 所示。CD 杆以速度 $\boldsymbol{v}$ 平行于直线电流运动，求 CD 杆中的感应电动势，并判断 C、D 两端哪端的电势较高?

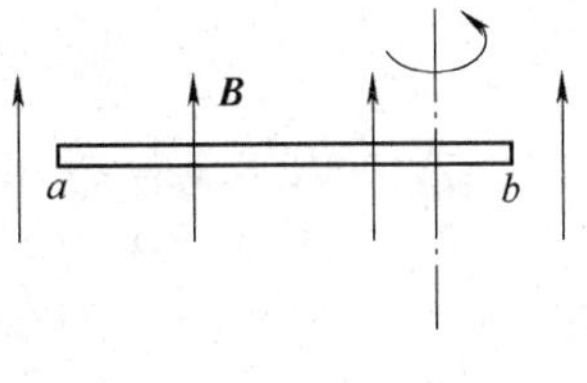

题图 7-2

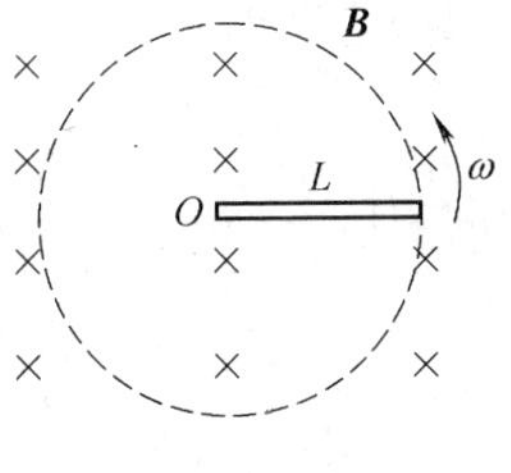

题图 7-3

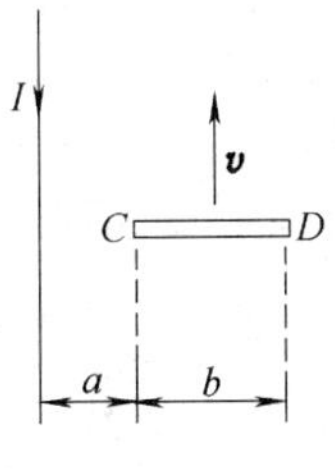

题图 7-4

第3篇

振动　波动　波动光学

振动与波动是很普遍的运动形式。波动是以振动为基础的。

振动是一种周期性运动。广义地说，凡是描述物质运动状态的物理量在某一数值附近作周期性的变化都可称为振动。机械振动是指物体在一定位置附近所作的往复运动，机械振动的基本规律也是研究其他形式的振动以及波动、无线电、现代通信技术的基础。本篇主要研究简谐振动的描述和基本规律，介绍阻尼振动、受迫振动和共振的知识。

振动的传播称为波动。机械振动在弹性介质中的传播称为机械波，电磁振动在空间或介质中的传播称为电磁波，另外还有引力波、物质波等。尽管各种波动的物理本质不同，但它们的数学描述是相似的，因此，对机械波的研究也奠定了研究其他形式波动的基础。本篇介绍简谐波的基本概念、声波的基本知识及其技术应用。

光学是物理学的重要组成部分。关于光的本性，人们进行了长期的探索和争论，今天已经认识到光同时具有波动性和粒子性。波动性和粒子性是光的特性的两个侧面，称为光的“二象性”。光是一种电磁波，波动光学就是以电磁波理论为基础，以光的波动性质为出发点，研究光的传播及其规律的理论。本篇主要讨论光的干涉、光的衍射和光的偏振的基本知识及其应用。

第 8 章　机 械 振 动

振动是一种很常见的物质运动形式。机械振动是指物体在某一空间位置附近作周期性的往复运动。机械振动作为自然界中的基本振动形式之一，其基本规律也是研究其他形式的振动以及波动的基础。

8.1　简谐振动

简谐振动是最简单、最基本的振动。任何复杂的振动都可以看做是由若干简谐振动合成的结果。因此研究简谐振动是研究其他复杂振动的基础。物体运动时，如果离开平衡位置的位移（或角位移）按余弦函数（或正弦函数）的规律随时间变化，这种振动就称为简谐振动。弹簧振子的振动、单摆和复摆作小角度的摆动等都可视为简谐振动。下面仅以弹簧振子为例来研究简谐振动。

8.1.1　简谐振动的运动方程

一个轻质弹簧置于水平的光滑台面上，一端固定，另一端固连一个质量为 m 的物体，这一系统称为弹簧振子，是物理学中又一个理想模型。当弹簧处于自然长度时，物体沿水平方向所受合外力为零，这时物体所在的位置称为**平衡位置**，一般取该点作为坐标原点 O，如图 8-1a 所示。

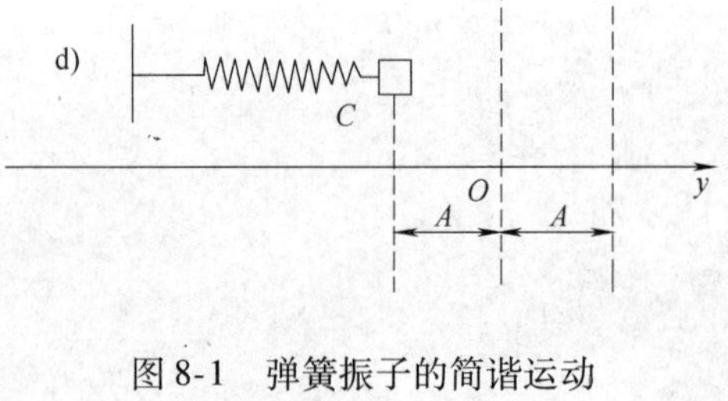

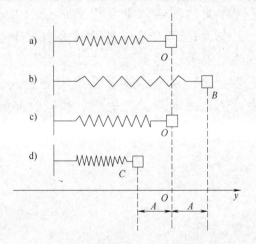

图 8-1　弹簧振子的简谐运动

图 8-1b 表示的是弹簧拉伸时的状态，将物体向右拉到位置 B 后释放，物体在向左的弹性力的作用下向左作加速运动。当物体回到平衡位置时，物体所受的弹性力为零，加速度为零，如图 8-1c 所示的状态。但是此时物体速度不为零，由于惯性作用将继续向左运动。当物体运动到平衡位置左侧时，由于弹簧压缩而使物体受到一个向右的弹性力，所以物体向左作减速运动，直到速度减为零，物体到达左边最远处 C 位置，如图 8-1d 所示，然后物体在向右的弹性力的作用下，向右作加速运动。回到平衡位置点 O，由于惯性作用继续向右运动，在右侧又受到向左的弹性力，物体向右作减速运动，直到速度为零，物体达到最远处 B 位置。可见物体在弹性力与惯性的作用下在平衡位置点 O 附近作往复运动。

设在任意时刻，振动物体相对平衡位置的位移为 y，由胡克定律可知，在弹性限度内，物体此时受到的弹性力的大小与其位移 y 成正比，弹性力的方向与位移的方向相反，始终指向平衡位置，故此力又称为弹性回复力。胡克定律表示为

$$F = -ky \tag{8-1}$$

式中，k 为弹簧的**劲度系数**，它由弹簧的固有性质决定；负号表示弹性力 F 的方向与位移 y 的方向相反。

从以上分析可见，物体 m 是在与位移成正比、并且总是指向平衡位置的弹性回复力的作用下作简谐振动。

由式(8-1)，根据牛顿第二定律，物体的加速度为

$$a = \frac{F}{m} = -\frac{k}{m}y \tag{8-2}$$

因为 k 与 m 都是正值，其比值可用另一个常数 ω 的平方表示，即

$$\omega^2 = \frac{k}{m} \tag{8-3}$$

因此，式(8-2)可写为

$$a = -\omega^2 y \tag{8-4}$$

式(8-4)说明作简谐振动的物体的加速度与位移的大小成正比而方向与位移相反，这是简谐振动的运动学特征。由于加速度 $a = \frac{\mathrm{d}^2 y}{\mathrm{d}t^2}$，因此式(8-4)可写成

$$\frac{\mathrm{d}^2 y}{\mathrm{d}t^2} + \omega^2 y = 0 \tag{8-5}$$

式(8-5)是简谐振动的微分方程。由于式(8-5)是一个二阶线性常系数齐次微分方程，其通解是

$$y = A\cos(\omega t + \phi) \tag{8-6}$$

式(8-6)是简谐振动的表达式，称为简谐振动的运动方程。由式(8-6)可知，作简谐振动的物体离开平衡位置的位移是时间的余弦函数。将式(8-6)分别对时间求一阶导数、二阶导数，就可得到作简谐振动的物体的速度和加速度分别为

$$v = \frac{\mathrm{d}y}{\mathrm{d}t} = -\omega A\sin(\omega t + \phi) \tag{8-7}$$

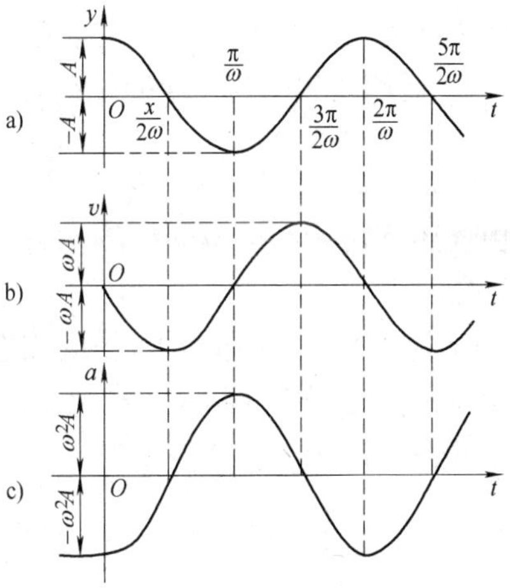

图 8-2　简谐振动曲线（$\varphi = 0$）

$$a = \frac{\mathrm{d}^2 y}{\mathrm{d}t^2} = -\omega^2 A\cos(\omega t + \phi) \tag{8-8}$$

由式(8-7)、式(8-8)可得速度和加速度的最大值分别为

$$\begin{cases} v_{\max} = A\omega \\ a_{\max} = A\omega^2 \end{cases} \tag{8-9}$$

由式(8-6)、式(8-7)、式(8-8)可作出如图 8-2 所示的 y-t 图、v-t 图和 a-t 图，分别表示位移、速度和加速度随时间的变化情况。由图 8-2 可以看出，物体作简谐振动时，它的位移、速度和加速度都是周期性变化的。

8.1.2 描述简谐振动的物理量

1. 振幅

在简谐振动的运动方程 $y = A\cos(\omega t + \phi)$ 中，A 表示物体离开平衡位置的最大距离，叫做**振幅**。它确定了物体的振动范围，并反映了该振动系统能量的大小。

2. 周期与频率

物体作一次完全振动所经历的时间称为振动的周期，用 T 表示，周期的单位为秒，用 s 表示。在图 8-1 中，物体从位置 B 经 O 到达 C，然后返回，经过位置 O，再回到 B，物体就作了一次完全振动，所经历的时间就是一个周期。所以，物体在任意时刻 t 的位移和速度，应与物体在 $t+T$ 时刻的位移和速度完全相同，于是有

$$y = A\cos(\omega t + \phi) = A\cos(\omega(t+T) + \phi) = A\cos(\omega t + \phi + \omega T)$$

由于余弦函数的周期性，物体作一次完全振动后，上式中应满足 $\omega T = 2\pi$。于是，可得

$$T = \frac{2\pi}{\omega} \tag{8-10}$$

对于弹簧振子这个特定的力学系统，其 $\omega = \sqrt{\frac{k}{m}}$，所以弹簧振子的周期为

$$T = 2\pi\sqrt{\frac{m}{k}} \tag{8-11}$$

物体在单位时间内完成的完全振动的次数叫做频率，用 ν 表示，它的单位为赫兹，用 Hz 表示。显然，频率与周期的关系为

$$\nu = \frac{1}{T} = \frac{\omega}{2\pi} \tag{8-12}$$

由此还可知

$$\omega = 2\pi\nu \tag{8-13}$$

即 ω 等于物体在单位时间内所作的完全振动次数的 2π 倍，称为简谐振动的**角频率**或**圆频率**，单位是弧度/秒，用 $rad \cdot s^{-1}$ 表示。

由式(8-11)知，弹簧振子的频率

$$\nu = \frac{1}{T} = \frac{1}{2\pi}\sqrt{\frac{k}{m}} \tag{8-14}$$

所以，弹簧振子的角频率 $\omega = \sqrt{\frac{k}{m}}$ 是由弹簧振子的质量 m 和弹簧的劲度系数 k 所决定的，即周期和频率只与振动系统本身的物理性质有关。这种只由振动系统本身固有属性所决定的周期和频率，称为振动的**固有周期**和**固有频率**。

3. 相位与初相位

我们知道，物体的运动状态可用物体所在的位置及速度来确定。在简谐振动中，从式(8-6)、式(8-7)、式(8-8)可看出，在振幅 A 和角频率 ω 都已给定的情况下，物体在某一时刻的位移、速度和加速度都取决于物理量$(\omega t + \phi)$，$(\omega t + \phi)$称为振动的**相位**。它是决定简谐振动运动状态的物理量，单位为弧度，用 rad 表示。用相位描述物体的运动状态，还能充分体现出振动的周期性。例如：

$(\omega t_1+\phi)=0$ 时，弹簧振子位于 y 轴正向最大位移处，$v=0$；

$(\omega t_2+\phi)=\dfrac{\pi}{2}$ 时，弹簧振子位于平衡位置，且向 y 轴负方向运动；

$(\omega t_3+\phi)=\pi$ 时，弹簧振子位于 y 轴负向最大位移处，$v=0$；

$(\omega t_4+\phi)=\dfrac{3\pi}{2}$ 时，弹簧振子位于平衡位置，且向 y 轴正方向运动；

$(\omega t_5+\phi)=2\pi$ 时，弹簧振子位于 y 轴正向最大位移处，且 $v=0$。

当 $t=0$ 时，相位 $(\omega t+\phi)=\phi$，故 ϕ 称为振动的**初相位**，简称**初相**。初相是反映初始时刻(即计时的起点)振动物体运动状态的物理量。

4. 振幅和初相的确定

在简谐振动的运动方程 $y=A\cos(\omega t+\phi)$ 中，振幅 A 和初相 ϕ 不是由振动系统的固有性质所决定的，而是由振动的初始条件所确定的。$t=0$ 时物体的位移 y_0 和速度 v_0 称为初始条件。由式(8-6)和式(8-7)知，当 $t=0$ 时，有

$$y_0=A\cos\phi$$

$$v_0=-\omega A\sin\phi$$

由上两式可解得

$$A=\sqrt{y_0^2+\frac{v_0^2}{\omega^2}} \tag{8-15}$$

$$\phi=\arctan\frac{-v_0}{\omega y_0} \tag{8-16}$$

其中 ϕ 值的正负取决于 v_0 和 y_0 的符号。

总之，对于给定的简谐振动系统，周期和频率由系统本身的固有性质决定，而它的振幅 A 和初相 ϕ 则由初始条件决定。

8.1.3　旋转矢量法

简谐振动除了用三角函数式和振动曲线表示外，还可以用旋转矢量的投影来表示，这就是旋转矢量法，如图 8-3 所示。

在 Oxy 平面上，设 y 轴为参考方向，由原点 O 作一矢量 $\boldsymbol{A}$，其模的长度等于振辐 A，当 $t=0$ 时，矢量 $\boldsymbol{A}$ 的端点在位置 M_0，它与 y 轴夹角等于初相位 ϕ。使矢量 $\boldsymbol{A}$ 以 ω 为角速度，在 Oxy 平面内绕 O 点作逆时针匀角速转动，这个 $\boldsymbol{A}$ 就称为**旋转矢量**。设在某时刻 t，矢量 $\boldsymbol{A}$ 的端点在 M 的位置，它转过的角度大小为 ωt，此时它与 Oy 轴夹角 $\omega t+\phi$，由图 8-3 可见，它在 y 轴上投影 $OP=A\cos(\omega t+\phi)$，与式(8-6)比较，它恰好就是沿 Oy 轴作简谐运动的物体在 t 时刻相对原点 O 的位移。因此 $\boldsymbol{A}$ 矢量端点 M 点在 Oy 轴上的投影点 P 的运动，可表示为物体在 Oy 轴上作的简谐振动，矢量 $\boldsymbol{A}$ 旋转一周所用的时间与简谐振动的周期相等。

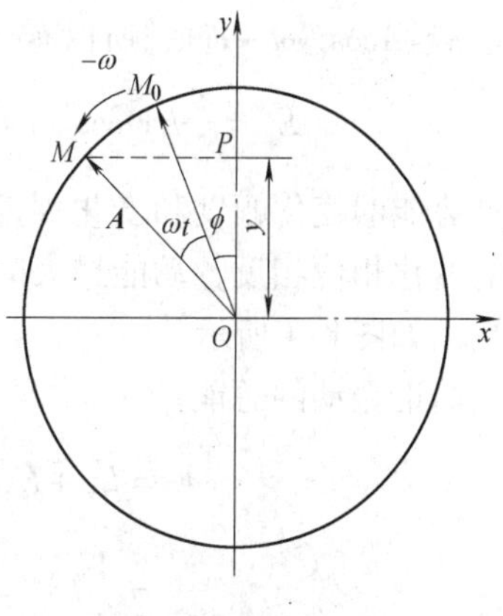

图 8-3　旋转矢量

旋转矢量法不仅为我们提供了一幅直观地认识简谐振动的图像，而且能使我们更清楚地认识相位的概念与作用，并且为振动合成的研究，提供了最简便的方法。

利用旋转矢量还可以直观地比较两个同频率的简谐振动的“步调”。例如，有两个同频率的简谐振动

$$y_1 = A_1\cos(\omega t + \phi_1)$$
$$y_2 = A_2\cos(\omega t + \phi_2)$$

上两式中的时间 t 相同，表示计时起点选成同一时刻。两个简谐振动的相位之差称为相位差，用 $\Delta\phi$ 表示：

$$\Delta\phi = (\omega t + \phi_2) - (\omega t + \phi_1) = \phi_2 - \phi_1 \tag{8-17}$$

此结果说明：两个同频率的简谐振动的相位差等于它们的初相位差，与时间无关。

8.1.4 简谐振动的能量

作简谐振动的系统的能量包括动能和势能两部分。以弹簧振子为例，物体速度由式(8-7)给出，因此动能为

$$E_k = \frac{1}{2}mv^2 = \frac{1}{2}m\omega^2A^2\sin^2(\omega t + \phi)$$

它是时间的函数。由于 $\omega^2 = \frac{k}{m}$，上式可改写为

$$E_k = \frac{1}{2}kA^2\sin^2(\omega t + \phi) \tag{8-18}$$

可见动能的变化幅度为$\frac{1}{2}kA^2$，由于动能总是正的，只要振动物体的速度达到最大值，不论速度的方向如何，即不论 v 是正是负，其动能都达到最大值。因此在位移或速度的一个振动周期内，动能要两次达到最大值。

弹簧振子的弹性势能等于外力克服弹性回复力所做的功，即

$$E_p = \int_0^y ky\mathrm{d}y = \frac{1}{2}ky^2$$

由于 $y = A\cos(\omega t + \phi)$，所以有

$$E_p = \frac{1}{2}kA^2\cos^2(\omega t + \phi) \tag{8-19}$$

可见势能的变化幅度和变化周期与动能相同，但它们的变化相位相反，动能最大时，势能最小，反之亦然，如图 8-4 所示。

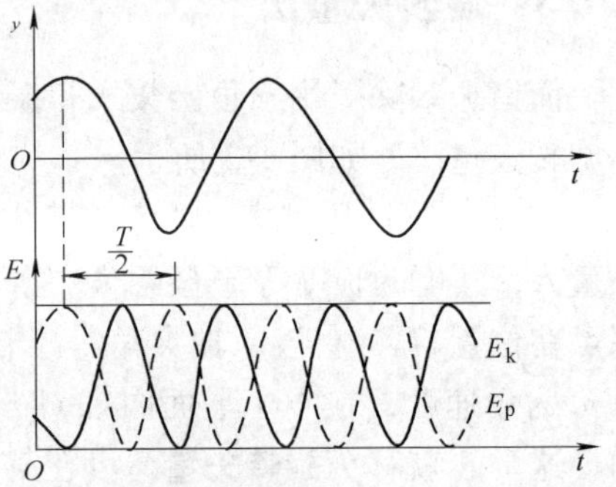

图 8-4 弹簧振子的能量和时间的关系曲线

简谐振动的总能量为

$$E = E_k + E_p = \frac{1}{2}kA^2\sin^2(\omega t + \phi) + \frac{1}{2}kA^2\cos^2(\omega t + \phi)$$
$$= \frac{1}{2}kA^2 = \frac{1}{2}m\omega^2A^2 \tag{8-20}$$

上式说明，在振动过程中，虽然动能和势能在不断变化，相互转化，但它们的总和保持

不变，即总能量恒量。而且总能量的大小与振幅的平方成正比。这个结论具有普遍意义，对其他形式的振动也是适用的。

可以证明，简谐振动的动能和势能在一个周期内对时间的平均值都等于$\frac{1}{4}kA^2$，即$\overline{E}_k=\overline{E}_p$，各占振动总能量的一半。

8.2　简谐振动的合成

实际问题中的振动常常是由几个简谐振动合成的结果。一般的振动合成往往比较复杂，下面重点讨论两种典型的简谐振动的合成。

8.2.1　同方向的两个简谐振动的合成

首先讨论两个同方向、同频率的简谐振动的合成。设两个同方向的简谐振动的角频率都是ω，振幅和初相位分别为A_1、A_2和ϕ_1、ϕ_2，则它们的运动方程分别为

$$y_1=A_1\cos(\omega t+\phi_1)$$

$$y_2=A_2\cos(\omega t+\phi_2)$$

这两个振动发生在同一直线上，其合振动的位移y应等于两位移的代数和，即

$$y=y_1+y_2=A_1\cos(\omega t+\phi_1)+A_2\cos(\omega t+\phi_2)$$

应用三角学关系，此式可化成标准的简谐振动方程

$$y=A\cos(\omega t+\phi) \tag{8-21}$$

式中的A和ϕ一旦确定，此合振动方程就能解出。应用数学解析的方法可求出合振动的振幅和相位分别为

$$A=\sqrt{A_1^2+A_2^2+2A_1A_2\cos(\phi_2-\phi_1)} \tag{8-22}$$

$$\phi=\arctan\frac{A_1\sin\phi_1+A_2\sin\phi_2}{A_1\cos\phi_1+A_2\cos\phi_2} \tag{8-23}$$

也可以用旋转矢量法表示以上两个同方向同频率的简谐振动的合成，如图8-5所示。两个分振动相对应的旋转矢量分别为$\boldsymbol{A}_1$和$\boldsymbol{A}_2$，t时刻它们在y轴上的投影y_1和y_2分别代表两个振动的位移，根据矢量合成的平行四边形法则，可作出合矢量$\boldsymbol{A}=\boldsymbol{A}_1+\boldsymbol{A}_2$，$y$是合成矢量$\boldsymbol{A}$在$y$轴上的投影。由于$\boldsymbol{A}_1$和$\boldsymbol{A}_2$以相同的角速度$\omega$逆时针匀速转动，它们的夹角$(\omega t+\phi_2)-(\omega t+\phi_1)=\phi_2-\phi_1$与时间无关，在旋转过程中保持不变，因此平行四边形$OM_1MM_2$的形状不因转动而改变，同时矢量$\boldsymbol{A}$的长度也将保持不变，而且以同一角速度$\omega$和$\boldsymbol{A}_1$、$\boldsymbol{A}_2$一起转动。从图8-5可以看出，在任意时刻$t$，合矢量在$y$轴上的投影$y=y_1+y_2$。这说明合矢量$\boldsymbol{A}$所代表的合振动仍是简谐运动，其方向和频率都与原来的两个分振动相同。所以合振

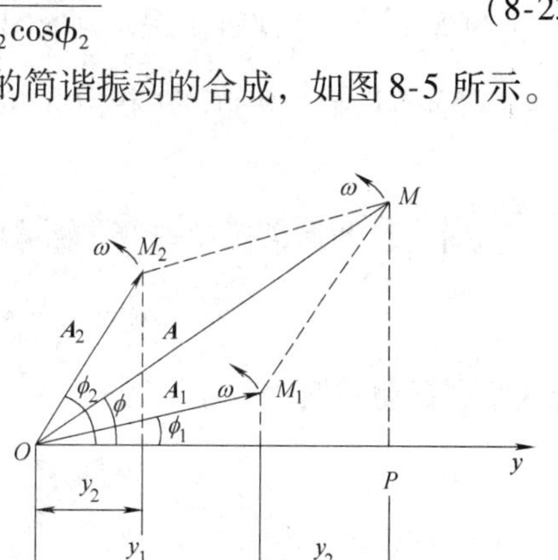

图8-5　用旋转矢量法表示同方向、同频率的两个简谐振动的合成

动方程为

$$y = A\cos(\omega t + \phi)$$

此式与式(8-21)相同。在图中的三角形 OM_1M 中，利用余弦定理可得合振幅为

$$A = \sqrt{A_1^2 + A_2^2 + 2A_1A_2\cos(\phi_2 - \phi_1)}$$

此式与式(8-22)相同。从图中的直角三角形 OMP 中，可求得合振动的初相为

$$\phi = \arctan\frac{A_1\sin\phi_1 + A_2\sin\phi_2}{A_1\cos\phi_1 + A_2\cos\phi_2}$$

此式与式(8-23)相同。

总之，同方向、同频率的两个简谐振动的合振动仍然是一个简谐振动。合振动的频率等于两个分振动的频率，合振动的振幅和初相由原来两个分振动的振幅和初相共同决定。当两个分振动的初相差满足某些特定条件时，以上合振幅的公式可以大大简化，下面讨论两种特例：

（1）若相位差 $\phi_2 - \phi_1 = \pm 2k\pi$（$k = 0, 1, 2, \cdots$），则

$$A = \sqrt{A_1^2 + A_2^2 + 2A_1A_2} = A_1 + A_2 \tag{8-24}$$

即当两个分振动的相位相同或相位差为 2π 的整数倍时，合振幅等于两个分振动的振幅之和，合成结果为相互加强。

（2）若相位差 $\phi_2 - \phi_1 = \pm(2k+1)\pi$（$k = 0, 1, 2, \cdots$），则

$$A = \sqrt{A_1^2 + A_2^2 - 2A_1A_2} = |A_1 - A_2| \tag{8-25}$$

即当两个分振动的相位相反或相位差为 π 的奇数倍时，合振动的振幅等于两个分振动的振幅之差的绝对值，合成结果为相互减弱。若两个分振动的振幅相等，即 $A_1 = A_2$，则合振动的振幅 $A = 0$。

一般情况下，相位差$(\phi_2 - \phi_1)$为任意值，则合成振动的振幅在 $A_1 + A_2$ 和 $|A_1 - A_2|$ 之间。以上讨论说明，两个振动合成的结果决定于相位差$(\phi_2 - \phi_1)$。

【例 8-1】 一质点同时参与两个同方向同频率的简谐运动，周期都为 4s，振幅分别为 $A_1 = 0.06\text{m}$，$A_2 = 0.104\text{m}$，初相分别为 $\phi_1 = \frac{\pi}{3}$，$\phi_2 = \frac{5}{6}\pi$，求合振动的振幅、初相和振动方程。

【解】 设两简谐振动均沿 y 轴方向，由已知条件可得角频率

$$\omega = \frac{2\pi}{T} = \frac{2\pi}{4}\text{rad}\cdot\text{s}^{-1} = \frac{\pi}{2}\text{rad}\cdot\text{s}^{-1}$$

则两简谐振动的振动方程分别为

$$y_1 = 0.06\cos\left(\frac{\pi}{2}t + \frac{\pi}{3}\right)(\text{m})$$

$$y_2 = 0.104\cos\left(\frac{\pi}{2}t + \frac{5}{6}\pi\right)(\text{m})$$

直接运用式(8-22)和式(8-23)可求得合振动的振幅 A 和初相 ϕ，但计算起来比较繁琐，因此采用旋转矢量法求解，既直观又方便。如图 8-6 所示，旋转矢量 $\boldsymbol{A}_1$ 和 $\boldsymbol{A}_2$ 分别与 Oy 轴正方向之间的夹角为 $\frac{\pi}{3}$ 和 $\frac{5}{6}\pi$，因为相差 $\phi_2 - \phi_1 = \frac{5}{6}\pi - \frac{\pi}{3} = \frac{\pi}{2}$，所以 $\boldsymbol{A}_1$ 与 $\boldsymbol{A}_2$ 垂直。合

矢量 $\boldsymbol{A}$ 的模 A 就是合振幅，由图可求得

$$A=\sqrt{A_1^2+A_2^2}=\sqrt{0.06^2+0.104^2}\mathrm{m}=0.12\mathrm{m}$$

合振动的初相 $\phi=\alpha+\frac{\pi}{3}$，$\alpha$ 为合矢量 $\boldsymbol{A}$ 与 $\boldsymbol{A}_1$ 之间的夹角。由图 8-6 可知

$$\alpha=\arctan\frac{A_2}{A_1}=\arctan\frac{0.104}{0.06}=\frac{\pi}{3}$$

所以合振动的初相为

$$\phi=\alpha+\frac{\pi}{3}=\frac{2}{3}\pi$$

合振动的振动方程为

$$y=0.12\cos\left(\frac{\pi}{2}t+\frac{2}{3}\pi\right)(\mathrm{m})$$

再介绍两个同方向不同频率的简谐振动的合成。由于两个振动的频率不同，则在旋转矢量图中，$\boldsymbol{A}_1$ 和 $\boldsymbol{A}_2$ 的转动角速度就不同，这样 $\boldsymbol{A}_1$ 和 $\boldsymbol{A}_2$ 之间的相位差将随着时间而改变，合矢量 $\boldsymbol{A}$ 的长度和角速度都会随时间而改变。合矢量 $\boldsymbol{A}$ 所代表的合振动虽然仍与原来振动的方向相同，但不再是简谐振动，而是比较复杂的周期运动。

研究频率不同但频率相近的振动的合成情况，在实际应用中很重要。因为这时的合振动具有特殊的性质，即合振动的振幅随时间作周期性的变化，这种现象叫做拍。我们可以用演示实验来证实这种现象：取两个频率相同的音叉，在一个音叉上套上一个小铁环，使它的频率有很小的变化。我们先分别敲击两个音叉，听到的声音强度是均匀的；再同时敲击两个音叉，结果听到一阵阵“嗡，嗡”的声音，表明合振动的振幅存在时强时弱的周期性变化，这就是拍的现象。拍的现象在声振动、电磁振荡和无线电技术中经常遇到。可以利用拍的规律来校正乐器、测量超声波的频率；还可以利用拍的现象制造差拍振荡器，以产生极低频率的电磁振荡。拍现象的特点是振幅随时间作周期性的变化，而振幅的改变带来强度的改变。在无线电技术中，为了达到传播信号的目的，调制高频振荡的振幅使它按照信号频率而变化，这个过程叫做**调幅**。不仅振幅可以调制，而且高频振荡的频率也可以调制到使它发生有规律的变化，从而提高传输信号的性能，这个过程叫做**调频**。不论调幅还是调频，都不再是简谐振动，而是复杂的周期运动。

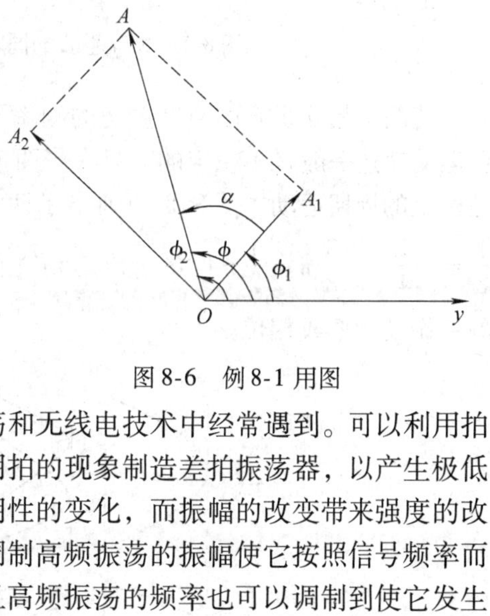

图 8-6　例 8-1 用图

8.2.2　相互垂直的两个简谐振动的合成

一般来说，相互垂直的两个简谐振动的合成是比较复杂的。设一个质点同时参与两个相互垂直的简谐振动，一个振动沿 x 轴进行，另一个沿 y 轴进行。

若两个相互垂直的简谐振动的频率相同，即 $\omega_1=\omega_2=\omega$，则合振动的轨迹形状取决于两个分振动的振幅 A_1、A_2 和相位差 $\Delta\phi=(\phi_2-\phi_1)$ 的值。如图 8-7 所示，当 $\Delta\phi=0$ 或 π 时，合振动轨迹为一直线，振动方向与 x 轴的夹角分别为 $\theta=\arctan\left(\frac{A_2}{A_1}\right)$或 $\theta=\arctan\left(-\frac{A_2}{A_1}\right)$；

当 $\Delta\phi=\frac{\pi}{4}$ 和 $\frac{3}{4}\pi$ 时，合振动轨迹为斜椭圆，质点分别在两个斜椭圆上沿顺时针方向运动；当 $\Delta\phi=\frac{\pi}{2}$ 时，合振动的轨迹为一个正椭圆，如果 $A_1=A_2$，则椭圆变成圆；当 $\Delta\phi=\frac{5}{4}\pi$ 和 $\frac{7}{4}\pi$ 时，质点分别在两个斜椭圆上沿逆时针方向运动。图 8-7 的第一行图形表示的是 $A_1=A_2$ 的情况，第二行表示的是 $A_1\neq A_2$ 的情况。

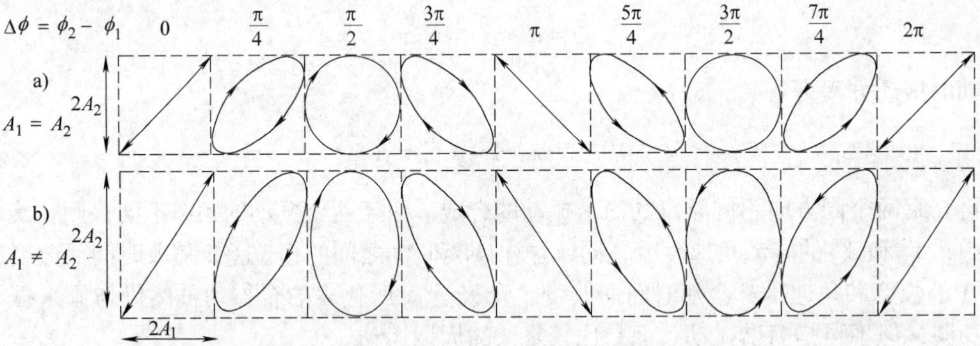

图 8-7　相互垂直的同频率而不同相位差的简谐运动的合成

若两个相互垂直的简谐振动的频率不相等，即 $\omega_1\neq\omega_2$，则它们的合振动较为复杂，而且运动轨迹一般是不稳定的。只有当两个分振动的频率的比值为有理数时，合振动的轨迹才是稳定的周期运动。图 8-8 中画出了两个分振动具有不同的频率比时，当 $\phi_1=0$，$\phi_2=0$、$\frac{1}{8}\pi$、$\frac{1}{4}\pi$、$\frac{3}{8}\pi$、$\frac{1}{2}\pi$ 时的合成运动轨迹图形。这些图形称为**李萨如图形**。这种图形常用来测量振动频率或相位。

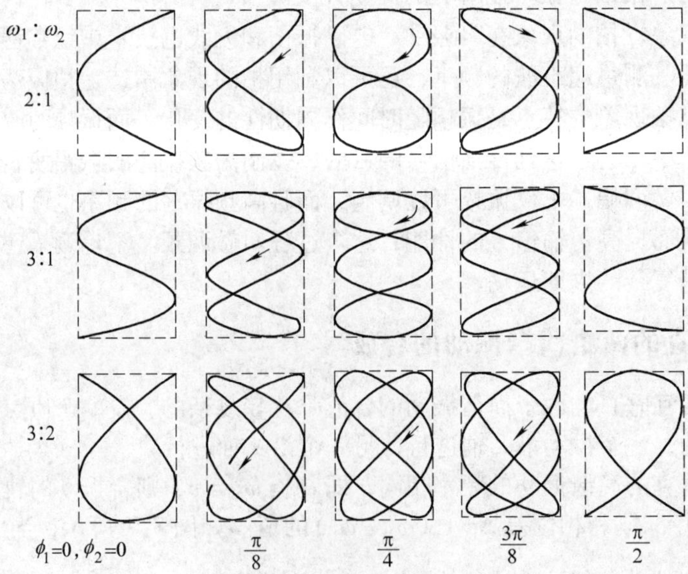

图 8-8　李萨如图形

8.3 阻尼振动 受迫振动 共振

8.3.1 阻尼振动

理想化的简谐振动系统，除回复力以外，不再受其他力的作用，因此作等幅振动，系统的能量守恒，这种振动称为无阻尼振动。但是实际的振动，总要受到一定阻力的影响，由于需要克服阻力做功，系统的能量会不断损耗，振幅也会随时间而逐渐减小，这种振幅随时间逐渐减小的振动称为阻尼振动。机械能的损耗通常通过以下两种形式：一种是由于摩擦阻力的作用，使振动的机械能转化为热能，称为摩擦阻尼；另一种是由于振动系统所引起的邻近介质中各点的振动，使机械能以波动形式向四周辐射出去，称为辐射阻尼。例如音叉振动时，不仅因为摩擦而消耗能量，同时还因辐射声波而损失能量。

由图 8-9 所示的阻尼振动的位移—时间曲线可以看出，在一个位移最大值后，每隔一段接近固定的时间就出现下一个较小的位移最大值，这一段时间称为阻尼振动的周期。严格地说，阻尼振动已不是周期运动，因为在经过一个周期后振动物体并不回到原来状态。阻尼的作用不仅使振动的机械能逐渐减少，而且使振动的周期比无阻尼时增加。

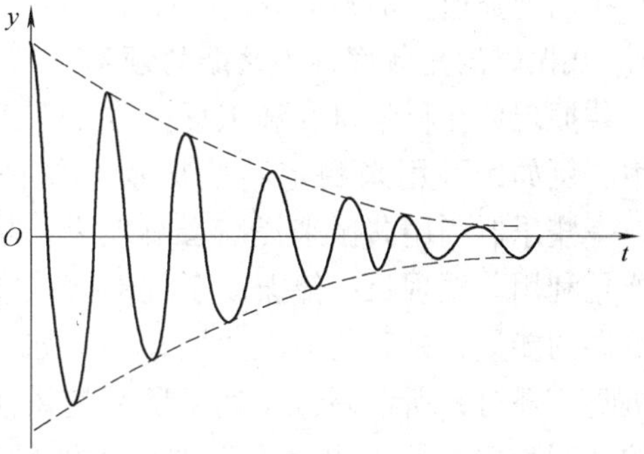

图 8-9 阻尼振动的位移—时间曲线

阻尼越小，每周期内损失的能量就越少，振幅的衰减也越慢，振动周期就越接近于无阻尼时的自由振动周期，整个振动也就越接近于简谐振动。阻尼越大，振幅衰减越快，周期延长也越多。如果阻尼过大，甚至在未完成一次振动之前，能量就已全部耗尽，这时振动系统将通过非周期运动的方式回到平衡位置。

在生产技术上，可根据不同的要求，用不同的方法来控制阻尼的大小。如汽缸中活塞的振动、钟摆的振动等，加用润滑剂是为了减小它的摩擦阻尼；各种声源、乐器上的空气箱是为了加大它的辐射阻尼，可使它辐射足够强的声波。

8.3.2 受迫振动

由于摩擦阻尼总是存在的，因此为了维持持续的振动，需要采取补充能量的措施，即施加一个周期性的外力作用，这个外力叫强迫力。系统在周期性强迫力的持续作用下所发生的振动称为**受迫振动**。受迫振动的频率往往不是系统的固有频率而是由外加强迫力的频率决定。扬声器纸盒的振动、机器运转时所引起的振动都属于受迫振动。

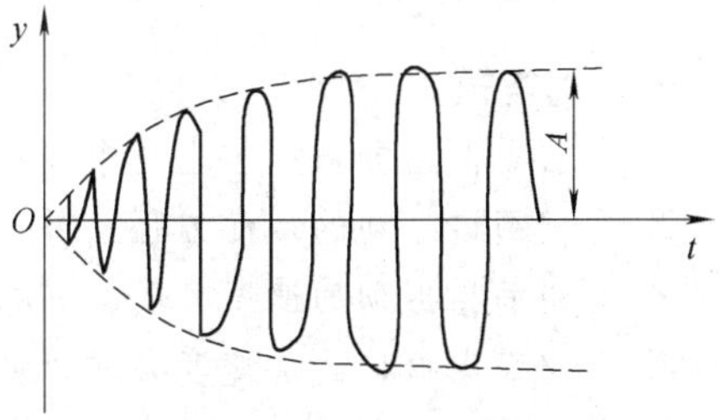

图 8-10 受迫振动

在受迫振动时，系统因外力做功而获得能量，同时又因阻尼而导致机械能的损耗。受迫振动开始时，速度不是很大，因而受到的阻力也较小，振动系统由强迫力做功而获得的能量大于它抵抗阻力做功消耗的能量，于是振动能量逐渐增大。由于阻力一般随速度的增大而增加，振动速度增加时，因阻力而消耗的能量也要增加。当抵抗阻力做功损耗的能量恰好等于外力做功而补充给系统的能量时，受迫振动的能量将稳定于某一定值而不再增减，相应振动的振幅也稳定在某数值而不再变化，就形成等幅振动。图 8-10 即为受迫振动的位移—时间关系曲线。

8.3.3 共振

对于一定的振动系统，在受迫振动中其频率由强迫力决定，而振幅的大小与强迫力的角频率和系统的固有角频率有关。

当强迫力的角频率 ω 与系统的固有角频率 ω_0 相差较大时，振幅 A 较小。当强迫力的角频率 ω 接近系统固有角频率 ω_0 时，振幅 A 逐渐增大。在 ω 为某一定值时，振幅 A 达到最大值。我们把强迫力的角频率为一定值时，受迫振动的振幅达到极大的现象称为**共振**（图 8-11）。共振时的角频率称为**共振角频率**。

共振现象在科学研究和工程技术中有着广泛的应用。例如，可用来测定某些振动系统的固有频率；一些乐器利用共振来提高音响效果；超声波发生器是利用共振现象，使振动系统能够从能源中取得更多的能量，来激起强烈的振动。又如，使用收音机听广播时，所谓调台，就是调节旋钮使接收电路的固有频率与无线电台发射的电磁波频率相同，以便能较多地接收该电台发射的电磁波能量，使我们听到该电台的广播。

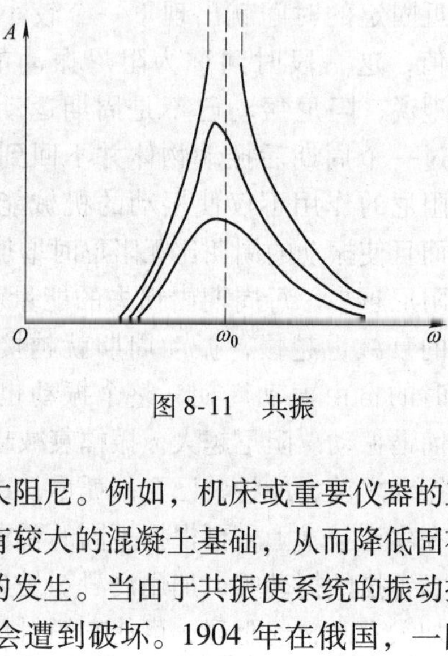

图 8-11　共振

共振也会引起损害，应设法避免，主要办法是使强迫力的频率与系统的固有频率的差别加大，或增大阻尼。例如，机床或重要仪器的工作台，为了避免外来的机械干扰所引起的振动，通常筑有较大的混凝土基础，从而降低固有频率，使其远小于外来干扰力的频率，有效地避免共振的发生。当由于共振使系统的振动振幅变得很大而超出系统的弹性限度时，这样的系统常常会遭到破坏。1904 年在俄国，一队骑兵以整齐的步伐通过彼得堡的某桥时，因马蹄对桥板的敲击引起桥身发生共振而塌毁，从此以后，列队过桥均采用散步走。

习　题

一、简答题

1. 什么是简谐振动？举出几个简谐振动的例子。
2. 写出简谐振动的运动方程，并说明式中各物理量的意义。
3. 写出简谐振动的速度公式，并指出最大振动速度是什么。
4. 写出简谐振动的加速度公式，并指出最大振动加速度是什么。
5. 什么是旋转矢量法？说明旋转矢量与简谐振动的对应关系。
6. 简谐振动的能量有什么特点？

7. 同方向、同频率的两个简谐振动合成后是什么振动？写出合振动的振幅和初相表达式。

二、选择题

1. 一物体作简谐振动，振动方程为 $y=A\cos\left(\omega t+\dfrac{\pi}{4}\right)$，在 $t=\dfrac{T}{4}$（T 为周期）时刻，物体的加速度为［　　］。

（A）$-\dfrac{1}{2}\sqrt{2}A\omega^2$　（B）$\dfrac{1}{2}\sqrt{2}A\omega^2$　（C）$-\dfrac{1}{2}\sqrt{3}A\omega^2$　（D）$\dfrac{1}{2}\sqrt{3}A\omega^2$

2. 一质点作简谐振动，周期为 T。质点由平衡位置向 x 轴正方向运动时，由平衡位置到二分之一最大位移这段路程所需要的时间为［　　］。

（A）$\dfrac{T}{4}$　（B）$\dfrac{T}{12}$　（C）$\dfrac{T}{6}$　（D）$\dfrac{T}{8}$

三、填空题

1. 一质点作简谐振动，其运动方程为 $y=0.1\cos\left(10\pi t+\dfrac{\pi}{4}\right)$m（式中各量为国际单位制），则振幅为________，频率为________，角频率为________，周期为________，初相为________。

2. 一质点作简谐振动，当其动能最大时，势能________，势能最大时，动能________。

四、计算题

1. 作简谐运动的小球，速度的最大值为 $v_m=3\ \text{cm}\cdot\text{s}^{-1}$，振幅为 2 cm。若令速度具有正最大值的某时刻为 $t=0$，求：（1）振动周期；（2）加速度的最大值；（3）振动的表达式。

2. 已知某质点作简谐运动，振动曲线如题图 8-1 所示，写出振动方程。

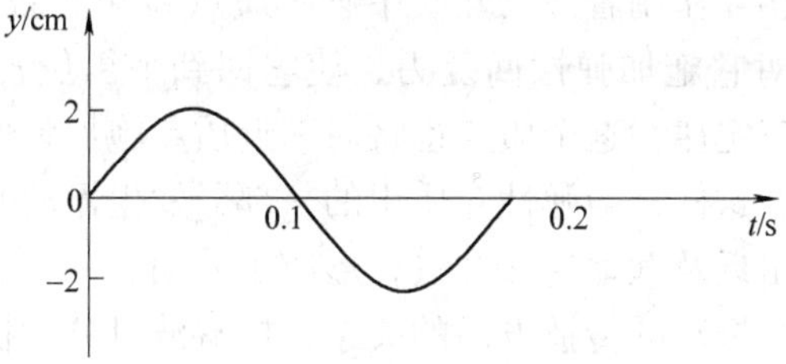

题图 8-1

3. 一弹簧振子作简谐运动，设总能量为 E，当位移为振幅的一半时，求势能和动能各为多少？

4. 一个质点同时参与两个同方向、同频率的简谐运动，它们的振动方程分别为：$y_1=6\cos\left(2t+\dfrac{\pi}{6}\right)$(cm) 和 $y_2=8\cos\left(2t-\dfrac{\pi}{3}\right)$(cm)。试用旋转矢量法求出合振动方程。

5. 一个物体同时参与同一直线上的两个简谐运动：$y_1=0.05\cos\left(4\pi t+\dfrac{\pi}{3}\right)$(m)，$y_2=0.03\cos\left(4\pi t-\dfrac{2\pi}{3}\right)$(m)，求合运动的振幅。

第9章 机 械 波

波动是一种常见的物质运动形式。广义地说，任何振动在空间或介质中的传播都可称为波动。而机械振动在弹性介质中的传播称为**机械波**。在日常生活中最常见的机械波有水面波、声波和地震波等。波的传播是物理量振动的传播，物理量的振动需要载体，这个载体就是波传播的介质。波在传播过程中，介质并不一起传播出去。水面波表现为水面的上下振动，例如“一石激起千层浪”。在水面波向外传播出去的过程中，并没有水向外流出去。

介质最先发生振动的地方叫**波源**。当波源按余弦规律振动时，其周围介质中各质点也将随之按余弦规律振动，这时所形成的波叫做**简谐波**，这是一种最简单、最基本的波。任何复杂的波都可以看成是由若干简谐波叠加而成的。本章重点讨论简谐波的概念和规律，并介绍声波的基本知识及其技术应用。

9.1 机械波的产生与传播

9.1.1 机械波的产生条件

机械振动在弹性介质（固体、液体和气体）中传播就形成了机械波，这是因为弹性介质内各质点之间有弹性力相互作用着。当介质中某一质点离开平衡位置时，就发生了形变，于是，一方面邻近质点将对它施加弹性回复力，使它回到平衡位置，并在平衡位置附近振动；另一方面根据牛顿第三定律，这个质点也将对邻近质点施加弹性力，迫使邻近质点也在自己的平衡位置附近振动。这样，当弹性介质中的一部分发生振动时，由于各部分之间的弹性力的相互作用，振动就由近及远地传播开去，形成了波动。

按照质点的振动方向与振动的传播方向的关系，机械波可分为**横波**与**纵波**，这是波动的两种最基本的形式。

如图9-1a所示，用手握住一根绷紧的长绳，当手上下抖动时，绳子上各部分质点就依次沿竖直方向上下振动起来，并且振动状态顺着绳子沿水平方向传播出去，这种振动方向与振动的传播方向相互垂直的波，称为**横波**。当手上下抖动时，可以看到在绳子上交替出现凸起的波峰和凹下的波谷，并且它们以一定的速度沿绳传播，这就是横波的外形特征。常见的水面波、电磁波也是横波。

如图9-1b所示，将一根水平放置的长弹簧的一端固定起来，用手去拍打另一端，各部分弹簧就依次沿水平方向左右振动起来，而且振动状态也顺着弹簧沿水平方向传播出去，这种振动方向与波的传播方向相互平行的波，称为**纵波**。声波就是一种纵波。纵波的外形特征可以从图9-1b中看出：弹簧上出现交替的“稀疏”和“稠密”区域（疏部和密部），它们的疏密状态以一定的速度传播出去。

从图9-1还可以看出，无论是横波还是纵波，它们都只是振动状态（即振动相位）

的传播，弹性介质中各质点仅在它们各自的平衡位置附近振动，并没有随着振动的传播移走。

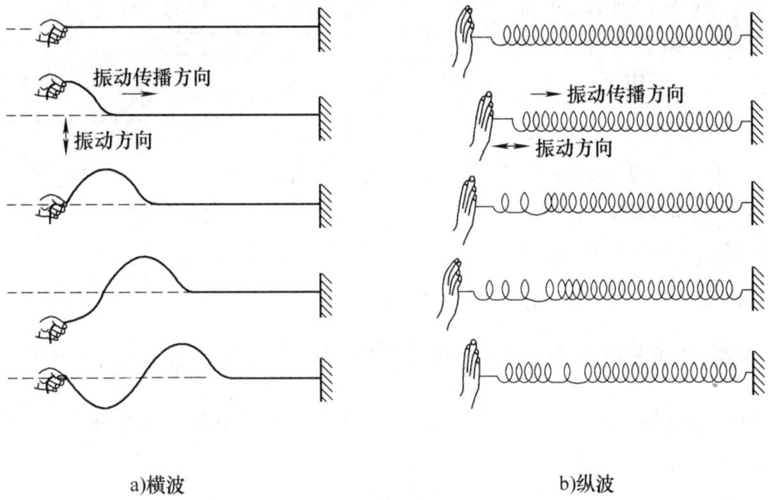

图 9-1　横波与纵波

9.1.2　波的几何描述

波源在弹性介质中振动时，振动将向各个方向传播，形成波动。为了便于直观地讨论波动情况，可以引入波动的几何描述——波线、波面和波前的概念（图 9-2）。

1. 波线

沿波的传播方向画一些带有箭头的线，叫做**波线**。

2. 波面

介质中各质点都在平衡位置附近振动，我们把不同波线上相位相同的各点所连成的曲面，叫做**波面**或**同相面**。在任一时刻，波面可以有任意多个，一般使相邻两个波面之间的距离等于一个波长。

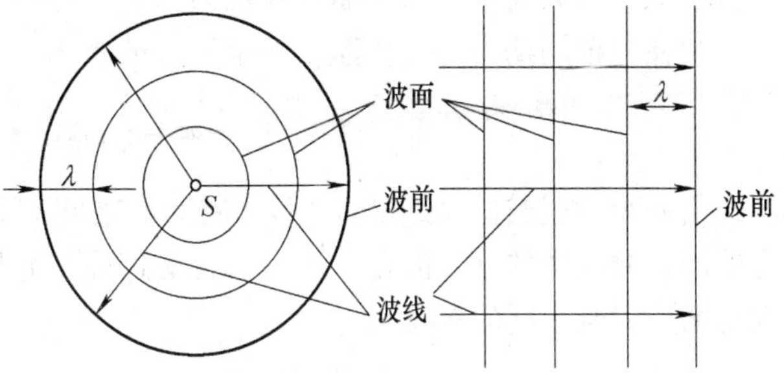

图 9-2　波线、波面与波前

3. 波前

在某一时刻，由波源最初振动状态传播到的各点所连成的曲面，叫做**波前**或**波阵面**。波前是波面的特例，是传到最前面的那个波面，所以一列波只有一个波前。波前形状是球面的波，叫做**球面波**；波前形状是平面的波，叫做**平面波**。在各向同性的介质中，波线与波面垂直。

9.1.3　波的特征量

波长、波的频率（或周期）和波速都是描述波动特征的物理量。

1. 波长

在同一波线上振动相位相同的相邻两个振动质点之间的距离叫做**波长**，用 λ 表示。对于横波来说，相邻两个波峰之间或相邻两个波谷之间的距离，都是一个波长（图 9-3）；对于纵波来说，相邻两个密部或相邻两个疏部的对应点之间的距离，也是一个波长。

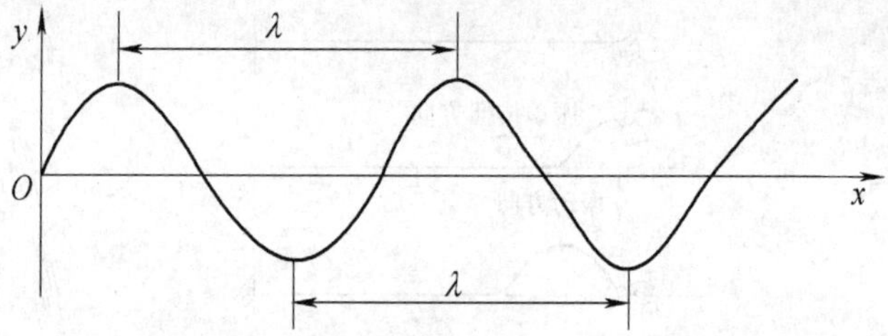

图 9-3 波长示意图

2. 周期、频率和角频率

单位时间内通过波线上某点的完整波形的数目称为波的**频率**，用 ν 表示。频率的倒数叫做波的**周期**，用 T 表示，即 $T=\dfrac{1}{\nu}$，代表波传播一个波长的距离所需要的时间。**角频率**（圆频率）为频率的 2π 倍，即在 2π 秒时间内传播过的波数，用 ω 表示。三者关系为

$$\omega=\frac{2\pi}{T}=2\pi\nu \tag{9-1}$$

由波动的形成过程可知，波的频率和周期在量值上等于波源振动的频率和周期，与介质无关，即振动在介质中传播时其频率和周期不变。

在波动过程中，某一振动状态（即振动相位）在单位时间内传播的距离称为波速（相速），用 u 表示。波速的大小和介质的性质有关。在不同的介质中，波速是不同的，例如在标准状态下，声波在空气中传播的速度为 $331\ \text{m}\cdot\text{s}^{-1}$，而在水中传播的速度为 $1483\ \text{m}\cdot\text{s}^{-1}$。

因为在一个周期内，波传播了一个波长的距离，故波速可表示为

$$u=\frac{\lambda}{T}=\lambda\nu \tag{9-2}$$

式（9-2）是波速、波长和频率（周期）之间的基本关系式，具有普遍意义，对各类波动都适用。要注意的是，波在介质中的传播速度与介质中各质点在各自平衡位置附近的振动速度是两个完全不同的概念。

9.2 平面简谐波的波函数

下面讨论在均匀介质中沿 Ox 轴正方向以速度 u 传播的平面简谐波（图 9-4）。

设在原点 O 处的质点的振动方程为

$$y=A\cos(\omega t+\phi)$$

假设介质是均匀的、无吸收的，那么波传播到介质各质点的振幅将保持不变。

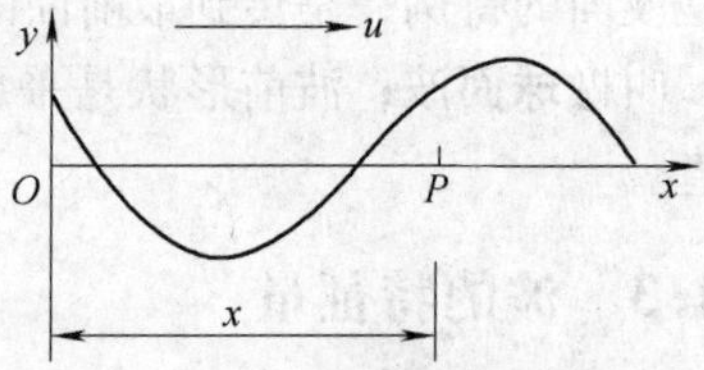

图 9-4 平面简谐波的传播

在 Ox 轴上任取一点 P，它距点 O 的距离为 x，当振动传到点 P 时，该处的质点将以相同的振幅和频率重复点 O 的振动。振动从原点 O 传到点 P 所需的时间是 $t_0=\dfrac{x}{u}$，也

即点 P 的振动比点 O 要滞后一段时间$\frac{x}{u}$。也就是说点 P 在 t 时刻的相位和点 O 在$(t-t_0)=\left(t-\frac{x}{u}\right)$时刻的相位相同。由上面所设的 O 点的振动方程，可得到点 P 在时刻 t 的位移为

$$y=A\cos\left[\omega\left(t-\frac{x}{u}\right)+\phi\right] \tag{9-3}$$

式（9-3）就是沿 x 轴正向传播的平面简谐波的表达式，称为平面简谐波的波动方程。它含有时间 t 和沿轴的位置坐标 x 两个自变量，给出了波动过程中任意时刻波线上任意一点离开其平衡位置的位移。为简单起见可设 $\phi=0$。

由于 $\omega=\frac{2\pi}{T}=2\pi\nu$，$u=\lambda\nu=\frac{\lambda}{T}$，波动方程还可写为以下两种形式：

$$y=A\cos2\pi\left(\frac{t}{T}-\frac{x}{\lambda}\right) \tag{9-4}$$

$$y=A\cos2\pi\left(\nu t-\frac{x}{\lambda}\right) \tag{9-5}$$

为了进一步理解波动方程的物理意义，我们分以下几种情况讨论：

1）当 x 一定时，位移 y 仅是 t 的函数，此时波动方程表示距原点 O 为 x 处的质点在不同时刻的位移，即变成该质点的振动方程了。例如，在 $x=0$ 处质点的振动方程为

$$y=A\cos2\pi\left(\frac{t}{T}-0\right)$$

在 $x=\frac{\lambda}{2}$处质点的振动方程为

$$y=A\cos2\pi\left(\frac{t}{T}-\frac{1}{2}\right)$$

2）当 t 一定时，y 只是 x 的函数，此时波动方程表示给定时刻在振动传播方向上各质点的位移 y 的分布情况。若以 y 为纵坐标，x 为横坐标，可得出给定时刻的各质点的位移分布曲线，也称**波形图**，即相当于在该给定时刻拍摄的波的照片。例如，当 $t=0$ 时，有

$$y=A\cos2\pi\left(0-\frac{x}{\lambda}\right)$$

当 $t=\frac{T}{2}$时，有

$$y=A\cos2\pi\left(\frac{1}{2}-\frac{x}{\lambda}\right)$$

如果波沿 Ox 轴负方向传播，则点 P 的振动比点 O 早开始一段时间$\frac{x}{u}$，也就是说，点 P 在时刻 t 的相位和点 O 在$\left(t+\frac{x}{u}\right)$时刻的相位相同，则波动方程写为

$$y = A\cos\omega\left(t + \frac{x}{u}\right)$$

$$= A\cos2\pi\left(\frac{t}{T} + \frac{x}{\lambda}\right) \tag{9-6}$$

$$= A\cos2\pi\left(\nu t + \frac{x}{\lambda}\right)$$

由波动方程可以看出，在同一时刻，距离原点 O 分别为 x_1 和 x_2 的两质点的相位是不同的。由式（9-3）可知，x_1 和 x_2 的两点的相位分别为

$$\phi_1 = \omega\left(t - \frac{x_1}{u}\right) = 2\pi\left(\frac{t}{T} - \frac{x_1}{\lambda}\right)$$

$$\phi_2 = \omega\left(t - \frac{x_2}{u}\right) = 2\pi\left(\frac{t}{T} - \frac{x_2}{\lambda}\right)$$

则两点间的相位差为

$$\Delta\phi = \phi_1 - \phi_2 = 2\pi\left(\frac{t}{T} - \frac{x_1}{\lambda}\right) - 2\pi\left(\frac{t}{T} - \frac{x_2}{\lambda}\right) = 2\pi\,\frac{x_2 - x_1}{\lambda}$$

式中，$x_2 - x_1 = \Delta x$，称为**波程差**，则上式写为

$$\Delta\phi = \frac{2\pi}{\lambda}\Delta x \tag{9-7}$$

式（9-7）为同一时刻波线上两点的相位差 $\Delta\phi$ 与波程差 Δx 之间的关系式。

【例9-1】 已知一横波沿 Ox 轴正方向传播，周期 $T = 0.5$ s，波长 $\lambda = 1$ m，振幅 $A = 0.1$ m，在 $t = 0$ 时，$x = 0$ 处质点恰好处在正向最大位移处，求：

（1）波动方程；

（2）距原点 O 为 $\frac{\lambda}{2}$ 处的质点的振动方程；

（3）与原点 O 距离为 $x_1 = 0.40$m 和 $x_2 = 0.60$m 的两质点的相位差。

【解】（1）通过对已知条件的分析可得原点 O 处的振动初相位 $\phi = 0$，将 $T = 0.5$ s，$\lambda = 1$ m，$A = 0.1$ m，代入波动方程标准形式 $y = A\cos2\pi\left(\frac{t}{T} - \frac{x}{\lambda}\right)$，得到所求波动方程为

$$y = 0.1\cos2\pi(2t - x)\,(\mathrm{m})$$

（2）已知 $x = \frac{\lambda}{2}$，代入上式得到距 O 点 $\frac{\lambda}{2}$ 处质点的振动方程为

$$y = 0.1\cos\pi(4t - 1)\,(\mathrm{m})$$

（3）把 $x_1 = 0.40$m 和 $x_2 = 0.60$m 代入相位差与波程差关系式（9-7），得两点间相位差

$$\Delta\phi = \frac{2\pi}{\lambda}(0.60 - 0.40) = 0.40\pi\,(\mathrm{rad})$$

【例9-2】 一平面简谐波沿 x 轴正向传播，其振幅和圆频率分别为 A 和 ω，波速为 u，设 $t=0$ 时的波形曲线如图9-5所示。

（1）写出此波的波动方程；

（2）求距 O 点为 $+\dfrac{\lambda}{8}$ 处质点的振动方程；

（3）求距 O 点为 $+\dfrac{\lambda}{8}$ 处质点在 $t=0$ 时的振动速度。

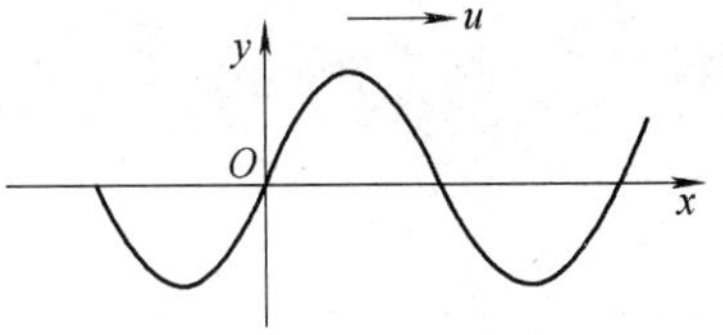

图9-5 例9-2用图

【解】（1）以 O 点为坐标原点，由图可知，初始条件为

$$y_0=A\cos\phi=0,\quad \nu_0=-A\omega\sin\phi<0$$

解得 $\phi=\dfrac{\pi}{2}$，因此波动方程为

$$y=A\cos\left(\omega t-\frac{\omega x}{u}+\frac{\pi}{2}\right)$$

（2） $+\dfrac{\lambda}{8}$ 处质点的振动方程为

$$y=A\cos\left(\omega t-\frac{2\pi\lambda}{8\lambda}+\frac{\pi}{2}\right)=A\cos\left(\omega t+\frac{\pi}{4}\right)$$

（3）由 $\nu=\partial y/\partial t=-\omega A\sin\left(\omega t-\dfrac{2\pi x}{\lambda}+\dfrac{\pi}{2}\right)$，得 $+\dfrac{\lambda}{8}$ 处质点在 $t=0$ 时的振动速度为

$$\nu=-\omega A\sin\left(\omega t-\frac{2\pi\lambda}{8\lambda}+\frac{\pi}{2}\right)=-\omega A\sin\frac{\pi}{4}=-\frac{\sqrt{2}A\omega}{2}$$

9.3 波的能量与强度

在波动过程中，波源的振动通过弹性介质由近及远地传播出去，使介质中各质点依次在各自的平衡位置附近作振动。可见介质中各质点具有动能，同时介质因发生形变还具有势能，所以波动过程也是能量传播的过程。

9.3.1 波的能量和能量密度

1. 波的能量

下面以平面简谐波在棒中传播为例，计算波的能量。

如图9-6所示，有一质量密度为 ρ 的细长棒，截面积为 Δs，在棒上距原点 O 为 x 处取一小体积元，其体积 $\Delta V=\Delta s\Delta x$，其质量 $\Delta m=\rho\Delta V$，当波传到该小体积元时，其振动动能为

$$E_{\mathrm{k}}=\frac{1}{2}\Delta m v^2$$

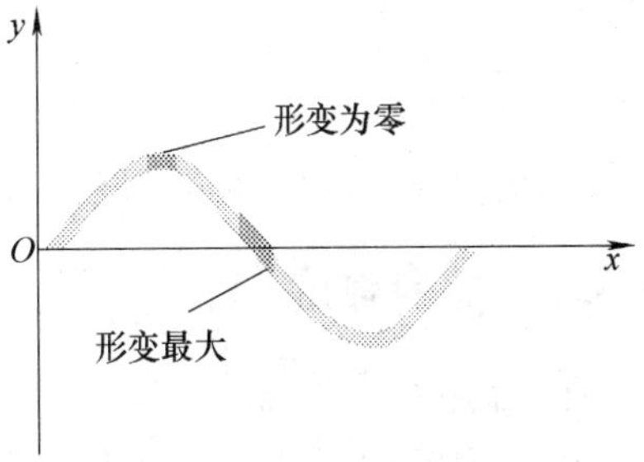

图9-6 波的能量

其中振动速度为

$$v = \frac{\partial y}{\partial t} = -A\omega\sin\omega\left(t - \frac{x}{u}\right)$$

因此

$$E_{\mathrm{k}} = \frac{1}{2}\rho\Delta VA^2\omega^2\sin^2\omega\left(t - \frac{x}{u}\right) \tag{9-8}$$

另外可以证明，小体积元因发生形变而具有的弹性势能与动能完全相同，即

$$E_{\mathrm{p}} = \frac{1}{2}\rho\Delta VA^2\omega^2\sin^2\omega\left(t - \frac{x}{u}\right) \tag{9-9}$$

由于形变量是 y 对 x 的导数$\frac{\partial y}{\partial x}$，由图 9-6 不难看出，在最大位移处形变为零，则弹性势能为零，而此处小体积元的振动速度为零，故动能也为零；在平衡位置处形变最大，则弹性势能也最大，而此处小体积元的振动速度最大，故动能也最大。这与简谐振动的能量情况完全不同。

小体积元的总能量为其动能和势能之和，即 $E = E_{\mathrm{k}} + E_{\mathrm{p}}$，因此

$$E = \rho\Delta VA^2\omega^2\sin^2\omega\left(t - \frac{x}{u}\right) \tag{9-10}$$

从上面分析可见，在波动过程中，任一体积元的动能和势能的变化是同相的，它们同时达到最大值，又同时达到最小值。动能和势能总是相等的，因而总能量等于动能或势能的两倍。对于任一体积元来说，不同时刻所具有的能量不同，故它的机械能是不守恒的。在波动过程中，沿着波的方向，小体积元不断地从上一个（离波源较近的）邻近体积元处接受能量，同时又向下一个（离波源较远的）邻近体积元处传递能量，而且所有体积元都周期性地不断重复这个过程，于是能量就随着波的行进而由波源向远处传播开去。

2. 能量密度

单位体积中波动的能量，称为波的**能量密度**，用 w 表示，即

$$w = \frac{E}{\Delta V} = \rho A^2\omega^2\sin^2\omega\left(t - \frac{x}{u}\right) \tag{9-11}$$

能量密度在一个周期内的平均值，称为**平均能量密度**，用 $\overline{w}$ 表示，即

$$\overline{w} = \frac{1}{T}\int_0^T w\mathrm{d}t = \frac{1}{2}\rho A^2\omega^2 \tag{9-12}$$

由此可见，波的能量密度与振幅的平方、频率的平方和介质的密度均成正比。

9.3.2 波的强度

1. 能流

单位时间内通过介质中某一面积的能量，称为**能流**。设在介质内取垂直于波速 u 的面积 S，可推知，在单位时间内通过 S 的能量等于体积 uS 中的能量，因此，瞬时能流

$$P = uSw = uS\rho A^2\omega^2\sin^2\omega\left(t - \frac{x}{u}\right)$$

通常将瞬时能流在一个周期内的平均值称为**平均能流** $\overline{P}$，则

$$\overline{P} = uS\,\overline{w} = \frac{1}{2}uS\rho A^2\omega^2$$

2. 波强

单位时间内通过垂直于波的方向上单位面积的平均能流，称为**能流密度** I，即

$$I = \frac{\overline{P}}{S} = \frac{1}{2}u\rho A^2\omega^2 \tag{9-13}$$

式中，ρ 为介质的密度；u 是波速；A 是振幅；ω 是振动的角频率；I 的单位为 $\mathrm{J\cdot m^{-2}\cdot s^{-1}}$。能流密度越大，表示波动在单位时间内通过单位截面积的能量越多。由于能流密度说明了波的强弱，所以也称为波的强度，简称**波强**。

9.4 惠更斯原理 波的衍射

9.4.1 惠更斯原理

在波动中，波源的振动是通过介质中的质点依次传播出去的，因此，每个质点都可看做是新的波源。如图9-7所示，水面波传播时，遇到一障碍物，当障碍物上小孔的大小与波长相差不多时，就可以看到穿过小孔的波是圆形的，与原来波的形状无关，这说明小孔可以看做是新的波源。

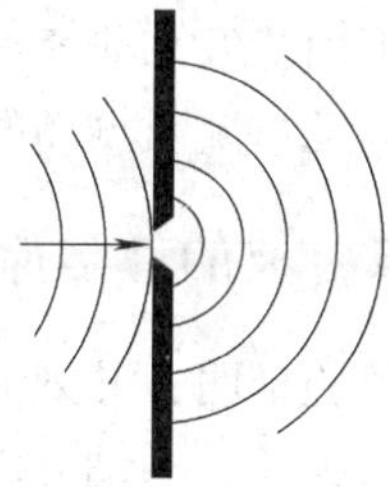

图9-7 障碍物上的小孔成为新的波源

荷兰物理学家惠更斯总结了这方面的现象，于1690年提出，介质中波所到达的各点，都可以看做是发射子波的波源，在其后的任意时刻，这些子波的包络就是新的波阵面。这就是**惠更斯原理**。

惠更斯原理对任何波动过程都是适用的。只要知道某一时刻的波阵面，就可以根据这一原理，用几何作图的方法，确定出下一时刻的波阵面，从而确定波的方向。

如图9-8a所示，若以 O 为中心的球面波以波速 u 在介质中传播，在时刻 t_1 的波前是半径为 $R_1 = ut_1$ 的球面 S_1。根据惠更斯原理，S_1 上的各点都可以看成是发射子波的新波源，那么包络面 S_2 即为 $t_2 = t_1 + \Delta t$ 时刻的新的波前。显然，S_2 是以 O 为中心，以 $R_2 = R_1 + u\Delta t$ 为半径的球面。图9-8b是从平面波的波阵面 S_1 出发，根据惠更斯原理，确定新的波阵面 S_2 的情况。

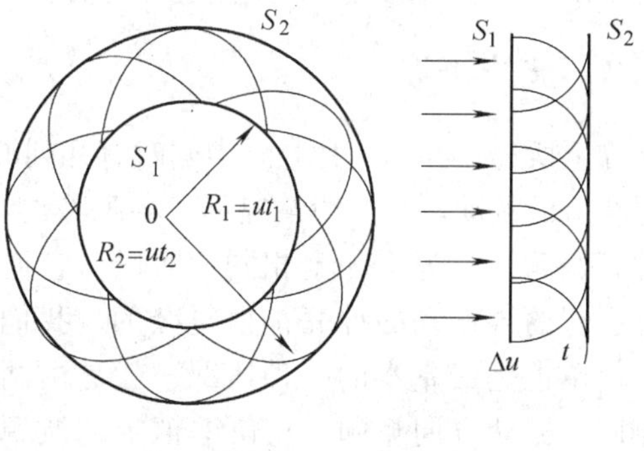

a) b)

图9-8 惠更斯原理

这两例说明，当波在均匀的各向同性的介质中传播时，用惠更斯原理得出波前的几何形状总是保持不变的。

9.4.2 波的衍射

波在传播过程中遇到障碍物时，能够绕过障碍物的边缘前进（图9-9），这种现象称为波的**衍射**。用惠更斯原理能定性地说明波的衍射现象。

当平面波到达一个宽度与波长接近的缝时，缝上各点都可以看做是发射子波的波源。作出这些子波的包络，就得出新的波阵面。由图9-9可以看出，此时的波阵面与原来的平面略有不同，在靠近边缘处，波阵面弯曲，振动的传播方向也发生了改变，振动绕过了障碍物而继续传播。随着缝（或孔、遮板）宽度 a 的减小，衍射现象愈加明显。不论是机械波还是电磁波都会产生衍射现象，衍射现象是波动的重要的特征之一。

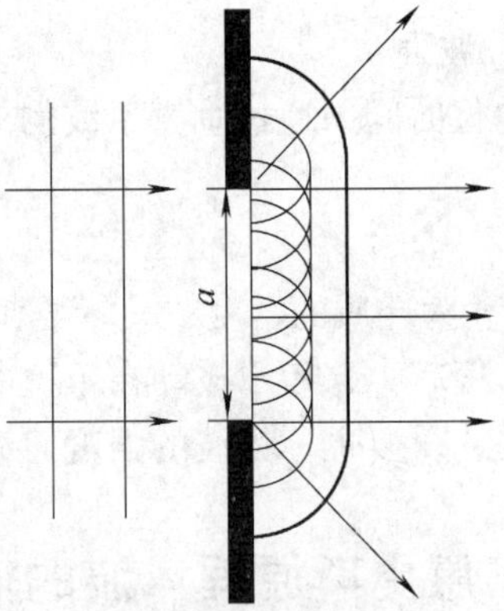

图9-9 波的衍射图

9.5 波的叠加原理 波的干涉

下面我们来研究波的一类常见而重要的问题，即几列波同时在介质中相遇时，介质中质点的运动情况及振动的传播规律。

9.5.1 波的叠加原理

实验证明：几列波同时在介质中存在并相遇时，它们仍然保持各自原有的特性（频率、波长、振幅、振动方向等）不变，并按照自己原来的方向继续前进，如同没有遇到其他波一样。在波的相遇处质点的振动位移等于各列波单独存在时在该点引起的位移的矢量和，这就是**波的叠加原理**或**波的独立性原理**。

波的叠加原理可以从许多现象中观察到，例如我们能同时听见几个人讲话；欣赏音乐时能辨别出不同乐器的发声；空间能同时容纳若干个电台发射的电磁波而各不受影响等。

9.5.2 波的干涉

如上所述，在同一种介质中同时有几列波时，各列波在重叠处都按原来的方式各自引起与之相应的振动。在一般情况下，各列波的频率、相位、振动方向等不一定相同，所以，它们在相遇处引起的合振动的计算是很复杂的。我们只讨论最简单也是最基本的一种情况，就是由两列频率相同、振动方向相同、相位差恒定的波源所发出的波的叠加。满足上述条件的两列波称为**相干波**，能发出相干波的波源称为**相干波源**。两列相

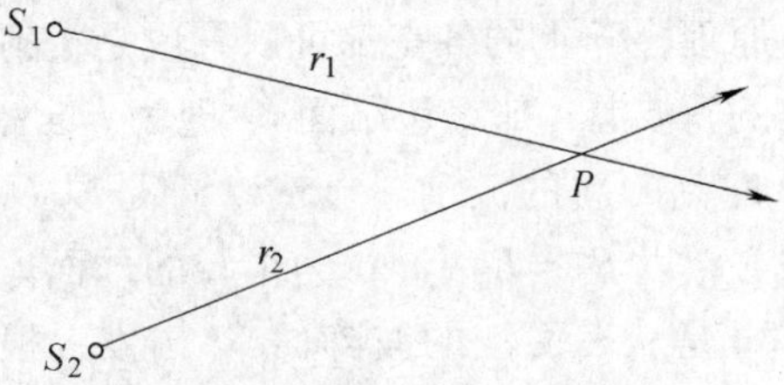

图9-10 两列相干波在空间相遇

干波在空间相遇时，某些点处的振动始终加强，而另一些点处的振动始终减弱甚至完全抵消，这种现象叫做**波的干涉**。干涉是一切波动过程所特有的性质。

设有两个相干波源 S_1 和 S_2（图9-10），它们都以角频率 ω 作振动，振动方程分别为

$$y_1 = A_1\cos(\omega t + \phi_1)$$

$$y_2 = A_2\cos(\omega t + \phi_2)$$

式中 A_1、A_2 和 ϕ_1、ϕ_2 分别为两波源的振幅和初相。若从 S_1、S_2 发出的波在同一介质中存在，其波长均为 λ，且不考虑介质对波能量的吸收，则两列波的振幅与其波源的振幅相同，分别为 A_1、A_2。设两相干波在点 P 相遇，点 P 与 S_1 和 S_2 的距离分别为 r_1 和 r_2，由于两列波传到点 P 的相位分别比波源处落后 $2\pi\dfrac{r_1}{\lambda}$和 $2\pi\dfrac{r_2}{\lambda}$，故在点 P 引起的两个分振动为

$$y_1 = A_1\cos\left(\omega t + \phi_1 - \frac{2\pi r_1}{\lambda}\right)$$

$$y_2 = A_2\cos\left(\omega t + \phi_2 - \frac{2\pi r_2}{\lambda}\right)$$

上式中$\left(\phi_1 - \dfrac{2\pi r_1}{\lambda}\right)$与$\left(\phi_2 - \dfrac{2\pi r_2}{\lambda}\right)$分别是点 P 处两个分振动的初相。点 P 处的合振动就是这两个同方向、同频率振动的合成，则点 P 处合振动的振动方程为

$$y = y_1 + y_2 = A\cos(\omega t + \phi)$$

由振动合成的公式可得合振动的振幅 A 和初相 ϕ 分别为

$$A = \sqrt{A_1^2 + A_2^2 + 2A_1A_2\cos\left(\phi_2 - \phi_1 - 2\pi\frac{r_2 - r_1}{\lambda}\right)} \tag{9-14}$$

$$\phi = \arctan\frac{A_1\sin\left(\phi_1 - \dfrac{2\pi r_1}{\lambda}\right) + A_2\sin\left(\phi_2 - \dfrac{2\pi r_2}{\lambda}\right)}{A_1\cos\left(\phi_1 - \dfrac{2\pi r_1}{\lambda}\right) + A_2\cos\left(\phi_2 - \dfrac{2\pi r_2}{\lambda}\right)} \tag{9-15}$$

点 P 的两个分振动的相位差为

$$\Delta\phi = \phi_2 - \phi_1 - 2\pi\frac{r_2 - r_1}{\lambda} \tag{9-16}$$

式（9-16）中，$\phi_2 - \phi_1$ 是两个波源的初相差，是一个恒量；$r_2 - r_1$ 是两个波源到点 P 的路程差，称为**波程差**，对固定点 P 来说，它是恒定的。$2\pi\dfrac{r_2 - r_1}{\lambda}$是因传播而引起的相位差。因为 $\Delta\phi$ 为一恒量，所以合振动的振幅也是一个恒量。这样，干涉的结果使空间各点的合振幅各自保持不变，在空间某些点处振动始终加强，在某些点处振动始终减弱。

由式（9-14）可知，凡满足

$$\Delta\phi = \phi_2 - \phi_1 - 2\pi\frac{r_2 - r_1}{\lambda} = \pm 2k\pi \qquad (k = 0,1,2,\cdots) \tag{9-17}$$

的空间各点，合振幅最大，其值为 $A = A_1 + A_2$，这些点处的振动始终最强；凡满足

$$\Delta\phi = \phi_2 - \phi_1 - 2\pi\frac{r_2 - r_1}{\lambda} = \pm(2k+1)\pi \qquad (k = 0,1,2,\cdots) \tag{9-18}$$

的空间各点，合振幅最小，其值为 $A=|A_1-A_2|$，这些点处的振动始终最弱，若 $A_1=A_2$，则 $A=0$，振动消失。其他各点处的相位差 $\Delta\phi$ 介于上述两式之间，故合振幅 A 介于 A_1+A_2 和 $|A_1-A_2|$之间。

如果两个相干波源初相位相同，即 $\phi_2=\phi_1$，则式（9-17）、式（9-18）简化为

$$\Delta\phi=2\pi\frac{r_1-r_2}{\lambda}=\pm 2k\pi \qquad (k=0,1,2,\cdots)(\text{合振幅最大}) \tag{9-19}$$

$$\Delta\phi=2\pi\frac{r_1-r_2}{\lambda}=\pm(2k+1)\pi \qquad (k=0,1,2,\cdots)(\text{合振幅最小}) \tag{9-20}$$

设 $\delta=r_1-r_2$，则上述条件可变为

$$\delta=r_1-r_2=\pm k\lambda \qquad (k=0,1,2,\cdots) \tag{9-21}$$

时，即波程差 δ 等于零或波长整数倍的各点，合振动的振幅最大；当

$$\delta=r_1-r_2=\pm(2k+1)\frac{\lambda}{2} \qquad (k=0,1,2,\cdots) \tag{9-22}$$

时，即波程差等于半波长的奇数倍的各点，合振动的振幅最小。

当波程差 δ 既不是波长的整数倍，又不是半波长的奇数倍时，合振幅的数值在最大值 A_1+A_2 和最小值 $|A_1-A_2|$ 之间。

由以上讨论可以看出，两列相干波在空间任一点相遇时，其干涉加强和减弱的条件，除了两个波源的初相差之外，只取决于该点至两相干波源的波程差。

干涉现象是波动所特有的现象，对于光学、声学和许多工程学科都非常重要，并且有着广泛的应用。例如，大礼堂、影剧院的设计必须考虑到声波干涉，以避免某些区域声音过强而某些区域声音又过弱，在噪声太强的地方还可以利用干涉原理达到消声的目的。

9.5.3 驻波

驻波是干涉的特例，它是由振幅、频率和传播速度都相同的两列相干波，在同一直线上相向传播时叠加而成的一种特殊的干涉现象，即分段振动现象。

设有振幅相同、频率相同的两列简谐波分别沿 x 轴正、负方向传播，波动方程分别为

$$y_1=A\cos 2\pi\left(\nu t-\frac{x}{\lambda}\right)$$

$$y_2=A\cos 2\pi\left(\nu t+\frac{x}{\lambda}\right)$$

两波叠加后，合位移为

$$y=y_1+y_2=A\cos 2\pi\left(\nu t-\frac{x}{\lambda}\right)+A\cos 2\pi\left(\nu t+\frac{x}{\lambda}\right)$$

$$=2A\cos 2\pi\frac{x}{\lambda}\cos 2\pi\nu t \tag{9-23}$$

上式称为**驻波方程**。将它与简谐振动方程 $y=A\cos 2\pi\nu t$ 比较可知，$2A\cos 2\pi\dfrac{x}{\lambda}$是各点的振幅，

它只与 x 有关；驻波方程表明，形成驻波时，波线上各点作振幅为 $\left|2A\cos 2\pi\frac{x}{\lambda}\right|$、频率为 ν 的振动。由 $2A\cos 2\pi\frac{x}{\lambda}$ 可知，对应于 $\left|\cos 2\pi\frac{x}{\lambda}\right|=1$ 的那些点，振幅最大，等于 $2A$，把这些振幅最大的点称为**波腹**。因为 $\left|\cos 2\pi\frac{x}{\lambda}\right|=1$ 时，$2\pi\frac{x}{\lambda}=\pm k\pi$ 所以波腹位置为

$$x=\pm k\frac{\lambda}{2}\qquad(k=0,1,2,3,\cdots)\tag{9-24}$$

对应于 $\cos 2\pi\frac{x}{\lambda}=0$ 的那些点，振幅最小且等于零，即这些点始终不动，把这些振幅为零的点称为**波节**。因为 $\cos 2\pi\frac{x}{\lambda}=0$ 时，$2\pi\frac{x}{\lambda}=\pm(2k+1)\frac{\pi}{2}$，所以波节的位置为

$$x=\pm(2k+1)\frac{\lambda}{4}\qquad(k=0,1,2,3,\cdots)\tag{9-25}$$

从波节和波腹的位置公式容易看出，两个相邻波节之间或两个相邻波腹之间的距离均为半个波长，即 $\frac{\lambda}{2}$。

驻波可用实验演示，如图9-11所示，A为电动音叉，B为一劈尖（固定端），C为砝码，D为弦线，E为滑轮，移动劈尖可以调节弦长。当音叉振动时带动弦线各点振动，形成入射波，在B处反射时，形成反射波。反射波和入射波相干涉形成驻波。

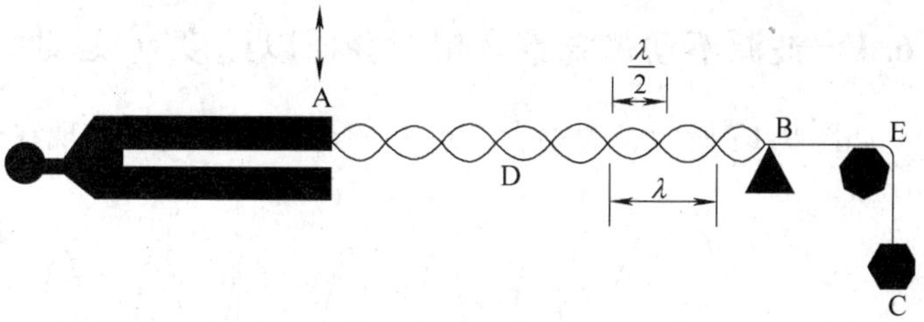

图9-11 驻波

驻波在振动学、声学、电磁波和光学等理论和实验研究中都占有很重要的地位，可以利用驻波原理来测量波长和确定振动系统的频率。

从图9-11弦线上的驻波可见，波在固定端反射形成驻波时，固定端出现波节。如果波在自由端反射，则反射面上出现波腹。一般说来，波在两种介质分界面上反射时，反射面处是波节还是波腹，与波的种类、两种介质的性质以及入射角的大小等因素有关。如果波线垂直于两种介质的分界面（图9-12），则当 $\rho_2u_2>\rho_1u_1$ 时，在界面处出现波节；当 $\rho_2u_2<\rho_1u_1$ 时，在界面处出现波腹，ρ 为介质的密度，u 为介质中的波速。一般我们把 ρu 值大的介质称为**波密介质**，把 ρu 值小的介质称为**波疏介质**。因此可以说，当波的反射是从波密介质返回波疏介质时，将在分界处形成波节，反之则形成波腹。

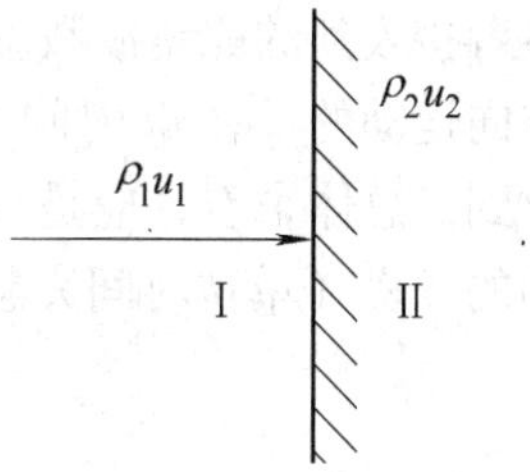

图9-12 波垂直入射介质界面

在分界面上形成波节，说明入射波和反射波在此处的相位相反（相位差为 π），即反射波在分界处的相位跃变了 π。因为在波线上相距半个波长的两点间的相位差是 π，所以当波的反射是从波密介质返回波疏介质时，反射波相当于附加（或损失）了半个波长。通常把

这种现象叫做**半波损失**。

9.6 多普勒效应

前面我们所讨论的都是波源与观察者相对于介质是静止的情况，所以观察者接收到的频率与波源发出的频率是相同的。但是，如果波源或观察者或两者都相对于介质运动，那么观察者接收到的频率与波源发出的频率就不相同了，这种现象称为**多普勒效应**。在日常生活中会遇到这种情况：当高速行驶的火车鸣笛而来时，人们听到的汽笛音调变高，即频率变大；反之，当火车鸣笛离去时，人们听到的音调变低，即频率变小，这就是声波的多普勒效应。

首先要把波源的频率、观察者接收到的频率和波的频率分清楚。波源的频率 ν，是波源在单位时间内振动的次数，或在单位时间内发出完整波的数目；观察者接收到的频率 ν'，是观察者在单位时间内接收到的振动次数或完整波数；而波的频率 ν_b，则是介质内质点在单位时间内振动的次数，或单位时间内通过介质中某点的完整波数，并且 $\nu_b = u/\lambda_b$，其中 u 为介质中的波速，λ_b 为介质中的波长。这三个频率可能互不相同，下面分几种情况进行讨论。为简单起见，只讨论波源和观察者沿着它们的连线方向相对于介质运动的情形。

9.6.1 波源不动，观察者相对介质以速度 v_0 运动

如图 9-13 所示，观察者在点 P 向着波源 S 运动。现在分析如下：

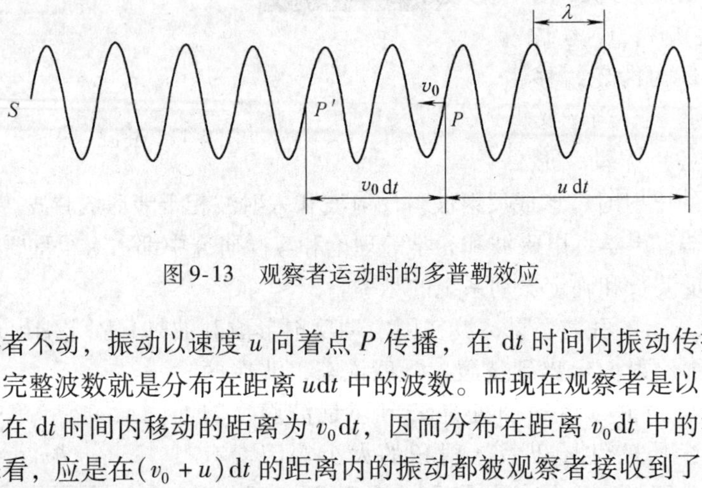

图 9-13 观察者运动时的多普勒效应

先假定观察者不动，振动以速度 u 向着点 P 传播，在 $\mathrm{d}t$ 时间内振动传播的距离为 $u\mathrm{d}t$，观察者接收到的完整波数就是分布在距离 $u\mathrm{d}t$ 中的波数。而现在观察者是以 v_0 迎着振动的传播方向运动的，在 $\mathrm{d}t$ 时间内移动的距离为 $v_0\mathrm{d}t$，因而分布在距离 $v_0\mathrm{d}t$ 中的波也应被观察者接收到。总体来看，应是在 $(v_0+u)\mathrm{d}t$ 的距离内的振动都被观察者接收到了，所以观察者接收到的频率（单位时间完整波数）为

$$\nu' = \frac{v_0 + u}{\lambda_b}$$

式中 λ_b 为介质中的波长，且 $\lambda_b = u/\nu_b$。由于波源是在介质中静止的，所以波的频率 ν_b 等于波源的频率 ν。这样，上式可写成

$$\nu' = \frac{u + v_0}{u}\nu = \left(1 + \frac{v_0}{u}\right)\nu \tag{9-26}$$

式（9-26）表明，当观察者向着静止波源运动时，观察者接收到的频率为波源频率的

$\left(1+\frac{v_0}{u}\right)$倍，即接收到的频率高于波源频率。

当观察者远离波源运动时，通过类似的分析，可求得观察者接收到的频率为

$$\nu' = \frac{u - v_0}{u}v = \left(1 - \frac{v_0}{u}\right)\nu \tag{9-27}$$

即此时观察者接收到的频率低于波源的频率。

9.6.2 观察者不动，波源相对介质以速度v_s运动

当波源运动时，介质中的波长将发生变化。如图9-14所示，波源在水中向右运动时所激起的水面波照片，显示出沿着波源运动的方向，波长变短了；而背离运动的方向，波长变长了。我们知道，波长是介质中同一波线上相位差为2π的两个振动状态之间的距离，而由于波源的运动，波源所发出的这两个相位差为2π的振动状态就是在不同的地点发出的了。如图9-15所示，假设波源以速度v_s向着观察者运动，则当波源从S_1发出的某振动状态经过一个周期T的时间传到位置A时，波源已运动到了S_2，此时发出与该振动状态相位差为2π的下一个振动状态，显然S_2与A之间的距离就是此情形下介质中的波长λ_b，可见这个波长比波源静止时的波长$\lambda(=uT)$变短了。λ_b与λ的关系为

$$\lambda_b = \lambda - v_sT = (u - v_s)T = \frac{u - v_s}{\nu}$$

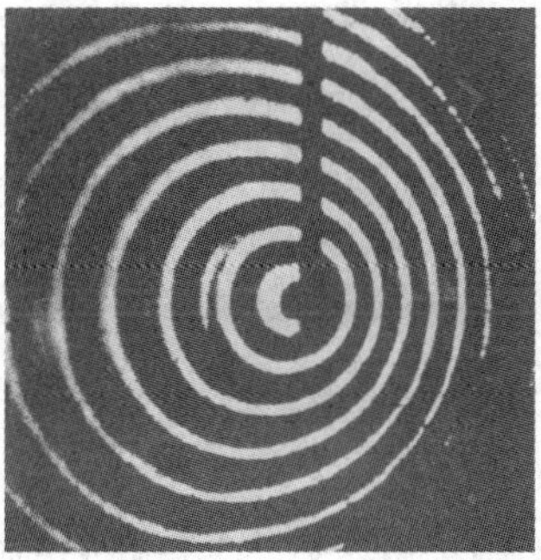

图9-14 波源运动时的多普勒效应

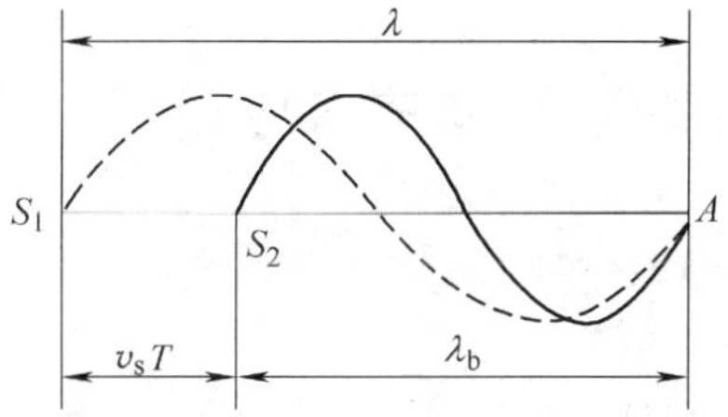

图9-15 波源运动的前方波长变短

即这种情况下波的频率变为

$$\nu_b = \frac{u}{\lambda_b} = \frac{u}{u - v_s}\nu$$

由于观察者静止，所以他接收到的频率就是运动波源的频率，即

$$\nu' = \nu_b = \frac{u}{u - v_s}\nu \tag{9-28}$$

式（9-28）表明，当波源向着静止的观察者运动时，观察者接收到的频率高于静止波源的频率。

如果波源远离观察者运动，通过类似的分析，可求得观察者接收到的频率为

$$\nu' = \frac{u}{u + v_s}\nu \qquad (9\text{-}29)$$

此时接收到的频率低于静止波源的频率。

9.6.3 波源与观察者同时相对介质运动

综合以上两种情况，得到波源与观察者同时相对介质运动时，观察者所接收到的频率为

$$\nu' = \frac{u \pm v_0}{u \mp v_s}\nu \qquad (9\text{-}30)$$

式（9-30）中，当观察者向着波源运动时，v_0 前取正号，远离时取负号；波源向着观察者运动时，v_s 前取负号，远离时取正号。

综上所述，不论是波源运动还是观察者运动，或者是两者同时运动，定性地说，只要两者互相接近，接收到的频率就高于原来波源的频率；两者互相远离，接收到的频率就低于原来波源的频率。

最后指出，即使波源与观察者并非沿着它们的连线运动，以上所得各式仍可适用。只是其中 v_s 和 v_0 应该取运动速度沿连线方向的分量，而垂直于连线方向的分量是不产生多普勒效应的。

不仅机械波有多普勒效应，电磁波也有多普勒效应。由于电磁波传播的速度为光速，所以要运用相对论来处理这个问题，且观察者接收频率的公式将与式（9-30）有所不同。然而，波源与观察者互相接近时频率变大、互相远离时频率变小的结论，仍然是相同的。

9.7 声波及其技术应用

9.7.1 声波

声波是一种机械波。在弹性介质中传播的机械波一般统称为声波。而声音是自然界中最普遍、最直观的一种声波现象。比如敲锣打鼓时，锣鼓表面附近的空气发生压缩、舒张的振动，这种振动通过空气传到我们耳中，我们就听到了锣鼓的声音。因为声波在空气中传播时压缩、舒张的振动方向是与波的传播方向一致的，所以通过空气传播的声波是纵波。在温度为0 ℃的空气中，声波的速度为331 $m \cdot s^{-1}$，大体上是每3s 传播 1 km。声波在液体或固体中的传播速度要比在空气中的传播速度快。在 20 ℃的水中，声波的速度为 1.48 $km \cdot s^{-1}$；在钢铁中声波的传播速度为5.05 $km \cdot s^{-1}$，因此远方的爆破声音总是先从地下传过来。通过气体和液体传播的声波是纵波，但通过固体传播的声波还有横波。固体介质中横波的传播速度大约为纵波传播速度的50% ~60%，因此远方的爆破信号从地下传过来时被接收到两次，第一次是纵波信号，第二次是横波信号，最后再接收到一次从空气中传过来的纵波信号。

在真空中，声波不能传播。所以我们听不到地球以外的声音。声波是沿直线传播的，当遇到障碍物时，会发生以下情况：一部分声波被障碍物表面吸收；一部分声波透入障碍物，以障碍物为介质继续传播；一部分声波从障碍物表面反射，改变方向继续传播；从障碍物边缘传播过去的声波有一部分会绕过障碍物，在障碍物背后继续传播，这叫声波的衍射。

为了能使声波传得更远，可以采取很多措施，例如定向扬声器、高音喇叭等。由于声波

是纵波，沿振动方向上传播较强，定向扬声器利用合适的反射结构，使人或物体发出的声音主要沿着振动方向传播。还有空气管传声器，如医生用的听诊器、飞机上的耳机等，都是利用管子中的空气作为介质，使声音沿着管子定向传播，这样声波衰减得很慢。另外，由于声音在铁轨中不仅速度比在空气中快得多，而且铁轨本身就是很好的定向介质，因此声音沿铁轨定向传播时减弱很小，所以人们在铁轨附近旁听，可以很清楚地感觉到有火车从远方驶来。

研究声波的理论在物理学中很早得到发展。声学的发展初期是为听觉服务的。理论上，声学研究声的产生、传播和接收。应用上，声学研究如何获得悦耳的音响效果，如何避免妨碍健康和影响工作效率的噪声，如何提高乐器和电声仪器的音质等。随着科学技术的发展，人们发现了声波的很多特性和作用，有的对听觉有影响，有的对听觉并无影响，但对科学研究和生产技术都很重要。

声波按频率不同可分为次声波、声波、超声波。最早被人认识的，是人耳所能听到的“可闻声”，即频率在 20 ~ 20000 Hz 的声波。频率超过 20000 Hz 的叫做超声波，频率低于 20 Hz的叫做次声波。

9.7.2 声强和声强级

声波的能流密度叫做**声强**，即单位时间内通过垂直于声波方向的单位面积的声波能量。声强用 I 表示，即

$$I=\frac{1}{2}\rho uA^2\omega^2$$

声强的单位为 $W\cdot m^{-2}$（瓦·米$^{-2}$），由上式可知，声强与角频率的平方、振幅的平方成正比。由于超声波的频率很高，所以它的声强可以很大，现在已能得到的超声波声强高达 $10^6\ W\cdot m^{-2}$。

能引起人的听觉反应的声波，不仅有频率范围，而且还有一定的声强范围。对于每个给定的可闻频率，声强都有上、下两个限值，低于下限和高于上限的声强均不能引起听觉，而声强太高只能引起痛觉。对于 1000 Hz 频率的声波，一般正常人听觉的最高声强为 $1\ W\cdot m^{-2}$，最低声强为 $10^{-12}\ W\cdot m^{-2}$。通常把这一最低声强作为测定声强的标准，规定 $I_0=10^{-12}\ W\cdot m^{-2}$。当某声波的声强为 I 时，以 I 与 I_0 之比的对数值来量度声音的强弱，此值叫做相应于 I 的**声强级**，用 L_I 表示，即

$$L_I=\lg\frac{I}{I_0}$$

声强级的单位为贝尔（B）。通常采用贝尔的1/10，即分贝（dB）为单位。此时声强级的公式写为

$$L_I=10\lg\frac{I}{I_0}\ \text{dB}$$

9.7.3 超声波技术

超声波一般是由具有磁致伸缩或压电效应的晶体的振动所产生的。与可闻声波相比，它具有如下特点：

1. 方向性好

由于超声波频率高、波长短，衍射现象不显著，因而具有良好的定向传播特性，可应用于定向发射以寻求目标。而且由于容易聚焦，可得到定向而集中的超声波束，从而获得较大的声强。现在采用聚焦的方法，可以获得声强高达210分贝的超声波。

2. 功率大

超声波的声强与频率的平方成正比，频率越高，功率越大。因此，超声波的功率可以比一般声波的功率大得多。近代超声波技术已能产生几百到几千瓦的功率。

3. 穿透力强

实验指出，超声波在气体中衰减很强，而在液体和固体中衰减很弱，所以有较强的穿透本领。在不透明的固体中，超声波能穿透几十米的厚度。超声波的这些特性，在医学和技术上得到广泛的应用。

4. 引起空化作用

超声波在液体中传播时，引起液体疏密的变化，使液体时而受拉、时而受压。液体能耐压，而承受拉力的能力很差。当超声波强度足够大时，液体因承受不住拉力而发生断裂（特别是在含有杂质和气泡的地方），从而产生近于真空或含少量气体的空穴。在声波压缩阶段，空穴被压缩直至崩溃。在崩溃过程中，空穴内部可达几千摄氏度的高温和几千个标准大气压的高压。此外，在小空穴形成的过程中，由于摩擦而产生正、负电荷，在空穴崩溃时产生放电、发光现象。超声波的这种现象，称为空化作用。

利用超声波传播的方向性好、功率大、穿透力强等特性，可以制成超声波探伤仪，探测金属零件内部的缺陷（如气泡、裂缝、砂眼等）。在海洋中，可利用超声波技术探测潜艇位置、海底暗礁、鱼群，测定海深并绘制海底地形图等。在医学上超声波也被用来测定人体内的病变，比如医院常用的诊断仪器“B超机”等。随着激光全息技术的发展，声全息技术也日益发展起来。把声全息记录的信号再用光显示出来，就可直接看到被测物体的图像。声全息在地质、医学等领域有着重要的用途。

由于超声波的能量大而集中，加上能引起液体的空化现象，超声波还可用于进行切削、焊接、钻孔、清洗、粉碎、乳化等加工，还可用于处理种子和促进化学反应等。

利用超声波在介质中传播的声学量（声速、衰减、吸收等）与介质的各种非声学物理量（密度、温度、弹性模量、黏度等）之间的关系，可以通过测量声学量来间接地测量其他物理量，这种方法称为非声量的声测法。非声量的声测法具有测量精度高、测量速度快等优点，广泛应用于石油、化工等行业。

9.7.4 次声波技术

次声波又称亚声波，是频率低于可闻声频率范围的声波。由于次声波率很低，所以与声波相比，大气对次声波的吸收很小。例如，次声波在大气中传播几千米，其吸收还不到万分之几分贝。早在19世纪，人们就记录到自然界中一些偶发事件所发生的次声波。其中，最著名的是1883年8月27日印度尼西亚的喀拉喀托火山突然大爆发，它产生的次声波被传播了十几万千米，当时曾用简单的微气压计记录到这一事实。现在已知的次声源有火山爆发、坠入大气的流星、极光、电离层扰动、地震、海啸、台风、龙卷风、雷电等。

早在第二次世界大战前，人们就已经应用次声波探测火炮的位置。可是直到20世纪50

年代，次声波在其他方面的应用才开始被人们注意。研究表明，次声波的应用前景十分广阔。

由于许多灾害性现象，如火山爆发、龙卷风和雷暴等，在发生前可能会辐射次声波，因此，有可能利用次声波作为前兆，预报灾害事件。

人们通过研究自然现象产生次声波的特性和产生机制，可以更深入地认识这些现象和规律。例如，通过测定极光所产生的次声波的特性，可以研究极光发生的规律。还可以利用接收到的被测声源所辐射出的次声波，探测声源的位置、大小和其他特性。例如，通过接收核爆炸、火箭发射、火炮或台风产生的次声波去探测这些声源的有关参数。

人和其他生物不仅能对次声波产生某种反应，而且他（它）们的某些器官也会发出微弱的次声波。因此，可以通过测定这些次声波的特性了解人体或其他生物相应器官的活动情况。

9.7.5 噪声的控制与利用

1. 噪声的危害

一般来说，声强级50分贝以下的环境让人感到舒适，超过60分贝就使人感到喧闹。如果长时间处于80~90分贝的环境中，人就会变得焦躁不安。当声音超过120分贝时，即使在短时间内，人的耳朵也会感到疼痛而无法忍受，甚至会造成听力损伤。由于工厂生产、建筑工地施工、汽车使用量增加等原因，城市环境中平时处于60~80分贝的机会较多，这种使人不愉快并损害人们健康的声音就叫**噪声**。噪声现在已经成为世界的几大公害之一。噪声对人产生危害的影响因素主要取决于噪声的强度大小、频率高低和接触时间长短，一般认为强度越大、频率越高、接触时间越长，造成的危害越大。通过人和动物实验，医学专家证明，噪声会加速心脏衰老，增加心肌梗塞的发病率。长期处于平均70分贝噪声的环境，使心肌梗塞的发病率增加30%左右。通过对生活在高速公路旁的居民和纺织厂职工的调查发现，情况确实如此。噪声还会引起神经功能紊乱、内分泌失调、失眠多梦、记忆减退、情绪暴躁等一系列不良反应。随着家用电器的普及，现代家庭内的噪声也不容忽视，电视机、收录机的噪声高达80分贝，洗衣机为70分贝，高功率音响设备一般为90分贝。舞厅的迪斯科音乐为100分贝，摇滚乐为120分贝。

2. 噪声的允许标准

确定噪声的允许标准，应根据不同场合的使用要求与经济、技术上的可能性，全面、综合地考虑。目前，我国已制定出《国产机动车辆允许噪声标准》、《工业企业噪声卫生标准》、《城市环境噪声标准》和《居住建筑隔声标准》等，并正在制定其他标准。在国外，大多数国家采用国际标准组织（ISO）的建议与标准。例如，为了保护听力，每天工作8小时，连续噪声声强级或等效连续声强级不得超过90dB，若工作时间减少一半，允许提高3dB，但在任何情况下，最高不得超过150dB。表9-1是我国城市区域环境噪声标准。

表9-1 中国城市区域环境噪声标准

适用区域	白天(dB)	夜间(dB)	适用区域	白天(dB)	夜间(dB)
特殊住宅区	45	35	商业中心	60	50
居民、文教区	50	40	工业集中区	65	55
一类混合区	55	45	交通干线	70	55

3. 噪声的控制

噪声污染是一种物理污染，其特点是局部性和短暂性。噪声在环境中只是造成空气物理性质的暂时变化。当噪声源输出停止后，污染立即消失，不留下残余物质。为了治理噪声污染，人们采取了很多措施，主要是从控制声源的输出、在声的传播途径中控制、对接收者进行保护等方面入手。

（1）控制声源的输出。在声源处降低噪声是最根本的措施。对于工厂运转的机器设备和交通工具，可以通过工艺改造来降低噪声，例如，改变结构、提高加工精度和装配质量、合理操作，以焊代铆、以液压代替锻造，加强机器维修、减少摩擦与碰撞等。

（2）控制传播途径。利用声音在遇到障碍物时会被吸收、反射、折射和衍射的性质，采用隔声、吸声、消声、减振技术，防止噪声向外界传播。隔声就是在噪声的传播途径上，利用隔声技术对噪声予以隔离，最常用的措施是采用足够大尺寸的隔墙或封闭的隔声间。吸声是应用吸声材料和吸声结构，将入射到其表面的声能转变成热能，以达到减噪的目的。常用的吸声材料有多孔吸声材料，如玻璃棉、矿棉等。声波进入多孔材料后，微孔内空气的黏滞性和热传导使其能量逐渐消耗，形成有效的吸收作用。消声是在传播噪声的狭窄空间或管道上安装消声器，以消除噪声。

（3）在噪声接收点，为了防止噪声对人的危害，可采用个人防护措施，如使用耳塞、防声棉、佩戴耳罩、头盔等。此外，规定操作人员在噪声环境中工作的限制时间，以保证工作人员的健康。还可以因地制宜种植花草树木，形成致密的绿色屏障，既美化环境又削弱了噪声。

4. 噪声的应用

虽然噪声有一定危害，但也可以用它来造福人类。现举例如下：

（1）噪声除草　科学研究表明，不同的植物对不同的噪声敏感程度不同。根据这一原理，制造出噪声除草器，它发出的噪声可以促使杂草的种子提前发芽，这样就可以在作物出土之前先把杂草除掉，以保证作物正常生长。

（2）噪声诊病。美妙的音乐能治疗疾病，而讨厌的噪声却能诊断病情。科学家研制出一种激光听力诊断装置，它由光源、微型噪声发生器和计算机测试器三部分组成。噪声发生器产生微弱短促的噪声振动耳膜，计算机测试器根据回声把耳膜功能记录并显示出来，供医生参考。还有一种噪声测温仪，利用局部温度变化探测人体病灶。

（3）噪声增产　噪声对有些农作物的增产有利。人们曾作过实验，在试验田里对一株西红柿施肥和喷洒农药时，用100分贝的汽笛声熏陶30多次，在收获时发现，这株西红柿一共结出200多个果子，不仅数量远远超出一般情况，而且每个西红柿都比一般的大了1/3。

（4）噪声干燥　利用噪声干燥技术，吸水能力是一般技术的4～10倍，成本低、效率高，而且卫生方便，能很好地保持食物的质量和养分。

习　题

一、简答题

1. 机械波的产生条件是什么？
2. 什么是波线、波面和波前？

3. 什么是波长？什么是波速？写出波速与波长、频率和周期的关系式。

4. 写出波动方程的最基本形式，并分析其物理意义。

5. 波动的能量有什么特点？与简谐振动的能量有什么区别？

6. 什么是波的干涉？分别写出用相位差和波程差表示的干涉加强和干涉减弱的条件。

7. 驻波是怎样形成的？驻波有什么特点？

二、选择题

1. 当机械波在媒质中传播时，一媒质质元的最大变形量发生在［　　］。

（A）媒质质元离开其平衡位置最大位移处

（B）媒质质元离开其平衡位置（$\sqrt{2}A/2$）处

（C）媒质质元在其平衡位置处

（D）媒质质元离开其平衡位置 $A/2$ 处（A 是振动振幅）

2. 一平面简谐波在弹性媒质中传播，在某一瞬时，媒质中某质元正处于平衡位置，此时它的能量是［　　］。

（A）动能为零，势能最大　　（B）动能为零，势能为零

（C）动能为最大，势能最大　　（D）动能最大，势能为零

3. 如题图9-1所示，两列波长为 λ 的相干波在 P 点相遇，S_1 点的初相位是 ϕ_1，S_1 到 P 点的距离是 r_1；S_2 点的初相位是 ϕ_2，S_2 到 P 点的距离是 r_2，以 k 代表零或正、负整数，则 P 点是干涉极大的条件为［　　］。

（A）$\Delta\varphi=\varphi_2-\varphi_1-\dfrac{2\pi}{\lambda}(r_2-r_1)=2k\pi$

（B）$\Delta\varphi=\varphi_2-\varphi_1-\dfrac{2\pi}{\lambda}(r_1-r_2)=2k\pi$

（C）$\Delta\varphi=\varphi_2-\varphi_1-\dfrac{2\pi}{\lambda}(r_2-r_1)=(2k+1)\pi$

（D）$\Delta\varphi=\varphi_2-\varphi_1-\dfrac{2\pi}{\lambda}(r_1-r_2)=(2k+1)\pi$

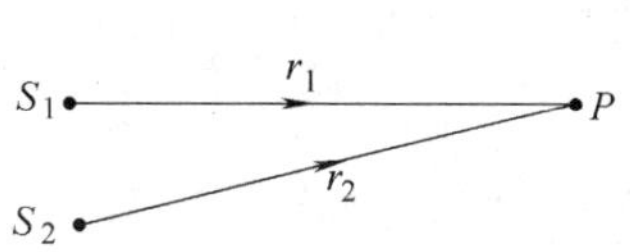

题图9-1

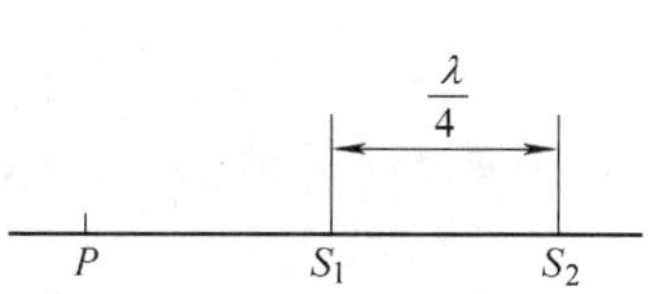

题图9-2

4. 如题图9-2所示，两个相干波源 S_1 和 S_2 相距 $\dfrac{\lambda}{4}$（λ 为波长），S_1 的相位比 S_2 的相位超前 $\dfrac{\pi}{2}$，在 S_1、S_2 的连线上 P 点两列波所引起的两个谐振动的相位差是［　　］。

（A）0　　（B）π　　（C）$\dfrac{\pi}{2}$　　（D）$\dfrac{3\pi}{2}$

三、填空题

1. 如题图9-3所示，一平面简谐波沿 x 轴正方向传播，波速 $u=100$ m/s，$t=0$ 时刻的

波形曲线如图所示，则波长 $\lambda=$ ________，振幅 $A=$ ________，频率 $\nu=$ ________。

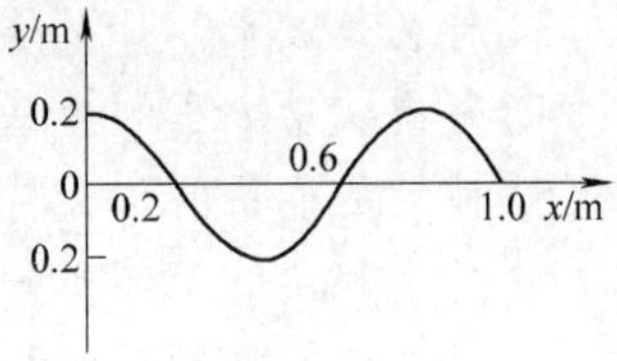

题图 9-3

2. 在同一媒质中两列频率相同的平面简谐波的强度之比 $I_1/I_2=16$，则这两列波的振幅之比是 $A_1/A_2=$ ________。

四、计算题

1. 已知波源的周期 $T=2.5\times10^{-2}$ s，振幅 $A=1.0\times10^{-2}$ m，波长 $\lambda=1.0$ m，沿 x 轴正向传播，试写出波动方程。

2. 波源振动方程 $y=4\times10^{-3}\cos240\pi t$ (m)，它所形成的波以 30 m·s^{-1} 的速度沿一直线传播。(1) 求波的周期及波长；(2) 写出波动方程。

3. 某质点按余弦规律振动，周期为 2 s，振幅为 0.06 m，开始计时（$t=0$）时，质点恰好处在负向最大位移处。求：(1) 该质点的振动方程；(2) 此振动以 $u=2$ m·s^{-1} 沿 x 轴正向传播时，形成的一维简谐波的波动方程；(3) 该波的波长。

4. 平面简谐波的波动方程为 $y=8\cos2\pi\left(t-\dfrac{x}{100}\right)$(cm)。求：(1) $t=2.1$ s 时波源处的相位；(2) 离波源 0.80 m 及 0.30 m 两点之间的相位差。

5. 一平面简谐波沿 x 轴正方向传播，波动方程为 $y=0.2\cos\left(\pi t-\dfrac{\pi}{2}x\right)$(m)，媒质中某质点位于 $x=-3$ m 处，求：

(1) 该点振动方程；

(2) 该点振动速度及振动加速度表达式。

6. 一简谐波 Ox 轴正方向传播，波长 $\lambda=4$ m，周期 $T=4$ s，已知 $x=0$ 处质点的振动曲线如题图 9-4 所示。(1) 写出 $x=0$ 处质点的振动方程；(2) 与出波的表达式。

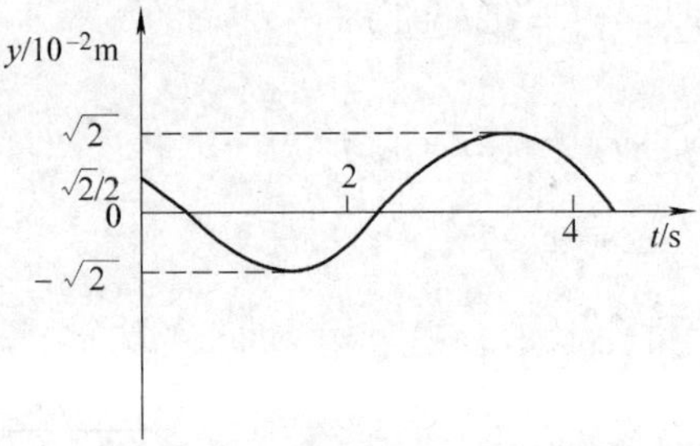

题图 9-4

7. 一弦上驻波的表达式为 $y=0.02\cos5\pi x\cos100\pi t$(m)，问：

(1) 组成此驻波的两行波的振幅和波速为多少？

(2) 节点间的距离为多大？

第10章 波动光学

在光学发展历史上，关于对光的本性的认识，曾经形成过两种相互对立的学说，一种是以牛顿为代表的“微粒说”，另一种是以惠更斯为代表的“波动说”。微粒说认为光是由微粒组成的，这些光微粒与普通的实物小球一样遵从相同的力学规律，微粒说可以很好地解释光的直线传播和反射定律、折射定律。而波动说认为光和声一样是一种波动。1801 年英国物理学家托马斯·杨做了一个著名的光的双缝干涉实验，为波动说的发展奠定了基础。1818 年法国的菲涅耳将杨氏的干涉原理和惠更斯原理结合起来，提出惠更斯-菲涅耳原理，圆满地解释了早在 1665 年就发现而微粒说一直无法说明的光的衍射现象，光的波动说从此蓬勃发展起来。1850 年法国物理学家傅科用实验测得光在水中的传播速度为光在空气中速度的 3/4，有力地支持了波动说。1865 年，英国物理学家麦克斯韦建立了电磁场理论，并得出光是电磁波的结论，为光的波动说建立了更为坚实的理论基础。本章主要以光的波动理论为基础，介绍波动光学方面的主要内容：光的干涉、光的衍射、光的偏振。

10.1 光的相干性

10.1.1 光波

麦克斯韦电磁场理论指出：光波是一种电磁波。而电磁波是横波，它由两个相互垂直的振动矢量即电场强度矢量 $\boldsymbol{E}$ 和磁场强度矢量 $\boldsymbol{H}$ 来表征。大量事实表明，在光波中，产生感光作用（例如照相底片的感光效应）和生理作用（例如引起眼睛视觉）的主要是电场强度矢量，所以把 $\boldsymbol{E}$ 矢量叫做**光矢量**，用 $\boldsymbol{E}$ 矢量振动的传播表示**光波**。

能够引起视觉作用的电磁波称为**可见光**，其波长范围为 400～760 nm，其中各种颜色可见光的波长范围分别为：紫光 400～440 nm；蓝绿光 440～520 nm；绿光 520～560 nm；黄光 560～640 nm；橙光 640～720 nm；红光 720～760 nm。波长大于 760 nm 的电磁波称为红外线，波长小于 400 nm 的电磁波称为紫外线。

只具有单一频率或波长的光叫**单色光**。实际上，纯粹的单色光是不存在的，一般把频率或波长集中在某一个极窄范围内的光近似地认为是单色光，例如，激光就是单色性很好的光源。包含有若干频率或波长的光叫**复色光**。普通的白炽灯和日光灯发出光的就是由多种频率组成的复色光，而太阳发出的自然光是由各种频率的光按一定的比例组成的复色光，也叫**白光**。

能够发光的物体叫**光源**。从室内照明的节能灯，到实验室常用的汞灯、钠灯、激光器，从城市夜晚的霓虹灯，到照亮地球的太阳，都是光源。

10.1.2 光的相干性

干涉现象是波动的基本特征之一。由波动的理论可知，要实现波的干涉，必须使波动同时满足三个条件，即频率相同、振动方向相同、相位差恒定。对于光波来说，满足这三个条件的光波叫**相干光**。对于机械波和无线电波，由于波源可以连续振动，发出连续不断的正弦波，因此相干条件容易满足；但对于普通光源发出的光波，干涉条件就不容易满足了，这是由普通光源的发光机理决定的。

普通光源发出的光是由光源中大量原子或分子运动状态发生变化发出的，这种光具有两个特点：一是**断续性**，各原子或分子辐射是间歇和无规则的，每次辐射持续的时间为 $10^{-10} \sim 10^{-8}$s，也即原子或分子每次发出的光是一个有限长的波列；二是**随机性**，大量原子或分子发光是各自独立地进行的，在同一时刻各原子或分子所发出的光的频率、振动方向、相位都各不相同，是随机的。所以，一般情况下，两个普通的独立光源发出的光不满足干涉条件，不能发生干涉，即使是同一光源上两个不同部分发出的光，也不会发生干涉。

10.1.3 获得相干光的方法

虽然一般光源发出的光是不相干的，但是可以采用光学方法将光源某一点（每一发光原子或分子）发出的一列光波分成两束，使它们经过不同的路径传播，然后在某一空间区域相遇，发生叠加。由于是出于同一波列的两束光，所以它们的频率相同、振动方向相同、相位差恒定，是相干光，在相遇的区域内能发生干涉。按照这种把一个波列“一分为二”的原理获得相干光的方法通常有两种：一种是**分波阵面法**，就是从光源发出的同一个波阵面上取出两部分，使它们经过不同的路径后再相遇而发生干涉，例如下面将要讨论的杨氏双缝干涉和劳埃德镜干涉就是用分波阵面法获得相干光的。另一种是**分振幅法**，就是利用光的反射和折射把入射到介质表面的光的能量分成两部分，而光的能量正比于振幅的平方，故相当于分振幅，再使这两部分光相遇而产生干射，例如下面将要讨论的薄膜干涉就是利用分振幅法获得相干光的。

10.2 由分波阵面法产生的光的干涉

10.2.1 杨氏双缝干涉实验

杨氏双缝干涉实验是最早的干涉实验之一。1801 年英国物理学家托马斯·杨（T. Young）首先用实验方法实现了光的干涉，对光的波动性提供了有力的证据。经后人改进后的实验装置，如图 10-1a 所示。

波长为 λ 的单色平行光源发出的光照射在单缝 S 上，形成线光源。G 是遮光屏，上面开有两条与光源平行的狭缝 S_1 和 S_2。S_1 和 S_2 相距为 d 且与 S 等距离，一般两条狭缝之间的距离 d 很小，为 0.1 ~ 1 mm。H 是与 G 平行的屏幕，它到 G 的距离为 D，且 $D \gg d$，D 一般取 1 ~ 10 m。实验中，由光源 S 发出的光的波阵面同时到达 S_1 和 S_2，由惠更斯原理，S_1 和 S_2 可以看成是两个子波源，由于 S_1 和 S_2 是在同一波阵面分割开的两个子波，所以它们的初相位相同，振动方向和频率也相同，从 S_1 和 S_2 发出的光是相干光，它们在空间相遇会产生干涉。因此，在屏幕上可以看到明暗相间的干涉条纹，如图 10-1b 所示。

下面定量分析屏幕上形成明暗条纹的条件。在屏幕上建立一坐标系如图 10-2 所示，坐标原点 O 正对着 S_1 和 S_2 的中点。在屏幕上任取一点 P，它的波程差为

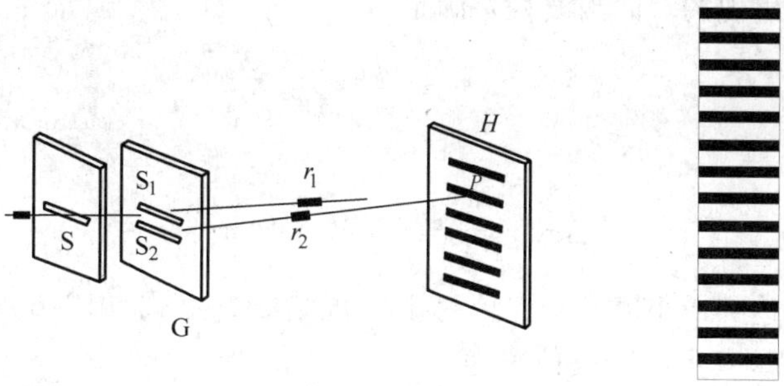

a)　　　　b)

图 10-1　杨氏双缝干涉实验

$$\delta = r_2 - r_1 \tag{10-1}$$

由于 $D \gg d$，$D \gg x$，因此波程差可写为

$$\delta = r_2 - r_1 \approx d\sin\theta \approx d\tan\theta$$

而 $\tan\theta = \dfrac{x}{D}$，所以有

$$\delta = \frac{d}{D}x \tag{10-2}$$

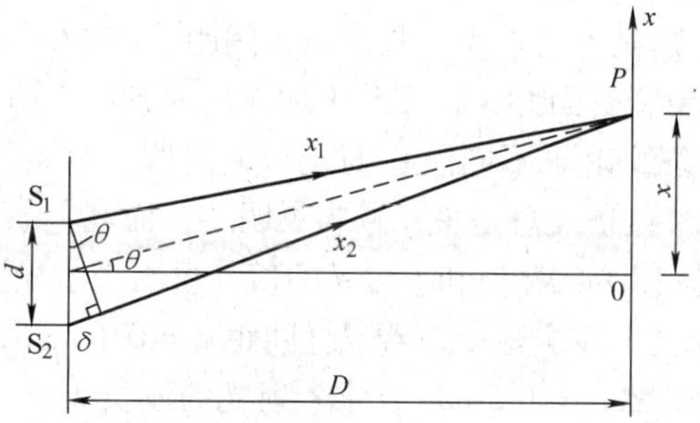

图 10-2　杨氏双缝干涉计算用图

由波动理论中的干涉条件可知：当波程差满足

$$\delta = \frac{d}{D}x = k\lambda \tag{10-3}$$

相应的相位差为

$$\Delta\varphi = \frac{2\pi}{\lambda}\delta = 2k\pi \tag{10-4}$$

时，干涉加强，光强达到最大值，即在屏幕上出现明纹。由式（10-3）可得各级明纹中心距原点 O 的距离，即屏幕上的明纹位置为

$$x = \pm k\frac{D}{d}\lambda \quad (k = 0,1,2,\cdots) \tag{10-5}$$

对应于 $k = 0$ 的明纹叫中央明纹或零级明纹，对应于 $k = 1$，$k = 2$，…，分别叫第 1 级明纹，第 2 级明纹，……，依次类推。除了 $k = 0$，k 可取正值或负值，表明各级明纹是相

对中央明纹两侧对称出现的。而当波程差满足

$$\delta = \frac{d}{D}x = (2k+1)\frac{\lambda}{2} \tag{10-6}$$

相应的相位差为

$$\Delta\varphi = \frac{2\pi}{\lambda}\delta = (2k+1)\pi \tag{10-7}$$

时，干涉减弱，光强达到最小值，即在屏幕上出现暗纹。由式（10-6）可得各级暗纹中心距原点 O 的距离，即屏幕上的暗纹位置为

$$x = \pm(2k+1)\frac{D\lambda}{2d} \qquad (k = 0,1,2,\cdots) \tag{10-8}$$

由式（10-5）或式（10-8）可得相邻的两明纹或相邻的两暗纹之间的距离相等，都是

$$\Delta x = \frac{D}{d}\lambda \tag{10-9}$$

式（10-9）表明：条纹间距与条纹的级次无关，是等间隔排列的。可见双缝干涉条纹是一系列等距离分布的明暗相间的直条纹。

现在对条纹间距公式，即式（10-9）讨论如下：

（1）若单色光的波长 λ 一定，双缝之间的距离 d 增大，或双缝至屏幕的距离 D 减小，则条纹间距 Δx 变小，即条纹变密。因此，在实验中总是使双缝间距较小，而使屏幕足够远，以免条纹过密而不能分辨。

（2）若 d 和 D 一定，则光的波长 λ 越长，条纹间距 Δx 越大。可见，短波长的紫光的条纹比长波长的红光的条纹要密。因此，在实验中如果用白光做光源，则在屏幕上除了中央明纹仍为白色外，其他各级条纹由于不同波长的光形成的明、暗条纹位置不同而呈现彩色条纹，在各级彩色条纹中，紫色条纹总是最靠近中央明纹，而红色条纹总是离中央明纹最远。

（3）实验中可以根据测得的 Δx 值和 D、d 的值，求出入射光波的波长 λ。

【例 10-1】 在杨氏双缝干涉实验中，若双缝间距 $d = 0.6\ \text{mm}$，$D = 1.5\ \text{m}$，测得相邻两明纹（或暗纹）之间的距离 $\Delta x = 1.5\ \text{mm}$，求入射光的波长 λ。

【解】 根据条纹间距公式，并代入已知条件，解得入射光的波长为

$$\lambda = \frac{d}{D}\Delta x = \frac{0.6\times10^{-3}}{1.5}\times1.5\times10^{-3} = 0.6\times10^{-6}\ \text{m} = 600\ \text{nm}$$

10.2.2 劳埃德镜干涉实验

在杨氏双缝干涉实验后，又有许多类似的实验相继问世，下面只介绍劳埃德镜实验。劳埃德镜实际上就是一块下表面镀膜的平面玻璃反射镜，如图 10-3 所示。从垂直于纸面的狭缝 S_1 发出的光波，一部分直接射到屏幕 H 上，而另一部分掠射（入射角接近 90°）到平面镜 MN' 后再反射到屏幕 H 上。S_2 是 S_1 在反射镜中的虚像，即反射光，可看成是从虚光源 S_2 发出的。S_1 和 S_2 构成一对相干光源，在屏上产生干涉条纹。劳埃德镜干涉条纹与杨氏双缝干涉条纹类似，干涉条纹位置和条纹间距的计算也与杨氏双缝干涉相似。但在劳埃德镜干涉实验中有一个值得注意的现象：当把屏幕 H 移动到与劳埃德镜相接触的位置 $H'N'$ 时，两光波在接触点 N' 的波程差为 0，因此在该点应该是干涉加强的明纹，但实验发现却是暗纹。这说明直接射到屏幕上的光与从镜面反射出来的光在 N' 点相位相反，相位差为 π。由于入

射光的相位没有变化，因此只能是从空气射向玻璃再反射的那束光的相位发生了 π 的相位突变。这相当于反射光的波程在反射中损失了半个波长，因此，这种现象也叫**半波损失**。实验表明，当光波从光疏介质（折射率较小）入射到光密介质（折射率较大），在界面反射时都有半波损失，因此，在计算两束光的波程差时，要注意将半波损失计算在内。

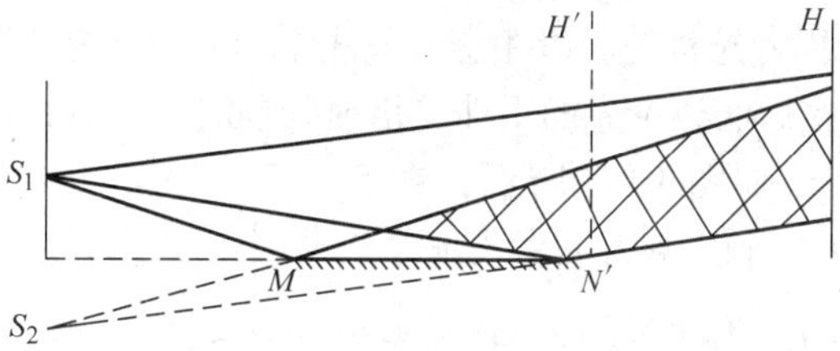

图 10-3　劳埃德镜干涉实验

10.3　光程

10.3.1　光程

在前面讨论的双缝干涉实验中，两束相干光都是在同一介质（空气）中传播，光的波长不发生变化。所以只要把两束相干光到达某点的几何路程差作为波程差 $\delta = r_2 - r_1$ ，再根据相位差与波程差的关系 $\Delta\varphi = \dfrac{2\pi}{\lambda}\delta$ ，就可以确定两相干光在该点是干涉加强还是干涉减弱。但在很多实际问题中，光路中常常会有各种介质存在，当光波通过不同介质时，其波长要随介质的不同而变化，这时就不能只根据几何路程差来确定波程差和相位差了。为此，需要引入**光程**这个重要概念。

如图 10-4 所示，设某一频率为 ν 的单色光，在真空中的波长为 λ，传播速度为 c 。当它在折射率为 n 的介质中传播时频率不变，而传播速度变为 $v = c/n$ ，所以波长变为 $\lambda' = v/\nu = c/n\nu = \lambda/n$ 。这说明，一定频率的光在折射率为 n 的介质中传播时，其波长为真空中波长的 $1/n$ 。

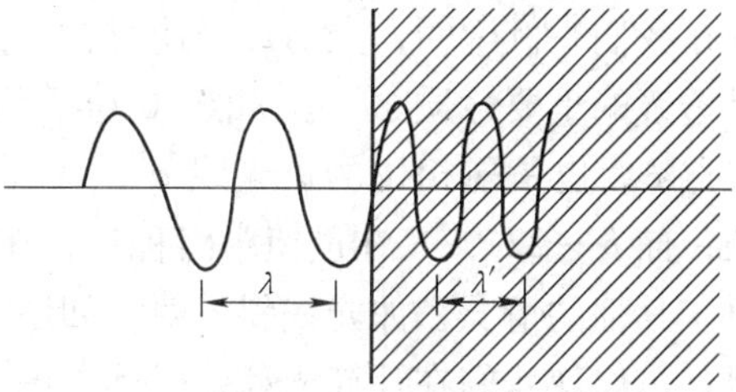

图 10-4　光在真空中的波长和在介质中的波长

由于光传播一个波长的距离，其相位变化为 2π ，因此若光在介质中传播的几何路程为 r，则相位的变化为

$$\Delta\varphi = 2\pi\frac{r}{\lambda'} = 2\pi\frac{nr}{\lambda}$$

上式说明，光在介质中传播时，其相位的变化不仅与几何路程及光在真空的波长有关，而且还与介质的折射率有关。如果把光在任意介质内传播时的相位变化都用真空中的波长 λ 来表示的话，那么就必须把光在介质中通过的几何路程 r 乘以折射率 n，我们把 nr 定义为**光程**。光程的意义就在于把单色光在不同介质中的传播，都折算为该单色光在真空中的传播。

引入了光程概念后，对于经过不同介质的两束光在空间相互干涉的问题，就可以把它们折算为光在真空中传播的问题来解决，因此，光的干涉的一般条件可以表示为

$$\delta = n_2 r_2 - n_1 r_1 = k\lambda \quad (k = 0, \pm 1, \pm 2, \cdots) \text{ 干涉加强}$$

$$\delta = n_2 r_2 - n_1 r_1 = (2k+1)\frac{\lambda}{2} \quad (k = 0, \pm 1, \pm 2, \cdots) \text{ 干涉减弱}$$

式中，$\delta = n_2 r_2 - n_1 r_1$ 称为**光程差**。请注意，公式中的 λ 仍然是光在真空中的波长。光程差是个十分重要的物理量，在后面讨论光的干涉、衍射问题时，计算光程差是一个关键的内容。

以双缝干涉实验为例，如图 10-5 所示，在 S_2 的光路上有一块厚度为 l，折射率为 n 的介质，S_1 到点 P 的光程为 r_1，相位为 $\frac{2\pi}{\lambda}r_1$，S_2 到点 P 的光程为 $(r_2 - l) + nl = r_2 + (n-1)l$，相位为 $\frac{2\pi}{\lambda}[r_2 + (n-1)l]$。这里（$r_2 - l$）是真空中的光程，$nl$ 是介质中的光程。

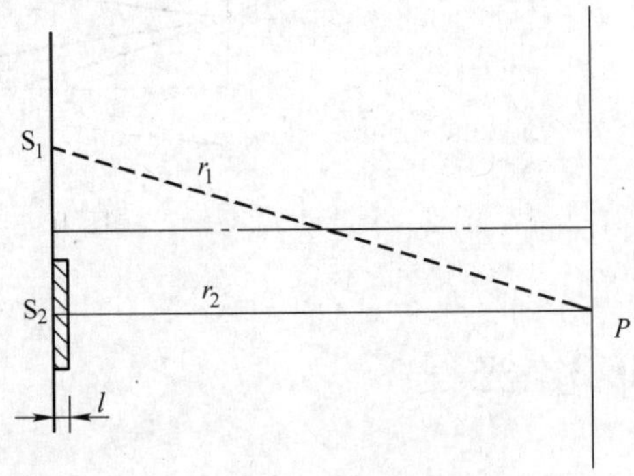

图 10-5　光程与光程差

所以 S_1、S_2 在点 P 的光程差为

$$\delta = r_2 - r_1 + (n-1)l$$

相应的相位差为

$$\Delta\varphi = \frac{2\pi}{\lambda}[r_2 + (n-1)l] - \frac{2\pi}{\lambda}r_1$$

$$= \frac{2\pi}{\lambda}[(r_2 - r_1) + (n-1)l]$$

10.3.2　薄透镜的等光程性

透镜是光学系统中最常用的光学元件，我们在观察干涉、衍射现象时也常借助于透镜。现在我们举例说明，光通过透镜时，不会引起附加光程差，即从物到像没有附加光程，这也是透镜的重要性质之一。如图 10-6a 所示，a，b，c 三点是同相位的，通过一个透镜后会聚在点 F，也是同相位的。光线 a—11′—F 和 c—33′—F 在透镜中路程短，在透镜外路程长，而 b—22′—F 在透镜中路程长，在透镜外路程短一些，但三条光线的光程是一样的，对于其他的情况，如光线斜入射，如图 10-6b 所示，也没有附加光程。透镜的这一性质很重要，可以使我们在计算光程差时不考虑透镜的影响。

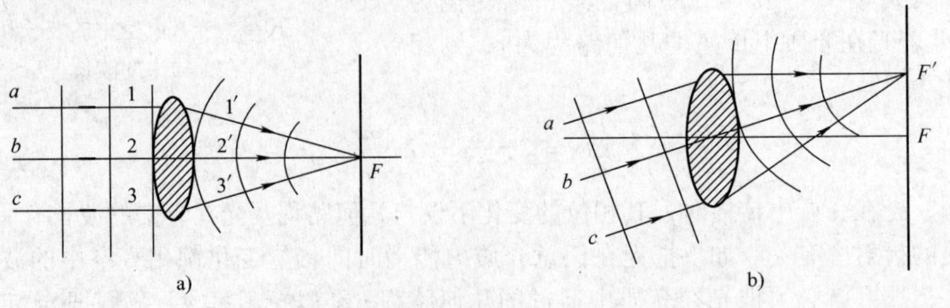

图 10-6　透镜不引起附加的光程差

10.4 由分振幅法产生的光的干涉

10.4.1 平行平面薄膜产生的干涉

光波在透明薄膜的上、下两表面反射后相干叠加而产生的干涉现象，叫**薄膜干涉**。这是一种最常见的干涉现象，例如，肥皂泡上的彩色条纹，雨后马路上油膜的彩色条纹，鸟类羽毛的变色，照相机镜头上的颜色等，都是薄膜干涉的结果。许多精密测量和检验也经常利用薄膜干涉原理。

下面分析平行平面薄膜干涉。如图10-7所示，在折射率为n_1的介质中，有一厚度为e、折射率为n_2的透明薄膜，且$n_1 < n_2$。一束光入射在薄膜表面上一分为二，一部分直接从上表面反射回到折射率为n_1的介质中（图中的光线a），另一部分折射进入薄膜，到达薄膜的下表面后反射回来，再经过薄膜折射回到折射率为n_1的介质中（图中的光线b），光线a和光线b是两条平行光，经透镜后会聚于屏幕上的P点。由于两条光线本来是同一入射光的同一波阵面的两部分，因此是相干光。

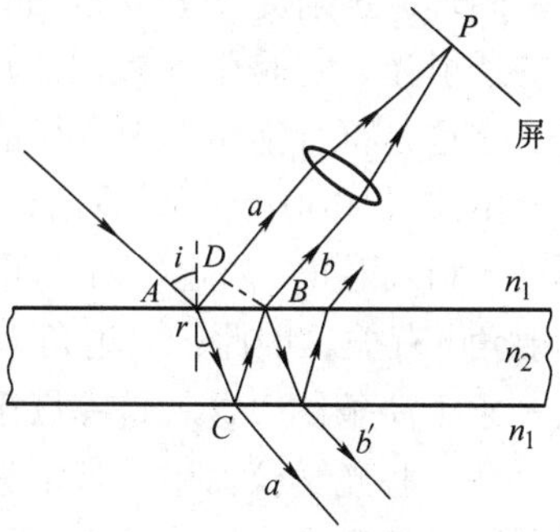

图10-7 平行平面薄膜干涉

下面计算两条光线的光程差：由于透镜不引起附加光程差，两条光线在DB之后的光程是相等的，而在ACB与AD之间的光程差为

$$\delta = n_2(AC + CB) - n_1 AD$$

由于光在两种介质的分界面上反射会产生半波损失，所以在计算两条光线的光程差时要考虑这一因素。两种介质的情况不同，会有以下两种情形：

（1）当$n_1 > n_2$时，反射光在两种介质分界面上不会产生半波损失；

（2）当$n_1 < n_2$时，反射光在两种介质分界面上会产生半波损失。

对于图10-7所示的薄膜，由于$n_1 < n_2$，所以在其上表面反射的光线a存在半波损失，而在下表面反射的光线b则不存在半波损失。考虑到光线a在反射时损失了半个波长，因此在光程上要减去（或加上）半个波长，于是光程差表示为

$$\delta = n_2(AC + CB) - n_1 AD - \frac{\lambda}{2}$$

或

$$\delta = n_2(AC + CB) - n_1 AD + \frac{\lambda}{2}$$

利用几何关系

$$CB = AC = \frac{e}{\cos r}$$

$$AB = 2e\tan r$$

$$AD = AB\sin i = 2e\tan r\sin i$$

所以

$$\delta = n_2 \frac{2e}{\cos r} - n_1 2e\sin i\tan r + \frac{\lambda}{2}$$

由折射定律，有 $n_1 \sin i = n_2 \sin r$，将其代入上式，并整理得

$$\delta = 2en_2\cos r + \frac{\lambda}{2}$$

$$= 2en_2\sqrt{1-\sin^2 r} + \frac{\lambda}{2}$$

或写为

$$\delta = 2e\sqrt{n_2^2 - n_1^2\sin^2 i} + \frac{\lambda}{2} \tag{10-10}$$

同理，透射光 a' 和 b' 也可以产生干涉。只是注意：某波长的反射光干涉加强时，该波长的透射光一定是干涉减弱。反之，该波长的反射光干涉减弱时，其透射光一定是干涉加强。这也是符合能量守恒定律的。

由式（10-10）可以看出，当两种介质的折射率 n_1、n_2 一定时，光程差 δ 由薄膜介质的厚度 e 和入射角 i 决定。对于平行平面薄膜，其厚度 e 是处处相同的，那么光程差 δ 就只与入射角 i 有关。因此，入射角 i 相同的光所对应的反射光线对在叠加时的光程差相等，对应同一条干涉条纹。这就是**等倾干涉**，形成的条纹叫做等倾条纹。

在一些光学仪器中，常常为了增加某种颜色的光的透射率或反射率，而在透镜表面镀上某种物质的薄膜。近代技术中常用真空镀膜的方法在玻璃表面上镀一层透明薄膜，形成所谓"增透膜"和"增反膜"。

增透膜的作用是增加透射光，减少反射光。当增透膜的折射率小于玻璃的折射率，光从空气垂直入射到增透膜上时，在膜的上下两表面反射都有半波损失（相位突变 π），从干涉结果看，相当于没有半波损失，所以不产生附加光程差；当增透膜的折射率大于玻璃的折射率，光从空气垂直入射到增透膜上时，在膜的上表面反射有半波损失，而在膜的下表面反射没有半波损失，因此有一个 $\frac{\lambda}{2}$ 的附加光程差，这是在计算光程差时需要特别注意的。厚度一定的增透膜只对某种波长的光增加透射，而对其他相近的不同波长的光增透效果不同。如果入射光是白光，则通常在选择增透膜时，应使接收器最敏感的那个波长的反射光最少，例如，人眼最敏感的是波长为 555 nm 的黄绿光，若使黄绿光增透，则反射光中出现与它互补的蓝紫色。

增反膜的作用是增加反射光，减少透射光。有时根据实际需要，采用镀多层介质膜的方法，制造出高反射率的增反膜，光强反射率可达 99% 以上。

【例 10-2】 如图 10-8 所示，为使透镜（$n_3 = 1.50$）透射的黄绿光（$\lambda = 550$ nm）加强，求最少要镀上多厚的增透膜 MgF_2（$n_2 = 1.38$）？

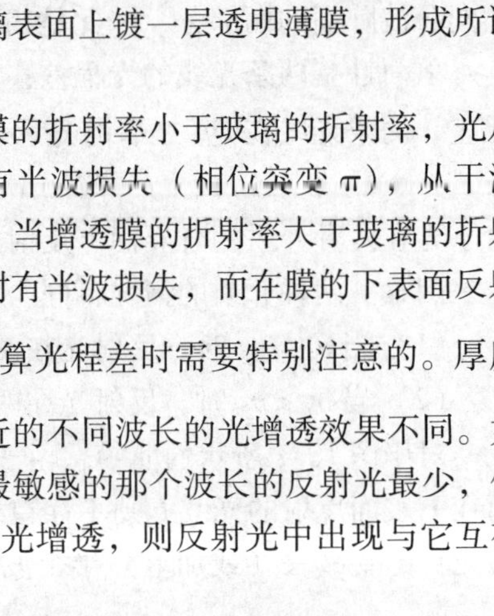

图 10-8 增透膜

【解】 设光线垂直入射，即入射角 $i=0$，增透膜厚度为 e。要使透射光加强，即反射光干涉减弱，则两反射光的光程差要满足干涉减弱的条件。因为在第一界面反射时 $n_2 > n_1$，在第二界面反射时 $n_3 > n_2$，所以有两次半波损失，相当于光程差增加了 λ，从效

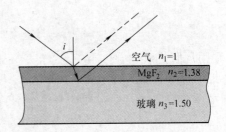

果看相当于没有。所以光程差为

$$\delta = 2e\sqrt{n_2^2 - n_1^2\sin^2 i} = 2en_2$$

当光程差满足 $\delta = 2n_2e = (2k+1)\dfrac{\lambda}{2}$ 时，反射光干涉减弱，从而导出膜厚应满足

$$e = \frac{\lambda}{4n_2}(2k+1)$$

因为所求的是最小膜厚，故令 $k = 0$ 解得

$$e = \frac{\lambda}{4n_2} = \frac{550}{4\times 1.38}\ \text{nm} \approx 100\ \text{nm}$$

10.4.2 劈形膜产生的等厚干涉

等厚干涉的特点是光线以一定的入射角 i 入射到薄膜表面，而薄膜厚度按一定规律变化。干涉条纹形成在薄膜表面，同一级条纹下面所对应的薄膜厚度相等，所以叫做**等厚条纹**。劈尖和牛顿环装置就是两种最典型的等厚干涉装置。

1. 劈尖

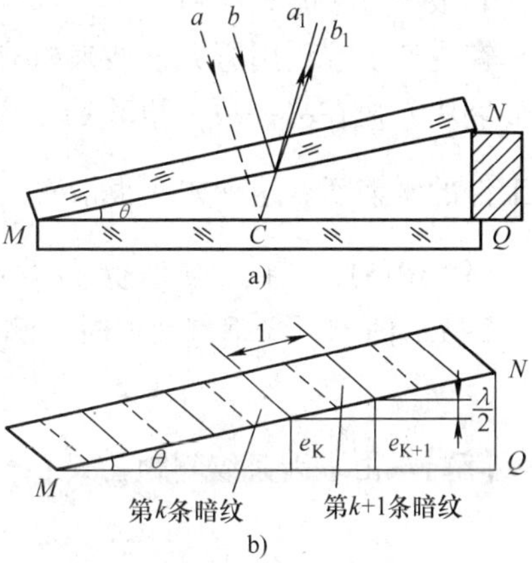

图10-9 劈尖干涉

劈尖是常见的一种产生等厚干涉条纹的装置。在两块平板玻璃片之间的一端夹一个薄片或细丝，而另一端叠合，这时在两玻璃片之间形成的空气劈形膜称为空气劈尖。

如图10-9a所示（此图为示意图，实际情况是 θ 角极小，玻璃厚度远大于劈尖厚度）。当单色平行光垂直于劈形膜表面入射（入射角 $i=0$，因一般 θ 角极小，所以可以认为光线即垂直于劈形膜的上表面又垂直于劈形膜的下表面）时，在空气劈尖（$n=1$）的上下两表面的反射光线将发生干涉。

设劈尖薄膜折射率为 n，且在光线入射点处劈尖薄膜厚度为 e，则两束相干光在相遇点的光程差为

$$\delta = 2ne + \frac{\lambda}{2} \tag{10-11}$$

式中，$\dfrac{\lambda}{2}$ 是由于光波在下表面（空气与玻璃分界面）反射时引起的半波损失。由于劈尖薄膜各处的厚度 e 不同，所以光程差也不同，因此产生了干涉加强和减弱的现象。当光程差满足

$$\delta = 2ne + \frac{\lambda}{2} = k\lambda \quad (k = 1,2,3,\cdots) \tag{10-12}$$

时，干涉加强，产生明纹。当光程差满足

$$\delta = 2ne + \frac{\lambda}{2} = (2k+1)\frac{\lambda}{2} \quad (k = 0,1,2,3,\cdots) \tag{10-13}$$

时，干涉减弱，产生暗纹。

同一厚度 e 的薄膜对应同一级干涉条纹，在棱边处 $e=0$，两反射相干光的光程差为 $\frac{\lambda}{2}$，因而形成暗纹。

由式（10-12）和式（10-13）可得两相邻的明纹和暗纹对应的膜厚差相等，即

$$\Delta e = e_{k+1} - e_k = \frac{\lambda}{2n} \tag{10-14}$$

由图 10-9b 的几何关系可得相邻两条明纹（或暗纹）之间的距离为

$$l = \frac{\Delta e}{\sin\theta} = \frac{\lambda}{2n\sin\theta} \tag{10-15}$$

由于 θ 很小，故 $\sin\theta \approx \theta$，所以上式可简化为

$$l = \frac{\lambda}{2n\theta} \tag{10-16}$$

式（10-16）表明，劈尖干涉的条纹是等间距的，条纹间距 l 与劈尖顶角 θ 有关，θ 越大，l 越小，也就是条纹越密。当 θ 角大到一定程度时，条纹将密不可分，所以劈尖干涉条纹只能在 θ 很小时才能观察到。

在生产上常利用劈尖干涉来检查工件的平整度。用一块平晶（光学平面非常平整的标准玻璃块）放在另一块待检验的工件上，观察干涉条纹是否是等距的平行直线，就可以判断工件的平整度。这种方法很精密，能检查出约 $\frac{\lambda}{4}$ 的凹凸缺陷，即精密度可达 0.1 μm。

【例 10-3】 有一玻璃劈尖放在空气中，劈尖顶角 $\theta = 8.0 \times 10^{-5}$ rad，当用波长 $\lambda = 589$ nm 的单色光垂直入射时，测得相邻两干涉条纹的距离 $l = 2.4$ mm，求劈尖玻璃的折射率。

【解】 由干涉条纹间距公式 $l = \frac{\lambda}{2n\theta}$，得劈尖玻璃的折射率

$$n = \frac{\lambda}{2l\theta} = \frac{589 \times 10^{-9}}{2 \times 2.4 \times 10^{-3} \times 8.0 \times 10^{-5}} = 1.53$$

2. 牛顿环

如图 10-10 所示，在一块平面玻璃 B 上放一个曲率半径 R 很大的平凸透镜 A，则在 A、B 之间便形成了一个上表面为球面、下表面为平面的、其厚度由中心到边缘逐渐增加的空气膜。当一束平行光垂直地照射在上面时，在空气膜上、下表面发生反射，形成两束相干光。在显微镜下观察可以看到一组干涉条纹，它们是以接触点 O 为中心的同心圆环，由于这种条纹是牛顿首先观察到的，所以称为**牛顿环**。

设某反射点处的膜厚为 e，则两束相干光的光程差为

$$\delta = 2e + \frac{\lambda}{2}$$

则明环条件为

$$2e + \frac{\lambda}{2} = k\lambda \quad (k = 1,2,3,\cdots) \tag{10-17}$$

暗环条件为

$$2e+\frac{\lambda}{2}=(2k+1)\frac{\lambda}{2}\quad(k=0,1,2,3,\cdots)\tag{10-18}$$

在透镜中心处，空气膜厚度 $e=0$，由于半波损失，两反射光的光程差为 $\frac{\lambda}{2}$，所以该处出现暗纹。从图 10-10 中可以看出，膜厚度 e 对应半径为 r 的牛顿环，它们与透镜曲率半径 R 的关系为

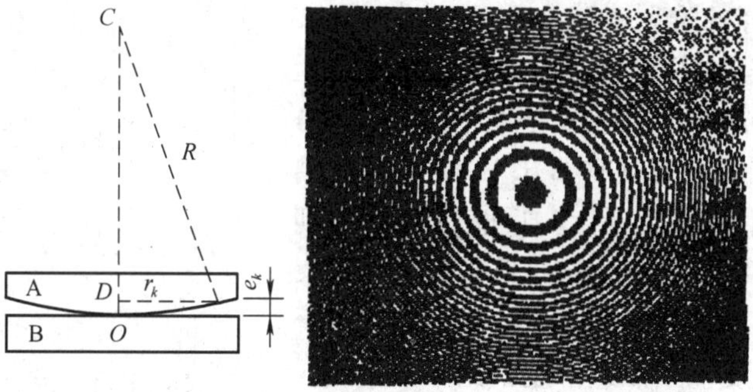

图 10-10　牛顿环

$$r^2=R^2-(R-e)^2=2Re-e^2$$

在 $R\gg e$ 时，e^2 可略，所以有

$$r^2\approx 2Re\tag{10-19}$$

由明纹条件式（10-17）解出 e，代入式（10-19），得**明环半径**

$$r=\sqrt{\frac{(2k-1)R\lambda}{2}}\quad(k=1,2,3,\cdots)\tag{10-20}$$

由暗环条件式（10-18）解出 e，代入式（10-19），得**暗环半径**

$$r=\sqrt{kR\lambda}\quad(k=0,1,2,3,\cdots)\tag{10-21}$$

由式（10-20）和式（10-21）可见，牛顿环的级数 k 越大，相邻明（暗）环之间的距离越小，干涉条纹越密，即牛顿环的分布是不均匀的。

在实验室里，常用牛顿环装置测定平凸透镜的曲率半径。在工业生产中常利用牛顿环来检验光学元件的质量，例如检查透镜的凹凸半径是否满足加工要求等。

【例 10-4】 用波长为 633 nm 的单色光做牛顿环实验，测得第 k 个暗环的半径为 5.63 mm，第 $k+5$ 个暗环的半径为 7.96 mm，求平凸透镜的曲率半径 R。

【解】 利用暗环半径公式 $r_k=\sqrt{kR\lambda}$，$r_{k+5}=\sqrt{(k+5)R\lambda}$，有

$$5R\lambda=(r_{k+5}^2-r_k^2)$$

可得

$$R=\frac{r_{k+5}^2-r_k^2}{5\lambda}=\frac{(7.96)^2-(5.63)^2}{5\times 6.33\times 10^{-4}}\text{ mm}=1.0\times 10^4\text{ mm}$$

10.5　迈克耳孙干涉仪

迈克耳孙干涉仪是 1881 年由迈克耳孙设计的，是精密光学仪器之一，至今在科学技术方面仍有着广泛的应用，例如，用于测量光的波长以及微小长度的精密测量。

如图 10-11 所示，M_1 和 M_2 是两个精密磨光的平面反射镜，分别安装在相互垂直的两臂上，其中 M_1 是固定的，M_2 通过精密丝杠的带动可以沿臂轴方向移动。在两臂相交处放一与两臂成 45°角的平行平面玻璃板 G_1。在 G_1 的一个表面镀有一层半透半反射的膜，这个膜的作用是把入射光束 a 分成振幅近于相等的透射光束 a_1 和反射光束 a_2，所以 G_1 称为分光板。由面光源 S 发出的光射向分光板 G_1，经分光后形成两部分光。透射光束 a_1 通过另一块与 G_1 完全相同的、而且平行于 G_1 放置的玻璃板 G_2（无镀膜），射向 M_1，经 M_1 反射后又经 G_2 到达 G_1，再由半反射膜反射到 E 处；另一束反射光束 a_2 射向 M_2，经 M_2 反射后透过 G_1 也射到 E 处。相干光束 a_1 和 a_2 在 E 处发生干涉，可观察到干涉条纹。

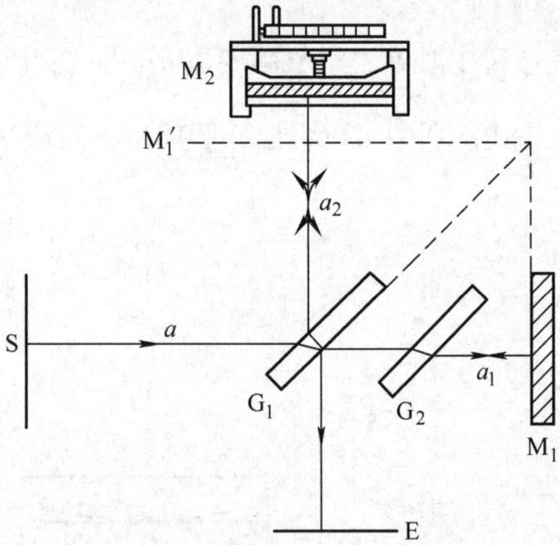

图 10-11　迈克耳孙干涉仪光路图

从光路图可见，由于 G_2 的插入，光束 a_1 和 a_2 都是三次通过一样的玻璃板，这样，光束 a_1 和 a_2 的光程差就与在玻璃板中走的光程无关了，所以 G_2 称为补偿板，而光程差则只由 M_1 和 M_2 的位置决定。

在 M_2 附近作 M_1 的虚像 M'_1，在 E 处看来光束就好像是从 M_1' 处反射过来的一样，所以干涉现象可以看成是由 M_1' 与 M_2 作为上下表面的空气薄膜的干涉结果。如果 M_1 与 M_2 严格垂直，即 M_1' 与 M_2 严格平行，这时观察到的是等倾干涉条纹，为一个个的同心圆环。当改变 M_1 与 M_2 的距离，即调整空气薄膜的厚度时，可以看到圆环向外涌出或向内收入的现象。

如果 M_1 与 M_2 不是严格垂直，即 M_1' 与 M_2 不是严格平行，这时 M_1' 与 M_2 之间相当于形成空气劈尖，则可以观察到等厚干涉条纹。改变 M_2 的位置，两光束的光程差就发生了变化，条纹就会平移。从实验可知，当 M_2 每移动一个 $\frac{\lambda}{2}$ 的距离（光程差增加一个 λ）时，条纹就移动一条，所以若观察到条纹移动 N 条，则可算出 M_2 移动的距离为

$$\Delta d = N \cdot \frac{\lambda}{2} \tag{10-22}$$

由上式可知，若测出 M_2 移动的距离 Δd 并数出相应移动的条纹数 N，就可以测出入射光的波长 λ。

【例 10-5】 在迈克耳孙干涉仪实验中，当观察到条纹移动了 1000 条时，测出 M_2 移动距离为 0.2730 mm，求入射光的波长。

【解】 由式（10-22），得入射光的波长为

$$\lambda = \frac{2\Delta d}{N} = \frac{2 \times 0.2730 \times 10^{-3}}{1000}\text{m} = 5.460 \times 10^{-7}\text{m} = 546.0\text{ nm}$$

10.6 光的衍射　惠更斯－菲涅耳原理

10.6.1 光的衍射现象

波的衍射现象是波动的基本特征之一。光是电磁波，也可以发生衍射现象，但是由于光

的波长很短，一般不易观察到。例如，有一堵墙，人在墙的一边说话，墙的另一边的人只能听到人说话而看不到人，所以“只闻其声，未见其面”。这说明光波的衍射比声波的衍射更难以观测到。在光学实验室中，当使用单色点（或线）光源，使光通过大小与光波波长可以相比拟的障碍物（如狭缝、小孔，其大小约在 10^{-4} m 数量级以下）时，在离障碍物足够远处，可观察到明显的光线偏离直线传播的方向而进入几何影区，即光线绕过障碍物的边缘继续传播，在屏幕上出现明暗相间的条纹。通常把这种光线偏离直线传播的方向而绕弯进入几何影区的现象叫做光的**衍射现象**。

在观察衍射现象时，实验装置一般由光源、狭缝（或障碍物）和观察屏三部分组成。按它们相互距离的不同可分成两类衍射，一类是光源和观察屏或者二者之一距狭缝（或障碍物）的距离为有限远时的衍射，叫做**菲涅耳衍射**，或近场衍射，如图 10-12a 所示。另一类是光源和观察屏距狭缝（或障碍物）的距离都是无限远时的衍射，叫做**夫琅禾费衍射**，或远场衍射，如图 10-12b 所示。一般是用平行光作为光源，即用一会聚透镜把点光源的光变成平行光，在光通过狭缝后，用另一会聚透镜把平行光聚在焦平面上，这相当于把光源与观察屏移到无限远处，满足了夫琅禾费衍射的要求，如图 10-12c 所示。

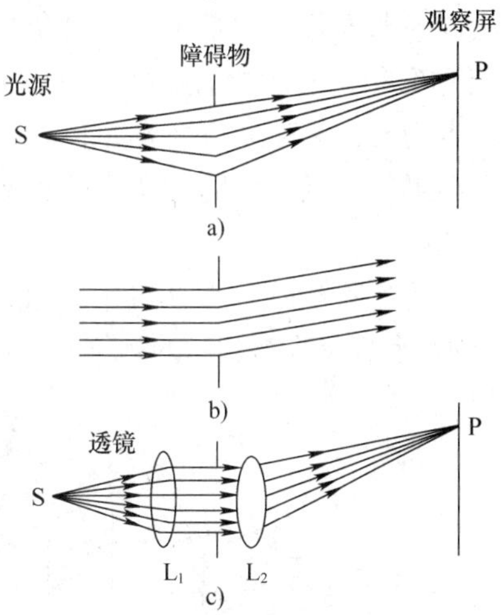

图 10-12 两类衍射装置示意图

从理论计算上看，菲涅耳衍射是普遍的，但比较复杂。而夫琅禾费衍射其实是菲涅耳衍射的一个极限情形，计算要简单得多，所以作为基础，我们只讨论夫琅禾费衍射。

10.6.2 惠更斯 - 菲涅耳原理

在波动中，我们曾介绍了惠更斯原理，它指出波阵面上各点都可以看成是子波波源，并利用惠更斯原理解释了波的衍射现象。但是还不能定量地说明衍射图样中的强度分布。后来，菲涅耳在肯定惠更斯提出的子波概念的基础上，用子波相干叠加的思想补充了惠更斯原理，形成**惠更斯 - 菲涅耳原理**：波面上任何一点都可以看做是新的子波波源，在空间任意点的振动是所有这些子波在该点的相干叠加的结果。惠更斯 - 菲涅耳原理是定量描述衍射现象的理论基础。借助于惠更斯 - 菲涅耳原理原则上可以定量描述光通过各种障碍物时所产生的各种衍射现象。但对一般的衍射问题，需要进行积分计算，计算是相当复杂的。在通过具有对称性的障碍物（如狭缝、圆孔等）情况下，用半波带法来研究更为方便，这样不仅将积分化为代数运算，还能获得清晰的物理图像。

10.7 夫琅禾费单缝衍射

10.7.1 菲涅耳半波带法

长度比宽度大得多的细长矩形孔称为单缝。图 10-13 表示单缝的夫琅和费衍射实验装置以及它的衍射图样。

从位于透镜 L_1 焦平面上的线光源 S 发出的光经 L_1 后变为平行光，垂直地照射在遮光屏 G 上，G 上开了一条宽度为十分之几毫米的狭缝 K，缝后放置透镜 L_2，观察屏 E 置于 L_2 的焦平面上。实验中发现，观察屏 E 上的亮区比几何光学决定的光斑宽得多，而且是许多明暗相间的直条纹。

为了计算观察屏 E 上各点的光强，菲涅耳提出了一种简化的分析方法，用这种方法虽不能给出单缝衍射条纹光强分布的定量结果，但却能比较方便地确定衍射条纹的位置，这种方法称为**菲涅耳半波带法**。下面介绍此法，并利用它来确定明、暗衍射条纹的位置。图 10-14 是单缝衍射实验装置截面示意图。图中没有画出光源 S 和透镜 L_1。设单缝宽度为 a，其中心点为 O，下和上边缘为 A 和 B。Oz 是系统的光轴，光轴和观察屏 E 的交点为 P_0，P_0 亦即观察屏的中点。单缝的宽度沿着 x 方向，单缝的长度沿着 y 方向（y 方向与图面正交，没有在图中表示出来）。

平行光照射到单缝 AB 上，缝面成为波阵面的一部分，波阵面的其余部分被挡住。因此，缝面 AB 上各点都有相同的相位。根据惠更斯原理，缝面上各点都可看做发射子波的波源。

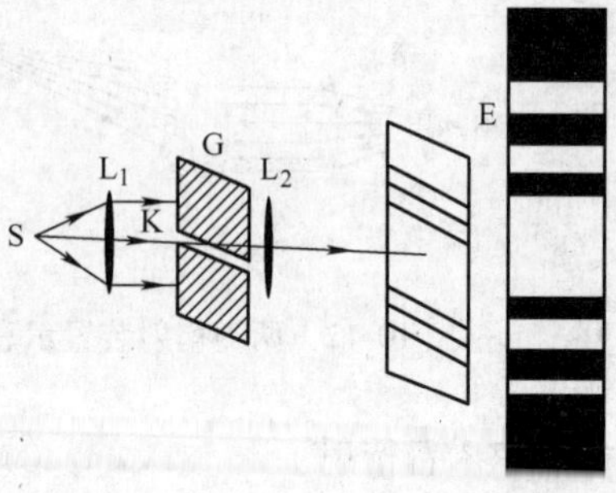

图 10-13 夫琅和费衍射实验装置

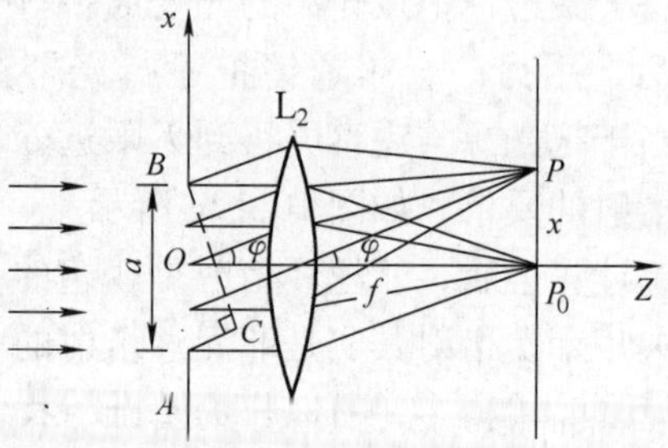

图 10-14 单缝衍射实验装置截面示意图

现在我们来推求衍射图样上光强最大与最小出现的方向。首先考虑沿入射光方向的子波射线，这些射线经过透镜 L_2 后会聚于 P_0 点。因这些子波射线在 AB 面上相位是相等的，又因为透镜不引起附加相位差，所以各条射线经过透镜后在会聚点 P_0 上相位仍相等，因而互相加强，P_0 处出现明条纹，这就是单缝衍射的中央明纹。

其次，考虑与入射光方向成 φ 角的子波射线，这些射线经过透镜后会聚于屏上 P 点，φ 角称为**衍射角**。作平面 BC 垂直于这些子波射线（图 10-14）。根据薄透镜不引起附加相位差的性质，各子波射线在 P 点的相位差即等于它们在 BC 面上的相位差。我们又知道，各子波射线在 AB 面上相位相等。但是从 AB 面到 BC 面，各子波射线经历了不同的路程，也即经历了不同的光程。各子波射线在到达 BC 面时有光程差，它们之间的最大光程差等于 AC。通过下面的讨论我们将会知道，这一最大光程差 AC 将决定 P 点的明暗。因为 $AC = a\sin\varphi$，而缝宽 a 是一定的，所以 P 点的明暗是由衍射角 φ 决定的。用菲涅耳半波带法，可以决定与衍射角相对应的屏上 P 点的明暗。下面分几种情形来讨论：

1. $AC = a\sin\varphi = 2\left(\frac{\lambda}{2}\right)$

这种情形就是 AC 恰等于 1 个波长的情形。如图 10-15 所示，将 AC 分为二等分，过分点

作平行于 BC 的平面，将单缝上波阵面分为面积相等的两部分 AO 及 OB，每一部分叫做一个半波带。每一半波带上各点发出的子波在 P 点产生的振幅可认为近似相等。由这两个半波带上对应点（例如，AO 带上的 A 点与 OB 带上的 O 点，AO 带上的中点与 OB 带上的中点均为对应点）发出的光线在 BC 面上的光程差是 $\frac{\lambda}{2}$，所以在 BC 面上的相位差是 π，在会聚点 P 上的相位差仍是 π，因而互相干涉抵消。结果由 AO 及 OB 两个半波带发出的光在 P 点完全互相抵消，因而 P 处出现暗纹。

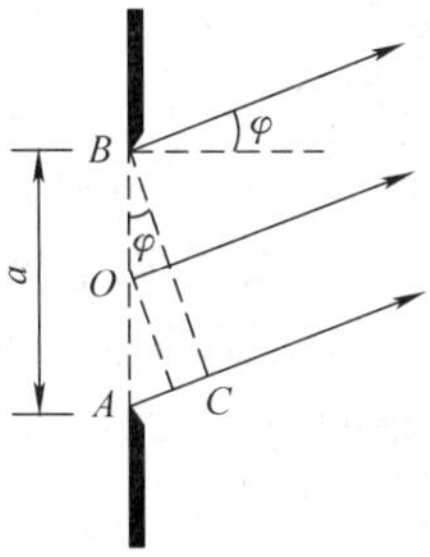

图 10-15　AC 等于 1 个波长的情形

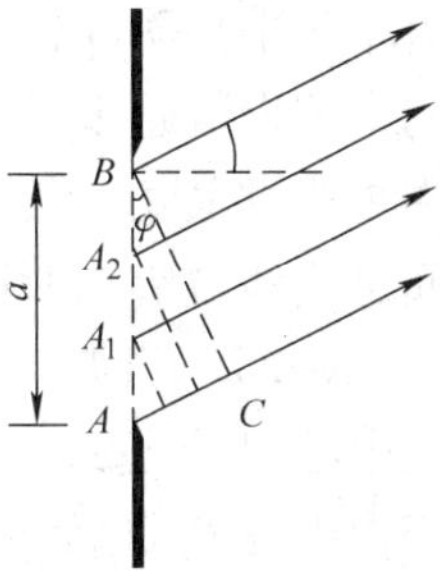

图 10-16　AC 等于 3 个半波长的情形

2. $AC = a\sin\varphi = 3\left(\frac{\lambda}{2}\right)$

这种情形就是最大光程差 AC 恰等于 3 个半个波长。如图 10-16 所示，将 AC 分为三等分，过分点作平行于 BC 面的平面，这两个平面将单缝波阵面 AB 分为三个半波带 AA_1，A_1A_2，A_2B，仿照以上解释，相邻两半波带发出的光在 P 处互相干涉抵消，剩下一个波带发出的光未被抵消，所以 P 处出现明条纹。

3. $AC = a\sin\varphi = n\left(\frac{\lambda}{2}\right)$

这种情形就是将单缝波阵面划分为 n 个半波带，若 n 为偶数，则所有半波带发出的光在 P 点成对地互相干涉抵消，因而在 P 点出现暗条纹。若 n 为奇数，则在 n 个半波带中有 $n-1$（偶数）个半波带发出的光在 P 点互相干涉抵消，剩下一个半波带发出的光未被抵消，因而在 P 点出现明条纹。

综合以上讨论，光强最大，即屏幕上明纹中心出现的方向由下式决定：

$$a\sin\varphi = \pm(2k+1)\frac{\lambda}{2} \quad (k=1,\ 2,\ 3,\ \cdots) \tag{10-23}$$

光强最小，即屏幕上暗线出现的方向由下式决定：

$$a\sin\varphi = \pm k\lambda \quad (k = 1,2,3,\cdots) \tag{10-24}$$

对应 $\varphi = 0$ 的明纹称为中央明纹；对应 $k=1$，2，3，…的明纹及暗纹分别称为第 1 级、第 2 级、第 3 级……明纹或暗纹。“+”号表示明纹或暗纹位于中央明纹的一侧，“-”号表示位于另一侧。由式（10-23）及式（10-24）看出，各级明纹和暗纹对称地分布在中央明纹的两侧。每一级明条纹两边暗条纹之间的距离称为条纹的宽度，这一宽度可以用角度来表示，称为角宽度。角宽度和屏幕上条纹宽度之间具有一定的关系，从图 10-14 来看，两者之间的关系应与透镜 L_2 的焦距有关。

在 $a\sin\varphi$ 不等于半波长整数倍的那些 φ 角方向上，光强既不是最大，又不是最小，而是介于最大与最小之间，屏幕上与这些 φ 角对应的点仍是明纹上的点，但不是明纹的中心线上的点。

也可概括地表述以上结果：在图 10-13 的实验中，如果撤去狭缝 K，则线光源 S 在 E 屏上的像将是一条明线，这条明线也就是根据几何光学规律所决定的像。当狭缝 K 放回原位置时，衍射效应使得这个像“弥散”开来，成为明暗相间的衍射条纹。

图 10-17 画出了衍射图样的光强分布曲线。从图中曲线可以看出，中央明纹最亮，其他各级明纹的亮度都远小于中央明纹，并且亮度随级次的增大而减小。这是因为级次越高，单缝上波阵面被分成的半波带数越多，则未被抵消的半波带的面积越小，光能量越小的缘故。从曲线还可看出，中央明纹最宽，其宽度约等于其他各级明纹宽度的两倍。由于各级明纹的亮度随级次的增大而迅速地减小，所以在单缝衍射图样上只看见靠近中央明纹的几级明纹。由式（10-23）及式（10-24）可知，当入射光波长 λ 一定时，缝宽 a 越小，则各级暗纹和各级明纹距中央明纹中心 P_0 点越远，也即光的衍射效应越明显；当缝宽 a 逐渐增大时，各级暗纹和各级明纹都向中心 P_0 点靠近，条纹逐渐难于分辨；当 $a \gg \lambda$ 时，各级暗纹和各级明纹都密集在中心 P_0 点附近，形成单一的明纹，这时衍射现象基本看不到，光可以看成是沿直线传播的，服从几何光学中光的直线传播规律。

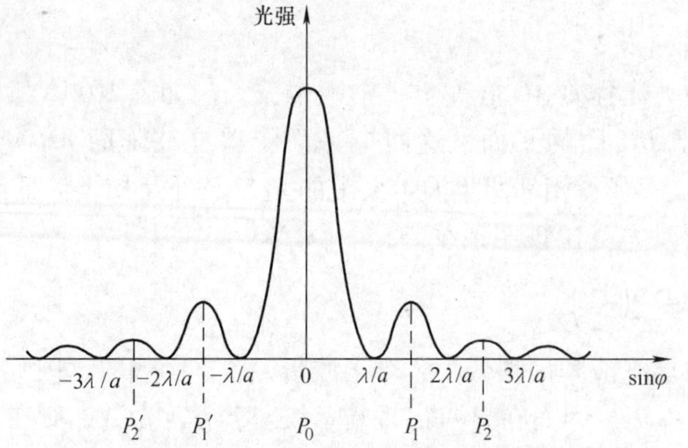

图 10-17　衍射图样的光强分布曲线

10.7.2　单缝衍射的条纹位置和条纹宽度

下面导出各级明纹暗纹中心在屏上的位置公式和条纹宽度公式。

我们注意到，式（10-23）和式（10-24）分别表示各级暗纹和明纹的“角位置”φ，若要求出它们在屏 E 上的位置 x，就应找出 x 和 φ 的关系。从图 10-14 可以看出，当 φ 很小时，两者之间关系为

$$x = f\tan\varphi \approx f\sin\varphi$$

f 为透镜的焦距。把这一关系式代入式（10-23）和式（10-24）中，分别得到屏上明纹中心的位置为

$$x = \pm(2k+1)\frac{\lambda f}{2a} \quad (k=1,\ 2,\ 3,\ \cdots) \tag{10-25}$$

屏上暗纹中心的位置为

$$x=\pm k\frac{\lambda f}{a}\quad (k=1,2,3,\cdots)\tag{10-26}$$

通常把相邻两暗纹中心之间的距离定义为明纹宽度，由式（10-26）可得中央明纹宽度为

$$l_0=2x_1=2\frac{\lambda f}{a}\tag{10-27}$$

其他各级明纹宽度为

$$l=x_{k+1}-x_k=\frac{\lambda f}{a}\tag{10-28}$$

10.7.3　单缝衍射光谱

由条纹位置公式（10-25）及式（10-26）可知，对于一定的缝宽 a，条纹位置 x 与波长 λ 成正比，波长越长，条纹排列越稀疏，各级明纹离中央明纹也越远。如果用白光入射，由于各色条纹按波长逐级分开，除中央明纹中心因各色光重叠在一起仍为白色外，将会出现以中央明纹为中心，由紫到红向两侧对称排列的彩色条纹，称为单缝衍射光谱。

【例 10-6】　已知单缝的宽度为 $a=0.6$ mm，透镜焦距 $f=40$ cm，光线垂直入射于单缝，在屏上 $x=1.4$ mm 处看到明纹。求：(1) 入射光的波长及衍射级数。(2) 缝宽所能分成的半波带数。

【解】　(1) 由 $a\sin\varphi=a\dfrac{x}{f}$ 及单缝明纹条件 $a\sin\varphi=(2k+1)\dfrac{\lambda}{2}$，可得

$$\lambda=\frac{2a\sin\varphi}{2k+1}=\frac{2ax}{(2k+1)f}=\frac{2\times0.6\times10^{-3}\times1.4\times10^{-3}}{40\times10^{-2}(2k+1)}\text{m}=\frac{4.2\times10^{-6}}{2k+1}\text{m}$$

因为可见光范围为 400～760 nm，所以

$k=1$ 时，$\lambda=1400$ nm，红外（不可见）

$k=2$ 时，$\lambda=840$ nm，红外（不可见）

$k=3$ 时，$\lambda=600$ nm，黄色（可见光）

$k=4$ 时，$\lambda=400$ nm，蓝紫色（可见光）

$k=5$ 时，$\lambda=380$ nm，紫外（不可见）

所以入射光的波长为 600 nm 和 400 nm，衍射级数为 3 和 4。

(2) 相应的半波带数为 $2k+1$ 个，

因此，黄色光（$k=3$）：$2\times3+1=7$，分成 7 个半波带；

紫色光（$k=4$）：$2\times4+1=9$，分成 9 个半波带。

10.8　光栅衍射

10.8.1　光栅

在一块透明的平板玻璃上，刻上大量等间距、等宽度的平行刻痕，这块玻璃就成为一个光栅。一般在每毫米的宽度内有几百至上千条刻痕。每一条刻痕相当于一个毛玻璃窄条，它

基本不透光。在两条刻痕之间的光滑玻璃可以透光，相当于一条狭缝。这种由等宽度等间距的许多平行狭缝构成的光学元件叫做**平面透射光栅**，它在光谱分析方面有重要的应用。

如图 10-18 所示，设透光狭缝的宽度为 a，不透光刻痕的宽度为 b，则 $d = a + b$ 称为**光栅常量**，一般 d 大约是 $10^{-6} \sim 10^{-5}$ m 的数量级。

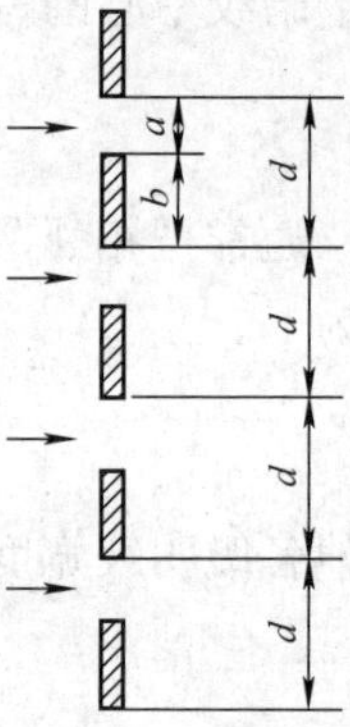

图 10-18 透射光栅

10.8.2 光栅衍射

下面讨论光栅的衍射。如图 10-19 所示，一束单色平行光垂直照射在具有 N 条透光缝的光栅上，透镜将光栅发出的衍射光会聚到位于透镜焦平面的屏幕上，在屏幕上可观察到一组明暗相间的衍射条纹。光栅衍射条纹的特点是：当一定波长的单色光入射时，在一片黑暗的背景上有几条细而窄的明纹。可以证明：光栅上狭缝越多，则明纹越亮；光栅常量越小，明纹越细，且明纹之间的距离越大。当白光入射时，中央明纹是白色，而两边是对称排列的由紫到红的彩色光谱。

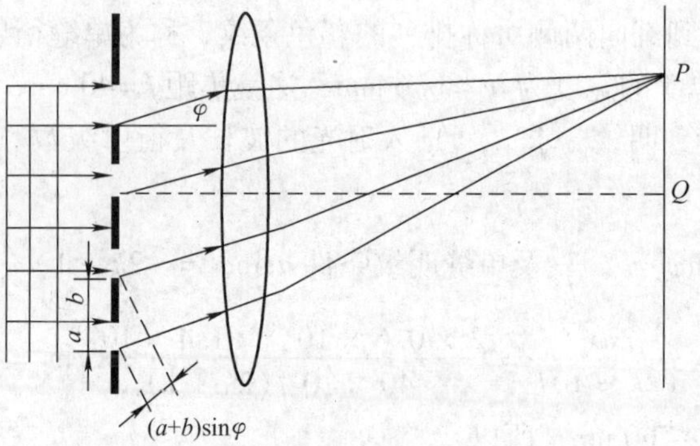

图 10-19 光栅衍射

光栅衍射条纹与单缝衍射条纹有很大不同，原因在于光栅衍射是干涉与衍射的综合结果。光栅的每一条缝都按单缝衍射规律对入射光进行衍射，但由于各单缝所发出的光是相干光，因此，它们之间又要发生干涉，结果形成了不同于单缝衍射的光栅衍射图样。图 10-20a、b、c 分别表明了单缝衍射、多缝干涉、光栅衍射的强度，可以看出光栅衍射条纹是如何形成的。

10.8.3 光栅方程

下面讨论光栅衍射在屏幕上出现明纹的条件。如图 10-19 所示，设平行单色光入垂直入射在光栅所在的平面上，从相邻两缝发出的衍射角为 φ 的两束平行光，经透镜后会聚于 P 点时，它们的光程差为

$$\delta = d\sin\varphi = (a + b)\sin\varphi$$

若光程差恰好等于入射光波长的整数倍，即当衍射角 φ 满足下列条件时，这两束光将在 P 点干涉加强，出现明纹，即

$$d\sin\varphi = \pm k\lambda \quad (k = 0,1,2,3,\cdots) \tag{10-29}$$

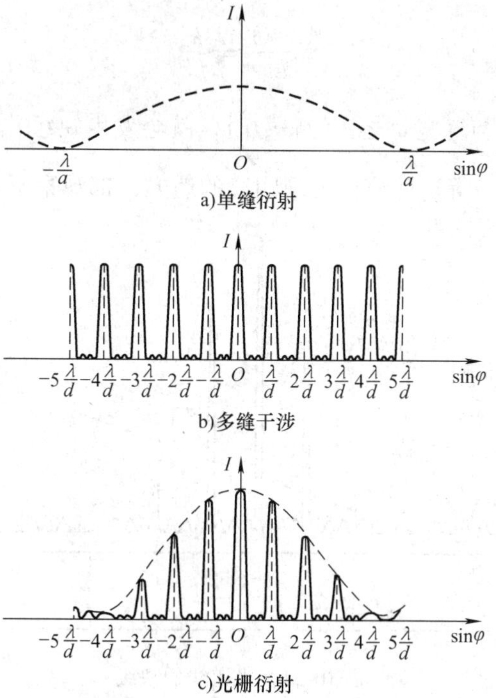

图10-20　光栅衍射条纹的形成

上式就是**光栅方程**。光栅衍射的明纹称为主极大条纹，也叫光栅谱线。对应于 $k=0$ 的明纹叫中央明纹或中央主极大；对应 $k=1$，2，3，…的明纹分别叫第1级、第2级、第3级……明纹或主极大，式中正、负号表示各级明纹是对称地分布在中央明纹两侧的。

对于光栅方程，应当注意两点：一是主极大是由缝间干涉决定的；二是在光栅方程中衍射角 $|\varphi|$ 不可能大于 $\frac{\pi}{2}$，$|\sin\varphi|$ 不可能大于1，这样，能观察到的主极大数目就有了限制，主极大的最大级数 $k<\frac{a+b}{\lambda}$。

10.8.4　缺级现象

上面我们只讨论了由光栅各狭缝发出的衍射光因相互干涉在屏幕上形成主极大的情况，而没有考虑每个缝的衍射对屏幕上明纹的影响。设想光栅上只留下一个缝透光，其余缝全部遮住，这时屏幕上呈现的就是单缝衍射条纹。光栅上不论留下哪一个缝透光，屏幕上单缝衍射条纹都一样，也就是说，若光栅没有被遮挡，所有单缝衍射条纹会完全重合，这是因为同一衍射角 φ 的平行光经过透镜后都将会聚于同一点。因此，若衍射角 φ 满足光栅方程的明纹条件，恰好又同时满足单缝衍射的暗纹条件（即在这个 φ 方向上没有衍射光），则在本该出现光栅衍射明纹的地方只能是暗纹，这种现象称为光谱线的**缺级**。在缺级处衍射角 φ 同时满足

$$(a+b)\sin\varphi=\pm k\lambda \qquad (k=0,\ 1,\ 2,\ 3,\ \cdots)$$

$$a\sin\varphi=\pm k'\lambda \qquad (k=1,\ 2,\ 3,\ \cdots)$$

由以上两式可得出

$$\frac{a+b}{a}=\frac{k}{k'}$$

可知，当光栅常量 $a+b$ 与缝宽 a 之比为整数时，就会发生缺级。例如，当 $\frac{a+b}{a}=\frac{k}{k'}=3$ 时，即在 $k=3, 6, 9, \cdots$ 等这些应该出现明纹的地方，都观察不到明纹，如图 10-21 所示。

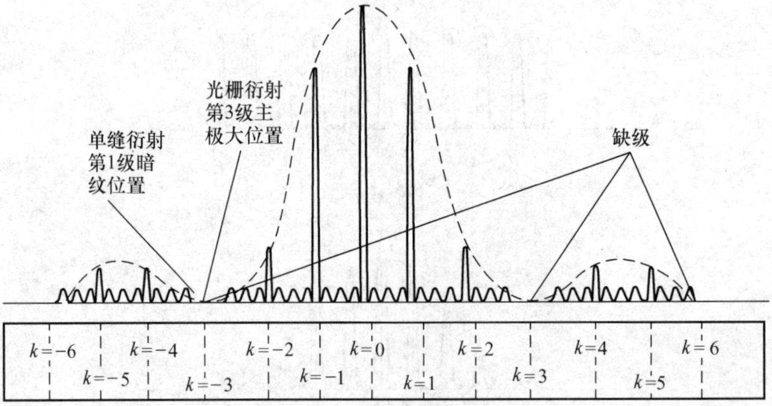

图 10-21　光谱线的缺级

10.8.5　衍射光谱

从光栅方程 $(a+b)\sin\varphi=\pm k\lambda$ 看出，当光栅常量 $(a+b)$ 为一定时，同一级条纹（k 为一定时）的衍射角 φ 与入射光波长 λ 有关，波长越长，衍射角 φ 越大。所以，如果入射光是白光，则白光中不同波长的光除它们的中央条纹相互重合（因而中央条纹是白光）以外，其他同一级的条纹都不重合，波长较短的紫光的条纹最靠近中央条纹，波长较长的红光的条纹则离中央条纹最远。由各种波长的光的同一级次的条纹合成的整体称为光栅的**衍射光谱**，这些条纹称为**光谱线**。由各种波长的光的第 1 级、第 2 级、第 3 级……谱线组成的光谱称为第 1 级、第 2 级、第 3 级……光谱，各级光谱对称地排列在中央条纹的两侧，级次较高的光谱可能会发生重叠。

不同的物质具有各不相同的衍射光谱，例如处于气态的原子受激发光时，其光谱线是线状的，称为**线光谱**，也叫**原子光谱**。所有元素的原子光谱都是线光谱。

图 10-22 为锂原子的光谱。由于每一种物质都有它的特征光谱，所以利用光栅仪器测定该物质的光栅光谱的波长就可以定性地确定它的成分，如果又能测定光谱线的强度，还可以定量地确定其成分含量。

【例 10-7】　以波长为 589.3 nm 的钠黄光垂直入射到光栅上，测得第 2 级谱线的衍射角为 28°8′。用另一未知波长的单色光入射时，它的第 1 级谱线的衍射角为 13°30′。求：（1）未知单色光的波长；（2）未知波长的光谱线最多能观测到第几级。

【解】　（1）按题意可列出如下光栅公式

$$d\sin\varphi_2=2\lambda_0$$

$$d\sin\varphi_1=\lambda$$

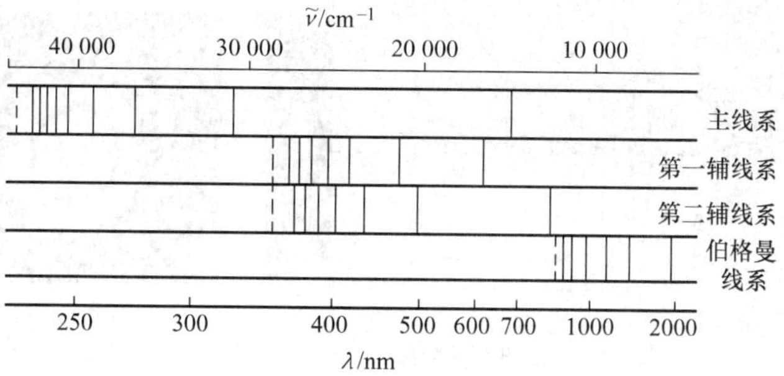

图 10-22 锂原子光谱线

由此可解得未知单色光的波长

$$\lambda = 2\lambda_0 \frac{\sin\varphi_1}{\sin\varphi_2} = 584.9\ \text{nm}$$

（2）由光栅方程 $d\sin\varphi = \pm k\lambda$ 可以看出，k 的最大值由条件 $|\sin\varphi| < 1$ 决定，对波长为 584.9 nm 的谱线，该条件给出

$$|k| < \frac{d}{\lambda} = \frac{1}{\sin\varphi_1} = 4.3$$

所以最多能观测到第 4 级谱线。

10.9 光学仪器的分辨本领

10.9.1 夫琅禾费圆孔衍射

从前面的讨论已知，光通过狭缝时有衍射现象。如果把单缝衍射实验装置中的狭缝换成半径很小的圆孔，会发现光通过圆孔时也有衍射现象。我们眼睛的瞳孔，还有望远镜、显微镜和照相机等仪器的物镜，都相当于圆孔，当光通过这些圆孔时也有衍射现象，称为**圆孔衍射**。

如图 10-23a 所示，令平行光通过圆孔，在圆孔后面放透镜 L，在 L 的焦平面上放一屏 E，则在屏上将出现圆孔的衍射图样。衍射图样的中央是一个圆形亮斑，称为**艾里斑**，它集中了入射光能的绝大部分（大约 84%）。艾里斑周围是一系列明暗相间的圆环，亮度较弱。艾里斑的大小以与其紧邻的第一个暗环为界，根据计算，艾里斑的角半径即艾里斑对透镜光心的张角的一半，为

$$\sin\varphi_0 = 1.22\frac{\lambda}{D}$$

式中，D 是圆孔直径；λ 是入射光的波长。当 φ_0 很小时有

$$\varphi_0 \approx 1.22\frac{\lambda}{D} \tag{10-30}$$

可见艾里斑的角半径与圆孔直径成反比，即衍射孔越小，中央亮斑越大。

10.9.2 瑞利判据

从几何光学角度来看，似乎只要增大光学仪器的放大率，就可以把任何微小的物体都放

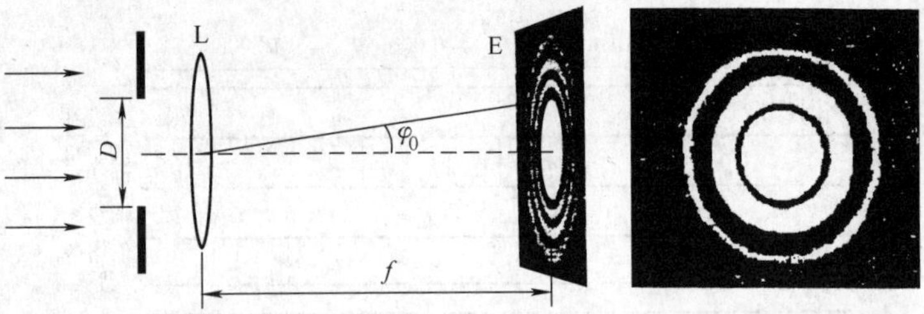

a) 圆孔衍射装置　　b) 圆孔衍射图样

图 10-23　圆孔衍射装置及衍射图样

大到能看清楚。其实不然，因为从波动光学角度来看，即使无像差的各种光学仪器都存在圆孔衍射。对于光学仪器的物镜和人眼的瞳孔来说，由于圆孔衍射，在成像过程中，对于一个物点发出的光感受到的不是一个点，而是一个圆斑。如果两个物点靠得很近，它们的衍射亮斑重叠过大，则无论光学仪器的放大率有多大，两个物点仍无法分辨，甚至会误认为是一个物点。那么，对两个相互靠近的物点所发出的光，在什么情况下能分辨清楚呢？为了确定光学仪器分辨距离的标准，英国物理学家瑞利提出了一个判据：如果一个物点的艾里斑的中心恰好与另一个物点的艾里斑的边缘（即第一个暗环）相重合，则这两个物点刚好可以被这一光学仪器所分辨。这个判据叫做**瑞利判据**。如图 10-24 所示，如果两个艾里斑中心之间的距离小于瑞利判据的标准，光学仪器就不能分辨了。

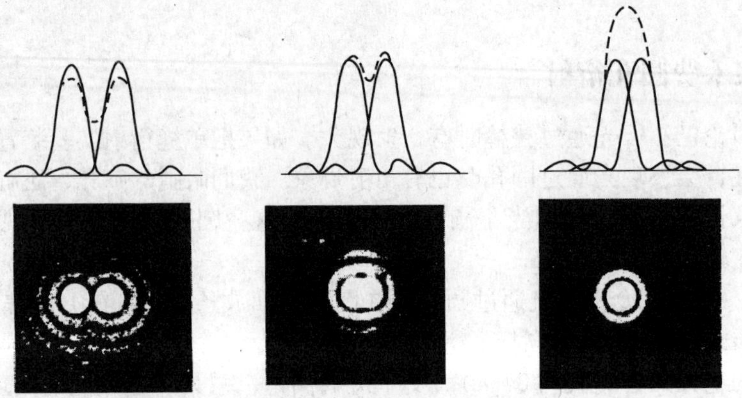

a) 可以分辨　　b) 恰能分辨　　c) 不能分辨

图 10-24　瑞利判据

如图 10-25 所示，设有两个发光点 S_1 和 S_2，有一凸透镜刚能分辨开的两个物点对光线的张角（角距离）为 $\delta\varphi=\varphi_0=1.22\dfrac{\lambda}{D}$，$\varphi_0$ 叫**最小分辨角**。定义该透镜的**分辨本领（分辨率）**为最小分辨角的倒数，即

$$R=\frac{1}{\varphi_0}=\frac{D}{1.22\lambda} \tag{10-31}$$

分辨本领是评定光学仪器质量的一个重要指标，它表示两个靠近的物点最小角距离

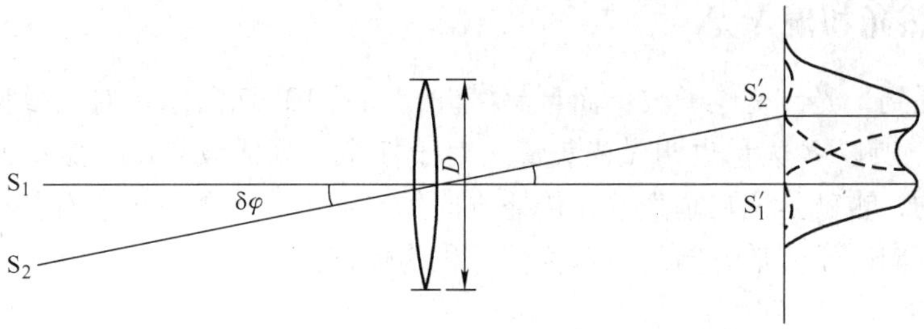

图 10-25　光学仪器最小分辨角

（或距离）是多少时，恰能被分辨清楚。这说明最小角距离（或距离）有一个限度，当两物点的角距离等于或大于最小分辨角时，恰能被仪器分辨；而小于最小分辨角时，仪器不能分辨出两个物点。

由式（10-31）可见，提高光学仪器分辨本领的方法有两种：一是加大孔径 D，如天文望远镜，直径 D 最大的可达 5 m 以上；二是减小入射光的波长 λ，如用电子显微镜，当电子的加速电压达几十万伏时，电子的波长只有十分之几纳米，甚至小到 0.004 nm。用这样短波长的电子波代替光波能获得极高的分辨率，这就为研究微观粒子的结构提供了有力工具。

【例 10-8】 已知人眼的瞳孔直径可在 2 ~ 8 mm 之间调节，若观察对人眼最敏感的黄绿色（波长 λ = 550 nm）光点，试估算艾里斑的角半径。

【解】 由式（10-31），当取 D = 2 mm，得艾里斑的角半径为

$$\varphi = 1.22\frac{\lambda}{D} = 1.22 \times \frac{550 \times 10^{-9}}{2 \times 10^{-3}}\text{rad} \approx 3.4 \times 10^{-4}\ \text{rad}$$

当取 D = 8 mm，得艾里斑的角半径为

$$\varphi = 1.22\frac{\lambda}{D} = 1.22 \times \frac{550 \times 10^{-9}}{8 \times 10^{-3}}\text{rad} \approx 8.4 \times 10^{-5}\ \text{rad}$$

这也是人眼的最小分辨角。

人眼能分辨的两物点之间的距离 Δs 与观察距离 L 之关系为

$$\delta\varphi \approx \frac{\Delta s}{L}$$

如图 10-26 所示，例如人的两眼之间的距离大约为 6.00 cm，则

$$L = \frac{\Delta s}{\delta\varphi} = \frac{6.00 \times 10^{-2}}{8.4 \times 10^{-5}}\ \text{m} = 7.14 \times 10^{2}\ \text{m}$$

即在 714 m 远处，刚刚可分辨出人的两只眼睛。

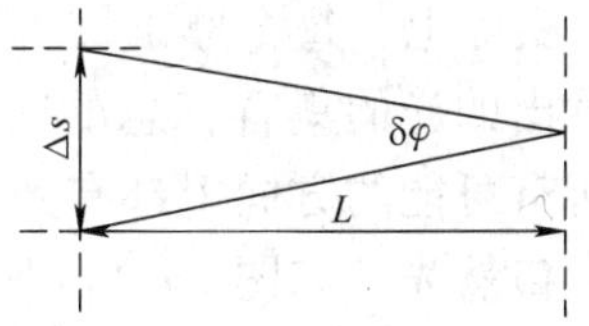

图 10-26　人眼刚能分辨的两物点

10.10　光的偏振及应用

光的干涉和衍射是光的波动性的有力证明，而光的偏振现象证明光波是横波。对于纵波来说，不会发生偏振现象。

10.10.1 自然光和偏振光

前面已经提到，光波是电磁波，而且是横波，如图 10-27 所示。对人眼睛有感光生理作用的是 $\boldsymbol{E}$ 矢量，所以 $\boldsymbol{E}$ 矢量也叫做**光矢量**。对于任意一列横波来说，振动方向相对于传播方向是不对称的，也就是说在垂直于光传播方向的平面内，光矢量可能有各种不同的振动方向，这种振动方向对于传播方向的不对称性，称为**偏振**。

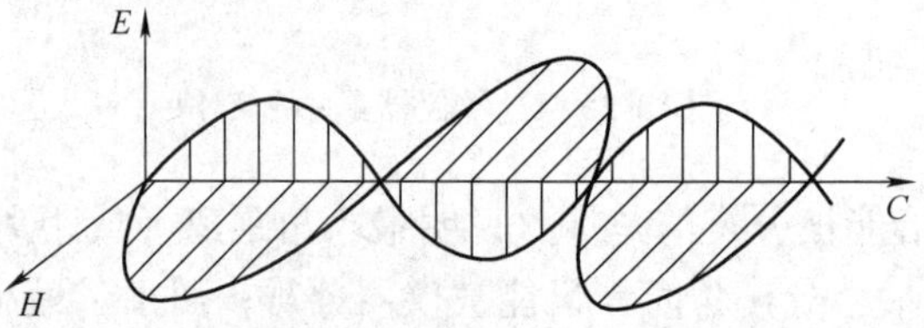

图 10-27　电磁波的传播

我们把光矢量 $\boldsymbol{E}$ 在垂直于光传播方的平面内只沿一个固定方向振动的光称为**线偏振光**（或完全偏振光）。线偏振光中振动方向和光的传播方向构成的平面叫**振动面**，如图 10-28a 所示。线偏振光的振动面是固定不动的。图 10-28b 是线偏振光的表示方法，图中短竖线表示光振动在纸面内，黑点表示光振动垂直于纸面。

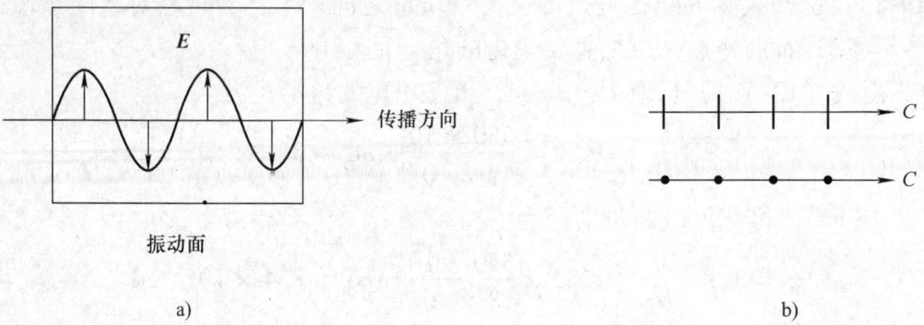

图 10-28　线偏振光

实际上，每个原子每次发出的光都是完全偏振光，但是我们一般看到的都是大量原子发出的光的集合，总的效果是光矢量的振动方向在各个方向上机会均等，也就是说，在所有可能的方向上都有光矢量。我们把光矢量 $\boldsymbol{E}$ 在各个方向上的振幅都完全相等的光称为**自然光**，如图 10-29a 所示。普通光源如太阳、白炽灯、日光灯等光源发出的光都是自然光。这是因为普通光源的光是由光源中大量原子发出的，由于原子发光的间歇性和随机性，不同原子发出的光不仅初相位彼此无关，而且它们的振动方向也是各不相关的，因此就光源整体发出的光来说，光振动随机地分布在垂直于光传播方向的平面内的所有方向上，而且平均效果是没有一个振动方向较其他方向更占优势，即光矢量对于光的传播方向是轴对称而且均匀分布的。

设想把每个波列的光矢量都沿任意取定的两个相互垂直的 x 轴和 y 轴分解，再分别把这两个方向的各个分量叠加起来成为两个相互垂直振幅相等的光矢量，由于各个光矢量之间没有固定的相位关系，因而它们之间是不相干的。这样，我们可以把自然光分解成两束振幅相

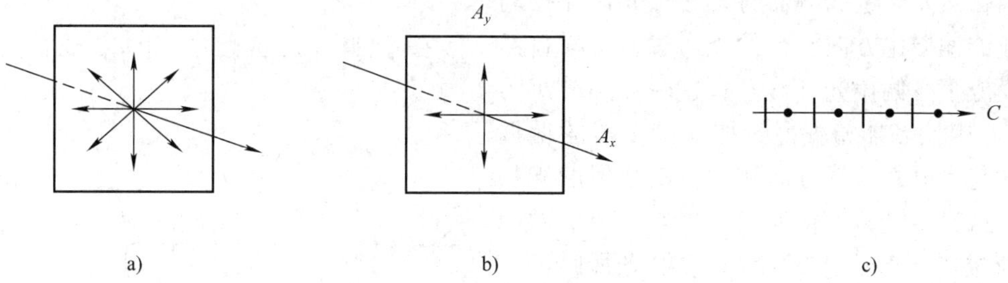

图10-29 自然光

同、振动方向相互垂直、不相干的线偏振光，这就是自然光的线偏振表示，如图10-29b所示。通常用图10-29c所示的图示法表示自然光。图中的短线和黑点分别表示在纸面内和垂直于纸面的光振动，黑点和短线交替均匀地画出，表示光矢量对称而均匀的分布。

我们把具有自然光的性质而光振动在某个方向上占优势的光称为**部分偏振光**。这种光的光振动也分布在垂直于光传播方向的平面内的各个方向，各个光振动的相位彼此无关，但振幅大小不相等，在一个方向上光振幅最大，在垂直于它的方向上光振幅最小，但不等于零，如图10-30a所示。我们把部分偏振光用数目不等的黑点和短线表示，在图10-30b中，上图表示在纸面内的光振动较强，下图表示垂直于纸面的光振动较强。

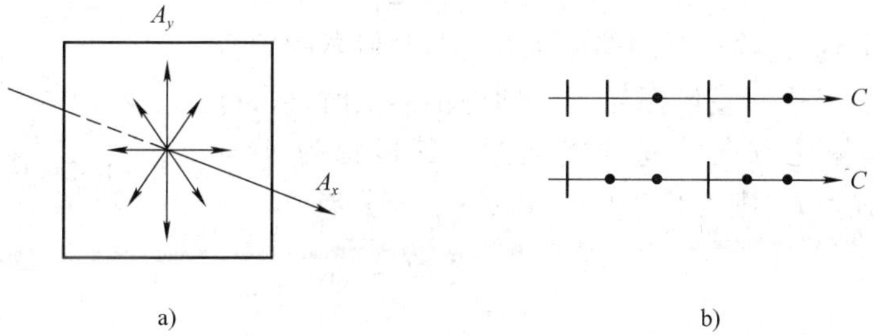

图10-30 部分偏振光

10.10.2 起偏和检偏 马吕斯定律

1. 起偏和检偏

将自然光转变为偏振光的过程叫**起偏**，所用的元件叫**起偏器**。检验光束是否为偏振光的过程叫**检偏**，所用的元件叫**检偏器**。

如前所述，自然光每个光矢量都可以分成相互垂直的两个分量，我们只要去掉一个方向的光矢量分量，只留下一个方向的光矢量分量，这样自然光就成为了线偏振光。在自然界有一些晶体，例如，硫酸碘奎宁，硫酸奎宁碱晶粒等就具有这样的特性，它们可以吸收某一个方向的光矢量，而只让另一方向的光矢量通过，这种性质称为二向色性。我们可以在透明基片上，如赛璐珞片或玻璃上蒸镀上0.1mm厚的硫酸碘奎宁，就制成了起偏器。起偏器可以起偏，也可以作为检偏器来检验入射光是否是线偏振光。当入射光是自然光时，起偏和检偏的实验装置如图10-31所示，偏振片上的双箭头表示偏振片允许光振动通过的方向，通常称为**偏振化方向**。

当自然光通过起偏器时，它只允许光振动与起偏器偏振化方向平行的光通过，这样自然光就变成了线偏振光（注意：这时光强减小了一半）。用检偏器检偏时，如果检偏器的偏振化方向与入射光偏振方向相同，则透射的光强最强，这时慢慢转动检偏器，会看到透射的光强逐渐减弱。当转过 90°时，透射光最暗，可以出现消光现象。因为这时检偏器偏振化方向与入射光偏振方向垂直，光不能通过检偏器而被全部吸收了。

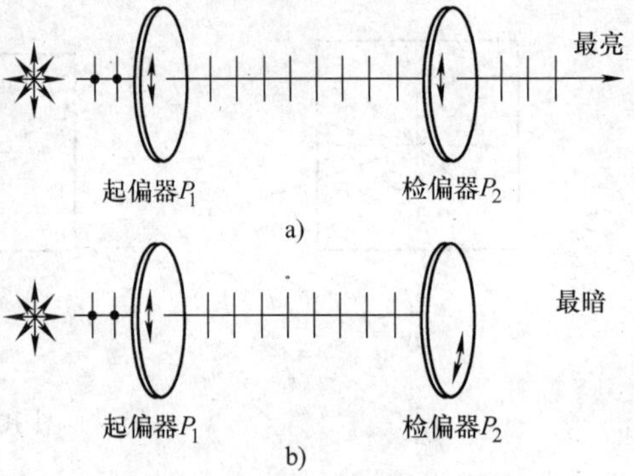

图 10-31　偏振片的起偏和检偏

2. 马吕斯定律

前面我们定性地说明了一束自然光偏振光通过起偏器和检偏器后光强的变化，下面我们定量地讨论一束自然光经过起偏器和检偏器后的光强的变化规律。

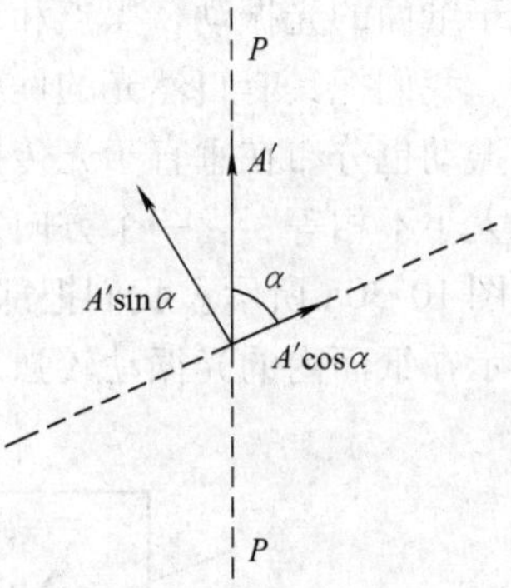

图 10-32　马吕斯定律的推证

如图 10-32 所示，设一束自然光振幅为 A_0，光强 I_0 与振幅的平方 A_0^2 成正比，通过起偏器后的线偏振光的振幅为 A'，相应光强为 I' 与振幅的平方 A'^2 成正比，且 $I'=\dfrac{I_0}{2}$（通过起偏器后光强衰减一半）。设检偏器的偏振化方向与起偏器的偏振化方向夹角为 α，当这束线偏振光入射到检偏器上时，只有平行于检偏器偏振化方向的光才能通过，其振幅为 $A = A'\cos\alpha$，设其光强为 I，则 I 正比于 $A'^2\cos^2\alpha$，于是有

$$\frac{I}{I'}=\frac{A'^2\cos^2\alpha}{A'^2}=\cos^2\alpha$$

所以

$$I = I'\cos^2\alpha \tag{10-32}$$

上式表明，通过检偏器的光强等于入射到检偏器的线偏振光的光强乘以起偏器和检偏器的偏振化方向的夹角的余弦的平方，**这就是马吕斯定律**。

【例 10-9】 利用两块偏振片作为起偏器和检偏器来观察 A、B 两个自然光光源，若观察 A 光源时，两偏振片的偏振化方向的夹角为 45°，而观察 B 光源时，该夹角为 60°才能使两次观察的光强相等，那么 A、B 光源的光强之比是多少？

【解】 设观察 A 光源时，两偏振片的偏振化方向的夹角为 α_A，观察 B 光源时该夹角为 α_B。根据题意，使两次观察的光强相等，根据马吕斯定律有

$$I_A\cos^2\alpha_A = I_B\cos^2\alpha_B$$

所以，A、B 两个自然光源的光强之比为

$$\frac{I_{0A}}{I_{0B}}=\frac{2I_A}{2I_B}=\frac{\cos^2\alpha_B}{\cos^2\alpha_A}=\frac{\cos^2 60^\circ}{\cos^2 45^\circ}=\frac{1}{2}$$

10.10.3　反射光和折射光的偏振　布儒斯特定律

除了用偏振片获得偏振光外，自然光投射到两种各向同性介质的分界面时的反射和折射也能改变光的偏振状态。实验发现，当自然光以任意入射角 i 入射到分界面上时，其反射光和折射光都不再是自然光，而变成部分偏振光。如图 10-33 所示，在反射光中，垂直于入射面的振动多于平行于入射面的振动；折射光中，平行于入射面的振动多于垂直于入射面的振动。

布儒斯特在 1811 年发现，当入射角等于某一特殊角，即 $i = i_0$，且满足

$$\tan i_0 = \frac{n_2}{n_1} \tag{10-33}$$

时，反射光成为完全偏振光，其振动方向垂直于入射面，如图 10-34 所示。这时，折射光仍为部分偏振光。这个特殊角 i_0 称为**布儒斯特角**（或起偏角），式（10-33）称为**布儒斯特定律**。式中 n_1 和 n_2 分别为第一介质（入射介质）和第二介质（折射介质）的折射率。

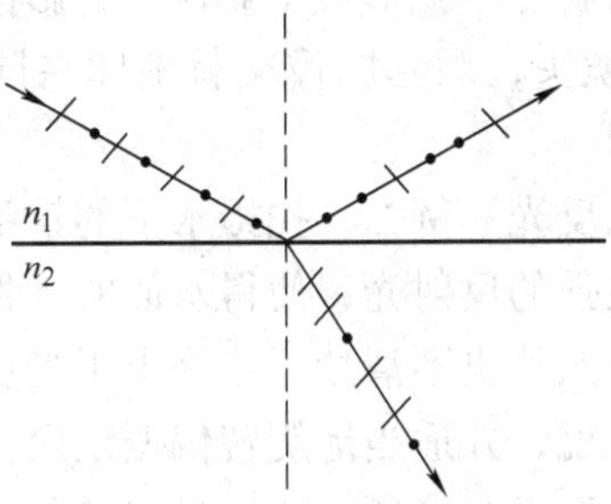

图 10-33　反射和折射时的偏振

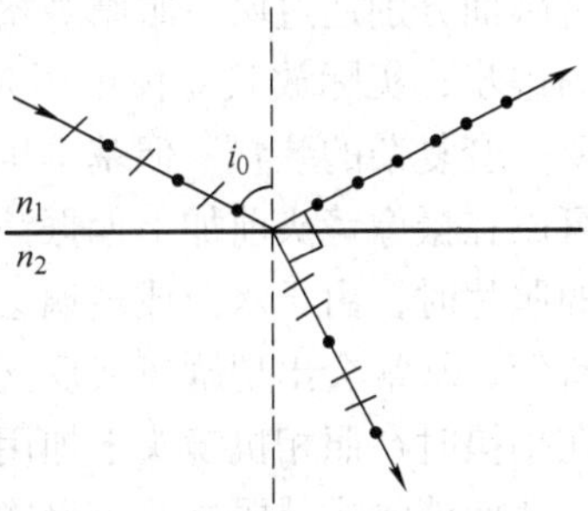

图 10-34　反射时的完全偏振

可以证明，当光以布儒斯特角入射时，反射光线与折射光线相互垂直，如图 10-34 所示。因此有

$$i_0 + r_0 = \frac{\pi}{2} \tag{10-34}$$

这时，反射光的强度减弱，仅占入射光的 15% 左右，大部分光折射到了第二介质内。为了增强反射光的强度和折射光的偏振化程度，可以把多块相互平行的玻璃片装在一起，构成玻璃堆，如图 10-35 所示。当自然光以布儒斯特角入射到玻璃堆时，光在各层玻璃面上多次反射和折射，这样可以使反射光得到加强，同时折射光中的垂直分量也因多次反射而减弱。当玻璃片足够多时，透射光就接近完全偏振光了。

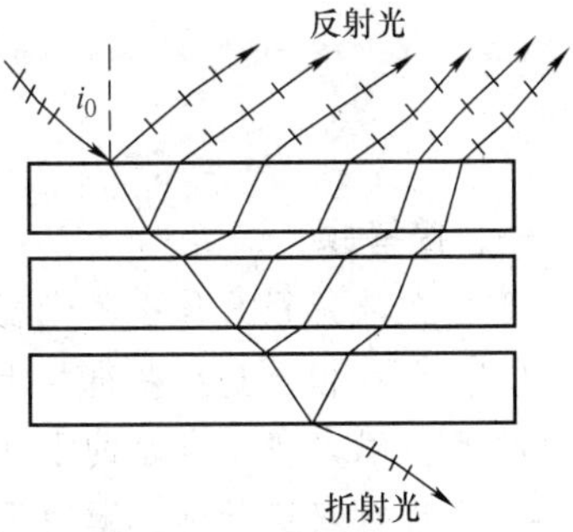

图 10-35　玻璃堆

偏振现象的应用在日常生活中很普遍。例如偏振太阳镜就是由两块夹着偏振片的玻璃制成的。在烈日下我们戴着偏振太阳镜，能使从水面、玻璃或其他物体表面反射回来的耀眼的光显著减弱，从而达到保护视力的目的。

汽车经常会在夜间行驶，在公路上与对面的车辆相遇时，为了避免双方车灯的炫目，驾驶员通常都关闭大灯，只开小灯，放慢车速，以免发生事故。如果驾驶室的前窗玻璃和车灯的玻璃罩都装有偏振片，而且规定它们的偏振化方向都沿同一方向并与水平面45°角，那么，驾驶员从前窗只能看到自己的车灯发出的光，而看不到对面车灯的光，这样汽车在夜间行驶时，既不需要熄灯，又不需要减速，可以保证安全行车。

在观看立体电影时，观众要戴上一副特制的眼镜，这副眼镜就是一对偏振化方向互相垂直的偏振片。在拍摄立体电影时，要用两个摄像机。两个摄像机的镜头相当于人的两只眼睛（“双目效应”），它们从两个不同方向同时分别拍下同一物体的两个画像，放映时把两个画像同时映在银幕上，使这略有差别的两幅图像重叠在银幕上，这时，如果用眼睛直观观看，看到的是模糊不清的图像。如果设法使观众的一只眼睛只能看到其中一个画面，就可以使观众得到立体感。为此，在放映时，两个放像机的每个放像镜头上放一个偏振片，两个偏振片的偏振化方向相互垂直，观众戴上用偏振片做成的眼镜，左眼偏振片的偏振化方向与左面放像机上的偏振方向相同，右眼偏振片的偏振化方向与右面放像机上的偏振方向相同，这样，银幕上的两个画面分别通过两只眼睛观察，在人的脑海中就形成了立体化的影像。当然，随着科学技术的进步，实际放映立体电影是用一个镜头，两套图像交替地印在同一电影胶片上，这还需要一套复杂的装置，但基本机理却相同。

人们还可以在摄像镜头前加上偏振镜用以消除反光。例如，拍摄水下的景物或展览橱窗中的陈列品的照片时，由于水面或玻璃会反射出很强的反射光，使得水面的景物和橱窗中的陈列品看不清楚，常常会出现耀斑或反光，摄出的照片也不清楚，这是由于光线的偏振而引起的。如果在拍摄时在照相机镜头上加用一个偏振镜，并适当地旋转偏振镜面，就能够阻挡这些偏振光，从而消除或减弱这些光滑物体表面的反光或亮斑。要通过取景器一边观察一边转动镜面，以便观察消除偏振光的效果。当观察到被摄物体的反光消失时，即可以停止转动镜面。此时，偏振片的偏振化方向与反射光的偏振方向垂直，就可以把这些反射光滤掉，而拍摄出清晰的照片。

利用偏振现象还可以在摄影时控制天空亮度，使蓝天变暗。由于蓝天中存在大量的偏振光，所以用偏振镜能够调节天空的亮度，加用偏振镜以后，蓝天变得很暗，突出了蓝天中的白云。偏振镜是灰色的，所以在黑白和彩色摄影中均可以使用。

习　题

一、简答题

1. 什么是光程？什么是光程差？写出光程差和相位差的关系式。
2. 什么是相干光？获得相干光的两种基本方法是什么？
3. 写出用光程差表示的干涉加强（明纹）和干涉减弱（暗纹）的条件。
4. 通过对双缝干涉、薄膜干涉等双光干涉的学习，总结分析两束光干涉的一般步骤。
5. 什么是光的衍射？夫琅禾费单缝衍射条纹的特点是什么？
6. 什么是半波带法？怎样利用半波带法分析衍射条纹的亮暗？
7. 写出单缝衍射的中央明纹宽度公式，并分析明纹宽度与哪些物理量有关？
8. 写出光栅方程，并说明各量的物理意义。

9. 什么是自然光？什么是完全偏振光？什么是部分偏振光？

10. 写出马吕斯定律公式，并说明各量的物理意义。

11. 写出布儒斯特定律公式，并说明各量的物理意义。

二、选择题

1. 如果单缝夫琅禾费衍射的第一级暗纹发生在衍射角为 $\phi = 30°$ 的方位上。所用单色光波长为500 nm，则单缝宽度为［　　］。

（A）2.5×10^{-7}m　（B）2.5×10^{-5}m　（C）1.0×10^{-6}m　（D）1.0×10^{-5}m

2. 在单缝夫琅禾费衍射实验中，若其他条件不变，只减小缝宽，则中央明纹宽度［　　］。

（A）变小　（B）变大

（C）不变，且中心强度也不变　（D）不变，且中心强度变小

3. 一束白光垂直照射在一个透射光栅上，在形成的同一级光栅光谱中，偏离中央明纹最远的是［　　］。

（A）紫光　（B）绿光　（C）黄光　（D）红光

4. 一束光强为 I_0 的自然光垂直穿过两个偏振片，且此两偏振片的偏振化方向成45°角，若不考虑偏振片的反射和吸收，则穿过两个偏振片后的光强 I 为［　　］。

（A）$\dfrac{\sqrt{2}I_0}{4}$　（B）$\dfrac{I_0}{4}$　（C）$\dfrac{I_0}{2}$　（D）$\dfrac{\sqrt{2}I_0}{2}$

三、填空题

1. 在迈克耳孙干涉仪的一支光路中，放入一片折射率为 n 的透明介质薄膜后，测出两束光的光程差的改变量为一个波长 λ，则薄膜的厚度是________。

2. 某单色光垂直入射到一个每毫米有800条刻线的光栅上，如果第1级谱线的衍射角为30°，则入射光的波长是__________。

3. 自然光以60°的入射角照射到不知其折射率的某一透明介质表面时，反射光为线偏振光，则该入射角叫__________角，此时折射光为__________光，而折射角等于__________。

4. 应用布儒斯特定律可以测介质的折射率，今测得此介质的起偏振角 $i_0 = 56.0°$，这种物质的折射率为__________。

四、计算题

1. 某单色光照射在缝间距为 2.2×10^{-4} m 的杨氏双缝上，屏到双缝的距离为1.8 m，测出屏上20条明纹之间的距离为 9.48×10^{-2} m，则该单色光的波长是多少？

2. 白光垂直照射到空气中一厚度 $e = 380$ μm 的肥皂膜（$n = 1.33$）上，在可见光的范围内（400 ~ 760 nm），哪些波长的光在反射中增强？

3. 折射率为 $n = 1.60$ 的两块标准平板玻璃之间形成一个劈尖（劈尖角 θ 很小），用波长为 $\lambda = 600$ nm 的单色光垂直入射，产生等厚干涉条纹。假如在劈尖内充满 $n = 1.40$ 的液体时，相邻明纹间距比空气劈尖时的间距缩小 $\Delta l = 0.5$ mm，试求：劈尖角 θ？

4. 把折射率 $n = 1.40$ 的薄膜放入迈克耳孙干涉仪的一臂时，如果由此产生了7条条纹移动，求膜的厚度（设入射光波长为 $\lambda = 632.8$ nm）。

5. 波长为600 nm的平行光垂直照射到12 cm长的两块玻璃片上，两玻璃片一端相互接

触，另一端夹一直径为 d 的金属丝，若测得这 12 cm 内有 141 条明纹，则金属丝直径为多少？

6. 一牛顿环，凸透镜曲率半径为3000 mm，用波长 $\lambda=589.3$ nm 的平行光垂直照射，求第 20 个暗环的半径。

7. 波长为 $\lambda=500$ nm 的平行单色光垂直照射到缝宽为 $a=2\times10^{-5}$m 的单缝上，屏与缝相距 $D=1$ m，求中央明纹的宽度。

8. 用波长为0.63 μm 的激光束垂直照射到单缝上，若测得两个第 5 级暗纹之间的距离为6.3 cm，屏与缝间距离为5 m，求单缝缝宽。

9. 在夫琅禾费单缝衍射实验中，用单色光垂直照射缝面，已知入射光波长为500 nm，第 1 级暗纹的衍射角为30°，试求：(1) 缝宽是多少；(2) 缝面所能分成的半波带数。

10. 用一个每毫米500 条缝的衍射光栅观察钠光谱线，波长为589.0 nm。求：(1) 当光线垂直入射到光栅上时，能看到的谱线的最高级次；(2) 当光线以 30°角斜入射时，能看到的谱线的最高级次。

11. 两偏振片的偏振化方向成 30°夹角时，透射光强为 I_1，若入射光不变，而两偏振片的偏振化方向夹角变为45°，则透射光强如何变化？

12. 分别求光在空气与玻璃（$n=1.50$）和空气与水（$n=1.33$）的界面上反射时的起偏角。

第4篇

热　运　动

在古代，人们把与冷热有关的现象称为热现象，如摩擦生热、冰、霜、火等，这种概念是建立在人的主观感觉基础上的。17 世纪物理学家们建立了严格的温度概念，人们就可以用来定量地描述冷热程度，因此，现代**热现象**的定义是：与温度有关的现象。

19 世纪中期，物理学家从分子运动论的角度，更深刻地认识到了热现象的本质是大量微观粒子的无规则运动，这种运动叫做**热运动**，与热运动相关的学科称为**热学**。所以，热学研究由大量无规则运动的分子和原子组成的物体或物体系的热运动，这些物体称为**热力学系统**，简称系统。

上述所谓的“大量”是指可以和阿伏伽德罗常数（$N_A = 6.022 \times 10^{23}/\text{mol}$）相比较的数量，因此，仅仅几个、几十个微观粒子的无规则运动不能叫做热运动。

对于一个热力学系统，按照与外界有无物质交换可分为**开放系统**和**封闭系统**，在经典物理学范畴内，封闭系统与外界没有热量交换时称为**孤立系统**。

对于一个孤立的热力学系统，如果时间足够长，系统内各处的温度、压强、密度等宏观性质会趋于均匀稳定，不再随时间变化，则该系统达到了热力学平衡态，否则为热力学非平衡态。所谓的“足够长的时间”，对于由气体分子或原子组成的系统大概为10^{-5}s，对于非粘稠的液体系统大概为几秒，而对于粘稠的液体或者固体系统大概为几分钟甚至更长的时间。

我们分别从宏观和微观的角度来看热学。研究热现象的宏观理论是以观察和实验总结出来的热现象规律为基础，研究系统温度、体积、功能转换等宏观性质，不涉及物质的微观结构，这种方法比较直观、简单，称之为**热力学**；而研究热现象的微观理论则在一定的物质结构假设的基础上，从物质的微观结构出发，即从分子、原子的运动和它们之间的相互作用出发，运用统计的方法研究系统和过程的本质特征，探讨热现象的规律，从而揭示热现象的微观本质，称之为**统计物理学**。

本篇只介绍统计物理学中的气体动理论和热力学的一部分基础知识。

第11章　气体动理论

气体动理论阐明了气体的物理性质和变化规律。它把系统的宏观性质归结为分子的热运动及它们间的相互作用，它不研究单个分子的运动，只关心大量分子集体运动所决定的微观状态的平均结果，实验测量值就是平均值。例如，容器中气体作用于器壁的宏观压强，是大量气体分子与器壁频繁碰撞的平均结果。理论上，气体动理论以经典力学和统计方法为基础，对热运动及相互作用做适当的简化假设，给出分子模型和碰撞机制，依靠概率理论处理大量分子的集体行为，求出表征集体运动的统计平均值，计算结果与实验测量值的偏差，作为修改模型的依据，从而形成自身的理论体系。上述就是气体动理论的研究方法。它不仅可以研究气体的平衡态，而且可以研究气体由非平衡态向平衡态的转变，解释输运现象的本质，导出输运过程遵守的宏观规律。气体动理论是吉布斯统计力学出现之前的关于物质热运动的微观理论，后来成为统计力学的一部分，并促进了统计力学的发展。气体动理论的任务之一就是要揭示气体宏观参量的微观本质，即建立宏观参量与微观参量统计平均值之间的关系。

本章主要内容有气体动理论的基本概念和基本观点、理想气体压强和温度的微观解释、能量均分定理和理想气体的内能、麦克斯韦速率分布律、气体分子平均碰撞频率和平均自由程的统计规律。

本章的基本方法是：认定单个气体分子和原子的运动服从牛顿力学规律，对大量气体分子和原子组成的系统应用概率统计的方法，得到宏观物理量的基本规律，进而揭示微观参量的统计平均值与宏观参量的关系。

11.1　理想气体　理想气体状态方程

11.1.1　理想气体

从宏观角度讲，当压强不太大，温度不太低时，即气体比较稀薄时，实际气体可视为理想气体。从微观的角度看理想气体的分子模型为：

（1）分子的大小与分子间的平均距离相比可以忽略不计，分子可以视为质点；

（2）除碰撞外，分子间的相互作用力可忽略不计。因此，在两次碰撞之间，分子的运动可当做匀速直线运动；

（3）分子遵从经典力学规律，分子间的碰撞及分子与器壁间的碰撞是完全弹性碰撞，分子的动能不因碰撞而损失。

这样，从气体动理论的观点来看，理想气体可看成是由大量的、体积可忽略的自由运动的弹性小球的集合。这是一个理想的模型，它只是在压强不太大、温度不太低时真实气体的近似模型。

11.1.2　气体实验三定律

1. 玻意耳－马略特定律

在 17 世纪，英国科学家玻意耳和马略特通过大量的实验证明：当一定质量的气体温度保持不变时，它的压强与体积成反比，比例系数是与温度有关的一个常数：

$$pV = C_1(\text{常量}) \tag{11-1}$$

上述内容被称为玻意耳－马略特定律。

2. 盖·吕萨克定律

17 世纪初，法国物理学家盖·吕萨克发现：当一定质量的气体体积保持不变时，它的压强与温度成正比：

$$\frac{p}{T} = C_2(\text{常量}) \tag{11-2}$$

上述内容被称为盖·吕萨克定律。

3. 查理定律

在 18 世纪，法国物理学家阿蒙顿和查理先后用实验证明：当一定质量的气体其压强保持不变时，其体积与温度成正比：

$$\frac{V}{T} = C_3(\text{常量}) \tag{11-3}$$

上述内容被称为查理定律。

以上三条定律都是从实验得出的，是实验定律。大量实验结果证明，所有的气体都近似地遵从这三个定律，而且气体的压强越低，它的准确度就越高。

对于理想气体，分别从宏观和微观的角度有两种描述。

11.1.3　宏观状态和宏观参量

对于一个系统的状态从整体上加以描述的方法叫做宏观描述，这时所用的物理量称为宏观参量。从诸多参量中选出来描述系统热平衡态的一组相互独立的宏观参量叫做系统的状态参量。对于给定的气体、液体和固体，常用体积 V、压强 p 和热力学温度 T 作为宏观参量，用来描述其宏观状态。实验表明，这些宏观参量在平衡态下它们各有确定的值，且不随时间变化。

对于理想气体，其宏观状态有两种：平衡态和非平衡态。本章主要研究的是平衡态时的情况。

1. 平衡态

在不受外界影响的条件下，一个系统的宏观性质不随时间变化的状态叫做平衡态。下面作几点说明：

（1）这里所说的不受外界影响，是指外界对系统既不做功又不传递热量，即与外界无能量交换。

（2）平衡态是热动平衡，即从宏观上看，压强 p、体积 V、温度 T 等宏观参量不变化，但从微观上看，气体分子在不停地运动，通过碰撞，各个分子的物理量在千变万化。

（3）平衡态是一种理想概念，严格的平衡态是没有的，只是在一定条件下对实际情况的概括和抽象，因为任何系统都不可能与外界无能量交换。

在许多实际问题中，经常可以把系统的实际状态近似地当做平衡态来处理，从而比较简便地得出与实际情况基本相符的结论。系统的每一个平衡态都对应一组状态参量。在忽略重力的影响下，系统的任何一处的状态就是整个系统的状态，因为其压强、温度都是一样的。因此，可以用气体的体积 V、压强 p 和温度 T 来描述理想气体的宏观平衡状态。

2. 非平衡态

若气体内部各处的压强和温度都不同，则气体处于非平衡态。气体在非平衡态时不能用一组状态参量来描述系统的状态。本书不再详述，请参考相关书籍。

3. 宏观状态参量

我们用气体的体积 V、压强 p 和热力学温度 T 来描述由大量分子组成的气体的宏观状态，称为气体的宏观状态参量。

（1）气体的体积 V

气体的体积是指分子无规则热运动所能达到的空间。对于处在容器中的气体，容器的容积就是气体的体积。在国际单位制中，体积的单位是立方米（m^3）。

（2）气体的压强 p

气体的压强是大量分子对器壁碰撞的平均效果，它等于气体作用在器壁单位面积上的压力。在国际单位制中，压强的单位是帕斯卡（Pa），即牛顿/米^2（N/m^2）。除国际单位制外，经常使用的单位还有标准大气压（atm），为非法定计量单位，简称大气压。$1atm = 1.013\times10^5$ Pa。

（3）气体的温度 T

用温度来量度一个系统的冷热程度。气体温度计是用气体的体积变化或者压强的变化来表示温度的高低。

通常将一个大气压下水的冰点定义为0度，沸点定义为100度，将测温物理量（如液体的体积）的变化100等分定义的温度就得到了摄氏温标。生活中常见的温度计都采取的是摄氏温标，单位为摄氏度，记为℃。

英国、美国使用的华氏温标，其定义为：一个大气压下水的冰点为32 ℉，沸点为212 ℉，将测温物理量（如液体的体积）的变化180等分。所以华氏温标和摄氏温标读数的关系为

$$t(℉) = 1.8t(℃) + 32 \tag{11-4}$$

英国物理学家开尔文在卡诺定理的基础上提出了热力学温标，又称开氏温标，简称"开"，记为"K"。热力学温标的单位"开（K）"为国际单位制中的一个基本单位。

若我们采取压强不太大的气体作为测量温度的物质，维持系统的压强不变，将体积作为测量温度的属性（或者维持系统的体积不变将压强作为测量温度的属性），一个大气压下水的冰点为273.15K，沸点为373.15K，则得到热力学温标与摄氏温标的关系为

$$T(K) = t(℃) + 273.15 \tag{11-5}$$

4. 理想气体状态方程

在平衡态下，气体的体积 V、压强 p 和热力学温度 T 这三个状态参量满足一定的关系，

这个关系式叫做状态方程。综合考虑上述的气体实验三定律，理想气体的状态方程为

$$pV = \frac{m}{M}RT \tag{11-6}$$

式中，m 为气体的质量，M 为 1 mol 气体的质量，即摩尔质量；m/M 为气体的物质的量；R 为一常数，称为摩尔气体常数，在国际单位制中，其值为

$$R = \frac{p_0 V_m}{T_0} = 8.31\ \mathrm{J \cdot mol^{-1} K^{-1}}$$

式中，p_0 和 T_0 分别为标准状态下的压强和温度（$p_0 = 1.013 \times 10^5\ \mathrm{Pa}$，$T_0 = 273.15\ \mathrm{K}$）；$V_m$ 为标准状态下 1 mol 理想气体的体积（$V_m = 22.4 \times 10^{-3}\ \mathrm{m^3}$）。

任何 1 mol 物质所含有的分子数均相同，这个数称为阿伏伽德罗常数，用“N_A”表示，$N_A = 6.022 \times 10^{23}/\mathrm{mol}$。

若以 N 表示体积 V 中的气体分子总数，则气体分子数密度 $n = N/V$，引入一普适常数，称为玻耳兹曼常数，用 k 表示

$$k = \frac{R}{N_A} = \frac{8.31\ \mathrm{J \cdot mol^{-1} \cdot K^{-1}}}{6.022 \times 10^{23}\ \mathrm{mol^{-1}}} = 1.38 \times 10^{-23}\ \mathrm{J \cdot K^{-1}}$$

则理想气体状态方程可写为

$$p = nkT \tag{11-7}$$

如图 11-1 所示，平衡态可以用 $p-V$ 图、$p-T$ 图、$V-T$ 图上的点表示，即每个点表示一个状态。

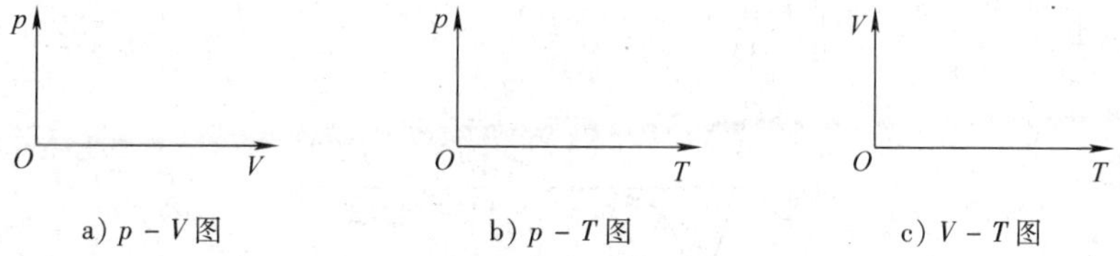

图 11-1 气体平衡态的图示法

【例 11-1】 已知温度为 27℃的气体作用于器壁上的压强 $p = 1.013 \times 10^5\ \mathrm{Pa}$，求此容器内单位体积内的气体分子数。

【解】 根据气体压强公式 $p = nkT$，当 $T = 300\ \mathrm{K}$ 时，单位体积内气体的分子数为 $n = \frac{p}{kT} = \frac{1.013 \times 10^5}{1.38 \times 10^{-23} \times 300}\ \mathrm{m^3} = 2.45 \times 10^{25}\ \mathrm{m^{-3}}$。

11.1.4 微观状态和微观参量

1. 微观参量

任何宏观物体都是由大量分子或原子组成的，分子或原子统称为微观粒子，其线度很小，约为 10^{-10} m 数量级，质量也很小，大约在 $10^{-25} \sim 10^{-27}$ kg 数量级。任何宏观物体中所包含的微观粒子数都很大，可以与阿伏伽德罗常数（$N_A = 6.022 \times 10^{23}/\mathrm{mol}$）的数量级相比较。分子或原子都以不同的形式不停地运动着，它们之间存在相互作用。

如果给出了系统中所有微观粒子在某一时刻的运动状态，也就给出了系统在该时刻的状态，这种通过对微观粒子运动状态的说明而对系统的状态加以描述的方法即为微观描述。描述每个微观粒子运动状态的物理量叫微观参量，如分子的质量，运动速度、能量等。微观参量不能直接测量，又由于微观参量的数目非常大，因此也就无法知道每个分子的运动状态。

2. 统计规律

大量偶然事件的集合所表现的规律称为统计规律。从微观上看，每个分子每时每刻都在不停地作无规则的运动，不停地碰撞着，由于碰撞，使分子的速度不断地改变，因此我们要跟踪某一个分子，看它如何运动是很困难的，也没有必要。因为我们只对这些大量分子运动的结果感兴趣。例如，我们要研究的温度 T，压强 p 等是大量分子运动的统计结果，所以对微观状态的描述是用统计规律来描述的，即对大量气体分子，其微观参量的统计平均值与宏观状态参量之间有确定的关系。这说明大量气体分子的整体运动服从统计规律，可以用统计的方法进行研究。

3. 分子之间存在相互作用力

分子之间既有引力，又有斥力，引力与斥力同时存在，称为分子力。如图 11-2 所示，当分子间距离为 $r = r_0$ 时，引力与斥力相等；当 $r > r_0$ 时，引力大于斥力，合力为引力；当 $r < r_0$ 时，斥力大于引力，合力为斥力；r_0 约为 10^{-10} m。分子力是短程力，当 r 大于 10^{-9} m 时，作用力可以忽略。

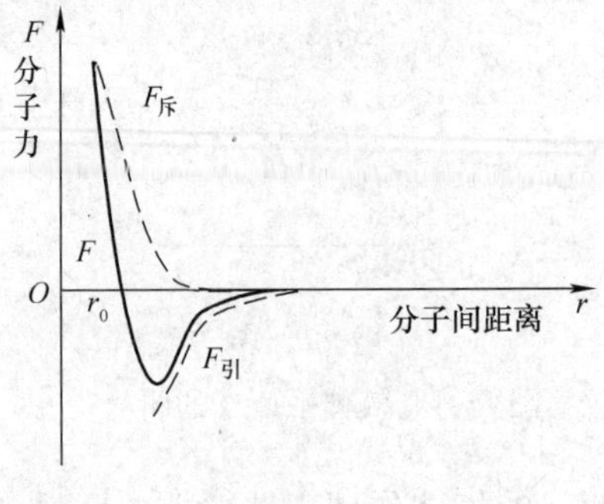

图 11-2　分子间距与相互作用力的关系

4. 扩散现象

系统中的每个分子都在不停地运动着，扩散现象就是由于分子的运动所致。不仅气体和液体有扩散现象，固体也有扩散现象。例如普通白炽灯用久了，灯泡会发黑，就是灯丝的金属分子扩散而附着在灯泡的玻璃内壁上所致。工厂中还利用扩散现象使碳分子渗入普通钢制成的轴的表面，使其既耐磨，又保持足够的韧性。

11.1.5　准静态过程（平衡过程）

热力学系统处于平衡态是有条件的。一旦条件改变，系统的性质随时间而发生变化，平衡态即被破坏，向另一个平衡态发展，这就叫做“过程”。简单地说，状态的变化就是过程。

当一定质量的气体与外界交换能量时（例如对它加热或做功），它原来的平衡状态就受到了破坏，直到与外界停止交换能量后，经过一定的时间，气体中各部分的状态才又逐渐趋于一致，而达到一个新的平衡状态，这段时间称为**弛豫时间**（relaxation time）。以 τ 表示。

气体从一个状态经过若干中间状态变化到另一个状态所经过的过程叫状态变化过程，如果其中经过的所有中间状态都接近于平衡状态，则这样的状态变化过程称为**准静态过程**或**平衡过程**。显然，准静态过程（平衡过程）是一个理想过程，因为任何实际的过程，严格地说都是非平衡过程。但是，只要实际过程进行得**足够缓慢**，使得过程进行的每一步所经历的时间都远比弛豫时间长，就可以视为平衡过程（准静态过程）。

上述所谓的“足够缓慢”是热力学意义上的缓慢，即所谓系统状态变化所经历的时间 Δt 与系统由不平衡状态到平衡状态所需的弛豫时间 τ 始终满足 $\Delta t \gg \tau$，则这样的过程即可认为是准静态过程。τ 一般很小，对于体积不大的系统其 τ 约为 10^{-3} s，甚至更小。例如，转速 ω =150 r/min 的四冲程内燃机的整个压缩冲程的时间不足 0.2 s，与 10^{-3} s 相比，可认为这一过程足够缓慢，因而可将它看做准静态过程。

准静态过程可以用状态图中一条光滑连续曲线表示。图 11-3 表示某系统从初始状态 $a(p_1,V_1,T_1)$ 经过无数准静态的中间状态到了终态 $b(p_2,V_2,T_2)$ 所连成的曲线，即是表示一个准静态的过程曲线。

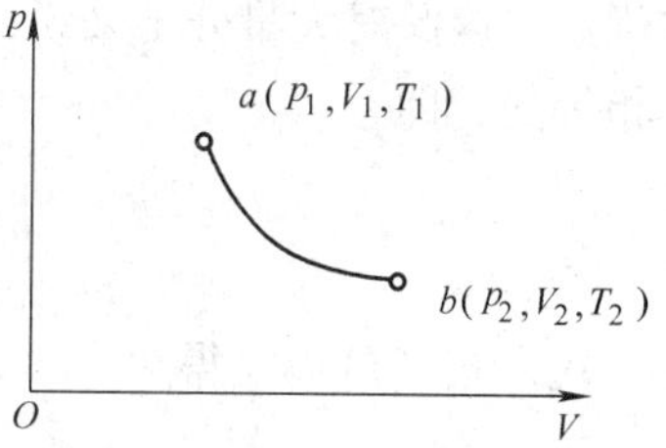

图 11-3　准静态过程曲线图

【例 11-2】　一容器内储有气体，温度为 27 ℃。试求：

（1）压强为 1.013×10^5 Pa 时，在 1 m^3 中有多少个分子；

（2）在高真空时，压强为 1.33×10^{-5} Pa，在 1 m^3 中有多少个分子？

【解】 按公式 $p = nkT$ 可知，

$$(1)\ n = \frac{p}{kT} = \frac{1.013\times10^5}{1.38\times10^{-23}\times300}\ \mathrm{m^{-3}} = 2.45\times10^{25}\ \mathrm{m^{-3}}$$

$$(2)\ n = \frac{p}{kT} = \frac{1.33\times10^{-5}}{1.38\times10^{-23}\times300}\ \mathrm{m^{-3}} = 3.21\times10^{15}\ \mathrm{m^{-3}}$$

可以看出，两者相差 10^{10} 倍，而气体的压强与分子数密度成正比。

【例 11-3】　在 90 km 的高空中空气的压强为 0.18 Pa，密度为 $\rho = 3.2\times10^{-6}\ \mathrm{kg/m^3}$，空气的摩尔质量取 $M = 2.9\times10^{-2}$ kg/mol。试求：

（1）该高空处的温度；（2）该高空处空气的分子数密度。

【解】（1）由理想气体的状态方程 $pV = \frac{m}{M}RT$ 可得该高空处的温度为

$$T = \frac{pVM}{mR} = \frac{pM}{\rho R} = \frac{0.18\times2.9\times10^{-2}}{3.2\times10^{-6}\times8.31}\ \mathrm{K} = 196\ \mathrm{K}。$$

（2）由理想气体状态方程的另一种形式 $p = nkT$，可得该处分子数密度为 $n = \frac{p}{kT} = \frac{0.18}{1.38\times10^{-23}\times196}\ \mathrm{m^{-3}} = 6.65\times10^{19}\ \mathrm{m^{-3}}$。

11.2 理想气体压强与温度的微观解释

11.2.1 理想气体的统计假设

容器中气体分子的数目是很多的，且分子间频繁碰撞，虽然各分子的热运动是无规则的，但是大量分子的热运动却遵从一定的统计规律。对于由大量分子组成的气体，人们提出以下两条统计假设：

（1）气体处于平衡态时，若忽略重力的影响，分子在空间的分布是均匀的，即在容器中分子数密度处处相等，其值为

$$n = \frac{dN}{dV} = \frac{N}{V} \tag{11-8}$$

式中，dV 为小体积元，要求其宏观小，微观大，即 dV 中分子数足够多。

（2）当气体处于平衡态时，分子沿各个方向运动的概率都是相等的，没有哪个方向更占优势。因此对大量分子来说，它们在 x、y、z 三个坐标轴上的速度分量的平方的平均值应该是相等的，即

$$\overline{v_x^2} = \overline{v_y^2} = \overline{v_z^2} \tag{11-9}$$

又

$$\overline{v^2} = \overline{v_x^2} + \overline{v_y^2} + \overline{v_z^2}$$

代入式（11-9）得

$$\overline{v_x^2} = \overline{v_y^2} = \overline{v_z^2} = \frac{1}{3}\overline{v^2} \tag{11-10}$$

应当指出，上述两条假设是统计结果，只对大量分子组成的气体才适用，分子数越多，准确度越高。

11.2.2 理想气体压强公式

下面我们从理想气体微观模型出发，用统计的方法在上述两条统计假设的基础上推导出理想气体的压强公式。

假设一个边长分别为 x、y、z 的长方形容器，其中含有 N 个同类气体分子，每个分子的质量均为 $m_{分子}$。由于气体分子都在不停地运动，所以要与容器壁发生碰撞。分子与器壁的碰撞会给器壁一个冲力，大量气体分子与器壁碰撞，器壁就会受到一个稳定的压强。由此可见，气体的压强是大量气体分子碰撞器壁的平均效果。由于气体处于平衡态，容器内的分子数又十分巨大，所以容器内各处的压强均相等，容器各面所受压强也相等，因此只要计算容器的任何一个器壁所受的压强就可以了。现在我们计算与 x 轴垂直的壁 A 所受的压强，如图 11-4 所示。

首先讨论一个分子对器壁的碰撞。设质量为 $m_{分子}$ 的分子 a，以速度 $\boldsymbol{v}$ 向 A 面接近，沿 x 轴正向的速度分量为 v_x，当它和器壁的 A 面发生弹性碰撞后反弹。该分子受到器壁沿 x 轴负方向的作用力，在该力的作用下，分子沿 x 轴方向的动量增量为 $-2m_{分子}v_x$。根据质点的动量定理，器壁给予分子 a 的冲量等于分子动量的增量。再根据牛顿第三定律，分子 a 给器壁的冲量为 $2m_{分子}v_x$，力的方向沿 x 轴正方向。由于分子运动速度非常快，分子 a 与器壁 A

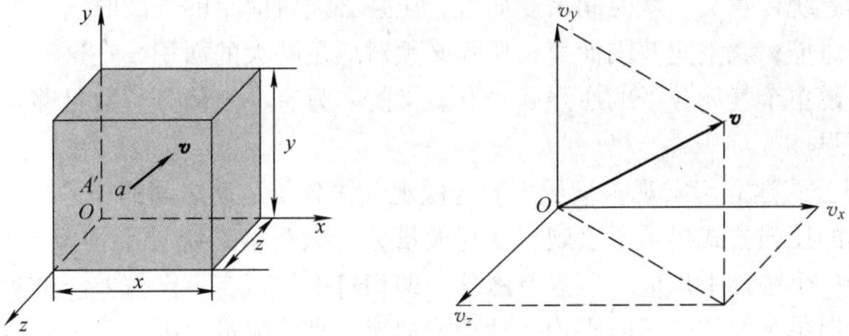

图 11-4　气体动理论压强公式的推导

发生碰撞后又运动到 A' 面，与 A' 面发生碰撞后又返回与 A 面再次相碰。由图 11-4 可知，分子 a 往返一次所用的时间为 $\Delta t = 2x/v_x$，即在单位时间内，分子 a 与器壁 A 面的碰撞次数为 $v_x/2x$。于是在单位时间内，一个分子对器壁 A 的冲量为 $m_{分子}v_x^2/x$，即一个分子对器壁的作用力为

$$F_{分子} = \frac{m_{分子}v_x^2}{x}$$

一个分子对器壁的作用是间歇的，不连续的，而容器内有大量的分子对器壁不断进行碰撞，因此，器壁受到一个持续的作用力，这个力就等于 N 个分子对器壁作用力的总和，即

$$F = m_{分子}\frac{v_{1x}^2}{x} + m_{分子}\frac{v_{2x}^2}{x} + \cdots + m_{分子}\frac{v_{Nx}^2}{x}$$

式中，$v_{1x}, v_{2x}, \cdots, v_{Nx}$ 是各分子速度在 x 轴上的分量。器壁 A 的面积为 $S = yz$，它所受到的压强为

$$p = \frac{F}{S} = \frac{1}{yz}\left(m_{分子}\frac{v_{1x}^2}{x} + m_{分子}\frac{v_{2x}^2}{x} + \cdots + m_{分子}\frac{v_{Nx}^2}{x}\right)$$

$$= \frac{m_{分子}}{xyz}(v_{1x}^2 + v_{2x}^2 + \cdots + v_{Nx}^2)$$

因为

$$\overline{v_x^2} = \frac{1}{N}(v_{1x}^2 + v_{2x}^2 + \cdots + v_{Nx}^2)$$

将式（11-10）代入上式，并设分子数密度为 $n = \frac{N}{V} = \frac{N}{xyz}$，得**理想气体压强公式**为

$$p = \frac{1}{3}nm_{分子}\overline{v^2} \tag{11-11}$$

或

$$p = \frac{2}{3}n\left(\frac{1}{2}m_{分子}\overline{v^2}\right) \tag{11-12}$$

若以 $\overline{\varepsilon_k} = \frac{1}{2}m_{分子}\overline{v^2}$ 表示分子的平均平动动能，则上式可写为

$$p = \frac{2}{3}n\overline{\varepsilon_k} \tag{11-13}$$

作两点说明：

（1）气体压强的本质是大量气体分子对器壁的碰撞，它是对大量气体分子统计平均的

结果。压强具有统计意义，就时间尺度而言，压强必须对应足够长的时间，在这段时间内发生大量的分子碰撞；就空间范围而言，压强必须对应足够大的面积，在这一面积上发生大量的分子碰撞；说单个气体分子的压强是没有意义的。只有在气体分子数足够大时，器壁才会获得稳定的压强。

（2）压强公式建立起宏观参量压强 p 与微观气体分子运动之间的关系。

理想气体的压强公式揭示了宏观量 p 与大量分子微观量的统计平均值 n 和 $\overline{\varepsilon_k}$ 之间的内在联系。作为一个统计平均值，压强有涨落，即相对平均值有一定偏差。虽然气体压强可以由实验测定，但单个气体分子的平均平动动能却无法直接测量，因而压强公式是无法用实验直接验证的。虽然无法从实验上直接验证式（11-13）的正确性，但从此式出发，可以满意地解释或论证已由实验验证过的诸多实验定律，因此，式（11-13）是气体动理论的基本公式之一。

11.2.3 理想气体温度的微观解释

由理想气体的状态方程和压强公式可以得到理想气体的温度与分子平均平动动能之间的关系，从而说明温度这一宏观量的微观本质。

由式（11-7）$p = nkT$ 和式（11-12）$p = \frac{2}{3}n\left(\frac{1}{2}m_{分子}\overline{v^2}\right)$ 有

$$\frac{1}{2}m_{分子}\overline{v^2} = \frac{3}{2}kT \tag{11-14}$$

$$\overline{\varepsilon_k} = \frac{3}{2}kT \tag{11-15}$$

这就是理想气体分子的平均平动动能与温度的关系。

作三点说明：

（1）该关系表明，处于平衡态的理想气体，其分子的平均平动动能与温度成正比。气体的温度越高，分子的平均平动动能越大，分子热运动越激烈。

（2）宏观参量温度的微观本质是：温度标志着大量气体分子无规则热运动的剧烈程度，是大量分子热运动的集体表现。因此，温度是一个统计量，对单个分子，说它的温度是多少是没有意义的。

（3）气体分子的平均平动动能只与温度有关，与分子的种类无关。不同种类的气体温度相同时，气体分子的平均平动动能必然相同。

为了使温度的物理意义不仅限于气体，热力学温度应视为大量分子平均动能或热运动强度的量度。

【例 11-4】 已知某气体的温度 $T = 300\ \mathrm{K}$，压强 $p = 1.013\times10^5\ \mathrm{Pa}$，

求：（1）单个气体分子的平均平动动能 $\overline{\varepsilon_k}$；（2）该气体 $1\ \mathrm{m^3}$ 内，气体分子平均平动动能的总和 E_k。

【解】 由气体分子的平动动能 $\overline{\varepsilon_k}$ 与温度 T 的关系 $\overline{\varepsilon_k} = \frac{3}{2}kT$，可得

$$\overline{\varepsilon_k} = \frac{3}{2}\times1.38\times10^{-23}\times300\ \mathrm{J} = 6.21\times10^{-21}\ \mathrm{J}$$

在 $1\ \mathrm{m^3}$ 内理想气体分子数为 n，所以 $E_k = n\overline{\varepsilon_k}$。

式中 n 可由理想气体状态方程 $p=nkT$ 求得：$n=\frac{p}{kT}$

$$E_k=\frac{p}{kT}\overline{\varepsilon_k}=\frac{1.013\times10^5}{1.38\times10^{-23}\times300}\times6.21\times10^{-21}\,\mathrm{J}=1.52\times10^5\,\mathrm{J}$$

由此可见，每个分子的 $\overline{\varepsilon_k}$ 是很小的，但因为 n 很大，所以 E_k 是很大的。

【例 11-5】 某气体的温度 $T=273\,\mathrm{K}$，压强 $p=1.00\times10^5\,\mathrm{Pa}$，密度 $\rho=1.24\times10^{-2}\,\mathrm{kg/m^3}$。求：（1）该气体的摩尔质量 M；（2）该容器单位体积内气体分子的平均平动动能的总和。

【解】（1）由理想气体的状态方程 $pV=\frac{m}{M}RT$ 可得该气体的摩尔质量 M 为，$M=\frac{m}{pV}RT=\frac{\rho RT}{p}=\frac{1.24\times10^{-2}\times8.31\times273}{1.00\times10^5}\,\mathrm{kg/mol}=2.81\times10^{-4}\,\mathrm{kg/mol}$

（2）由于 1 mol 气体分子的平均平动动能之和为 $E_{mol}=N_A\cdot\frac{3}{2}kT=\frac{3}{2}RT$，而 $\frac{m}{M}$ 为气体的总的物质的量，则该容器内单位体积内气体分子的平均平动动能总和 E_k 为

$$E_k=\frac{m}{MV}\cdot\frac{3}{2}RT$$

再考虑理想气体的状态方程 $pV=\frac{m}{M}RT$，作等量代换可得

$$E_k=\frac{m}{MV}\cdot\frac{3}{2}RT=\frac{3}{2}p=\frac{3}{2}\times1.00\times10^5\,\mathrm{J}=1.50\times10^5\,\mathrm{J}$$

11.3　能量均分定理　理想气体的内能

11.3.1　理想气体分子的自由度

上节在讨论理想气体的压强和温度的微观解释时，只考虑了每个分子的平均平动动能，实际上，气体分子具有一定的大小和比较复杂的结构。当考虑一个分子的总动能时，某些分子就不能简单地看成质点，这时就需要考虑分子的结构。分子是由原子组成的，按照组成分子的原子数目不同，可将分子分成单原子分子、双原子分子和多原子分子。这样，一个气体分子除平动外还可能有转动以及分子内原子间的振动，其动能还应包括转动动能和振动动能。为了讨论分子的总动能，需要引入自由度的概念。

确定一个物体在空间的位置时，需要引入的独立坐标的数目称为该物体的**自由度，用符号 i 表示**。例如，火车被限制在一直线上运动，自由度为 $i=1$；轮船被限制在一平面上运动，自由度为 $i=2$（经度、纬度）；飞机自由度为 $i=3$（经度、纬度、高度）。

就气体而言，组成气体分子的原子数目不同，气体分子的自由度也不同。

单原子气体分子（如氦、氖）仍可作为质点来处理。确定一个质点在空间的位置，只需要三个独立坐标 x、y、z，因此单原子分子的自由度是 3，见图 11-5a。这三个自由度称为**平动自由度**。

对于双原子分子（如氢、氧），若温度不高，热运动不剧烈，两个原子间的距离可视为

不变，则称该分子为**刚性双原子分子**。除了需用三个坐标确定其质心的位置外，还需要确定两个原子的连线在空间的方位，见图 11-5b。要确定一条直线在空间的方位，可以用它与 x、y、z 三个坐标轴的夹角 α、β、γ 确定，但因这三个角坐标之间总是满足 $\cos^2\alpha + \cos^2\beta + \cos^2\gamma = 1$，所以只有两个角坐标是独立的。因此，它还有两个转动自由度。故刚性双原子分子有 3 个平动自由度，2 个转动自由度，一共 5 个自由度。

对于多原子分子（如水蒸气、二氧化碳、氨气等），若温度不太高时，组成分子的原子之间的距离可视为不变，则可将其视为刚体处理，称为**刚性多原子分子**。刚性多原子分子除了需要 3 个坐标确定质心的位置，2 个角坐标确定转轴在空间的方位外，还需要 1 个角坐标 φ 说明分子绕转轴的转动，见图 11-5c。所以，刚性多原子分子有 3 个平动自由度，3 个转动自由度，共 6 个自由度。

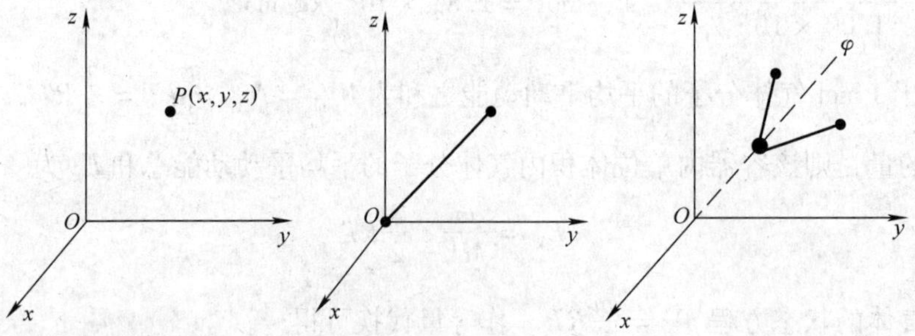

a) 单原子分子　　b) 刚性双原子分子　　c) 刚性多原子分子

图 11-5　气体分子的自由度

在温度比较高时，分子内的原子之间还存在振动，除平动自由度、转动自由度外，还有振动自由度。此时，分子能量的情况要复杂得多，其理论值与实验值也相差较多，本书不再详述。

11.3.2　能量均分定理

根据分子平均平动动能与温度的关系 $\dfrac{1}{2}m_{分子}\overline{v^2} = \dfrac{3}{2}kT$ 和 $\overline{v_x^2} = \overline{v_y^2} = \overline{v_z^2} = \dfrac{1}{3}\overline{v^2}$ 得

$$\frac{1}{2}m_{分子}\overline{v_x^2} = \frac{1}{2}m_{分子}\overline{v_y^2} = \frac{1}{2}m_{分子}\overline{v_z^2} = \frac{1}{2}kT \tag{11-16}$$

此式表明，分子有 3 个平动自由度，每一个平动自由度的平均动能都相同，都等于 $\dfrac{1}{2}kT$。这是一条统计规律，它是大量分子在无规则热运动中不断碰撞的结果。分子在频繁的碰撞过程中，由于各个平动自由度中没有哪个具有独特的优势，因而平均来讲，各平动自由度就具有相等的平均动能。

在分子有转动的情况下，这种能量的分配还应该涉及转动自由度。也就是说，在分子的无规则碰撞过程中，不仅平动自由度之间，而且平动与转动及各转动自由度之间也可以进行能量交换，最终使得各自由度的平均动能相等，没有哪个自由度占优势。因此分子的转动和平动一样，每个转动自由度上也具有 $\dfrac{1}{2}kT$ 的转动动能。

总之，在温度为 T 的平衡态下，气体分子的任何一个自由度的平均动能都相等，而且都等于 $\frac{1}{2}kT$。这一结论称为能量按自由度均分定理，简称**能量均分定理**。根据能量均分定理，自由度为 i 的气体分子，一个分子的平均动能为

$$\bar{\varepsilon} = \frac{i}{2}kT \tag{11-17}$$

单原子分子，自由度 $i = 3$，分子只具有平动动能，其平均动能为

$$\bar{\varepsilon} = \frac{3}{2}kT$$

刚性双原子分子，自由度 $i = 5$，分子的平均动能为

$$\bar{\varepsilon} = \frac{5}{2}kT$$

其中，有 $\frac{3}{2}kT$ 的平均平动动能，还有 kT 的平均转动动能。

刚性多原子分子，自由度 $i = 6$，分子的平均动能为

$$\bar{\varepsilon} = \frac{6}{2}kT$$

其中，有 $\frac{3}{2}kT$ 的平均平动动能和 $\frac{3}{2}kT$ 的平均转动动能。

11.3.3　理想气体的内能

一般地，气体的**内能**包括分子作无规则热运动所具有的能量（温度较高时，分子内由于原子的振动除动能外还具有势能）和分子间相互作用的势能。对于理想气体，由于分子间距离较大，忽略分子间的相互作用力，所以分子间无相互作用的势能，因而理想气体的内能就是其所有分子的热运动动能的量总和。在常温下，理想气体的内能就是它的所有分子的动能的总和。

自由度为 i 的理想气体分子，它的一个分子所具有的平均动能为 $\bar{\varepsilon} = \frac{i}{2}kT$，那么，1 mol气体有 N_A 个分子，所以 1 mol 理想气体的内能为

$$E_{mol} = N_A \frac{i}{2}kT = \frac{i}{2}RT \tag{11-18}$$

质量为 m，摩尔质量为 M 的理想气体，其物质的量等于 $\frac{m}{M}$，因此，质量为 m 的理想气体的内能为

$$E = \frac{m}{M}\frac{i}{2}RT \tag{11-19}$$

上式表明，对给定的理想气体，内能是关于温度的单值函数。当理想气体状态变化时，只要温度发生变化，内能也必然改变。

【例 11-6】　计算温度为 300 K 时，一个氦气分子和一个氢气分子的平均动能及 1.00 kg 氦气和 1.00 kg 氢气的内能是多少？

已知：$T_1 = 300$ K，$i_1 = 3$，$i_2 = 5$，$m = 1.00$ kg，$M_{氦} = 4\times10^{-3}$ kg/mol，$M_{氢} = 2\times10^{-3}$ kg/mol。

求：(1) $\overline{\varepsilon_1}$, $\overline{\varepsilon_2}$; (2) E_1 , E_2 。

【解】(1) 由 $\bar{\varepsilon} = \frac{i}{2}kT$

$$\overline{\varepsilon_1} = \frac{3}{2}kT = 1.5 \times 1.38 \times 10^{-23} \times 300\ \mathrm{J} = 6.21 \times 10^{-21}\ \mathrm{J}$$

$$\overline{\varepsilon_2} = \frac{5}{2}kT = 2.5 \times 1.38 \times 10^{-23} \times 300\ \mathrm{J} = 1.04 \times 10^{-20}\ \mathrm{J}$$

(2) 由 $E = \frac{m}{M}\frac{i}{2}RT$

$$E_1 = \frac{m}{M}\frac{3}{2}RT = \frac{1.00}{4 \times 10^{-3}} \times 1.5 \times 8.31 \times 300\ \mathrm{J} = 9.35 \times 10^{5}\ \mathrm{J}$$

$$E_2 = \frac{m}{M}\frac{5}{2}RT = \frac{1.00}{2 \times 10^{-3}} \times 2.5 \times 8.31 \times 300\ \mathrm{J} = 3.12 \times 10^{6}\ \mathrm{J}$$

11.4 气体分子速率分布律

构成气体的大量分子都在永不停息地作无规则热运动，且彼此间频繁碰撞。因此，对于每个分子，它的速率可以是从零到无限大之间任意可能的值，无一定规律。但是，对大量分子速率的整体而言，处于低速率或高速率的分子数少，而处于某一个中等速率周围分子数较多，这种分布情况，对处于任何温度下的任何一种气体来说都是相同的，即遵从的是一种统计分布规律。

1859 年英国物理学家麦克斯韦（James Clerk Maxwell 1831—1879）首先从理论上导出了气体分子速率分布定律。

11.4.1 气体分子速率分布律和三种统计速率

设在平衡态下，一定量气体的分子总数为 N，其中速率在 $v \to v + \Delta v$ 区间（如 220 ~ 250 m · s^{-1}或 250 ~ 300 m · s^{-1}内的分子数为 ΔN，那么 $\Delta N / N$ 就是在这一区间内的分子数占总分子数的比率，即分子数 A_N 占总分子数的百分率）。实验表明，在不同的速率 v 附近取相等的速率区 Δv，比率 $\frac{\Delta N}{N}$ 不同，即 $\frac{\Delta N}{N}$ 与 v 有关，另外，在给定的速率 v 附近所取的 Δv 越大，则 $\frac{\Delta N}{N}$ 也就越大，所以 $\frac{\Delta N}{N}$ 又与 Δv 有关，当取 $\Delta v \to 0$ 时，则单位速率区间内的分子数 $\frac{\Delta N}{\Delta v}$ 与总分子数 N 之比，就成为 v 的一个连续函数，这个函数叫做速率分布函数，用 $f(v)$ 表示，即

$$f(v) = \lim_{\Delta v \to 0}\frac{\Delta N}{N \cdot \Delta v} = \frac{1}{N}\lim_{\Delta v \to 0}\frac{\Delta N}{\Delta v} = \frac{1}{N}\frac{\mathrm{d}N}{\mathrm{d}v} \tag{11-20}$$

或

$$\frac{\mathrm{d}N}{N} = f(v)\,\mathrm{d}v \tag{11-21}$$

式中，$\frac{\mathrm{d}N}{N}$ 为在速率 v 附近处于速率间隔 $\mathrm{d}v$ 内的分子数 $\mathrm{d}N$ 与总分子数 N 的比率。这个比

值也叫做分子在速率 v 附近处于速率间隔 $\mathrm{d}v$ 内的概率，所以速率分布函数 $f(v)$ 的物理意义是：气体分子在速率 v 附近处于单位速率间隔的概率，它也叫做概率密度。

1859 年麦克斯韦从理论上导出在温度 T 时的气体分子处于平衡态时，速率分布函数的数学形式为

$$f(v)=4\pi\left(\frac{m_{分子}}{2\pi kT}\right)^{3/2}\mathrm{e}^{-\frac{m_{分子}v^2}{2kT}}v^2 \tag{11-22}$$

这样，式（11-21）可写成

$$\frac{\mathrm{d}N}{N}=4\pi\left(\frac{m_{分子}}{2\pi kT}\right)^{3/2}\mathrm{e}^{-\frac{m_{分子}v^2}{2kT}}v^2\mathrm{d}v \tag{11-23}$$

上式给出了一定量的理想气体，当它处于平衡态时，分布在速率区间 $v\to v+\mathrm{d}v$ 的相对分子数 $\mathrm{d}N/N$，这个气体分子速率分布规律叫做麦克斯韦速率分布定律。

将式（11-23）对所有速率区间积分，可得到所有速率区间的分子数占总分子数的百分比之和，它显然等于 1，即

$$\int_0^N\frac{\mathrm{d}N}{N}=\int_0^\infty f(v)\,\mathrm{d}v=1 \tag{11-24}$$

所有分布函数必须满足的这一条件称为**归一化条件**。

图 11-6 是气体分子速率分布函数 $f(v)$ 的曲线。

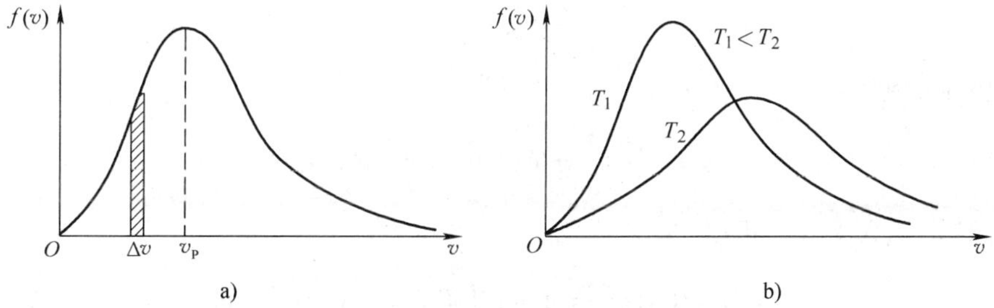

图 11-6　气体分子速率分布函数曲线

如图 11-6a 所示，曲线中的矩形面积表示速率在 v 到 $v+\mathrm{d}v$ 的分子数占总分子数的百分比。

由式（11-22）可知，对于一定的气体，当温度不同时其速率分布函数是不同的。图 11-6b 为同一种气体在不同温度下的两条速率分布曲线。

11.4.2　三种统计速率

从麦克斯韦速率分布曲线可以看出，气体分子的速率可以取从零到无穷大的任意值。这里讨论三种具有代表性的分子速率，它们是分子速率的三种统计值。

1. 最概然速率（最可几速率）v_P

从图 11-6 中可以看出，按麦克斯韦速率分布确定的气体分子速率很小的和很大的分子数都很少。在某速率 v_P 处有一极大值，此极大值所对应的速率称为**最概然速率（也称最可几速率）**，其物理意义是：如果把整个速率范围分为许多相等的小区间，则 v_P 所在区间内的

分子数占总分子数的百分比最大，即气体分子速率分布在最概然速率附近的概率最大；或者说在一定温度下，气体分子最可能具有的速率。

用求极值的方法对式（11-22）两边求导，并令其为零

$$\left.\frac{\mathrm{d}f(v)}{\mathrm{d}v}\right|_{v=v_{\mathrm{P}}}=0$$

可求得最概然速率为

$$v_{\mathrm{P}}=\sqrt{\frac{2kT}{m_{分子}}}=\sqrt{\frac{2RT}{M}}\approx 1.41\sqrt{\frac{RT}{M}} \tag{11-25}$$

式中，$m_{分子}$ 为一个分子的质量；$M=N_{\mathrm{A}}m_{分子}$ 为气体的摩尔质量。此式表明，最概然速率 v_{P} 随温度的升高而增大，随气体的摩尔质量增加而减小。

2. 平均速率

大量分子速率的算术平均值称为**平均速率**，用 $\bar{v}$ 表示。在后面讨论气体分子的平均碰撞频率和平均自由程时将用到。速率分布在 v 到 $v+\mathrm{d}v$ 的分子数为

$$\mathrm{d}N=Nf(v)\,\mathrm{d}v$$

由于 $\mathrm{d}v$ 很小，所以可以认为这 $\mathrm{d}N$ 个分子的速率是相同的，都等于 v 。因此

$$v\mathrm{d}N=Nvf(v)\,\mathrm{d}v$$

表示 $\mathrm{d}N$ 个分子的速率总和。这样，所有分子速率总和为

$$\int_0^{\infty}Nvf(v)\,\mathrm{d}v$$

由此得平均速率为

$$\bar{v}=\frac{1}{N}\int_0^{\infty}Nvf(v)\,\mathrm{d}v=\int_0^{\infty}vf(v)\,\mathrm{d}v$$

将式（11-22）代入上式，可得

$$\bar{v}=\int_0^{\infty}vf(v)\,\mathrm{d}v=\int_0^{\infty}4\pi\left(\frac{m_{分子}}{2\pi kT}\right)^{3/2}\mathrm{e}^{-\frac{m_{分子}v^2}{2kT}}v^3\,\mathrm{d}v$$

经积分运算得平均速率

$$\bar{v}=\sqrt{\frac{8kT}{\pi m_{分子}}}=\sqrt{\frac{8RT}{\pi M}}\approx 1.60\sqrt{\frac{RT}{M}} \tag{11-26}$$

3. 方均根速率

大量分子速率平方的平均值再开方称为**方均根速率**，用 $\sqrt{\overline{v^2}}$ 表示。该速率与前面讨论过的分子平均平动动能有关。与之前求平均速率的分析方法类比，分子速率平方的平均值为

$$\overline{v^2}=\int_0^{\infty}v^2f(v)\,\mathrm{d}v$$

同理，将式（11-22）代入，经积分运算得理想气体的方均根速率

$$\sqrt{\overline{v^2}}=\sqrt{\frac{3kT}{m_{分子}}}=\sqrt{\frac{3RT}{M}}\approx 1.73\sqrt{\frac{RT}{M}} \tag{11-27}$$

由上面的计算结果可以看出，气体的三种速率 v_{P} 、$\bar{v}$ 、$\sqrt{\overline{v^2}}$ 都与 $\sqrt{T}$ 成正比，与 $\sqrt{M}$ 成反比。

三种速率都随温度的升高而增加，随摩尔质量的增大而减小。三者相比较，方均根速率 $\sqrt{\overline{v^2}}$ 最大，平均速率 $\bar{v}$ 次之，最概然速率 v_P 最小，即 $\sqrt{\overline{v^2}} > \bar{v} > v_P$。

【例 11-7】 计算在 0 ℃时，氧气、氢气和氮气分子的方均根速率。

【解】 氧气、氢气和氮气的摩尔质量分别为 $0.032\ \mathrm{kg\cdot mol^{-1}}$、$0.002\ \mathrm{kg\cdot mol^{-1}}$ 和 $0.028\ \mathrm{kg\cdot mol^{-1}}$。据式（11-27）得氧气的方均根速率为

$$\sqrt{\overline{v^2}} = 1.73\sqrt{\frac{RT}{M_{氧气}}} = 1.73\sqrt{\frac{8.31\times 273}{0.032}}\mathrm{m\cdot s^{-1}} = 461\ \mathrm{m\cdot s^{-1}}$$

同理，得氢气的方均根速率为

$$\sqrt{\overline{v^2}} = 1.73\sqrt{\frac{RT}{M_{氢气}}} = 1.73\sqrt{\frac{8.31\times 273}{0.002}}\mathrm{m\cdot s^{-1}} = 1.84\times 10^3\ \mathrm{m\cdot s^{-1}}$$

氮气的方均根速率为

$$\sqrt{\overline{v^2}} = 1.73\sqrt{\frac{RT}{M_{氮气}}} = 1.73\sqrt{\frac{8.31\times 273}{0.028}} = 492\mathrm{m\cdot s^{-1}}$$

此结果说明常温下气体分子的速率是比较大的，与空气中的声速是一个数量级的。

11.4.3　玻耳兹曼能量分布律　重力场中气体分子按高度的分布

上面介绍了理想气体分子的麦克斯韦速率分布律，讨论中并未涉及速度的方向和外力场（如重力场、电场和磁场等）对分子的影响，气体分子只有动能而没有势能。玻耳兹曼把麦克斯韦速率分布律推广到气体分子在任意力场中运动的情形，下面我们对此问题进行讨论。

1. 玻耳兹曼能量分布律

气体分子的平动动能为 $\varepsilon_k = \frac{1}{2}m_{分子}v^2$，因此，麦克斯韦气体分子速率分布律式（11-23）可写成

$$\frac{\mathrm{d}N}{N} = 4\pi\left(\frac{m_{分子}}{2\pi kT}\right)^{3/2}\mathrm{e}^{-\frac{\varepsilon_k}{kT}}v^2\mathrm{d}v$$

此式表明，气体分子的分布与分子的平动动能 ε_k 有关。考虑到力场的影响，玻耳兹曼认为气体分子的分布不仅与分子的平动动能有关，而且还与分子在力场中的势能有关，其总能量为动能与势能的总和，即 $\varepsilon = \varepsilon_k + \varepsilon_P$。由于分子势能与位置有关，所以分子在空间的分布是不均匀的，还需要指明分子按空间位置的分布。由此玻耳兹曼得到理想气体在平衡态下，分子在速度区间 $v_x \to v_x + \mathrm{d}v_x$、$v_y \to v_y + \mathrm{d}v_y$、$v_z \to v_z + \mathrm{d}v_z$ 范围内，坐标间隔在 $x\to x + \mathrm{d}x$、$y \to y + \mathrm{d}y$、$z \to z + \mathrm{d}z$ 范围内的分子数占总分子数的百分比为

$$\frac{\mathrm{d}N}{N} = \left(\frac{m_{分子}}{2\pi kT}\right)^{3/2}\mathrm{e}^{-\frac{\varepsilon_k+\varepsilon_P}{kT}}\mathrm{d}v_x\mathrm{d}v_y\mathrm{d}v_z\mathrm{d}x\mathrm{d}y\mathrm{d}z$$

此式表明在温度为 T 的平衡态下，任何系统的微观粒子按能量分布的规律，称为**玻耳兹曼能量分布定律**。式中 $\mathrm{e}^{-\frac{\varepsilon}{kT}}$ 称为玻耳兹曼因子，是决定分子分布的重要因素。该定律还说明，在能量越大的状态区间内分子数越少，也就是说，分子总是优先占据较低能量状态，这是玻耳兹曼能量分布律的一个要点。

由于在体积元 $\mathrm{d}V = \mathrm{d}x\mathrm{d}y\mathrm{d}z$ 中各种速度的分子都有，所以将上式对所有可能的速度积

分，得

$$dN = N\left(\int_{-\infty}^{+\infty}\left(\frac{m_{分子}}{2\pi kT}\right)^{3/2} e^{-\frac{\varepsilon_k}{kT}} dv_x dv_y dv_z\right) e^{-\frac{\varepsilon_P}{kT}} dxdydz$$

由归一化条件，括号中的积分等于1，则有

$$dN = Ne^{-\frac{\varepsilon_P}{kT}} dxdydz \tag{11-28}$$

dN 为在坐标区间 $x \to x + dx$ 、$y \to y + dy$ 、$z \to z + dz$ 范围内的分子总数，以 $dV = dxdydz$ 除上式，得分布在坐标区间 $x \to x + dx$ 、$y \to y + dy$ 、$z \to z + dz$ 内单位体积的分子数为

$$n = \frac{dN}{dxdydz} = Ne^{-\frac{\varepsilon_P}{kT}}$$

令 $\varepsilon_P = 0$ 处的分子数密度为 n_0 ，则有 $n_0 = N$ ，在势能为 ε_P 处的分子数密度为

$$n = n_0 e^{-\frac{\varepsilon_P}{kT}} \tag{11-29}$$

2. 重力场中气体分子按高度的分布

在重力场中，地球表面附近分子的重力势能为 $\varepsilon_P = m_{分子}gh$ ，代入上式得

$$n = n_0 e^{-\frac{m_{分子}gh}{kT}} = n_0 e^{-\frac{Mgh}{RT}} \tag{11-30}$$

上式为重力场中分子数密度随高度变化的公式。显然，随着高度的增加，分子数密度急剧下降。这就是为什么海拔越高的地方，空气越稀薄的原因。

3. 重力场中的气压公式

众所周知，地球表面附近的大气分子数密度随高度变化而变化，这就直接导致地球表面附近的气压随高度而改变。将理想气体状态方程 $p = nkT$ 代入式（11-30）得重力场中的气压公式

$$p = p_0 e^{-\frac{m_{分子}gh}{kT}} = p_0 e^{-\frac{Mgh}{RT}} \tag{11-31}$$

式中 p_0 为地球表面 $h = 0$ 处的大气压。

实际上，大气层中气体的温度随高度的变化而略有变化，由上式所得的结果与实际情况略有出入。但是，在地球表面附近，实际情况与式（11-31）还是很接近的。对上式两边取对数可得

$$h = \frac{kT}{m_{分子}g}\ln\frac{p_0}{p} = \frac{RT}{Mg}\ln\frac{p_0}{p} \tag{11-32}$$

在航空、登山和地质考察等活动中，常利用此式来估算某处的高度，这就是一种高度计的原理。

11.5 气体分子平均碰撞频率和平均自由程

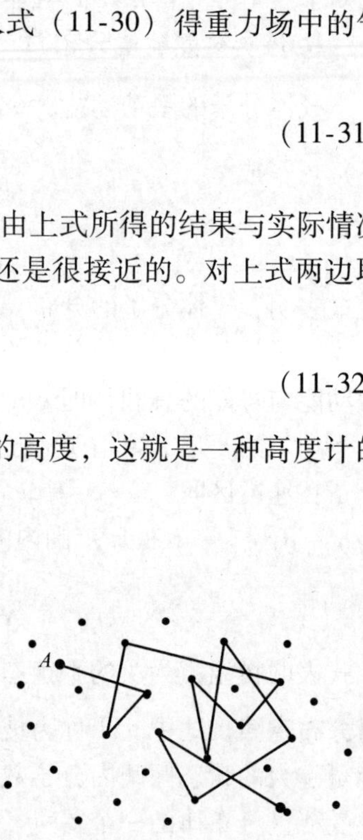

图 11-7 分子碰撞

气体分子的运动速度与声波在空气中的传播速度是同一数量级，然而，当我们打开一个香水瓶的瓶塞时，距离香水瓶几米以外的人并不能马上嗅到香水的气味。这其中的原因在于气体分子在运动过程中不断与其他分子发生碰撞。如图 11-7 所示，分子运动的路径不是一条简单的直

线，而是无规则的折线。分子之间是通过碰撞实现动量和动能交换的，由非平衡态向平衡态的过程也是通过分子的碰撞实现的。下面我们讨论分子间的碰撞问题。

11.5.1　气体分子的平均碰撞频率

气体分子间的无规则碰撞是十分频繁的，在单位时间内分子与其他分子碰撞的平均次数称为分子的**平均碰撞频率**，用 $\bar{Z}$ 表示。有哪些因素影响分子的平均碰撞频率呢？为了计算 $\bar{Z}$ 值，我们跟踪一个分子的运动。为了简便起见，假设分子 A（见图 11-8）以平均相对速率 $\bar{u}$ 运动，其他分子都静止不动，计算出分子 A 在 Δt 时间内与多少个分子相碰。

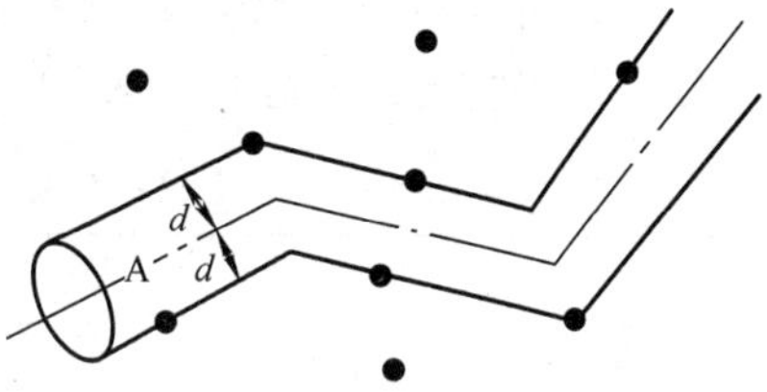

图 11-8　分子平均碰撞频率的计算

假设分子恰能相互作用时，两质心间的距离称为有效直径，用 d 表示。在运动过程中，由于与其他分子碰撞，其运动轨迹为一系列折线，以 $2d$ 为直径，以折线为轴作圆柱，其截面称为碰撞截面，如图 11-8 所示，显然，只有分子中心在图中圆柱内的分子才能与分子 A 相碰。在 Δt 时间内分子运动的相对平均距离为 $\bar{u}\Delta t$，相应的圆柱体的体积为

$$V=(\pi d^2)(\bar{u}\Delta t)$$

在 Δt 时间内与分子 A 相碰的分子数就等于该圆柱体内的分子数，由此得平均碰撞频率为

$$\bar{Z}=\frac{nV}{\Delta t}=n\pi d^2\bar{u}$$

考虑到实际上所有分子都在不停地运动，且各个分子运动的速率也不相同，这就需要对上式加以修正。更详细的理论可以证明，考虑到上述因素后，可得 $\bar{u}=\sqrt{2}\bar{v}$，$\bar{v}$ 为气体分子的平均速率。这样，我们得出分子平均碰撞频率为

$$\bar{Z}=\sqrt{2}n\pi d^2\bar{v} \tag{11-33}$$

11.5.2　平均自由程

由于分子运动的无规则性，一个分子在任意连续两次碰撞之间所经过的自由路程是不同的，在一定的宏观条件下，一个分子在连续两次碰撞之间所可能经过的各段自由路程的平均值称为**平均自由程**，用符号 $\bar{\lambda}$ 表示。在任意一段时间 Δt 内，分子所通过的路程为 $\bar{v}\Delta t$，$\bar{v}$ 为平均速率，而在这段时间内，分子碰撞的次数为 $\bar{Z}\Delta t$，由于碰撞，整个路程被折成了许多段，每一段的平均长度为 $\bar{\lambda}=\dfrac{\bar{v}\Delta t}{\bar{Z}\Delta t}$，所以分子的平均自由程与平均碰撞频率之间存在如下关系

$$\bar{\lambda}=\frac{\bar{v}}{\bar{Z}} \tag{11-34}$$

把式（11-33）代入上式得

$$\bar{\lambda}=\frac{1}{\sqrt{2}n\pi d^2} \tag{11-35}$$

上式表明，平均自由程与分子碰撞截面、分子数密度成反比，而且与分子的平均速率无

关。对一定量气体，体积不变时，$\bar{\lambda}$ 不随温度变化。

根据理想气体状态方程 $p = nkT$ 还可将上式写成

$$\bar{\lambda} = \frac{kT}{\sqrt{2}\pi d^2 p} \tag{11-36}$$

从上式可以看出，当气体的温度给定时，气体的压强越大，分子的平均自由程越短；反之，分子的平均自由程越长。表 11-1 给出 0 ℃时不同压强下空气的平均自由程 $\bar{\lambda}$。

表 11-1　0 ℃时不同压强下空气的平均自由程 $\bar{\lambda}$

压强/ Pa	$\bar{\lambda}$ /m
1.013×10^5	7×10^{-8}
133	5×10^{-5}
1.33	5×10^{-3}
1.33×10^{-2}	5×10^{-1}
1.33×10^{-4}	50

从表中可看出，压强越小，$\bar{\lambda}$ 就越大，在 1.33×10^{-4} Pa 的压强下，1 cm^3 内的分子大约有 3.5×10^{10} 个。

【例 11-8】 计算空气分子在标准状态下的平均自由程和平均碰撞频率。取分子的有效直径为 $d = 3.50 \times 10^{-10}$ m，空气的平均摩尔质量为 $M = 29.0 \times 10^{-3}\ \mathrm{kg \cdot mol^{-1}}$，$d = 3.50 \times 10^{-10}$ m，$T = 273$ K，$p = 1.013 \times 10^5$ Pa，求：$\bar{\lambda}$，$\bar{Z}$。

【解】 $\bar{\lambda} = \dfrac{kT}{\sqrt{2}\pi d^2 p} = \dfrac{1.38 \times 10^{-23} \times 273}{\sqrt{2}\pi \times (3.50 \times 10^{-10})^2 \times 1.013 \times 10^5}\ \mathrm{m} = 6.83 \times 10^{-8}\ \mathrm{m}$

$$\bar{v} = 1.60\sqrt{\frac{RT}{M}} = 1.60\sqrt{\frac{8.31 \times 273}{29.0 \times 10^{-3}}}\ \mathrm{m \cdot s^{-1}} = 448\ \mathrm{m \cdot s^{-1}}$$

$$\bar{Z} = \frac{\bar{v}}{\bar{\lambda}} = \frac{448}{6.83 \times 10^{-8}}\ \mathrm{s^{-1}} = 6.56 \times 10^9\ \mathrm{s^{-1}}$$

由此可见，在标准状态下，空气分子的平均自由程约是分子有效直径的 200 倍左右，每秒钟内一个分子与其他分子的碰撞可达 65.6 亿次。

【背景阅读材料】

气体动理论的三个主要奠基人

麦克斯韦、玻耳兹曼和克劳修斯是气体动理论的三个主要奠基人，由于他们三人的出色工作使气体动理论最终成为定量的系统理论。

一、麦克斯韦的生平及主要成就简介

麦克斯韦（James Clerk Maxwell，1831—1879），英国物理学家。1831 年 6 月 13 日生于苏格兰首府爱丁堡，麦克斯韦的父亲约翰是一名思想活跃、爱好科学技术、不随流俗的机械

设计师，这使他从小就受到科学的熏陶。他 10 岁那年进了爱丁堡中学，由于讲话带有很重的乡音和衣着不入时，在班上经常被排挤、受讥笑。但在一次全校举行的数学和诗歌的比赛中，麦克斯韦一人独得两个科目的一等奖，他以自己的勤奋和聪颖获得了同学们的尊敬。他的学习内容逐渐突破了课本和课堂教学的局限。他的关于卵形曲线画法的第一篇科学论文发表在《爱丁堡皇家学会会刊》上，他采用的方法比笛卡儿的方法还简便。那年他仅仅 15 岁。1847 年，麦克斯韦 16 岁，他中学毕业，进入爱丁堡大学学习。这里是苏格兰的最高学府，他是班上年纪最小的学生，但考试成绩却总是名列前茅。他在这里专攻数学和物理，并且显示出非凡的才华。他读书非常用功，但并非死读书，在学习之余他还坚持写诗，不知满足地读课外书，积累了相当广泛的知识。在爱丁堡大学，麦克斯韦获得了攀登科学高峰所必备的基础训练。其中两位老师对他影响最深，一位是物理学家福布斯，另一位是逻辑学教授哈密顿。福布斯是一个实验物理学家，他培养了麦克斯韦对实验技术的浓厚兴趣，一个从事理论物理的人很难有这种兴趣。他强制麦克斯韦写作要条理清楚，并把自己对科学史的爱好传给麦克斯韦。哈密顿教授则用广博的学识影响着他，并用出色和怪异的批评能力刺激麦克斯韦去研究基础问题。在这些有真才实学的人的影响下，加上麦克斯韦个人的天才和努力，麦克斯韦的学识一天天进步，他说："把数学分析和实验研究联合使用得到的物理科学知识，比之一位单纯的实验人员或单纯的数学家所具有的知识更加坚实、有益而且牢固。"他用三年时间就完成了四年的学业，相形之下，爱丁堡大学这个摇篮已经不能满足麦克斯韦的求知欲。为了进一步深造，1850 年他转入人才济济的剑桥大学三一学院数学系学习，1854 年以第二名的成绩获史密斯奖学金，毕业留校任职两年。

1. 在气体动理论和热力学方面的贡献

在热力学与统计物理学方面麦克斯韦作出了重要贡献，他是气体动理论的创始人之一。1859 年他首次用统计规律得出麦克斯韦速率分布律，从而找到了由微观量求统计平均值的更确切的途径。1866 年他给出了气体分子按速率分布的函数新的推导方法，这种方法是以分析正向和反向碰撞为基础的。他引入了弛豫时间的概念，发展了一般形式的输运理论，并把它应用于扩散、热传导和气体内摩擦过程。1867 年引入了"统计力学"这个术语。

2. 在其他方面的主要成就

麦克斯韦一生从事过多方面的物理学研究工作，他最杰出的贡献是在经典电磁理论方面。他的电学研究始于 1854 年，当时他刚从剑桥大学毕业不过几星期，在这期间，他读到了法拉第的《电学实验研究》，立刻被书中新颖的实验和见解所吸引，他敏锐地捕捉到了法拉第的"力线"和"场"的概念的重要性。但是，他注意到全书竟然无一数学公式，这说明法拉第的学说还缺乏严密的理论形式。在其老师威廉·汤姆孙的启发和帮助下，他决心用自己的数学才能来弥补法拉第工作的这一缺陷。1855 年他发表了第一篇论文《论法拉第的力线》，把法拉第的直观力学图像用数学形式表达了出来，文中给出了电流和磁场之间的微分关系式。不久，他收到法拉第的来信，法拉第在信中说："我惊异地发现，这个数学加得很妙！"1860 年，29 岁的麦克斯韦去拜访年近 70 岁的法拉第，法拉第勉励麦克斯韦："不要局限于用数学来解释已有的见解，而应该突破它。"1861 年，麦克斯韦深入分析了变化磁场产生感应电动势的现象，独创性地提出了"分子涡旋"和"位移电流"两个著名假设。这些内容发表在 1862 年的第二篇论文《论物理力线》中。这两个假设已不仅仅是法拉第成果的数学反映，而是对法拉第电磁学作出了实质性的增补。1864 年 12 月 8 日，麦克斯韦在英国皇家学会的集会上宣读了题为《电磁场的动力学理论》的重要论文，对以前有关电磁现象和理论进行了系统的概括和总结，提出了联系着电荷、电流和电场、磁场的基本微分方程组。该方程组后来经赫兹、亥维赛和洛伦兹等人整理和改写，就成了作为经典电动力学主要基础的麦克斯韦方程组。该理论所宣告的一个直接的推论在科学史上具有重要意义，即预言了电磁波的存在。交变的电磁场以光速和横波的形式在空间传播，这就是电磁波；光就是一种可见的电磁波。电、磁、光的统一，被认为是 19 世纪科学史上最伟大的综合之一。1888 年，麦克斯韦的预言被赫兹所证实。

1865 年以后，麦克斯韦利用因病离职休养的时间，系统地总结了近百年来电磁学研究的成果，于 1873 年出版了他的《电磁理论》这部科学巨著，内容丰富、形式完备，体现出理论和实验的一致性，被认为可以和牛顿的《自然哲学的数学原理》交相辉映。麦克斯韦的电磁理论成为经典物理学的重要支柱之一。

麦克斯韦兴趣广泛，才智过人，他不但是建立各种模型来类比不同物理现象的能手，更是运用数学工具来分析物理问题的大师。他用数学方法证明了土星环是由一群离散的卫星聚集而成的。这项研究的论文获得亚当斯奖。在论文中他运用了 200 多个方程，由此可见他驾驭数学的高超能力！在色视觉方面他提出了三原色理论，他首先提出了实现彩色摄影的具体方案。他设计的“色陀螺”获得皇家学会的奖章。麦克斯韦在他生命的最后几年里，花费了很大气力整理和出版卡文迪什的遗稿以及创建卡文迪什实验室，为人类留下又一笔珍贵的科学遗产。

二、玻耳兹曼的生平及主要成就简介

玻耳兹曼（Ludwig Boltzmann，1844—1906），奥地利物理学家。1842 年 2 月 20 日诞生于维也纳，从小受到很好的家庭教育，勤奋好学，读小学、中学时一直是班上的优等生。1863 年以优异成绩考入著名的维也纳大学，受到 J · 斯忒藩、J · 洛喜密脱等著名学者的赞赏和栽培。1866 年获博士学位后，在维也纳的物理学研究所任助理教授。此后他历任拉茨大学（1869—1873，1876—1889）、维也纳大学（1873—1876，1894—1900，1902—1906）、慕尼黑大学（1880—1894）和莱比锡大学（1900—1902）的教授。1899 年被选为英国皇家学会会员。另外，他还是维也纳、柏林、斯德哥尔摩、罗马、伦敦、巴黎、彼得堡等科学院的院士。

1. 在气体动理论和热力学方面的贡献

玻耳兹曼主要从事气体动理论、热力学、统计物理学、电磁理论的研究。1868—1871 年间，玻耳兹曼把麦克斯韦的气体速率分布律推广到有势力场作用的情况，得出了有势力场中处于热平衡态的分子按能量大小分布的规律。在推导过程中，他提出的假说后被称为“各态历经假说”，这样他就得到了经典统计的分布规律——玻耳兹曼分布律，又称麦克斯韦 - 玻耳兹曼分布律，并进而得出气体分子在重力场中按高度分布的规律，有效地说明大气的密度和压强随高度而变化的情况。

1872 年他建立了著名的玻耳兹曼微分积分方程。他引入了由分子分布函数定义的一个函数 H，进一步证明得出分子相互碰撞下 H 随时间单调地减小——这就是著名的 H 定理，从而把 H 函数和熵函数紧密联系起来。H 定理与熵增加原理相当，都表征着热力学过程由非平衡态向平衡态转化的不可逆性。H 定理从微观粒子的运动上表征了自然过程的不可逆性，为当时科学家们所难于接受。1874 年开尔文首先提出所谓“可逆性佯谬”：系统中单个微观粒子运动的可逆性与由大量微观粒子在相互作用中所表现出来的宏观热力学过程的不可逆性这两者是矛盾的，由单个粒子运动的可逆性如何会得出宏观过程的不可逆性这样的结论？玻耳兹曼继续潜心研究，1877 年圆满地解决了这一佯谬，从而把自己的研究工作推向了一个新的高峰。他建立了熵 S 和系统宏观态所对应的可能的微观态数目 W（即热力学概率）的联系：$S \propto \ln W$。1900 年普朗克引进了比例系数 k——称为玻耳兹曼常量，写出了玻耳兹曼－普朗克公式：$S = k\ln W$。这样，玻耳兹曼表明了函数 H 和熵 S 都是与热力学概率 W 相联系的，揭示了宏观态与微观态之间的联系，指出了热力学第二定律的统计本质，即 H 定理或熵增加原理所表示的孤立系统中热力学过程的方向性，正对应于系统从热力学概率小的状态向热力学概率大的状态过渡，平衡态热力学概率最大，对应于熵 S 取极大值或函数 H 取极小值的状态；熵 S 自发地减小或 H 函数自发增加的过程不是绝对不可能的，不过概率非常小而已。

玻耳兹曼的工作是标志着气体动理论成熟和完善的里程碑，同时也为统计力学的建立奠定了坚实的基础，从而导致了热现象理论的快速发展。美国著名理论物理学家吉布斯（Josiah Willard Gibbs，1839—1903）正是在玻耳兹曼和麦克斯韦工作的基础上建立起统计力学大厦。玻耳兹曼开创了非平衡态统计理论的研究，玻耳兹曼积分－微分方程对非平衡态统计物理起着奠基性的作用，无论是在基础理论还是在实际应用上，都显示出相当重要的作用。因此，人们将公式 $S = k\ln W$ 铭刻在他的墓碑上，以纪念他科学上的不朽功绩。

2. 在其他方面的主要成就

玻耳兹曼把热力学理论和麦克斯韦电磁场理论相结合，运用于黑体辐射研究。1870 年斯忒藩在总结实验观测的基础上提出热物体发射的总能量同物体热力学温度 T 的 4 次方成正比。1884 年玻耳兹曼从理论上严格证明了空腔辐射的辐射通量密度 M 和热力学温度 T 的关系：$M = \sigma T^4$，式中 σ 是个普适常量，后来被称之为斯忒藩－玻耳兹曼常量，辐射通量密度 M 又称辐射出射度，同热力学温度 T 的四次方成正比。这个关系被称为斯忒藩－玻耳兹曼定律，它对后来普朗克的黑体辐射理论有很大的启示。在当时，科学家对麦克斯韦电磁场理论大多持不同看法，而玻耳兹曼则最早认识到麦克斯韦电磁场理论的重要性。他通过实验研究测定了许多物质的折射率，用实验证实了麦克斯韦的预言：媒质的光折射率等于其相对介电常数和磁导率乘积的算术平方根，并从实验证明在各向异性媒质中不同方向的光速是不同的。他引用《浮士德》中的一句话“写出这些符号的是一个神吗?”来赞美麦克斯韦方程组。这些都是对麦克斯韦电磁理论的有力支持。

玻耳兹曼是位很好的老师，经常被邀请到国外去讲学。他学识渊博，对学生要求严格而从不以权威自居。他讲课深入浅出、旁征博引、生动有趣，深受学生欢迎。他常常主持以科学最新成就为题的讨论班，带动学生进行研究。他对青年严格要求、热情帮助，培养了一大批物理学者。

三、克劳修斯的生平及主要成就简介

克劳修斯（Rudolf　Clausius，1822—1888），德国物理学家。1822 年 1 月 2 日生于普鲁士的克斯林（今波兰科沙林）的一个知识分子家庭，在他父亲的学校开始接受教育。几年之后，他去了什切青市就读文理中学，1844 年从柏林大学毕业，他在大学学习的是数学和物理。1847年他在哈雷大学主修数学和物理学，完成对地球大气的光学研究，取得了博士学位，从1850年起，曾先后任柏林炮兵工程学院、苏黎世工业大学、维尔茨堡大学、波恩大学等的物理学教授。

1. 在气体动理论和热力学方面的贡献

热力学理论的奠基者克劳修斯一生研究广泛，但最著名的成就是提出了热力学第二定律，他是自然科学史上第一个精确表示热力学定律的科学家，成为热力学理论的奠基人之一。

人类科学发展到19世纪，蒸汽机的应用已经十分广泛，如何进一步提高热机的效率问题越来越受到人们的重视，成了理论物理研究的重点课题。1824年，卡诺在热质说和永动机不可能的基础上证明了后来著名的卡诺定理，这不仅推论出了热机效率的最上限，而且也包含了热力学第二定律的若干内容。此后，经过许多科学家长期的研究，到19世纪中叶，能量转化和守恒定律建立了起来，这个物理学中极其重要的普遍规律很快就成为研究热和其他各种运动形式相互转化的坚实基础。

克劳修斯从青年时代起就决定对热力进行理论上的研究，他认为，一旦在理论上有了突破，那么提高热机的效率问题就可以迎刃而解。有了明确目标，克劳修斯学习异常勤奋，他知道只有在学生阶段打下坚实的数理基础，才能在今后的研究道路上有所建树。因此，克劳修斯用了近10年时间在学校里埋头苦读。有志者事竟成，1850年克劳修斯发表《论热的动力以及由此推出的关于热学本身的诸定律》的论文。他从热是运动的观点对热机的工作过程进行了新的研究。论文首先从焦耳确立的热功当量出发，将热力学过程遵守的能量守恒定律归结为热力学第一定律，指出在热机做功的过程中一部分热量被消耗了，另一部分热量从热物体传到了冷物体。他把热力学理论推至一个更真实更健全的基础之上。

在克劳修斯的博士论文中提出了关于光的折射，在白天时，我们看见蓝色的天空，以及在日出和日落时，看见各种红色系的天空（以及一些其他的现象），这些都是光的反射和折射。之后，英国物理学家瑞利表示，这些现象实际上都是由于光的散射所导致，但是无论如何，克劳修斯所使用的研究方法比用在之前数学物理相关研究的方法使用的更多。

1857年克劳修斯发表《论热运动形式》的论文，论文内容丰富，阐述了多个有关分子运动的问题，以十分明晰的方式发展了气体动理论的基本思想。从气体是运动分子集合体的观点出发，认为考察单个分子的运动既不可能也毫无意义，系统的宏观性质不是取决于一个或某些分子的运动，而是取决于大量分子运动的平均值。因此，第一次明确提出了物理学中的统计概念，这个新概念是建立分子运动论的前提。根据这个前提，克劳修斯建立了理想气体分子运动的模型，并强调分子的运动不仅有直线运动，还有分子中原子旋转和振荡的运动，从而正确地确定了实际气体和理想气体的区别。在此基础上，克劳修斯计算了碰撞器壁的分子数和相应的分子的动量变化，并通过一系列复杂的演算和论证，最终得出了因分子碰撞而施加给器壁的压强公式，从而揭示了气体压强这一宏观参量的微观本质，并由此推证了玻意耳-马略特定律和盖·吕萨克定律，初步显示了气体动理论的成就。不仅如此，克劳修斯还把气体分子的运动推广到气体的固态和液态。他认为三种聚集态中的分子都在运动，只是运动的方式有所差异而已。

他1858年发表《关于气体分子的平均自由程》的论文，从分析气体分子间的相互碰撞入手，引入单位时间内所发生的碰撞次数和气体分子的平均自由程的重要概念，解决了根据理论计算气体分子运动速度很大而气体扩散的传播速度很慢的矛盾，开辟了研究气体的输运过程的道路。

1865 年，克劳修斯首次为熵的概念提出了数学的表达式，并命名。他用了现在已废弃使用的单位“克劳修斯”（符号为 Cl）。克劳修斯选择使用此词“熵” entropy，是因为在希腊语中 ευτροπια 是“内容变革“或”改造内容“的意思。克劳修斯证明了：在任何孤立系统中，系统的熵的总和永远不会减少，或者说自然界的自发过程是朝着熵增加的方向进行的。这就是“熵增加原理”，它是利用熵的概念表述的热力学第二定律。

2. 在其他方面的主要成就

克劳修斯在其他方面贡献也很多。他从理论上论证了焦耳 - 楞次定律；1851 年他从热力学理论论证了克拉珀龙方程（即理想气体状态方程），故这个方程又称为克拉珀龙 - 克劳修斯方程；1853 年他发展了温差电现象的热力学理论；1857 年他提出电解理论；1870 年他创立了统计物理中的重要定理之一——位力定理；1879 年他提出了电介质极化的理论，由此与 O · 莫索提各自独立地导出电介质的介电常数与其极化率之间的关系——克劳修斯 - 莫索提公式。

在自然科学界和哲学界人们永久铭记克劳修斯于 1865 年用过的两句名言：

“宇宙的能量是恒定的”。

“宇宙的熵趋向一个最大值”。

习　题

一、简答题

1. 写出理想气体状态方程，并指出式中各宏观状态量的物理意义。

2. 根据理想气体的温度公式，当 $T = 0\,\mathrm{K}$ 时，气体分子的平均平动动能 $\overline{\varepsilon_k} = 0$。由此可推断，$T = 0\,\mathrm{K}$（即 273 ℃）时，分子将停止运动。你认为上述推理是否正确？为什么？

3. 在铁路上开行的火车，在海面上航行的船只，在空中飞行的飞机各有几个自由度？

4. 若某气体分子的自由度为 i，能否说每个分子的能量都等于 $\frac{i}{2}kT$？

5. 试指出下列各式所表示的物理意义：

(1) $\frac{1}{2}kT$；(2) $\frac{3}{2}kT$；(3) $\frac{i}{2}kT$；(4) $\frac{i}{2}RT$。

6. 若盛有某种理想气体的容器漏气，使气体的压强和分子数密度各减为原来的一半，气体的内能和分子平均动能是否改变？为什么？

二、选择题

1. 若理想气体的体积为 V，压强为 p，温度为 T，一个分子的质量为 M，K 为玻尔兹曼常数，R 为摩尔气体常数，则该理想气体的分子数为［　　］。

(A) $\frac{pV}{M}$　(B) $\frac{pV}{KT}$　(C) $\frac{pV}{RT}$　(D) $\frac{pV}{MT}$

2. 两个体积相同的容器中，分别储有氦气和氢气，以 E_1、E_2 分别表示氦气和氢气的内能，若它们的压强相同，则［　　］。

(A) $E_1 = E_2$ (B) $E_1 > E_2$ (C) $E_1 < E_2$ (D) 无法确定

3. 两瓶不同种类的气体，分子平均平动动能相等，但气体分子数密度不同，则下列说法中正确的是 [ ]。

(A) 温度和压强都相同 (B) 温度相同，压强不等

(C) 温度和压强都不同 (D) 温度相同，内能也一定相等

4. 两个容器中分别装有氮气和水蒸汽，它们的温度相同，则下列各量中相同的量是 [ ]。

(A) 分子平均动能 (B) 分子平均速率

(C) 分子平均平动动能 (D) 最概然速率

三、填空题

1. 理想气体的压强公式为________，表明宏观量压强 P 是由两个微观量的统计平均值 n 和 $\overline{\varepsilon_k}$ 决定的。从气体动理论的观点看，气体对器壁所作用的压强是大量气体分子对器壁不断碰撞的结果。

2. 理想气体的内能是________的单值函数，$\frac{i}{2}RT$ 表示____________，$\frac{m}{M}\frac{i}{2}RT$ 表示质量为 m、摩尔质量为 M、自由度为 i 的理想气体的________。

3. 同一温度下的氢气和氧气的速率分布曲线如题图 11-1 所示，其中曲线①为________气的速率分布，________气的最概然速率最大。

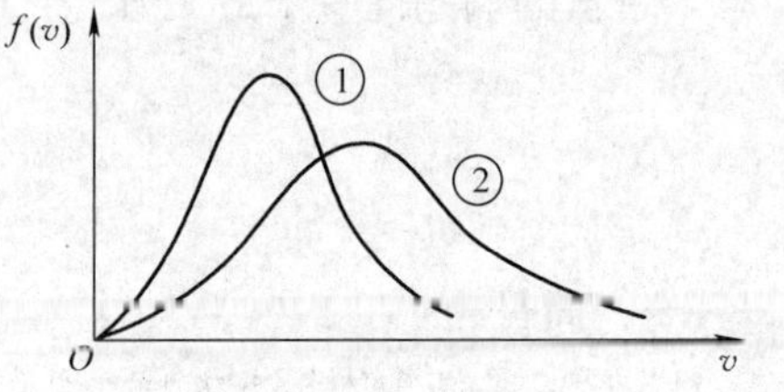

题图 11-1

4. 1 mol 氢气（可视为刚性双原子理想气体），温度为 T，则氢气分子的平均平动动能为________，氢气分子的平均动能为________，气体的内能为________。

5. 容器内装有 N_1 个单原子理想气体分子和 N_2 个刚性双原子理想气体分子，当该系统处在温度为 T 的平衡态时，其内能为________。

四、计算题

1. 在等体条件下加热一定量的理想气体，若使其温度升高 3 K 时，其压强增大为原压强的 0.01 倍，求气体原来的温度是多少？

2. 目前实验室所能获得的高真空，其压强约为 1.33×10^{-10} Pa。求在 27 ℃条件下，这样的真空中每立方厘米内有多少个气体分子？

3. 某一容器内储有氢气，其压强为 1.01×10^5 Pa，求温度为 300 K 时，(1) 气体的分子数密度；(2) 气体的质量密度。

4. 1 mol 氢气装在 $20 \times 10^{-3}\text{m}^3$ 的容器内，当容器内的压强为 3.99×10^4Pa 时，氢气分子的平均平动动能为多大？

5. 容积为 1.0m^3 的容器内混有 $N_1 = 1.0 \times 10^{25}$ 个氧气分子和 $N_2 = 4.0 \times 10^{25}$ 个氮气分子，混合气体的压强是 2.76×10^5 Pa，求：(1) 分子的平均平动动能；(2) 混合气体的温度（玻耳兹曼常量 $k = 1.38 \times 10^{-23}\text{J} \cdot \text{K}^{-1}$）。

6. 求：(1) 温度为 0 ℃时分子的平均平动动能为多少？(2) 温度为 100 ℃时分子的平

均平动动能为多少？

7. 某一容器中，混有刚性双原子理想气体分子 $N_1=1.0\times10^{23}$ 个和单原子理想气体分子 $N_2=4.0\times10^{23}$ 个，在混合气体的温度是 300 K 的状态下，求：(1) 两种分子的平均平动动能；(2) 两种分子的平均动能；(3) 容器内气体的内能。

8. 题图 11-2 中的两条曲线"1"、"2"是两种不同气体（氢气和氧气）在同一温度下的麦克斯韦分子速率分布曲线。试由图中数据求出两种气体的最概然速率和温度。

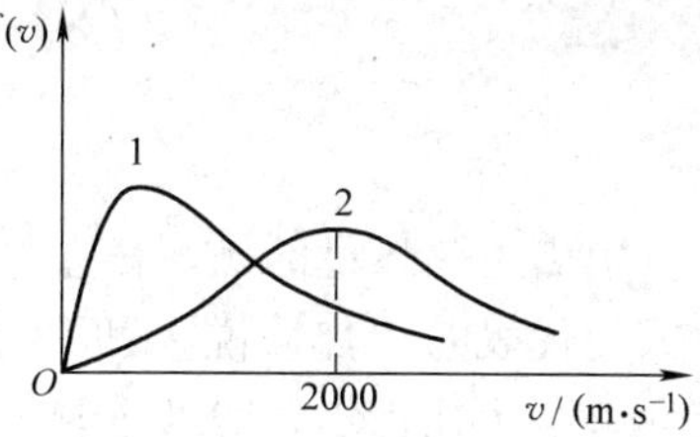

题图 11-2

第 12 章　热力学基础

历史上对热量的认识一直存在两种观点，即 17 世纪以培根、玻意耳、胡克、牛顿等科学家为代表的“热质说”和 18 世纪以布莱克和伽桑狄等为代表的“热动说”，这两种学说相互争论了几百年。19 世纪随着蒸汽机技术的不断发展，人们对热的研究不再是孤立地进行，而是在热现象与其他现象，特别是从机械功的转化中来认识热。热量与功是相当的，是能量转化的量度。热量是运动的量，是大量微观粒子运动的宏观表现。热力学理论就是在相互争论中得到了发展，使人类对热的认识逐渐走上了科学正确的道路。

热力学是热学理论的一个方面，热力学主要是从能量转化的观点来研究物质的热性质，它揭示了能量从一种形式转换为另一种形式时遵从的宏观规律。热力学是总结物质的宏观现象而得到的热学理论，不涉及物质的微观结构和微观粒子的相互作用。热力学三定律是热力学的基本理论（本章主要讲解热力学第一定律和热力学第二定律）。

前一章以物质的原子分子结构概念和分子热运动概念为基础，运用统计的方法，解释和揭示了物质宏观热现象及其有关规律的本质，确立了宏观量与微观量的统计平均值之间的关系。

本章介绍的热力学是以观测和实验事实为依据，主要从能量观点出发，分析研究在物态变化过程中有关热、功转换的关系和条件，是研究物质热现象和热运动规律的宏观理论。本章主要以热力学两条基本定律为主线讨论理想气体的等值过程、循环过程。

12.1　热力学的基本观点和基本概念

12.1.1　热质说与热动说

温度不同的两个物体接触后，热的物体要变冷，冷的物体要变热，最后达到热平衡，具有相同的温度。对于这种现象，人们引入了热量的概念，认为热量由高温物体传到了低温物体。

那么热量到底是什么呢？历史上对热量的认识一直存在两种观点，即“热质说”和“热动说”，这两种学说相互争论了几百年，而热力学理论就是在相互争论中得到了发展。

早在 17 世纪，培根、玻意耳、胡克、牛顿等科学家就认为热是物体微粒的机械运动，即“热动说”。然而到了 18 世纪，以布莱克和伽桑狄等为代表的一些科学家认为，热是一种看不见的、没有重量的可流动的特殊物质，叫做热质。热的物体热质多，冷的物体热质少；热质既不能产生，又不能消灭，只能由较热的物体传到较冷的物体，在传递过程中热质的量守恒，这就是当时的“热质说”。“热质说”简单、容易地解释了当时发现的大部分热现象，如：物体温度的变化是吸收或放出热质引起的；热传导是热质的流动；对流是载有热质的物体的流动；辐射是热质的传播；热膨胀是热质粒子间的排斥；物质状态变化时的“潜热”是物质与热质发生“化学反应”的结果。“热质”理论对热传导、热对流和热辐射以及气体的扩散、物态变化等现象给出了牵强的解释，然而它却无法解释摩擦生热这一常见的热学现象。

18 世纪末，美国物理学家本杰明·汤普逊（B. Thompson）在德国慕尼黑进行炮膛钻孔时，发现钻孔所产生的热现象和热质说的推论相反。他发现钻头在钻了很短时间后，就会产生大量的热，而从炮身上钻下来的金属屑更热。这些热量从何而来？它是由钻头在坚实的金属块钻出来的金属所供给的吗？根据热质说，锐利的钻头比钝钻头应能更有效地切削炮筒的金属，从中放出更多的和金属结合的热质。但是，实际上钝钻头放出的热质更多。一个简直不能切削的钝钻头，在马匹的拖动下转动，过了 2h45min，竟使 8 kg 左右的水沸腾。从这个实验得出结论："实验中由摩擦所生的热似乎是无穷无尽的。这些热，除了把它看做'运动'以外，似乎很难把它看做其他任何东西。"

19 世纪随着蒸汽机技术的不断发展和自然科学各领域研究的不断进展，人们对热的研究不再是孤立地进行，而是在热现象与其他现象特别是与机械功的转化中来认识热。德国医生、物理学家迈尔（Robert Mayer）把热看成能量的一种形式，并计算出热的机械功当量值。能量转化与守恒定律的另一位创始人亥姆霍兹（Hermann Helmholtz）在他的论文中指出，如果在摩擦或吸收作用存在的情况下物理过程发生了能量的损失，那么就应该引起热作为相应的补偿。焦耳深信热是物体中大量微粒机械运动的宏观表现。他从 1840 年到 1879 三十多年的时间内进行了多项实验，得出不仅可以通过热传递使水温升高，也可以通过机械功或者电功的结论，并精确计算出了热功当量值。热量与功是相当的，是能量转化的量度。热量是运动的量，是大量微观粒子运动的宏观表现。这使人类对热的认识逐渐走上了科学正确的道路。

12.1.2　热力学系统的内能　功　热量

1. 热力学系统的内能

在热力学中，研究的对象（即理想气体）叫做**热力学系统**，简称**系统**。

在上一章的气体动理论中，已经从微观角度定义了系统的内能，它是系统内所有分子无规则热运动能量的总和。对理想气体，分子之间的相互作用力可忽略，理想气体的内能仅是温度的单值函数。实验证明，热力学系统状态的变化总是通过外界对系统做功，或向系统传递热量，或两者兼施来完成的。当系统从状态 a 变化到状态 b 时，外界对系统所做的功与向系统所传递的热量的总和只与系统的初、末状态有关，而与系统经历的过程无关。由此可见，热力学系统在一定状态下应具有一定的能量，称为**热力学系统的内能**。它是系统状态的单值函数。当系统状态确定时，其内能为确定的值，即**内能是状态量**。

当系统由一个状态变化到另一个状态时，内能的变化只与系统的初、末状态有关，而与中间过程无关，则有

$$\Delta E = \int_{E_1}^{E_2} \mathrm{d}E = E_2 - E_1 \tag{12-1}$$

若系统经历一系列过程又回到初态，我们称系统经历一循环过程，则系统内能的变化量为

$$\Delta E = \oint \mathrm{d}E = 0 \tag{12-2}$$

2. 热力学系统的功

热力学中功的计算仍然是用质点力学中功的定义。恒力的功的定义是：**力对质点所做的功等于力在质点位移方向的分量与位移大小的乘积**。讨论变力做功时，利用**“化曲线为直线，化变力为恒力”**的物理思想，把质点经过的全部路径（如图 12-1b 中从 a 点经过一段曲线路径到 b 点）分为许多段微小的位移元，在各段位移元 $\mathrm{d}\boldsymbol{r}$ 内，变力可视为恒力；质点从 a 点移至 b 点时，变力对质点所做的功等于在每段微小位移上所做元功的代数和，即

$$A = \int \mathrm{d}A = \int_A^B \boldsymbol{F} \cdot \mathrm{d}\boldsymbol{r} = \int_A^B F\,|\mathrm{d}\boldsymbol{r}|\cos\theta$$

图 12-1a 为气体膨胀时推动活塞对外界做功，图 12-1b 为气体状态的变化过程。

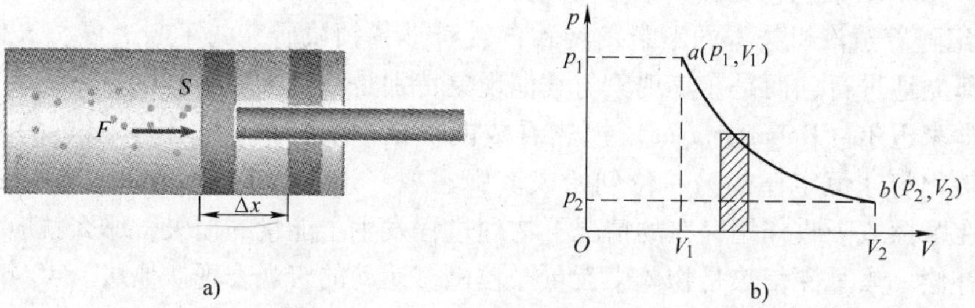

图 12-1　气体膨胀对外做功示意图

设气体的压强为 p，活塞面积为 S，则气体对活塞的压力为 $F=pS$，在无摩擦准静态条件下使活塞移动一微小位移 Δx，则气体对外界做的功为

$$\Delta A = F \cdot \Delta x = pS \cdot \Delta x = p\Delta V$$

ΔA 可用图 12-1b 中阴影部分的小面积来表示。系统由状态 a 变化到状态 b 的过程中对外界做的总功为

$$A = \sum \Delta A = \sum p\Delta V$$

当 $\Delta V \to 0$ 时，上述求和变成积分，即

$$A = \int_{V_1}^{V_2} p\mathrm{d}V \tag{12-3}$$

图 12-1b 中 ab 曲线下面的面积即为气体在膨胀过程中对外界所做的总功，故图 12-1b 又被称为示功图。由图可以看出，当系统经历不同的过程，由状态 a 变化到状态 b 时，曲线下面的面积不同，系统所做的功也就不同，这说明系统所做的功不仅与系统的始末状态有关，而且还与过程有关，所以**功是过程量**。

由式（12-3）可知，当气体膨胀时，体积增加，气体对外界做的功 $A>0$，称气体对外界做正功；当气体被压缩时，体积减小，气体对外界做的功 $A<0$，称气体对外界做负功。

3. 热量

向系统传递热量也可以改变其内能。例如，把一壶冷水放到火炉上，炉火不断把能量传递给壶中的水，水的温度就会逐渐升高，内能增加。当温度不同的物体互相接触时，通过分子间的碰撞，传递分子无规则热运动的能量，最终使相互接触的物体达到相同的温度。因此，热传导的实质是通过分子间的相互作用，传递分子的热运动能量，从而改变系统的内能。

向系统传递的热量通常用 Q 表示，在国际单位制中，它的单位与功和内能的单位相同，都是焦耳（J）。

热量传递的方向可以用 Q 的正负表示。我们规定：当系统从外界**吸收**热量时，$Q>0$；当系统向外界**放出**热量时，$Q<0$。需要指出的是：**热量与功一样是过程量**。系统经历的过程不同，所传递的热量也不同。热量只在传热过程发生时才有意义，因而不能说系统具有多少热量。

虽然做功和热量传递都能改变系统的内能，但它们在本质上是不同的。做功是将物体机械运动的能量转化成系统内分子热运动的能量，而热量传递是高温物体分子热运动的能量通过分子间的相互作用传递给了低温物体。

12.2　热力学第一定律及其应用

上节讨论了热力学系统的基本概念：热量、功和内能，本节将简单叙述理想气体在准静态过程中功、热量和内能的计算以及它们之间的关系，即热力学第一定律。而热力学第一定律的应用，主要是理想气体在忽略摩擦的准静态条件下，等体、等压和等温三个等值过程中的热量、功、内能以及它们之间的相互关系，并定义了理想气体的摩尔定容热容和摩尔定压热容。

12.2.1　热力学第一定律

此定律是迈尔（Mayer）在 19 世纪早期提出的，之后才被焦耳的实验结果所证明。这一点上焦耳做了四百多次的实验，历经三十多年，证明热和功之间有一定的转化关系——热功当量 1 cal = 4.18 J，即 1 卡的热相当于 4.18 焦耳的功。这为能量转化与守恒定律提供了科学的实验证明。因此，热力学第一定律是人类长期经验的总结，其基础极为广泛，再不需用别的原理来证明，至今无论是宏观世界还是微观世界中，都未发现过任何例外情况。热力学第一定律有多种表述方式：

（1）能量既不能创造，也不能消灭，它只能从一种形式转变为另一种形式，在转化中，能量的总量不变，即能量守恒与转化定律。自然界存在着多种不同形式的运动，每种运动对应着一种形式的能量。如机械运动对应机械能；分子热运动对应内能；电磁运动对应电磁能；不同形式的能量之间可以相互转化。摩擦可以将机械能转化为内能；炽热的电灯发光可以将电能转化为光能。热力学第一定律是在热现象领域内的能量守恒与转化定律，它是自然界的普通规律，不以人的意志为转移。能量不能无中生有，也不能自行消失。依据这个定律可知，一个体系的能量发生变化，环境的能量也必定发生相应的变化，如果体系的能量增加，环境的能量就要减少，反之亦然。对生态系统来说也是如此，例如，光合作用生成物所含有的能量多于光合作用反应物所含有的能量，生态系统通过光合作用所增加的能量等于环境中太阳所减少的能量，总能量不变，所不同的是太阳能转化为潜能输入了生态系统，表现为生态系统对太阳能的固定。

（2）第一类永动机是不能实现的。所谓第一类永动机是一种循环做功的机器，它不消耗任何能量或燃料而能不断对外做功。这就意味着能量可以凭空产生，这就是违背了能量守恒定律。历史上曾有不少人幻想创造出这种机器，直到热力学第一定律的确立才打破了这些人的幻想。反过来由于第一类永动机不可能造成，也就说明了能量守恒定律的正确性。

一般情况下，热力学系统内能的改变是做功和热量传递的共同效果。假设热力学系统在某一过程中从外界吸收的热量为 Q，同时它对外界做的功为 A，系统的内能由初态的 E_1 变为末态的 E_2。根据能量转化与守恒定律，有

$$Q = (E_2 - E_1) + A = \Delta E + A \tag{12-4}$$

即系统从外界吸收的热量一部分使系统的内能增加，另一部分用于系统对外界做功，这就是**热力学第一定律**。热力学第一定律说明了做功和热传递是系统内能改变的量度，没有做功和热传递就不可能实现能量的转化或转移，同时也进一步揭示了能量守恒定律。

对于一个微小的状态变化过程，热力学第一定律的数学形式可写成

$$\mathrm{d}Q = \mathrm{d}E + \mathrm{d}A \tag{12-5}$$

$\mathrm{d}Q$、$\mathrm{d}E$、$\mathrm{d}A$ 分别表示在该微小过程中系统所吸收的热量、内能的增量以及对外所做的功。将上式对循环过程积分，并利用 $\oint \mathrm{d}E = 0$，便得到循环过程热力学第一定律的表达式

$$\oint \mathrm{d}Q = \oint \mathrm{d}A$$

上式表示在循环过程中，系统对外界做的净功 $\oint \mathrm{d}A$ 等于系统从外界吸收的净热量 $\oint \mathrm{d}Q$。

【例 12-1】 一定质量的气体在压缩过程中外界对气体做功 300 J，但这一过程中气体的内能减少了 300 J，问气体在此过程中是吸热还是放热？吸收（或放出）多少热量？

【解】 根据上节内容中对气体内能、功和热量的符号规定，由题意可知，气体对外所做的功 $A = -300$ J，内能的增量 $\Delta E = -300$ J，根据热力学第一定律 $Q = \Delta E + A$ 可得 $Q = -300 + (-300)$ J $= -600$ J，Q 为负值表示气体放热，因此该过程中气体放出 600 J 的热量。

12.2.2 理想气体的等值过程

理想气体的三个宏观状态参量体积 V、压强 p 和热力学温度 T，如果在某一准静态过程中，其中一个宏观状态参量始终保持不变，这样的过程称为理想气体的等值过程。

1. 等体过程 气体的摩尔定容热容

在等体过程（也称等容过程）中，气体的体积保持不变，$\mathrm{d}V = 0$，这是等体过程的一个特征。在 p-V 图上等体过程为一条平行于 p 轴的直线，如图 12-2 所示。

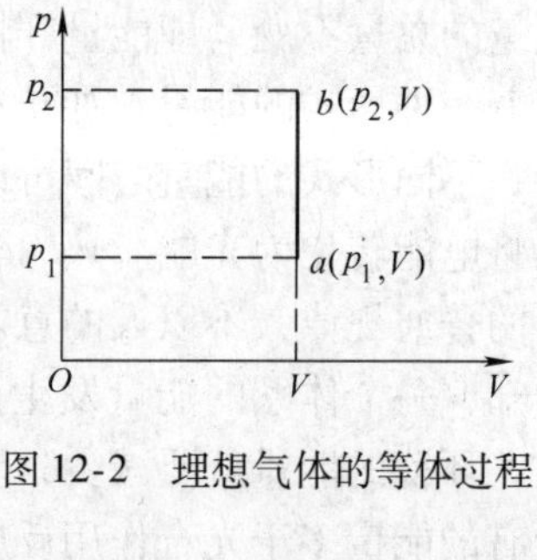

图 12-2 理想气体的等体过程

等体过程中气体的体积不变，由气体对外做功的定义式 $A = \int_{V_1}^{V_2} p\mathrm{d}V$ 可得 $A = 0$，即气体对外做功为零，或者说气体做功为零。由热力学第一定律可得此过程中气体从外界吸收的热量为

$$Q_V = E_2 - E_1 \tag{12-6}$$

上式表明，在等体过程中系统吸收的热量全部用来增加系统的内能。为计算热量，我们定义气体**摩尔定容热容**的概念。对于同一种气体，经历不同的过程，有不同的热容，定义**1 mol气体经等体过程，温度每变化 1 K 所吸收或放出的热量为摩尔定容热容**，用 $C_{V,\mathrm{m}}$ 表示，其单位为 $\mathrm{J \cdot mol^{-1} \cdot K^{-1}}$。质量为 m，摩尔质量为 M 的理想气体，经等体过程从温度为 T_1 的状态变化到温度为 T_2 的状态，需要吸收的热量为

$$Q_V = \frac{m}{M}C_{V,\mathrm{m}}(T_2 - T_1) \tag{12-7}$$

由热力学第一定律和理想气体的内能公式 $E = \frac{m}{M}\frac{i}{2}RT$，有

$$Q_V = (E_2 - E_1) = \frac{m}{M}\frac{i}{2}R(T_2 - T_1)$$

两式比较可得理想气体的摩尔定容热容为

$$C_{V,\mathrm{m}} = \frac{i}{2}R \tag{12-8}$$

由此可得单原子分子气体、刚性双原子分子气体、刚性多原子分子气体的摩尔定容热容分别为 $\frac{3}{2}R$、$\frac{5}{2}R$ 和 $\frac{6}{2}R$。

2. 等压过程　气体的摩尔定压热容

在等压过程中，气体的压强保持不变，$\mathrm{d}p = 0$，这是等压过程的特征。在 p-V 图上等压过程为一条平行于 V 轴的直线，如图 12-3 所示。

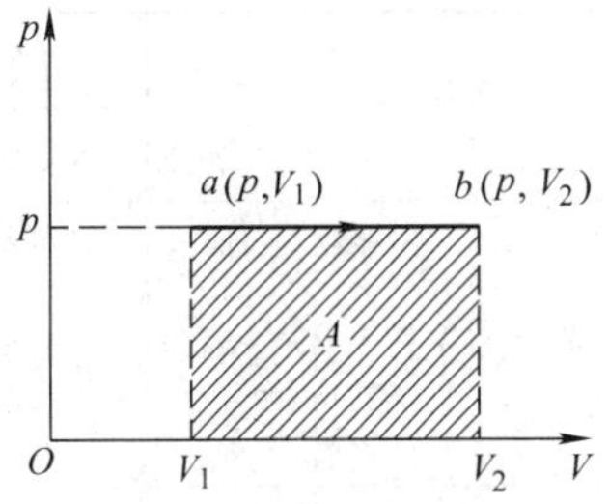

图 12-3　理想气体的等压过程

由于等压过程中的压强不变，所以气体对外界做功为

$$A = \int_{V_1}^{V_2} p\mathrm{d}V = p(V_2 - V_1) \tag{12-9}$$

图 12-3 中直线下面的面积即为系统对外界做的功。由热力学第一定律和理想气体内能公式有

$$Q_p = (E_2 - E_1) + A = \frac{m}{M}\frac{i}{2}R(T_2 - T_1) + p(V_2 - V_1) \tag{12-10}$$

上式表明，在等压过程中系统吸收的热量一部分用于增加系统的内能，另一部分用于系统对外界做功。根据理想气体状态方程有

$$pV_2 = \frac{m}{M}RT_2, pV_1 = \frac{m}{M}RT_1$$

代入式（12-10）得等压过程中系统从外界吸收的热量为

$$Q_p = \frac{m}{M}\frac{i+2}{2}R(T_2 - T_1) \tag{12-11}$$

定义**1 mol 气体经等压过程，温度每变化 1 K 所吸收或放出的热量为摩尔定压热容**，用 $C_{p,\mathrm{m}}$表示。质量为 m，摩尔质量为 M 的理想气体，经等压过程从温度为 T_1 的状态变化到温度为 T_2 的状态，需要吸收的热量为

$$Q_p = \frac{m}{M}C_{p,\mathrm{m}}(T_2 - T_1) \tag{12-12}$$

与式（12-11）比较，可得理想气体的摩尔定压热容为

$$C_{p,\mathrm{m}} = \frac{i+2}{2}R \tag{12-13}$$

单原子分子气体、刚性双原子分子气体、刚性多原子分子气体的摩尔定压热容分别为 $\frac{5}{2}R$、$\frac{7}{2}R$ 和 $\frac{8}{2}R$。式（12-13）与式（12-8）比较，可得理想气体的摩尔定压热容 $C_{p,\mathrm{m}}$与摩

尔定容热容 $C_{V,\mathrm{m}}$ 之差为

$$C_{p,\mathrm{m}} - C_{V,\mathrm{m}} = R \tag{12-14}$$

这个关系称为**迈尔公式**。它说明理想气体的摩尔定压热容 $C_{P,\mathrm{m}}$ 比等容摩尔热容 $C_{V,\mathrm{m}}$ 大一个常量 R。也就是说，在等压过程中，1 mol 理想气体温度升高 1K 时，要比其在等容过程多吸收 8.31J 的热量，用来对外界做功。

在实际应用中，常用到 $C_{p,\mathrm{m}}$ 与 $C_{V,\mathrm{m}}$ 的比值，这个比值通常称为**摩尔热容比**，用 γ 表示，即

$$\gamma = \frac{C_{p,\mathrm{m}}}{C_{V,\mathrm{m}}} = \frac{i+2}{i} > 1 \tag{12-15}$$

由上述分析可知，理想气体的 $C_{p,\mathrm{m}}$、$C_{V,\mathrm{m}}$ 及 γ 只与分子的自由度有关，与气体的温度无关。表 12-1 列出了几种单原子、双原子、多原子分子气体的摩尔热容的理论值和实验值。

表 12-1　几种气体的摩尔热容的理论值和实验值（1atm、15℃）

气体		摩尔定压热容 $C_{p,\mathrm{m}}/R$		摩尔定容热容 $C_{V,\mathrm{m}}/R$		摩尔热容比 γ	
		实验值	理论值	实验值	理论值	实验值	理论值
单原子分子	He	2.50		1.50		1.67	
	Ne	2.50	2.50	1.50	1.50	1.67	1.67
	Ar	2.50		1.50		1.67	
双原子分子	H_2	3.49		2.45		1.41	
	O_2	3.51	3.50	2.51	2.50	1.40	1.40
	N_2	3.46		2.47		1.40	
多原子分子	H_2O	4.36		3.33		1.31	
	CO_2	4.41	4.00	3.39	3.00	1.30	1.33
	CH_4	4.28		3.29		1.30	

将表中的对应数据进行比较可以看出，对于单原子和双原子分子气体，实验值与理论值很接近，而对于多原子分子气体，理论值与实验值存在较大差异，其原因之一是由于忽略了分子的振动能量，而这种振动能量在结构复杂的分子中，或在温度很高的情况下，是不能忽略的。但其根本原因还是由于经典热容量理论采用的能量连续概念，不能正确地处理分子和原子领域内的问题。量子理论认为，能量是不连续的，并指出振动能量与温度及振动频率有关。只有用量子理论才能正确解决热容量问题。

3. 等温过程

理想气体在等温过程中，其温度保持不变，即 $\mathrm{d}T=0$，这是等温过程的特征。在 p-V 图上等温过程为一条双曲线，称为**等温线**，如图 12-4 所示。

由于等温过程中理想气体的温度不变，而其内能又是温度的单值函数，所以内能也保持不变，即

$$E_2 - E_1 = 0 \tag{12-16}$$

由功的计算公式（12-3）和理想气体的状态方程可得理想气体在等温膨胀过程中对外

界做的功为

$$A = \int_{V_1}^{V_2} p\mathrm{d}V = \int_{V_1}^{V_2} \frac{m}{M}RT\frac{\mathrm{d}V}{V}$$

因为在等温过程中 T 是常量，所以

$$A = \frac{m}{M}RT\ln\frac{V_2}{V_1} \tag{12-17}$$

根据热力学第一定律有

$$Q_T = A = \frac{m}{M}RT\ln\frac{V_2}{V_1} \tag{12-18}$$

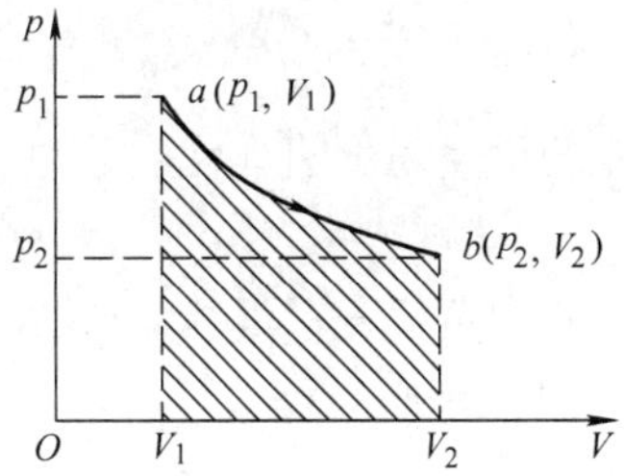

图 12-4　理想气体的等温过程

上式表明，理想气体在等温膨胀过程中吸收的热量全部用于对外做功，气体的内能保持不变。当理想气体被等温压缩时，气体对外界做负功，则 A、Q 二者均为负值，这表明外界对气体所做的功全部转化为气体对外放出的热量。

根据理想气体状态方程，等温过程中有 $p_1V_1 = p_2V_2$，则式（12-18）又可写成

$$Q_T = A = \frac{m}{M}RT\ln\frac{p_1}{p_2} \tag{12-19}$$

【例 12-2】 如图 12-5 所示，1 mol 氧气：（1）由 a 等温变化到 b；（2）由 a 等体变化到 c；（3）由 c 等压变化到 b。试分别计算该氧气在上述不同过程中对外界做的功、内能的增量和所吸收的热量。

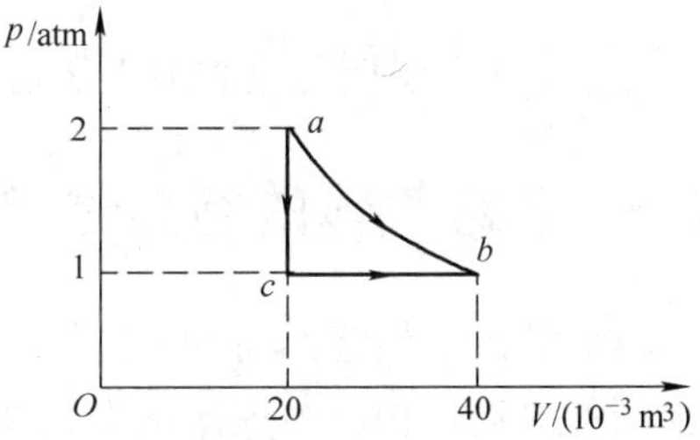

图 12-5　例 12-2 题图

已知：$\frac{m}{M} = 1.0\ \text{mol}$，$T_a = T_b$，$V_a = V_c = 20\times10^{-3}\ \text{m}^3$，$p_c = p_b = 1.013\times10^5\ \text{Pa}$，$p_a = 2p_c$，$V_b = 2V_c$，$i = 5$，$M = 32\times10^{-3}\ \text{kg}\cdot\text{mol}^{-1}$

求：（1）A_{ab}，ΔE_{ab}，Q_{ab}；（2）A_{ac}，ΔE_{ac}，Q_{ac}；（3）A_{cb}，ΔE_{cb}，Q_{cb}。

【解】　（1）等温过程，温度不变，所以，内能的增量 $\Delta E_{ab} = 0$

气体对外做的功为 $A_{ab} = \frac{m}{M}RT\ln\frac{V_b}{V_a}$，由理想气体的状态方程可得：

$$p_aV_a = \frac{m}{M}RT$$

代入上式可得气体对外所做的功为

$$A_{ab} = p_aV_a\ln\frac{V_b}{V_a} = 2\times1.013\times10^5\times20\times10^{-3}\times0.693\ \text{J} = 2.8\times10^3\ \text{J}$$

由热力学第一定律可得：

$$Q_{ab} = A_{ab} + \Delta E_{ab} = 2.8\times10^3\ \text{J}$$

$Q_{ab} > 0$，说明此过程为吸热过程。

（2）等体过程，$A_{ac} = 0$，

$$\Delta E_{ac} = \frac{m}{M}\cdot\frac{i}{2}R(T_c - T_a)$$

再由理想气体的状态方程可得 $\frac{m}{M}R（T_c - T_a）= p_cV_c - p_aV_a$

$$\Delta E_{ac} = \frac{i}{2}V_c(p_c - p_a) = \frac{5}{2} \times 20 \times 10^{-3} \times (1.0 - 2.0) \times 1.013 \times 10^5 \text{ J} = -5.1 \times 10^3 \text{ J},$$

内能的增量为负值，说明该过程内能减少。

$$Q_{ac} = A_{ac} + \Delta E_{ac} = -5.1 \times 10^3 \text{ J}$$

其中负号表示气体向外界放热。

（3）等压过程，

$$A_{cb} = \int_{V_c}^{V_b} p\mathrm{d}V = p(V_b - V_c)$$
$$= 1.013 \times 10^5 \times (2 \times 20 - 20) \times 10^{-3} \text{ J} = 2.0 \times 10^3 \text{ J}$$

$\Delta E_{cb} = E_b - E_c = \dfrac{m}{M} \cdot \dfrac{i}{2}R(T_b - T_c)$，再联立理想气体状态方程可得

$$\Delta E = \frac{i}{2}p_b(V_b - V_c) = \frac{5}{2} \times 1.013 \times 10^5 \times (40 \times 10^{-3} - 20 \times 10^{-3})\text{J}$$
$$= 5.1 \times 10^3 \text{ J}$$

吸收的热量为

$$Q_{cb} = \Delta E_{cb} + A_{cb} = 5.1 \times 10^3 + 2.0 \times 10^3 \text{ J} = 7.1 \times 10^3 \text{ J}$$

$Q_{cb} > 0$，说明此过程为吸热过程。

12.3 理想气体的绝热过程

热力学系统始终不与外界交换热量，即 $Q=0$ 的过程称为绝热过程。绝热过程是一个绝热体系的变化过程，绝热体系为和外界没有热量和粒子交换，但有其他形式的能量交换的体系，属于封闭体系的一种。绝热过程有绝热压缩和绝热膨胀两种。

绝热过程是一种理想过程，我们只能得到近似的绝热过程。例如，在良好绝热材料所隔绝的系统中进行的过程，或由于过程进行较快，系统来不及与外界有显著的热量交换的过程，都可近似看做是绝热过程。

12.3.1 绝热过程的过程方程

1. 绝热过程方程

图 12-6a 为一绝热膨胀过程，在密闭汽缸中储有一定量理想气体，汽缸壁和活塞是由绝热材料制成的，活塞与汽缸壁间的摩擦可忽略不计。

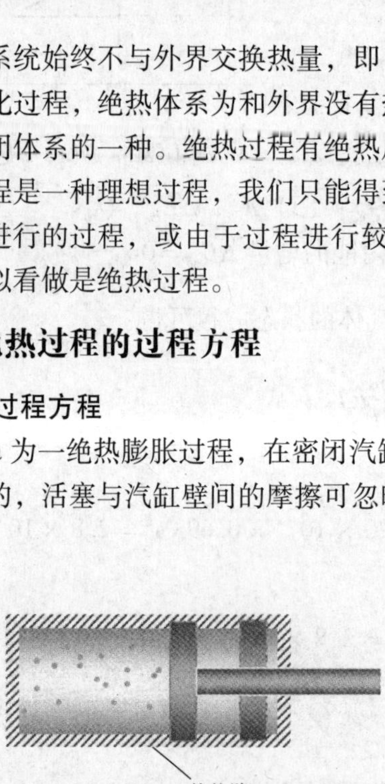

a)

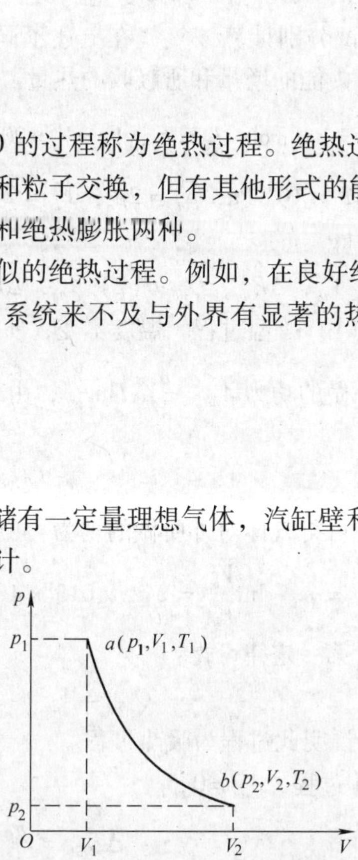

b)

图 12-6 理想气体的绝热过程

绝热过程的特点是过程中没有热量的传递，即 $Q=0$。由热力学第一定律可得 $A=-\Delta E$，即当系统绝热膨胀时，系统对外界做正功，内能减少，温度降低；当系统绝热压缩时，系统对外界做负功，即外界对系统做功，系统的内能增加，温度上升。在微小绝热过程中，$\mathrm{d}Q=0$，由热力学第一定律有

$$\mathrm{d}E+\mathrm{d}A=0$$

根据理想气体的内能公式 $E=\frac{m}{M}\frac{i}{2}RT$ 及 $\mathrm{d}A=p\mathrm{d}V$，上式可写成

$$\frac{m}{M}\frac{i}{2}R\mathrm{d}T+p\mathrm{d}V=0 \tag{12-20}$$

对理想气体状态方程 $pV=\frac{m}{M}RT$ 两边微分得

$$\frac{m}{M}R\mathrm{d}T=p\mathrm{d}V+V\mathrm{d}p \tag{12-21}$$

将式（12-21）代入式（12-20）整理得

$$\frac{i+2}{2}p\mathrm{d}V+\frac{i}{2}V\mathrm{d}p=0$$

因为 $\gamma=\frac{C_{p,\mathrm{m}}}{C_{V,\mathrm{m}}}=\frac{i+2}{i}$，所以

$$\gamma\frac{\mathrm{d}V}{V}+\frac{\mathrm{d}p}{p}=0 \tag{12-22}$$

积分得

$$\gamma\ln V+\ln p=C$$

其中 C 为积分常量，由该式得理想气体的绝热过程方程为

$$pV^{\gamma}=C_1 \quad 或 \quad p_1V_1^{\gamma}=p_2V_2^{\gamma} \tag{12-23}$$

将理想气体状态方程 $pV=\frac{m}{M}RT$ 代入上式，分别消去 p 或 V，可得

$$TV^{\gamma-1}=C_2 \quad 或 \quad T_1V_1^{\gamma-1}=T_2V_2^{\gamma-1} \tag{12-24}$$

$$p^{\gamma-1}T^{-\gamma}=C_3 \quad 或 \quad p_1^{\gamma-1}T_1^{-\gamma}=p_2^{\gamma-1}T_2^{-\gamma} \tag{12-25}$$

式（12-23）、式（12-24）和式（12-25）均为理想气体的绝热过程方程，且这三个方程是等价的。

【例 12-3】 压缩机将双原子分子理想气体压缩为原体积的 1/10，在此过程中，用冷却液冷却，使压缩气体的温度为 300 K，然后再使气体绝热膨胀到原体积，求膨胀后气体的温度。

已知：$i=5$，$\gamma=\frac{C_{p,\mathrm{m}}}{C_{V,\mathrm{m}}}=\frac{i+2}{i}=1.4$，$T_2=300\ \mathrm{K}$，$Q_{23}=0$，$V_3=V_1$。

求：T_3。

【解】 由绝热过程方程　　$T_2V_2^{\gamma-1}=T_3V_3^{\gamma-1}$

$$T_3=T_2\left(\frac{V_2}{V_3}\right)^{\gamma-1}=300\times\left(\frac{1}{10}\right)^{1.4-1}\ \mathrm{K}=119\ \mathrm{K}$$

可见，气体绝热膨胀，其温度降低。

2. 绝热过程的功和内能的变化量

在绝热过程中，系统对外界所做的功等于其内能的减少量。由于内能是状态的单值函

数，所以内能的改变量与过程无关。绝热过程功的计算有两种方法，第一种方法是根据理想气体的绝热过程方程 $pV^{\gamma}=C_1$ 和功的计算式（12-3）有

$$A=\int_{V_1}^{V_2}p\mathrm{d}V=\int_{V_1}^{V_2}\frac{C_1}{V^{\gamma}}\mathrm{d}V=\frac{1}{1-\gamma}\frac{C_1}{V^{\gamma-1}}\Bigg|_{V_1}^{V_2}$$

$$=\frac{1}{1-\gamma}\left(\frac{p_2V_2^{\gamma}}{V_2^{\gamma-1}}-\frac{p_1V_1^{\gamma}}{V_1^{\gamma-1}}\right)$$

$$=\frac{p_2V_2-p_1V_1}{1-\gamma}$$

$$A=\frac{p_1V_1-p_2V_2}{\gamma-1}=\frac{i}{2}(p_1V_1-p_2V_2) \tag{12-26}$$

第二种方法是在绝热过程中，$Q=0$，根据热力学第一定律，做功等于系统内能增量的负值，如下式

$$A=-(E_2-E_1)=\frac{m}{M}\frac{i}{2}R(T_1-T_2) \tag{12-27a}$$

由理想气体状态方程 $pV=\dfrac{m}{M}RT$

$$A=\frac{i}{2}(p_1V_1-p_2V_2) \tag{12-27b}$$

由此可见，两种方法等效。

12.3.2 理想气体的绝热线与等温线

根据理想气体的绝热过程方程 $pV^{\gamma}=C_1$ 和等温过程方程 $pV=C_1'$，在 p-V 图上画出它们的过程曲线如图 12-7 所示。图中实线为绝热线，虚线是等温线，两条曲线在 A 点相交，显然，绝热线比等温线要陡。

假设同种气体都从状态 A 出发，一次经绝热膨胀，一次经等温膨胀，使其体积都增加相同的 ΔV。随着体积的增大，气体分子数密度 n 减小，且绝热过程和等温过程中 n 的减小量是相同的。根据理想气体状态方程 $p=nkT$，在等温条件下，气体的压强只随 n 减小。在绝热条件下，随着体积的增大，不但 n 减小，而且温度也降低，所以气体的压强比等温过程减小得快，因此，绝热线比等温线要陡。

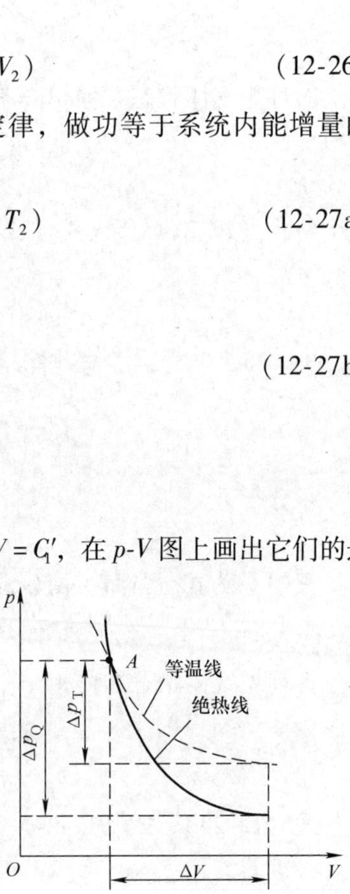

图 12-7 等温线与绝热线

【例 12-4】 设有 5.0 mol 氢气，初始状态的温度 $T_1=300\ \text{K}$，求经绝热过程，将气体压缩为原来体积的 1/10 所需做的功；若是等温过程，结果如何？

已知：$\dfrac{m}{M}=5.0\ \text{mol}$，$i=5$，$\gamma=1.4$，$T_1=300\ \text{K}$，$\dfrac{V_2}{V_1}=\dfrac{1}{10}$，$Q_{12}=0$，$\Delta E'_{12}=0$。

求：(1) A_{12}；(2) A_{12}'。

【解】 (1) 由 $Q_{12}=\Delta E_{12}-A_{12}$，所以 $A_{12}=-\Delta E_{12}=E_1-E_2$

由 $E=\dfrac{m}{M}\cdot\dfrac{i}{2}RT$，$E_1-E_2=\dfrac{m}{M}\cdot\dfrac{i}{2}R(T_1-T_2)$

T_2 可由绝热过程求得 $T_2=T_1\left(\dfrac{V_1}{V_2}\right)^{\gamma-1}=300\times(10)^{1.4-1}\ \text{K}=754\ \text{K}$

$$A_{12}=-(E_2-E_1)=-\frac{m}{M}\frac{i}{2}R(T_2-T_1)$$

$$=-5\times\frac{5}{2}\times 8.31\times(754-300)\ \text{J}=-4.72\times10^4\ \text{J}$$

式中负号表示当气体被绝热压缩时，外界对气体做功。

（2）对等温过程，

$$A'_{12}=\frac{m}{M}RT_1\ln\frac{V_2}{V_1}$$

$$=5.0\times8.31\times300\times\ln\frac{1}{10}\ \text{J}=-2.87\times10^4\ \text{J}$$

上述结果表明，当系统从同一状态出发，压缩相同的体积外界对系统做功时，绝热过程比等温过程做的功多。

由图 12-7 也可以看出，由于绝热线比等温线陡，当气体从 A 点开始被压缩相同体积时，绝热线下面的面积比等温线下面的面积大；当气体从 A 点开始膨胀相同体积时，绝热线下面的面积比等温线下面的面积小。

12.4　循环过程　卡诺循环

对于每一个热力学系统，单独一种状态变化过程不能持续不断地把热能转化为功。例如，在理想气体的等温膨胀过程中，吸收的热量全部用来对外做功。但是，这个过程是不可能无限制进行下去的。因为气缸的长度是有限的，并且气体膨胀，当压强降低到与外界压强相等时，过程将停止。要持续不断地把热能转化为功，就要利用循环过程。

在历史上，热力学理论最初是建立在研究热机（Heat Engine）工作过程的基础之上的。在热机的工作过程中，被用来吸收热量并对外界做功的物质（工作物质），通常都在经历着热力学循环过程，即经过一系列变化之后又回到其初始状态。

12.4.1　循环过程

1. 循环过程的特征

系统经历一系列状态变化过程后，又回到原来状态的过程叫做循环过程，简称循环。循环所包含的每个过程称为**分过程**，该系统又称**工作物质**，简称**工质**。如果组成某一循环过程的各个过程都是准静态过程，则此循环过程可以用 p-V 图上的一条闭合曲线来表示。在此循环过程中，系统所做的净功等于 p-V 图上循环过程曲线所围的面积。如图 12-8a 所示的是两个等容过程和两个绝热过程组成的循环，是一种四冲程内燃机的近似工作循环过程图。

按照循环过程进行的方向可把循环过程分为两类。在 p-V 图上按顺时针方向进行的循环过程称为**正循环**。工作物质做正循环，不断把热能转变成机械能的机器称为**热机**。在 p-V 图上按逆时针方向进行的循环过程称为**逆循环**。工作物质做逆循环，利用外界做功使热量不断从低温处向高温处传递，从而获得低温的机器称为**制冷机**。

系统经历一个循环过程，无论是正循环还是逆循环，**都回到原来的状态，其内能的改变量为零**，这是循环过程的重要特征。

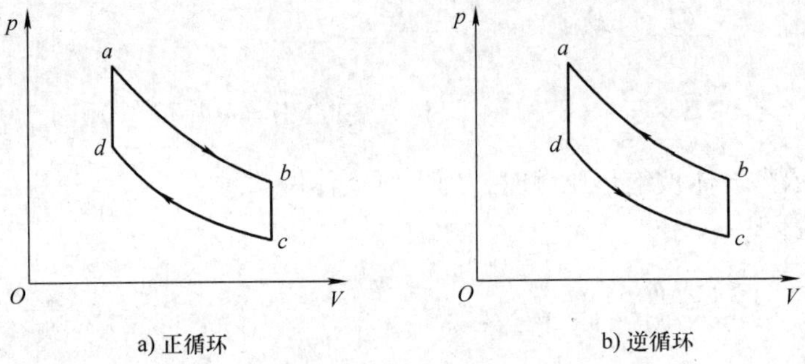

图 12-8 循环过程

2. 热机及其效率

为讨论问题方便，我们规定，**系统与高温热源交换热量的绝对值为 Q_1，与低温热源交换热量的绝对值为 Q_2，系统对外界做功为 A**。将如图 12-9 所示的正循环过程分为两部分，一部分是由状态 a 沿顺时针方向膨胀到状态 b，气体对外做功，其数值为曲线 $a1b$ 下面的面积；另一部分由状态 b 沿顺时针方向压缩到状态 a，外界对气体做功，其数值为曲线 $b2a$ 下面的面积。当气体经历一个循环过程后，气体对外界所做的功与外界对气体所做的功的差值称为**净功**，等于循环过程曲线所围的面积。

图 12-10a 为热机工作原理示意图，热机要工作在至少两个温度不同的热源之间。当热机经历一个正循环后，它从高温热源吸收热量 Q_1，一部分用于对外做功 A，另一部分则向低温热源放出热量 Q_2。由热力学第一定律有

$$A = Q_1 - Q_2 \tag{12-28}$$

定义**热机效率**为

$$\eta = \frac{A}{Q_1} = \frac{Q_1 - Q_2}{Q_1} = 1 - \frac{Q_2}{Q_1} \tag{12-29}$$

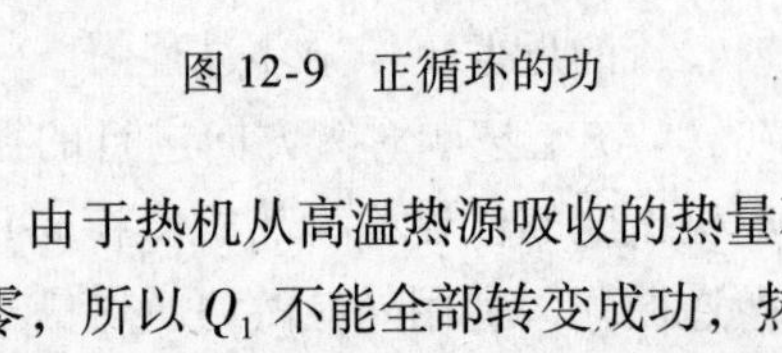

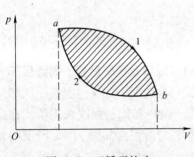

图 12-9 正循环的功

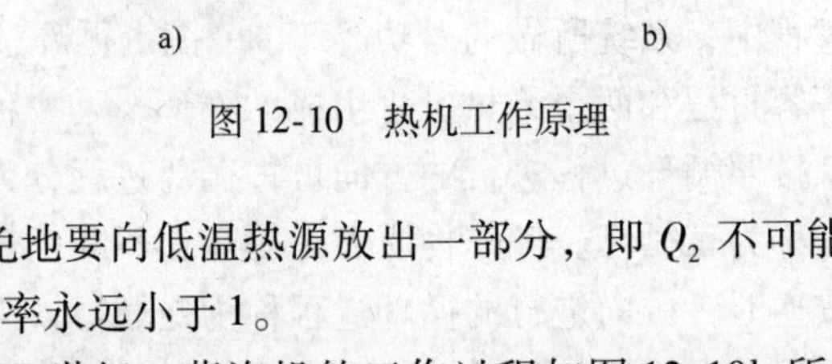

图 12-10 热机工作原理

由于热机从高温热源吸收的热量不可避免地要向低温热源放出一部分，即 Q_2 不可能等于零，所以 Q_1 不能全部转变成功，热机的效率永远小于 1。

第一部实用的热机是蒸汽机，它创制于 17 世纪。蒸汽机的工作过程如图 12-10b 所示，水泵将冷却器中的水送入锅炉，锅炉将其加热成高温高压的蒸汽，蒸汽进入汽缸推动活塞运动，对外做功，蒸汽温度降低，成为废气，进入冷却器冷却成水，再次由水泵打入锅炉，形

成循环。汽车、火车上的内燃机，飞机、火箭上的喷气机等也都是热机，虽然这些热机的工作方式不同，但它们的工作原理却是基本相同的。

3. 制冷机及其制冷系数

图 12-11a 表示一个制冷机的工作示意图。外界对系统做功为 A'，使其从低温热源吸收热量 Q_2，向高温热源放出热量 Q_1。根据热力学第一定律有

$$A' = Q_1 - Q_2 \tag{12-30}$$

逆循环是通过外界对系统做功，将热量从低温处传向高温处，从而达到制冷的目的。通常用

$$e = \frac{Q_2}{A'} = \frac{Q_2}{Q_1 - Q_2} \tag{12-31}$$

来衡量制冷机的工作性能，称为**制冷系数**。上式表明，当外界对系统所做的功一定时，从低温热源吸收的热量越多，制冷系数越大，制冷机的性能就越好。

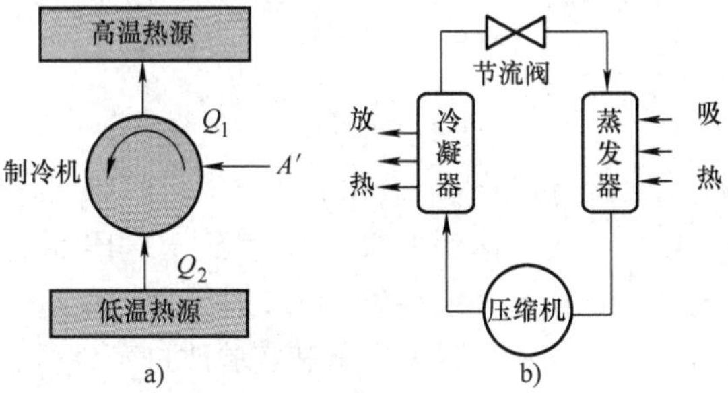

图 12-11 制冷机工作原理

图 12-11b 为常用的压缩式制冷机的工作原理图，压缩机从蒸发器吸收低压制冷剂蒸气，将其压缩并在冷凝器放热后，成为高压的液态制冷剂，经节流阀后，进入低压的蒸发器吸收汽化热，再次成为制冷剂蒸气，并经压缩机压缩，继续循环。循环过程中，外界对系统做功，热量从低温处传向了高温处。

【例 12-5】 1 mol 氦气经过如图 12-12 所示的循环，其中 $p_2 = 2p_1$，$V_2 = 2V_1$，求该循环的效率。

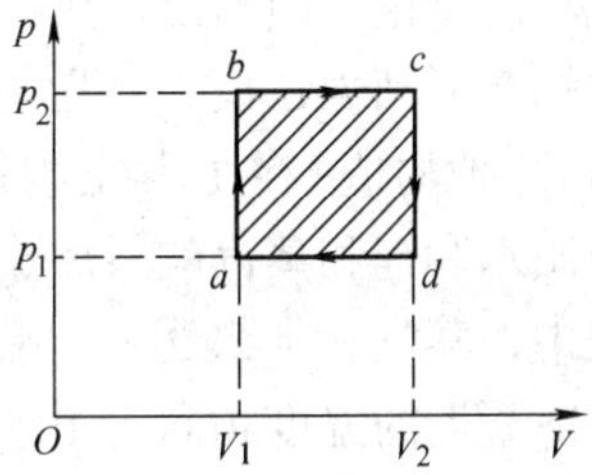

图 12-12 例 12-5 题图

已知：$\frac{m}{M} = 1.0\text{mol}$，$i = 3$，$C_{V,\text{m}} = \frac{3}{2}R$，$C_{p,\text{m}} = \frac{5}{2}R$，$p_2 = 2p_1$，$V_2 = 2V_1$。

求：η。

【解】 该正循环的效率 $\eta = \frac{A_{净}}{Q_{吸}}$

由图 12-12 可见该循环过程中的净功为 $A_{净} = (p_2 - p_1)(V_2 - V_1)$

$$Q_{吸} = Q_{ab} + Q_{bc}$$

等体过程

$$Q_{ab} = \frac{m}{M} \cdot \frac{i}{2} R(T_b - T_a)$$

由理想气体状态方程

$$pV = \frac{m}{M}RT$$

得 $Q_{ab} = \frac{i}{2}\ (p_bV_b - p_aV_a)\ = \frac{3}{2}\ (p_bV_b - p_aV_a)\ = \frac{3}{2}p_aV_a$

等压过程

$$Q_{bc} = \frac{m}{M}C_{p,\mathrm{m}}(T_c - T_b)$$

同理，联立理想气体状态方程可得 b-c 过程中系统吸收的热量为

$$Q_{bc} = \frac{i}{2}(p_bV_b - p_bV_a) = \frac{5}{2}(p_bV_b - p_bV_a) = 5p_aV_a$$

所以此循环的效率为

$$\eta = \frac{p_1V_1}{3/2p_aV_a + 5p_aV_a} = \frac{2}{13} \approx 15\%$$

12.4.2 卡诺循环

1705 年，纽可门制造了第一台热机，效率只有 3%，1712 年全英煤矿采用。1765 年，瓦特发明冷凝器，改进了热机，效率达到 12%。18 世纪末、19 世纪初，蒸汽机在工业、交通运输中的作用越来越重要，但其效率只有 3% ~12%。为了提高热机的效率，人们做了很多工作，凭借实践经验和灵巧的技术，通过摸索和实验改进蒸汽机，但热机的效率也仅仅从 3% 提高到 15% 左右。也就是说，凭借经验提高热机的效率的道路已经走到了尽头。在这种情况下，一些科学家开始从理论上来研究热机的效率。

法国工程师萨迪．卡诺（S. Carnot，1796—1832）于 1824 年出版了《关于火的动力的思考》一书，总结了他早期的研究成果。卡诺以热机不完善性的原因作为研究的出发点，阐明从热机中获得动力的条件就能够改进热机的效率。卡诺分析了蒸汽机的基本结构和工作过程，撇开一切次要因素，由理想循环入手，以普遍理论的形式，做出关于消耗热来得到机械功的结论。他指出，热机必须在高温热源和低温热源之间工作，“凡是有温度差的地方就能够产生动力；反之，凡能够消耗这个力的地方就能够形成温度差，就可能破坏热质的平衡。”他构造了在加热器与冷凝器之间的一个理想循环：汽缸与加热器相连，汽缸内的工作物质水和饱和蒸汽就与加热器的温度相同，汽缸内的蒸汽如此缓慢地膨胀着，以致在整个过程中，蒸汽和水都处于热平衡状态。然后，使汽缸与加热器隔绝，蒸汽绝热膨胀到温度降至与冷凝器的温度相同为止。随后，活塞缓慢压缩蒸汽，经过一段时间后汽缸与冷凝器脱离，作绝热压缩，直到回复原来的状态。这是由两个等温过程和两个绝热过程组成的循环，即后来所称的“卡诺循环”。

卡诺根据“热质守恒思想”和永动机不可能制成的原理，进一步证明了在相同温度的高温热源和相同温度的低温热源之间工作的一切实际热机，其效率都不会大于在同样的热源之间工作的可逆卡诺热机的效率。卡诺由此推断：理想的可逆卡诺热机的效率有一个极大值，这个极大值仅由加热器和冷凝器的温度决定，一切实际热机的效率都低于这个极值。

1. 卡诺热机

卡诺在进行理论研究时提出一个理想循环，在该循环过程中，工作物质只在一个高温恒温热源和一个低温恒温热源之间工作，相应的热机称为**卡诺热机**。

图 12-13a 为一卡诺循环，工作物质为理想气体，由两个等温过程 $a \to b$、$c \to d$ 和两个绝热过程 $b \to c$、$d \to a$ 组成。图 12-13b 为卡诺热机的工作示意图。

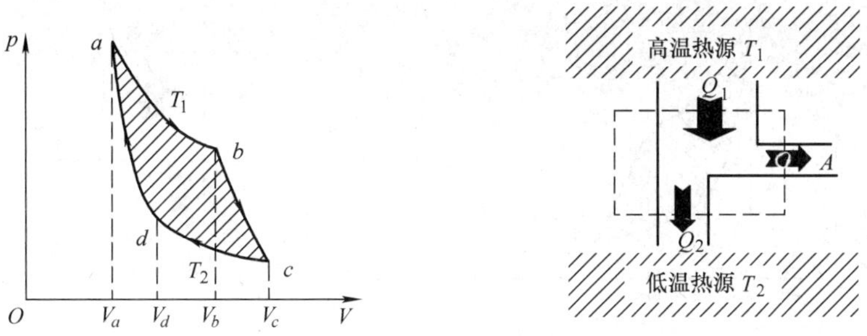

a)　　b)

图 12-13　卡诺循环　卡诺热机

由于绝热过程中理想气体与外界无热量交换，所以整个循环过程的热量交换仅在两个等温过程中进行。

$a \to b$ 等温膨胀过程，理想气体从高温热源 T_1 吸收热量

$$Q_1 = \frac{m}{M} R T_1 \ln \frac{V_b}{V_a}$$

$c \to d$ 等温压缩过程，理想气体向低温热源 T_2 放出热量

$$Q_2 = \frac{m}{M} R T_2 \ln \frac{V_c}{V_d}$$

由式（12-29）求出卡诺循环的效率为

$$\eta = \frac{A}{Q_1} = \frac{Q_1 - Q_2}{Q_1} = 1 - \frac{Q_2}{Q_1} = 1 - \frac{T_2 \ln \frac{V_c}{V_d}}{T_1 \ln \frac{V_b}{V_a}} \tag{12-32}$$

因为 $b \to c$ 和 $d \to a$ 为两个绝热过程，由绝热过程方程（12-24）有

$$T_1 V_b^{\gamma-1} = T_2 V_c^{\gamma-1}$$

$$T_1 V_a^{\gamma-1} = T_2 V_d^{\gamma-1}$$

则有

$$\frac{V_b}{V_a} = \frac{V_c}{V_d}$$

代入式（12-32）得

$$\eta_{卡} = 1 - \frac{Q_2}{Q_1} = 1 - \frac{T_2}{T_1} \tag{12-33}$$

由上式可以看出：**卡诺循环的效率与工作物质无关，只与两个恒温热源的温度有关，且其温度差越大，卡诺循环的效率越高**。卡诺循环从理论上指出了提高热机效率的途径。由于 T_2 不可能为零，T_1 不可能为无限大，所以卡诺热机的效率不可能等于 1。要提高热机的效率，就应努力提高高温热源的温度和降低低温热源的温度，而低温热源通常是周围环境，降低环境的温度难度大、成本高，是不足取的办法。现代热电厂尽量提高水蒸气的温度，使用过热蒸汽推动汽轮机，正是基于这个道理。

2. 卡诺制冷机

图 12-14 是一卡诺逆循环与卡诺制冷机的工作示意图。

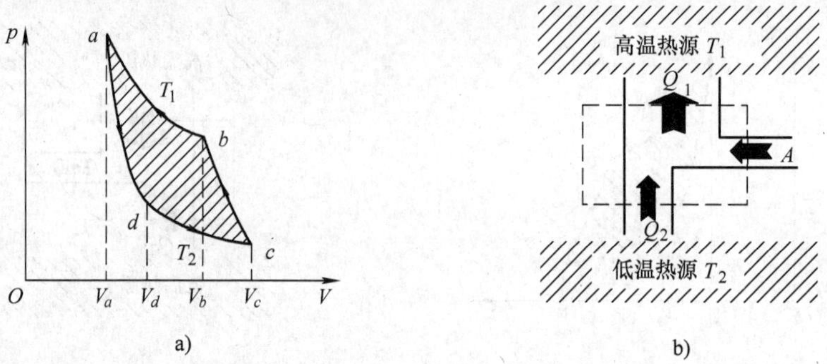

图 12-14 卡诺逆循环与卡诺制冷机

在该循环过程中，外界对系统做功，使工作物质从低温热源 T_2 吸收热量 Q_2，向高温热源 T_1 放出热量 Q_1。根据式（12-32）得卡诺制冷机的制冷系数为

$$e_{卡} = \frac{Q_2}{A} = \frac{Q_2}{Q_1 - Q_2} = \frac{T_2}{T_1 - T_2} \tag{12-34}$$

由上式可知，**卡诺制冷机的制冷系数与卡诺热机的效率一样与工作物质无关，仅与两个热源的温度有关**。对一般制冷机，低温热源的温度 T_2 是根据需要设定的，高温热源的温度 T_1（一般为环境温度）越高，制冷系数越小，吸收同样的热量时，需要对系统做的功就越多。

卡诺的研究具有多方面的意义。他的工作为提高热机效率指明了方向；他得到的结论已经包含了热力学第二定律的基本思想，只是热质说观念的阻碍，他未能完全探究到问题的最终答案。此外，应用卡诺循环和卡诺定理还可以研究表面张力、饱和蒸汽压与温度的关系及可逆电池的电动势等。还应强调，卡诺这种撇开具体装置和具体工作物质的抽象而普遍的理论研究，已经贯穿在整个热力学的研究之中。由于卡诺英年早逝，他的工作很快被人遗忘。后来，由于法国工程师克拉珀珑在 1834 年重新研究和发展了卡诺循环和卡诺热机，卡诺的理论才为人们所认识和接受。

12.5 热力学第二定律

热力学第一定律是关于能量转换的守恒定律，但自然界中不是所有符合热力学第一定律的过程都能发生。在研究如何提高热机效率、如何解决与热现象有关过程进行的方向问题中，一个关于内能与其他形式能量（如机械能、电磁能等）相互转化的、但独立于热力学第一定律的另一基本定律——热力学第二定律被提了出来。

12.5.1 自然过程的方向性

1. 气体自由膨胀过程具有方向性

如图 12-15 所示，有一隔板，把容器分成 A、B 两部分，其中 A 有气体，B 为真空。把隔板抽开后，A 中的气体会自动向 B 中扩散，最后达到均匀分布状态。而相反过程，即均匀充满容器的气体，在没有外界作用的条件下，自动收缩到

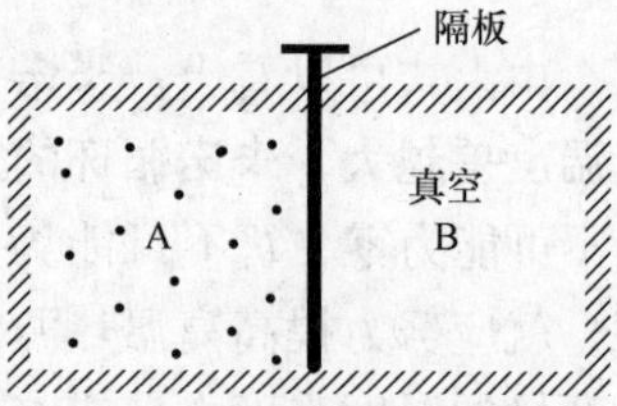

图 12-15 气体的自由膨胀

A 中的过程是不可能发生的，即气体向真空中自由膨胀的过程具有方向性。

在日常生活中经常会遇到类似的事情。例如，在房间中打开香水瓶盖子，不久香味即可弥漫到整个房间，然而相反的过程，即香水分子都自动回到瓶中的现象是不可能发生的。

2. 功热转换具有方向性

自然界中功热转换过程也具有方向性。如转动着的飞轮，在撤除动力后，由于转轴的摩擦会越转越慢，最后停止转动。在这一过程中，由于摩擦生热使机械能全部转换成热能。而相反的过程，即飞轮及周围的空间自动冷却，使飞轮由静止转动起来的过程是不可能发生的。

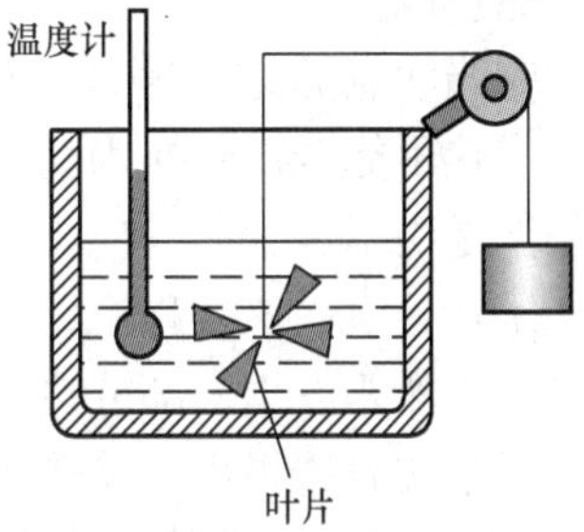

图 12-16　功热转换装置示意图

功热转换的方向性还可以用典型的焦耳实验（见图 12-16）来说明。在实验中，重物下落，重力做功，使叶片在水中转动，水温升高，重力做功全部转换成热能，与此相反的过程，即水温自动降低，产生水流推动叶片转动，带动重物上升的过程是不可能发生的。

3. 热传导具有方向性

两个温度不同的物体相互接触，热量总是**自动地**从高温物体传向低温物体，最后使两个物体达到相同的温度。与此相反的过程，即热量自动地从低温物体传向高温物体，是不可能发生的。这就是说，热传导也具有方向性。制冷机虽然能将热量从低温物体传向高温物体，但这一过程不是自动发生的，必须依靠外界对其做功。

12.5.2　可逆过程和不可逆过程

以上三个典型的实验过程都是按照一定方向进行的，其相反过程是不能自动发生的，若要发生就必然会产生其他影响。

我们定义：在系统状态变化过程中，如果逆过程能重复正过程的每一状态，而且**不引起其他变化**，这样的过程称为**可逆过程**；反之，**在不引起其他变化的条件下**，不能使逆过程重复正过程的每一状态，或者虽然重复但必然会引起其他变化，这样的过程称为**不可逆过程**。

不可逆过程在自然界中是普遍存在的，而可逆过程是理想的，是实际过程的近似。**自然界中一切与热现象有关的过程都是不可逆的**，如热传导过程、功热转换过程、气体向真空的自由膨胀过程等都是不可逆的。

12.5.3　热力学第二定律

上述研究表明，**自然界自发进行的过程是有方向性的**。**热力学第二定律指明了自然界的这种自发过程的方向性**。1850 年和 1851 年，克劳修斯和开尔文分别在研究热机和制冷机工作原理的基础上提出了热力学第二定律的两种表述。

1. 开尔文表述

自热机问世以来，人们一直关心提高热机效率的问题，热力学第一定律从能量守恒的观点指明热机的效率不可能大于 100%。那么，热机效率等于 100% 可以不可以呢？热机效率等于 100% 就意味着从高温热源吸收的热量可以全部变为有用的功，而不向低温热源放出热量，因而效率等于 100% 的热机又称单热源热机。如果这种热机能够制造成功的话，就可以把我们周围的海洋和大气作为一个单一热源，从中吸收热量，并把它全部转化为功。曾有人估算过，只要使海水的温度下降0.1K，就能使全世界的机器转动很多年，这样一来，地球上辽阔的海洋和厚厚的大气层便成了我们取之不尽，用之不竭的新能源，这美妙的设想能够实现吗？

开尔文通过热机效率即热功转换的研究，在1851年提出了热力学第二定律的一种表述：**不可能从单一热源吸收热量，使之完全变为有用功，而不放出热量给其他物体，或者说不产生其他影响。**

应当注意的是，我们并没有说热不能转变为功（蒸汽机的作用就是将热转换为功），也没有说热不能全部转换为功，只是在没有引起其他变化的情况下，热不能全部转换为功，这个条件是决不可少的。应当指出，在等温膨胀过程中，系统从单一热源吸收热量，全部用于对外做功，但在该过程中，系统的体积膨胀了，即产生了其他影响。要使系统压缩回原来的状态，必然要放出一部分热量给其他物体。

开尔文表述指出，单热源热机或者说效率为100%的热机是不能实现的，所以人们称效率是100%的热机为第二类永动机。热力学第二定律的开尔文表述也可简述为：**第二类永动机是不可能实现的。**

2. 克劳修斯表述

克劳修斯在1850年研究制冷机即热传导的基础上提出了热力学第二定律的另一种表述：**不可能把热量从低温物体传向高温物体而不产生其他影响。**

克劳修斯表述指明了热传导的方向性，即热量能自动地由高温物体传向低温物体，而不能自动地由低温物体传向高温物体。若要将热量从低温物体传向高温物体，外界必须对系统做功，否则是不可能实现的。制冷机就是通过外界对系统做功，将热量从低温处传向高温处的。

3. 两种表述的等效性证明

理论可以证明，热力学第二定律的上述两种表述是完全等效的。即一种表述是正确的，另一种表述也是正确的；如果一种表述不成立，另一种表述也必然不成立。下面我们用反证法加以证明。

假设开尔文表述不成立，即单热源热机可以实现。如图12-17所示，我们用单热源热机带动制冷机工作，并且热机输出的功率正好等于制冷机需要的功率，将两套装置看做一个系统，不需要外界做功，却将热量Q_2从低温热源传向了高温热源，而没有其他影响，即克劳修斯表述也不成立。

若克劳修斯表述不成立，则可以证明，开尔文表述也不成立。如图12-18所示，假设一台热机从高温热源吸热Q_1，对外做功A，并向低温热源放热Q_2，若热量Q_2可以自动的从低温热源传向高温热源，则低温热源没有变化，等效为从高温热源吸热Q_1-Q_2，对外做功A，而$A=Q_1-Q_2$，实现了单热源热机，即开尔文表述也不成立。

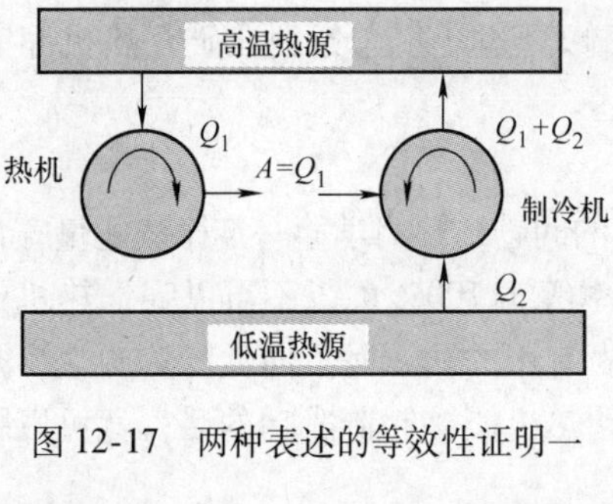

图12-17　两种表述的等效性证明一

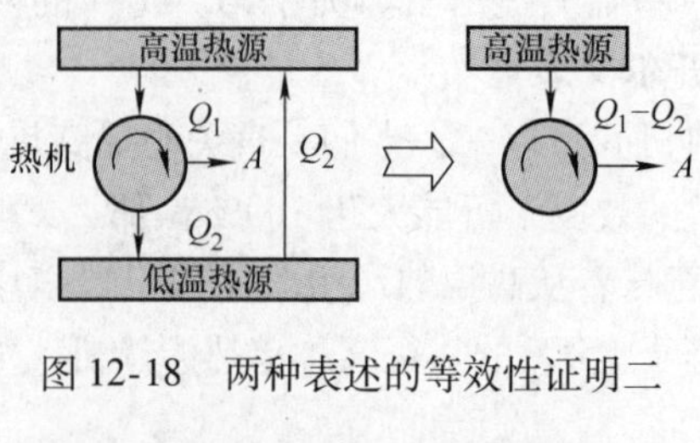

图12-18　两种表述的等效性证明二

开尔文表述的实质在于指明了功热转换的方向性；克劳修斯表述的实质则在于指明了热传导的方向性。除上述两种表述外，热力学第二定律还有多种表述，但其实质都是指明了自然界中一切自发过程进行的方向性，即一切与热现象有关的物理过程都是不可逆的。

普朗克早年的研究领域主要是热力学。他的博士论文是《论热力学的第二定律》。他认为热力学第二定律不只涉及热的现象，而且同一切自然过程有关。对于热力学第二定律，普朗克的表述：若没有其他体系的补偿变化，使天然过程完全逆转是不可能的。

热力学第二定律的表述方式很多，但其根本所指的是一件事情的不可能：即某种自发过程的逆过程是不能自动进行的。克劳修斯的表述指明热传导过程的不可逆性，开尔文的表述是指摩擦生热过程的不可逆性，普朗克的表述是指天然过程的不可逆性，它们都是等效的。

12.5.4　卡诺定理

卡诺在深入研究热机效率的工作中，于 1824 年提出了工作在温度分别为 T_1 和 T_2 两热源之间的热机遵从以下两条结论，后来为纪念卡诺的贡献，人们称其为**卡诺定理**：

（1）在相同的高温热源和低温热源之间工作的一切可逆机，其效率都相同，与工作物质无关，即

$$\eta = 1 - \frac{T_2}{T_1} \tag{12-35}$$

（2）在相同的高温热源和低温热源之间工作的一切不可逆机的效率不可能大于可逆机的效率，即

$$\eta' \leqslant 1 - \frac{T_2}{T_1} \tag{12-36}$$

卡诺定理为我们指明了提高热机效率的方向，即加大高温热源与低温热源之间的温差。在实际应用中，往往以大气作为低温热源，故低温热源的温度一般由自然环境决定，因此，要提高热机的效率就只有设法提高高温热源的温度 T_1。目前，许多大型的蒸汽机和内燃机都是朝着高温、高压方向发展，以提高热机效率。

卡诺定理的意义非常重大，但卡诺根据当时的“热质说”对定理所做的证明是错误的，后来开尔文和克劳修斯在深入研究和证明卡诺定理的工作中，提出了热力学第二定律，反过来由热力学第二定律可以证明卡诺定理的正确性（证明略去）。

12.5.5　热力学第二定律的统计意义

热力学第二定律的统计意义是：一个不受外界影响的封闭系统，其内部发生的过程总是由概率小的宏观状态向概率大的宏观状态进行，由包含微观状态数目少的宏观状态向包含微观状态数目多的宏观状态进行。

热力学第二定律指出了自然界发展的方向，为解决热力学第二定律的数学表达式，克劳修斯提出一个全新的态函数“熵”。熵一产生就无孔不入地渗透到经济学、社会学、生物学、化学等社会科学和自然科学的各个领域。并且，由熵的概念引出了与信息的关系，由此，信息成为可定量研究的问题，成为现代信息社会和信息学的理论基础。熵增加原理是自然界中最普遍的科学真理之一。熵不仅对物理学，而且对经济发展、社会问题，甚至战争与

和平问题都起着重要的作用。熵增加原理告诉我们，世界不仅越来越混乱，而且，由于对称性的破缺，也会在局部从无序走向有序。这就是近40年新发展起来的“耗散结构理论”。熵的理论和耗散结构理论使人们对生命这一复杂系统有了清晰的认识，同时也为人们寻找系统的存在与发展的最基本规律提供了可能。

【背景阅读材料】

能量转化和守恒定律的发现

18世纪末19世纪前半期，自然科学上完成的一系列重大发现广泛地揭示出自然界的各种运动之间的普遍联系和转化，使得这一时期的科学家们试图在“自然力的统一”的哲学思想指导下来研究各种运动，而且由于工业革命伴随生产技术的进步和发展，为能量守恒定律的发现创造了物质条件。在这种背景下，从1837年开始的10年内，欧洲的十几位科学家分别通过不同的途径各自独立地发现了能量的转化和守恒定律。其中贡献最突出的是迈尔、焦耳和亥姆霍兹三人。

一、迈尔的生平及主要成就简介

迈尔（Julius Robert Mayer，1814—1878），德国医生、物理学家、热力学的先驱，能量守恒定律的发现者之一。迈尔1814年11月25日生于符腾堡的海尔布隆。曾就学于蒂宾根大学医学系，1838年获医学博士学位，毕业后在巴黎行医。迈尔作为一个医生，受当时自然科学和生产技术发展的影响，在自然哲学思想的指导下，从动物的新陈代谢活动和能量的关系开始研究能量守恒定律。1840年2月到1841年2月，迈尔作为船医远航到印度尼西亚。在航行中他从考察人体消耗食物化学能与热能的等价性受到启发，去探索热和机械功的关系。航行结束后，他将自己的发现写成《论力的量和质的测定》一文，文中指出“力”（即能）是自然界运动变化的原因，而因等于果，所以“力”在量上是不灭的，只是质（即形式）发生变化。由于他的观点新颖又缺少精确的实验论证，不易被人接受，并且存在用质量和速度的积来表示“运动力”（即动能）的缺陷，论文没能发表（直到1881年他逝世后才发表）。迈尔很快觉察到了这篇论文的缺陷，并且发奋进一步学习数学和物理学。在此基础上于1842年发表了《论无机性质的力》的论文。他从“无不生有，有不变无”和“原因等于结果”的哲学观念出发，表述了物理、化学过程中各种力（能）的转化和守恒的思想，论证了“力（能）是不可灭的、可转化的、无重量的客体”。他指出，落体力（重力势能）可转化为运动，运动一消失就转化为热，而蒸汽机则把热转化为功。

迈尔是最早进行热功当量实验的学者，在1842年，他用一匹马拉机械装置去搅拌锅中的纸浆，比较了马所做的功与纸浆升高的温度，给出了热功当量的数值。他利用比定压热容与比定容热容之差计算出了不同力（能）之间的当量关系，他的热功当量的计算方法实际上就是公式 $C_{p,\mathrm{m}}-C_{V,\mathrm{m}}=R$，我们称之为迈尔公式。他的实验比起后来焦耳的实验来显得粗糙，当时未受到重视。之后，焦耳、亥姆霍兹等人也各自独立地发现了能量守恒定律。

1858年瑞士巴塞尔自然科学院接受他为荣誉院士。1871年他晚于焦耳一年获得英国皇家学会的科普利奖章，以后他还获得蒂宾根大学的荣誉哲学博士、巴伐利亚和意大利都灵科学院院士等称号。恩格斯在《自然辩证》中高度评价了迈尔的工作：“运动的量的不变性已经被笛卡儿指出了……而运动形式的转化却直到 1842 年才被发现，而且新的东西正是这一点，而不是量方面不变的定律。”恩格斯所指的 1842 年的发现即是迈尔的工作。

二、焦耳的生平及主要成就简介

焦耳（James Prescott Joule，1818—1889），英国物理学家，1818 年 12 月 24 日出生于曼彻斯特近郊的沙弗特（Salford）。焦耳自幼跟随父亲参加酿酒劳动，没有受过正规的教育，青年时期，在别人的介绍下认识了曼彻斯特大学的道尔顿教授，在道尔顿的热情教导下，焦耳学习了数学、哲学和化学，道尔顿还教会了焦耳理论与实践相结合的科研方法，激发了焦耳对化学和物理的兴趣，并鼓励他参加科学研究工作。

焦耳最初的研究方向是电磁机，他想将父亲的酿酒厂中应用的蒸汽机替换成电磁机以提高工作效率。1837 年，他安装了用电池驱动的电磁机，从实验中发现电流可以做功，这激发了他进行深入研究的兴趣。1840 年，焦耳把环形线圈放入装水的试管内，测量不同电流和电阻时的水温。同年 12 月，焦耳在英国皇家学会上宣读了关于电流生热的论文，提出导体在一定时间内放出的热量与导体的电阻及电流的平方之积成正比，即我们熟知的有关电流热效应的焦耳定律。由于不久之后，俄国物理学家楞次也独立发现了同样的定律，该定律也称为焦耳 - 楞次定律。

1843 年，焦耳设计了一个新实验。他将一个小线圈绕在铁心上，用电流计测量感生电流，把线圈放在装水的容器中，测量水温以计算热量。这个电路是完全封闭的，没有外界电源供电，水温的升高只是机械能转化为电能、电能又转化为热的结果，整个过程不存在热质的转移。这一实验结果完全否定了热质说。1843 年 8 月 21 日在英国学术会上，焦耳报告了他的论文《论电磁的热效应和热的机械值》，但他的报告没有得到支持和强烈的反响。

1844 年，焦耳研究了空气在膨胀和压缩时的温度变化，他在这方面取得了许多成就。通过对气体分子运动速度与温度的关系的研究，焦耳计算出了气体分子的热运动速度值，从理论上奠定了波意耳 - 马略特和盖・吕萨克定律的基础，并解释了气体对器壁压力的实质。

1847 年，焦耳做了迄今认为是设计思想最巧妙的实验：他在量热器里装了水，中间安上带有叶片的转轴，然后让下降重物带动叶片旋转，由于叶片和水的摩擦，水和量热器都变热了。根据重物下落的高度，可以算出转化的机械功；根据量热器内水温的升高，就可以计算水的内能的升高值。把两数进行比较就可以求出热功当量的准确值来。当焦耳在 1847 年的英国科学学会的会议上再次公布自己的研究成果时，他还是没有得到支持，很多科学家都怀疑他的结论，认为各种形式的能之间的转化是不可能的。直到 1850 年，其他一些科学家用不同的方法获得了能量守恒定律和能量转化定律，他们的结论和焦耳相同，这时焦耳的工作才得到承认。

由于他在热学、热力学和电方面的贡献，英国皇家学会授予他最高荣誉的科普利奖章（Copley Medal）。后人为了纪念他，把能量或功的单位命名为“焦耳”，简称“焦”；并用焦耳姓氏的第一个字母“J”来标记热量。

在去世的前两年，焦耳对他的弟弟的说，“我一生只做了两三件事，没有什么值得炫耀的。”相信对于大多数物理学家，他们只要能够做到这些小事中的一件也就会很满意了。焦耳的谦虚是非常真诚的。很可能，如果他知道了在威斯敏斯特教堂为他建造了纪念碑，并以他的名字命名能量单位，他将会感到惊奇的，虽然后人决不会感到惊奇。

三、亥姆霍兹的生平及主要成就简介

亥姆霍兹（Hermann von Helmholtz，1821—1894），德国物理学家、生理学家、生物物理学家。1821 年 10 月 31 日生于柏林波茨坦，在那里，他的父亲（一个高级中学教师）教会了他语言及当时的科学思想方法，他从小爱好自然科学。1842 年获医学博士学位后，被任命为波茨坦驻军军医。1845 年他参加了由年轻的学者组织的柏林物理学协会，之后他经常参加协会活动，除作军医之外他还研究一切他感兴趣的问题。

1847 年他在德国物理学会发表了关于力的守恒讲演，在科学界赢得很大声望，次年担任了柯尼斯堡大学生理学副教授。亥姆霍兹在这次讲演中，第一次以数学方式提出能量守恒定律。

亥姆霍兹发展了迈尔、焦耳等人的工作，讨论了已知的力学的、热学的、电学的、化学的各种科学成果，严谨地论证了各种运动中的能量守恒定律。这次讲演内容后来被写成专著《力之守恒》出版。在柯尼斯堡工作期间，亥姆霍兹测量了神经刺激的传播速度，发表了生理力学和生理光学方面的研究成果。在 1851 年他发明了眼科使用的眼底镜（一种用来观察眼睛内部的仪器），并提出了这一仪器的数学理论，他也发展了颜色的视觉理论。接着，他又研究了耳朵，亥姆霍兹提出了听觉的共振理论，他相信内耳的某些器官起着调谐的共振器的作用。1855 年他转到波恩大学任解剖学和生理学教授，出版了《生理学手册》第一卷，并开始流体力学的涡流研究。1857 年起，他担任海德堡大学生理学教授。他利用共鸣器（亦称亥姆霍兹共鸣器）分离并加强声音的谐音。1863 年出版了他的巨著《音调的生理基础》。

1868 年亥姆霍兹的研究方向转向了物理学，于 1871 年任柏林大学物理学教授，这期间，他研究了电磁作用理论，由于他的一系列讲演，麦克斯韦的电磁理论才引起欧洲物理学家的注意，并导致他的学生赫兹在电磁波的研究中取得巨大成就。他还研究过化学过程中的热力学，发表了论文《化学过程的热力学》；他从克劳修斯的方程中导出了早于吉布斯提出的方程，此方程后来被称为吉布斯 - 亥姆霍兹方程。

关于亥姆霍兹，值得介绍的是他在德国科学家发展中所起的组织作用。1870 年，他的老师马格努斯（Heinrich Gustav Magnus，1802—1870），德国最早的物理研究所所长，逝世了。当时还是副教授的亥姆霍兹继任为所长。那时，德国的科学研究水平比起英国与法国要落后得多。不久普法战争结束，德国从法国得到一大笔赔款，德国的经济状况有所改善，亥姆霍兹得到了 300 万马克的经费去筹建新的研究所，经过 5 年的努力建成了新研究所。这个研究所后来吸引了大批优秀的年轻学者，而且它的研究课题同工业的发展紧密联系，后来形成德国科学研究的一个十分好的传统。在研究所的支持者中有德国的大企业家、大发明家西门子（Carl Wilhelm Siemens，1823—1883）与亥姆霍兹是柏林物理协会的第一批会员，也是老朋友。

亥姆霍兹不仅对医学、生理学和物理学有重大贡献，而且一直致力于哲学认识论。他确信：世界是物质的，而物质必定守恒。但他企图把一切归结为力，是机械唯物论者，这是当时文化、社会、历史条件的局限性所致。

只有在功与能的概念变得清晰、热量与温度能够区分，同时对它们能够精确量度，也只

有热、力、机械功走向实用为人们所熟悉，并且在大量永动机的制造宣告失败的条件下，能量转化和守恒定律发现的条件才趋于成熟。

能量转化和守恒定律的发现是人类对自然科学规律认识逐步积累到一定程度的必然事件。尽管如此，它的发现仍然是曲折、艰苦和激动人心的。了解能量转化和守恒定律的发现过程，一方面增加了我们自身的自然科学的理论知识，另一方面也给我们许多有益的启示：要正确对待、善于接受有创见的新思想、新学说，要勇敢、果断地抛弃在实践中已露出破绽的观念，反对把一个阶段上的认识看成“终极真理”。

习　题

一、简答题

1. 从增加内能来说，做功和热传递是等效的，但其本质不同，请回答其本质区别。

2. 某一系统能否在一定压强下膨胀而保持其温度不变？

3. 能否使系统与外界没有热量传递而升高系统温度？请举例说明。

4. 某一系统能否吸收热量，仅使其内能变化？一系统能否吸收热量，而不使其内能变化？请举例说明。

5. 卡诺循环有几个分过程？分别是什么过程？

6. 可逆过程必须满足哪些条件？

二、选择题

1. 某一热力学系统经历一个过程后，吸收了400 J 的热量，并对环境做功 300 J，则系统的内能 [　　]。

(A) 减少了 100 J　　(B) 增加了 100 J　　(C) 减少了 700 J　　(D) 增加了 700 J

2. 对于理想气体系统来说，在下列过程中，哪个过程中系统所吸收的热量、内能的增量和对外做的功三者均为负值 [　　]？

(A) 等容降压过程　　(B) 等温膨胀过程　　(C) 绝热膨胀过程　　(D) 等压压缩过程

3. 系统分别经过等压过程和等容过程，如果两过程中的温度增加值相等，那么 [　　]。

(A) 等压过程吸收的热量小于等容过程吸收的热量

(B) 等压过程吸收的热量等于等容过程吸收的热量

(C) 等压过程吸收的热量大于等容过程吸收的热量

(D) 无法确定

4. 关于热力学定律，下列说法正确的是 [　　]。

(A) 在一定条件下物体的温度可以降到 0 K

(B) 物体从单一热源吸收的热量可以全部用于做功

(C) 吸收了热量的物体，其内能一定增加

(D) 压缩气体总能使气体的温度升高

三、填空题

1. 系统从外界所获取的热量，一部分用来__________，另一部分用来对外界做功。

2. 空气压缩机在一次压缩过程中，活塞对汽缸中的气体做功为 2.0×10^{4} J，同时气体的内能增加了 1.5×10^{4} J。试问：此压缩过程中，气体________（填“吸收”或“放出”）的热量等于________ J。

3. 如题 12-1 所示，一定量的理想气体，设初始状态 A 的压强 p_1，体积为 V_1，由 A 沿直线 AB 变化到状态 B 后，压强变为 p_2，体积变为 V_2，求在此过程中气体所做的功为__________。

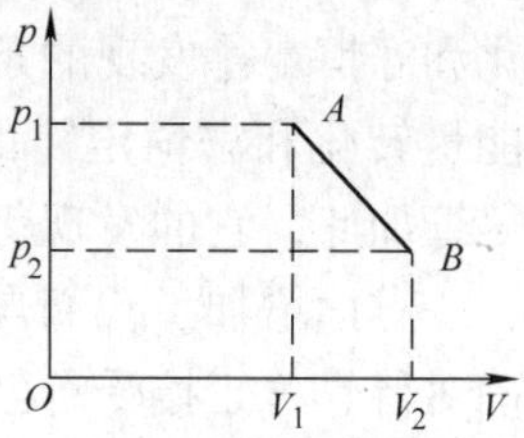

题图 12-1

4. 一定质量的空气，吸收了 2×10^{3} J 的热量，并保持在 1.013×10^{5} Pa 的压强下膨胀，体积从 1.0×10^{-2} m^3 增加到 2.0×10^{-2} m^3，空气对外做功为________，它的内能改变量为________。

5. 一定质量某理想气体在正循环过程从高温热源吸收了 1000 J 的热量，同时向低温热源放出了 800 J 的热量，则该正循环的效率为________。

四、计算题

1. 汽缸内储有 2 mol 的理想气体，温度为 27℃，若维持压强不变，而使气体的体积膨胀到原体积的 2 倍，求气体膨胀时所做的功。

2. 某一容器中装有单原子分子理想气体，在等压膨胀时，吸收了 2.0×10^{3} J 的热量，求气体内能的变化和对外做的功。

3. 2 mol 的理想气体在 300 K 时，从 4×10^{-3} m^3 等温压缩到 1.0×10^{-3} m^3，求气体所做的功和放出的热量？

4. 质量为 0.32 kg 的氧气，其温度由 300 K 升高到 360 K，问在等体、等压、绝热三种不同情况下，其内能的变化各是多少？

5. 1 mol 单原子分子理想气体经题图 12-2 所示的循环过程，其中 ab 为等温过程，已知 $V_b=2V_a$，求循环的效率。

6. 1 mol 双原子分子理想气体作如题图 12-3 所示的循环，若 $V_b=2V_a$，$T_1=400$ K，$T_2=300$ K，求循环的效率。

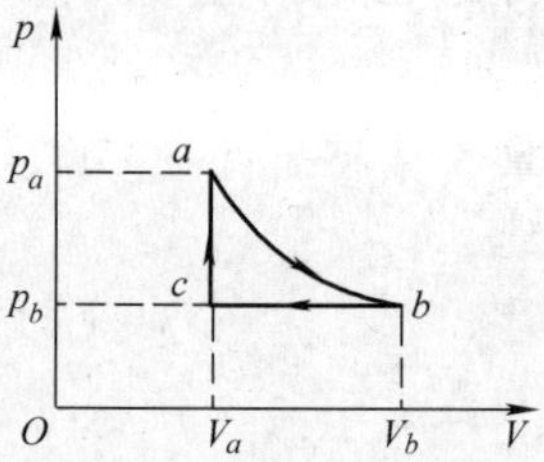

题图 12-2

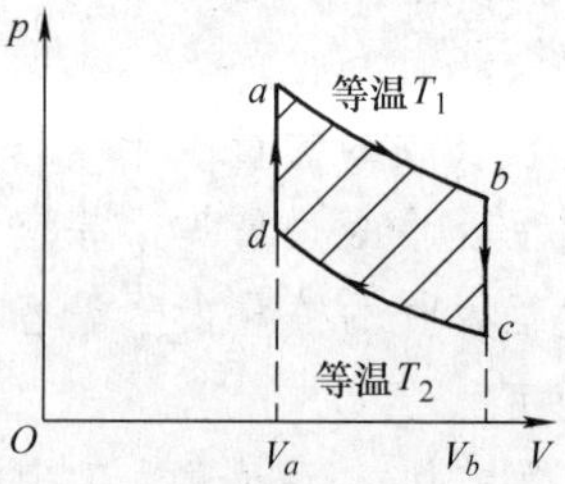

题图 12-3

7. 一卡诺热机，其高温热源的温度是 400 K，每一循环从高温热源吸热 100 J，并向低温热源放热 80 J。求：（1）低温热源的温度；（2）此循环的热机效率。

8. 若一卡诺热机工作在低温热源温度为 300 K 时，效率为 40%，则此时高温热源的温度为多少？若要使其效率升高到 50%，高温热源温度应升高多少（设低温热源温度不变）？

阅读与讨论一：生活中的物理学

物理学与人类的日常生活密切相关。只要注意观察，就会发现在我们身边的事物中与物理学有关的例子是数不胜数的。随着科技的发展和社会的进步，物理学已渗入到人类生活的各个领域。物理学不仅存在于物理学家的身边，也存在于普通人的身边。我们通过学习物理学知识，可以树立科学意识，掌握科学的学习方法，训练科学的思维方式，能够为今后创造更美好的生活打下扎实的基础。

一、研究生活中的琐事导致巨大的物理成就

物理规律本身就是对生活中自然现象的总结和抽象。

谈到物理学，有人觉得很难；谈到物理探究，有人觉得深不可测；谈到物理学家，有人更是感到他们都不是凡人。诚然，成为物理学家的人的确屈指可数，但只要勤于观察，善于思考，勇于实践，敢于创新，从生活走向物理，就不难发现，其实，物理就在身边。正如马克思所说："科学就是实验的科学，科学就在于用理性的方法去整理感性的材料"。其实，人类所有的令人惊叹不已的科学技术成就，如克隆羊、因特网、核电站、航空技术等，都是建立在早期科学家们对生活中的琐事进行观察和研究的基础上的。研究日常生活中的琐事并取得重大成就的物理学家的事例不胜枚举。

1. 阿基米德与澡盆

古希腊科学家阿基米德在洗澡盆里发现了阿基米德原理。相传国王让工匠做了一顶纯金的王冠，做好后，国王疑心工匠在金冠中掺了假，但这顶金冠与当初交给金匠的纯金一样重，到底工匠有没有捣鬼呢？既要检验真假，又不能破坏王冠，这个问题不仅难倒了国王，也使诸大臣们面面相觑。后来国王请阿基米德来检验。最初阿基米德也是冥思苦想而不得要领。一天，他去澡堂洗澡，当他坐进澡盆里时，看到水往外溢，同时感到身体被轻轻托起。他突然悟出：可以用测定固体在水中排水量的办法，来确定金冠的密度。他兴奋地跳出澡盆，连衣服都顾不得穿就跑了出去，大声喊着"我知道了"。他经过了进一步的实验以后来到王宫，把王冠和同等重量的纯金放在盛满水的两个盆里，比较两个盆溢出来的水，发现放王冠的盆里溢出来的水比另一盆多。这就说明王冠的体积比相同重量的纯金的体积大，所以证明了王冠里掺进了其他金属。阿基米德的这次实验意义远远不止于查出了金匠欺骗国王的真相，他还从中发现了浮力定律：物体在液体中所获得的浮力，等于它所排出液体的重量。这就是阿基米德原理。一直到现代，人们还在利用这个原理计算物体密度和测定船舶载重量等。

2. 牛顿与落地的苹果

英国物理学家牛顿在一个秋天的黄昏坐在果园里，突然间一个熟透的苹果从树上掉了下来。这件很平常的小事触动了牛顿的思绪，使他联想到科学上的一个很重要的问题。原来，当时他正在研究地球的引力有多大。他通过初步的研究产生了一个大胆的科学假设：地球不仅吸引着苹果，也吸引着地球表面上的一切物体，而且还吸引着遥远的月亮和其他星体。他

认为这种吸引力可以达到很远的地方；但随着距离的增加，吸引力会逐渐减弱。就这样，牛顿通过大量的研究，充分证明了引力作用并不是地球所独有的。宇宙间所有的物体，无论是巨大的星体，还是微小的尘粒，都是相互吸引的。他把这种无处不在的引力，称作“万有引力”，并把它总结成为“万有引力定律”。牛顿的这一伟大发现，不但很好地解释了当时的许多疑难问题，而且对以后的科学发展，直至现代的天体物理和宇宙航行，都具有非常重大的意义。

3. 伽利略与摆动的吊灯

意大利物理学家伽利略在学生时代时，有一次在比萨大教堂做礼拜，当时修理房屋的工人正在那里安装吊灯，他看到悬挂在教堂半空中的铜吊灯在来回摆动，在空中划出看不见的圆弧。这本来是件很平常的事，但伽利略却像触了电一样，目不转睛地跟踪着摆动的吊灯，同时，他用右手按着左腕的脉，计算着吊灯摆动一次脉搏跳动的次数，以此计算吊灯摆动的时间。这样计算的结果让伽利略发现了一个秘密：吊灯摆一次的时间，不管圆弧大小，总是一样的。一开始，吊灯摆得很厉害，渐渐地，它慢了下来，可是，每摆动一次，脉搏跳动的次数是一样的。他跑回大学宿舍，关起门来重复做这个试验。他找了不同长度的绳子、铁链，还有铁球、木球。在房顶上，在窗外的树枝上，着迷地一次又一次重复做，用沙漏记下摆动的时间。最后，伽利略大胆地推翻了亚里士多德的权威结论，得出这样的结论：决定摆动周期的是绳子的长度，与它末端物体的重量没有关系。而且相同长度的摆绳，振动的周期是一样的。这就是伽利略发现的摆的运动规律。我们生活中所用的钟表就是根据他发现的这个规律制造出来的。

4. 富兰克林与风筝

关于美国物理学家本杰明·富兰克林与风筝的故事闻名遐迩。为了认清“天神发怒”的本质，在一个电闪雷鸣、风雨交加的日子，他冒着生命危险，利用风筝将“上帝之火”请下凡，由此发明了避雷针。那时他一直在进行有关电学的实验。1751 年他发表了一篇论文，其中谈到电流和闪电是同样的东西。两者都是闪亮的，都是黄色的，都发出响声，都引起弯曲的闪光，而且都能通过金属。为了证实他的主张，他和他的儿子在一只用丝绸制成的风筝的顶端接上一根长金属丝，并且把一块丝绸系在他用来控制风筝的绳子末端。在丝绸和绳子的连接处，挂着一只金属钥匙。他们把风筝放入雷雨中去，自己站在屋顶下，以免被雨淋湿。当风筝到达风暴云时，富兰克林注意到，绳子的全部松弛部分开始向上竖起并且摆动起来。当风筝接触闪电时，便有一个火花沿着绳子飞向金属钥匙，随后一大串电火花开始在钥匙上出现；绳子越湿，火花来得越快。这就是电火花。闪电确实就是电火花。富兰克林决定把这一知识运用到实际中去，他发明了避雷针。更有趣的是，这之后一种风尚开始了——欧洲的妇女们开始在帽子上装一个避雷针，还拖着一根接地线。

5. 伦琴与手掌照片

德国物理学家伦琴发现的伦琴射线（X 射线），是人类发现的第一种所谓“穿透性射线”，它能穿透普通光线所不能穿透的某些材料。有一次他夫人到实验室来看他，他请她把手放在用黑纸包严的照相底片上，然后用 X 射线对准照射 15 分钟，显影后，底片上清晰地呈现出他夫人的手骨像，手指上的结婚戒指也很清楚。这是一张具有历史意义的照片，它表明了人类可借助 X 射线，隔着皮肉去透视骨骼。1895 年 12 月 28 日伦琴向维尔茨堡物理医学学会递交了第一篇 X 射线的论文“一种新射线——初步报告”，报告中叙述了实验的装置、做法、初步发现的X射线的性质，等等。这个报告成了轰动一时的新闻，几天后就传遍了全世界。X射线的发现，又很快地导致了一项新发现——放射性的发现。可以说，X射线的发现揭开了20世纪物理学革命的序幕。

二、日常生活离不开物理学

日常生活中离不开物理知识，物理知识和生活息息相关。

例如电学知识，是物理知识中的重要内容，在日常生活中应用最为广泛，我们每天的生活都离不开电。除了动力和照明需要电外，还有一系列家用电器——计算机、电冰箱、洗衣机、电视机、电吹风、电风扇、电饭锅、电磁灶等这些设备的运行更是离不开电。可以想象，如果没有了电，我们的日常生活和学习会是多么不便。

热学知识也与我们的生活密切相关。例如人们爱吃的五香茶鸡蛋，刚将其从滚开的卤汁里取出来的时候，如果急于剥壳，就难免连壳带“肉”一起剥下来。为了避免这个麻烦，要把刚出锅的鸡蛋先放在凉水中浸一会，然后再剥，蛋壳就容易剥下来。这是利用了物质热胀冷缩的原理。

不同的物质受热或冷却的时候，伸缩的速度和幅度各不相同。一般说来，密度小的物质要比密度大的物质容易发生伸缩，伸缩的幅度也大；传热快的物质要比传热慢的物质容易伸缩。鸡蛋是由硬的蛋壳和软的蛋白、蛋黄组成的，它们的伸缩情况是不一样的。把煮得滚烫的鸡蛋立即浸入冷水里，蛋壳温度降低，很快收缩，而蛋白仍然是原来的温度，还没有收缩，这时就有一小部分蛋白被蛋壳压挤到蛋的空头处。随后蛋白又因为温度降低而逐渐收缩，而这时蛋壳的收缩已经很缓慢了，这样就使蛋白与蛋壳脱离开来，因此，剥起来就不会连壳带“肉”一起下来了。

这个道理很有用处。凡需要经受较大温度变化的东西，如果它们是用两种不同材料合在一起做的，那么在选择材料的时候，就必须考虑它们的热膨胀性质，并且两者越接近越好。工程师在设计房屋和桥梁时，都广泛采用钢筋混凝土，就是因为钢材和混凝土的膨胀程度几乎完全一样，尽管春夏秋冬的温度不同，也不会产生有害的作用力，所以钢筋混凝土的建筑十分坚固。另外，有些电器元件却是用两种热膨胀性质差别很大的金属制成的。例如，铜片的热膨胀幅度比铁片大，把铜片和铁片钉在一起的双金属片，在同样情况下受热，就会因膨胀程度不同而发生弯曲。利用这一性质制成了许多自动控制装置和仪表。日光灯的“启动器”里就有小巧的双金属片，它随着温度的变化，能够自动屈伸，起到自动开启日光灯的作用。

与日常生活密切相关的物理学常识问题还有很多，大家可以通过查阅书刊或浏览互联网获取资料，寻找答案。现举例如下：

1. 挂在墙壁上的石英钟，当电池的电能耗尽而停止走动时，其秒针往往停在刻度盘上“9”的位置。这是为什么？

2. 吊扇在正常转动时悬挂点受的拉力比未转动时要小，转速越大，拉力减小越多。为什么？

3. 登山时，背包内的物品有轻有重，为了稳定和舒服，较重的物品应该放在背包的上部还是下部？

4. 乘坐“翻滚过山车”时，眼镜若跌落，会向什么方向掉下？

5. 乒乓球、保龄球表面都是光滑的，为什么高尔夫球的表面上会布满小坑？

6. 用布料制成的帐篷具有无数小孔。下雨时，在帐篷内观察，会看到布面上有很多微小的水珠，它们不会滴下来。但如果用手触碰帐篷，水珠就会从触碰的地方滴下来。为什么？

7. 假如要搬运一箱物品，应该采取怎样的姿势提起和运送？

8. 盛放零食的透明塑料袋，边缘为什么有一个V形的缺口？

9. 飞机或轮船的窗户为什么做成圆角？只是为了美观吗？

10. 长裤为什么可以做成临时水上救生圈？

11. 船只顺水还是逆水航行较易转弯？

12. 交通工具设计成流线型有什么好处？

13. 如果一只猫从七八层楼以上的窗台上落到人行道上，它受伤的程度是随着高度的增加而减少的。为什么？

14. 汽车驾驶室外面的后视镜为什么是一个凸面镜？

15. 除大型客车外，为什么绝大多数汽车的前窗都设计成是倾斜的？

16. 人站在走样的镜子前，发现距镜子越远走样越严重，为什么？

17. 医生和护士在手术室中为什么都穿青色的大褂？

18. 有时自来水管在邻近的水龙头放水时，偶尔发生阵阵的响声。这是什么缘故？

19. 夜间甲虫在沙蝎周围几十厘米的沙地上活动时，沙蝎就会立即转向甲虫并猛扑过去（它既没看到甲虫也没听到甲虫的声音），它是怎样准确的定位猎物呢？

20. 打开一个装有碳酸饮料的容器时，为什么在开口周围会形成细雾？

21. 在海边看海，海风是迎面吹来还是从背后吹来？日夜有区别吗？

22. 如果在森林中迷路，如何利用风向来判断自己是走进森林还走出森林呢？

讨论题：

1. 阅读了上面的材料，你有哪些收获？

2. 除了阅读材料中所介绍的内容，你还可以举出哪些物理学与日常生活有关的例子？可以自由发挥想象，并对你感兴趣的题目通过查阅资料，进一步深入研究，积极参与课堂讨论，把你的成果与大家共享。

阅读与讨论二：新能源技术

能量是物理学中的一个重要概念。能量的形式多种多样。它们是动能、引力能、弹性能、热能、电磁能、辐射能、化学能、核能等。任何系统，若是具有做功的本领，就说它具有能量。系统的能量在数值上等于它所做的功。能量的单位和功的单位一样：焦耳。但二者不是同一个东西。做功是一个过程，比如人把一块石头竖直向上举高的过程，就是人力克服重力对石头做功的过程。而能量是系统的属性或特征，一个系统的能量可看成是它能够做多少功，不论实际上它是否做了功，比如那块被人举高的石头，它具有做功的本领，即使它被固定在高处不动，不做功，但它具备的能量决定了它具有做功的本领。能量与人类社会有着至关重要的关系。人们利用各种能量来做功，满足不同的需要。

能量的来源就是能源。我们把能够直接或者经过转换而获取能量的自然资源统称为能源。它是人类社会生存和发展的主要物质基础。人类文明在很大程度上取决于他们对大自然能源的开发和利用。可以说能源的开发和利用状况是衡量一个时代、一个国家经济发展和科技水平的重要标志。进入21世纪，全球经济的发展使得人类对能源的需求急剧增加，然而地球上可供利用的能源在逐渐减少，面对日益逼近的能源危机，开发新能源、发展先进的能源技术成为迫在眉睫的任务。

一、能源的分类

按照能源的形成和使用情况，可以把能源做如下几种分类：

1. 按照地球上的能量来源划分为三类

1）来自地球本身蕴藏的能量，例如，地球内部的地热能、地壳中储存的核裂变燃料（铀等），海洋中的氘、氚等核聚变能的资源。

2）来自地球以外其他天体的能量，例如，宇宙射线、太阳辐射能以及由太阳辐射能引起的水能、风能、波浪能、海洋温差能、生物质能、化石燃料（它们是由上亿年前积存的动植物有机体转化而来的，如煤、石油、天然气等）。

3）来自地球与其他天体（如太阳、月亮等）相互作用的能源，例如潮汐能。

2. 按照获得能源的方法划分为两类

1）一次能源：可以直接利用的能源，例如，煤、石油、天然气、水能、风能等。

2）二次能源：由一次能源经过加工，直接或间接转换而来的能源，例如：汽油、柴油、煤油等石油制品，焦炭、煤气、电力、蒸汽等。

3. 按照是否可以再生划分为两类

1）可再生能源：不会随着能量自身的转化或利用而日益减少，例如，水能、风能、潮汐能等。

2）非再生能源：随着人类的利用会越来越减少，例如，煤、石油、天然气、核燃料等。

4. 按照人类利用的程度划分为两类

1）常规能源：已经被人类广泛利用的能源，例如，煤、石油、天然气、水力、电力等。

2）新型能源：尚未被人类大规模利用、有待于进一步研究、开发和利用的能源，例如，太阳能、风能、地热能、海洋能、氢能、生物质能等。

5. 按照对环境的污染程度划分为两类

1）清洁能源：对环境无污染或污染很小的能源，例如，太阳能、水能、海洋能等。

2）非清洁能源：对环境污染严重的能源，例如，煤、石油等。

二、能源与环境

能源在被人类进行开采、输送、加工、转换和利用的过程中，直接或间接地改变着地球上的物质平衡和能量平衡，或多或少地对生态系统产生了各种影响，甚至成为环境污染的主要根源。下面仅介绍大气污染。

1. 大气污染的根源

大气中主要的5种污染物是氮氧化物（N_2O 和 NO 等）、二氧化硫（SO_2）、各种悬浮颗粒物、一氧化碳（CO）和碳氢化合物（如甲烷（CH_4）、乙烷（C_2H_6）、乙烯（C_2H_4）等）。这些污染物的主要来源是以下三个方面：

1）煤、石油等矿物燃料的燃烧是大气污染的主要根源。这些燃料主要由碳、氧两种元素组成，还含有硫、氮等元素，它们燃烧时所产生的上述5种污染物占了大气中污染物的70%以上，所以火力发电厂是大气污染中的最大的污染源。据有关统计，燃烧1 t普通煤可产生约10 kg的二氧化硫、8 kg的氮氧化物和11 kg没有燃尽的颗粒、粉尘；燃烧1 t高硫石油，将产生50 kg的二氧化硫和10 kg的氮氧化物。

2）以汽油为燃料的汽车排出的废气，也是大城市中最大的污染源。尾气除了含有以上的污染物外，还含有铅化合物，因此它的危害日益引起重视。

3）各种化工厂、炼焦厂等在生产过程中排出的废气也是非常严重的污染源。

2. 大气污染对生物体的损害

大气污染对人体和动植物生长具有很大危害，据统计，一个成年人每天要呼吸10000 L（约13.6 kg）的空气，而空气中的污染物将会刺激呼吸道黏膜，引起上呼吸道炎症；刺激眼睛，引起结膜炎；刺激皮肤，引起皮炎。

另外，化石燃料中的重金属污染也是不能忽视的。原煤中还含有微量重金属元素，它们在燃烧中随着烟尘和炉渣排出，造成对大气、水和土壤的污染，严重影响人类健康。例如，砷会使人体细胞正常代谢产生障碍，导致细胞死亡；铅会影响神经系统，抑制血红蛋白的合成代谢；镉中毒引起肾脏功能障碍；汞中毒引起肾功能衰竭，并损害神经系统；镍是一种致癌物质；某些铬化物也会导致肺癌。

3. 大气污染对全球环境的破坏

除了对人类和动植物的危害以外，大气污染还对全球环境造成巨大危害，主要有以下三个方面：

（1）温室效应　空气中的氮气、氧气、氢气等一些双原子分子气体对电磁波的辐射能力很小，相当于透明体，但二氧化碳和水蒸气等三原子分子气体对电磁波的辐射能力和吸收能力相当大。上述这些气体对电磁波的辐射和吸收具有选择性，它们只辐射和吸收某些波段的电磁波。例如二氧化碳等气体，只让太阳的短波辐射自由通过，同时却吸收地面发出的长波辐射。因此，大部分的短波辐射可以通过大气层到达地面，使地表温度升高；同时由于二氧化碳等气体强烈吸收地面的长波辐射，使散失到宇宙空间的热量减少。这样地面吸收的热量多，散失的热量少，导致地球平均气温升高，这就是温室效应。19 世纪末时，地球的平均气温约为 14.5 ℃，现在地球的平均气温已经达到 15 ℃。研究显示，大气中二氧化碳的浓度增加了 30%。如果不限制二氧化碳的排放量，预计到 2025 年，地球的平均气温将会升高 1 ℃。平均气温的升高将会带来许多危害，例如，寒带和极地的冰川将大量融化，导致海平面上升，淹没地势较低的沿海地区；同时，干旱热带地区更加干旱；还会形成高温热浪；出现更多飓风和龙卷风等，种种自然环境的不利变化会造成各种灾难。有一部科学幻想电影《后天》非常形象地演示了那种可怕的场面，也可以说对人类提出了某种警示。

18 世纪以来，二氧化碳排放量逐渐增加，早已超过了大自然固有的对二氧化碳的吸收能力，特别是近几十年以来，大气中二氧化碳的浓度加速升高。目前，由温室效应所带来的全球变暖问题已经受到全世界的关注。人们试图通过有效手段，抑制温室效应的加剧。首先，通过技术革新，提高能源的利用率，减少石化燃料的消耗量；其次，开发不产生二氧化碳的新能源，如核能、太阳能、地热能、海洋能和氢能等；再有，推广植树绿化，限制森林砍伐，制止对热带森林的破坏等。

（2）酸雨　一般天然降水的 pH 值为 6.55。如果降水的 pH 值小于 5.6，则称该降水为酸雨。20 世纪 60 年代，酸雨在世界范围内还属于局部问题，进入 80 年代以后，酸雨危害日趋严重，扩大到了很多地区，欧洲、北美和中国已经成为世界三大酸雨区，酸雨问题成为全球面临的主要环境问题之一。

酸雨的主要成分是硫酸和硝酸。空气中的二氧化硫和氮氧化物与大气中的水蒸气发生反应，生成酸，再随同雨水一起降落就形成了酸雨。酸雨进入地表，破坏土壤，影响农作物生长，使生物体死亡；酸雨还造成大面积的森林破坏，打乱生态平衡；酸雨也造成建筑结构、桥梁、水坝、工业设备、供水管网和名胜古迹的腐蚀；酸雨使地面水呈酸性，使地下水中的金属含量增加，饮用这种水会损害人畜健康；酸雨进入江河，酸性河水中的鱼类也会大批死亡。

为了避免酸雨危害，在火力发电中，要尽量燃烧低硫燃料。可以通过清洁煤技术，降低煤的含硫量，从而减少二氧化硫排放量。

（3）臭氧层破坏　臭氧（O_3）是氧的同素异性体，它是由大气中的氧气吸收太阳辐射的 0.24 μm 的紫外线再经过某种光化学反应而产生的。臭氧作为一种活泼的物质，极易与氢、氮、氯等发生化学反应。它存在于距地面 10 km 以上的大气平流层中，能够吸收太阳辐射中对人类以及陆地和海洋生态系统有危害的紫外线中的大部分，为地球提供了一个天然屏障，让人类免遭紫外线引起的危害。研究表明，大气中臭氧浓度降低 1%，地面遭受紫外线辐射的强度将提高 2%，皮肤癌发生率可能增加 3%，白内障患者将增加 1%。

1984 年英国科学家首先发现南极上空出现了臭氧空洞，随后气象卫星的观测证实，这个空洞正在迅速增大。造成臭氧层破坏的主要原因是人类过多地使用氯氟烃类物质（如冰箱等制冷设备使用的制冷剂），还有石化燃料在燃烧过程中放出的氮氧化物以及土壤中自由排放的氮氧化物。氯氟烃类物质被排放到大气中的平流层后，在太阳紫外线辐射下会分解出氯自由基，氯自由基反应能力极强，经过一个链式反应，导致大量的臭氧迅速分解。计算表明，一个氯自由基可以破坏10万个臭氧分子。而氮氧化物的浓度目前正以每年0.2%～0.3%的速度增长，二氧化氮浓度的增加将引起臭氧层中一氧化氮浓度的增加，而一氧化氮和臭氧作用将生成二氧化氮和氧，最终导致臭氧层变薄而出现空洞。

三、新能源的开发

以上介绍的由大气污染造成的危害，都与煤、石油等化石燃料的燃烧密切相关。为了减少这些危害，保护人类健康，维持生态平衡，我们必须减少化石燃料的使用，降低污染物的排放，同时必须改变能源结构，开发和利用新能源。

1. 核能

由于原子核的变化而释放出来的能量称为核能。原子核中有一种非常强的作用力把核子（质子和中子）束缚在原子核中，这种力称为核力。核力是一种短程力，当核子间的相对距离小于原子核的线度（约10^{-15} m）时，核力非常大；但随着核子间距离的增大，核力迅速减小，当核子间的距离超出原子核的线度时，核力减小到零。

原子核在结合前后核子的质量相差很大。例如氦核，它由4个核子组成，即两个质子和两个中子。4个核子的质量和为4.032980原子质量单位［注：1959年国际纯粹与应用化学联合会（IUPAC）提出以碳的同位素$^{12}C=12$作为相对原子质量的标准，即以^{12}C质量的1/12作为标准，并征得国际纯粹与应用物理联合会（IUPAP）的同意，于1961年8月正式决定采用碳的同位素$^{12}C=12$作为相对原子质量的新标准，同年发布了新的国际原子量表］，而氦核的质量是4.002663原子质量单位，也即单个核子的质量和大于结合成原子核后的质量，这说明在氦核的结合过程中发生了质量亏损。质量亏损的原因就是核力的作用，核力使核子间的排列更加紧密，导致核子结合成原子核后质量减少。根据爱因斯坦的质能关系式，任何物体的质量m和能量E之间的关系为

$$E = mc^2$$

式中，c为真空中的光速。根据上式可知，亏损的质量就是释放出的能量。一个氦核的质量亏损所形成的能量$E=28.30$ MeV。对于1g氦而言，其质量亏损所形成的能量可达6.78×10^{11} J，相当于19万kW·h的电能。

由核子结合成原子核时所释放出的能量称为原子核的结合能。各种原子核结合的紧密程度不同，不同原子核中的核子数目也不同，所以不同的原子核的结合能也不同。根据结合能的差异，导致了两种利用核能的途径：核裂变和核聚变。

（1）核裂变　核裂变又叫核分裂，它是将平均结合能比较小的重核设法分裂成两个或多个平均结合能较大的中等质量的原子核，同时释放出核能。重核裂变一般分为自发裂变和感生裂变两种方式。

自发裂变是由于重核本身不稳定造成的，半衰期都很长。例如纯铀的自发裂变，其半衰期约45亿年，计算表明100万kg的铀经自发裂变所释放出的能量一天还不到1 kW·h的电能，可见利用自发裂变释放出的能量是不现实的。

感生裂变是当重核受到其他粒子（主要是中子）的轰击时，裂变成两块质量略有不同的轻核，同时释放出能量和中子的过程。例如，一个铀核受到中子轰击，发生裂变时所释放的平均能量约为200 MeV。这部分能量包含以下几部分：

裂变碎片（较重的核）的动能	70 MeV
裂变碎片（较轻的核）的动能	100 MeV
裂变释放的中子的动能	5 MeV
裂变产物所释放的 β^- 和 γ 能量	15 MeV
与 β^- 相伴的中微子能量	10 MeV

其中除去中微子和 γ 射线会穿出去之外，其余的大约 180 MeV 的能量就是可以利用的核能。1 kg 铀 235 全部裂变所释放出的可利用的核能相当于 2500 t 标准煤燃料完全燃烧所放出的能量。可见，利用感生裂变所释放的能量是人类利用核能的有效方式。

（2）核聚变　核聚变反应又叫热核反应，它是将平均结合能较小的轻核，在一定条件下聚合成一个较重的、平均结合能较大的原子核，同时释放出巨大的能量。由于原子核之间具有较大的库仑排斥力，所以一般条件下发生核聚变的概率很小。只有在几千万到几亿摄氏度超高温下，原子核发生猛烈撞击，轻核才有足够的动能去克服彼此的库仑排斥力，从而导致聚合。在这种温度下，每个聚变反应释放的能量足以保持温度的升高，点燃反应过程，产生持续的核聚变，直到燃料反应殆尽。由于超高温是发生核聚变必备的外部条件，所以核聚变又叫热核反应。

原子核之间的库仑排斥力与它们自身所带电荷的乘积成正比，所以原子序数越小的原子核由于所带质子数少，聚合时所需的动能也越小，即所需的温度也越低。最有希望的聚变反应是氘核和氚核的反应：

$$^{2}_{1}H + ^{3}_{1}H \rightarrow ^{4}_{2}He + ^{1}_{0}n$$

它释放的能量是铀裂变反应的 5 倍。氘可以在海水中提取。海水中的氘结合成的重水，约为海水总量的 1/6700，每克氘经过聚变可以放出大约 105 kW · h 的能量。从 1 L 海水中所提取的氘，使它发生聚变反应所释放的能量，相当于 300 L 汽油完全燃烧所放出的能量。按照此推算，全球目前一年所消耗的能源仅相当于 560 t 的氘。地球海洋中的氘估计可供人类使用 1000 亿年。

氚是放射性元素，半衰期是 12.5 年，天然的氚不存在，但可以通过中子与聚变堆反应区周围再生区中的 ^{6}Li 进行下列增殖反应得到：

$$^{6}Li + n \rightarrow ^{4}He + T\ (\text{氚})$$

^{6}Li 是一种较为丰富的同位素（占天然锂的 7.5%），广泛存在于陆地和海洋的岩石中，由于消耗量少，相对来说是“取之不尽”的。

核聚变反应产生的高速运动中子从燃烧的燃料中激射而出。中子被包围在聚变装置周围的特殊“毯子”俘获后，把能量以热量的形式散发出去。与传统的利用核裂变来发电的核电站一样，这些热量被用来制造蒸汽和驱动涡轮发电机。核聚变发电不会释放二氧化碳等任何导致温室效应的气体，而且核聚变反应物中基本没有放射性，即使氚有放射性，但它只是中间产物。反应物中放出的能量为 14 MeV 的中子经过适当处理后也不会对环境造成污染。

核聚变这种反应已经使太阳和恒星发光达几十亿年。近 60 年来，人类一直想方设法以实现对核聚变的利用。为了缓解全球变暖问题，许多国家为污染严重的石化燃料寻找替代品，但事实证明非常困难。传统的（利用核裂变发电）的核电站曾经被认为是解决全球能源危机的灵丹妙药，但现在它们的工作寿命就快结束了。由于担心放射性核废料难以处理和发生意外事故，政府对是否更新燃料让核电站继续运行十分谨慎。

在这种情况下，核聚变反应似乎是一个非常理想的解决核能来源的方法。前面曾谈到，核聚变的基本原料是氢的同位素原子，海水几乎可以无限地提供这种原料。氢原子加热到足够高的温度就会分解，形成自由电子和原子核构成的等离子体。继续加热，原子核就会猛烈撞击，导致聚合并释放出巨大的能量。但是，真正的困难在于如何达到并保持核聚变所需要的高达1亿摄氏度甚至更高的温度。目前，只有在氢弹爆炸或者在由加速器产生的高能粒子的碰撞中才能实现核聚变反应，而人工控制核聚变反应的技术至今未获成功。经历了数十年的挫折和失望以后，在欧洲联合核聚变装置（JET）的秘密实验室里，科学家们距离“利用恒星能源”的目标变得前所未有地接近。他们相信人工控制核聚变反应最终可以实现。JET的工作得到美国权威核专家的认可，美国核专家也准备加入由欧洲、俄罗斯、日本和加拿大的科学家所组成的队伍，建造世界上第一个燃烧的等离子体装置——国际热核实验反应堆（ITER）。无论是规模还是成本，ITER都是大型项目。计划到2018年前后建成，ITER将有10层楼高，耗资将达30亿英镑。核聚变发电站能否最终建成，核聚变能源何时能够真正成为一种经济、健康的新能源，还有待于科学家们进一步探索。

2. 太阳能

太阳是一个巨大的能源，在其内部持续不断地进行着核聚变反应，其表面温度约为6000 K，中心温度高达1.5×10^{7} K，压力可达30 MPa。太阳能是以辐射形式传播的，因此又叫太阳辐射能。太阳辐射功率为3.8×10^{26} W。由于太阳离地球相当遥远，所以到达地球大气层的辐射能只占太阳总辐射能的22亿分之一，而其中又有50%的能量被大气层反射和吸收，因此，到达地面的辐射功率约有8.6×10^{16} W，这相当于每秒钟燃烧300万t标准煤当量（1 kg标准煤当量为29.3 MJ），即一年燃烧100万亿t标准煤当量，这差不多是全世界一年的能源消耗的一万倍。

太阳能资源丰富，使用范围广泛，既免费使用，又无需运输，既是一次性能源，又是可再生能源；使用太阳能不会引起大气污染，也不会破坏生态平衡，所以受到世界各国的重视。有专家预测，太阳能将是21世纪人类的主要能源之一。目前有三种方式将太阳能转化为其他形式的能量加以储藏和利用。

（1）光电转换形式　利用半导体p-n结的光生伏特效应，当光线照射在距表面很近的p-n结上时，就会在p-n结上产生电动势，接通外电路即可形成电流。太阳能光电池就是根据这一原理制成的。

目前用半导体材料制成的光电池已经进入实用阶段，如单晶硅电池、多晶硅电池、非晶硅电池、硫化镉电池、砷化锌电池等。这种光电池常作为手表、收音机、灯塔、边防哨所的电源，还用于汽车、飞机和卫星上的电源。我国在1972年发射的第二颗人造卫星上已经开始使用太阳能电池；在1990年发射的风云一号气象卫星上已经使用高效砷化镓电池；在1996年9月，“中国一号”太阳能电动轿车在江苏连云港问世，全车的前端盖面和顶盖面上共装有4 m^2的太阳能光电板，由光电转换取得能源。

（2）光热转换方式　黑色粗糙的表面能很好地吸收太阳辐射，在阳光下很快会变热，所以太阳能设备的吸收表面一般涂以黑色涂层。太阳光照在涂层上能有效地转化为热能，这种光热转换装置可以分为两种类型：平板式集热器和聚光式集热器。

平板式集热器的集热面积与散热面积大体上一样，所以不能达到很高的温度；而聚光式集热器用反射镜或透镜聚光，能产生很高的温度，但造价昂贵。太阳能集热器用空气或水作为传热介质，在我国，太阳能农用温室、太阳灶等已被广泛推广使用。

利用太阳能进行热发电，在技术上也是可行的，国外已经建立了许多试验性的太阳能热发电厂。

（3）光化学转换方式　光化学转换是光和物质相互作用所引起的化学反应。例如光化学电池，就是利用光照引起的化学反应，使电解液形成电流而供电的。还有利用太阳能进行水分解来制氢也是一种较好的方法。因为氢作为燃料具有燃烧值高、无污染等优点。再有就是植物的光合作用，对太阳能的利用效率很高，利用仿生技术模拟光合作用一直是科学家们努力追求的目标。一旦对光合作用的化学模拟研究获得成功，就可以使“人造粮食”、“人造燃料”成为现实。

但是，太阳能有两个主要缺点：一是能流密度低，二是其强度容易受到各种因素（如季节、气候、地点等）的影响而不能维持常量，这两大缺点限制了人类对太阳能的有效利用。

3. 风能

风是地球上的一种自然现象，是由太阳辐射引起的。太阳照射到地球表面，由于地表各处受热不同而产生温差，从而引起大气的对流，从而形成了风。风能就是空气流动的动能。风能与风速的三次方成正比，所以，风速越大的地区风能资源越丰富。

统计表明，到达地球的太阳能只有大约2%转化为风能，但其总量也是可观的。全球风能约为2.74×10^9 MW，其中可以利用的风能为2×10^7 MW，比地球上可开发利用的水能量要大10倍左右。近年来，人类对风能和太阳能这两种可再生能源的开发利用正迅速增长。1995~1997年间，各种能源消耗的年增长率为：风力发电25.7%，太阳能发电16.8%，地热发电3%，石油消耗1.4%，煤炭消耗1.2%，核能发电0.6%。由此可见，风能和太阳能的开发利用发展之快。

风能是一种巨大的天然清洁能源，可以转化为电能、机械能和热能等。目前利用风能的主要形式有风力发电和风力提水，主要设备是风力发电系统和风力机。丹麦是世界上最早利用风能的国家，目前风力发电为丹麦提供了7%的电力，这个比例居世界领先地位。我国地域辽阔，季风盛行，风能资源非常丰富。据估计我国风能资源量为1.6亿kW，主要分布在西北、华北和东北的草原或戈壁，以及东部和东南沿海岛屿。近十几年来，我国已经研究了从50 W到250 kW的风力机40多种，大量生产的主要是百瓦级的微型机和少量中型机。

而风力提水比风力发电更容易实现，只要有风，风力机能转动就能提水。风力提水装置结构简单、易于操作和维护。目前世界各国运行的风能利用机械中，大约有50%是用于风力提水的。

利用风能的主要困难在于两个方面：一是空气密度小，仅为水密度的千分之一，故利用风能的装置非常大；二是风速多变，不易维持稳定输出功率。这使风能的利用受到一定的限制。

4. 地热

地球本身就是一个巨大的天然储热库。地热能是指地球内部可以释放出来的热量。关于地热的来源，有多种说法，但一般认为它主要来源于地球深处的压力和由地球内部放射性元素衰变所放出的能量。地温的温度随着深度的加深而升高，平均每深入1 km，温度升高30 ℃。某些地方的地下热水和地热蒸汽埋藏在地壳较浅的部分，甚至露出地表，这就是温泉。人们可以采用钻井的方式把地下水和蒸汽引导到地面上来加以利用。在地下更深的干热岩处，温度更高，热能储藏量更大，有待人们进一步开发。

地热的应用范围很广，有地热发电、地热供暖、地热务农、地热行医等。其中地热发电是利用地热的主要方式。世界上已有十几个国家的100多个地热能发电站投入运行。其中美国居首位。我国处于全球欧亚板块的东南边缘，在东部和南部分别与太平洋板块和印度洋板块相连接，地热资源十分丰富，已经发现温泉几百处，并在西藏、河北、湖南、江西、辽宁和福建等地建成了多个地热能发电站，其中最大的是西藏的羊八井地热能发电站，供应拉萨市的用电。

随着与地热利用相关的高新技术的发展，特别是以全球定位系统作基础的高精度资源勘探技术的应用，以新材料、新动力和新型加工为基础的钻井技术的进步，将使人们能够更精确地查明更多的地热资源，钻更深的井，将地热从地层更深处取出来，造福于人类。

5. 海洋能

浩瀚的大海里资源丰富。20世纪90年代以来，人类进入了全面开发利用海洋能的时期。中国也是一个海洋大国，拥有长达18000公里的海岸线，14000多公里的海岛岸线，约300万平方公里的海洋国土。海洋能的利用、海底石油和矿物的开采、海洋生物资源、海洋渔业和盐业等正在为我国国民经济的发展作出越来越大的贡献。海洋技术已被列为我国的高技术发展规划。对海洋能的利用有以下几个方面：

（1）潮汐能　潮汐能是以势能形态出现的海洋能。海水潮汐运动是指海水每个昼夜有两次涨落，一次在白天，称为潮；另一次在晚上，称为汐。潮汐运动主要是因为海水受到两种力的作用，一是地球本身绕太阳公转对海水产生一个惯性力；二是海水受到月亮和太阳的吸引力。两种作用力合成的结果就形成了潮汐运动（这里忽略了地球自转对海水产生的粘滞力）。

潮汐发电站的工作原理是利用天然海湾，筑坝拦截潮水形成水库，等海水退潮下降时，放水发电。潮汐发电开始于20世纪50年代，欧洲国家历来重视海洋能资源的开发和利用，目前建有世界上最大的潮汐发电站。我国也已经在浙江、江苏和山东等地建造了多座潮汐发电站。

（2）波浪能　波浪能是以动能形态出现的海洋能。波浪是由风引起的海水起伏现象，实际上它是由于吸收了风能而形成的。通常在一个典型的海洋中部，约8 s的周期内会产生一个1.5 m高的波浪，波浪能的大小可以用海水起伏势能的变化来估算，即

$$P = 0.5TH^2\ \mathrm{kW/(m^3 \cdot s)}$$

式中，P 是波前宽度上的波浪功率，单位为kW/m；T 为波浪周期，单位为s；H 是波浪的高度，单位是m。

例如，当有效波浪高度为1 m，周期为9 s时，在1 m的波宽度上，波浪功率为4.5 kW。波浪的功率大小还与风速、风向、连续吹风的时间、海水流速等因素有关。

据估计，全球可以开发利用的波浪能可达2.5×10^9 kW。在我国沿海，有效波高约为2~3 m，周期为9 s，波浪功率可达17~39 kW/m。渤海湾的有效波高可达42 m，其利用前景非常广阔。

（3）温差能　海洋是地球上一个巨大的太阳能集热和蓄热器。太阳投射到地球表面上的太阳能大部分被海水吸收，使海洋表面温度升高。在赤道附近，由于太阳直射多，其海域

的表层温度可达 25 ~ 28 ℃；波斯湾和红海由于被炎热的陆地包围，其海面温度可高达 35 ℃。而在海洋深处 500 ~ 1000 m 处，温度只有 3 ~ 6 ℃。这个垂直的温度差就是一个可以利用的巨大能源。利用温度差产生能量的工作原理是：通过热力学循环方式将热能转换为机械能，再转换为电能。据估计，利用温差来发电，其功率可达 2×10^9 kW。目前许多国家正在积极研究利用海水温差发电的技术。

6. 氢能

氢气燃烧释放出的能量就是氢能。氢能具有以下优点：

1）燃烧值高。除核燃料外，氢的燃烧值比其他化石燃料高。1 kg 氢的燃烧值高达 6900 kJ，约是汽油燃烧值的 3 倍。

2）燃烧性能好。氢与空气混合时有广泛的可燃范围，而且易燃、燃烧速度快，便于获得较高的功率。

3）本身无毒。氢燃烧后只生成水和少量的氮化氢，没有化石燃料燃烧时所放出的如一氧化碳、二氧化碳、碳氢化合物、铅化物和粉尘颗粒等对环境有害的污染物质。而少量的氮化氢经处理后也不会污染环境。燃烧生成的水还可以继续制氢，反复循环使用。所以氢是一种非常干净的燃料。

4）导热性好。在所有气体中，氢的导热性能最好，比大多数气体的导热系数要高 10 倍左右。因此氢是能源工业中极好的传热载体。

5）可利用形式多。氢既可以通过燃烧产生热能，又可以作为能源材料用于电池，或转换成固态氢用作结构材料。

6）存在形式多。氢既能够以气态、液态存在，也能够以固态的金属氢化合物形式出现。因此，它能适应储运及各种环境的不同要求。

氢的开发和利用会碰到两个难题：首先，是寻找一种廉价易行的氢制备工艺。其次，是找到安全可靠的储运和输氢的方法。由于氢容易气化、着火和爆炸，因此如何妥善解决氢的储运和输送问题就成为开发利用氢能源的关键。

7. 生物质能

生物质是指由光合作用而产生的有机体。在光合作用中，太阳能被转化为化学能而储存在生物质中，这就是生物质能。

光合作用是生命活动中的关键过程，植物光合作用的简单过程是：

$$\text{水} + \text{二氧化碳} \xrightarrow{\text{植物、太阳能}} \text{有机体} + \text{氧}$$

对生物质能的利用和转换有以下四类方式：

（1）直接燃烧法　通过直接燃烧生物质的办法来获得热能。

树木是生物质的重要来源。作燃料用的树木又叫薪柴，它是继石油、煤和天然气之后的第四大能源，目前仍是发展中国家的农村甚至城市低收入居民赖以烹饪、取暖的重要燃料。直接燃烧薪柴的缺点是热效率低，对环境具有危害性。因此，对薪柴和其他木质素的物质进行大规模的生物和化学转换，使其成为固体或液体燃料是人类在 21 世纪利用生物质能的方向。

（2）化学转化法　通过化学手段将生物质能转换成不同的燃料。

目前有三种基本方法：一是有机溶剂提取法，它是将植物干燥切碎，再用丙酮、苯等化学溶剂在通有蒸汽的条件下进行分离提取；二是气化法，它是将固体有机燃料在高温下与气化剂作用而获取气体燃料；三是热分解法，它是将有机物隔绝空气加热分解而得到固体或液体燃料。

（3）生物转换法　通过微生物发酵的方法将生物质能转换为液体燃料或气体燃料。

某些糖、淀粉和纤维素可以经过微生物发酵产生醇，醇就是一种优质的液体燃料，其中最重要的是甲醇和乙醇。机动车用甲醇和乙醇作为燃料，对环境的污染要比汽油和柴油小得多。

（4）沼气发酵法　利用沼气发酵法可以获得气体燃料。这不但能很好地解决农村能源短缺问题，而且能改善农村的卫生环境，从而提高大众的健康水平。同样，沼气在解决城市垃圾和废水、污水处理方面也能发挥重要作用。

可以预见，在21世纪，随着现代生物技术的发展，生物质能的开发和利用必将会有新的突破。

讨论题：

1. 阅读了上面的材料，你有哪些收获？
2. 我们在日常生活能够为节约能源做些什么？
3. 你对新能源技术的哪个方面感兴趣？

可以任选一个专题，通过网络搜集资料，写成综述文章或做成课件，参与课堂讨论。

阅读与讨论三：电磁场与电磁波应用技术

关于静电的应用，大家熟知的有静电除尘、静电复印、静电植绒等；关于恒定磁场的应用，例如磁镜、磁悬浮列车等，也有很多资料可供查阅。现仅简要介绍几个电磁场与电磁波在日常生活和高新技术中应用的例子。

一、时变电磁场的应用

在日常生活中经常遇到时变电磁场的问题。其变化频率分布在一个广阔的范围内，从电力工业的50 Hz工频，到电话、广播的音频，各种频段的无线电波，包括电视、雷达、光纤通信、移动通信等。除了无线电领域外，时变电磁场在检测和控制、高频加热、地质勘探、电子干扰，甚至人们的日常生活方面都有着广泛的应用。

1. 无损检测

变化的磁场引起包围它的电场和电流，这种电流常被形象地称为涡流。涡流现象在无损检测和地质探矿等领域中得到应用。涡流无损检测是利用交流励磁和感生涡流，由于缺陷的存在或者材料的不均匀性都会使感生涡流轨迹发生变化，从而得到各种不同的测试线圈阻抗。根据这种阻抗的变化程度就可以判定被测工件是否合格。这种方法可以用于某些大批量生产的同类产品的自动化检测，很有发展前途。

利用变化磁场产生的变化电场，可以使空间的电子加速，由此制成的电子感应加速器，用被加速的电子束轰击各种靶，将发出穿透力很强的电磁辐射。近年来还采用不大的电子感应加速器来产生硬X射线，用于工业探伤和医学治疗癌症等。

2. 微波炉

1946年，斯潘瑟还是美国雷声公司的研究员。一个偶然的机会，他发现微波熔化了糖果。事实证明，微波辐射能引起食物内部的分子振动，从而产生热量。1947年，第一台微波炉问世。顾名思义，微波炉就是用微波来煮饭烧菜的装置。微波是一种电磁波，这种电磁波的能量不仅比通常的无线电波大得多，而且还很有“个性”：微波一旦碰到金属就发生反射，金属根本没有办法吸收或传导它；微波可以穿过玻璃、陶瓷、塑料等绝缘材料，但不会消耗能量；而含有水分的食物，微波不但不能透过，其能量反而会被吸收。微波炉正是利用微波的这些特性制作的。

微波炉的外壳用不锈钢等金属材料制成，可以阻挡微波从炉内逸出，以免影响人们的身体健康。装食物的容器则用绝缘材料制成。微波炉的心脏是磁控管。这个叫磁控管的电子管是个微波发生器，它能产生每秒钟振动频率为24.5亿次的微波。这种肉眼看不见的微波，能穿透食物达5 cm深，并使食物中的水分子也随之运动，剧烈的运动产生了大量的热能，于是食物“煮”熟了。这就是微波炉加热的原理。用普通炉灶煮食物时，热量总是从食物外部逐渐进入食物内部的。而用微波炉烹饪，热量则是直接深入食物内部，所以烹饪速度比其他炉灶快4～10倍，热效率高达80%以上。目前，其他各种炉灶的热效率均无法与它相比。

微波炉由于烹饪的时间很短，能很好地保持食物中的维生素和天然风味。比如，用微波炉煮青豌豆，几乎可以使维生素C一点都不损失。另外，微波还可以消毒杀菌。

使用微波炉时，应注意不要空烧，因为空烧时，微波的能量无法被吸收，这样很容易损坏磁控管。另外，由于人体组织是含有大量水分的，所以为了保护身体不受伤害，一定要在磁控管停止工作后，再打开炉门，提取食物。

3. 电磁炉

电磁炉是利用变化磁场感应涡流的加热原理制成的。电流通过线圈产生交变磁场，当交变磁场的磁力线通过金属器皿的底部时即会产生无数小涡流，使器皿本身自行高速发热，然后再加热于器皿中的食物，其神奇之处就在于炉面的陶瓷表面不会发热，而锅具自行发热，并煮熟锅内食物。电磁炉的最高温度可达240 ℃。

电磁炉的热效率极高，加热食物时安全洁净、无火无烟、不产生废气，避免了有害气体中毒，而且不怕风吹、不会爆炸。当交变磁场内的磁力线通过非金属物体时，不会产生涡流，故不会产生热。因为炉面和人都是非金属物体，本身不会发热，因此没有被电磁炉烧伤的危险，安全可靠。

4. 磁共振与核磁共振

磁共振是物质中的磁矩系统在互相垂直的恒定磁场（又称直流磁场）和高频或微波磁场的同时作用下，当恒定磁场的强度和高频或微波磁场的频率满足一定的条件时，这一磁矩系统对高频或微波产生的强烈的电磁能量吸收的现象。而原子核磁矩系统产生的磁共振称为**核磁共振**，电子磁矩系统产生的磁共振称为**电子自旋磁共振**。根据这一电子系统产生的磁性，如顺磁性、铁磁性等，又分为顺磁共振、铁磁共振等。还有一类磁共振是物质中的游动电子的电荷系统在互相垂直的恒定磁场和高频或微波电场的共同作用下，当恒定磁场的强度和高频或微波电场的频率满足一定的条件时，这一游动电子的电荷系统对高频或微波产生强烈的电磁能量吸收现象，称为回旋共振。因为这一现象同物质的抗磁性相关，故也称**抗磁共振**。运动的电荷还可能是由物质中的离子所产生，称为离子回旋共振。

在这些磁共振中，目前应用最多的是核磁共振。这是因为在92种天然化学元素中，有80多种化学元素的原子核具有磁矩（简称核磁矩），可以在一定条件下产生核磁共振。

因为核磁共振的分辨率很高，还可以利用一些新技术（如电子计算机技术等）来提高灵敏度，故在物理学、化学、生物学、地质学、医学和工农业分析等中得到重要的应用。

利用核磁共振可研究的化学元素多、分辨率高和灵敏度高的特点，可以得到所研究物质的很多结构和特性等方面的信息，这在研究复杂的生物大分子甚至生物活体时更有优势，是用其他科学方法难以得到的。例如核糖核酸（RNA）、脱氧核糖核酸（DNA）和多种蛋白质的核磁共振研究就解决了许多结构上和其他方面的问题。

5. 蓝牙技术

蓝牙技术是一种无线数据与语音通信的开放性全球规范，它以低成本的近距离无线连接为基础，为固定和移动设备通信环境建立一个特别连接，其程序写在一个9 mm×9 mm的微芯片中。例如，把蓝牙技术引入到移动电话和便携式计算机中，就可以去掉移动电话与便携式计算机之间的令人厌烦的连接电缆，而通过无线建立通信。还有打印机、台式计算机、传真机、键盘、游戏操纵杆等，几乎所有其他的数字设备都可以成为蓝牙系统的一部分。除此以外，蓝牙无线技术还为已存在的数字网络和外设提供通用接口，以组建一个远离固定网络的个人特别连接设备群。

蓝牙工作在全球通用的 2.4 GHz ISM（即工业、科学、医学）频段。蓝牙的数据传输速率为 1 Mb/s。时分双工传输方案被用来实现全双工传输。ISM 频带是对所有无线电系统都开放的频带，因此，使用其中的某个频段都会遇到不可预测的干扰源。例如，某些家电、无线电话、汽车房开门器、微波炉等，都可能是干扰源。为此，蓝牙特别设计了快速确认和跳频方案以确保链路稳定。跳频技术是把频带分成若干个跳频信道（hop channel），在一次连接中，无线电收发器按一定的码序列（即一定的规律，技术上叫做“伪随机码”，就是“假”的随机码）不断地从一个信道“跳”到另一个信道。只有收发双方是按这个规律进行通信的，而其他的干扰不可能按同样的规律进行干扰；跳频的瞬时带宽是很窄的，但通过扩展频谱技术，可使这个窄的频带成百倍地扩展成宽频带，使干扰可能的影响变得很小。与其他工作在相同频段的系统相比，蓝牙跳频更快，数据包更短，这使得蓝牙系统比其他系统都更稳定。

6. 电磁高速公路

高速公路是交通发展的重要途径。但高速公路上的车祸仍在威胁着驾车人的生命安全。有没有一种既高速又安全、彻底杜绝车祸的公路呢？

美国传媒最近披露，由美联邦政府运输部授权的全美自动公路系统集团，将把加利福尼亚—圣地亚哥第 15 号州际高速公路上 7.6 km 的路段改建成电磁高速公路。在这段路上，各种车辆的行驶速度达每小时 200 km，而车辆之间的距离却比普通的高速公路更短。利用智能管理系统，公路交通畅通无阻，没有交通堵塞和车祸。据称，该路段将与普通公路分开，车辆以 10 ~ 20 辆为一组，分组分批行驶。在这段电磁高速公路试制成功并取得必要的经验后，该技术有望在全美、甚至全球推广。

电磁高速公路采用了以下多项高精尖技术：在沥青路面下每隔 1.2 m 埋设专用磁铁，负责行驶车辆与计算机系统之间的信息传递；在车辆的前后保险杠上配置磁性传感器，接收地面专用磁铁的信息反馈；车辆行驶由计算机和传感器控制，交通信息通过车辆和路面计算机系统交流；沿路布设传感器、计算机导航系统及摄像机；用专用计算机控制汽车制动、油门和转向；用雷达控制车距，最小距离可达 3.95 m；在汽车驾驶进特定路口时，计算机导航系统会显示清晰的道路图，指示驾驶员现时的位置，以及前往各方向的最佳路线。

据称，在电磁高速公路上行驶的汽车除了安装有高科技的计算机、雷达磁性传感器等装置外，与普通公路上行驶的车辆没有本质的区别。当车辆在电磁高速公路上行驶时，其行驶、制动、转向和停车的操作，完全由计算机及相关支持系统自动完成；当汽车驶离电磁高速公路进入普通公路后，司机又尽可享受人工驾车的乐趣。当然，如果所有路段都改装成电磁高速公路的话，即使不会驾车的人也能轻松上路，自由自在地驰骋在高科技的高速公路上。

二、红外辐射与红外技术应用

波长在 0.78 ~ 1000 μm 之间的电磁波称为红外辐射，又称红外线、红外光。应用红外辐射的红外技术，如红外线测温技术、红外线遥感和遥控技术及红外线加热技术等已得到广泛的应用。

1. 热辐射

将一枚钢针放在火焰上加热，随着温度的升高，钢针相继呈现暗红、赤红、橙色，最后变成黄白色。其他物体也会出现加热发亮、颜色随温度而变化的现象。这说明在不同温度下，物体能发出不同波长的电磁波。事实上，在任何温度下，一切物体都向外发射各种波长的电磁波，而且电磁波的能量按波长的分布随温度变化而不同，这种电磁辐射称为热辐射。

物体不但能辐射电磁波，还会吸收投射到它上面的电磁辐射能量。在任何温度下，能全部吸收投射到它上面的所有辐射能量的物体称为黑体。一个带小孔的密闭空腔是一个非常接近黑体的模型。经小孔入射的辐射在空腔内壁多次往复反射，每次只反射一部分能量，多次反射后能量所剩无几，况且也很少有机会从小孔射出。白天我们从室外看房屋的窗户是黑暗的，就类似这个道理。实验表明，黑体辐射的情况只与黑体的温度有关，而与组成的材料无关，它是研究热辐射性质的一个理想模型。

2. 红外辐射

在通常温度下，物体发射的辐射能量集中在波长比可见光长的红外波段，所以人们无法用肉眼来观察到，但有时还是能感受到它的存在。比如将手放在散热器附近，能明显地感觉到热，就是由于散热器发出的热辐射作用到手上的结果。温度更低的物体的辐射，用手也无法感受到，需要用专门的仪器来测定。

根据红外辐射在地球大气层中传输特性的差异，通常把红外光分成近红外、中红外和远红外三个区，其波长范围分别为0.75～3 μm、3～30 μm 和30～1000 μm。

所有物体都在发射红外辐射，从这个意义上说，一切物体都是红外源。通常所说的红外源主要指以下三种情况：一是作为辐射标准或有源红外装置中使用的人工红外源；二是红外系统探测目标；还有一种是干扰红外探测的背景辐射。

在全部电磁波谱中，红外辐射的产生是最容易的，只需加热物体就可以。从微观看，红外辐射光子的能量大体上对应分子的振动能级或转动能级的间隔。振动对应近红外，转动对应远红外。不论用什么方法，将分子激发到高的振动能级或转动能级上，它就会很快跃迁回到低能级，并放出相应的红外分子。

当红外辐射投射到物体上时，如果物体中存在两个间隔为 E 的能级，当红外光子的能量 $h\nu \approx E$ 时，光子就可能被吸收。当物质分子吸收红外光子跃迁到高能级后，如果又跃迁回到低能级并放出与原来同样能量的光子，那么这个过程便是散射。如果在此之前，存在某种机制，使它“退激”，即把能量以热能形式转移出去，这就形成了吸收。吸收在宏观上表现为红外辐射的热效应。

物质对红外辐射的吸收并不发生在很窄的某一个（或几个）频率上，往往展开为一个相当宽的吸收带。吸收的强度、吸收带按频率（通常表示为波长）的分布与物质的组成及结构有关。因而，对物质的红外吸收谱的分析可以获得有关物质结构的信息。红外光谱分析是仪器分析的常用手段之一。

气体中的 N_2、O_2 等对红外辐射几乎没有吸收。而 HF、CO、CO_2、H_2O、O_3 等都有各自的红外吸收带，红外辐射在大气中传输时，由于大气的吸收，其强度会衰减。实验指出，在15 μm 以下有些区域范围内（0.3～2.5 μm、3.2～4.8 μm、8～13 μm），对红外辐射几乎是透明的，这个区域通常称为**大气窗口**。

特别注意的是，大气中的 CO_2 对红外辐射的吸收，造成了所谓的温室效应，其结果是使地球变暖，海平面上升。随着排放到大气中的 CO_2 等气体总量的逐年增加，温室效应更加明显。预计到2030年，全球气温将上升1.5～4.5 ℃，海平面上升20～140 cm，随之而来的是气候异常与自然灾害，这应当引起人类的广泛关注。

在红外技术中，要使用能让红外光透过的材料，如红外检测元件上的红外窗。没有发现能让整个红外波段都能透过的光学材料，一般材料只能让某些波段的红外光透过。例如锗晶体能让 2 ~ 15 μm 波段的红外光透过，石英能让 1 ~ 3 μm 波段的红外光透过。一般是根据实际需要来选用窗口材料。

红外光同可见光一样，具有直线传播等几何光学性质，也具有干涉、衍射、偏振等波动性质，还能产生光电效应等，呈现波粒二象性。

3. 红外探测

根据红外辐射与物质相互作用时所表现出来的各种物理效应，人们将肉眼看不见的红外辐射转变为可见的或可测量的物理量，从而实现红外探测，制成红外探测器。常用的红外探测器按红外辐射引起的效应分为**热敏**探测器和**光敏**探测器两类。

（1）**热敏**探测器　将红外辐射投射到热敏红外探测器上，被探测器吸收转化为内能引起其温度升高，进而使有关物理参数发生变化，通过测量这些物理参数的变化就能确定入射的红外辐射的强度。热敏探测的优点是响应波长范围宽，基本上无选择性。常用的有**热敏电阻探测器、热电偶探测器**和**热释电探测器**。

热敏电阻探测器由锰、镍、钴的氧化物烧结成的热敏电阻薄片作为敏感元件。当红外辐射照到上面时，因温度升高引起电阻减少，通过测量阻值的变化，便得知入射红外辐射功率。

两种不同金属或半导体材料相连，将形成两个结点，当两个结点处于不同温度时，会产生电动势，称为**温差电动势**，简称**热电势**。温差电动势的大小与两个结点的温度差有关，这种装置称为**热电偶**。保持热电偶一个结点的温度不变，产生热电势，其大小反映了入射到测温结上的红外辐射功率的大小，这就是热电偶探测器的工作原理。

我们知道电中性介质在外电场的作用下，会局部带电，这种电荷称为极化电荷。一般情况下，当外场撤销后，极化电荷也随之消失。但有一类称为**铁电体**的介质，在外电场撤销后，依然保持一定的极化电荷。保持下来的极化电荷与温度有关，随温度升高而减小。利用这种效应可制成热释电探测器。当红外辐射照到已经极化了的铁电体薄片上时，引起其温度升高，使极化电荷减少，这相当于释放了一部分电荷，因此称为热释电现象。如果将一电阻与热释电薄片相连，则此电阻上就有一电信号输出，其大小取决于薄片上的温度变化，从而反映出入射红外辐射强度的变化。

（2）光电红外探测器　光照到金属或半导体表面时，使电子从表面逸出的现象称为光电效应，又称外光电效应。如果入射的光子能量不是很大（如红外光子），材料吸收光子后不足以使电子逸出，而使原来束缚的电子变成参与导电的自由电子（或空穴，统称为载流子），从而增大材料的导电能力，或者这种载流子造成电荷积累使材料两面形成一定电压，这种现象称为内光电效应。对前一种情况，光照的结果使材料的导电率增大，当它作为元件接在电路中时，会引起电路参数（电压、电流）的变化，这些参数的变化反映出入射红外辐射的功率，这就是光导探测器。对后一种情况，红外辐射照射在一些半导体材料上，产生电压，这一电压值反映入射红外辐射的规律，这种元件称为光伏探测器。

光电红外探测器的灵敏度高，响应快，其响应往往与波长有关。

4. 红外技术的应用

红外技术大致分为两大类，一类是利用辐射的能量来实现加热、干燥等；另一类是利用红外辐射的发射、传输及接收特性来获取有关信息，如红外测温、红外遥控和遥感等。

（1）红外加热与红外干燥技术　物体吸收红外辐射后，转换成能量，使其温度升高，这是红外加热的原理。如果物体足够厚，红外的透入率又很高，可使物体内部温度高于表面温度，从而导致很大的温度差。大的温度差变化可以激发质量的迁移，使物体内的水分蒸发，这就是红外干燥的机理。

每种物质对不同波长的红外辐射吸收不一样，形成各自特有的吸收谱。水对红外辐射在 3 μm 附近、5 ~ 7 μm 及 13 μm 以上的波长范围有较强的吸收带。粮食作物及其制品的吸收带在 3 μm 附近和 7 ~ 10 μm 之间。聚丙烯薄膜的吸收带在 3. 3 μm、7. 2 μm 等附近。大多数要干燥的物质，其红外吸收带的波长都在 2. 5 μm 以上的区域。红外加热或干燥的主要设备是产生辐射能的红外辐射装置。加热、干燥的效率取决于辐照器的正确选择。为了提高效率，应该使辐射器的发射谱与被加热物质的吸收谱相匹配，用于干燥的辐射器的发射谱应该与水的吸收谱匹配，所谓“匹配”就是要求辐射器的发射峰值位置与受照物（或水）的吸收峰值位置尽量一致。

红外加热、红外干燥的加热时间短，能在很短时间内达到所要求的温度，能按规定的程序控制加热过程，易于实现自动化，其加热的方式为内外同热。

（2）红外测温技术

根据斯忒藩-玻耳兹曼定律，测定物体的辐出度，便可确定其温度，这种方法称为全辐射测温法。由于实际物体不是黑体，其发射率小于 1，用斯忒藩-玻耳兹曼定律定标时需要进行修正。利用维恩位移定律，通过测定最大单色辐出度处的波长，也可以测定温度，称为峰值波长测温法，它常用于高温测量。

红外测温的响应速度快，只需微秒至毫秒级的时间。其灵敏度很高，在全辐射测温中，辐出度正比于热力学温度的 4 次方，温度的微小变化会引起辐出度的明显改变。红外测温的精度高，测量中不改变原来的温度场。测温范围广，从零下几十摄氏度到零上几千摄氏度。

红外测温的明显优点是可以进行非接触测量，尤其适用于温度过高、热容量过小的对象，以及像高压大电流的导线、正在旋转的和远距离的等这样一些待测物体难于接近的场合。例如，电视机里显像管阴极是影响寿命的关键部位，为了弄清其工作状态，需要测量其表面温度，但阴极封装在真空管内，其尺寸仅 1 mm^2 左右，工作温度高达 1000 ℃以上，只有红外测温才能实现温度的测量。又如高压输电线的维护中，要从众多的接头中查找温度异常的热结点、及时发现隐患，用传统方法要对横跨于江河、山岭之上的高压线进行测量是十分困难的，利用红外测温则能方便地予以解决。

利用多点测温或扫描的方法，红外测温还能对整个温度场进行全面的测温，进一步再将温度转换成像，这就是红外热像仪。人体温度为 37 ℃，实际上不同部位皮肤的温度并不相同，构成一个温度场。当人体患病时，全身或局部的热平衡被破坏，其温度场偏离正常状态，用红外热像仪可以对一些疾病进行诊断。又如金属冶炼炉内温度的快速控制、核电站反应堆建筑物的异常监视等，都可使用热像仪。

三、电磁波遥感技术

电磁波遥感技术是20世纪60年代在现代物理学、计算机技术、空间技术等支持下发展起来的一门综合性探测技术。遥感（Remote sensing），即“遥远的感知”，指在一定的距离之外，探测和识别所要研究的对象。广义而言，凡是不直接接触被探测目标，但能收集、记录其信息，并把它们转换为人们可以识别和分析的信号的技术，都可以称为“遥感”。本文只从人工技术角度，对狭义而言的“电磁波遥感”作一简单阐述。电磁波遥感是以地球为研究对象，以电磁波为媒介，通过各种遥感平台（Platform）上的传感器（Sensor），收集地物的电磁波信息，经传输和处理，从而达到对地物的识别与监测。电磁波遥感技术根据所用的电磁波的不同波段，可分为可见光遥感、红外遥感、微波遥感等；根据遥感器件运载工具的不同，又可分为地面遥感、航空遥感、航天遥感等。

电磁波遥感技术建立在物体电磁波辐射的原理之上。不同波长的电磁波其性质有很大差别。由于技术和仪器的限制，目前遥感技术所使用的电磁波主要是从紫外线、可见光、红外线到微波的波段。各波谱段的特性和用途如下：

紫外线（10 ~ 400 nm）：紫外线介于可见光和X射线之间，能使溴化银底片感光，主要用于测定碳酸盐分布。另外，紫外线对水面漂浮的油膜比对周围的水反射强烈，因此可以用于油污监测。

可见光（400 ~ 760 nm）：由红、橙、黄、绿、蓝、靛、紫七色光组成。人眼对可见光有敏锐的感觉，所以可见光是用于鉴别物质特征的主要波段。

红外线（760 nm ~ 1 mm）：介于可见光与微波之间。根据需要又可以3000 nm为界，分为“光红外”和“热红外”。红外遥感中常采用热感应方式探测地物本身的热辐射，可以不受日照条件的限制。

微波（1 mm ~ 1 m）：微波近似直线传播，而且地面目标对微波的散射性能好，因此微波遥感可以借助微波散射现象来探测地物。

地物对电磁波的发射、吸收、反射、透射等特性，成为地物光谱特性。辐射能量入射到任何地物表面上，都会分成三部分：一部分被地物反射，一部分被地物吸收，成为地物内能再发射出来，其余部分被地物透射。地物的反射率随入射波长的不同而变化，其变化是有规律的。以波长为横坐标，以反射率为纵坐标，可以绘出地物光谱特性曲线。由于不同的地物在不同的波段反射率不同，因而在不同波段的相片上呈现不同色调。对不同的研究对象，可以根据它们各自的光谱特性，选择最佳波段、最佳摄影季节的相片进行判读。

太阳辐射是地球生物、地球大气运动的能源，也是被动式遥感中主要的辐射源。太阳辐射先通过大气层，再到达地面，其中一部分被地物吸收，另一部分被反射经过大气层到达传感器。传感器接收和记录这部分反射光谱，从而获得地物的特征信息。在太阳辐射通过大气层时，约有30%被云层和其他大气成分反射回宇宙空间，约有17%被大气吸收，22%被大气散射，只有31%的辐射透射最终到达地面，地物的反射光谱在进入传感器之前，再一次经过大气层被反射和吸收，这造成了遥感图像的质量下降。因此，在选择遥感工作波段时，必须选择那些透射率高的波段（称为大气窗口）。主要大气窗口有0.3 ~ 1.3 μm，1.3 ~ 2.5 μm，8 ~ 14 μm，0.8 ~ 25 cm。

1. 电磁波遥感的技术系统

电磁波遥感的技术系统主要由遥感平台、传感器以及遥感信息的接收和处理装置等三部分组成。

遥感平台：遥感平台是装载传感器的运载工具，主要有飞机、气球、人造卫星和载人飞船，还包括地面的高塔、长臂车等。这些遥感平台的高度、运行周期、寿命、覆盖面和分辨率各不相同。人造地球卫星可根据探测对象分为三大类：气象卫星、陆地卫星和海洋卫星。

传感器：传感器是记录地物反射或发射电磁波能量的装置，是遥感技术的核心部分。

根据工作方式的不同，传感器可分为主动式和被动式两类。主动式传感器是由人工辐射源向目标物发射辐射能量，然后接收从目标物反射回来的能量，例如仰视雷达、微波散射计等。被动式传感器是接收自然界地物所辐射的能量，如摄影机、多波段扫描仪等。

根据传感器记录方式的不同可分为非成像方式和成像方式两类。非成像方式是把传感器探测到的地物辐射强度用数字或曲线表示，例如红外辐射温度计、微波辐射计、雷达辐射计等。成像方式是把地物辐射强度用图像的形式表示，例如摄影机、扫描仪和成像雷达等。

遥感信息的传输与处理装置：将遥感信息适时地传输回地面，经过适当处理以满足实际需要，这是整个遥感技术系统中直接关系到信息应用效果的部分。

遥感信息传输：一种是运载工具返回时回收，为航空遥感所常用；另一种是传感器将接收到的电磁波信息经光电转换，通过无线电将数据传送到地面接收站，为卫星遥感所常用。

遥感信息处理：地面接收站接收到的遥感信息，受到多种因素，如传感器的性能、大气的不均匀性等的影响，使地物的几何特性与光谱特性可能发生一定变化，因此遥感信息必须通过适当的处理后才能提供使用。遥感数据的处理过程主要有数据（原始数据和辅助数据）收集，数据管理（校准、注记），辐射校正（增强校准），几何校正（配准绘图），数据压缩（内插、采样），判读（类型识别、统计分析），数据的存储和提取（数据库管理）。

2. 遥感技术的特性

遥感技术具有自身的特点和优势，主要体现在如下几方面：

光谱特性：遥感技术的探测波段从可见光向两侧延伸，不仅获得地物在可见光范围的电磁波信息，还可以获得紫外、红外、微波等波段的电磁比信息，从而扩大了人们对地物特性的研究范围，加深了对事物的认识。另外，微波具有穿透云层、冰层和植被的能力，红外线能探测地表温度的变化等，使人们对地物的观测达到全天候。

时相特性：遥感技术能够周期成像，有利于动态监测和研究。通过对比不同时相的成像资料，不仅可以研究地面物体的动态变化，为环境监测以及研究事物发展变化规律提供条件，而且还可以及时发现病情、灾情，为科学预报提供资料和依据。

空间特性：遥感技术视域范围大，具有宏观性。运用遥感技术从飞机或卫星上获取地面的航空照片、卫星图像，比在地面上观察视域范围大得多，为人们宏观地研究地物及其分布规律提供了条件。例如，一张比例尺为 1∶3.5 万的 23 cm 见方的航空图片，可以表示地面 60 余平方公里的实况，而一张陆地卫星多光谱扫描图像可以表示地面 3 万多平方公里（相当于我国海南岛的面积）的实况。

经济特性：遥感技术具有明显的经济效益。成本低、收益大、用途广。例如，运用遥感技术进行地面普查，与传统的野外调查相比，速度快、范围广，而且可以代替人在野外边远或危险地带的工作。

3. 电磁波遥感技术的应用

军事：遥感技术最先起源于军事应用，目前它在军事上的应用和先进性也远远超过民用。主要用于军事侦察、监视和制导。例如1990年的海湾战争，美国等西方国家在战前就利用遥感等技术手段对伊拉克进行了全面侦察，战时又进行实时监控，从而始终掌握着战争的主动权。

地矿：一定的地貌类型与一定的地质构造有着密切的关系，而一定的地质构造又与成矿条件有很大关系。利用遥感技术的先进手段，为地质勘察研究和矿产资源调查提供了可靠的依据和重要的线索。

测绘：遥感技术在测绘中用于测绘地形图、制作正影像图和经专业判读后编绘各种专题图。随着社会的发展，对地图资料的更新速度也越来越快，常规的测量方法不仅工作量大，而且存在一些很难测定的空白点，遥感技术恰恰弥补了这些不足。

环境监测：环境条件（如气温、湿度）的改变和环境污染大多会引起地物光谱特性发生不同程度的变化，而地物的光谱特征差异正是遥感技术识别地物的最根本依据。以城市热岛效应监测为例，常规方法是流动观测和定点观测相结合，这类方法耗时多、费用大、观测范围小、观测结果受随机因素影响大，难以达到同步观测。遥感技术的发展为这一研究带来了生机，解决了过去存在的问题，实现了从定性到定量、从静态到动态、大范围同步监测的转变。

农林：遥感技术在农业上主要用于农作物分类、根据农作物生长状况进行估产、防汛救灾等；在林业上的应用主要是查清森林资源、监测森林火灾和病虫害等。

考古：利用遥感技术发现与研究古人类的活动遗迹已成为现代重要的考古方法之一。考古专家借助遥感影像信息，再结合过去的记载，可以研究发现人类遗迹的所在、范围、面积、方位以及被破坏程度等定量定性的资料，与传统的田野考古方法相比，遥感技术省时省力，而且是一种非破坏性研究，有利于文物保护。

随着传感器性能的改善和高分辨率卫星的升空，遥感技术正从航空遥感向航天遥感方向发展，其应用领域也逐渐扩大。可以预见，随着遥感技术的不断发展和完善，它的应用前景会更加广阔。

讨论题：

1. 阅读了上面的材料，你有哪些收获？

2. 你对电磁场与电磁波应用技术的哪个方面感兴趣？

3. 关于电磁波的其他应用技术，你了解的还有哪些？可以任选一个专题，通过网络搜集资料，写成综述文章或做成课件，参与课堂讨论。

阅读与讨论四：现代光学及光子技术的应用

光学是研究光的产生和传播、光的本性、光与物质相互作用的科学。光学作为一门诞生了三百余年的古老科学，经历了漫长的发展过程，它的发展也表征着人类社会的文明进程。20世纪以前的光学以经典光学为标志，为光学的发展奠定了良好的基础；20世纪的光学以近代光学为标志，现已取得了重要进展，推动了激光、全息、光纤、光记录、光存储、光显示等技术的出现，走过了辉煌的百年历程；展望21世纪的现代光学，将迈进光子时代。光子学已不仅仅是物理学在学术上的突破，它的理论及其光子技术正在或已经成为现代应用技术的主角，光子学的发展和光子技术的广泛应用将对人类生活产生巨大影响。

一、现代光学的诞生

光学从17世纪的诞生到20世纪的几百年发展，经过了漫长而曲折的道路，建立了几何光学、波动光学、量子光学和非线性光学几大分支，揭示了光的产生和传播以及光与物质相互作用的规律。几何光学主要是在17世纪和18世纪发展起来的，它以光的直线传播性质和反射、折射定律为基础，研究光在透明介质中的传播规律。波动光学是在19世纪初由英国人托马斯·杨和法国人菲涅耳等在研究光的干涉、衍射、偏振等现象时发展起来的，它是以光的波动性为基础，研究光的传播和规律。量子光学是研究光场的量子性质和光与物质相互作用中的量子现象，它的研究成果深刻地影响着光学和光电子学以及原子分子物理、量子统计物理等学科的发展。非线性光学是研究相干光与物质相互作用出现的各种非线性光学效应及其产生机制与应用途径，它在激光技术、信息和图像的处理与存储、光计算、光通信等方面有着重要的应用。

20世纪50年代，由于数学、通信理论与光学的紧密结合，改变了经典光学的概念，形成了傅里叶光学，为光学信息处理、相干光理论奠定了基础，并且出现了全息技术、光学信息处理技术等。

20世纪60年代初，激光器的发明带来了一场新的光学革命，光学与光电子学相结合，标志着现代光学的诞生。1958年，美国物理学家汤斯、前苏联物理学家巴索夫和普罗霍洛夫提出了在电磁辐射场中受激发射的可能性，三人因此而获得1964年的诺贝尔物理学奖。这实际是在爱因斯坦关于受激发射的预言基础上提出的。1960年5月，世界上第一台激光器诞生于美国的休斯实验室。激光器的诞生以及后来激光技术的飞速发展已经极大地改变了人们的生活方式。由于激光的单色性好、亮度高、方向性好和相干性等特殊性能，在军事、工业、农业、医疗和科学研究中取得了越来越广泛的应用。激光被认为是继原子能、半导体、计算机之后的又一重大发明。如果说计算机是延伸了人脑的功能，那么激光就是延伸了人的五官，成为人类探索大自然奥秘的“超级探针”。

二、光子时代的到来

随着科学与技术的进步，21世纪的人类社会真正进入了高度信息化时代。人们的生活、工作无不与信息的传输、重组、分析、处理、存储等密切相关。在“3C”技术革命——（Communication 通信、Computerization 计算机化和 Control 控制）和“3A”应用——（FA 工厂自动化、OA 办公自动化和 HA 家庭自动化）的基础上，社会运作对信息量的巨大需求将用“3T”来表征（T 表示 10^{12}）：“太比特/秒”（1TB = 1000GB）的信息传输速率、TB 位的存储容量、皮秒（$p=10^{-12}$，$1ps=(1/T)s$）的处理速度。由于电子技术受到荷电性、带宽、互扰等固有的物理性质的限制，已很难满足“3T”的要求。而光子技术无疑是对电子技术的发展与突破，成为信息化社会的另一主要支柱。

1. 光子学的诞生

“光子”的概念来自于爱因斯坦对光电效应的解释，后来在有关原子、分子系统受激辐射与自发辐射的论述中就已经引入。但是，对光子的进一步认识，则在 20 世纪 60 年代激光问世以后才真正开始。激光、全息和光纤技术的兴起，突出了光学的作用和地位，量子光学、光电子学及其技术的发展推动了信息科学的飞速前进。光波导技术的应用与推广，使光纤通信与信息处理技术成为信息科学的一支生力军。科学家们发现，电子学中的变频、混频、调制、解调以及通信、信息处理等都可以在光频波段实现，因此，自然就提出了把光学向光子学开拓的问题。

20 世纪 70 年代以后，由于半导体激光器和光导纤维技术的重大突破，导致以光纤通信为代表的光信息技术的蓬勃发展，促进了相应各学科的相互渗透，开始形成了光子学（Photonics）这门新兴的分支学科。光子学是研究以光子为信息载体，光与物质相互作用及其能量相互转换的科学，研究内容有光子的产生、运动、传播、探测，光与物质（包括光子与光子、光子与电子）的相互作用，光子存储、载荷信息的传输、变换与处理等。

与电子学相比，光子学具有如下特点：一是光子学所研究的波段波长较短、频率高，因此分辨率高；二是光子的速度快，因此处理速度快；三是光的平行性、抗干扰性、空间互连性等具有更大的技术应用潜力。下表表明了电子与光子的共性与差异。

电子与光子的比较

属 性	电 子	光 子	属 性	电 子	光 子
波长	3 cm ~ 30 m	500 nm	能量	40 neV ~ 40 μeV	2 eV
频率	10 MHz ~ 10 GHz	500 THz	传输损失	高（铜线中）	低（光纤中）
速度	593 km/s	300000 km/s	粒子相互作用	高	无

2. 光子技术的应用

从技术发展的角度来看，如果说 20 世纪是电子时代（又称微电子时代），那么 21 世纪则被众多学者称为是光子时代，这是因为在未来高度信息化的社会里，光子学具备了巨大的技术应用前景。信息技术包括信息的探测、采集、处理、传输、显示、存储与复制等。现代信息技术的基本要求有三大方面：一是信息的高密度。由于信息量和信息密度的急剧增加，使原来基于电波长波的传送信息通道拥挤不堪，因而由长波转向短波和超短波，最后又转向光波，促使人们以光波作为信息载体，因此，光通信、光记录、光显示等进入了我们的生活。而且光波的应用也由红外向短波、紫外方向发展。例如在 DVD 光盘中，若以蓝光发射的激光器代替红光发射的激光器，则光学数据存储容量将增加 2.5 倍。二是信息的数字化。数字量比模拟量更准确、易合成、易压缩。从多媒体角度看，图像的传播用光波更直接、更方便。因此，在图像信息的获取、传输、存储、处理、光电显示等方面，光子技术具有不可替代的作用。三是信息处理的高速度。对复杂信息进行实时的高速采集、大容量的传输、高密度的实时记录、大面积的真彩色显示和复制等，都离不开光子的参与，还有各种现代仪器要求“光机电一体化”（Optomechatronics）。因此，光子学和光子技术在信息技术的诸多方面显示出更大的优势。光子学及其技术应用的优势主要体现在以下几方面：

（1）响应速度快　光子器件及其系统的响应速度快，例如光开关器件，响应时间可达 fs（10^{-15} s）量级，而电子器件及其系统的响应时间最快为纳米（10^{-9} s）量级。光子信息系统的运算速度大大超过现有的电子信息系统，这一点在未来的信息技术，特别是计算机技术上将会促成根本性的变革。1990 年 1 月，美国贝尔实验室完成了世界上第一台数字光处理器，其核心部件的光开关速度达到每秒 10 亿次，显示了光子技术的高速度运转和平行处理特征。

（2）传输容量大　光子信息系统的空间带宽和频率带宽都很大，因此信息传输容量大，使信息交换和传递更加通畅。光纤通信的容量比微波通信的容量要大 1 ~10 万倍，一路微波通道只可以传送一路彩色电视或 1 千多路数字电话信号，而一根光纤可以同时传送 1 千多万甚至 1 亿路电话信号。

（3）存储密度大　光存储技术由于信息存储密度大、容量大、可靠性强、存取速度快和低成本等特点，得到广泛应用。光盘早已进入多媒体终端和千家万户。光盘和光卡的存储量比磁盘、磁卡要高出 200 ~ 20000 倍，而且不易磨损，不受外磁场干扰，不受温度影响。可以说光盘是 20 世纪以来，继汽车、电视、微型计算机之后的又一重大发明。有人预计，利用光子学方式可以实现三维立体存储，其容量之大令人惊叹，一旦关键技术取得突破，将会显示出无与伦比的优势。

（4）处理速度快　高速度处理信息是光子技术最有潜力的应用。在光计算机中，与电气布线相比较，由于光的频率高，可以高速传递信息，而且可以利用多重波长、信息二维并列传递等，使信息传递能力大大提高。作为计算机的前处理技术还有模拟光计算、并列数字光计算等。光纤具有记号的并行性，可以同时并行处理二维信息、三维并行互连及并行处理，能克服冯·诺依曼结构的电子计算机的瓶颈效应，特别有利于图像的处理和传输。用光学方法可以演示神经网络的图像识别和复原的功能，现在具有并列处理、学习、自组织化机能的光神经网络正处在开发和实验中。光不需要阻抗匹配，不需要布线回路，因此可以进行高速信号调制。这些特点远远超过了电气布线的极限。

（5）微型化、集成化　微光子技术与光子集成（PIC）技术将同微电子技术和集成电路（IC）一样得到迅猛发展。微光子技术涉及梯度折射率光学、衍射光学、纤维光学等许多分支，已研制出许多微型光学阵列器件，由于光波波长短，光子信息系统的几何尺寸将大大缩小。光子集成的特点是将有源电子器件（如半导体激光器、光放大器、光探测器等）与光波导器件（如分/合波器、耦合器、滤波器、调制器、光开关等）集成在一块半导体芯片上，构成一种单片全光功能性器件。这从根本上改变了集成光学和光电子集成中有源无源器件分别集成后再利用光纤连接的弊端，使器件体积更小、功耗更低。

三、光子学和光子技术的发展前景

科学技术的发展速度之快，远远超过我们最浪漫的想象。下面只对目前可以预见到的光子学和光子技术的发展趋势作一个简单介绍。

1. 光子学与其他学科的进一步结合

（1）光子学与生物学相结合　生物的基本单元是细胞，细胞里的 DNA（脱氧核糖核酸），呈双重螺旋结构，由被称为 A、G、C、T 的四种碱基组成，碱基能吸收光谱，其荧光寿命小于 10 ps，因此需要亚皮秒或飞秒级的脉冲来准确测量这些碱基的光谱和荧光寿命，这样就能准确地认识分子。生命是取决于遗传因子这一物质的作用的，科学家希望能用光来控制遗传因子，继而控制生命和物质。人的大脑里有大约 1 千亿个神经细胞，信号从一个细胞传到另一个细胞时，经过一个叫做“突触”的接点。这个接点是不连续的，其间的信息由神经物质来传递，也就是说，大脑或心灵的活动也是由这种神经传递物质所控制的，既然心灵活动是基于物质的作用，那么就可以用光来控制。这方面的研究还有待于光学专家与生命科学家共同取得突破性进展。

（2）光子学与飞秒化学相结合　20 世纪 30 年代人们提出了化学反应的过渡态理论，把化学动力学的研究深入到微观过程。过渡态只是一个理论假设，反应物越过这个过渡态就形成了产物。飞越过渡态的时间尺度是分子振动周期的量级，当时被认为是不可能通过实验来研究的。因此在化学反应路径上，过渡态成了未解之谜。到了 20 世纪 80 年代飞秒激光器研制成功，飞秒激光器的脉冲宽度正是化学反应经历过渡态的时间尺度。飞秒激光脉冲如同一个飞秒尺寸的探针，可以跟踪化学反应中原子或分子的运动和变化。美国加州理工学院的泽维尔教授率先应用飞秒光谱来研究化学反应过渡态的探测，并取得了世人瞩目的成就，因此获得 1999 年诺贝尔化学奖，从而形成了“飞秒化学”这一物理化学的新学科。目前，飞秒化学已经广泛应用到化学和生命科学各领域。

（3）光子学与医学相结合　老年痴呆症是一种大脑退化病，由于它的不确定性使人们感到困苦忧伤。为了研究这种病，医学上寻求一种对大脑无损伤的诊断方法。因为皮肤、骨头和血液对波长在 600 ~ 1300 nm 之间的光透过性很好，已经有一种红光探针用于诊断脑部疾病。科技人员用 647 nm 波长的探针透过头盖骨进入大脑，在那里使脑组织发出近红外的荧光，这个荧光光谱返回并透过头盖骨被收集分析，带回健康组织和疾病组织的一些特征。这种技术叫做“近红外荧光光谱技术”，它是完全无损伤的。用这种技术还可以测出服药与不服药的病人之间疾病变化速率的差异。可以预见，这种光谱技术有朝一日会成为治疗脑部疾病的有力武器。

（4）光子技术与农业生产相结合　光子技术还可以应用到农业生产。日本滨松光子公司的一个植物实验工厂，利用半导体激光器种植水稻，实验表明，已经有一年收获五季水稻的可能。由于没有病虫害，如果考虑上下五层并将种植密度提高 5 倍，则总收获量可期望提高 625 倍。这对人类将是巨大的贡献。激光对有机体的作用是相当复杂的，到目前还未搞清楚，大致认为是激光通过光、热、压力和电磁场等效应对有机体发生作用。预计光子技术在激光育种、作物生长期照射、激光灭虫等领域也会有更大的用武之地。还有光电遥感技术，可以帮助人类解决目前所面临的能源、粮食、气象预报、环境监测等问题。资料表明，美国用光电遥感仪进行监视洪水、改造良田、探测农作物病虫害、改进油田探测及小麦估产等五项工作，每年的经济收益达 15 亿美元以上。

2. 光子学及其高新技术的广泛应用

（1）光机电算高度一体化　光子学及其技术在生产实践过程中的自动监控、图像分析、精密测量、信息处理、能源利用、微观探索等各个领域发挥越来越重要的作用。未来仪器要求光机电算高度一体化，它是光学、机械、电子、计算机等领域的高度融合，随着激光、光纤、微电子、计算机、高分子材料以及软件技术的发展，光机电算一体化仪器将层出不穷。

（2）光学超快速技术的发展　超快速技术产生于一个 ps（10^{-12}s）或 fs（10^{-15}s）数量级范围的非常短的激光脉冲，飞秒激光器提供了极短的时间间隔内的相当高能量的脉冲，因此与其他技术相比，它可以把由于热弥散引起的效应和相关的损伤减小到最低的程度。超快速激光器能在钢铁或其他微型机械的材料上钻一个小孔而不引起附加的损伤。为了生物实验和光学信息处理，已经试制出带有微米量级运动部件的微型机械样品。但超快速微加工技术仍然是一个新领域，有待进一步发展。

（3）光学显示技术的提高　除了高清电视（HDTV）外，利用全息技术的动态图像三维显示，将发展成三维电影和三维电视。在澳大利亚黄金海岸的电影主题公园人们已经欣赏到类似这种电影。红、绿、蓝光输出的发光二极管（LED）已经在一些全彩色显示上得到应用，而“电子报纸”和“电子杂志”已经取得成功，随着显示器件的不断完善，它们将很快走向商业化，像普通报纸、杂志那样灵活方便。

（4）光计算机技术的突破　继计算机之后，21 世纪将是“光脑”发展的时代。人们预计，条件成熟时，光脑（光计算机）有可能取代电脑，光脑与计算机相比具有如下优势：一是并行处理能力强，运算速度高，比计算机快 1000 倍。二是高速计算机由于产生热量而影响速度，只能在低温下工作；而光脑可以在室温下工作。三是光子不需要导线，即使光线交接也不会产生相互影响。作为“无导线计算机”，其传递信息的平行通道的密度是无限的。四是一台光脑只需很小能量就能驱动，耗能相当于计算机的若干分之一。目前光脑的关键技术，例如光存储，仍然是以硅基电子芯片作为心脏部件，如果能使光子互连立足在硅基材料上得以实现，发展硅基光子学将会带来新的突破。

（5）光纤通信技术的发展　光纤通信是光子技术最具代表性的成就。光纤的出色传输能力使以光网络为代表的宽带传递与接入技术快速发展成为新一代传送网的基础。人们乐观地估计，随着密集波分复用技术（DWDM）、码压缩技术等的应用，一根光缆所载荷的容量就足以满足全球的话音通信。诸如可视电话会议、全自动化无人操作工厂、全球信息联网等必将到来。

3. 微光学、衍射光学、集成光学及光学器件的发展

随着光学仪器小型化、微型化的发展，诞生了微光学。微光学是研究微米量级尺寸光学元件和系统的现代光学分支。微型光学元器件的加工，是在一些特殊基底材料上利用光刻技术、波导技术和薄膜技术等，制成光学微型器件。随着微加工技术的成熟，未来的微光学研究还会有进一步的突破。

衍射光学是基于光的衍射原理发展起来的。衍射光学元件是利用电子束、离子束或激光束的刻蚀技术制作而成。可以预言，微光学和衍射光学这两个新兴学科将随着日益壮大的光学工业对光学器件微型化的要求会有更大的发展，会使宏观光学元件转化为微观光学元件以及具有处理功能的集成光学组件，从而推动光学仪器的根本变革。

集成光学是激光问世以后，20 世纪 70 年代初开始形成并迅速发展的一门边缘学科，研究以光波导现象为基础的光子和光电子系统。集成光学系统包括光的产生、耦合、传播、开关、分路、偏转、扩束、准直、会聚、调制、放大、探测和参量相互作用。集成光学系统除了具有光子学器件的一般特点外，它还具有体积小、重量轻、坚固、耐震动、不需机械对准、适于大批量生产、低成本的优点，因而具有广泛的应用前景。

未来的探测器和成像器件将向着高增益、高分辨率、低噪声、宽光谱响应、大动态范围、小型化、固体化和真空与固体相结合的方向发展。随着各种元器件性能的提高，将使图像增强技术、低照度摄像技术、光子探测技术和红外成像技术等跃上新的台阶。

讨论题：

1. 阅读了上面的材料，你有哪些收获？
2. 你对光电子技术应用的哪个方面感兴趣？
3. 关于光电子的未来发展，你了解的还有哪些？可以任选一个专题，通过网络搜集资料，写成综述文章或做成课件，参与课堂讨论。

附　录

物理学中常用的矢量知识

在基础物理学的范围内，物理量一般分为两类，一类是标量，例如质量、时间和体积等，它们只有大小，没有方向，它们遵循通常的代数运算法则；另一类是矢量，例如位移、速度、加速度和力等，它们不仅有大小，而且还有方向，它们遵循矢量代数运算法则。下面简单介绍矢量的概念、矢量的加减运算、矢量的正交分解、矢量的乘法运算（标积和矢积）及矢量的导数和积分。

一、矢量

把具有一定大小和方向且加法遵从平行四边形法则的量叫做**矢量**。例如力、速度、加速度、电场强度和磁感应强度等物理量都是矢量。

在几何上，矢量可以表示为有方向的线段，如图 1 所示。在选定单位后，线段的长短（含有几个单位长度）为矢量的大小，箭头的方向表示矢量的方向，用符号 $\boldsymbol{A}$ 表示。

矢量 $\boldsymbol{A}$ 的大小称为矢量的模，即有向线段的长度，它是一个非负实数，用符号 $|\boldsymbol{A}|$ 或 A 表示。如果有一个矢量其模与矢量 $\boldsymbol{A}$ 的模相等，方向相反，则可用 $-\boldsymbol{A}$ 来表示这个矢量。

有两个非常特殊且常用的矢量，一个是**单位矢量**，另一个是**零矢量**。长度为 1 的矢量叫单位矢量，单位矢量用来表示空间的方向。例如，在直角坐标系中，沿 x、y、z 轴的单位矢量分别为 $\boldsymbol{i}$、$\boldsymbol{j}$、$\boldsymbol{k}$，如图 2 所示。长度为零的矢量称为零矢量，其方向可以认为是任意的。

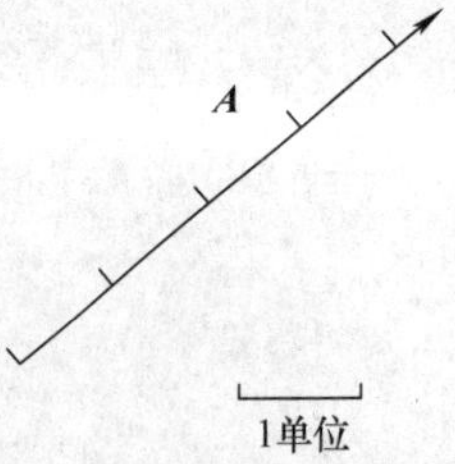

图1　矢量

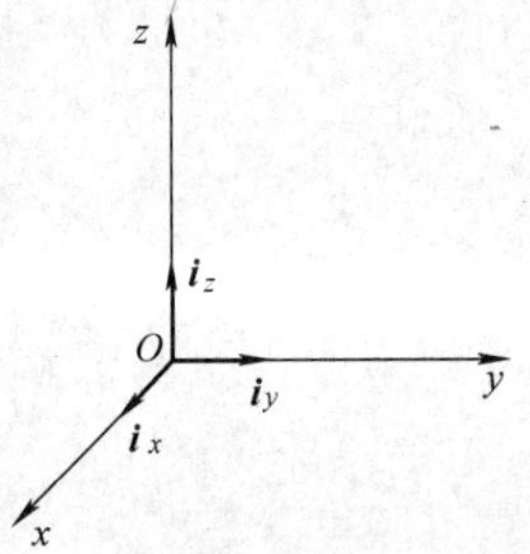

图2　直角坐标系中的单位矢量

如果把矢量 $\boldsymbol{A}$ 在空间平移，则矢量 $\boldsymbol{A}$ 的大小和方向都不会因平移而改变，矢量的这个性质称为矢量平移的不变性，它是矢量的一个重要性质。

需要特别注意的是：矢量和标量是完全不同性质的量，矢量不能等于标量，因为矢量是有方向的，而标量没有方向。

二、矢量的加法与减法

矢量 **A** 与矢量 **B** 相加遵从**平行四边形法则**，如图 3 所示，记作：

$$\boldsymbol{A}+\boldsymbol{B}=\boldsymbol{C}$$

C 称为 **A** 与 **B** 的矢量和；**A** 与 **B** 则称为 **C** 的分矢量。矢量的加法也称为矢量的合成。这种运算可以简化为**三角形法则**。利用矢量平移的不变性，可把图 3 中的矢量 **B** 从平行四边形的左边移到右边，即将矢量 **B** 的起点与矢量 **A** 的终点相连接，以 **A** 的起点为起点，以 **B** 的终点为终点的矢量就是两矢量的合成 **C**，如图 4 所示。

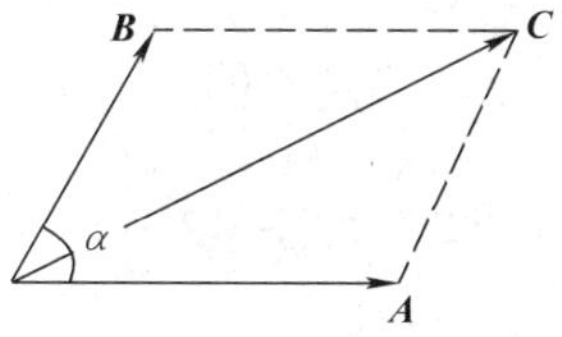

图 3　矢量的平行四边形法则

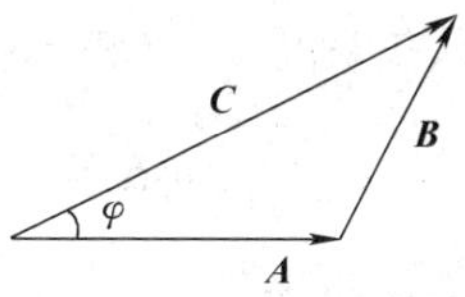

图 4　矢量的三角形法则

根据三角形的边角关系，可计算出合矢量 **C** 的大小和方向为：

$$C=\sqrt{A^2+B^2+2AB\cos\alpha}$$

$$\tan\varphi=\frac{B\sin\alpha}{A+B\cos\alpha}$$

式中 α 是矢量 **A** 和矢量 **B** 之间的夹角，φ 是矢量 **C** 和矢量 **A** 之间的夹角。

对于在一平面上的多矢量的相加，可将三角形法则推广为**多边形法则**，即将各矢量 **A**、**B**、**C**、**D** 依次首尾相接，第一个矢量 **A** 的始端到最后一个矢量 **D** 的终端的有向线段 **R** 即为 **A**、**B**、**C**、**D** 四个矢量的合矢量，如图 5 所示。

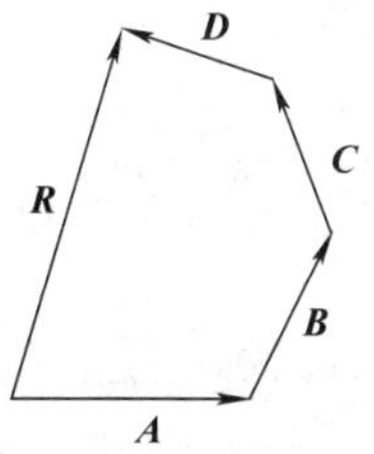

图 5　矢量的多边形法则

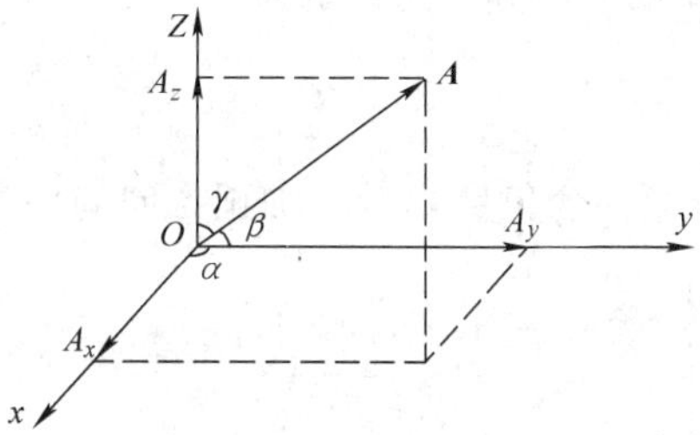

图 6　矢量的正交分解

矢量的减法是矢量加法的逆运算。若矢量 **A** 与矢量 **B** 的和为矢量 **C**，即 $\boldsymbol{A}+\boldsymbol{B}=\boldsymbol{C}$，则有

$$\boldsymbol{B}=\boldsymbol{C}-\boldsymbol{A}$$

称矢量 **B** 为 **C** 与 **A** 的矢量差。**B** 也可以写为 $\boldsymbol{B}=\boldsymbol{C}+(-\boldsymbol{A})$。

三、矢量的正交分解与合成的解析法

1. 矢量的正交分解

两个或两个以上的矢量可以相加为一个合矢量；反之，一个矢量也可分解成两个或两个以上的分矢量，这个过程叫做矢量的分解。矢量合成的结果是唯一的，而矢量分解的结果却不是唯一的，沿不同方向的分解可以得到不同的结果。

在物理学中，最常用的方法是把一个矢量在选定的直角坐标系上进行分解，这就叫**矢量的正交分解**。

若一矢量 $\boldsymbol{A}$ 在如图 6 所示的三维直角坐标系中，它在 x、y 和 z 轴上的分量（即投影）分别为 A_x、A_y 和 A_z，如以 $\boldsymbol{i}$、$\boldsymbol{j}$ 和 $\boldsymbol{k}$ 分别表示 x、y 和 z 轴上的单位矢量，则有

$$\boldsymbol{A} = A_x\boldsymbol{i} + A_y\boldsymbol{j} + A_z\boldsymbol{k}$$

矢量 $\boldsymbol{A}$ 的模（大小）为

$$A = \sqrt{A_x^2 + A_y^2 + A_z^2}$$

矢量 $\boldsymbol{A}$ 的方向由该矢量与 x、y 和 z 轴的夹角 α、β 和 γ 来确定，即

$$\cos\alpha = \frac{A_x}{A},\quad \cos\beta = \frac{A_y}{A},\quad \cos\gamma = \frac{A_z}{A}$$

2. 矢量合成的解析法

用矢量的三角形（或平行四边形）法则对矢量进行加减运算是比较复杂的，运用矢量在直角坐标轴上的分量来表示，则可大大简化矢量的加减运算。

例如，在二维直角坐标系中，矢量 $\boldsymbol{A}$ 与矢量 $\boldsymbol{B}$ 的分量可以表示为

$$\boldsymbol{A} = A_x\boldsymbol{i} + A_y\boldsymbol{j},\quad \boldsymbol{B} = B_x\boldsymbol{i} + B_y\boldsymbol{j}$$

则合矢量 $\boldsymbol{C}$ 为

$$\begin{aligned}\boldsymbol{C} = \boldsymbol{A} + \boldsymbol{B} &= A_x\boldsymbol{i} + A_y\boldsymbol{j} + B_x\boldsymbol{i} + B_y\boldsymbol{j}\\ &= (A_x + B_x)\boldsymbol{i} + (A_y + B_y)\boldsymbol{j}\\ &= C_x\boldsymbol{i} + C_y\boldsymbol{j}\end{aligned}$$

由此得合矢量 $\boldsymbol{C}$ 在两个坐标轴上的分量为

$$C_x = A_x + B_x,\quad C_y = A_y + B_y$$

合矢量 $\boldsymbol{C}$ 的大小和方向分别为

$$C = \sqrt{C_x^2 + C_y^2},\quad \tan\varphi = \frac{C_y}{C_x} = \frac{A_y + B_y}{A_x + B_x}$$

式中，φ 角为合矢量 $\boldsymbol{C}$ 与 x 轴正方向的夹角，如图 7 所示。

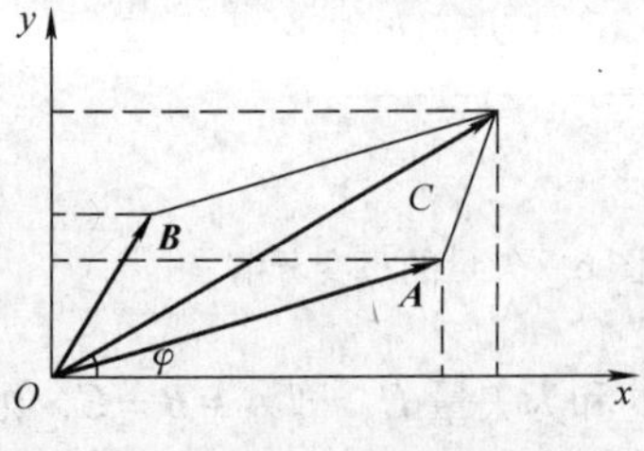

图 7　矢量合成的解析法

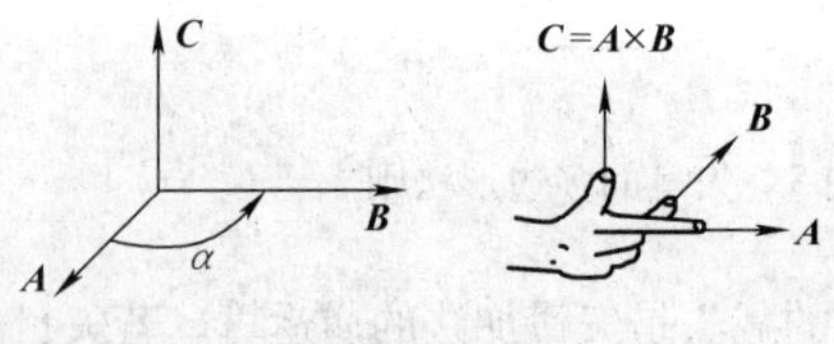

图 8　矢量的矢积

四、矢量的标识与矢积

在物理学中，经常会遇到矢量的乘积。矢量的乘积比标量的乘积要复杂得多。常见的矢量乘积有两种，一种是矢量的标积（又称点积或点乘），另一种是矢积（又称叉积或叉乘）。

1. 矢量的标积

矢量$\boldsymbol{A}$与矢量$\boldsymbol{B}$的标积是个标量，它等于矢量$\boldsymbol{A}$和$\boldsymbol{B}$的大小及它们夹角的余弦的乘积，用符号$\boldsymbol{A}\cdot\boldsymbol{B}$表示，即

$$\boldsymbol{A}\cdot\boldsymbol{B}=AB\cos\alpha$$

式中，α矢量$\boldsymbol{A}$和$\boldsymbol{B}$之间的夹角。

当矢量$\boldsymbol{A}$与矢量$\boldsymbol{B}$方向相同时（$\alpha=0$，$\cos\alpha=1$），$\boldsymbol{A}\cdot\boldsymbol{B}=AB$；当矢量$\boldsymbol{A}$与矢量$\boldsymbol{B}$方向相反时（$\alpha=\pi$，$\cos\alpha=-1$），$\boldsymbol{A}\cdot\boldsymbol{B}=-AB$；当矢量$\boldsymbol{A}$与矢量$\boldsymbol{B}$方向垂直时$\left(\alpha=\frac{\pi}{2},\cos\alpha=0\right)$，$\boldsymbol{A}\cdot\boldsymbol{B}=0$。

根据矢量标积的定义，矢量标积有下述性质：

（1）矢量标积满足交换律：$\boldsymbol{A}\cdot\boldsymbol{B}=\boldsymbol{B}\cdot\boldsymbol{A}$

（2）矢量标积满足分配律：$(\boldsymbol{A}+\boldsymbol{B})\cdot\boldsymbol{C}=\boldsymbol{A}\cdot\boldsymbol{C}+\boldsymbol{B}\cdot\boldsymbol{C}$

对于直角坐标系中的单位矢量$\boldsymbol{i}$，$\boldsymbol{j}$，$\boldsymbol{k}$有如下关系

$$\boldsymbol{i}\cdot\boldsymbol{i}=\boldsymbol{j}\cdot\boldsymbol{j}=\boldsymbol{k}\cdot\boldsymbol{k}=1$$

$$\boldsymbol{i}\cdot\boldsymbol{j}=\boldsymbol{j}\cdot\boldsymbol{k}=\boldsymbol{k}\cdot\boldsymbol{i}=0$$

由此可得

$$\boldsymbol{A}\cdot\boldsymbol{B}=A_xB_x+A_yB_y+A_zB_z$$

2. 矢量的矢积

矢量$\boldsymbol{A}$与矢量$\boldsymbol{B}$的矢积是个矢量，用符号$\boldsymbol{A}\times\boldsymbol{B}$表示，即

$$\boldsymbol{C}=\boldsymbol{A}\times\boldsymbol{B}$$

矢量$\boldsymbol{C}$的大小等于矢量$\boldsymbol{A}$和$\boldsymbol{B}$的大小及它们夹角的正弦的乘积，即

$$C=AB\sin\alpha$$

矢量$\boldsymbol{C}$的方向垂直于矢量$\boldsymbol{A}$与矢量$\boldsymbol{B}$所确定的平面，其方向可用右手螺旋法则确定。如图8所示，当右手四指从矢量$\boldsymbol{A}$经小于180°的角转向矢量$\boldsymbol{B}$时，右手拇指的指向（即螺旋前进的方向）就是矢量$\boldsymbol{C}$的方向。

当矢量$\boldsymbol{A}$与矢量$\boldsymbol{B}$方向相同（$\alpha=0$，$\sin\alpha=0$）或相反（$\alpha=\pi$，$\sin\alpha=0$）时，$\boldsymbol{A}\times\boldsymbol{B}=0$；当矢量$\boldsymbol{A}$与矢量$\boldsymbol{B}$方向垂直时（$\alpha=\frac{\pi}{2}$，$\sin\alpha=1$），$\boldsymbol{A}\times\boldsymbol{B}=AB$。

根据矢量矢积的定义，矢量矢积有下述性质：

（1）矢量的矢积不满足交换律：$\boldsymbol{A}\times\boldsymbol{B}=-\boldsymbol{B}\times\boldsymbol{A}$

（2）矢量的矢积满足分配律：$(\boldsymbol{A}+\boldsymbol{B})\times\boldsymbol{C}=\boldsymbol{A}\times\boldsymbol{C}+\boldsymbol{B}\times\boldsymbol{C}$

习题（计算题）答案

（除标明单位的答案外，公式中各物理量均为 SI 单位）

第1章

1. 2s；$-2\ \mathrm{m \cdot s^{-2}}$

2. （1）$4\ \mathrm{m \cdot s^{-1}}$；（2）$-18\ \mathrm{m \cdot s^{-1}}$；（3）0；（4）一般变速直线运动

3. （1）$y = 2 - \dfrac{x^2}{4}$；（2）$|\boldsymbol{r}_1| = 2.24\mathrm{m}$，$\alpha_1 = 26°34'$；$|\boldsymbol{r}_2| = 4.47\ \mathrm{m}$，$\alpha_2 = -26°34'$；

（3）$|\Delta\boldsymbol{r}| = 3.6\ \mathrm{m}$，$\alpha = -56°19'$；（4）$|\boldsymbol{v}| = 4.47\ \mathrm{m \cdot s^{-1}}$，$\alpha = -63°26'$；

（5）$|\boldsymbol{a}| = 2\ \mathrm{m \cdot s^{-2}}$，沿 y 轴负方向

4. （1）$v = 16\ \mathrm{m \cdot s^{-1}}$，$a = 32\ \mathrm{m \cdot s^{-2}}$；（2）$a_t = 0$，$a_n = 32\ \mathrm{m \cdot s^{-2}}$；（3）$x^2 + y^2 = 64$

5. （1）$\omega = \dfrac{t}{2}$；（2）$a_t = 0.1\ \mathrm{m \cdot s^{-2}}$，$a_n = 0.05t^2$

6. （1）$\omega = 53\pi\ \mathrm{rad \cdot s^{-1}}$，$\alpha = \pi\ \mathrm{rad \cdot s^{-2}}$；（2）$\Delta\theta = 52.5\pi\ \mathrm{rad}$

第2章

1. 14 N·s；

2. 16 N·s，4N

3. 16 N·m

4. 36 J，$v = 6\ \mathrm{m \cdot s^{-1}}$

5. 882 J

6. 72 J

第3章

1. $\alpha = 0.99\ \mathrm{rad \cdot s^{-2}}$

2. （1）$\alpha = -3\pi\ \mathrm{rad \cdot s^{-2}}$；（2）300 圈；（3）$\omega = 30\pi\ \mathrm{rad \cdot s^{-1}}$；（4）$v = 47.1\ \mathrm{m \cdot s^{-1}}$，$a_t = -4.71\ \mathrm{m \cdot s^{-2}}$，$a_n = 4.44 \times 10^3\ \mathrm{m \cdot s^{-2}}$

3. （1）$3ma^2$；（2）$4ma^2$

4. （1）340 N，316 N；（2）0.816 s

5. （1）$v = 2\ \mathrm{m \cdot s^{-1}}$；（2）58 N，48 N

6. $\alpha = \dfrac{2g}{19r}$

7. $-4.19\ \mathrm{N \cdot m}$，$-7.9 \times 10^3\ \mathrm{J}$

8. （1）$\omega = 20.9\ \mathrm{rad \cdot s^{-1}}$；（2）$1.31 \times 10^4\ \mathrm{J}$

9. （1）$\omega = 15.4\ \mathrm{rad \cdot s^{-1}}$；（2）$\theta = 15.4\ \mathrm{rad}$

第4章

1. 3.7 m
2. 6.1×10^{15} m
3. 1.25×10^{-8} s，7.5×10^{-9} s
4. $\Delta t=-1.15\times10^{-5}$ s，A 先出生
5. $V=V_0\sqrt{1-\beta^2}$，$\rho=\dfrac{m_0}{V_0(1-v^2/c^2)}$
6. 45.8×10^{-31} kg，3.30×10^{-13} J
7. $2.6\times10^{8}\ \mathrm{m\cdot s^{-1}}$
8. $E_0=0.512$ MeV，$E_k=4.488$ MeV，$P=2.26\times10^{-21}\ \mathrm{kg\cdot m\cdot s^{-1}}$，$v=0.99c$

第5章

1. 0，$-\dfrac{\sqrt{2}q}{\pi\varepsilon_0a^2}\boldsymbol{j}$，0，$\dfrac{\sqrt{2}q}{\pi\varepsilon_0a^2}\boldsymbol{i}$
2. $-\dfrac{Q}{2\pi^2\varepsilon_0R^2}\boldsymbol{j}$
3. πR^2E
4. $\dfrac{r_1}{2\varepsilon_0}\rho$，$\dfrac{R^2}{2\varepsilon_0r_2}\rho$
5. （1）0；（2）$\dfrac{\lambda}{2\pi\varepsilon_0r}$；（3）0
6. $\dfrac{\sigma}{2\varepsilon_0}$，向右；$\dfrac{3\sigma}{2\varepsilon_0}$，向右；$\dfrac{\sigma}{2\varepsilon_0}$，向左
7. $\dfrac{Q}{4\pi\varepsilon_0R}$
8. $\dfrac{q}{8\pi\varepsilon_0l}\ln\left(1+\dfrac{2l}{a}\right)$
9. （1）$\dfrac{Q}{4\pi\varepsilon_0R_2}-\dfrac{q}{4\pi\varepsilon_0R_1}$；（2）$\dfrac{Q}{4\pi\varepsilon_0R_2}-\dfrac{q}{4\pi\varepsilon_0r}$；（3）$\dfrac{Q-q}{4\pi\varepsilon_0r}$
10. （1）$\dfrac{\rho R}{2\varepsilon_0}$，（2）$\dfrac{\rho R^2}{4\varepsilon_0}$
11. （1）$2.08\times10^{-8}\ \mathrm{C\cdot m^{-1}}$；（2）$3.74\times10^{2}\dfrac{1}{r}$
12. （1）3；（2）$3\cdot10^{5}\ \mathrm{V\cdot m^{-1}}$
13. （1）7.11×10^{-4} F；（2）4.55×10^{5} C；（3）-6.4×10^{8} V
14. 4.63×10^{-2} F
15. （1）9.7×10^{-8} C；（2）4.9×10^{-6} J
16. （1）$C=\dfrac{4\pi\varepsilon_0R_1R_2}{R_2-R_1}$，（2）$W_e=\dfrac{Q^2}{8\pi\varepsilon_0}\left(\dfrac{1}{R_1}-\dfrac{1}{R_2}\right)$

17. （1）$C=\dfrac{2\pi\varepsilon_0\varepsilon_r L}{\ln\dfrac{R_2}{R_1}}$，（2）$W_e=\dfrac{\lambda^2 L}{4\pi\varepsilon_0\varepsilon_r}\ln\dfrac{R_2}{R_1}$

第6章

1. $\dfrac{\mu_0 I}{2\pi R}(\pi-1)$，垂直纸面向里

2. $\dfrac{\mu_0 I}{4\pi R}$

3. $\dfrac{\mu_0 I}{2\pi b}\ln\left(\dfrac{r+b}{r}\right)$

4. （1）$\dfrac{\mu_0 Ir}{2\pi R_1^2}$；（2）$\dfrac{\mu_0 I}{2\pi r}$；（3）$\dfrac{\mu_0 I(R_3^2-r^2)}{2\pi r(R_3^2-R_2^2)}$；（4）0

5. 5.02×10^{-3} T

6. 9.21×10^{-5} N

7. $F_{Oa}=0.96$ N，竖直向下；$F_{Ob}=0.96$ N，水平向右；$F_{ab}=0.96$ N，左斜上

8. （1）3.14×10^{-4} A·m^{-2}；（2）4.71×10^{-4} N·m

9. （1）8×10^{-3} A·m^{-2}，垂直纸面向里；（2）4.8×10^{-5} N·m，竖直向下

10. $\dfrac{IR}{2\pi}\left(\dfrac{\mu}{2}+\mu_0\ln 2\right)$

第7章

1. （1）$-\pi\cos 10\pi t$；（2）-3.14V

2. （1）$-7.8\times10^{-2}\cos 314t$；（2）$-7.8\times10^{-2}$V

3. -7.85×10^{-5}V

4. $\dfrac{1}{2}\omega BL^2$

5. $\dfrac{\mu_0 IV}{2\pi}\ln\left(\dfrac{a+b}{a}\right)$，$D$端电势高

第8章

1. （1）4.19 s；（2）4.5×10^{-2} m·s^{-2}；（3）$y=0.02\cos\left(\dfrac{3}{2}t-\dfrac{\pi}{2}\right)$

2. $y=0.02\cos\left(10\pi t-\dfrac{\pi}{2}\right)$

3. $E_k=\dfrac{3}{4}E$，$E_p=\dfrac{E}{4}$

4. $y=0.1\cos(2t-0.403)$

5. 0.02 m

第9章

1. $y=0.01\cos(2\pi(40t-x)+\phi)$

2. （1）8.33×10^{-3}s，0.25m；（2）$y=4.0\times10^{-3}\cos240\pi\left(t-\frac{x}{30}\right)$

3. （1）$y=0.06\cos(\pi t+\pi)$；（2）$y=0.06\cos\left(\pi\left(t-\frac{x}{2}\right)+\pi\right)$；（3）4 m

4. （1）4.2π，（2）π

5. （1）$y=0.02\cos\left(\pi t+\frac{3\pi}{2}\right)$；

（2）$v=-0.02\pi\sin\left(\pi t+\frac{3\pi}{2}\right)$，$a=-0.02\pi^2\cos\left(\pi t+\frac{3\pi}{2}\right)$

6. （1）$y=\sqrt{2}\times10^{-2}\cos\left(\frac{\pi}{2}t+\frac{\pi}{3}\right)$；（2）$y=\sqrt{2}\times10^{-2}\cos\left(\frac{\pi}{2}t-\frac{\pi x}{2}+\frac{\pi}{3}\right)$

7. （1）0.01 m，$20\ \text{m}\cdot\text{s}^{-1}$；（2）0.2 m

第10章

1. 601.3 nm
2. $k=2$，673.9 nm；$k=3$，404.3 nm
3. 1.72×10^{-4} rad
4. 5.54×10^{-3} mm
5. 4.23×10^{-5} m
6. 5.95 mm
7. 0.05 m
8. 0.5 mm
9. （1）1.0×10^{-5} m；（2）两个半波带
10. （1）$k_m=3$；（2）$k'_m=5$
11. $I_2=\frac{2}{3}I_1$
12. 56.3°；53.1°

第11章

1. 300K
2. $3.21\times10^4\ \text{cm}^{-3}$
3. （1）$2.44\times10^{25}\ \text{m}^{-3}$；（2）$8.1\times10^{-2}\ \text{kg}\cdot\text{m}^{-3}$
4. 1.99×10^{-21} J
5. （1）8.28×10^{-21} J；（2）400 K
6. （1）5.65×10^{-21} J；（2）7.72×10^{-21} J
7. （1）均为6.21×10^{-21} J；（2）单原子分子的平均动能为6.21×10^{-21} J；双原子分子的平均动能为1.04×10^{-20} J；（3）3.52×10^3 J

8. $(v_P)_{H_2}=2.0\times10^3\ m\cdot s^{-1}$，$(v_P)_{O_2}=5.0\times10^2\ m\cdot s^{-1}$，$T=4.81\times10^2$ K

第12章

1. 4.99×10^3 J
2. $\Delta E=1.2\times10^3$ J，$A=8.0\times10^2$ J
3. $A=-6.9\times10^3$ J，6.9×10^3 J
4. 1.25×10^4 J
5. 13.4%
6. 13.2%
7. （1）320 K；（2）20%
8. 500 K，100 K

参考文献

[1] 向义和. 大学物理导论 [M]. 北京：清华大学出版社，1999.
[2] 马文蔚. 物理学教程 [M]. 北京：高等教育出版社，2002.
[3] 谢东，王祖源. 人文物理 [M]. 北京：清华大学出版社，2006.
[4] 夏兆阳. 大学物理教程 [M]. 北京：高等教育出版社，2004.
[5] 李艳平，申先甲. 物理学史教程 [M]. 北京：科学出版社，2003.
[6] 惠和兴，等. 文科大学物理 [M]. 北京：北京理工大学出版社，2005.
[7] 张三慧. 大学物理学：力学 [M]. 北京：清华大学出版社，1999.
[8] 王莉，徐行可. 大学物理 [M]. 北京：机械工业出版社，2002.
[9] 史斌星. 大学物理实用教程 [M]. 北京：清华大学出版社，2005.
[10] 宋立远. 应用物理 [M]. 北京：北京交通大学出版社，2006.
[11] 吴平，等. 近代物理与高新技术 [M]. 北京：国防工业出版社，2004.
[12] 何定梁. 生活的物理 [M] 上海：上海远东出版社，2003.
[13] 颜振珏. 物理学史新编 [M]. 贵阳：贵州科学技术出版社，2002.
[14] 徐丕玉. 现代自然科学技术概论 [M]. 北京：首都经济贸易大学出版社，2001.
[15] 冯恩信，等. 电磁场与波 [M]. 西安：西安交通大学出版社，1999.
[16] 林铁生，高兴茹. 大学物理学 [M]. 北京：高等教育出版社，2011.